明清史学术文库

明代战车研究

上

周维强 著

故宫出版社

The Forbidden City Publishing House

　　周维强，1967 年生，台湾新北人，祖籍浙江温岭，新竹清华大学历史学博士，现任台北"故宫博物院"图书文献处副研究员，"中研院"科学史委员会执行秘书，并任教于东吴大学历史学系。研究涉及明清军事、天文历法、河工等领域。著有专书《佛郎机铳在中国》，发表论文四十余篇，专书论文四篇。编辑史料《院藏剿抚张保仔史料汇编》《清代琉球史料汇编·军机处档奏折录副》《清代琉球史料汇编·宫中档朱批奏折》和《涓滴成洪流·清宫国民革命史料汇编》四种。曾多次担任策展人，参与策划"同安·潮"新媒体艺术展。此外，尚有纪录片四部：《印象水沙连》《铜版记功》《送不出去的国书》和《再现·同安船》。

「國之大事，在祀與戎。」中國歷史源遠流長，兩千餘年的征戰，累積了豐富的軍事史遺產，因此研究軍事史既是吾人之使命，亦為現今圖強所必須。現代軍事史工作者必須系統性地運用各種輔助學科，探究軍事技術、戰術等影響戰爭的因素。尤為重要者，誠如軍事史家李德哈特所言，「如要止戰，則必須知戰」，不可忘記知戰乃為謀求和平而努力。

周雅張
2018. 4. 20

总序一

　　2012年是清帝退位一百周年，明清史研究也走过了百余年的风雨历程。出于总结和促进发展的目的，故宫出版社将百年来明清史专题研究的重要的甚至经典性著作，遴选四十余部再版发行，以期对当前的明清史研究有所裨益，这是令人高兴和值得肯定之举。

　　长达五百余年的明清两代，是中国历史上两个重要的王朝，既处于我国封建社会行将灭亡的衰落时期，又处在中国封建专制主义发展的巅峰时期。盛世与没落，帝王的文治武功与社会的演进变革，殖民者的"福音"传播与列强的坚船利炮，此起彼伏的农民起义与先进的中国人的图强探索，以及革命与改良，等等。这是一个多姿多彩且天翻地覆的历史时期。这一时期又连接着今天，影响着今天。因此，研究明清两代的历史，就有着十分重要的意义。

　　现代意义上的明清历史研究开始于20世纪初。面对清王朝的腐朽没落，半殖民地半封建社会的奴役屈辱，资产阶级革命的风起云涌，以梁启超、夏曾佑、严复、孟森、章太炎、向达、谢国桢、萧一山等学者为代表的中国知识界，继承中国古代社会"鉴古知今"的历史传统，吸收近代科学理论知识，开始对清先世、明满关系、南明史、学术史，后渐扩大到秘密社会史、华侨史、晚清史（这是一大热点）、民族史、历史地理、财政史、盐业史等明清历史的多个方面，进行系统研究，筚路蓝缕，取得了丰硕的成果。

中华人民共和国成立以后，特别是改革开放以来，学术界在马列主义理论指导下，继承老一辈学者的信实学风，汲取西方学术研究的科学方法，解放思想，大胆探索，推动了明清史研究的不断深入。研究领域在不断扩大，研究水平在不断提高，明清史学逐渐形成充满朝气、欣欣向荣的繁荣景象。经过数十年的发展与积淀，时间已为我们留下了一些有价值的学术著作，这些著作资料翔实，论述严密，条理贯通，至今仍为许多学者所推崇。因此，将多年以来明清史研究著作纳入《文库》，重新修订再版，可使我们回顾明清史学研究的发展轨迹，促进 21 世纪明清史学术研究的深入发展。

故宫博物院和故宫出版社推出这套《明清史学术文库》还有一层特殊的意义，这就是故宫和故宫博物院在明清史研究中的特殊地位。故宫作为明清两代的皇宫紫禁城，在明清两朝的统治历史中，共有 24 位皇帝在此生活执政，使之在五百多年中成为全国的政治中心、文化中心，演绎出一幕幕兴衰史剧，几乎明清时期的每一个重大历史事件，都与宫廷发生着密切的联系。故宫几乎每一座宫殿、每一个院落、每一处山石，甚至每一口水井、一床一案，都有一段传奇经历，蕴含着独特的、浓厚的历史文化信息，涉及建筑、园林、历史、地理、文献、文物、考古、美术、宗教、民族、典制、礼俗等诸多学科与门类。这也是研究明清时期典章制度、宫廷建筑、宫廷生活等历史问题的专家学者不能不予以关注、不能不去考察体验的诸多社会历史领域。建立在以明清两代皇宫"原址保护"基础上的故宫博物院，兼容建筑、藏品与其中蕴含丰富的宫廷历史文化为一体，这一特点及优势，决定了它在整个明清史研究中有着独特的、不可替代的重要地位。而故宫的一切研究工作也离不开明清史学术界的辛勤劳动。

正是基于这种独特关系，故宫博物院与清史编纂委员会联合举办清史研讨会，与北京大学联合主办《明清论丛》，成立明清宫廷史研究中心和故宫学研究所，组织编纂明清史研究丛书，并资助出版一大批重要的明清史学术研究成果，受到学界的广泛赞许。以突出皇宫、皇权和皇帝等皇家文化研究的"故宫学"学术概念，也得到了学界的广泛关注。浙江大学、中国社会科学院研究生院等高校已开始招收这方面的硕士研究生，浙江大学成立了故宫学研究中心，南开大学成立了明清宫廷史与故宫学研究中心，台湾清华大学开设了"故宫学概论"课程等。所有这些，必将对故宫博物院的日常工作和学术研究，以及明清史学界的进一步发展，产生重要的推动作用。

故宫出版社作为故宫博物院的重要部门，一直把促进明清史和故宫学的研究作为自己义不容辞的责任和义务，做出了积极的努力，也取得了重要的成果。本次推出这套《明清史学术文库》，在整合、出版既有学术成果的基础上，通过深入地与专家、学者沟通，对明清史及故宫学研究涉及的一些问题进行专题探讨，以提高明清史和故宫学研究的理论水平，并向成为我国明清史研究成果的出版重镇不断迈进，其精神也值得赞扬。我们相信，通过故宫出版社与明清学术界的不断努力，明清历史研究必将取得更大的发展。

郑欣淼

2012 年 7 月

总序二

一百年前的 1912 年，清朝覆亡，宣统帝退位，中华民国建立，标志着统治中国长达两千多年封建帝制的终结。中国历史迈开了前进的脚步，中国人民觉醒奋起，在近代化的征途上努力前进。

伴随着清王朝的覆灭，中国的一大批学者对中国封建社会的最后两个王朝——明朝和清朝的历史进行了认真、系统的研究，章太炎、梁启超、孟森、钱穆、萧一山、蒋廷黻、郭廷以、郑天挺、吴晗、罗尔纲、王钟翰等学术前辈在明清史处女地上披荆斩棘、辛勤耕耘，为明清史学的发展奠定了基础。改革开放以来，学术界百花齐放、百家争鸣，以马克思主义为指导不断地解放思想，积极吸收外国的研究思想和方法，使我国明清史的研究出现了前所未有的长足进步，涌现出一批有价值的学术著作。但在当时，中国或者尚在战乱时期，或者尚在建设的探索时期，经济贫穷，文化欠发达，学术著作的印刷数量不多，流传不广，不利于学术交流和明清史研究更深入的发展，故而故宫出版社将多年来明清史专题性研究著作纳入《明清史学术文库》，重新修订再版，力求涵盖民国以来各个时期的学术大家及其代表性著作，目的就在于将涉及政治、经济、文化、社会生活等方面的研究著作汇集一起，以此反映明清社会的整体状况，为学者深入研究明清时期的社会状况提供学术平台。

明清两代，时间长达五百多年之久，道路崎岖，变化迅速，人物和事件丰富繁多，是最接近今天现实的历史，生产力已有相当发展，居于当时世界各国的前列，社会结构和各种关系已相当复杂，人口众多，经济繁荣，交流频繁，财富充盈，各种事业兴旺发达。至康雍乾时期，中国历史发展到最高峰。但社会中的各个领域存在着缺陷，各种主客观条件尚未具备，整个社会难以协同推进，阻力重重，举步维艰，所以未能进入近代化的轨道。中国坐失了西方世界在 18 世纪所抓住的社会进步的良好时机，这是中国的不幸，也是我们前几辈先人痛心扼腕、力图奋起直追的动力和原因。今天，我们正在建设中国特色的社会主义，成绩辉煌，但前途还有许多艰难曲折，需要我们奋斗拼搏，晚近明清历史上先辈们走过的崎岖道路值得我们回顾、反思、探索、研究，以利于后人的继续快步前进。

在中华民国成立以前，明清史虽已编纂了许多重要的档案资料，但研究尚在起步阶段，历史编纂中充斥着对本朝的歌功颂德和对前朝的诋毁。民国以后的明清史研究则有了重大的进步。

其进步主要可举出三个方面：

第一，改变了形而上学和英雄史观，逐渐以社会进步史观和马克思主义唯物史观来研究历史；改变了停滞不动、堆砌史料、罗列历史事实，不讲究前因和后果，不揭示历史发展的客观规律，强调英雄创造了历史而忽视人民群众的生产斗争、阶级斗争，不能给人以真实的历史知识的做法。历史是人类进步的活动，是人民群众艰辛创造和英勇斗争的进程。经济活动是人类社会的基础，而政治、军事、法制、文化、思想都是其上层建筑，将会或早或迟地随着经济基础的变化而变化。20 世纪初进步史观和马克思主义唯物史观的出现，大大改变和推动了中国历史研究，明清史研究领域出现了许多高水平的、科学的、实证的明清史著作。

第二，研究领域的扩大。自民国以来，明清史研究的领域不断扩大，不仅着重于帝王将相活动，不仅有内外战争、官场升贬、刑律惩治，也不仅宣扬封建的纲常伦理，还涉及中央和地方的典章制度、兴废沿革、官阶序列、财政收支、赋税征收，人口的增减迁移，城镇的设置变迁；经济方面有农林牧副各业的状况，开垦和耕作记录，各种传统的手工业和商业，以至近代工厂、矿场的兴起，电报的设置，火车轮船的建造；军事方面，有八旗、绿营、团练、湘军、淮军以至北洋水师、小站练兵等；文化方面，既有诗文词赋、绘画书法、人物传记，又有昆曲、京剧、小说、唱本各种民间艺术；加之民族、法制、科学、宗教、城市、乡镇、风俗习惯、生态海洋等方面。各种研究无所不包，覆盖了各个社会历史领域，使得每朝的史书类似百科全书型的著作，可以阅读和寻找到各种各样的知识。

第三，史料的整理和发展大为进步。民国以后，大内档案公之于世，其数量达一千万件以上，其中尤以清朝的档案与史料为多，它们的大量公开出版为后人提供了无穷的研究宝藏。档案和各种史料是认识和研究历史的重要载体，只有对它进行积累、分析、辨识、考证，才能揭示出历史的真相。近百年来，收集、保存、整理和利用这些珍贵的历史资料取得了很大的成绩，使我们对五百多年的明清历史有了许多新的重要的发现和认识。

故宫出版社作为故宫博物院的下属部门，把服务和促进明清史和故宫学研究作为自己的责任和义务，并为此做出了不懈的努力，坚持资助出版《明清史论丛》，还抽出人力、物力出版了《明代宫廷史研究丛书》等一批颇具特色的明清史著作，逐渐成为明清史研究成果的一个重要的出版阵地，为明清史研究的深入发展，作出了积极贡献。相信本丛书的出版，无论对史学工作者还是普通的史学爱好者，都是一个极大的便利，必将对明清史学术知识和研究的深入发展与广度普及，产生积极的影响。

2012 年 7 月

目　录

第一章　绪论 / 1

　　第一节　清修官史中明代战车史论辨误 / 7

　　第二节　民国以来明代战车之研究回顾 / 43

　　第三节　明代战车研究之挑战 / 58

第二章　明代战车之起源 / 62

　　第一节　明初在军事上使用车辆之例证 / 64

　　第二节　土木之变与北京战车之初造 / 71

　　第三节　土木之变后边镇战车之造作 / 85

　　第四节　战车与野战阵法之发展 / 92

第三章　成化至正德时期之战车 / 101

　　第一节　成化初期边患与京营、边镇之议造战车 / 103

　　第二节　成化朝反对造战车之议 / 108

　　第三节　余子俊与宣大二镇战车之议造 / 113

　　第四节　礼部右侍郎丘濬评析前代战车 / 118

　　第五节　弘治朝陕西战车之请造 / 121

　　第六节　正德晚期战车之请造与应用 / 124

　　第七节　成化正德间朝廷对于进献战车之处理 / 126

第四章 嘉靖中期以前的战车与西北边防 / 132

　　第一节 欧洲火器之输入 / 134

　　第二节 嘉靖初期的战车战略、制造和思想 / 140

　　第三节 陕西三边总督刘天和与战车 / 147

　　第四节 嘉靖中期山西、宣大和北京战车之议造 / 158

　　第五节 陕西三边总督曾铣的复套主张与霹雳战车 / 169

第五章 庚戌之变后京营与边镇战车之置造 / 179

　　第一节 庚戌之变后京营战车的置造 / 182

　　第二节 甘肃巡抚陈棐的《火车阵图考》与破虏三车 / 192

　　第三节 大同巡抚李文进与俞大猷造练战车 / 194

　　第四节 边防战略的改变与蓟昌等镇之设立 / 211

第六章 南方官将的起用与新防御体系的完成 / 226

　　第一节 隆庆初的军政、外患与南方官将的起用 / 227

　　第二节 谭纶就任蓟辽总督后的边防兴革 / 237

　　第三节 戚继光的战车思想与实践 / 253

　　第四节 蓟镇改革的展现：隆庆六年大阅合练 / 296

　　第五节 汪道昆与万历初年四镇联合防御的成形 / 309

　　第六节 隆万间京营之整顿与俞大猷之北上练京军 / 331

第七章 万历时期之战车与边防 / 355

　　第一节 万历初战车政策之更易、战术技术发展与实战
　　　　　　成效 / 356

　　第二节 壬辰倭祸与战车 / 380

　　第三节 赵士桢和徐鑫对于京营战车及车用火器的改良 / 391

　　第四节 萨尔浒决战与明军战车军团的覆灭 / 417

第八章 鏖战辽东 / 450

　　第一节 熊廷弼经略辽东与沈辽之役 / 452

　　第二节 广宁之役 / 474

　　第三节 孙承宗与蓟辽战车军团之再造 / 493

　　第四节 宁远之役 / 514

　　第五节 锦宁之役 / 525

　　第六节 术士和草泽：天启朝的战车奇想 / 537

第九章 明末危局与战车 / 546

　　第一节 北京之役 / 548

　　第二节 大凌河之役 / 557

　　第三节 旅顺之役 / 565

　　第四节 松锦之役 / 570

　　第五节 战车之请造、研发与最后战役 / 596

第十章 结论 / 609

　　第一节 明代战车的历史进程 / 610

　　第二节 明代战车的车制和战术 / 621

　　第三节 明代战车之功能和战绩 / 625

　　第四节 明代战车之发展及制约因素 / 629

　　第五节 明代战车何以未能力挽危局 / 634

　　第六节 世界史视野下的明代战车 / 635

附　录 / 640

　　各版《明史稿·兵志》及殿本、定本关于明代战车内
　　容之比较 / 640

　　[万历]《大明会典》、王圻《续文献通考》与《钦

定续文献通考》战车记载之比较 / 651

征引书目 / 667

致谢词 / 686

明清纪元简表 / 692

后　记 / 693

编后说明 / 695

第一章　绪论

　　中国自元朝开始，已能制造金属管形火铳，是世界上最早迈入火药帝国时代（The Age of Gunpowder Empires）者。明太祖更是明确规定，卫所兵每十人必一人持有火铳，亦即帝国常备军中始终保持一定比例的火铳兵。[1] 由于明军部队大量配属火器，便产生了士兵负重增加的问题。尤其是中大型火铳，不可能依赖人力背负或是兽类驮载。同时，面对塞外蒙古骑兵进犯，步兵又往往缺乏合适的防护，于是车辆就成为必要的载具和防护。在武力投射、机动力和防护力三者的综合需求下，不难想象何以战车在明代国防上举足轻重。随着时间发展，战车作为各型火铳和火药的载具后，慢慢形成一种独立的兵种——车兵。车兵所使用的火器，不论范围、种类和数量，均大幅超越步兵和骑兵 [2]，且因车兵精通火器，在各军种中表现突出，故成为国防战备的重要力量。再者，为了提升战力，战车的制作技术与战术亦随之日益精进、复杂。从技术和战术层面视之，车兵不但是明军陆战中的精英，更是最

---

[1]　夏原吉监修、胡广等总裁：《明太祖实录》卷一二九，洪武十三年正月丁未日，页 7a（2055），台北"中研院"历史语言研究所，1984 年。

[2]　明代骑兵使用火器的例子不多，原因在于马上难以点燃火绳铳，发射后又难以在马上再装填。如赵士桢曾经试验马上发射三眼铳和翼虎铳，三眼铳发射后，铳柄的另一端即为三尺刀刃；翼虎铳发射后，则改用配刀格斗，显示马上射击火器的困难。参见赵士桢：《神器谱》卷二，页 22b、32b、33，《和刻本明清资料集》第六集，东京汲古书院，1984 年。

能反映明朝陆上军事实力的代表。据此，本文将以明代的战车、车兵，及其制作技术、战略与战术为讨论的中心，从而探究明代的军事与国防思想、政策的发展与演变，并进一步观察明代火药帝国的气象与兴衰。

西方如何崛起的，是世界史学者们研究现代世界成形的重要命题。其中美国芝加哥大学教授威廉·麦克尼尔（William H. McNeill）在 1963 年出版的《西方的兴起：人类共同体史》[1] 尤为代表作。20 世纪 80 年代，他又建构了"火药帝国年代"，此一学说是解释文明与火炮关系的经典学说，此一理论主要是说明欧洲如何自同样使用火药的各个帝国间崛起。内容见于他在 1983 年所出版的《竞逐富强：西方军事的现代化历程》[2] 一书，及 1989 年美国历史学会为其出版的《火药帝国时代：1450—1800》[3] 小册子。然而，麦克尼尔的学说并未参阅较其稍早出版之李约瑟《中国之科学与文明》五卷七册《火药的史诗》，因此对中国火器发展的认识相当不足。我们不禁要问，不了解中国，如何与西方进行比较，又如何能够借此真正地探查西方崛起的原因呢？

无疑地，中国对于火器的应用是建立在自身的客观防御态势上的。影响明朝存亡的主要外患来自北边，因此明人所面对的主要国防问题，也是如何在漫长的北方防线上建立有效的防御体系的问题。从现有的研究可知，明朝的北边防御大体上可以分为两层：一是建立在营建长城基础上的防御体系，透过物理隔绝，阻止入侵者，并利用烽堠进行早期预警；另外一层则是在长城之内，

1　*The Rise of the West: A History of the Human Community*, Chicago: University of Chicago Press, 1963.

2　*The Pursuit of Power: Technology, Armed Force, and Society since A.D.1000*. Chicago: University of Chicago Press, 1982.

3　*The Age of Gunpowder Empires: 1450–1800*, Washington DC: American History Association, 1989.

在星罗棋布的各种卫所城堡驻防重兵，用于警戒、镇守，并支持长城防御，或是堵截进入长城之内的入侵者。然而，长城的物理隔绝虽然对于小规模入侵收效卓著，但由于防御线过长，如何有效分配兵力和调配军种以抗击入侵，便是对主政者最大的考验。兵力应该遍置于长城沿线，还是应该集中部署？部队主力是步兵还是骑兵？前者缺乏机动力，后者又限于兵马素质，往往不敌敌骑。而明朝军队技术优势，则是普遍使用火器。如何在上述基础上结合新的军事技术和战术，是促成明代战车发展的契机。

以往军事史学者认为，先秦时期步骑兵兴起使得战车失去主宰战场的地位。[1]然而访之于史册，似非如此。据元代马端临《文献通考》卷一五八《车战》载，至南宋宁宗开禧初年后，战车仍断断续续地使用；明代王圻《文献通考》则记战车事至明神宗万历三年；清修《明史·兵志》则更记其事至明熹宗天启三年。在骑兵兴起之后，战车仍继续活跃了千余年。本书即是针对长久以来被学界忽略的明代战车，进行系统性的深入研究。

以车辆来作战，必须依赖有效的车载武器。据李天鸣研究，战国时代完成的《墨子》就记载了守城战中使用的弩炮车，同一时期的兵书《六韬》则记录有三种野战用的弩炮车。这种使用弩为武器的战车一直沿用到元代[2]，显示中国长期在野战中使用着战车。明朝万历年间的京营将领何良臣也曾言：

1　杨英杰：《战车与车战》，页283～286，东北师范大学出版社，1986年。又，刘戟锋认为：战车有受地形影响、车体笨重、车兵的训练和战车的驾驭都很困难等三个缺点。在铁制兵器的出现和广泛使用后，传统车战就被放弃，而改以步骑作战。刘戟锋：《武器与战争》，页79～85，国防科技大学出版社，1992年。《中国战争发展史》则认为："步兵蓬勃兴起，逐渐取代战车兵的地位，上升为军队中的主要兵种。""在步兵脱离战车上升为军中主兵的同时，机动性最强的骑兵也应运兴起，成为一支独立的兵种，与步兵、战车协同作战，发挥了重要的作用。"中国人民革命军事博物馆编著：《中国战争发展史》，页105～107，人民出版社，2001年。

2　李天鸣：《宋元的弩炮和弩炮部队》，《元史论丛》2001年第8辑。

　　　　阵而无车，犹身之无甲，故车为军之羽翼。……昔者以
　　　　弩卫车，今益以烈火。弩有毒药，火有神方，而车有异制，
　　　　其功固十倍于古人，又昭然可见也。[1]

可知明代战车与前代弩炮车之间的继承和差异。时常披阅明季
史料的学者，应该会注意到明人奏疏时有对战车的赞许之语，如大
学士李贤称："今之战车不但能避弓马，又有取胜之道，取胜者
何？火枪是也。"[2] 程文德称："车之御虏也，犹对病之药也。"[3] 明
末名臣徐光启在萨尔浒之役明军兵败后，上奏朝廷称"战车火器我
之长技"[4]。可见不论是军事传统，抑或是明人时论，都指出战车是
极为重要的兵器。而清修官史史论却与这些说法有矛盾之处。

清代官修史书对于明代战车的评价极为负面。《明史·兵志》
称："自正统以来，言车战者如此，然未尝一当敌。"评价戚继光
蓟镇战车"然特以遏冲突，施火器，亦未尝以战也"；又言万历末
所造战车"皆罕得其用。大约边地险阻，不利车战"。[5] 而《钦定
续文献通考》称："惟有明一代，颇多制造习用之法，然亦空言
而无裨实用。""车之为用，止可以辎重、护营耳。若以之当敌，
固断难恃为致胜之具也。"[6] 此一"无用、未战""无实用、难当

1　何良臣：《阵纪》卷二《技用》，页 22a~22b（735~737），《中国兵书集成》，解
　放军出版社，1994 年。
2　陈子龙等选辑：《明经世文编》卷三六《论御虏疏》，页 21b（280：1），中华书
　局，1997 年。
3　《明经世文编》卷二二一《车战事宜疏》，页 17b（2319：1）。
4　徐光启：《徐光启集》卷三《敷陈末议以珍凶酋疏》，万历四十七年三月二十日，
　页 98，上海古籍出版社，1984 年。
5　张廷玉等总裁：《明史》卷九二《兵志》，页 2266~2268，中华书局，1975 年。
6　嵇璜等奉敕撰：《钦定续文献通考》卷一三二《兵考·车战》，页考 3975a，《十
　通》第 14 册，台湾商务印书馆，1987 年。

敌"之论，对后世研究者影响甚巨。然民国以来学者逐渐指出其错谬之处，特别是 20 世纪 80 年代后，学术界对于清修官史中明代战车史论已多持反对的态度，但无法累积足够的战车实战例证。

然而，西方的军事史对搭载火器的战车却推崇备至。在欧洲史中，火器出现以后，结合专业步兵组成方阵并搭配优秀火器，成为 14 世纪以后的军事典范。军事史家英国陆军少将富勒（John Frederick Charles Fuller）在《西洋世界军事史》中，以胡斯战争（Hussite Wars）为例，说明战车与火器的结合较拥有火器和专业士兵、骑兵的战术组合为佳。[1] 此即胡斯战争期间，约翰·契士卡（John Ziska）所发展出的车堡（Wagenburg）。

契士卡的车堡与明代初期战车有许多神似之处，如行军时排成纵队，每辆战车由两匹马牵引，战斗时形成圆形或方形。一车配置 18~21 名士兵：4~8 名弩兵、2 名铳兵、6~8 位使用矛的战士、2 名盾牌手、2 名驾车手。遇敌时，车辆迅速合围，并发射投射武器攻击敌人。[2] 契士卡利用车堡配合火器，成功对抗来自神圣罗马帝国的骑兵大军，先后赢得德希伯德（Deutschbrod）、奥希斯（Aussig）和陶斯（Taus）等役。[3] 因此，与明代战车的命运不同，契士卡车堡受到西方军事学家和军事史家的推崇。

早在 1864 年，一位退役的普鲁士炮兵中校康伯利（Kammbly）就曾著书讨论契士卡的车堡战术[4]，指出在未来战争中应用车堡的可能性，但研究方法并不严谨。尽管如此，这显示出 19 世纪后半

---

1 J.F.C. Fuller: *A Military History of the Western World*, Vol.1, New York: Da Capo Press, 1956, p.474.

2 Weir William R.: *The Turning Points in Military History*, New York: Citadel Press Books, 2005, p.65.

3 *A Military History of the Western World*, Vol.1, p.474.

4 *Der Streitwagen: Eine Geschichtsstudie nebst Betrachtungen über die Eigenschaften und den Gebrauch des Streitwagens*（古战车：一个考察其特质和运用的历史研究），Berlin: Springer Book Company, 1864.

叶仍有人认为使用人力或兽力的战车可以继续投入实战。其后马克斯·冯·伍尔夫（Max von Wulf）的博士论文《胡斯车堡》[1]（*Die Hussitische Wagenburg*），对车堡进行了深入的研究。伍尔夫的研究受到德国军事史家汉斯·戴布流克（Hans Delbrück）的注意。[2]其后，又在富勒将军的力倡下，逐渐得到多数英美军事史家的推崇。昆西·莱特（Quincy Wright）认为车堡彻底改革了战场的战术[3]，而研究"军事革命"的杰弗里·帕克（Geoffrey Parker）也认为这是一种革新的战争方法[4]。这些西方学者一致厚爱欧洲史上偶然出现的战车，与清代史官对明代战车的评价截然不同。

唯上述这些基于军事传统、明人时论和世界军事史的观点，虽能支持明代战车的价值，但仍不如列举明代战车的实际战绩更有说服力。以近年来挑战《明史·兵志》中战车史论的新作，刘利平所著《明代战车"未尝一当敌"、"亦未尝以战"质疑》一文为例，此文虽称引用了大量的文献，大加批驳史界沿袭清修官史的观点，但仍认为形成《明史》等书的观点，系因明代战车使用频率不高。[5]事实上，这些看法仍多少受清修官史牵绊，仍有可议之处。根据客观材料，重新深度考察明代战车史事，实属必要。

再者，为了提升战力，战车的制作技术与战术布局亦随之日益精进、复杂。从军事技术和战术层面视之，车兵不但是明军陆

1　Max von Wulf: *Die Hussitische Wagenburg*, Berlin dissertation, 1889. 感谢中国科学院自然科学史研究所陈悦博士自德国基尔图书馆取得此一论文。

2　Hans Delbrück, trans. Walter J. Renfroe, Jr.: *The History of the Art of War*, Vol.3, Medieval Warfare, Lincoln and London: University of Nebraska Press, 1990, pp.483~503.

3　Quincy Wright: *A Study of War*, Chicago and London: University of Chicago Press, 1964, p.65.

4　Geoffrey Parker: *Cambridge Illustrated History of Warfare*, Cambridge: Cambridge University Press, 1995, p.96.

5　刘利平：《明代战车"未尝一当敌"、"亦未尝以战"质疑》，《广西社会科学》2008 年 3 期。

战中的精英，更是最能反映明朝陆上军事实力的代表。因此，不研究战车无法了解明军在缺乏骑兵的情况下如何进行有效防御，也无法知道明军在野战中如何抗敌。据此，本书将以明代的战车、车兵及其制作技术、战略与战术为讨论的中心，探究明代的军事与国防思想、政策及其发展与演变，分析 14~17 世纪世界最大陆权国家之真正军事实力及其所面临的挑战，并进一步观察明代火药帝国的气象与兴衰，响应并增补西方学者的"火药帝国年代"理论。

为了说明明代战车研究的必要性，以下就清修官史中明代战车"无用未战"史论辨误，回顾民国以来明代战车之研究，并作析论。

第一节　清修官史中明代战车史论辨误

一　清初修纂明史之外史考察

清修官史的明代战车"无用未战"等史论是否公允，从清修官史修纂的准备中可见端倪。若修纂时所采用的史料充分，修史立场又无偏颇，自然不易产生失实之作。若采取的资料有相当的局限，则无法提供足够的史实基础，史家当然无从写出符合史实的作品，更遑论有正确的史论。因之，考察清初修纂明史的背景，当能够对史书的修纂质量及史论作出切要的评断。

清初为修明史，对于史料的征集十分用心，曾至少三次大举搜集明末史料。顺治五年九月，因缺天启四年、七年《实录》及崇祯元年以后事迹，清世祖曾发布上谕，要求在内之六部、都察院衙门，在外之督抚及都、布、按三司等衙门，将所缺年份一应上下移文有关政事者速送往礼部，再汇送内院。[1] 此次搜求明代史

---

[1] 巴泰监修总裁：《世祖章皇帝实录》卷四〇，顺治五年九月庚午日，页 10b（321:2），中华书局，1985 年。

料范围极广，但成效似有限。

顺治八年闰二月，大学士刚林又奏请除原有的官衔上下移文外，增添天启、崇祯《实录》钞本、邸报、野史、外传、集记五类史料。刚林于奏疏内称："敕内外各官，广示晓谕，重悬赏格。"[1]可说明此一迫切需求。

清圣祖即位后，亦十分重视搜求史料，修纂明史。康熙四年八月，圣祖曾重申顺治五年九月世祖的旨意，指出各衙门"至今未行查送"，并谕示礼部称：

> 尔部即再行内外各衙门，将彼时所行事迹及奏疏、谕旨、旧案，俱着查送。在内部院委满汉官员详查；在外委该地方能干官员详查。如委之书吏下役，仍前因循了事，不行详查，被旁人出首，定行治罪。其官民之家，如有开载明季时事之书，亦着送来。虽有忌讳之语，亦不治罪。尔部即作速传谕行。[2]

又将搜罗的范围扩大为各衙门所行事迹及奏疏、谕旨、旧案、官民之家所藏开载明季时事之书，而且要求详查，否则重办，搜求不可不谓之彻底。又保证不追究所送史料有忌讳，免除了呈送者在政治上的顾虑。

其次，清朝也极为重视官修《明实录》及私史。康熙四年十月，清圣祖曾发布上谕给礼部强调私史的重要性。山东道御史顾如华上疏言：

---

1 《世祖章皇帝实录》卷五四，顺治八年闰二月癸丑日，页 2b（426：1）。
2 马齐、张廷玉、蒋廷锡等监修总裁：《圣祖仁皇帝实录》卷一六，康熙四年八月己巳日，页 11b~12a（239：2~240：1），中华书局，1985 年。

> 查《明史》旧有刊本尚非钦定之书。且天启以后，文籍残毁，苟非广搜稗史，何以考订无遗？如《三朝要典》《同时尚论录》《樵史》《两朝崇信录》《颂天胪笔》及世族大家之纪录，高年逸叟之传闻，俱宜采访，以备考订。……以成一代信史。[1]

结果清圣祖并未反对，立刻令章下所司。

《明实录》的重要性更不待言。清圣祖在康熙二十六年四月曾提醒负责修纂明史的大学士说：

> 尔等纂修明史，曾参看前明《实录》否？史事所关甚重，若不参看《实录》，虚实何由悉知？他书或以文章见长，独修史宜直书实事，岂可空言文饰乎？……俟明史修成之日，应将《实录》并存，令后世有所考据。[2]

愿意以所纂《明史》与《明实录》并存，足见清圣祖对《明实录》的重视。但清圣祖亦不忘提醒修史者注意《明实录》的局限性。清圣祖在三十一年正月举三事指出《明实录》有"见其间立言过当，记载失实者甚多，纂修明史宜加详酌"[3]。就上所言，康熙朝为了修纂明史，不但在搜求史料上要求臣工尽力，对于史料的真伪辨析亦十分讲求。

当时搜求的史料价值极高，数量亦多。在北京大学所藏内阁档案中，有《各衙门交收明季天启崇祯事迹清单》一折，对这些史料的情况有详细记载。其中兵部档案为大项之一，合计有两万

---

1 《圣祖仁皇帝实录》卷一七，康熙四年十月己巳日，页2b~3a（248：2~249：1）。
按：《两朝崇信录》应作《两朝从信录》。
2 《圣祖仁皇帝实录》卷一三〇，康熙二十六年四月己未日，页3a~4b（393：1~393：2）。
3 《圣祖仁皇帝实录》卷一五四，康熙三十一年正月乙卯日，页5b~6a（700：2~701：1）。

余件，可见是明代军事史的瑰宝。唯上述积极搜求史料、重视私史记载的方针，并未落实至修史的工作中。[1] 由是可知，修纂明史，特别是涉及明末天启、崇祯朝的史事，缺乏可信史料支持。无怪乎《明史·兵志》对于明代战车在晚明的记述乏善可陈。这些征集史料的一部分，后来成了内阁大库档中明档的来源。唯至民国，经朱希祖整理后，发现仅剩不到原有明档的十分之一。[2] 其详细数字之对照，详见表 1-1，可知明代档案已损失不少。

表 1-1　《各衙门交收明季天启崇祯事迹清单》中
原搜兵部文件数量及现存者表 [3]

种类＼时代		天启（原）	天启（现）	崇祯（原）	崇祯（现）
全卷		683	题行稿 154件	9094	题行稿 1826件
不全卷		1059		12667	
小计		1742		21761	
簿册	全　本	无		9	
	不全本	无		147	

又，在重视私史方面，也出现了类似的情形。乾隆五十四年定本《明史》颁定之前，清高宗通过编纂《四库全书》大规模查办禁书，自乾隆三十九年至乾隆五十七年，长达 19 年。被查出有抵触思想的书籍，除少部分被删削后保留下来，大部分被销毁。前述清圣祖所推崇的明代私史《三朝要典》《同时尚论录》《樵

1　徐中舒先生《内阁档案之由来及其整理》指出："最可怪者，明档既为纂修明史而搜集，而当时史馆诸人，反未寓目！"徐中舒：《内阁档案之由来及其整理》，《明清史料甲编》，中央研究院历史语言研究所，1930 年。

2　朱希祖：《清内阁所收明天启崇祯档案清折跋》，《国学季刊》1929 年 2 卷 2 号。

3　《清内阁所收明天启崇祯档案清折跋》，《国学季刊》1929 年 2 卷 2 号。感谢刘川豪代印此一文献。

史》《两朝从信录》《颂天胪笔》，都无一幸免地被列入了禁毁书目。[1]

禁毁兵书、文集和奏议，亦对《明史·兵志》之修纂有影响。《四库全书》仅收集历代兵书 20 部，明代唯余《武编》《阵纪》《江南经略》《纪效新书》《练兵实纪》5 部，完全没有明清战争间的兵书。其中记载车营战术者唯有《练兵实纪》，使得后世的史家多仅知戚继光曾造练战车。

再者，查阅雷梦辰《清代各省禁书汇考》[2]中被禁的各种兵书，可以发现《登坛必究》《武备志》《兵录》《守圉全书》《军器图说》等兵书，皆在被禁之列，且多次被禁毁。吴哲夫《清代禁毁书目研究》曾论清人禁毁兵书之原因：

　　清人以兵戈得天下，深恐汉人效法，故一面以兵驻防坐镇各地，一面销毁有关兵事之书，务使汉人不知兵不能兵，

1　据雷梦辰《清代各省禁书汇考》（以下称《禁书考》）的记载，上述诸书在乾隆四十年后陆续被禁，至少先后被禁四次。第一次在禁毁于乾隆四十□年，由江西巡抚郝硕所奏缴。第二次禁毁四十七部，于四十三年六月二十九日，由江苏巡抚杨魁奏缴，解军机处投收销毁。第三次禁毁十部，于四十二年十一月初二日，由浙江巡抚三宝奏缴。第四次禁毁二十四部，于四十四年四月初八日，由江苏巡抚杨魁奏缴。参见《禁书考》页 112、161、226、171。其次，《三朝要典》则至少被查禁三次，第一次禁毁五部，于乾隆四十二年十一月初二日，由浙江巡抚三宝奏缴。第二次禁毁十六部，于乾隆四十三年六月二十九日，由江苏巡抚杨魁奏缴，解军机处投收销毁。第三次禁毁一部，于乾隆四十四年九月初六日，由闽浙总督三宝奏缴。参见《禁书考》页 226、161、202。《颂天胪笔》亦被查禁三次，第一次禁毁一部，于乾隆四十二年十一月初二日，由浙江巡抚三宝奏缴。第二次禁毁七部，于乾隆四十三年六月二十九日，由江苏巡抚杨魁奏缴，解军机处投收销毁。第三次查禁十三部，于乾隆四十四年四月初八日，由江苏巡抚杨魁奏缴。参见《禁书考》页 232、160、171。《同时尚论录》和《樵史》被禁者较少：《同时尚论录》被禁毁三部，于乾隆四十三年六月二十九日，由江苏巡抚杨魁奏缴，解军机处投收销毁。《樵史》则被禁毁于乾隆四十六年十一月初七日，由湖南巡抚刘墉所奏缴，因载吴三桂事被禁。参见《禁书考》页 165、39。
2　雷梦辰编：《清代各省禁书汇考》，北京图书馆出版社，1997 年。

使清帝安坐而食，高枕而卧。[1]

可见"使汉人不知兵不能兵"是禁毁兵书的主要目的。除此之外，虽有部分兵书未被查禁，但多未通行。孙承宗等人《车营叩答合编》和俞大猷《正气堂集》，清代史官根本无从得见，遑论用之于修史。

至于涉及明清战争部分的文集和奏议，多因有所"违碍"，亦遭禁毁。特别是陈子龙等人所选辑的《明经世文编》，因其编辑的重点之一就是军事国防，也在禁毁书之列，对后世修史者影响更大。编者之一宋征璧所著"凡例"说明：

> 国之大事，惟在戎索，董正六师，以匡王国，惟大司马是赖。强本弱枝，制变弭患，虽事难陷度，而枕席度师，或躬亲简练，而旌麾改色，本朝如于忠肃、王庄毅……诸公之在枢密，尤为矫矫，广收详著，以资挞伐。

> 国家外夷之患，北虏为急，两粤次之，滇蜀又次之，倭夷又次之，西羌又次之。诚欲九塞尘清，四隅海燕，方叔召虎，一时咸慕风采，奕世犹仰威名。指授方略，半系督抚……。至于山川扼塞之形，营阵车骑之制，部落种类之异，测候侦探之法，凡可资于韬钤，罔弗施夫罗弋。[2]

可见，《明经世文编》编辑的重点在于搜罗兵部尚书和各地督抚的文集和奏议，特别是与国防相关的山川形势、车骑战术和各种

1　吴哲夫：《清代禁毁书目研究》，页 58，台北嘉新水泥公司文化基金会，1969 年。吴氏并以孙耀卿《清代禁书知见录》，先后参酌其他禁书书目，归结整理出近四千种的禁书。被禁兵书书目主要参自《日本京都大学人文科学研究所藏清代禁书目补遗一》。

2　《明经世文编》，"凡例"，页 9a~10b（53）。

少数民族的情报、军事情报等。读《明经世文编》可以掌握明代国防的战略、战术等问题。尤其是陈子龙等人搜集的文集达千种以上，部分原收的文集经数百年的岁月已经散失，反而因《明经世文编》而流传下来，更是十分难得。[1]直至1962年，北京中华书局利用上海图书馆、武汉科学院图书馆、兰州图书馆、旅大图书馆所藏较完整的版本加以比对，始得重建其完整面貌。[2]《明经世文编》实是研究明代军事史的必备史料之一，但清修官史者无缘接触此一史料，自然难以据此重建明代战车的历史活动。

二 清修官史修纂明代战车史事的内史考察

前既已就《明史》等官修史书的修纂背景作一梳理，现再分析其内容，以考察其修纂方式。

清修官史中对于明代战车史事的记载，主要见诸乾隆末年所修成的《明史·兵志》和《续文献通考》两部史书。《大清畿辅先哲传》和近人陈守实所搜集清季与史局诸人传记资料，均载《明史·兵志》，为王源所作。[3]王源，字昆绳，直隶大兴人，康熙三十二年进士。曾著有《兵论》三十二篇，诗文皆喜谈兵。四十岁时游历京师，参与徐元文编修《明史》的工作。[4]唯从现存王源《居业堂集》（《畿辅丛书》本）所见，其于修明史的贡献，似以列传为主，而无志书内容。因此，讨论王源与《明史·兵志》的关联，似需更多直接证据。

史界对于《明史》的评价不一，但褒多于贬。如清代史学家赵翼曾称赞《明史》在体例上"多附书"，在内容上"多载原文"，

---

1 吴晗：《明经世文编》，"影印序"，页5~6。
2 陈乃乾：《明经世文编》，"影印附记"，页9。
3 陈守实：《明史稿考证》，黄眉云等撰《明史编纂考》，页198，台湾学生书局，1968年。
4 徐世昌：《大清畿辅先哲传》，页520~521，北京古籍出版社，1993年。

"行文典雅"，"措辞不苟"。[1]近人范文澜据赵翼等的见解，又指出《明史》有排次得当、编纂得当、用心忠厚、多载原文等优点。[2]晚近也有学者推崇《明史·兵志》的编纂价值[3]，指出不同版本的《明史·兵志》有重编类目、修订润色、文献考订等建树，使《明史·兵志》质量有所提升[4]。但晚近李光涛先生《论乾隆年刊行之明史》一文，曾考订出《明史》对壬辰倭祸、多尔衮山海关之战、宁远之捷三个战役的曲笔。[5]又有学者指出《明史·兵志》有删节失当、载述衍误、纪年错误、承袭疏漏等问题。[6]可见，关于明代军事的议题，不能不注意编纂者之疏漏与清朝之特殊立场。

为了解《明史·兵志》关于战车修纂内容的流变，有必要先对明史的编纂过程和现存各版明史稿的关系稍加分析。近人李晋华曾指出，"明史勒成，中间盖经六七次之改变矣"[7]。朱端强则指出，明史之修纂共经历草创期、基本完稿期、殿本形成期和最后刊改期四个阶段。[8]除研究草创期无代表性全璧之作外，目前尚可见清官修《明史稿》和《明史》四种，其中《兵志》（或有称《兵卫志》者）有记载明代战车相关之内容，即熊赐履《明史稿》

1　赵翼：《陔余丛考》，页 248、250、252，河北人民出版社，2006 年。

2　范文澜：《范文澜全集》卷二《正史考略》，页 198~201，河北教育出版社，2002 年。

3　闫俊侠认为《明史·兵志》具有体例完备、广搜博采、语言简洁和详考精裁等优点。闫俊侠：《论〈明史·兵志〉的价值》，《信阳师范学院学报（哲学社会科学版）》，2005 年 25 卷 6 期。

4　闫俊侠：《〈明史·兵志〉沿革考》，《河海大学学报（哲学社会科学版）》，2006 年 8 卷 2 期。

5　李光涛：《论乾隆年刊行之明史》，《明史考证抉微》，页 249~259，台湾学生书局，1968 年。

6　闫俊侠：《〈明史·兵志〉问题新证》，《图书馆杂志》2007 年 26 卷 5 期。

7　李晋华：《明史纂修考》，黄眉云等撰《明史编纂考》，页 135，台湾学生书局，1968 年。李晋华将《明史》的编纂分为三个时期，第一期是顺治二年到康熙十七年，第二期是康熙十八年至六十一年，第三期是雍正元年至十三年。

8　朱端强：《万斯同与明史修纂纪年》，页 10~17，中华书局，2004 年。

四百一十六卷本（或题为万斯同本，以下称为"熊本"，详后）、王鸿绪《明史稿》三百一十卷本（以下称"王本"）、张廷玉《明史》三百三十六卷本（以下称"殿本"）和四库全书所收录的定本《明史》。以下试析各本《兵志》异同，以明明代战车史事修纂内容之流变。

（一）熊赐履《明史稿》四百一十六卷本

康熙二十二年八月，大学士牛纽等人奏称《明史》嘉靖以前已修纂过半。[1] 十一月时，大学士李霨奏称《明史》的草本已经纂修完成，但万历、天启和崇祯三朝则尚未完成。[2] 可见万历以前明季史事修纂，基本上在康熙二十二年底就完成，而万历以后史事则成为稍后修纂的重点。近年来对于明史学的研究指出，自康熙十八年至四十一年，《明史》先后由徐元文、熊赐履和王鸿绪等实际负责，由万斯同等协助主编。唯对熊赐履等人如何修史，以及明史熊稿的情况所知甚少。[3] 虽然目前中国国家图书馆藏有题为万斯同的《明史稿》四百一十六卷，但学者倾向相信这是进呈于康熙四十一年的熊赐履《明史稿》四百一十六卷本[4]，也是目前所能见较早期《兵志》（熊本《明史稿》称《兵卫志》）内容的版本。

从内容结构来看，熊本将"战车"与"战船"合刊，文首撰有序言，认为"洪永之初，车以馈运，正统而后，始言车战，然获其用者寡矣，第其制不可不详也"[5]。文末无论赞，记载明代战车相关史事25件，全文共2738字，是现存各版《明史·兵志》内

1　《圣祖仁皇帝实录》卷一一一，康熙二十二年八月丁卯日，页143~2。

2　《圣祖仁皇帝实录》卷一一三，康熙二十二年十一月丁丑日，页163~2。

3　《万斯同与明史修纂纪年》，页12~13。

4　李晋华指出无法断定此本之核定者，但可确定非万本，而朱端强则认为可能是熊本。李晋华：《明史纂修考》，页133。《万斯同与明史修纂纪年》，页13~14。

5　万斯同等纂：《明史稿》卷一二四《战车战船》，页121，《续修四库全书》本，上海古籍出版社，1997年。

容最多者。

从内容来分析，熊本系以《明实录》为底本，虽然有缺录之
处，但基本上是照录《明实录》的内容。由于呈现史料的原样，
因此可见议造奏疏部分原文，对于车制记载亦颇详。可以看出清
圣祖在康熙二十六年上谕中重视《明实录》史料的影响。然而，
正德以后战车的记载，则与《明实录》较无直接关联，应来自于
其他史料。[1] 熊本序言中"获其用者寡矣"语，是后来定本《明
史》"然未尝一当敌""亦未尝以战也"史论之滥觞。

熊本有避讳、俗字、讹字和误植等问题。如将"虏"避为
"卤"（附录一，20），可见修史中忌讳敏感的政治问题。又有
"辆"从俗为"两"，顺天府箭工"周回童"讹为"周四童"[2]（附
录一，7），"雩都"讹为"宁都"[3]（附录一，12），都督金事"黄
应甲"讹为"黄应登"[4]（附录一，25）等问题。也将威宁伯王越
讥讽李宾战车误植为余子俊战车[5]（参见附录一，15）。这些熊本
所产生的原始错误后世均未察觉，且错上加错。总的来说，熊本
的修纂并不细致。

值得注意的是，与熊本约莫同时出现了一部私修战车著作，
即张泰交《历代车战叙略》[6]。张泰交，字洎谷，山西阳城人，康
熙二十一年进士，康熙四十一年至四十五年曾任浙江巡抚。《历

---

1 李晋华曾说，"盖史稿之构成，本于实录，参之稗官野史，而要以实录为依归"，
良有以也。《明史修纂考》，页135。
2 孙继宗监修、彭时总裁：《明英宗实录》卷一八六《废帝郕戾王附录第四》，正
统十四年十二月乙卯日，页5b~6a（3720~3721），台北"中研院"历史语言研究所，
1984年。
3 事载《明宪宗实录》卷一〇八，成化八年九月壬寅日，页1a~2a（2096~2097）。
4 事载《明神宗实录》卷二三一，万历十九年正月癸亥日，页7a~b（4285~4286）。
5 此事见于笔记。陆容撰、佚之点校：《菽园杂记》卷五，页620，《元明史料笔
记丛刊》本，中华书局，1997年。
6 一卷，《学海类编本》。

代车战叙略》被四库馆臣目为抄袭宋人章如愚《山堂考索后集·车战篇》而稍附益之作。《历代车战叙略》撰作时间约与《明史》相仿，颇能反映官方史学观点如何影响私家著作。《历代车战叙略》列举明代战车史事甚简，仅仅举成化年间李宾请造战车、丘濬《大学衍义补》关于战车的内容、戚继光练车营三事，无怪乎四库提要的作者评其"不免于疏漏"[1]。

张泰交《历代车战叙略》总结道："明则李宾请造之而不果行，丘文庄详议而不果用，仅一于见戚南塘，然究未尝借车以战也，则车战之法，其废盖已久矣。"[2] 显然张泰交认为李宾和丘濬议造战车不成，仅戚继光曾造战车及编战车营，但从未投入战争。由此可知，《历代车战叙略》虽被视为疏漏之作，但其对于明代战车的评价，却与稍后进呈的《明史》有不谋而合之处。

（二）王鸿绪《明史》三百一十卷本

熊稿进呈之后，康熙四十二年，康熙曾命熊赐履呈览明神宗、熹宗以下史书四本，专谕责问熊赐履和王鸿绪，认为《明史稿》中关于明神宗之后的记载不确。次年，康熙又批评《明史稿》是妄作。于是王鸿绪于康熙四十八年以原官解任回籍，再对《明史》进行修改，最后于雍正元年进呈全稿三百一十卷，即《横云山人明史稿》。

王鸿绪《明史》三百一十卷本进呈于雍正元年六月。王本依循熊本的体例，将"战车"与"战船"合刊。文首序言仍因袭熊本，称："明初设车以供馈运，正统以后始言车战，虽罕获其用，第其制不可不详也。"文末亦无论赞，记载明代战车相关史事共

1　永瑢、纪昀主编：《四库全书总目提要》卷一〇〇《子部·兵家类存目·历代车战叙略》，页 516 右，海南出版社，1999 年。

2　张泰交：《历代车战叙略》，页 10a，《百部丛书集成》本，台北艺文印书馆，1966 年。

26 件（附录一），较熊本多一条，但删去汉阳府通判李晟及万历四十六年奏修车营战车二事，增补成化十二年李宾请造偏厢车、嘉靖三十年造单轮战车、嘉靖四十三年造京营战车三事。全文共1427 字，较熊本少 1311 字。

王本的内容大量缩减，主要原因在于王本的纂修者较重视造车的结果。以永乐八年造武刚车事为例，熊本作：

> 永乐八年北征，议用工部所造武刚车馈运。有言沙碛行迟，不若人负之便者。帝以用十人挽车，或缺一二人，尚可挽以行；以人负之，一人有故，必分于众，是以一人累众人也。遂用车三万两（辆），运粮二十万石。以工部尚书吴中督之，深入漠北，军需不乏。[1]

王本则作：

> 永乐八年北征，用武刚车三万两（辆），运粮二十万石。[2]

由此可见，王本在此省去了议定的过程，并删去战车实际运用的细节等处。此外，正统十四年宁夏总兵张泰造小车事、景泰二年李贤请造战车事、宣大总督余子俊造车事、陕西总督造全胜车事、蓟辽总督谭纶和都督戚继光练兵事、黄应甲议造京营战车事，也有类似的情况。其删除的两条数据，是汉阳府通判李晟因议造战车被贬事、万历四十六年奏修车营战车事。与其他未删史事相较，可能系因前者并未实际造车，而后者则不知何人建议，

---

1 万斯同等：《明史稿》卷一二四《战车战船》，页 121。
2 王鸿绪等纂辑：《明史稿·志·兵》，页 10a（355），《元明史料丛编》本，台北文海出版社，1962 年。

且战车数量不详。另，除前述增补成化十二年李宾请造偏厢车和嘉靖三十年造单轮战车外，王本也有少数增补的情形。如成化二年造军队小车事，熊本并未注明为郭登所请，王本则加以增补，唯补充十分简略。

王本亦有避讳、俗字和讹误等问题，且原有熊本的问题皆未改正。唯在避讳方面有所改变，王本将"虏"改为"敌"，"弘治"改为"宏治"。另，王本将"兰县"误改为"兰州"。兰县即今甘肃省兰州市，洪武二年九月兰州降为县[1]，成化十三年复为州[2]。故熊本无误，王本为添足之误。另"鹧鸪车"也被讹为"鹧鸪军"（附录一，15）。

（三）张廷玉殿本和定本《明史》

雍正二年后的《明史》版本，对于明代战车的叙述完全相同。以下以张廷玉殿本为代表，再论其与前本之异同。殿本文首有序言，唯与熊本和王本皆不同。其有夹叙论赞，共记载明代战车相关史事24件（附录一），较熊本少2条，截去嘉靖三十年造单轮车事和万历十九年黄应甲造京营战车事，全文共1102字，较王本少325字。绝大多数王本原有的错误殿本并未改正，仅俗字"两"被改正为"辆"，但顺天府箭匠"周回童"再被讹为"周四章"（附录一，7）。

殿本与其他版本的最大不同，就在于序和夹叙论赞上。殿本的编纂者在序言中称"自骑兵起，车制渐废"（附录一，1）。夹叙论赞则有三项：嘉靖四十三年京营校演兵车事后称"自正统以来，言车战者如此，然未尝一当敌"（附录一，22）；隆庆中，戚

---

1 《明太祖实录》卷四五，洪武二年九月戊戌日，页1b（878）。"立临桃府，以金兰、狄道、渭源等县隶之。"

2 兰县因成化时陕西守臣奏称"兰县为陕肃喉襟，而肃王封国在其地，政繁官卑，事多掣肘，可升为州"，故"升临桃府兰县为兰州"。《明宪宗实录》卷一七〇，成化十三年九月庚辰日，页6b~7a（3084~3085）。

继光守蓟门事后称"然特以遏冲突，施火器，亦未尝以战也"（附录一，23）；天启间，直隶巡按易应昌进钢轮车、小冲车事后称"皆罕得其用，大约边地险阻不利车战"（附录一，28）。[1] 这些评论，将对战车的负面评价延伸至明末。由此可知，关于明代战车的负面评价，以张廷玉之殿本《明史》为最。

综上所述，清朝官修史书在取材上虽以《明实录》为依归，然取之有限，特别是正德以后，尤其缺乏。在撰作过程中，清朝官修史书也难称严谨，不仅增补史事甚少，对于错误也从未刊正，多因袭旧本，鲁鱼亥豕。更重要的是，自张廷玉殿本《明史》之后，对明代战车更加意批评，形成今日所见的明代战车"无用未战"论。

三 《钦定续文献通考》中的明代战车史事

虽然在定本《明史》修订后，对于明代战车相关史事的评论似告一段落，但清乾隆十二年展开修纂《钦定续文献通考》，又进一步修订明代战车史事。

修纂《文献通考》体，起源于元代马端临的《文献通考》。马端临极为推崇杜佑《通典》，称其"历代因革之故，粲然可考"，但也指出"然时有古今，述有详略，则夫节目之间，未为明备，而去取之际，颇欠精审，不无遗憾焉"。为此，马端临遂发明结合文、献、考三个部分的新史书体裁。《文献通考·自序》称：

> 凡叙事则本之经史，而参之以历代会要，以及百家传记之书，信而有证者从之，乖异传疑者不录，所谓"文"也。凡论事则先取常时臣僚之奏疏，次及近代诸儒之评论，以至名流之燕谈、稗官之纪录，凡一话一言可以订典故之得失，

---

1 张廷玉等总裁：《明史》卷九二《兵志》，页 2266~2268。

证史传之是非者，则采而录之，所谓"献"也。其载诸史传之纪录而可疑，稽诸先儒之论辨而未当者，研精覃思，悠然有得，则窃著己意，附其后焉。[1]

由此可知，马端临通过文、献、考三项工作，结合了官史、稗史和修纂者个人的见解，对于官修史书有所助益。如此，典章制度的史著，既保存了关键的原始材料，也提供了史家研究的独特观点，是史学撰作体裁上很重要的发明。马端临的《文献通考》卷一五八《车战》，即载有南宋以前战车的活动。

在马端临之后的赓续之作，是明万历三十年由王圻历四十年续纂而成的《续文献通考》。本书亦收录不少明代战车史事。[2] 分析《续文献通考》内容可知，《续文献通考》关于战车之内容本于（万历）《大明会典》。《大明会典》之修纂时间颇长，正德四年曾重加参校[3]，弘治、嘉靖两朝均有编纂。万历四年六月，大学士张居正等请"以弘治、嘉靖旧本，及嘉靖二十八年以后六部等衙门见行事例，分类编集，审定折衷"[4]，重修《大明会典》，并获神宗同意。[5] 至十五年正月，（万历）《大明会典》修成进呈。[6]

1　马端临：《文献通考》，"文献通考自序"，页考 3c，中华书局，1986 年。

2　王圻，字元翰，号洪（鸿）洲，松江府上海县人，嘉靖四十四年进士。王德毅：《王圻与〈续文献通考〉》，《简牍学报》2006 年 19 期。

3　李东阳等奉敕撰、申时行等奉敕重修：（万历）《大明会典》，"御制大明会典序"，页 3a~4b（5），台北文海出版社，1984 年。日本所藏（正德）《大明会典》是较早的版本，关于战车的记录仅洪武五年造独辕车、永乐十三年造车、正统十四年造战车三事。李东阳等撰、（日）山根幸夫解题：（正德）《大明会典》卷一六〇《工部·车辆》，页 23a（3：381），东京汲古书院，1989 年。

4　（万历）《大明会典》，"重修凡例"，页 1a（22）。

5　顾秉谦等总裁：《明神宗实录》卷五一，万历四年六月壬午日，页 14b~15b（1188~1190），台北"中研院"历史语言研究所，1984 年。

6　《明神宗实录》卷一八二，万历十五年正月丙辰日，页 6a~b（3399~3400）。

同年六月，命礼部刻《大明会典》。[1] 十六年八月重刻，并进呈颁布。[2] 十七年二月，送南京礼部转发各衙门。[3] 这部（万历）《大明会典》收录史料的下限是万历十三年[4]，内共录战车事 10 条。由于仅载工部所负责制造的战车，因此边镇造或自造者不见录。造战车职司原属工部都水司，后改属工部虞衡司，故内容分见于卷一九三及卷二〇〇。

王圻编纂《续文献通考》在（万历）《大明会典》编成之后，可从内容看出两者的关系。（万历）《大明会典》收录明代战车史事共 10 件，与《续文献通考》数量相同，唯《续文献通考》漏抄正统十四年造战车 1000 辆事及弘治十七年造战车 100 辆事，但补入李贤造战车疏和魏学曾请于广宁设战车营事。同时，《续文献通考》所集战车史事，亦未晚于（万历）《大明会典》的时间下限，可见两者间的密切关系。

值得注意的是，马端临《文献通考》系私修史书，王圻《续文献通考》亦为私修，但清廷对于官方修纂《钦定续文献通考》十分积极，成立"续文献通考馆"。随后，该馆因扩大修《续通典》和《续通志》，改名为"三通馆"。初命张廷玉等为总裁，齐召南等为纂修，陆续编成"续三通"（《续文献通考》二百五十卷、《续通典》一百五十卷、《续通志》六百四十卷）和"清三通"（《清朝通典》一百卷、《清朝通志》一百二十六卷、《清朝文献通考》三百卷）。

乾隆五十四年正月，由纪昀、陆锡熊、孙士毅所撰《钦定续文献通考·序》称：

1　《明神宗实录》卷一八七，万历十五年六月己卯日，页 10a（3509）。

2　《明神宗实录》卷二〇二，万历十六年八月丙戌日，页 2a（3781）。

3　《明神宗实录》卷二〇八，万历十七年二月丙午日，页 12b（3908）。

4　（万历）《大明会典》，"重修凡例"，页 5a（24）。

　　断自宋宁宗嘉定以前，采摭浩博，纲领宏该，元以来未有纂述，明王圻起而续之，体例糅杂，舛错丛生，遂使数典之书变为兔园之策，论者病焉。然终明之世亦无能改修，岂非以包括历朝委曲繁重，难于搜罗而条贯之哉？[1]

修纂三通馆臣称王圻《续文献通考》"体例糅杂，舛错丛生"，是"兔园之策"，其蔑视可见一斑。[2] 同时，《钦定续文献通考·序》又称：

　　我皇上化洽观文，道隆稽古，特命博征旧籍，综述斯编，黜上海之野文，补鄱阳之巨帙，合宋辽金元明五朝事迹议论，汇为是书。大抵事迹先征正史，而参以说部杂编议论；博取文集，而佐以史评语录。其采取王圻旧本者十分不及其一。至于考证异同，辨订疑似，王书固为疏陋，即马书亦略而未详，兹皆本本元元，各附案语。一折衷于圣裁，典核精密，纤悉不遗，尤二书所不逮。[3]

可见修纂《钦定续文献通考》的方法与马端临无异，且采集了王本不足十分之一的内容，是针对明人王圻《续文献通考》"考证异同，辨订疑似"的不足。有趣的是，虽然此序指出主要的编纂

1　嵇璜等奉敕撰：《钦定续文献通考》，"序"，页4b（626：3），《十通》第14册，台湾商务印书馆，1987年。

2　兔园之策，指五代至宋初农村儿童之村书，后有兔园策、兔园册和兔园策府等名。［日］本田精一：《〈兔園策〉攷：村書の研究》，《东洋史论集》，1993年21期，页65~97。修纂《钦定续文献通考》者将王圻之作类比于童蒙村书，实非出于理性之评论。

3　《钦定续文献通考》，"序"，页5a（626：3）。

方法是"大抵事迹先征正史，而参以说部杂编议论；博取文集，而佐以史评语录"，但实际上在明代战车的部分并未博取文集，仍以实录为主要的史料，与正史无异。由此可知，《钦定续文献通考》的基本立场必定与清修《明史》一致，且史料来源并未扩大，其自称"典核精密，纤悉不遗"，实为过誉。

从采录史事而言，《钦定续文献通考》以《明史·兵志》的记载为基础，共录明季战车史事 17 条，全文 3730 字。与《明史·兵志》相较，《钦定续文献通考》以增补或按语附书方式共补入正统十四年张泰造独马小车事、李贤造战车疏、天顺八年赵辅上战车制事、成化十三年王玺造雷火车事、施义献偏厢解合车、王埧冲阵战车、隆庆三年谭纶议造战车、隆庆六年蓟镇造辎重营三营、万历三年杨炳造京营战车 1440 辆、万历十九年萧大亨造辎重车等事。这些史事多据《明实录》《明史·兵志》和王圻《续文献通考》补入，可说是《钦定续文献通考》最有成就的部分。

但与王圻《续文献通考》相较，除舍去天顺八年造战车事外，并认为王圻《续文献通考》所录嘉靖年间四造战车是"有警听，皆未可见之施行"，仅采录嘉靖十一年南京给事中王希文陈造战车事，可见取舍之间对于王圻《续文献通考》的态度。

另，《钦定续文献通考》所记明末战车史事仅至万历三年杨炳造京营战车事，而将万历十九年萧大亨、万历末熊廷弼及天启中易应昌等事均附书于万历三年条目之下，似有回避、简化明清之际战车史事之嫌。王圻《续文献通考》和《钦定续文献通考》的内容比较，可参见附录二。

在史评部分，《钦定续文献通考》仍沿袭了对明代战车的恶评，在序言中以历史的观点强调明代战车拘泥古法：

> 臣等谨按：车战必如周时，一车甲士三人，左持弓，右

持矛，中执绥，方是其制。盖古者军旅之际，犹有礼焉，故
战法若此。自骑兵兴而车战渐废，迟速利钝之间，车不逮骑
远矣。汉魏以后，用车大率行则以之载糇粮，止则环而为营，
其用以冲敌致胜者，间一有之，亦止为骑兵之辅，断无纯用
车战者。至唐以后，益不复尚。房琯陈涛斜之败由于用车，
遂为谈兵者所诟病。北宋时亦曾讲论用车之术，载在马端临
《通考》。南宋偏安，舟师为重。辽金元则专尚骑射，车制概
不置议。惟有明一代，颇多制造习用之法，然亦空言而无裨
实用，特不可不载以资后人之考镜耳。夫因时制宜，期于克
敌，岂可拘泥古法哉。[1]

《钦定续文献通考》批判明人"空言而无裨实用""拘泥古法"，
结论则称："盖兵事原非空言小智所能取效。车之为用，止可以
辎重、护营耳。若以之当敌，固断难恃为致胜之具也。"[2]认为战
车不能作为作战的主力。但这些论点其实多为文人迂见，除了推
崇骑兵至上论外，最明显的错误，就是把周、秦以来的历代战车
等量齐观，忽略了明人对于战车的创新与改良。

乾隆末年，修《钦定续文献通考》时，史官虽对于史事的
增补较为尽心，但因史料大多采撷自《明史·兵志》，也继承、
发扬了错误的史观。这些对明代战车的负评，大多是由于修史
者未注意史料的来源，且在不断化约和轻率归纳的修史过程中，
对明代战车的叙述逐渐远离了历史真相。为使修纂明代战车史
事之过程更易了解，今绘制《清修官史修纂明战车史事源流图》
(图 1-1)。

---

1 《钦定续文献通考》卷一三二《兵考·车战》，页考 3974c~3975a。
2 《钦定续文献通考》卷一三二《兵考·车战》，页考 3977b。

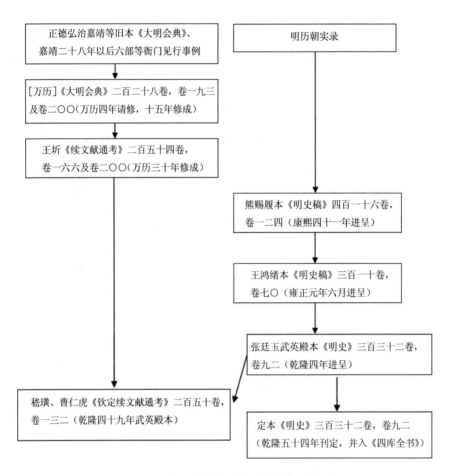

图1-1 清修官史修纂明战车史事源流图

四 清初史书中关于明代战车之记载及其转译

尽管在清修官史中，关于明代战车的评论几乎全为负面，但同样记载万历、天启、崇祯三朝史事的清开国史料，如何记载明代战车，是以往研究明代战车者较不注意的。其中，特别值得注意的是满文文献。万历二十七年努尔哈齐[1]命八克什额尔德尼、

---

1 陈捷先教授指出：明代和朝鲜史料称清朝创始人多为负面之音译，如"奴""奴贼""奴儿哈赤"等，而清代官书则有"弩尔哈齐"和"努尔哈齐"的写法，后来定本的《实录》称为"努尔哈齐"，然实不应以怀种族成见称之。今采陈捷先教授意见，以下均称"努尔哈齐"。陈捷先：《努尔哈齐写真》，"前言"，页6~7，台北远流出版社，2003年。

扎尔固齐噶盖创制满文。这种初创的满文主要是以蒙古文字母为基础，合女真语音，连缀成句而成，即所谓老满文、无圈点满文。[1]努尔哈齐开始设立专责人员和机关以记载政事。[2]因此，要明了明末清初的战车史实，征引满文文献是不可或缺的。

自 20 世纪初，经中日学者之介绍翻译，满文档案的学术利用始渐普及。[3]其中重现和整理《满洲原档》《满洲实录》和满文《太祖实录》特别重要。唯受限于本文的篇幅，以下所讨论清初满文史料，将局限于目前台湾地区满文翻译的成果，缘以台湾地区学者的翻译方式较为质朴，并未参照以这些满文史料翻译编纂而成的汉文清朝实录[4]，较能够呈现满文的原意。以下就《满文原档》《满洲实录》和《太祖实录》分论之。

（一）《满文原档》

清朝入关以前，太祖朝曾以无圈点的老满文书写编年体的档册，太宗朝则改用带圈点的过渡性满文书写。乾隆年间，发现万历三十五年至崇祯九年共 30 年的旧满文编写档册 37 册；后来，文献馆在整理内阁大库残档时发现了另外 3 册，后将其归入原档并编号为满附一、满附二、满附三，共成 40 册，并于 1949 年播迁来台。后经台北"故宫博物院"文献处讨论，被定名为《满文原档》。[5]

1　庄吉发：《故宫档案述要》，页 349，台北"故宫博物院"，1983 年。

2　陈捷先：《满文清实录研究》，页 2，台北大化书局，1978 年。

3　冯尔康：《清史史料学》，页 162~163，台湾商务印书馆，1993 年。

4　乾隆时期经过整理的重抄满文档案，计 26 函，180 册，现存中国第一历史档案馆（以下称一档馆）。1990 年，经一档馆和中国社会科学院历史研究所合作，曾将对照音写本和照写本两种全部译注，出版《满文老档》。唯因该译本无满汉两种文字之对照，且部分译文直接采用后出的汉文《清实录》，在此不尽举其相关内容。第一历史档案馆及中国社会科学院历史研究所译注：《满文老档》，中华书局，1990 年。

5　冯明珠：《多少龙兴事，尽藏原档中："国立故宫博物院"藏〈满文原档〉的命名、整理与出版经过》，《故宫文物月刊》2005 年 23 卷 9 期。

　　《满文原档》的汉译工作，先是广禄、李学智等人译注太祖朝荒字、昃字档册，改题以《清太祖朝老满文原档》出版。[1] 稍后张葳等又译注《旧满洲档》内第六、七两册，即《旧满洲档译注·太宗朝》。[2] 唯《满文原档》汉译工作尚未全部完成。就目前所见的汉译本中，可以检出明清交战中战车的活动数起，兹列于表1-2。

表1-2　《满文原档》台湾汉译本内所记战车史事表[3]

序	册数	时间	记载（摘要）
1	《清太祖朝老满文原档(第一册荒字老满文档册)》	天命四年萨尔浒之役	时汗在瓦呼木甸外，也看见一万尼堪兵一营，持炮、鸟枪、战车、藤牌以及一应器械而行。汗即亲自率领尚不足一千兵前去攻击。那一万尼堪兵，遂即掘壕置炮、排列战车、藤牌立阵应战。遂命我不足千兵的那一半步行前去攻击时，全不顾尼堪兵频频施放的枪炮，遂即冲击进入，推倒了战车、藤牌，击败了那一万兵，皆都斩杀
2	《清太祖朝老满文原档(第二册昃字老满文档册)》	天命四年萨尔浒之役	时汗在瓦呼木甸外，也看见一万尼堪兵一营，持着炮、鸟枪、战车、藤牌以及一应器械而行。汗即亲自率领尚不足千兵的那一半步行前去攻击时，全不顾尼堪兵频频施放的枪炮，遂即冲击进入，推倒了战车、藤牌，击败了那一万兵，皆都斩杀

1　广禄、李学智译注：《清太祖朝老满文原档（第一册荒字老满文档册)》，台北"中研院"历史语言研究所，1970年；《清太祖朝老满文原档（第二册昃字老满文档册)》，台北"中研院"历史语言研究所，1970年。

2　张葳等译注：《旧满洲档译注·太宗朝》，台北"故宫博物院"，1977~1980年。

3　《清太祖朝老满文原档（第一册荒字老满文档册)》，台北"中研院"历史语言研究所，1970年；《清太祖朝老满文原档（第二册昃字老满文档册)》，台北"中研院"历史语言研究所，1970年。《旧满洲档译注·太宗朝》，台北"故宫博物院"，1977~1980年。

续 表

序	册数	时间	记载（摘要）
3	《旧满洲档译注·太宗朝（一）》	天聪元年五月二十八日宁锦攻坚战	于二十八日早晨，图围宁远，兵驰至宁远的北岗，有明游击职的二官员，率步兵一千二百余挖掘壕沟，用车圈围之成城，排列炮、鸟枪立营
4	《旧满洲档译注·太宗朝（一）》	天聪三年十二月二十七日北京奔袭战	汗和二大贝勒率护军、炮兵，先至蓟州城来巡视时，自山海关有步兵五千来增援蓟州，追至城南两里外，明发觉了，无暇入城，设营，列车、盾、炮、鸟枪而止营，我们冲入，把敌兵都杀了
5	《旧满洲档译注·太宗朝（二）》	天聪五年九月十六日大凌河之役	在城外万余步兵排列着车楯、炮、鸟枪，此后收转回来时，明兵复出，蹑后而来
6	《旧满洲档译注·太宗朝（二）》	天聪五年九月二十四日大凌河之役	二十四日明的步骑兵四三万余由锦州城出来，二十五日渡小凌河掘壕沟，以车楯、炮、鸟枪防护所设营地。汗想要作两天的攻击，因此带（一半）的兵去，排列车楯准备要开始攻击时，汗将知道明军防守坚固，说：这个兵必定是来和我们作战的，为何要使我们的兵在他设防坚固之处受伤？何若待他起营向前（动出）发时予以攻击。因此退兵归来。二十七日（夜四更末），明向大凌河（移动），行到了十五里之处，探哨的人得知，而来报告，因此汗……去察看时，则见（明）兵步骑混杂设营，大小炮、鸟枪全列在四方待命。汗以等待战车之兵恐太迟了，因此将二翼的（骑）兵列阵，以骑兵高喊直冲而入。汗因无法收兵，乃亲射箭用腰刀砍软，而后才勉强收兵。（令）攻击的（营兵），

序	册数	时间	记载（摘要）
			车楯排列在前，护军、蒙古兵、从仆混合排列于后。于是营兵推车到敌近处，所有骑兵一齐射箭冲入时，明军又全不动，放炮、鸟枪像雨雪似的射击，明兵经不起我们的猛击，终于（动移）而败走

由上表可知，在已译出的《满文原档》部分，可以发现明清战争期间，萨尔浒之役、宁锦攻坚战、北京奔袭战和大凌河之役，都有明军与清军交战的记录。且在天聪五年的大凌河战役中，皇太极最初对于攻击明军的战车营还颇感犹豫，似乎对战车部队有所顾忌。由此，可以确知清修官史对于明代战车的负评不但缺乏史实的基础，同时也与清朝最初以满文修纂的满文原文件记载相矛盾。

（二）《满洲实录》

陈捷先先生曾经指出，满人最早记述清太祖努尔哈齐事迹的专书是由两个画匠张俭和张应魁完成。清代官书称这套画为《太祖实录图》，是努尔哈齐的第一部实录。乾隆朝时，担心藏于乾清宫的《太祖实录图》不能尽见，因此派遣门应兆绘图，后又派遣内阁中书 12 人，分别缮写满、蒙、汉三种文字的内容，至乾隆四十六年初春完成两部，分置上书房和盛京。五月，又缮一份置于热河避暑山庄。此即《满洲实录》。[1]

陈捷先先生甚为推崇《满洲实录》的史料价值。据其考证，《满洲实录》虽成书于乾隆末，但并未受到太多窜改，其文字系依旧本《武皇帝实录》重抄。[2]因此不论战图或文字，都是了解清初

1　陈捷先：《满文清太祖实录之纂修与改订》，页 64，台北大化书局，1978 年。

2　《满文清太祖实录之纂修与改订》，页 92。

战争的重要史料。《满洲实录》记载努尔哈齐自万历十一年起兵
至天命十一年的史事，并绘有战图 83 幅。[1] 兹将《满洲实录》中
关于战车的图文记载列于表 1-3。

表 1-3　《满洲实录》中关于战车的图文记载表 [2]

序	卷数	时间	图名	记载（摘要）
1	卷一	万历十二年 六月	太祖大战 玛尔墩	太祖为噶哈善复仇，往攻纳木占、萨木占、纳申、完济汉，直抵玛尔墩山下，见山势陡峻，乃以战车三辆并进
2	卷五	天命四年 万历四十七年 三月	四王皇太极 破龚念遂营	明国左翼中路后营游击龚念遂、李希泌领车营骑步一万，至斡浑鄂谟处安营
3	卷五	天命四年 万历四十七年 三月	太祖破 潘宗颜营	乃收兵攻斐芬山潘宗颜之营，令兵一半下马，向上攻之，宗颜兵一万以战车为卫，枪炮连发，我兵突入，摧其战车
4	卷五	天命四年 万历四十七年 六月十六日	太祖克开原 (图无战车)	开原守城总兵马林、副将于化龙、署监军道事推官郑之范、参将高贞、游击于守志、备御何懋官等城上布兵防守，城外四门屯兵。我兵遂布战车云梯进攻

1　《清史史料学》，页 43。
2　官修《满洲实录》八卷，中华书局，1986 年。

31

序	卷数	时间	图名	记载（摘要）
5	卷六	天命四年 万历四十七年 七月二十五日	太祖克铁岭 （图无战车）	帝率诸王大臣领兵取铁岭，二十五日至其城，将围之，其外堡之兵俱投城，被截在外者殆半，四散遁走，我兵布战车云梯攻城北面
6	卷六	天命四年 万历四十七年 八月十九日	太祖灭叶赫 （图无战车）	帝率大兵至锦台什城，四面围之，遂分队破其外郭，军士整顿云梯战车已备，令锦台什降
7	卷六	天命六年 天启元年 三月初十日	太祖克沈阳 （图无战车）	三月初十，帝自将诸王大臣，领大兵，取沈阳，将栅木云梯战车顺浑河而下，水路并进。次日辰时，令攻城兵布云梯战车攻其东面，城外有深堑。内筑拦马墙一道，间留炮眼，排列战车枪炮众兵绕城，卫守甚严
8	卷六	天命六年 天启元年 三月十一日	太祖破陈策营	帝见之，令右固山兵取绵甲战车徐进击之
9	卷六	天命六年 天启元年 三月十一日	四王皇太极大败三总兵 （图无战车）	我兵既歼二营之众，见浑粳南五里外复有步兵一万，布置战车枪炮，掘壕安营

续　表

序	卷数	时间	图名	记载（摘要）
10	卷六	天命六年 天启元年 三月十一日	太祖破 董仲贵营	天将暮，帝复战浑河南步兵，布战车冲入其营，杀副将董仲贵，参将张名世、张大斗及众兵殆尽
11	卷六	天命六年 天启元年 三月二十日	太祖率兵 克辽阳 （图无战车）	东有水口，以右四固山兵塞之，亲率右四固山兵布战车于城边以防卫。 次日黎明，明兵复布车大战，又败
12	卷七	天命七年 天启二年 正月	太祖克 西平堡	二十一日，招城守副将罗一贵，不降。辰时，布战车云梯攻之
13	卷八	天命十一年 天启六年 正月	太祖率兵 攻宁远	帝令军中备攻，于二十四日以战车覆城下
14	卷八	天命十一年 天启六年 正月二十六日	武纳格败 觉华岛兵	明国守粮参将姚抚民、胡一宁、金冠，游击季善、张国青、吴玉于冰上安营凿冰十五里，以战车为卫

　　从上表可知，共有 8 幅战图描绘战车。以图 1-2 为例，可见《太祖破潘宗颜营战图》描绘萨尔浒之役中明军战车与后金对抗的情况。至于文字记录，则有 14 次。分析这些内容可以发现，明军确实在辽东战场上投入了战车部队，并多次与后金军交战。除此之外，我们还可以发现，努尔哈齐在崛起之初就开始使用战车，

且多半是掩护攻城，仅在辽阳一役中是利用战车与明军野战。

图1-2　太祖破潘宗颜营战图[1]

上揭各例，皆可说明清初修纂《明史》和《续文献通考》的史官，并未注意清开国史料与官修明代史书的差异，形成了历史多种呈现的奇怪现象。据此所得出之"战车无实战论"，自然不可信。

（三）《太祖实录》

虽然《满洲实录》有不少明军及努尔哈齐统领战车作战的记载，但记载同一时期史事且曾参考《满洲实录》编纂的《清太祖实录》完全没有记载战车，这就不免使后人怀疑。据罗振玉的考

1　《满洲实录》。

察，其汉译者为朱竹垞和乔莱。[1]《太祖实录》修于崇德元年，重修于康熙二十一年，至雍正十二年又加以校订。乾隆四年出现定本，即后世之皇史宬本。罗振玉曾发现康熙朝重修本《太祖实录》稿三种，考订为初修、重修和三修本。今检罗振玉之《太祖实录》汉译初修本中修改译文之处，列于表1-4。

表1-4　《太祖高皇帝实录稿本》甲本对于
战车翻译的修改情况[2]

序	页码/差异处	甲本（初修）	
		原文	删改处
1	38 （甲20a）	寨距山上，势甚险峻，乃以挨牌三辆，排列并进，至险隘处，以其一辆前进	寨距山上，势甚险峻，乃以挨牌三乘，排列并进，至险隘处，以其一乘前进
2	84~85 （甲43a-b）	布兵防守，布战车云梯	少列兵卒防守，布楯梯
3	98 （甲50a）	攻金台石贝勒所东城，我兵即推战车登山拥至，毁其城	攻金台石贝勒所东城，我兵即推楯向仰攻，欲堕其城
4	141 （甲71b）	辰刻，令军士树冲梯楯车攻城东南面	辰刻，令军士树云梯楯车攻城东南面
5	143 （甲72b）	上观之，遣右翼四固山兵……摆亚喇，不待绵甲战车，奋进……复见浑河南五里外有步兵一万，置战车枪炮	上观之，遣右翼四旗兵……摆亚喇，不待绵甲楯车，奋进……复见浑河南五里外有步兵一万，置楯车枪炮

1　罗振玉辑：《太祖高皇帝实录稿本三种》，"序"，页1b~2a，《清史资料》丛书本，台联国风出版社，1969年。
2　《太祖高皇帝实录稿本三种》。

续　表

序	页码／差异处	甲本（初修）	
		原文	删改处
6	145 （甲73b）	上复战浑河南步兵，布战车冲入，破其营	上复击浑河以南步兵，布楯车冲入，破其营
7	148 （甲75a）	上亲率右四固山兵，布战车于城边防卫	上亲率右四固山兵，布楯车于城边防卫
8	149 （甲75b）	遂率右四固山绵甲军布列战车，进击东门外兵，明营中炮声不绝，我兵遂树楯车之外，渡濠大呼而进	遂率右四固山绵甲军布列战车，进击东门外兵，明营中炮声不绝，我兵遂树楯之外，渡濠大呼而进

由是可知，汉译第一稿中"战车"一词，随即被改译为"楯车"，"云梯""战车"一并被改译为"梯楯"，遂使后世的汉文史书几无战车一词。研究者无从了解战车在明清战争中普遍应用的情况，并忽视了清军也大量使用战车的史实。现再将表1-4之内容，归纳为图1-3，以了解其转译之模式。

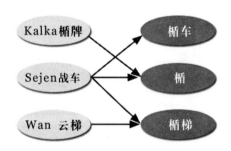

图1-3　《太祖高皇帝实录稿本》的翻译法示意图

"楯"字在宋以前，军事上多指盾牌。如《孙子兵法》称："公家之费，破车罢马，甲胄矢弩，戟楯蔽橹，丘牛大车，十去其六。"王晳注称："楯，干也。蔽，可以屏蔽。橹，大楯也。"张预注则称："蔽橹，楯也，今谓之彭排。"[1] 可知其并非战车的代称。《六韬》称："垒门拒守，矛戟小（橹）楯十二具，绞车连弩自副。"[2] "便兵所处，弓弩为表，戟楯为里。"[3] 明人奏疏中亦罕以楯代称战车。因此，清初史臣以"楯"代译满文里的"sejen"，事实上并不合适。同时在翻译的关系上也十分混乱，同样的"sejen"会被翻译为楯车、楯、楯梯，使人莫衷一是。而事实上，在满文里，都已有对应的词汇。因此，这种因翻译产生的错误，可以视为修史者在翻译满文史书后，为了润饰文字所产生的不必要错误。

由上可知，不论是《满文原档》还是《满洲实录》，都载有明军战车作战的史事。而汉文《太祖实录》因为译者翻译时断章取义，译法又不一致，出现许多问题。后世治史者若以汉文实录为基础，则不可见明代战车的真相了。

(四) 清人对于战车的观点与利用

另一个值得注意的问题是，战车在清人的观点中是否全然无用？以下兹就清代兵书、方志和收录于数种《清经世文编》中关于边防的奏议、条陈，试检视清人对于战车的看法。

年羹尧，字亮工，号双峰，汉军镶白旗人，康熙三十九年进士。康熙末年，平定青海、西藏等地的叛乱，雍正朝以功升抚远大将军。在他于雍正初所辑《治平胜算全书》（序刻于雍正二年）中，第九卷有《车营法》，第十四卷末有部分明代战车图，第十七

1　孙武撰、曹操等注：《宋本十一家注孙子》卷上《作战篇》，页 20b（444），《中国兵书集成》本，解放军出版社、辽沈书社，1992 年。

2　施子美注：《施氏七书讲义》卷三七《六韬讲义》，《虎韬》《军用》，页 1a（993），《中国兵书集成》本，解放军出版社，辽沈书社，1992 年。

3　《施氏七书讲义》卷三八《六韬讲义》，《豹韬》《林战》，页 1a（1023）。

卷录有灭虏炮车、轻车、战车等车。[1]《治平胜算全书》卷二八又录有李之藻奏疏，内言与协理戎政商造战车，及建言提供较多经费给进献新巧战车火铳者。[2]可见，年羹尧对战车并无特别贬抑之意。

在年羹尧被罢斥后，雍正皇帝、怡亲王及其继任者岳钟琪，在西北的军事上，亦十分重视应用战车。怡亲王自雍正五年起，即在内务府命八旗铁匠和外雇铁匠，打造万杆鸟枪和百门子母炮（即佛郎机铳）。[3]同时，怡亲王也针对子母炮的炮架，不断地进行修改。十二月初五日，怡亲王同意制造子母炮 100 位（每位长 5 尺 2 寸 2 分；每位随子兜 5 个，长 7 寸），长 2 尺 7 寸鸟枪 12000 杆，分 10 个月打造。共享物料银 9227 两 8 钱 8 分 8 厘 2 毛，共工银 16593 两 1 钱 9 分 6 厘，通共银 25821 两 8 分 4 厘 2 毛。[4]

同时，岳钟琪也送来一辆炮枪车样，供内务府造办处造成大车 1 辆，小样 2 件，并呈怡亲王。这辆样车比原送车重 20 斤。怡亲王看过后下令，将原车与大车送给岳钟琪考虑。十二月初五日拆卸大车 1 辆，得 9 个组件，每件各用黑毡包裹。再小车样 2 件，用两个木匣盛装，也用黑毡包裹。由司库达善和催总吴花子送去，交与兵部侍郎杨汝谷和员外郎常明。[5]初十日，怡亲王对车上遮牌的防弹能力有疑虑，命令将遮牌头层用木做，二层用西纸做，三

---

1 年羹尧辑：《治平胜算全书》卷九，页 3a（391）；卷一四，页 44a~46a（470~471）；卷一七，页 5a~10a（511~513），《续修四库全书》本，上海古籍出版社，1997 年。

2 《治平胜算全书》卷二八，页 26a~30a（637~639）。

3 《内务府造办处各作成做活计清档》（以下简称《活计档》），雍正五年十二月初一日，"炮枪作"，页 064-276-556 至 064-277-556，中国第一历史档案馆，2000 微卷。雍正同时下令，再给乌拉地方增造鸟枪二千杆。

4 《活计档》，雍正五年十二月初一日，"炮枪作"，页 064-442-556。

5 《活计档》，雍正五年十月二十八日，"木作"，页 065-218-556。

层用毡子做。[1] 十七日，郎中海望将成造炮车 3000 辆细册一本，总折一件，添造车 400 辆细折一件呈怡亲王看。[2] 由牛群乌合里达提供牛皮，由织造处提供炮车上所用的棉子。[3] 这些档案里关于怡亲王亲自过问战车车式，及造车和配件的记载，说明了清军在装备战车上亦十分积极。

雍正七年五月初十日，雍正皇帝大阅车骑营兵于南苑。辰时，大将军傅尔丹等令车骑营于晾鹰台前排列。巳时，世宗宪皇帝御晾鹰台黄幄升座，赐诸王大臣等坐。在黄幄前鸣海螺三次，接着军中海螺续鸣，"营内击鼓展旗，枪炮齐发"。诸军分队各依旗色列阵。[4] 这支八旗劲旅展示了强大的战斗力。

雍正七年闰七月初三日，怡亲王命内务府造车处发出造成战车 3000 辆后，再补造 600 辆，与余下的 400 辆共成 1000 辆备用。[5] 二十五日，郎中海望为炮车 3000 辆各添长 7 尺、宽 4 幅挖单一块。怡亲王又为每辆车增加油布单一块。[6] 车上各附一小白旗。[7] 六月十七日，怡亲王谕发给车骑营炮枪等件，连先领过，炮载足 200 位，鸟枪足 10000 杆，俟出兵发给。[8]

为使这些战车能够经受路途的考验，十二月初十日，办理西路军需湖北巡抚马会伯又奏报：

至于随军战车三千辆，道路遥远，轮辋辐轴，非选择木

1　《活计档》，雍正五年十二月初十日，"记事录"，页 065-292-556。

2　《活计档》，雍正六年十二月十七日，"杂录"，页 065-387-556、065-388-556、066-461-585、066-462-585。

3　《活计档》，雍正六年正月初四日，"杂录"，页 066-466-585。

4　《大清会典事例》（第 8 册）卷七〇六《兵部·大阅·大阅典礼》，页 788a。

5　《活计档》，雍正七年闰七月初三日，"记事档"，页 068-81-586。

6　《活计档》，雍正七年二月二十五日，"记事录"，页 068-284-586。

7　《活计档》，雍正七年四月二十三日，"记事录"，页 068-293-586。

8　《活计档》，雍正七年六月十七日，"记事录"，页 068-297-586、068-298-586。

> 料至坚至刚者，必不可用，乃办理各官并不拣择，多用杨柳，
> 其性脆柔，一经磕硼即至损裂，押解各官，纷纷呈详到臣。
> 臣一面咨呈大将军臣岳钟琪，一面饬令凉甘肃地方官，轮加
> 铁瓦，轴换榆木，外备车串余轴等项，催令昼夜赶造，随后
> 解赴军营。[1]

马会伯甚为关注战车的材质是否耐用，并奏报"轮加铁瓦，轴换
榆木，外备车串余轴"等处理方式。由上可知，岳钟琪在西北动
用车骑营战车共达 3000 辆。尚有粮车 7000 辆同行。[2] 因此，清朝
在入关后，不但并未放弃在野战上使用战车，且在使用的规模上
与明人相当。

士人的反应如何呢？（民国）《闽侯县志·邓浩传》载："邓
浩，字星澜，号畸人，乾隆辛酉举人，教授永福，遂家焉。著有
《孙吴统笺》十六卷、《车战博议》四卷、《炮战源流》三卷……
藏郑玉瓒家，毁于火，士林惜之。"[3] 邓浩为乾隆六年的举人。从
其三种著作来看，显然是知兵文人。从《车战博议》一书，可见
乾隆前期仍有人对战车进行研究和讨论。可惜这些书都因失火而
亡佚，无法据其得知清初战车思想与前明的关系。

魏源《海国图志·筹海篇》曾说："西北平原大碛，陆战用
炮，必先立战车以制敌骑，然后驾炮于车以破敌阵。"[4] 此文亦为
《皇朝经世文续编》（饶玉成）、《皇朝经世文续编》（葛士浚）、

1　清世宗敕编：《世宗宪皇帝朱批谕旨》卷三一下，页 40b~41a（418：52），《文渊
阁四库全书》本，台湾商务印书馆，1982 年。

2　《世宗宪皇帝朱批谕旨》卷三一下，页 42b~43a（418：53）。

3　陈衍、欧阳佣民等纂：（民国）《闽侯县志》卷七二，页 493，台北成文出版社，
1966 年。

4　魏源：《海国图志》卷一《筹海篇》，页 14a（39），《中国兵书集成》本，解放
军出版社，1992 年。

《皇朝经世文统编》等所收录。[1] 显示此文之受重视。

　　林则徐在青海时亦曾用战车。光绪三年正月二十八日，廖连城《上都察院条陈》曾详载车制：

　　　　堵剿之法，莫如用炮。载炮必须用车，尝考历来车战之法，惟督臣林则徐为最善。林则徐前剿青海番，创制陆战抱车，仿轿车式而略小，不用木箱而用生牛皮，以铁架撑之，倒安威远抱一位，用抽屉分藏火药炸弹。其箱内可放衣械行粮，驾以一马，虽沙陆之地，皆可长驱而进。临敌则卸马用人，以后为前，两人倒推而进。连环开放，一如排枪之用。地狭列小阵，前环十余车；地广列大阵，前环数十车数百车，以火枪鸟枪夹护左右。我军既有凭恃障蔽，自然心定胆壮，发无不中。夜间下营，则以数百车环列向外，即成营盘，不用鹿角。此车战良法，可守，可战，而不可败也。[2]

除火炮不同外，基本车制与明代战车相类。从廖连城希望以战车来防堵夷人登陆来看，战车被视为反登陆作战的兵器。光绪三年正月二十八日，廖连城再上条陈，希望以战车用于天津的防务：

　　　　窃谓天津陆路御夷，似宜兼用车骑。若仿其法，制战车数百两（辆），教习车战。遇陆路有警，则以车营为正兵，而当其前；以骑兵伏两旁，而攻其左右，必无不胜。盖我有炮

1　饶玉成编：《皇朝经世文续编》，《筹海篇下》，页 15：1~17：1。葛士浚辑：《皇朝经世文续编》卷七八《兵政十七》，《筹海篇下》，页 14：1，台北文海出版社，1973 年。邵之棠辑：《皇朝经世文统编》卷八〇《经武部十一》，《筹海篇下》，页 28：2，台北文海出版社，1973 年。
2　饶玉成编：《皇朝经世文续编》卷八三《兵政十四上》，《上都察院条陈》（光绪三年正月二十八日），页 79：1~81：1。

> 以击彼，而彼无炮以击我。以血肉之躯，当我猛烈之炮，而
> 加有骑兵夹击之。孰胜孰负，不待智者能辨矣。[1]

廖连城希望以战车数百辆，配合骑兵伏击，驻守天津，以防止夷人内犯，与明代战车的战术十分类似。

欧阳柄荣也支持廖连城的看法。他在《备夷策》中也有类似的主张：

> 六日制平原战车以备陆战。天津地势平坦，陆路尤难堵御，夷人行军，惯用小舟渡军登岸，倘用林则徐剿青海番时所制陆战炮车，教习车战，津防尤可无虞。[2]

可见士人对于战车的成功战例均有所认识。虽然清军使用战车的例证似乎不如明代之多，然从年羹尧的兵书和岳钟琪的军事准备来看，战车确有投入实战中。即便到了 19 世纪，欧阳柄荣、廖连成和魏源等人在战术思想上并未受到清初官修史书历史观点的影响，不但未歧视战车，甚至建议朝廷使用。由此可见，清初官修史书的观点不能代表清军的战术主流观点，清人并未排斥或全盘推翻战车的军事价值。

《明史·兵志》和《续文献通考》等官修史书，是总结前代历史经验的重要史书。历朝政权对此甚详，因此对于正史等官修史书的修纂不遗余力。尤其清人修史时，往往以超越前代自诩，这使得后世学者莫不奉这些官方史书为圭臬。经本文爬梳与辩证，

---

1 饶玉成编：《皇朝经世文续编》卷八三《兵政十四上》，《上都察院条陈》（光绪三年正月二十八日），页 81：1~81：2。
2 《皇朝经世文统编》卷一〇一《通论部二》，《备夷策》，页 36：1~36：2。葛士浚编：《皇朝经世文续编》卷一〇三《洋务三》，《备夷策》，页 4：1~4：2。

先揭示了《明史·兵志》的史料基础虽在《明实录》，但从《世宗实录》以后，修史者并未尽心翻阅。加以奏议、杂史、兵书等史料虽被采集，但皆未被应用，其后又被陆续禁毁，后世亦无从翻案。其次，透过对于现存各版本的《明史》和《明史稿》的内容分析，可以发现其中错谬之处甚多。名为修纂，事实上只是删削、化约史事。因此《明史·兵志》战车史论既是错谬，当然也难登大雅之堂。稍后问世的《钦定续文献通考》以《明史·兵志》为基础，虽然补录了部分《明实录》和王圻《续文献通考》的内容，但对于《明史·兵志》的错谬史论，仍然予以继承。这些有心和无心的错误，使得我们几乎无法从这些官修史书看出明代战车史事的真相。

此外，我们可以看到清朝开国史料中，满文史料有许多关于明代战车的记录，而汉文史料则罕有记载。前者过去鲜少被研究明代战车的学者所利用，而这些记载可以直接证明清修官史的谬误；后者存在满文转译的问题，可以看出汉文史料由于翻译的关系，使得战车的活动几乎被抹去。这些现象都说明了研究者在探寻真相时，不能只是因为求便利而忽略了其他文字的记载。在本例中，满文文献具有决定性的影响。

明代战车是否有战有用，已在前文的研究中昭然若揭。吾人或能因例，对于明清军事史上的各种问题，尤其是《明史》对于军事记述的谬误，提供更进一步的解决之道。孟子指出"尽信书，则不如无书"，良有以也。

第二节　民国以来明代战车之研究回顾

民国以来，对于明史研究的禁锢渐弛，学者陆续关切明代战车，逐步揭开明代战车历史的真相。这一过程亦值得注意。以下分成不同的领域，回顾前贤有关明代战车研究之方向、取材、建树，并在他们的研究基础上，进一步介绍与分析研究明代战车所必需的新史料，从而指出研究明代战车的新方向。

一 经史考订背景下的明代战车研究

清前期虽然官私皆有明史研究风气，然自康熙晚期后，私家修撰明史的风气却陷于沉寂。顾颉刚《当代中国史学》曾指出其原因：

> 明清之际流传野史极多，但经清政府的禁毁，加以文字狱大兴，流存者极少。嘉道以后，文禁不如以往的严密，但是时间既相隔较远，材料的搜集颇难，故成书极少。[1]

因此可知清代私家研究明史，因政治干涉，受到了限制。[2] 吴哲夫曾指出，清人于开国之初即立明史馆，进行编修明史工作，其目的之一是掩盖明史的真实性。[3] 可见清人对明史的态度，必以官修史书之记载为依归。而乾隆时期所推动的禁毁书，更造成士人无法接触涉及政治、军事的奏疏、文集、兵书等材料。[4] 因此，遑论能对官修明史有所批评。光绪间，曾入直上书房的王颂蔚，寻得乾隆四年后陆续根据地名译音修改的进呈本"蓝面册明史"，共二百一十六卷。仿照殿本辽金元三史改译人名地名后加考证之体例，将进呈本的黄签加以抄录，并取稿本正本"参观互证"，淘汰文义复沓及空衍无关宏旨者，经两年撰成《明史考证攟逸》。唯

---

1 顾颉刚：《当代中国史学》，页 10，香港龙门书店，1964 年。
2 除了政治因素外，近年来的研究也指出，士人民族意识的削弱更为主要的原因。姜胜利：《清人明史学探研》，页 12~20，南开大学出版社，1997 年。
3 《清代禁毁书目研究》，页 39。
4 吴哲夫曾指出："清人以兵戈得天下。深恐汉人效法，故一面以兵驻防坐镇各地，一方面销毁有关兵事之书，务使汉人不知兵不能兵，使清帝安坐而食，高枕而卧。"《清代禁毁书目研究》，页 58。

王氏整理此书，并未参照阁本《明史》（即四库本）。此书几乎是清代中后期明史学的唯一成果 [1]，但仍未涉及兵志中的内容。

但是，清代的学术也为明史修纂指出了另一条路径。乾嘉时期，考据学渐渐转向了史学，并诉求考订正史，清代学者在元代史的校勘和增补上有很大的成就。[2] 虽然考订的对象是较无政治禁忌的元史，却为后来考订明史提供了借鉴。迨民国肇建，历史的禁锢得以真正解除，学术日益开放。补注和校订明史者，也开始陆续出现了。

有趣的是，最初质疑清修官史的"未战无用"史论，即与民初师承乾嘉以来经世史学和经史考订的传统有关。陈汉章是第一个指出官修史书"未战无用"史论谬误的学者。[3] 陈氏在其翻案之作《历代车战考》序言中，说明了撰写的动机：

> 近世兵家言，多谓车战泥古不可行，然古人车战未尝不败，后世战车未尝无胜，要在得其人而变通之。[4]

陈汉章首先指出民初持明代战车"未战无用"论者仍不少。其次，陈氏挑战《文献通考》卷一五八和《五礼通考》卷二四一的车战考，认为此二书"语焉不详"，无以考见胜败之迹。《历代车战考》一书起于夏，终于清，陈汉章指出："以车战之利害所

1　据徐泓的研究，清代明史学的发展主要在《明史》的补编工作，如刘廷銮《建文逊国之际月表》《明七卿考略》，傅以礼《残明大统历》等。徐泓：《六十年来明史之研究》，程发轫主编《六十年来之国学》第 3 册《史学之部》，页 391，台北正中书局，1974 年。

2　彭明辉：《晚清的经世史学》，页 29，台北麦田出版社，2002 年。

3　陈汉章，光绪十四年举人，宣统元年入京师大学堂，后任国立北京大学历史教师和中央大学史学系主任。他师承俞樾和黄以周，著作达百余种，其中《历代车战考》一种就涉及了明代战车史事的翻案。此书稿本成于民国二十五年，次年陈氏即去世。

4　陈汉章：《历代车战考》，页 1a，《丛书集成三编》本，台北艺文印书馆，1972 年。

关甚巨……。然语焉不详，遗漏尚多。于是遍搜群经注疏，子史百家，凡有涉于车战者，类聚而详考之。"[1] 在研究法上，《历代车战考》为说经订史之作。在明代战车的部分，陈氏运用了《实录》《明史·兵志》、王圻《续文献通考》及《明纪》等书，相互参照考订。

《历代车战考》的建树在于首次驳斥了《明史·兵志》的"未战无用"的史论。陈汉章以《钦定续文献通考》中关于总督刘天和及仇钺、王效两位总兵官以战车退敌的史实，说明"以见明未尝无车战之实"[2]。其次，他又以《续通鉴》所载至正十八年元军以狮子战车投入与明军的战斗，进而推理"明初即不尚战车，故狮子战车不传"[3]。最后，他列举了《明史·俞大猷传》中俞大猷造独轮战车 100 辆和步骑 3000 挫敌于安银堡，遂使京营始建战车事，来指出《明史》传志记载的内在矛盾。

就今日的观点言，《历代车战考》亦有未善之处。如：其一，未细阅《明实录》，没有察觉《明实录》与《明史》间记载的误差；其二，仅用王圻《续文献通考》和《明史》《钦定续文献通考》《续通鉴》等二手史料，对于奏疏、文集、兵书和档案等原始数据几无涉猎；其三，将"正统以来，言车战者多矣，然未尝一当敌也"误植为王圻的意见。

陈汉章虽首开对于明代战车"未战无用"论的批判，但并未引起更多对于明代战车的关注。若从经史考订的传统来看，一直到 1971 年，即陈作出版后 30 余年，黄云眉《明史考证》才又触及明代战车的问题。黄云眉，字子亭，号半坡，浙江余姚人，善考据，费四十年之精力，以《明实录》为底本，并参考官私记载

---

1 《历代车战考》，"王大隆跋"，页 16a。

2 《历代车战考》，页 14a。

3 《历代车战考》，页 14b。

1400余种，于 1971 年完成《明史考证》一书，达两百万字。关于明代战车的部分，以《明实录》和部分奏疏、文集、笔记考证《明史·兵志》关于明代战车者达 14 条，同时还增补各本《明史》皆漏列的万历四十七年冯时行造战车一事。[1]

然而，或因整部《明史》的整理考证工作规模甚为庞大，《明史考证》亦有其局限。其一，黄云眉并未发掘所有《明实录》中的战车史料，而是大致以《明史·兵志》的记载为核心，稍增补、对照《明实录》的相关记述；其二，所引用奏疏、文集和笔记的范围亦不广，故亦仅能增补内容，对于《明史·兵志》考订纠谬的成效有限。

民初是明史学兴起的时代。对于清修官史中明代战车史论的纠谬，最初并非来自对明史学的研究兴趣，而只是经史考订洪流下的偶然现象。由于这些学者仅满足于经史考订，无意深入探索明代战车的真面貌，他们的研究只呈现出文献记载之矛盾，而无法将明代战车的研究发展为进一步的课题。此外，就外在环境而言，当时政治的禁锢虽然解除，但支持研究所需的明代文献的发现和整理尚未全面开展，这也影响到此一问题研究的进程。

二 兵器史和科学史研究脉络下的明代战车研究

早在 20 世纪中叶，兵器史的研究就已受到中国学者关注，如周纬于 1945 年撰成《中国兵器史》[2]《亚洲各民族古兵器考》和《亚洲古兵器制作考略》三书。1947 年，冯家昇撰《读西洋的几种火器史后》[3]。这些研究，把西方的文物研究和兵器史研究的方法

---

1 黄云眉：《明史考证》，页 842~846，中华书局，1984 年。
2 1957 年，三联书店将《中国兵器史》的书稿加以整理，定书名为《中国兵器史稿》。周纬：《中国兵器史稿》，"出版说明"，百花文艺出版社，2006 年。
3 冯家昇：《读西洋的几种火器史后》，《史学集刊》1947 年第 5 期。

引进了中国。但这些早期的兵器史著作，比较着重于兵器，对于文献中的明代战车则毫无着墨。

虽然如此，在 1959 年却出现第一篇明代战车的专论，即刘重日撰《略述明代的火器和战车》一文。此文史料取材颇有新意，作者并未使用《明史》和《明实录》等材料，反而利用了《明经世文编》《天下郡国利病书》《西园闻见录》《涌幢小品》《余冬序录摘抄内外篇》等史料。该文点出明代火器和战车的密切关系，认为"由于火器的普遍应用，才使得战车重新复活"。作者指出了土木堡之役后明朝才开始真正制造战车，李贤和胡松是重要的推手。至成化年间，京营有战车 2500 辆，陕西诸边已有战车数千辆。作者也注意到成化后战车的车型复杂多样的情况。文末并检讨何以战车和火器没有增强明军的力量。[1]

虽然刘重日已提出新史实和新问题，但明代战车的研究却仍乏人赓续。如 20 世纪 80 年代，杨泓所著《中国古兵器论丛》是中国兵器史研究的另一本经典之作，但其讨论的时代大致仅及于唐宋。其《战车与车战》一章，仅提到了殷周战车与明代战车的不同，对明代战车仍未能有所深论。[2] 这反映出了《明史·兵志》的论点和史料缺乏仍限制了学者的视野。

汉学界最早注意到明代战车的重要性的学者，是旅美史家黄仁宇（Ray Huang）。1981 年，黄仁宇撰成《万历十五年》（*1587: A Year of No Significance*）一书，在第六章《戚继光：孤独的将领》，以两页篇幅来描写戚继光的车营组成及战术，并以"这样一种经过精心研究而形成的战术，由于不久以后本朝即与蒙古人和解，所以没有经过实战的严格考验，也没有在军事历史上发生决

1　重日：《略述明代的火器和战车》，《历史教学》1959 年第 8 期。

2　杨泓：《中国古兵器论丛》（增订本），页 92~93，文物出版社，1985 年。

定性的影响"[1]，作为对明代战车的历史评价。虽然此一观点与《明史·兵志》的论述立场相同，但引起了李约瑟等汉学家的注意。除此之外，黄仁宇和杨泓一样，也注意到了上古战车与明代战车的不同。因此，在翻译时，他特别将明代的战车翻译为Battlewagon，以有别于上古所用的双轮马战车 chariot。

这种情况到了李约瑟巨著《中国之科学与文明》陆续出版，中国科学史逐渐受到史学界的关注后有了转变。科学史学者研究传统的重要特色之一，是同时重视技术的发明创意和成效。因此科学史学者较不会局限于史书对明代战车的评价，反而能重新认识明代战车。这使得明代战车开始受到学者较多的关注。

李约瑟对中国古代战车有一定的关注，早在 1965 年的《中国之科学与文明》四卷二分册，就曾对中国历史上使用的车辆，提供了一些考古学和人类学的观点，以及机械史的解析。[2]值得注意的是，1986 年，李约瑟和王铃所合著的《中国之科学与文明》五卷七分册《火药的史诗》，分别论述战车依车辆搭载的兵器——火炮或火箭。[3]此著广泛利用《练兵实纪》《车铳图》《火攻问答》等明代兵书和《满洲实录》《四王皇太极破龚念遂营图》《太祖破潘宗颜营战图》等战图，勾勒出明末使用战车的场景。[4]

---

1 黄仁宇：《万历十五年》，页 203，台北食货出版社，1991 年。英文版的说法略有不同。"It was ironic that such a carefully worked out scheme was never put to a serious test on the battlefield and allowed to become a standard operating procedure of the imperial army." Ray Huang: *1587: A Year of No Significance*, New Haven and London: Yale University Press, 1981, p.181.

2 李约瑟在此书两处提及了中国历史上的车辆技术发展。一是讨论轮轴的技术发展，另一处则着重于中国古代陆地运输车辆和特殊车辆的介绍。Joseph Needham: *Science and Civilisation in China, IV:2 Physics and Physical Technology: Mechanical Englieering*, Cambridge: Cambridge University Press, 1965, pp.73~82, 243~304.

3 火炮部分参见 *Science and Civilisation in China, V:7 Military Technology: the Gunpowder Epic*, pp.414~422，火箭部分参见 pp.486~505。

4 *Science and Civilisation in China*, pp.400~402.

唯李约瑟未注意到对明代长期在军事上使用战车的传统，且将战车视为防护牌的衍生物。[1]作者虽然抛出了一个有趣的交流史问题，即中西方使用战车是否均源于蒙古[2]，可惜未能进一步申论。李氏等人注意兵书的取向，使得史家的目光不再受限于史书，而逐渐重视发掘兵书的内容。

自 1986 年以后，一些地区的明代战车研究有一特色，即十分重视图像史料。如刘旭编《中国古代兵器图册》[3]，搜集自殷商至明代的战车图像 54 种，其中明代战车 16 种，可惜未及评析明代战车史事。其次，成东、钟少异合编的《中国古代兵器图集》，虽为图册，但史料和实物采录十分考究，也相当多元，展示了《满洲实录》战图和毕懋康《军器图说》的图版。这两种史料都是第一次被运用在明代战车的研究里。《中国古代兵器图集》还指出明代使用火器战车盛极一时，并分析其优缺点，认为明代战车的优点是可以将打击力、防护力和机动力集于一身；缺点则为受地形限制，运动不便，木制盾牌防御力不足，车载火器威力有限，人在车上行动不便等。[4]

1991 年，中国国防科学技术工业委员会科学技术部组织研究古代兵器的学者集体创作了《中国军事百科全书·古代兵器分卷》，其中收有袁成业所撰写的火器战车（firearms combat-vehicle）词条。[5]

---

1 *Science and Civilisation in China, V:7 Military Technology: the Gunpowder Epic*, p.416. 笔者对李氏的见解有不同的看法，从历史的发展上来看，反而应是牌受到了战车的影响。如唐顺之《武编》载有"无敌神牌"一种，就是把车轮加在牌下，增加机动力，并减少士兵的负担。唐顺之：《武编前集》卷五《牌》，页 4a~5a（717~719），《中国兵书集成》，解放军出版社，1993 年。茅元仪：《武备志》卷一〇六《阵练制》，页 14a~b（4435~4436），《中国兵书集成》，解放军出版社，1993 年。

2 *Science and Civilisation in China, V:7 Military Technology: the Gunpowder Epic*, p.421.

3 刘旭编：《中国古代兵器图册》，北京图书馆出版社，1986 年。

4 成东、钟少异编：《中国古代兵器图集》，页 249，解放军出版社，1990 年。

5 在此可见著者翻译明代战车时，虽已经意识到明代战车与古战车的不同，未依循古战车的译法，但似未注意黄仁宇 Battlewagon 的新译法。

作者依据《明史·兵志》《满洲实录》和《练兵实纪》《武编》《武备志》兵书，认为战车在嘉靖末年形成了独立的兵种，着重于论述火箭与战车的关系。此外，作者认为战车适用于平原旷野，受地形和气候制约，且因系木制，易受火攻破坏，因而未在军中广泛应用和大力发展。[1]

陆敬严《中国古代兵器》是另一本关注明代战车的通论著作。陆氏指出火器发展后，因火器多较笨重，不宜行军，所以常用车载，进而形成车营以对敌。[2] 王兆春《中国古代战车、战船和城防技术成就》是一篇通俗性文章，认为："明代自世宗嘉靖年间后，由于火器大量制造和使用，装备火器和冷兵器的战车得到长足的发展。"[3] 文中还引述《武备志·火器图说》记载的六类战车。

王兆春主编的《中国科学技术史·军事技术卷》除了分析战车的车型外，相对于前人更为重视战车战术。此书将明代战车分成"战车的创新""车步骑辎合成军的编成"和"车铳结合战术的深化"等单元加以论述。"战车的创新"主要介绍车型，并阐述明朝前期的战车形制构造上日趋多样，边地和内地都有创造，并成为火器等新型武器的载运工具。[4] "车步骑辎合成军的编成"主要介绍隆庆二年戚继光总理蓟、昌、保定时所编练的战车"合成军"。作者认为戚继光利用当时先进科技，编成协同作战的合成军，不但是中国军事史的创举，在世界上也属罕见。同时，戚继光的思想也影响了明末的孙承宗和清末的曾国藩。[5] "车铳结合战

1　国防科学技术工业委员会科学技术部主编：《中国古代军事百科全书·古代兵器分册》，页172~173，军事科学出版社，1991年。

2　陆敬严：《中国古代兵器》，页81，西安交通大学出版社，1993年。

3　王兆春：《中国古代战车、战船和城防技术成就》，中国科学院自然科学史研究所主编《中国古代科技成就》（修订版），页692~702，中国青年出版社，1995年。

4　王兆春：《中国科学技术史·军事技术卷》，页173~175，科学出版社，1998年。

5　《中国科学技术史·军事技术卷》，页234。

术的深化"则指出明末戚继光、曾铣、赵士桢、徐光启和孙承宗等人的贡献,但在内容上以赵士桢的鹰扬车较为详尽。[1]

2007年,王兆春又出版《中国古代军事工程技术史(宋元明清)》一书,亦收有明代战车的专节,将明代战车的发展分为四个阶段。王兆春认为明初的战车和正统以后的战车只是用于运输粮草的一般军用车辆,而正统年间所制造的战车尚属应急性的初创阶段,作用有限。景泰至正德年间的战车,并未普遍作为明军制式装备。自嘉靖至崇祯末,战车才成为明军的制式装备。[2]王氏也深入地介绍了指挥车、辎重车、炮车、火箭车、轻火战车、纵火战车、偏厢车、正厢车、双轮战车、独轮战车和轻便战车11种明代战车。[3]最后,介绍了唐顺之、戚继光、赵士桢、徐光启和孙承宗的战车理论。[4]此一著作是目前较能统合明代战车的研究成果者。

20世纪中叶以后,兵器史和科学史研究兴起,带动了明代战车的研究,使明代战车研究不再局限于考订官修《明史》。在史料上,图像史料、兵书、方志、清开国史料逐渐成为明代战车研究的新史料,使得世人得以一窥正史以外明代战车的真实面貌。在研究对象上,也从战车本身逐渐扩大到战车战术及其影响。然而,正史对于明代战车的评论,终究是无法回避的问题。史学家只能通过文献歧异和回溯军事技术的水平提出质疑,无法挑战并推翻正史对于战车"未战无用"的评价。综上所述,史料上的新发现,使得20世纪90年代起的明代战车研究,逐渐能够走向内史的取径。

---

1 《中国科学技术史·军事技术卷》,页259。

2 王兆春:《中国古代军事工程技术史(宋元明清)》,页217~220,山西教育出版社,2007年。

3 《中国古代军事工程技术史(宋元明清)》,页220~223。

4 《中国古代军事工程技术史(宋元明清)》,页223~226。

三 军事史研究脉络下的明代战车研究

在科学史学者开发明代战车议题稍后，部分的明代军制史研究者和名将研究者也开始注意到明代战车的独特性。范中义《论明朝军制的演变》一文，认为车兵为嘉靖年间所出现的新兵种。[1]在名将研究方面，重点则为戚继光与俞大猷。王兆春撰写《戚继光对火器研制和使用的贡献》，除说明戚氏兵书《纪效新书》和《练兵实纪》所载的车营外，还判断我国士兵与火炮的比例已经达到12人拥有一门，远较西方为多。且在戚继光的著作中，介绍了戚继光的四种战车营制。[2]陈延杭《俞家军福建楼船与兵车营长矛战车》，则主张配备火炮的战车是近代野战炮的雏形，并介绍了俞大猷所研发的长矛战车和独轮车车制。[3]

范中义主编《中国军事通史·明代军事史》对于明代战车也有新论。他将明代战车的发展分为两个时期，认为正统至正德年间战车并不成熟，既无统一的规制，亦未大规模装备部队，但承袭《明史·兵志》的观点，主张战车未在实战中使用。[4]至于嘉靖至万历年间，范中义指出明朝文臣武将对战车的认识进一步提高了，战车的形制更加完善，编制更合理，火器更先进，战法更完善。范氏反驳《明史·兵志》和《钦定续文献通考》的论点，认为战车在理论上确实是御敌长策，在实践中也吓阻了外族的进攻。战车失利多非战车本身之过，多半是无法发挥战车的作用。最重要的是，范氏指出了战车须被正确运用，才会发挥作用。战

1 范中义：《论明朝军制的演变》，《中国史研究》1998年2期。
2 王兆春：《戚继光对火器研制和使用的贡献》，阎崇年主编《戚继光研究论集》，知识出版社，1990年。
3 陈延杭：《俞家军福建楼船与兵车营长矛战车》，《俞大猷研究》，厦门大学出版社，1998年。
4 范中义、王兆春、张文才、冯东礼等：《中国军事通史·明代军事史》，页597~600，军事科学出版社，1998年。

车的局限性在于需要熟练的士兵和指挥卓越的将领。[1] 此外，该书第十九章《隆庆万历的边防》，也述及戚继光在蓟镇练战车的情形。[2]

21 世纪初，一些学者展开整理和研究戚继光的史料的工作，透过整理戚继光的奏疏、文集、年谱、兵书等史料，也逐渐理出了明代战车新面貌。[3] 范中义《戚继光传》录有《车营作用辨析》专节，认为清人对明代战车的作用持否定的态度，并指出《明史·兵志》和《钦定续文献通考》"完全抹杀了车战的作用"。他除沿袭陈汉章以俞大猷的安银堡之役反驳《明史·兵志》"未战"的说法，又以戚继光在隆庆二年青山口退敌，说明战车确有战绩[4]，使明代战车再增"有战"之例。虽然作者提出了部署战车使外族不敢进犯即为明代战车的功用，但以目前对于明代战车战绩的发现而言，确实较难全面反映明代战车的军事价值。

部分的战车研究，是因为兵书研究而生发的。1994 年"中国古代兵法通俗读物"丛书中收录的《车营叩答合编浅说》，虽为军事通俗读物，但原文前有孔德骐著《〈车营叩答合编〉产生的历史背景、作者及版本》[5]一文，原文后则有《车营叩答合编浅说》[6]，

---

1 《中国军事通史·明代军事史》，页 600~608。

2 《中国军事通史·明代军事史》，页 748~752。

3 张德信：《戚继光奏议研究》，《明清论丛》第二辑，紫禁城出版社，2001 年。高扬文、陶琦主编，在北京中华书局出版的《戚继光研究丛书》，先后整理了与戚继光相关的史料，包括《止止堂集》《纪效新书》十四卷本和十八卷本、《戚少保奏议》《练兵实纪》《戚少保年谱耆编》等。其中《戚少保奏议》原无书，是还原自《重订批点类辑练兵诸书》和《戚少保年谱耆编》，十分难得。又有《戚继光传》(2003) 和《明代倭寇史略》(2004) 研究两种。

4 范中义：《戚继光传》，页 266~267，中华书局，2003 年。

5 孔德骐：《车营叩答合编浅说》，页 1~43，解放军出版社，1994 年。

6 《车营叩答合编浅说》，页 250~325。

揭示车营概说、军事思想特色、学术地位和对后世的影响，都相当深入。与《车营叩答》有关的后续研究尚有余三乐《孙承宗与〈车营百八叩〉》一文。作者将戚继光车营与孙承宗车营进行比较，并列举《车营百八叩》著作的四项特点。[1] 而孙建军《明代车营初探》一文，认为车营是在大量运用火器及传统步骑兵战斗力下降之后，为抵抗游牧民族而产生的新军种，并以孙承宗的车营为例，介绍车营的编制和影响。[2] 这些研究使我们得以一窥明代战车的编组、战略、战术等的详貌。

21 世纪以来，部分学者已经意识到开拓文献对明代战车这一课题的重要。陈刚俊、彭英在《略论明代战车文献及其军事思想》中，已经注意到《大同镇兵车操法》《练兵实纪》《武备志》《阵纪》《师律》和《车营叩答合编》等专业兵书关于战车的记载，也注意到《明实录》和《明经世文编》中与战车相关的部分记载。[3] 陈刚俊在其另一篇通俗历史作品《明代的战车与车营》中，除介绍明朝所使用的战车车型，还利用《明实录》和《明经世文编》的记载增补前说。[4]

学界面对《明史·兵志》对战车的评价，也有经过论证而支持者，如杨业进《明代战车初探》一文。杨氏指出《明史·兵志》在记载中存疑处，并尝试做简单之明代战车之总叙。其次，他认为单凭文献的直接记载，一时还难以推翻《明史·兵志》的说法。因此，作者通过战车的效用和时人的疑问来间接考察，认为《明史·

1　余三乐：《孙承宗与〈车营百八叩〉》，陈支平主编《第九届明史国际学术讨论会暨傅衣凌教授诞辰九十周年纪念论文集》，厦门大学出版社，2003 年。

2　孙建军：《明代车营初探》，《西北第二民族学院学报（哲社版）》，2007 年 1 期。

3　陈刚俊、彭英：《略论明代战车文献及其军事思想》，《江西广播电视大学学报》2007 年 2 期。

4　陈刚俊：《明代的战车与车营》，《文史知识》2007 年 7 期。

兵志》的结论是有一定道理的。[1]

近年来，有些学者再度注意到《明史·兵志》的评价，如韦占彬《理论创新与实战局限：明代车战的历史考察》一文，十分肯定明代战车的价值。对于战车的基本理论、车营建制与训练、车战的战术运用加以分析，并将明代战车的历史发展，归结为景泰至成化（尝试阶段）、弘治至嘉靖、隆庆至万历三个阶段。可惜的是，该文实战的例证搜集不足，且对明末的战车完全没有着墨。[2]刘利平所著《明代战车"未尝一当敌"、"亦未尝以战"质疑》一文，则对杨业进沿袭清修官史的观点大加批驳。刘氏自称详细翻阅各种史籍，认为杨说大可商榷。作者指出《明史》等书观点的形成，系因明代战车使用的频率并不高。因此，不宜高估战车的作用。[3]唯刘氏所涉战车史料仍限于《明实录》和少数文集一隅，在范围上仍未超过先前的研究。

综上可知，军事史研究虽然在学术的高度上给予明代战车较高的视野，亦扩大并深化了文献利用的范围，对正史史论能提出较为有力的反驳，然其规模和史料的运用幅度，仍有很大的改善空间。军事史家在名将研究和兵书研究两个方面有不少进展，带动了明代战车的研究。他们开始意识到战车文献和重新评价明代战车的重要性。唯这些个案的成功，尚未能累积足够的战车实战例证，亦无法厘清战车在明清战争的实际作用，因而尚不能完全推翻清修官史的观点。

---

1 杨业进：《明代战车研究》，《文史》1988 年 29 期。此文感谢中国科学院自然科学史研究所孙承晟博士印赠。

2 韦占彬：《理论创新与实战局限：明代车战的历史考察》，《河北学刊》2008 年 28 卷 2 期。

3 刘利平：《明代战车"未尝一当敌"、"亦未尝以战"质疑》，《广西社会科学》2008 年 3 期。

四　域外之音：世界史脉络的明代战车研究

日本学者也有专注于兵器交流史研究而涉及战车研究者，如宇田川武久《東アジア兵器交流史の研究：十五~十七世紀における兵器の受容と伝播》。值得注意的是，宇田氏利用朝鲜《世宗实录》《文宗实录》和《燕山君日记》等史料，发现咸吉道都节制使金孝诚于李氏朝鲜世宗二十五年上奏言车战之利，但为世宗以唐朝房管例及"我国山川高险，道路阻隔，安能用车战之法乎"反对。嗣后，金孝诚又曾多次上奏请造战车。[1]这些史事都反映出明代战车对藩属的军事政策产生实际的影响，这是先前学者所未曾注意的。

在世界史的研究中，自麦克尼尔的"火药帝国时代"理论提出后，近年来亦有承袭者。如肯尼斯·却斯（Kenneth Chase）《火器：1700年为止的世界史》[2]（*Firearms:A Global History to 1700*）一书，修正了麦克尼尔未参考李约瑟《中国之科学与文明》的弊病，同时也涉猎了《练兵实纪》和《神器谱》等具代表性的兵书和一些二手研究。却斯在此书中解释不同文明选择战车还是长矛来防卫火枪兵和火炮，与环境有很大的关系。在西欧和日本，通常是在农地作战，因此援军和补给可以快速到达。其他地区虽然也有人口稠密的地区，但是草原和沙漠地区没有遮蔽，游牧民族活动其间，因此在这些地区活动的军队必须保持机动力。战车虽然移动速度比步兵快不了多少，但其较不需要补给，额外的长矛兵也可省去，因此后勤负担较轻。[3]这些对各文明的比较研究，对于了解战车的军事本质极有帮助。但在明代战车部分，却斯仅注

1　宇田川武久：《東アジア兵器交流史の研究：十五~十七世紀における兵器の受容と伝播》，页100~107，东京吉川弘文馆，1993年。感谢邱师仲麟赐知此著。

2　Kenneth Chase:*Firearms:A Global History to 1700*,Cambridge:Cambridge University Press, 2003.

3　*Firearms:A Global History to 1700*,pp.205~506.

意到戚继光在蓟镇练战车，介绍了戚继光的四种营制（Brigades）和赵士桢的牌车[1]，对于明代战车的长远发展，以及战车车型、战术等各种变化问题铺陈不多。

汉学界著作在重视图像史料和发掘新文献上均有其特色。尤其如日本学者宇田川武久，特别注意到朝鲜使用战车的情形。虽然仅仅列出史料，却指出了中国军事交流史上的发展性，值得继续被关注。而在世界史的部分，虽然我们不能对世界史中关于明代战车研究的内容抱持过度的期望，但是世界史学者的理论和论点，提供我们在研究途径和比较文化研究上的新视野，这是必须注意的。

第三节　明代战车研究之挑战

《明史·兵志》和《续文献通考》等官修史书，是总结前代历史经验的重要史书，因此历朝政权对于正史等官修史书的修纂不遗余力。尤其清人修史时，往往以超越前代自诩，这使得后世学者莫不奉这些官方史书为圭臬。经本章爬网与辩证，先揭示了《明史·兵志》的史料基础虽在《明实录》，但从《世宗实录》以后，修史者并未尽心翻阅。加以奏议、杂史、兵书等史料虽被采集，但皆未被应用，最后又被陆续禁毁，使后世亦无从翻案。其次，透过对于现存各版本的《明史》和《明史稿》的内容分析，可以发现其中错谬之处甚多。名为修纂，事实上只是删削、化约史事。因此《明史·兵志》战车史论既是错谬，当然也难登大雅之堂。稍后问世的《钦定续文献通考》以《明史·兵志》为基础，虽然补录了部分《明实录》和王圻《续文献通考》的内容，但对于《明史·兵志》的错谬史论，仍然予以继承。这些有心和无心的错

1　*Firearms：A Global History to 1700*,pp.165~166.

误，使得我们几乎无法从这些官修史书看出明代战车史事的真相。

此外，清开国史料中满文文献有许多关于明代战车的记录，而汉文史料则罕有记载。前者过去鲜少被研究明代战车的学者所利用，但这些记载可以直接证明清修官史的谬误；后者则透过稿本可以发现，由于满文转译的问题，战车的活动几乎被抹去。这些现象都说明了研究者在探寻真相时，不能只是因为求便利而忽略了其他文字的记载。在本例中，满文文献明显具有决定性的影响。

自陈汉章揭开清修官史对于明代战车评论的错误以来，史学家接力耕耘，在此一领域中做出许多不同的尝试和创新，使我们逐渐认识明代战车的历史面貌。以下分述其成就和挑战。

一　民国以来明代战车研究的成就

其一，过去研究明代战车系自早期的经史考订出发，逐渐发现《明史·兵志》中关于战车的评论与《明史》其他部分的记载间的矛盾，及清修官史与其他史料记载间的矛盾。

其二，随着兵器史和科学史学者的加入，逐渐不再受限于清修官史关于明代战车有否参与实战等议题。同时，采集史料也日趋进步，学者们普遍注意到图像史料中所见的明代战车形象。而在文献方面，《明实录》、总集、奏议、别集、兵书、方志、杂史、笔记和清朝开国史料逐渐成为研究明代战车的新素材。虽然学者们对于史料的搜求并非详尽，但已为后续的研究开发了新的领域。陈刚俊和彭英《略论明代战车文献及其军事思想》一文，就充分地表现出明代战车研究在文献的准备上已经日趋成熟。可以说图像史料和文献史料的开拓，使明代战车的研究渐不受清修官史观点之桎梏。

其三，在军事史学者的努力下，特别是透过仔细分析军制，名将戚继光、俞大猷及兵书，逐渐发现明人在战车车制、营制和战术等方面的高度成就。但此一发现又与清修官史之史论落差过大，史家困于如果不使用，何必高度发展之疑惑。

其四，在世界史和交流史的领域，虽然世界史研究在方法上着重于比较研究，但透过世界史学者的观点，也可以发掘明代战车在火器时代的独特意义；在交流史研究中，则可以将视野逐渐移往域外的文献，并发掘明代战车对于藩属国国防思想和政策的影响。

明代战车经过近七十年来学者的接力研究，不但真实历史面貌逐渐为世人所认识，其重要性亦与日俱增。

二　明代战车研究的挑战

其一，明代战车文献的重构。研究明代战车，必须注意过去学者较少利用的史料。如内阁档案、文集、方志甚至地图，都还有待被进一步发掘和开拓。甚至是明朝战车对于藩属的影响，可能在挖掘朝鲜史料后，有更多值得探讨的空间。

其二，明代战车的阶段性研究。以往的学者已经归纳出了明代战车的发展阶段，如范中义的二阶段论及韦占彬的三阶段论。但不论是哪一种，都还不能明确完整地勾勒明代战车发展的历史阶段。这点我们从两个阶段论中，皆没有提及明清战争中的战车可知。因此，明代战车的历史发展，是否能被这样划分，其实仍有商榷余地。

其三，战车与明代国防的关系。就以往的研究可知，明代战车曾经高度的发展，配备火器众多，编制亦十分严整，但是其与明代国防的关系，一直缺乏较为完整的论述。毕竟了解明人运用战车的战略战术构想与战车的关系，是评价明代战车的关键指标之一。

其四，明代战车在世界史中的意义。无可讳言，明代战车研究一直受限于清修官史"无用未战"的史评，因此，发掘足够的战车作战记录，才能够彻底翻案。此外，尚可以放在东亚和世界史的脉络里，寻找出军事技术交流和文明发展理论的新视野，并深入探明 14~17 世纪世界最大陆权国家之真正军事能力，及其所面临的挑战。

第二章　明代战车之起源

从《明史·兵志》等官修史书的记载来看，明朝造战车始于洪武五年造独辕车，明初太祖、成祖朝的战车系用于馈运；正统年间朱冕之议造火车，是战车首用于备战，且"自是言车战者相继"。[1] 然而，若查检《明实录》，则元明之际交战，即有战车出现。尽管土木之变极大地影响了明代战车的普及，但战车投入实战，绝非始于朱冕。是故，《明史·兵志》所揭战车各节，实有疏漏，研究者应求之于其他史料。

自明太祖起兵至明成祖迁都北京，《明实录》载明军在军事上采用车辆的历程甚详。其中包括了朱元璋克南京后的突围诸战，攻克北京后追击元顺帝和王保保，以及明成祖讨本雅失里和阿鲁台作战。这些记载充分地反映出明朝逐步开始使用战车的历程，及与前代战车的关系。

瓦剌为蒙古部落，原位于鞑靼之西。元末强臣猛可帖木儿曾占领瓦剌。猛可帖木儿死后，瓦剌分裂为三，马哈木、太平和把秃孛罗。永乐年间，脱欢嗣位，瓦剌大举扩张，攻击阿鲁台、哈

1　《明史》卷九二《兵志》，页 2266，中华书局，1975 年。此一清修史书的观点影响后世学者甚深，如刘利平仍认为朱冕造战车为明代大规模造战车之始。刘利平：《明代战车"未尝一当敌"、"亦未尝以战"质疑》，《广西社会科学》2008 年 3 期。韦占彬亦认为此事是最早以车为战具。韦占彬：《理论创新与实战局限：明代车战的历史考察》，《河北学刊》2008 年 28 卷 3 期。

密，并逐步吞并太平和把秃孛罗。正统四年，也先嗣，称太师淮王，先后"破哈密，结婚沙州、赤斤蒙古诸卫，破兀良哈，胁朝鲜"[1]。瓦剌自永乐初即向明派出贡使。然而瓦剌利用明廷的爵赏，屡屡增加贡使团的人数。最初不过 50 人，正统初扩至 2000 人。正统十一年，瓦剌更将使节人数增至 3000 人，礼部仅给所请爵赏的五分之一，也先大为愧怒，随即大举入寇。瓦剌的入侵，是明代初年最危急的外患之一，也是朝廷开始研议制造战车并付诸实现的契机。

土木之变是明朝第一次遭遇的重大外患危机，也是群臣议造战车的开端。在土木之变前，正统十二年朱冕上奏请造数百辆战车，以防御瓦剌的进攻。[2]瓦剌内犯前，明军就已备有战车。及亲征王师大溃于土木堡，英宗被掳，瓦剌军兵临北京城下，景帝新立，文臣、武将、工匠无不勠力议造、改良战车以图救亡。边镇将领也陆续以战车作为防御的手段，开启了明朝以战车担当防御外患重任的时代。从《明英宗实录》的详细记载中，可知明军在土木之变前后不断议造战车。今稍分京师、边镇，一一对战车相关史事加以复原，重究其历史意义。并尽可能的复原车制和营制，既补前说，又为讨论的新基础。

车辆要能担负战斗任务，必然与其火力、防护力和战术三者有关，缺一不可。因此，明代战车成熟的必要条件是装备投射武器（弩和火器）、防护和发展野战战术三者。本章即在透过史实重新探究明初开始使用战车时，三者各得到了什么程度的发展，以了解明初战车的起源，并探究战车如何逐渐成为明军的主力装备之一。

---

1 《明史》卷三二八《瓦剌传》，页 8499。

2 《钦定续文献通考》卷一三二《兵考十二·战车》，页考 3974c。"自是言战车者相继。"

第一节　明初在军事上使用车辆之例证

一　元明易代之际的战争与战车

朱元璋克南京后，南京周围城市仍多由元军据守。[1]为确保南京为基地，并拓展江南领地，朱元璋必须打开元军的包围态势，以达到明军一统江南的战略目的。元明两军至少在三役中以车辆投入战斗：宁国之役、婺州之役和衢州之役。

朱元璋先着手攻击防守较为薄弱的宁国，《明太祖实录》载：

> （至正十七年四月）丁卯，克宁国路。先是上命徐达、常遇春率兵取宁国，长枪元帅谢国玺弃城走，守臣别不华、杨仲英等闭城拒守。城小而坚，攻之，久不下。遇春中流矢，裹创与战。上乃亲往督师，既至，登高望，曰："如斗之城，敢抗吾师。"乃命造飞车，前编竹为重蔽数道，并进攻之。仲英等不能支，开门请降……擒其元帅朱亮祖，并得其军士十余万，马二千余匹，于是属县太平、旌德、南陵、泾县相继皆下。[2]

宁国之役初期，徐达、常遇春并未使用攻城车，致使攻势受挫，战局胶着。朱元璋抵达前线观察后，始造飞车供攻城使用。飞车以多层竹排构成防御面，既能抵挡来自城上的矢石，又能够

1　元将定定扼镇江，别不华、杨仲英屯宁国，青衣军张明鉴据扬州，八思尔不花驻徽州，石抹宜孙守处州，石抹厚孙守婺州，伯颜不花守衢州。《明史》卷一《太祖本纪》，页5。

2　夏原吉监修、胡广等总裁：《明太祖实录》卷五，至正十七年四月丁卯日，页1b~2a（52~53）。台北"中研院"历史语言研究所，1984年。

使攻城军逐步接近城下。运用飞车攻城后，战局果然逆转，朱元璋于至正十七年四月初三日克复宁国。

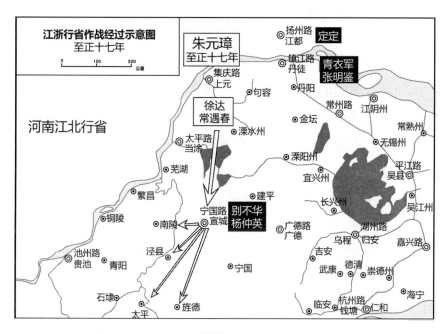

地图 2-1

而至正十八年十二月的婺州之役，元军则在救围的情况下，投入狮子战车数百辆，《明太祖实录》载：

（上）至德兴，闻张士诚兵据绍兴之诸暨，乃引兵道兰溪。壬午至婺，升枢密院判胡大海为佥枢密院事，命掾史周得远入城招谕。不下，乃督兵围之。先是，元参知政事石抹宜孙守处州，闻大兵克徽州，进攻婺城，与参谋胡深、章溢议为守备，造狮子战车数百辆，以其弟石抹厚孙守婺，继令深等将车师为援，自率万余出缙云以应之。深至松溪，闻上至，观望不敢进。上谓诸将曰："婺倚石抹宜孙，故未肯即下，闻彼以车载兵来援，此岂知变者。松溪山多路狭，车不可行，今以精兵遏之，其势必破，援兵既破，则城中绝望，可不劳而下之。"翌日，命金院胡大海养子德济诱其兵于梅花门外，纵击，大败之。擒其前锋元帅季祢章，并获其所制惊马器仗，深等遁去。[1]

朱元璋先在战前对诸将称"松溪山多路狭，车不可行"，增强明军对抗元军战车的信心。并采取"围点打援"的战术，在石抹厚孙防守的婺州城梅花门外，由胡德济引诱石抹宜孙部，擒获前锋元帅季弥章。胡深等所部元军战车撤退。

而指挥元军战车的参谋胡深和章溢，均在至正十九年降于朱元璋。胡深，字仲渊，处州龙泉人。元末盗起，深集乡兵结寨于湖山。而江浙行中书省调万户石抹宜孙戍守处州，命胡深参谋军事，并令所部民壮为军，共数千人，故可知驾狮子战车者应为浙江当地义军。至正十九年，处州之役中，胡深以龙泉、庆元、松阳、遂昌四县降朱元璋。[2]章溢，字三益，号匡山居士，同为龙泉人。其先祖章岩为南宋兵部尚书，守泉州。章溢弱冠即与胡深同师王毅，于明军克处州后避入闽。朱元璋聘之，与刘基、叶琛、宋濂同至应天（南京），为浙东提刑按察佥事，协助胡深、李文忠等平定福建。[3]从子存道，率义兵归总管孙炎，屡却陈友定部。以功授处州义元帅副使，戍浦城。总制胡深死，命代领其众，为游击。后从李文忠入闽。再随冯胜北征。洪武三年，从徐达西征。洪武五年，随汤和出塞征阳和，于断头山力战而死。[4]由此可知，除胡深、章溢二人了解战车战术外，元军中能够使用战车者实为

---

1 《明太祖实录》卷六，至正十八年十二月庚辰日，页 6a~b（71~72）。

2 焦竑辑：《国朝献征录》卷一○《缙云伯胡公深神道碑》，页 72a~77b（109：366~369），《中国史学丛书》，台湾学生书局，1984 年。《明史》卷一三三《胡深传》，页 3889~3891。

3 《国朝献征录》卷五四《资善大夫御史中丞章公溢神道碑铭》，页 1a~11a（111：588~593）。《明史》卷一二八《章溢传》，页 3789~3791。

4 《明史》卷一二八《章溢传附子存道传》，页 3791~3792。

胡深所部浙江义军，章溢甚至曾随明军北征。

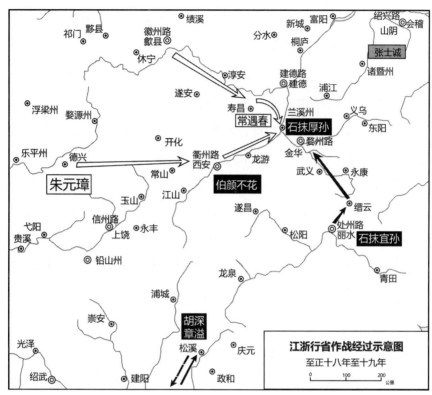

地图 2-2

至正十九年正月，朱元璋计划攻取浙东各路，于七月发动衢州之役。《明太祖实录》载：

> 枢密院同佥常遇春率兵攻衢州，建奉天旗，树栅围其六门，造吕公交车、仙人桥、长木梯、懒龙爪，拥至城下，高与城齐，欲阶以登城。又于大西门、大南门城下，穴地道攻之。[1]

衢州之役中，常遇春曾用吕公交车等攻城器械，并大量增加了攻城器械的种类，显示出运用车辆和器械的技巧的精进。明军成功平定江南残元势力，与善于制造及运用攻城车辆有密切的关系。

1　《明太祖实录》卷七，至正十九年七月乙巳日，页 5b~6a（86~87）。

二 追击元顺帝和王保保诸役

随着南方情势的底定，明军向北渐次推进。洪武元年七月，征虏大将军徐达、副将军常遇春率军至通州，元帝避兵北行。徐达等顺利攻克上都（今北京），北方元将多次第降附。[1]洪武二年，因王保保（扩廓帖木儿）兵犯兰州，朱元璋为解决残元势力的骚扰，决定远征。六月十七日，常遇春北伐追击元丞相也速军，克开平，俘获车万辆。[2]自此未闻元军使用战车。

洪武五年春，朱元璋命大将军徐达、左副将军李文忠、征西将军冯胜率师三道征讨王保保。克复开平后，为了能够进一步巩固边防，以防北元势力自塞外反扑，十一月二十九日，朱元璋曾令塞上军士返回山西和北平驻地，休整部队。并召回魏国公徐达和曹国公李文忠商议对于北方的进一步进攻。[3]十二月二十七日，朱元璋即下令造独辕车，由徐达督山西、河南造车 800 辆，李文忠督北平、山东造车 1000 辆。[4]洪武六年三月，命魏国公徐达为征虏大将军、曹国公李文忠为左副将军、宋国公冯胜为右副将军、卫国公邓愈为左副将军、中山侯汤和为右副将军，往山西、北平等处备边。[5]这虽然是明朝将车辆用于北边边防的首

---

1 陆深等：《明太祖平胡录》，《北平录》，页 62，北京古籍出版社，2002 年。
2 《明太祖实录》卷四三，洪武二年六月己卯日，页 2b（846）。"常遇春等克开平。……俘其宗王庆生及平章鼎住等，斩之。凡得将士万人，车万辆，马三千匹，牛五万头，蓟北悉平。"
3 《明太祖实录》卷七六，洪武五年十一月壬申日，页 7a（1407）。"是月，诏征虏大将军魏国公徐达，左副将军曹国公李文忠曰：'今塞上苦寒，宜令将士还驻山西、北平近地，以息其劳。卿等还京。'"
4 《明太祖实录》卷七七，洪武五年十二月庚子日，页 4b（1416）。"造独辕车，由魏国公徐达督山西、河南造车八百辆，曹国公李文忠督北平、山东造一千辆。"王圻《续文献通考》载："洪武四年，令山西、北平、河南、山东各造独辕车一千八百辆以备征进之用。"记载有误。《续文献通考》卷一六六《兵考·军器·皇明·凡战车》，页 12b（总 10168）。
5 《明太祖实录》卷八〇，洪武六年三月壬子日，页 3a~b（1451~1452）。

例，且清初所修史书多以此为明军战车之始，唯从史书之记载来看，车辆系由将领于边镇领导士兵自行制造，车式亦非特别颁降。同时，既未说明用于战斗，也没有提及任何车载武器。因此要称之为"战车"，较为牵强。这些应该只是为了运输便利而制造的军用车辆。

三　朱棣造武刚车讨本雅失里与阿鲁台

永乐皇帝之北伐被史书称为"五出漠北，三犁虏廷"。这五次远征中，以第一次的规模最大。[1]永乐七年，他派遣给事中郭骥赍书往本雅失里，未料郭骥被杀。永乐皇帝遣淇国公丘福为大将军，率精骑十万往征。但丘福轻进，遇伏身亡。永乐皇帝闻讯，决定于次年率五十万众出塞亲征。

在出征前，永乐皇帝下令工部造 30000 辆武刚车，送至宣府使用。《明太宗实录》载：

> 上曰："工部所造武刚车足可输运，然道远人力为难，朕欲以所运粮缘途筑城贮之，量留官军守护，以俟大军之至，此法良便。"于是夏原吉等议自北京至宣府，则于北京在城及口北各卫仓逐程支给，宣府以北则用武刚车三万辆，约运粮二十万石，踵军而行，过十日程筑一城，再十日程又筑一城，每城斟酌贮粮，以俟回京，仍留军守之。如虏觉而遁，即蹑其后，亦如前法，筑城贮粮。上然之，名所筑之城曰平胡、杀胡。[2]

1　关于朱棣北征功业，已有学者提出质疑，认为系夸大的武功。李焯然、毛佩琪：《明成祖史论》，页 177~190，台北文津出版社，1994 年。

2　张辅等监修、杨士奇等总裁：《明太宗实录》卷九七，永乐七年十月己亥朔，页 1a~b（1279~1280），台北"中研院"历史语言研究所，1984 年。

武刚车是明军第一种特别命名的兵车。从上文可以发现，永乐皇帝造武刚车的目的，在于运输北征所需的粮食，担任后勤。

明军以"武刚车"为名，显示出明人在寻求战车车型时，开始借重历史经验。武刚车之由来，系汉武帝元狩四年春遣卫青、霍去病击匈奴史事。卫青出塞千里后，与单于主力对峙，下令武刚车自环为营。黄昏时，卫青派遣骑兵攻击，取得大胜。[1] 由此可见，武刚车在战场上的责任是保存实力，攻击的主力仍是骑兵。后世武刚车多在作战中担任先锋，或为轻车的殿后车。[2] 晋代以后，则主要担任卤簿中车辆。[3]

关于武刚车之制，刘宋时裴骃集解《史记》引注《孙子兵法》称："有巾有盖，谓之武刚车也。"[4] 可见武刚车是一种强调防护力的车辆。对于太祖朝没有特别防护的独辕车来说，这是一种进步。但是，此车仍未装备特别的车载武器。永乐皇帝为远征所造的武刚车，是结合运输功能和防护力的一种军用车辆。

永乐皇帝造武刚车的另一特色是，制造车辆的工作已由军事将领在地方制造改为工部制造。由专业的机构制造，车辆在规格和质量上都能有所提升。再者，制造车辆数量也从 1800 辆大幅跃升为 30000 辆，可见明朝政府认清用兵北方非车不为功。武刚车运输的主要路段在宣府以北的地区。按史料所载，平均每辆武刚车仅负担 6.67 石粮食。[5]

1　司马迁撰、裴骃集解、司马贞索隐、张守节正义、顾颉刚等点校：《史记》卷一一一《卫将军骠骑列传》，页 2935，中华书局，1987 年。

2　范晔撰、刘昭补、李贤等注：《后汉书·志第二十九·舆服上》，页 3650，中华书局，1987 年。

3　房玄龄等撰、吴则虞点校：《晋书》卷二五《舆服》，页 758，中华书局，1982 年。

4　集解称引自《孙吴兵法》，唯此句并未见于今本《孙子兵法》，可能为后世伪托之语。《史记》卷一一一《卫将军骠骑列传》，页 2935。

5　"石"为容积单位，一石粮食为 100~125 公斤。

第二节　土木之变与北京战车之初造

一　正统十二年朱冕与沈固上奏请造小火车

正统年间瓦剌攻哈密后，各地边将就预见瓦剌将大举入寇而屡次上奏。[1]而正统十二年，有瓦剌部众来归，也传出也先即将入寇的消息，故而各边镇总兵等官向朝廷陈御敌长策。九月十四日，大同总兵官朱冕及户部侍郎沈固等上六议，其中第六议即为倡造专供野战的战车小火车，为正统年间边镇造战车之始：

> 先是以达贼也先渐近边境，敕沿边总兵等官陈御敌长策，至是大同总兵官武进伯朱冕、侍郎沈固等上六议……其六，议车战，用车古法也，行则载衣粮，止则结营阵。臣等通计，所有步阵合用车八百五十辆，先已造完小火车三百八十六辆，呈样至京试验讫，其未造者尚多，乞令山西、河南歇班官军就彼采取木料，每队造火车三辆，以备战阵。上善其议，命所司悉从之。[2]

朱冕，沂州人。沈固，字仲威，直隶丹阳人，领乡荐。洪熙元年，以原官山东右参政于武安侯大同总兵官郑亨处书办。[3]宣德元年，与郑亨及参军都指挥使曹俭统兵，行边设险，为御寇备，

1　《明史》卷三二八《瓦剌传》，页 8499。

2　《明英宗实录》卷一五八，正统十二年九月癸卯日，页（4b~5b）3076~3078。

3　雷礼纂辑、雷瑛等补：《国朝列卿纪》卷三二《户部尚书行实》，页 26a~27a，《四库全书存目丛书》，台南庄严文化事业公司，1996 年。《户部尚书沈固传》作"山东左参政"。《国朝献征录》卷二八《户部一·尚书·户部尚书沈固传》，页 34a~b。

多出规划。[1]正统六年，命兼综理及总督大同军储。[2]七年，拜户部右侍郎。[3]长期驻防于大同。鉴于大同局势的迫切，朱冕等人预计要用850辆战车来装备大同镇步军，其中386辆已经制造完成，并将样车呈送北京测试完成。英宗对于大同镇造战车一事十分赞同，随即命令依照朱冕的意见遣山西、河南歇班官军就地采取木料，续造未完成的464辆战车。比较可惜的是，这批战车后续的活动并未见诸史料。

朱冕等人所议造小火车以"火"名之，不禁令人怀疑是否装载车用火器。《明英宗实录》称："用车古法也，行则载衣粮，止则结营阵。"可见小火车系依传统设计，并无太多新意。因此，"火"的意涵，必须自古代的文献意义加以考察，不能遽推测火铳已经配属于战车。

火，古代兵制单位。《通典》载："五人为列，二列为火，五火为队。"[4]《新唐书·兵志》亦载"五十人为队，队有正；十人为火，火有长"[5]。可见所谓"小火车"，应是指配属于步兵10人的战车。朱冕等人所计划的规模，则在将850辆战车配属于大同边军的8500名步兵。再者，《明英宗实录》的记载说明，小火车以运衣粮为主，兼及防御，不具有直接投入战斗的能力。

又，大同议造小火车的时间在正统十二年九月，由"山西、河南歇班官军就彼采取木料，每队造火车三辆"可知，每50人负责造3辆车。约在土木之变前一年十月，850辆战车应已完造。

小火车是否投入实战，史无明载，但从土木之变的发展可以

1　《国朝列卿记》卷三二《户部尚书行实》，页 27a。

2　《国朝列卿记》卷一二五《敕使大同左右都侍郎、都御史行实》，页 7a。

3　《国朝列卿记》卷三二《户部尚书行实》，页 29a。

4　杜佑：《通典》卷一四八《兵志》，页典 776-2，台湾商务印书馆，1987 年。

5　欧阳修等撰、董家遵等点校：《新唐书》卷五〇《兵志》，页 1325，中华书局，1975 年。

得到一些蛛丝马迹。正统十四年七月一日，偏头关都指挥使杜忠便已上奏"瓦剌欲寇，来势甚众"的消息。[1] 七月十一日，也先寇大同，与明参将吴浩在猫儿庄遭遇。吴浩战死。[2] 大同的步军应参与是役。十五日，西宁侯宋瑛、武进伯朱冕与瓦剌战于阳和，两人皆阵亡。[3] 大同步军亦应参与是役。小火车极有可能于土木之变前后数役中尽没。

二　户部给事中李侃以骡车为战车

正统十四年七月初八日，也先大举入寇。[4] 大同总督军务西宁侯宋瑛和总兵武进伯朱冕等人在阳和驿后口遭遇瓦剌军。太监郭敬监军，诸将皆受其节制。军队进止无纪律，因而全军覆败，总督宋瑛、总兵朱冕死于阵中。[5] 英宗在宦官王振的鼓动下，于七月十六日亲征，驾发京师。[6] 八月十四日，英宗所率领之明军在土木堡被瓦剌军包围，加以水源为瓦剌所控制，人马饥渴。次日，瓦剌以退兵引诱明军阵动，然后以骑兵四面冲击。明师大溃，死者数十万。瓦剌胁持英宗车驾北行[7]，史称"土木之变"。

英宗被掳后，八月十六日"京师戒严，骡马弱卒不满十万，人心汹汹，群臣哭于朝议。"[8] 有大臣持议南迁，为兵部侍郎于谦所阻。随后，为能防守京师，朝廷采取了一系列防御的军事措施。八月十八日，太后命郕王朱祁钰"暂总百官，理其事"，以巩固国

1　《明英宗实录》卷一八〇，正统十四年七月己卯朔，页 1a（3479）。
2　《明英宗实录》卷一八〇，正统十四年七月己丑日，页 4a~b（3485~3486）。
3　《明英宗实录》卷一八〇，正统十四年七月癸巳日，页 6b（3490）。
4　邓士龙辑：《国朝典故》卷三〇《匹泰录》，页 477，北京大学出版社，1993 年。
5　《明英宗实录》卷一八〇，正统十四年七月癸巳日，页 6b~7a（3490~3491）。
6　《明英宗实录》卷一八〇，正统十四年七月甲午日，页 7a（3491）。
7　《明英宗实录》卷一八一，正统十四年八月辛酉至壬戌日，页 2b~3a（3498~3499）。
8　由此可见《明史纪事本末》之误，误为甲子日才知败讯。

家的领导中心。同时，驸马都尉焦敬上奏，"官吏军民有能奋勇设谋，出奇制胜者，俱听赴官投报，有能擒斩贼人者，能反间济事者，不次升赏"[1]，鼓励提出救亡之策。

在这种鼓励下，八月二十日，户科给事中李侃[2]率先提出以战车对付瓦剌骑兵的策略：

> 户科给事中李侃启三事……一、北虏马健来速，制其奔突，宜用车战，今之骡车最坚固，而骡之奔突最疾健。京城内外约有千辆，取为战车，车列四周，步骑处中，车厢用铁索连木板，藏神铳于内，俟交阵始发。每车刀牌手五人，乘间下车击敌，敌退则开索纵骑兵逐之。启入，王嘉纳，令该部议行。[3]

"神铳"为神机铳之简称，自洪熙元年始有此名。[4]即受交趾技术改进之单兵前膛装填手铳。李斌的研究指出，其特征为发射铳箭、运用木送子和点火装置的改变。[5]神铳是兵仗局所制造的火铳之一，朝廷对于神铳的管制十分严密。如，正统六年十一月，辽东总兵官都督佥事曹义奏请修理各库所贮 75000 多门铁铳，以给军操演。工部覆称"神铳，兵需重器，在外修理，必至劳军伤

---

1 《明英宗实录》卷一八一，正统十四年八月乙丑日，页 8b~9a (3510~3511)。

2 李侃，字希正，顺天府东安县人，正统七年进士，授户科给事中。天顺间，累官至山西巡抚。李侃由户部议行，原以户部管辖这些运粮的骡车。《国朝献征录》卷六三《都察院右佥都御史李侃传》，页 11a~b (112：179)。生卒年依此传"成化二十一年九月卒，年七十有九"推定。

3 《明英宗实录》卷一八一，正统十四年八月丁卯日，页 10a (3513)。

4 杨士奇等：《明仁宗实录》卷九上，洪熙元年四月戊申日，页 8a (287)，台北"中研院"历史语言研究所，1984 年。

5 李斌：《永乐朝与安南的火器技术交流》，钟少异编《中国古代火药火器史研究》，中国社会科学出版社，1995 年。

财，漏泄兵机"，表示反对。但英宗仍命修铳拨给，唯戒其不可泄漏修造铁铳的细节。[1]

李侃战车的设计是以车体坚固和快速运动为两大原则。在战术上，由于骡子奔跑快速，可以实时应变部署。战时，可以"车列四周，步骑处中"，两车间以铁索相连，以保阵地不易为敌骑所冲破。在车中暗藏神铳，与敌交战时才放铳。车上的乘员共有 5 名，持刀和牌，遇敌时下车作战。如敌人退却，则打开车与车相连的铁索，由骑兵追击。

明代民间一般使用骡车，其规制可见于宋应星所著《天工开物》卷中《舟车》一节：

> 凡骡车之制，有四轮者，有双轮者，其上承载，支架皆从轴上穿斗而起。四轮者前后各横轴一根，轴上短柱起架直梁，梁上载箱，马止脱驾之时，其上平整如居屋安稳之象；若两轮者，驾马行时，马曳其前，则箱地平正，脱马之时，则以短木从地支撑而住，不然则欹卸也。

> 凡车轮，一曰辕（俗名车陀），其大车中毂（俗名车脑）长一尺五寸（见小戎朱注），所谓外受辐、中贯轴者。辐计三十片，其内插毂，其外接辅，车轮之中内集轮、外接辋，圆转一圈者，是曰辅也。辋际尽头则曰轮辕也。凡大车脱时，则诸物星散收藏，驾则先上两轴，然后以次间架。凡轼、衡、轸、轭，皆从轴上受基也。[2]

由是可知，骡车有二轮及四轮车种。非驾马时，二轮车型必

1　《明英宗实录》卷八五，正统六年十一月壬子日，页 13a~b（1709~1710）。

2　宋应星：《天工开物》卷中《舟车》，页 8b~9a（276~277），江苏广陵古籍刻印社，1997 年。

须额外装置脚架以维持平稳。辎车在结构上采车体与车厢分开的设计，且可以拆散收纳，以节省存放车辆的空间。辎车的车轮设计精巧耐用，特别是车毂直径达 48 厘米，车辐亦有 30 片。组合车辆时，以车轴为基础，安装轸衡箱轭等装置，最后安装车箱。

由于辎车以运粮为主，车身庞大，因此驾车技术十分重要，《天工开物》称：

> 凡四轮大车，量可载五十石，辎马多者，或十二挂，或十挂，少亦八挂。执鞭掌御者居箱之中，立足高处，前马分为两班（战车四马一班分骖服），纠黄麻为长索，分系马项后套，总结收入衡内两旁。掌御者手持长鞭，鞭以麻为绳，长七尺许，竿身亦相等，察视不力者，鞭及其身。箱内用二人踹绳，须识马性与索性者为之，马行太紧则急起踹绳，否则翻车之祸从此起也。

> 凡车行时，遇前途行人应避者，则掌御者急以声呼，则群马皆止。

> 凡马索总系透衡入箱处，皆以牛皮束缚，《诗经》所谓胁驱是也。

> 凡大车饲马不入肆舍，车上载有柳盘，解索而野食之，乘车人上下皆缘小梯。

> 凡遇桥梁，中高边下者，则十马之中择一最强力者系于车后，当其下坂（坡），则九马从前缓曳，一马从后竭力抓住以杀其驰趋之势，不然，则险道也。

> 凡大车行程，遇河亦止，遇山亦止，遇曲径小道亦止。徐兖汴梁之交，或达三百里者，无水之国，所以济舟楫之穷也。[1]

---

[1] 《天工开物》卷中《舟车》，页 9a~b（277~278）。

由此可知，骡车原用8~12匹骡马，分为两组，每车由两人操作缰绳。车体庞大，驾驶十分困难，必须注意骡马与车的协调。在通过桥梁和下坡时，还必须调整骡马，以避免危险。对地势的要求较高，以平缓的陆路为佳。

同时，鉴于骡车载重的特性，选择车轴和车轮的木质时必须严谨：

> 凡车质，惟先择长者为轴，短者为毂，其木以槐枣檀榆（用榔榆）为上，檀质太久劳则发烧，有慎用者，合抱枣槐，其至美也。其余轸衡箱轭则诸木可为耳。[1]

可见车轴适用的木材以枣槐为佳，其他部分的木料则较无所谓。

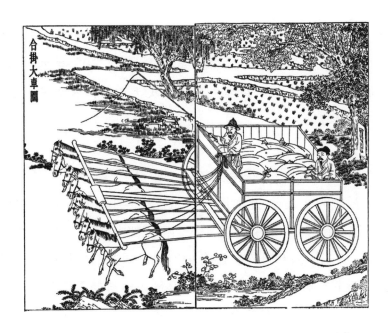

图2-1　《天工开物·舟车》所载的合挂大车（骡车）图[2]

1　《天工开物》卷中《舟车》，页9b（278）。

2　《天工开物》卷中《舟车》，页12b~13a（284~285）。

从上可知，若用于实战，临时改造的李侃战车实有车体庞大、防御贫弱、难以驾驭和行动受限等缺点。特别是仅仅配属 5 名士兵，扣除驾车的 2 人，专于作战的仅 3 人。但李侃的首创在于在战车上装置火器，提出了混合步骑兵种的战车战术，后来多为明代战车战术所沿袭。

三　景帝命工部造战车

正统十四年九月初六，郕王即位，遥尊英宗为太上皇，是为景帝。[1] 三天后，为了加大制造战车的能量，朝廷"增官督理"造军器战车，大幅调动工部督造的官吏。可见李侃议造战车之举，受到朝廷的重视，从运用现成的骡车改造改为由工部直接督造。《明英宗实录》载：

> 升工部员外郎张忠为郎中，通判韩铎、张亨，副兵马指挥张逊，按察司经历陈信，知县兵（丘）继、任忠、吴复，俱为工部主事，调兵部主事萧余庆于工部，以造军器战车，增官督理也。[2]

这次人事调动中有些特别之处。据《明史·职官志》所载，工部主事员额为 8 人[3]。此次调入 7 名工部主事，可见调动幅度之大。且这些新任工部主事，除了 3 名自工部内升任，1 名原为按察司经历，3 名原为知县外，还有来自兵马司衙门的副兵马指挥张逊和兵部主事萧余庆。安排武将及兵部主事参与工部造战车的工

1　《明英宗实录》卷一八三《废帝郕戾王附录第一》，正统十四年九月癸未日，页 1a~b（3555~3556）。

2　《明英宗实录》卷一八三《废帝郕戾王附录第一》，正统十四年九月丙戌日，页 6b~7a（3566~3567）。

3　《明史》卷五一《职官志四·工部》，页 1833。

作，可见朝廷的考虑在于利用武将的军事经验来制造战车。

工部的人事布局完成后，九月十二日，景帝即命工部造战车1000辆：

> 命工部造战车一千两（辆），每两（辆）车箱上用牛皮十
> 六张，下用牛马皮二十四张。后以皮不足，乃杂以芦席木板。
> 车成，遣尚书周忱祭而用之。[1]

工部新造的战车在设计上比李侃的战车讲求防御力，车厢上下均大量采用牛皮或马皮，以达到防火和防箭石的效果。但后以皮料不足，改用芦席和木板。由后来《明实录》的记录可以发现，战车的规制被放大，改为"每车用马七匹，军士十数人"[2]。除了提高机动力外，车载乘员的数量也增加2~3倍。而瓦剌围城之际，周忱受命负责督造数百万盔甲、腰刀、撒袋等军器。[3]因此，景帝遣周忱祭车一事，可以将工部造战车视为景帝直接与闻的军事活动。

土木之变后，战场上遗留不少明军物资。[4]为防止敌军利

1　《明英宗实录》卷一八三《废帝郕戾王附录第一》，正统十四年九月己丑日，页9a（3571）。

2　《明英宗实录》卷一八五《废帝郕戾王附录第三》，正统十四年十一月壬辰日，页14a~b（3691~3692）。"先是降战车式样，每车用马七匹，军士十数人，缦轮笼毂，兵仗之制甚备。"

3　朱大韶编：《皇明名臣墓铭》，《资政大夫工部尚书谥文襄周公传》，页059~257、059~263，台湾学生书局，1969年。

4　土木之变中明军遗留在战场上的物资，据《明实录》所载："提督居庸关巡守都指挥同知杨俊奏：'近奉旨于土木拾所遗军器，得盔六千余顶，甲五千八十余领，神枪一万一千余把，神铳六百余个，火药一十八桶，命遣人辇运来京。'""宣府总兵官昌平伯杨洪言：'于土木拾所遗军器，得盔三千八百余顶，甲一百二十余领，圆牌二百九十余面，神铳二万二千余把，神箭四十四万枝，炮八百个。'"参见《明英宗实录》卷一八三《废帝郕戾王附录第一》，正统十四年九月戊子日，页9a（3571）、10a（3573）。

用，朝廷颁降新的衣甲旗帜，战车与军器也依新制制造。[1]另，除前述牛马皮缺乏外，造车的基本原料木材，其城外供应也受到瓦剌围城的影响。京师木料主要来自易州山厂。朝廷于宣德四年起，便设有提督易州山厂一职，时由工部右侍郎兼任，可见其重要性。[2]自瓦剌攻入紫荆关后，樵采工作即受到影响。因此，十月十一日，工部奏报"贼入易州涞水，柴炭夫皆惊走"[3]。北京内城西南的大慈恩寺所拥有的一百八十万柴炭，转为制造战车之用。[4]

战车仰赖马骡的牵引，但畜养于北边的马匹大多数为瓦剌所掳，京军的战车没有足够的马匹牵引。为此，十月十八日，景帝特自御马监调出马匹，以供牵拉战车。[5]御马监原为御马司，始设于吴元年九月。洪武十七年四月更定内府诸司职掌品秩，改是称，属于内府十二监之一，是明代内廷中最有权势的两个衙门之一。[6]洪武二十八年，职掌由"掌御厩马匹"扩充为"掌御马及诸进贡并典牧所关收马骡之事"。[7]景帝御马监出马匹以驾战车为明代绝

---

1 《明英宗实录》卷一八三《废帝郕戾王附录第一》，正统十四年九月辛丑日，页16b~17a（3586~3587）。"各边守将令招募壮士，又以虏得中国衣甲旗帜，降新制以别之，甲背后勇字旧用方黄绢为地，今为圆地；前面左用红圆日，右用黄圆月，旗号上用青绢带，下用黄绢。旗取上青为天、下黄为地之义，战车军器俱令依新制造之。"

2 《明史》卷七二《职官志一·工部》，页1763。

3 《明英宗实录》卷一八四《废帝郕戾王附录第二》，正统十四年十月戊午日，页11a（3631）。

4 《明英宗实录》卷一八四《废帝郕戾王附录第二》，正统十四年十月戊午日，页11a（3631）。

5 《明英宗实录》卷一八四《废帝郕戾王附录第二》，正统十四年十月乙丑日，页17b（3644）。"出御马监马以驾战车。"

6 方志远：《明代的御马监》，《中国史研究》1997年2期。

7 《明太祖实录》卷二四一，洪武二十八年九月辛酉日，页7a（3511）。

无仅有之事。[1]以马代骡，提升了战车的速度；出御马监马，显示景帝个人对于造战车抵御瓦剌战略的支持。

四　顺天府箭匠周回童改造战车

除了工部所造的大型战车外，为了提高战车火器的发射率，正统十四年十二月初九，顺天府箭匠周回童提出了造新型小战车的建议。《明英宗实录》载：

> 顺天府箭匠周回童言：“军中所用神机短枪，人执一把，不能相继，臣请为车一辆，上安四板箱，内藏短枪二十把，神机箭六百枝。临用，将枪五把安车上，为叉以驾之，又亦可御敌，枪多可相继而发。车止用四人，一人推，两人旁扶，一人随衅。其余人执一枪，发辄不继者，功相十五。”奏入，帝令武清侯石亨试其可用，而后造之。[2]

周回童认为，一辆战车配发神机短枪 20 把，备用的神机箭 600 支，即每铳有 30 支铳箭的预备射击量。架 5 个叉型枪架，以便安放神枪，如此可以增加单位时间内的射击量。车上须配置 4 名军士，1 人负责推车，2 人扶车，不用骡马牵引，另有 1 人负责点放神枪。据周回童称，如此一来，可以较每个士兵各自点放的射击速率高出数倍。经过武清侯石亨的测试以后，便开始造此种小型战车。周回童所设计的神机枪车与工部新造战车不同，首先放弃机动力，而以人力来推动，可见此车主要用于防守，不是攻

1　朱国桢：《涌幢小品》卷二《司牲所》，页 26b~28a（子 106：202~203），《四库全书存目丛书》本，台南庄严文化事业公司，1995 年。然《涌幢小品》所称为“炮车”，应以《明英宗实录》所载为是。

2　《明英宗实录》卷一八六《废帝郕戾王附录第四》，正统十四年十二月乙卯日，页 5b~6a（3720~3721）。

击性的武器。

神机短枪与神机铳、神铳相类，为单兵持用之前膛装填手铳。由于装填程序繁复，一般发射前会预先装填。[1]但如都装备已经装填好的火铳，则重量过重。因此，利用战车来存放已装填未发射的火铳，既可减轻士兵背负火铳的负担，又可利用战车上的火药和神机箭快速补充装填，当然十分有利。

五　京营总兵石亨仿郭登改造偏厢车

大同总兵郭登以偏厢车为主设计的战车营，是明代第一个以多种车辆混编的车营。这种战术观念，也影响到京营战车的设计。土木之变后，《明英宗实录》载，景泰二年六月，京营总兵官武清侯石亨上奏改造 1000 辆偏厢车：

> 先是总兵官武清侯石亨言："近造船车蠢大，请改为偏厢车一千两。"诏各营自造。至是，亨以各营官军艰辛，愿将己所得禄米十年之数，备料改造。帝不许，命内官监为之。[2]

石亨，原籍陕西渭南县，嗣伯父石岩宽河卫指挥佥事职，正统十二年以功迁都督佥事大同左参将，守万全路。土木之变后，石亨与总兵官杨洪同被系械锦衣卫。景帝登基后，也先进逼京师，景帝令石亨立功赎罪。石亨于安定门、彰义门及清风店诸役大捷，使也先退兵，功第一。八月二十五日先封为武清伯，为总兵管军

1　周维强：《试论郑和舰队使用火铳来源、种类、战术及数量》，《淡江史学》2006 年 17 期。

2　《明英宗实录》卷二〇五《废帝郕戾王附录第二十三》，景泰二年六月戊辰朔，页2a~2b（4385~4386）。

马操练。十月十五日封侯。[1]

　　船车之车制和营制无考。而石亨武清侯之禄米为 1300 石[2]，十年之数则为 13000 石。景泰二年之米价为银一两折米麦 4 石[3]，则可知禄米约当银 3250 两。石亨将十年禄米之数充作新造战车的费用，除了反映出土木之变后新造的船车设计不合理外，也显示出石亨体恤士兵的力役。而景帝最后令内官监成造，更呈现出北京被围城的危机虽然已经解除，但景帝对于战车改造仍十分支持。

六　吏部郎中李贤对于战车的改良

　　景泰二年十二月二十二日，吏部郎中李贤上奏：战车能够发挥战力，主要在于火枪。战车的设计也应该考虑火枪射手的掩蔽性，才能"壮其胆，然后发而取中"[4]。因上奏请造战车。李贤，字原德，河南南阳府邓州人，宣德八年进士。英宗复辟后，命兼翰林学士，入直文渊阁，进吏部尚书。宪宗即位，进少保，后为华盖殿大学士。

　　李贤的战车车制为：车四周围以木板，使乘员可以有完备的掩蔽，车厢下留有铳眼，车厢上则开窗口。车长 1 丈 5 尺（4.8米），高 6 尺 5 寸（2.1 米），宽 5 步（1.6 米）。前后左右横排枪刃，以防止敌马靠近。

　　李贤的战车营制为：1000 辆战车排为四方形，每边各 250

1　《国朝献征录》卷一〇《武靖伯石亨》，页 21a～22a（109：341）。晋封时间据吏部编：《明功臣袭封底簿》，《忠国公》，页 279，《明代传记丛刊》本，台北明文书局，1991 年。

2　《明功臣袭封底簿》，《忠国公》，页 279。

3　《明英宗实录》卷二〇七，景泰二年八月己巳日，页 2b～3a（4442～4443）。提督大同军务都御史年富的奏报，见余耀华：《中国价格史》，页 776，中国物价出版社，2000 年。

4　《明英宗实录》卷二〇五《废帝郕戾王附录第二十三》，景泰二年六月庚午日，页 3b（4388）。

辆，形成每边长4里的正方形阵，内藏军马、粮草、辎重等物。李贤造战车的建议也受到景帝的认可，"令管军马文武官员采取而行"[1]。

此时朝廷在京营所造战车的数量已经不少。自正统十四年至景泰二年，京师制造战车4000辆以上。其详细数字，参表2-1。

表2-1　景帝在土木之变后下令制造的战车数量简表

时间	请造者	车名	数量
正统十四年八月二十日	户部郎中李侃	战车（辘车）	1000
正统十四年九月十二日	景帝（直接下令）	战车	1000
正统十四年十二月九日	顺天府箭匠周回童	神机枪车	不详
景泰二年六月一日	京营总兵石亨	偏厢车	1000
景泰二年十二月二十二日	吏部郎中李贤	战车	1000

七　宦官奉御韦救（政）请造轻车

景泰末，英宗利用景帝重病的时机，在石亨等人的协助下，重新登基，改元天顺。天顺四年，英宗的对手瓦剌也先为所部阿剌所杀，鞑靼部长孛来往攻阿剌，并请求鞑靼部之长麻儿可儿立之，号为小王子。阿剌死后，孛来和其属的毛里孩遂崛起，鞑靼部复强。天顺二年，大举寇略陕西，安远侯柳溥御之。三年，孛来又入安边营，为石彪等所破，但都督周贤和指挥李鉴战死。[2]因

1　《明英宗实录》卷二〇五《废帝郕戾王附录第二十三》，景泰二年六月庚午日，页4b（4390）。

2　《明史》卷三二七《鞑靼列传》，页8471。

此天顺四年春正月，奉御[1]韦救（政）上奏请求造轻车 500 辆，火铳火炮各 3000。[2]这是京营第一次采用轻型的战车。

第三节　土木之变后边镇战车之造作

在土木之变前，战车几乎统一由皇帝下令，由军队或工部造作。边镇战车的造作始于正统十四年土木之变前，大同总兵官朱冕及户部侍郎沈固提议建造"小火车"，较京营造战车稍早。其后，京师开始大造战车。车式虽经不断修改，但在颁降边镇时，仍不能符合边镇的地形和战术需要。因此，土木之变后，边臣和武将数次提出对于京降战车的修改：一为正统十四年十一月十六日时任宁夏总兵官的张泰；二为景泰元年八月二十七日大同总兵郭登；三为景泰元年九月初六陕西指挥金事李进；四为景泰四年正月提督蓟州等处军务右金都御史邹来学。以下试分述之。

一　宁夏总兵张泰造小车

正统十四年十一月，宁夏总兵官张泰向朝廷反映京降战车样式不符合边镇所需，拟改造小车。《明英宗实录》载：

> 先是降战车式样，每车用马七匹，军士十数人，缦轮笼毂，兵仗之制甚备。但可于平原旷野，列营遏敌，至宁夏等地方，多屯田、町畦、沟渠，不利驾使。总兵官张泰等奏言："宜易小车。其制用马一匹驾辕，中藏兵器，遇险阻以人力抬挽。外足以抗敌锋，内足以聚奇兵，臣每试用，众辄

1　从六品宦官。
2　《明英宗实录》卷三一一，天顺四年正月癸未日，页 1a~1b（6525~6526）。

称利。"从之。[1]

张泰，宁夏镇人。正统十三年九月，以宁夏守备都指挥升任右军都督府都督佥事配征西将军印充总兵官镇守宁夏。[2] 京降战车，系指前述正统十四年工部所新造的 1000 辆战车的车型。该车用牛马皮防护，防护力佳，且"用马七匹，军士十数人，缦轮笼毂，兵仗之制甚备"，但战车车体较大，车重亦可观。虽以马七匹牵拉，用于京师一带平缓的地形尚无问题，但至宁夏"多屯田、町畦、沟渠"的地形，车辆的越野能力就备受考验。

另据（万历）《朔方新志》载："正统间总兵官张泰奏置兵车六百辆，双轮大厢，见兵车厂贮之。"[3] 可知，最初宁夏总兵张泰曾按照京降战车的样式造过 600 辆战车，后因不适宁夏地形，始缩小战车的车体，改以一马牵拉，以提升战车的越野能力。遇险阻时，可以由人力直接将车体抬起。此举获得朝廷的同意，唯实际制造的数目无考。除战车外，张泰亦曾于景泰四年十二月改造永乐间钦降大铳。[4]

天顺六年，张泰曾在宁夏造车 1200 辆，分为左右二营：

> 天顺六年奏准置造兵车一千二百两……。每车一两，上置两枪，安小铜炮三个，四门四角各载大铜炮二个，车上用二人，一人打神枪，一人燃炮火，每乘用卒十人，推

1　《明英宗实录》卷一八五《废帝郕戾王附录第三》，正统十四年十一月壬辰日，页 14a~14b（3691~3692）。

2　《明英宗实录》卷一七〇，正统十三年九月丁亥日，页 1b（3274）。

3　杨寿纂修：（万历）《朔方新志》卷二《仓库》，页 1b（94），《中国西北文献丛书》本，兰州古籍书店，1990 年。

4　《明英宗实录》卷二三六《废帝郕戾王附录第五十四》，景泰四年十二月甲申日，页 2b（5142）。

辕运车等。[1]

张泰议造的宁夏战车的特点在于火器。有神枪2门，铜炮3门，四角上各有铜炮2门，共有火器13门。战车共配属12名士卒，其中10人负责推车，2人则在车上发射火铳。作战时，部分的乘员持长枪、衮刀、挨牌护车两旁作战。新添加的铜炮也很特别，发射前先装填20枚铁丸，以增加射击的效果。这种铜炮的射程可以达到200步（315米）。[2]为储存战车，宁夏也建有战车厂。（图2-2）

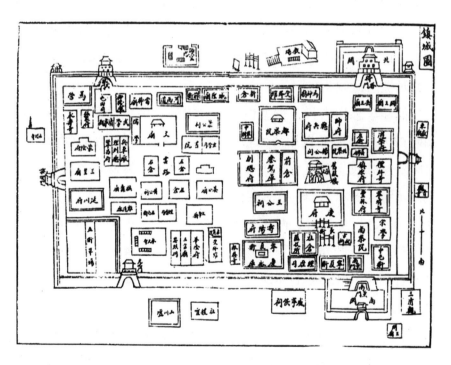

图2-2　宁夏镇城图及兵车厂位置[3]

1 王琼：《晋溪本兵敷奏》卷四《山西类》，《为陈言修边务以保固地方事》，页41b（史59：112），台南庄严文化事业公司，1996年。

2 《晋溪本兵敷奏》卷四《山西类》，《为陈言修边务以保固地方事》，页41b（史59：112）。

3 （万历）《朔方新志》卷二《仓库》，页13。宁夏镇兵车厂位于镇城西侧儒学和理刑厅间，北有武学、神机库（贮铳）。

二 大同总兵郭登造偏厢车、将军铳车和四轮车

景泰元年八月二十七日，大同总兵郭登特别针对保护防区樵采的问题，呈《上偏厢车式疏》，争取朝廷同意制造新战车。郭登虽然仅以"偏厢车"为标题，事实上提到了三种战车，即偏厢车、将军铳车和四轮车。郭登建议的战车设计，首次体现了多种战车联合作战的战术。

郭登，字符登，直隶凤阳府临淮县人，营国威襄公郭英孙。永乐二十二年九月，永乐皇帝升其为勋位带刀侍从。正统八年征云南麓川等处，升锦衣卫指挥金事。正统十四年，原随英宗亲征，升为中军都督府都督金事，留守大同。因防守有成，进为都督同知充副总兵官，镇守大同。后再升为右都督，仍镇大同。[1] 郭登即在此时提出造偏厢车营。

偏厢车源自古代，车型设计的目的是保护樵采军民，因而强调防护力。车体厢板用薄木板，上开有铳眼，车体周围有布幕，可以随意张收。车上有小黄旗，可以壮声势。偏厢车车辕长 1 丈 3 尺（约 4.2 米），前后横辕阔 9 尺（约 2.9 米），高 7 尺 5 寸（约 2.4 米）。列阵时，两辆偏厢车合而为一，车头尾用钩环相连接。车上载有鹿角两座，每座长 1 丈 3 尺（约 4.2 米）。列阵时，鹿角置于车外 15 步（约 24 米），并加勾连，可以用于阻挡敌人骑兵。[2]

偏厢车上载有甲士 10 人，其中持神枪者 2 人，操铜炮者 1 人，枪手 2 人，强弓 1 人，牌手 2 人，长刀 2 人。[3] 使用火器的比例达到了 30%，已较洪武十三年所定"凡军一百户，铳十"的比例为高。平时车辆由 10 名甲士轮流推挽，战时则共同防御。

---

1 《明功臣袭封底簿》卷二《定襄伯郭登》，页 251~255。

2 《明经世文编》卷五七《郭杨二公集》，《上偏厢车式疏》，页 2b~3b（449~450）。

3 《明经世文编》卷五七《郭杨二公集》，《上偏厢车式疏》，页 3a（450）。

郭登的偏厢车营共配属 400 辆偏厢车，有甲士 4000 人。作战时形成一个正方形的方阵，每边 100 辆偏厢车，组成车营的基础打击力量。

由于偏厢车所载的火器多属小口径的单兵火器，在长程火力投射上较为欠缺，郭登在偏厢车方阵外四边均添有 5 辆将军铳车，载数种大小不同的将军铳。将军铳车配属的乘员有 12 人，主要为推挽和药匠。车营中共有 20 辆将军铳车，兵员 240 人。[1]

郭登车营除了偏厢车和将军铳车外，还有四轮车。由于车营展开时，占地面积达到 300 米见方以上，要灵活指挥车营，有相当的困难。因此，郭登造四轮车，作为车营的指挥车，其制与《武经总要》中的望楼车相仿，平时车高 1 丈 5 尺（4.8 米），临阵再接高 1 丈 2 尺（约 3.8 米），高度达 2 丈 7 尺（约 8.6 米）。[2]郭登之营制，可参图 2–3。

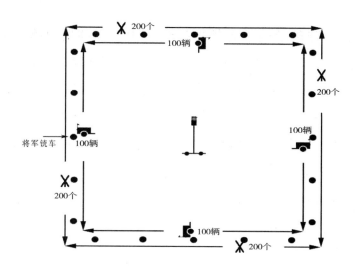

图 2–3　郭登战车营制图[3]

1　《明经世文编》卷五七《郭杨二公集》，《上偏厢车式疏》，页 3a（450）。

2　《明经世文编》卷五七《郭杨二公集》，《上偏厢车式疏》，页 3b（450）。

3　此图为作者重绘。据《明经世文编》卷五七《郭杨二公集》，《上偏厢车式疏》，页 2b~3b（449~450）。

由于车营的运动速度缓慢，在战局中往往无法快速移动，以便取得战场的主动权，即便在阵地战中取胜，也无法有效地追击敌人，因此，配属额外的机动部队也有其必要性。郭登车营也配属马步军 1000~2000 策应车营作战。[1]

此疏中遗漏的最重要的数据，就是偏厢车的数量。不过，幸运的是《明英宗实录》载景泰二年十二月代王朱仕壏上奏降敕褒谕郭登，在奏文中有"先是，军民出城樵采，每为虏所得，登造偏厢车四百辆以为营卫，军民便之"[2]的记载。可知郭登的车营是以 400 辆偏厢车为主力，配合 20 辆将军铳车，以及 1 辆用于指挥的四轮车。

郭登的偏厢车营，是明代前期最为出色的战术设计，体现了多层次防护和多兵种协调等战术思想，开启了后世发展战车战术的思路。

三 守备陕西兰县都指挥佥事李进造独轮小车

景泰元年九月初六日，就在大同总兵郭登议造偏厢车不到 10 天，守备陕西兰县[3]都指挥佥事李进也提出了修改战车的建议。

在李进造战车之前，明军的战车皆为双轮设计。他认为陕西山路崎岖，必须采用独轮小车。这种独轮小车在防护上借鉴了京降战车的优点，在车体周围大部分和车顶采用牛皮作为防护，可以防止火及弓箭对于乘员的伤害。车体前部用木板防护，木板上绘有兽面以惊吓敌马，并凿有铳孔。

---

1 《明英宗实录》卷一九五《废帝郕戾王附录第十三》，景泰元年八月戊戌日，页 18a~b（4143~4144）。《明经世文编》卷五七《郭杨二公集》，《上偏厢车式疏》，页 2b~3b（449~450）。

2 《明英宗实录》卷一九九《废帝郕戾王附录第十七》，景泰元年十二月己卯日，页 3b~4b（4224~4226）。

3 兰县，即今甘肃省兰州市。按：洪武二年兰州降为县，成化十三年复为州。

李进战车的车体较小，仅可搭载 3 人，配属官军每队 5 辆。与郭登的偏厢车营相同，开始配备随车火器，装有碗口铳 1 门，手把铳 4 门。李进因地制宜造战车的建议很快为朝廷采纳。[1]

四　提督蓟州等处军务右佥都御史邹来学造大样战车

除了北京及西北边防已次第布有战车外，外患压力较小的京师东北方，也开始少量部署战车。景泰四年正月初五，提督蓟州等处军务右佥都御史邹来学就奏请利用北京和山西收藏的积木，造成大样战车 40 辆，在密云、古北口和潮河等难以修筑墙垣的地方布防，"严督官军守战，庶免仓卒之患"[2]。

与其他地区造战车略微不同的是，邹来学所造的战车较少。这些战车系用于防守关隘，而非用于野战。且未特别说明车制，以"大样"为名，似以京降战车为制。

邹来学，字时敏，湖广麻城人，宣德八年进士。原为户部主事，后与麓川之役，督兵当前锋。[3]土木之变间，特由左通政升整饬蓟州边备兼巡抚顺天等府，为京师北方防务的负责人。他整修喜峰口、董家口、罗文谷、刘家口、界岭口、一片石等各关城，并将蓟州仓迁于城内。[4]

五　辽东巡抚程信造战车

在土木之变后，比较少为人所注意的是辽东地区的情况。实

1　《明英宗实录》卷一九六《废帝郕戾王附录第十四》，景泰元年九月丁未日，页 3a~b（4151~4152）。

2　《明英宗实录》卷二二五《废帝郕戾王附录第四十三》，景泰四年正月癸亥日，页 3a（4893）。

3　《国朝献征录》卷六〇《都察院七·巡抚》，《通议大夫都察院左副都御史邹公来学墓志铭》，页 43a~46a（112：026~027）。

4　《国朝列卿记》卷一一七《整饬蓟州边备兼巡抚顺天等府行实》，页 7a（039~274）。

际上，辽东造战车的规模亦不小。辽东巡抚程信在天顺三年四月，以都察院左佥都御史巡抚辽东。在辽东巡抚任内，他曾造战车1000辆。[1] 程信，字彦实，南直隶休宁人（属徽州府），正统七年进士。

第四节　战车与野战阵法之发展

一　明初野战阵法

一般而言，明初火铳皆在前阵，后继有马队。遇敌时，先以火铳击退来敌，继以骑兵追击扩大战果。据《明太祖实录》所载，洪武二十一年三月，西平侯沐英讨伐百夷思伦，曾"下令军中置火铳、神机箭为三行，列阵中，俟象进，则前行铳箭俱发。若不退，则次行继之。又不退，则三行继之"[2]，后大胜。可见明初将领已将轮流射弩的战术应用于火铳上。将火铳队分成三列，可以确保发起攻击时，火力能够持续不断。而碗口铳等较大型的火铳，主要系用于对付敌军骑兵冲锋。利用较大型火器大量发射铅子击倒骑兵前队，以阻遏其攻势。为了能够持续射击，在作战时应预先装填相当数量的火铳，以备轮流装上铳架，依次发射。

二　都督武兴之死与野战阵法之被重视

土木之变中北京被围初期，明军多次利用火铳打击瓦剌。如

1　程敏政：《篁墩文集》卷四一《资德大夫正治上卿南京兵部尚书兼大理寺卿赠太子少保谥襄毅程公事状》，页1a~2b、6b~7a，《景印文渊阁四库全书》本，台湾商务印书馆，1983年。另，此事在其他的传记资料中也有记载，唯皆未提及数量，如《明名臣琬琰续录》卷一一《兵部尚书程襄毅公墓志铭》，页11a~17a，《景印文渊阁四库全书》本，台湾商务印书馆，1983年；《明文衡》卷九〇《大明故资德大夫正治上卿南京致仕兵部尚书兼大理寺卿赠太子少保谥襄毅程公墓志铭》，页12a~17b，《景印文渊阁四库全书》本，台湾商务印书馆，1983年。又，生卒年依刘文和作之记载。
2　《明太祖实录》卷一八九，洪武二十一年三月甲辰日，页14b~16a（2858~2861）。

十月，武清伯石亨和兵部尚书于谦在德胜门外，成功利用少数骑兵诈败，引诱万余瓦剌军进入明军预设的神炮火器陷阱，获得成功。[1]而都督毛福寿也在京城外西南街巷要路堵塞路口，埋伏神铳短枪以待策应。[2]在防御战时，明军使用火器尚称得当。

但与敌军进行阵地战时，明军就无法发挥原有使用火铳的优势，甚至毫无章法。如同日，都督王敬和武兴两人与瓦剌战于彰义门外：

> 武兴以神铳列于前，弓矢、短兵次之，报效内官数百骑列于后。虏至，以神铳击却之。报效者争功，自后跃马而出，虏乘之，遂败。虏逐至土城，兴中流矢死。[3]

此役之败，虽然是因为内官骑兵争功，但暴露了部分明军将领仅知发扬火铳的威力，不知利用长短兵护卫火铳的问题。如将火铳与弓矢对调，则当不致有将亡溃败的惨剧。

其实在此役前不久，就有官员意识到野战阵法的重要，奏报呈献阵法。如正统十四年十月初，监察御史郭仲曦上奏御史任宁能通诸葛武侯八阵及天地人三阵、左右前后策应之法，将其原画阵图献于朝廷。景帝下令由石亨、于谦等人议论后再报。[4]武兴阵亡，曾观战的翰林院侍讲刘定之也奏称：

1　《明英宗实录》卷一八四《废帝郕戾王附录第二》，正统十四年十月庚申日，页12b（3634）。

2　《明英宗实录》卷一八四《废帝郕戾王附录第二》，正统十四年十月庚申日，页13a（3635）。

3　《明英宗实录》卷一八四《废帝郕戾王附录第二》，正统十四年十月庚申日，页13a（3635）。

4　《明英宗实录》卷一八四《废帝郕戾王附录第二》，正统十四年十月戊申朔，页1b（3612）。

臣观昨者之战，但知闭营坚壁，假托持重之说，而不能出奇尽力，以收胜捷之功，甚至前队败而后队不救，左哨出而右哨不随。宜仿宋吴玠兄弟三迭阵之法，一行刀楯，蹲伏以俟，其阵最低。第二行矛戟大枪，立地以俟，其阵稍高。后一行骑兵弓矢，其阵最高，敌至，得互相倚恃，迭为救护，庶几不致狼狈。又虏骑之来奔腾荡突，必资刀斧以制之。昔郭子仪破安禄山胡骑，用八千人执长刀如墙而进，韩世忠破金虏拐子马，用五百人执长斧，上砍人胸，下捎马足，由此言之，刀斧之挥霍便捷，优于火枪之迟缓越趄也。[1]

刘定之虽称仿宋人古阵，实则指出明军仅知发扬火力，将火铳置于阵前而无防卫的缺失。故而托宋吴玠兄弟三迭阵、唐将郭子仪、宋将韩世忠等例，说明以冷兵器护卫射速较慢的热兵器的重要性。

三　布衣霍寅的《八阵图说》

景泰元年五月初八，宣府巡抚叶盛向朝廷转报由巡抚大同宣府、副都御史罗亨信荐举的山西汶水县平民霍寅及其著作《八阵图说》，奏称：

> 正统十四年九月十五日，该通政司奏奉圣旨，该部同武清伯考试来说，钦此。经今月余未见定夺，臣等访之舆论，霍寅谋识优长，才堪御众，且其所陈战车之说，实有可行，盛名之下，恐无虚士。臣切惟今日多事之际，朝廷累降诏旨，招徕异才，未见其人有如霍寅。倘蒙采录，则海内豪杰之士，

1　《明英宗实录》卷一八四《废帝郕戾王附录第二》，正统十四年十月乙亥日，页23a~b（3655~3656）。其奏疏全文见陈九德辑：《皇明名臣经济录》卷二《保治》，《题建言事》，页23b~27a（史9：31~34），《四库禁毁书丛刊》本，北京出版社，2000年。

报复忠义,卓有才能,其过于寅者,岂有不至者乎?乞敕兵部会官,将霍寅公同审验。如果可用,伏乞圣断,授以职事,或令于紧急去处,参赞谋议,或令统军御贼,责其成功,庶可无遗才之叹,且有以来天下之贤。[1]

叶盛,字与中,昆山人,正统十年进士,授兵科给事中,后擢为右参政督宣府协赞军务,后巡抚两广。叶盛转荐霍寅一事,并未见诸其他史籍。但由此可见,地方官员亦受命访求边才,且进献战车仍须经武清伯石亨试验,则朝廷之考核亦严。

四 京营五军营将领王淳之阵法

景泰元年六月,京营五军营将领王淳有鉴于"火铳用之不当,盖枪率数层排列,前层既发,退居次后装枪,若不量敌远近,一时数层乱发,后无以继,敌遂乘机而进,是乱军引敌,自取败绩"[2],因而访查复原永乐时期的战术进献朝廷。《明英宗实录》详载其制。王淳的京营束伍法基本构成为神机枪队、弓箭队、马队三种。神机枪队、弓箭队均有牌、刀、枪等冷兵器戒护。战术以发射不绝为原则。依其射速,火铳分为3队,分6梯次发射,弓箭则分为2队轮射。马队则以弓箭为主要武器,主要用于追击溃敌。其束伍法之兵力组合,详参表2-2。

而京营十万部队之全阵,王淳分为前层(战锋队)、次二层(驻队、接应队)、次三层(驻队、追袭队)、次四层(游击队)、次五层(大将自掌),共5层,以号带区隔。王淳全阵的构想是以受牌刀掩护的火铳和弓箭作为攻击主力,将70000火铳和弓箭队

---

1 叶盛:《叶文庄公奏疏》卷五《荐举人才疏》,页3a~b(史:58~490),《四库全书存目丛书》本,台南庄严文化事业公司,1997~2001年。
2 《明英宗实录》卷一九三《废帝郕戾王附录第十一》,景泰元年六月乙酉日,页8b(4040)。

置于前二层，分为战锋队、驻队、接应队；而40000马军作为支持兵力，分为驻队、接应队、追袭队和大将自掌，可依序接敌作战。加以号带标明层次，以哮啰、信炮、长声喇叭、金、鼓等指挥全阵，不致有争功混乱的情形。[1]

表2-2 王淳京营束伍法之兵力组合表 [2]

	队长副	旗枪	牌	药桶	神机铳枪	长刀	乂	长枪	弓箭	强弩	药箭	神炮火药	杂用	火器比例	投射兵器比例	小计
神机枪队	2	3	5	4	33	10	无	无	无	无	无	无	无	65	65	57
弓箭队	3	5	10	无	无	10	无	10	22	无	无	无	无	0	38.6	57
马队	2	3						42					2	0	73.7	57

接敌时，王淳的阵法有详细的接战原则。其内容如下：

> 敌在百步之内，神机枪射之。五十步内，弓箭射之。二十步内，牌枪刀迎击。敌退在百步之外，则鸣金止战，按兵而待，不许滥战。战久，哮啰响，接应队举旗；长声喇叭响，接应队即出，离战锋队十步，代战；出缓及不齐者，驻队诛之。鸣金止战，哮啰响，收队。九声喇叭响，旋队不用点鼓即还。
>
> 二层原地，前层再战，奇正相生，循环无端。前行擅离，

---

1 《明英宗实录》卷一九三《废帝郕戾王附录第十一》，景泰元年六月乙酉日，页9b（4042）。

2 《明英宗实录》卷一九三《废帝郕戾王附录第十一》，景泰元年六月乙酉日，页8b~9b（4040~4042）。

次二行诛之，二行离次，三行诛之。如敌退，即吹长声喇叭响，追袭骑整出而逐之，游击骑即踵而随之。杀敌擒将，吹收军喇叭，打德胜鼓回营。此制有正有奇，有战有守，进无速奔，退无遽走。四头八尾，触处为首，变化无穷，所谓王者之师，节制之兵也。[1]

王淳利用各种武器的射程，定出接敌作战顺序：距敌100步（150米）射击火铳，距敌50步（75米）射击弓箭，距敌20步（30米）则以牌枪刀迎击。同时，攻击时主要以战锋队和次二层接应队（两者距离15米）轮流作战。驻队在一般情形下负责监督前二队。骑兵在敌人溃退时才会依追袭骑、游击骑序投入战场。

对于地形的顾虑也是王淳阵法的特色之一：

如左右高山大川，前后受敌，即开营左右门，六行以列，前后相向，游击骑居两端，亦前后相向，以备敌冲突两哨。余奇居中，以应前后，其战与抬营同。但游击骑或三五成群，随宜备敌。其率领者号头，听其自便。

如后有高山大川，可开一字大阵，三行以列，游击骑居两端，余奇居中，或开半面四面俱同。[2]

野战时，因地形前后受敌时，前后皆以3层对敌，共6层。原在第四层的游击骑，则不再被动，转配置于阵形的两侧，随宜应战。

王淳阵法对收队下营的号令亦十分严明：

---

1 《明英宗实录》卷一九三《废帝郕戾王附录第十一》，景泰元年六月乙酉日，页9b~10a（4042~4043）。

2 《明英宗实录》卷一九三《废帝郕戾王附录第十一》，景泰元年六月乙酉日，页10a~b（4043~4044）。

　　既胜收擒获级，鸣金止齐，吹哱啰收队，九声喇叭响，旋队打德胜鼓回军，哱啰、喇叭、金鼓齐响下营。其下营之制，前层先下，二层三层仍列不动，前层下营既定，诸军方入下营，此所谓"虽克如始战，将之慎也"。[1]

下营时，由前层战锋队先下营，而二层（步军驻队和接应队）、三层（驻队和追袭队）不动，以防范突发状况。迨前层战锋队下营，其他单位才可下营，确保全队安全下营。

　　王淳的阵法就发扬火力、接敌纪律、地形顾虑和保护下营，均有详尽的考虑。他将此一阵法绘成《练兵图》八本呈献景帝后，景帝即命兵部和京营将领采用。[2]《明英宗实录》更将其全文收入，足见王淳阵法的重要性。

五　于谦对于下营阵地之强化

　　阳和驿和土木堡两次溃败，先后数十万军灰飞烟灭，使得明军极为重视维护北京城外部队阵形的完整。景泰元年六月二十二日，兵部尚书于谦奉命上奏战守方略，可见其一端：

　　　　少保兼兵部尚书于谦等言："比者奉命令，臣等具将士军马数目战守方略以闻。臣会同太监吉祥计议，将各营总兵、把总、坐营头目并所统官军分定京城各门，其正北并西北、西南一带至为紧要，分定石亨、杨洪、柳溥、张轨、孙镗、卫颖、过兴、张义、雷通、刘得新、陈友、李全、王瑛、崔福、刘鉴、张通等下营据守。凡分守官军，每二万余作一处，

1　《明英宗实录》卷一九三《废帝郕戾王附录第十一》，景泰元年六月乙酉日，页10b（4044）。

2　《明英宗实录》卷一九三《废帝郕戾王附录第十一》，景泰元年六月乙酉日，页10b（4044）。

数内约量分一半步军于土城外下营，外围用鹿角、车辆、神铳、牌刀、弓箭、将军大炮、盏口铳、磁炮、飞枪，次列斩马刀、枪叉，马步相兼应敌。营外多掘壕堑、暗沟，分布钉板、铁蒺藜。其余步军、精骑俱于土城内下营，以观外营对敌事势，随宜出奇，或左右夹攻，或前后邀截。其都督范广与都指挥石彪各将轻骑为游兵，专备出奇策应，巡哨截杀。臣谦与吉祥往来各营总督，如遇紧要受敌去处，当先督军杀贼，其土城坦平处所铲削陡峻，令彼不得登眺观望。其正南、东南各门不系紧要，令侯伯等官守城，于舍人营、腾骧、锦衣等卫与各监局内定拨，一体给与神铳、火器守备。伏乞降旨，许以升擢，晓以大义，使知进死者荣，而退生者辱，则士气必振，而临敌可用矣。"仍以分守地形人数绘图上闻。[1]

于谦将防守的重点置于北京城外正北、西北和西南，分守军各 20000 人。这些据点原有土城，于谦令一半步军与骑兵进驻土城内，另一半步军则驻于土城外布阵。土城外驻军代表着明军不再满足于守城的战略，而希望能够积极驱赶包围北京的瓦剌军。由上文可知，土城外的步军营外，布置壕堑、暗沟、钉板、铁蒺藜等固定障碍物或陷阱，而阵外则首列鹿角、车辆，及神铳、牌刀、弓箭、将军大炮、盏口铳、磁炮、飞枪，次列斩马刀、枪叉等兵器。可见于谦反击瓦剌的主力是以战车作为核心的步兵阵。步兵阵外，以鹿角增加防御效果，以战车护卫火铳，而以冷兵器置后。这种安排虽较固守土城积极，但是在阵前布置各种障碍物，也限制了己方发扬战术的积极性。其次火炮并未随战车作战，因此并无机动性可言。

1　《明英宗实录》卷一九三《废帝郕戾王附录第十一》，景泰元年六月甲午日，页 16a~b（4055~4056）。

景泰二年十二月二十二日，于谦应景帝命会议的战守方略中，充分地叙述了对付瓦剌骑兵冲锋的方法。其间，提出了对一些战术的改进：

> 又贼之所持，弓马冲突而已，知我大器一发，猝难再装，以此即肆驰突。今若与敌，我军列阵，外用鹿角遮护，持满以待贼，未急，坚阵不动，神锐（铳）未发，先以火药爆伏诈之，贼必谓我火药已尽，不复畏避，驰马来攻。我则火铳、火炮、飞枪、火箭、弓矢齐发。贼势重，又以大将军击之。待贼势动，分调精骑，用长枪、大刀、劲弩射砍，步卒以圆牌、腰刀齐冲贼阵，或刺射人马，或砍其马足，将卒不得退缩，违者治以军法。……其次以备缓急调用，每日除演习弓马武艺，仍令马步官军兼习阵法及交锋、冲突、安营、走阵，以为战斗之势，使之耳目惯熟，步骤轻健，能知进退坐作之法，免致临敌畏怯失措。至如固守之法，则今日士卒颇多，京城完固，又有战车、鹿角器具。[1]

似可以观察到明军虽已细腻地掌握了以大量火器攻击瓦剌骑兵的要诀，但仅将战车用于防城的一环，并未注意到战车独立作战的特性。可见，正统后战车虽已投入实际战斗，但只是步兵的配角，充任防御的角色。

---

1 《明英宗实录》卷二——《废帝郕戾王附录第二十九》，景泰二年十二月丙戌日，页 8b~9b（4546~4548）。

第三章　成化至正德
　　　　时期之战车

　　明代初年，河套外有东胜，故河套以南的延绥镇地位较不重要。至永乐年间，河套平静，为使兵强粮足，明军遂退守延绥镇。但土木之变后失去东胜，故北虏得以渡河犯边。[1] 至天顺间，北虏知河套肥沃，因而渐成边患。天顺间，始有阿罗出率众前往河套居住。河套地处黄河南，自宁夏至偏头关，宽达两千里，水草极为丰美。成化初年，孛来与小王子、毛里孩等先后进入河套，连年侵扰延绥镇一带。[2] 随后，由于侵扰范围扩大，西至宁夏，东到宣大，皆为防御的重点。朝廷除了新设陕西三边总制统一协调西边的防务外，也多次派遣远征军清剿套虏。成化十九年，虏犯又转移到宣大一带，明军兵败大同。因此，在这些地区，都有新造战车或以战车布防的军事活动。

　　宪宗即位之初，京营都督同知赵辅和京营总兵官郭登先后奏请造京营战车。其后赵辅出征辽东，亦请造战车。成化二年，为了准备出兵搜套，下令各边预造战车。宣城伯卫颖以战车取胜。

1　吴缉华：《明代延绥镇的地域及其军事地位》，页 297~299，《明代社会经济史论丛》，台湾学生书局，1970 年。

2　《明史》卷三二七《鞑靼传》，页 8472~8473。亦有学者考订出蒙古部族进入河套的最初时间是宣德末正统初年。胡凡、徐淑惠等：《论成化年间的搜套之举》，《大同职业技术学院学报》2000 年 14 卷 3 期。

成化三年，靖虏将军赵辅出师辽东，请造战车。成化六年起，大同巡抚王越和朱永数以捷闻，边境稍感安宁。宁夏兴武营和陕西花马池都有战车布防。成化八年，兵部尚书白圭请会议军务，吏部右侍郎叶盛请造宁夏镇战车。成化十三年，甘肃镇总兵王玺亦请造战车。

唯与景泰以降之风气不同，士人对于大量制造战车逐渐有不同的看法，甚至有质疑战车之功用者。朝臣亦争论造战车之必要性，在议造战车的审核上也日趋严谨。宁夏镇总兵张泰在成化元年请造战车遭拒。其后，成化十二年，为了防御套虏内犯，大学士李宾和兵部尚书白圭曾先后计划编组包含战车的野战军主动出击河套，为兵部尚书项忠和威宁伯王越所反对。其后，兵部尚书马文升亦反对造战车。成化晚期，宣大总督余子俊在大同失利后，请造大同和宣府两地的战车。

孝宗即位后，礼部右侍郎丘濬《大学衍义补》曾对于前代战车作分析研究，以考证战车的历史价值。弘治朝，小王子以求贡为名，与火筛入犯各边。镇守太监曾敏请造延绥镇战车。弘治十二年，秦纮出任总制陕西，进献请造全胜车。正德晚期，陕西署都督佥事赵文请造载炮车，兵部尚书王琼则选编宣府边军战车部队。

除了督抚和总兵等官员议造外，其他人士对于进献战车亦十分积极，如江西虞都县学生员何京上《御虏车制》、都察院经历李晟议造战车、广东海康县去任知县王堳陈攻守二策、闲住知府范吉的《神机制胜书》有先锋车与霹雳车、国子监生田守仁自荐教演偏厢车、锦衣卫军人施义献偏厢解合车。朝廷与先前鼓励并多予采纳的做法不同，对于进献的车型进行测试评估。

第一节　成化初期边患与京营、边镇之议造战车

一　京营都督同知赵辅上奏造京营战车

宪宗甫登基不久，京营都督同知赵辅就上奏造京营战车。赵辅，字良佐，原籍直隶凤阳府凤阳县，袭职为济宁卫指挥使。正统十四年，吏部尚书王直等会奏保升都指挥佥事管操。又升署都督佥事，充参将镇守怀来等处。天顺四年，回京任神机营管事。八年，升都督同知。[1]同年八月，都督同知赵辅上《战车制》，希望朝廷同意京营造新式战车。《明宪宗实录》载：

> 其略曰：古之用兵者必有车，战则以为阵，行则以为营，兵器糗粮悉载于此，故用兵之利，莫若战车。……盖胡虏之所恃者，弓马而已。战车之用，诚足以避箭拒马。况我朝火器、铳炮古所未有，用得其法，则虏之弓矢弗能当也。然用铳炮者，必须蔽其身以壮其胆，然后发而必中。若以战车及见用鹿角互相为用，则所向无敌矣。[2]

因此，赵辅想要制造具有足够防御力的战车，并用火器和鹿角装备战车。

赵辅所献车制的基础是民间小车，但车前有 3 面木板，宽 1 丈 2 尺（3.8 米），高 6 尺（1.9 米），绘飞龙兽面。沿袭李贤战车上采用的小窗和铳眼的设计，车厢上有窗口，窗下则有铳眼，可以发射火铳。车体前装置 3 支矛头，以便防御骑兵。[3]赵辅战车的

1　《明功臣袭封底簿》，《武靖伯》，页 055：039。

2　张懋监修、刘吉等总裁：《明宪宗实录》卷八，天顺八年八月甲申日，页 2a~b（179~180），台北"中研院"历史语言研究所，1984 年。

3　《明宪宗实录》卷八，天顺八年八月甲申日，页 2a~b（179~180）。

车体较小，车宽约为李贤战车的一半，高度亦矮 5 尺（1.6 米）。而车营制，是以 1000 辆作为单位，每面 250 辆，与李贤所建议的战车营制相同。每车占地 1 丈 2 尺（3.8 米），车营占地可达 950 米。[1]赵辅显然采纳了其他边将将车制缩小的办法，并利用了李宾的营制设计，不过车营占地也缩为原来的四分之一左右。

从《明宪宗实录》所见，朝廷虽仅下议，并未立即同意制造战车。[2]但（万历）《大明会典》则记为"令造"，可见后来赵辅所议造之战车确实有成造。[3]后来，陕西都督金事赵文据此造载炮车 500 辆，送固原发兵车厂收贮。[4]可见赵辅的战车至少先后被应用于北京和固原两地。

二　京营总兵官郭登请造京营战车

成化二年正月，京营总兵官定襄伯郭登上《军务疏》，建议京营造新战车。郭登在此疏中认为：过去京营官军出征，运输的任务主要由民间力役承当，而军士又必须携带鹿角，所以"人民不胜劳扰，军士先受疲弊"。要解决这种军民两困的情形，必须在步队配属人推小车。依照郭登的建议，"每步队制造人推小车六辆"，按京营官军一队为 55 人，配属 6 辆小车，则每辆小车共装载 9 名士兵的装备。每次 2 人拉车，其他 7 人轮换。人推小车

1　原文为："占地一丈二尺，设若用车千辆，一面二百五十，约袤一里二百四十余步，以四面计之共约六里有奇。"唯此有矛盾之处。如按车宽来计算，应为 950 米；如计一里二百四十余步，则宽度为 860 米。但战车不可能缩小，故 950 米为 250 辆战车最小之宽度。《明宪宗实录》卷八，天顺八年八月甲申日，页 2b（180）。

2　《明宪宗实录》卷八，天顺八年八月甲申日，页 2a~b（179~180）。

3　（万历）《大明会典》卷一九三《工部十三·军器军装·战车旗牌》，页 13a（2625）。唯此一记录称"但前增三面木板，阔二丈二尺，高六尺"，《明宪宗实录》则作"一丈二尺"，应以《明宪宗实录》所载为是。

4　《晋溪本兵敷奏》卷四《山西类·为陈言急修边务以保固地方事》，页 42a~b（113）。

"行则为阵，止则为营"。车上有铁索，可与其他车连接。车下有木桩，可以固定车辆。与过去的战车相比，人推小车并没有太多的防御设施，仅"车前张布为盾，画为猊首"[1]。

除此之外，郭登并就京营步队武器作了调整。成化时京营旧队制为"每队五十五人：弓箭手三十，义、枪手各十，旗枪手三人，各具腰刀一"[2]。其新旧步队组成比例，参见表3-1。

表 3-1　郭登上奏京营步队使用兵器及比例[3]

	队长副	旗枪	牌	刀	神枪	枪	义	弓箭	强弩	药箭	神炮火药	杂用	火器比例	投射兵器比例	小计
旧步队	2	3	无	无	无	10	10	30	无	无	无	无	0	52.6	57★
新步队	2	无	5	5	10	无	无	无	10	10	8	7	31.6	66.6	57

郭登参考旧制及现况，将步队的武器配置调整为"步队用神枪手十，牌、刀手各五，药箭、强弩手十，司神炮及异火药者八，杂用者七"。新的步军编组强化了步兵的基本火力，使用火器的比例达到了三分之一，并且重新装备弩，使得步军的火力分为神炮、神枪、弩、弓四种不同的投射距离，并加大了投射的纵深。郭登的改革使京营步军全面地配发火器。

1　《明宪宗实录》卷二五，成化二年正月癸亥日，页10a~b（499~500）。《明经世文编》卷五七《郭杨二公集·郭定襄忠武侯奏疏·军务疏》，页4b~5a（450~451）。

2　《明宪宗实录》卷二五，成化二年正月癸亥日，页10a~b（499~500）。《明经世文编》卷五七《郭杨二公集·郭定襄忠武侯奏疏·军务疏》，页4b~5a（450~451）。

3　《明英宗实录》卷一九三《废帝郕戾王附录第十一》，景泰元年六月乙酉日，页8b~9b（4040~4042）。《明宪宗实录》卷二五，成化二年正月癸亥日，页10a~b（499~500）。文献中旧步队的数字略不合，仅有53人，应为漏算队长副和旗枪兵。

六月，各官议论后，皆认为新的步兵编组对京营步队甚为便利，遂由工部按郭登之意制造。宪宗并特拨每车银1两，以供制造。这批战车的制造总数为2500辆。[1]

（万历）《大明会典》亦载郭登战车确有造。对于战车的形貌还有进一步的描述："空处张挂布围，画作狮头牌状，营外每车设木桩二根，绊马索一条，又置布幕二扇，俱用旗枪张挂小红缨头，并生铁铃铛。"[2]可知郭登战车因用布幕防护，防护能力较为一般。

三　成化之搜套与战车

成化二年五月，朝廷召大同总兵官彰武伯杨信回京。[3]大学士李贤等人上奏，乞令兵部预积粮草于陕西塞下，并下令陕西、延绥、宁夏、甘肃、大同、宣府等边镇，"练选骑步精兵，整搠器械什物，预造战车、拒马"[4]。随着杨信的征讨，各边都制造了战车和拒马以讨伐毛里孩。二年六月，宣城伯卫颖征番贼把沙等簇，以战车破敌。[5]

成化八年二月，兵部尚书白圭上疏奏请敕总督军务右都御史王越以便宜重权，并派遣吏部右侍郎叶盛前往陕西、延绥、宁夏会议边务。白圭认为"河冰既开，虏无遁意，计其秋高马肥必复入寇"，故必须在明年二月大举搜剿河套。白圭的计划是，选集精

1　《明宪宗实录》卷三一，成化二年六月戊申日，页2a（615）。

2　（万历）《大明会典》卷一九三《工部十三·军器军装·战车旗牌》，页13a~b（2625）。

3　《明功臣袭封底簿》卷一《彰武伯》，页055：53~54。按：杨信，原籍应天府六合县，为昌平侯杨洪之侄。自正统年间随伯父杨洪征进，至都督同知充总兵官。天顺二年，擒杀贼首阿力台王等，因封彰武伯。后又擒斩鬼力赤、帖木儿，追杀伯颜哈达，战功彪炳。

4　《明宪宗实录》卷三〇，成化二年五月辛卯日，页10a（603）。

5　《明宪宗实录》卷三一，成化二年六月甲子日，页8b（628）。

兵十万，命文武重臣各一员为总督总兵，二员充副参将官。备齐出战驮马、鹿角、战车、军器，于十二月启行。[1]但由于朝廷大将朱永、赵辅和刘聚皆畏怯不任战，无法采取大规模搜套的军事行动，形成套寇来去不定，官军的征讨又不能有大成效的僵持局面。[2]加以满俊事件的影响，搜套之举遂成空言。[3]

四　靖虏将军赵辅出征辽东并请造战车

成化三年六月，毛里孩拥数万众向东进犯，而建州女真又有入寇之势，靖虏将军武靖伯赵辅受命讨伐辽东。临行前，赵辅上奏，再提造战车，以宣城伯卫颖昔在凉州用车为战且著破敌之功的实战之例，乞宪宗斟酌参验。[4]宪宗并未明确表示赞同，仅下令兵部"斟酌行之"。[5]

五　成化八年宁夏的防御与战车

成化八年四月，宪宗命叶盛与宁夏巡抚徐廷章会议宁夏一带的防务后，叶盛上奏主张以增强宁夏卫的防御为主。他将宁夏镇的防御一分为三，河套附近的兴武和花马池两个地方是首当其冲之地，与东面的延绥镇和定边营相呼应。命游击将军祝雄统领马兵 3000 人，副总兵林盛则领马军 2000 人、步军 3000 人和战车 300 辆防守。[6]

1　《明宪宗实录》卷一〇一，成化八年二月癸未日，页 6a~7a (1965~1967)。

2　《明代延绥镇的地域及其军事地位》，页 301。

3　胡凡、徐淑惠等撰：《论成化年间的搜套之举》，《大同职业技术学院学报》2000 年 14 卷 3 期。

4　《明宪宗实录》卷四三，成化三年六月癸丑日，页 9a (887)。

5　《明宪宗实录》卷四三，成化三年六月癸丑日，页 9a (887)。

6　《明宪宗实录》卷一〇三，成化八年四月庚辰日，页 4b~5a (2014~2015)。

第二节　成化朝反对造战车之议

宁夏总兵张泰，是议造战车最力的边将之一。成化元年二月，张泰四度上奏请造战车。《明宪宗实录》载其车制：

> 每车一辆上置神枪二、铜炮三，其四角各载铜炮二。上用二人分司枪炮，每辆用卒十人，推辕运车，余执长枪、衮刀、挨牌，夹车两旁以为伍，承弥缝。炮中实以铁丸二十，激发之力远及二百步外，洞坚彻刚，百发百中。[1]

张泰战车的火器共配备"神枪二、铜炮三，其四角各载铜炮二"等13门铳炮，且宣称最高射程可达320米，是较具威力的战车。但此次议造，兵部却覆奏"未闻泰以此破敌"[2]。可见兵部不甚支持宁夏自造战车。兵部的覆奏带来了两个影响：一是加深了对战车必要性的疑惑，二是为后来清朝史官的战车"无用未战"论提供了借口。

成化中大学士李宾议造偏厢车所引发的争议，及朝廷对于此事的处理，是明代战车史中值得注意的事件。此事起于成化十二年四月监察御史薛为学等言兵事，兵部遂会文武大臣及科道等官议。英国公张懋等议，"偏箱车但宜于平原旷野，不利于涉险乘危。宜令工部如式制造，试可而后用之"[3]，成为共识，并获得宪宗的同意。八月，都察院左都御史李宾再上奏乞制偏厢车 500 辆及鹿角柞 500 具，装备京营，并推广至各边。李宾所造一车配 1

1　《明宪宗实录》卷一四，成化元年二月己卯日，页 1a~b（305~306）。

2　《明宪宗实录》卷一四，成化元年二月己卯日，页 1a~b（305~306）。

3　《明宪宗实录》卷一五二，成化十二年四月丁酉日，页 6b~7a（2780~2781）。

柞，每车 10 人，共 5000 人。李宾建议由内臣、文武大臣各一教练。并谕令各边俱如式制造，以备战守。[1] 显然李宾有意将薛为学等造战车的规模加以扩大。

然而，此时边镇大造战车已经形成了弊政，部分官员奏请停止制造战车。如成化九年二月，陕西巡抚马文升等上奏指出，陕西八府因征求转运、预征及造战车、鹿角，对人民造成极大的困扰，因此请求蠲免制造军器。[2]

因此，对于李宾的请造，时任兵部尚书的项忠覆奏十分审慎：

> 陕西诸边收蓄兵车数千辆，及京营亦尝因定襄伯郭登之言制小车二千五百辆，日久无用，俱以毁废，今宾复计及此。但今宿将边臣彼此异见，设使以车不可用，稽之于古，如柔然侵魏而太武北征，骑十万，车十五万辆，遂造大漠，柔然怖惧，不敢南向；突厥寇唐，而太宗遣诸将出战，皆戎车步骑相参，与鹿角为方阵，屡见大捷。如此观之，是车决可用也。如以车为可用，唐房管效春秋战法，以车二千乘，马步夹之，行至陈涛斜被贼纵火焚车，人马大乱，官军死亡四万；宋神宗契丹入寇，取两河民车为备，沈括以为车行日不过三十里，若被雨雪，跬步难进，恐兵间不可用。以此论之，是车未必可用也。[3]

项忠指出现有京营和沿边数千辆战车均毁坏无用的实况，来质疑李宾增造战车之举是否合适，并指出历史上是否采用战车和军事上的胜败并无必然关系。战车无法抵御火攻，沈括觉得战车受限

1　《明宪宗实录》卷一五六，成化十二年八月丁亥日，页 6a~7a（2853~2855）。
2　《明宪宗实录》卷一一三，成化九年二月庚午日，页 2a~4a（2187~2191）。
3　《明宪宗实录》卷一五六，成化十二年八月丁亥日，页 6a~7a（2853~2855）。

于雨雪。然而，从项忠"车可用"和"未必可用"的分类，可知他并未全盘否定战车的实用性。

项忠提出了另一个重要的观点，如要采用战车，必须有相应的训练、战术为配套，使将士能够熟习：

> 今将士终岁操习，自永乐到今，止于马步相参，较阅骑射，不习车战。恐一旦咈其所素习，强其所不能，临期应用，违误非便。乞如宾言，遣御史及工部官督工如式，先置车十辆、榨十具送赴教场，仍令宾会同内外官验其规制，何以施行。如虏轻骑剽掠，何以分布追之？如虏阨险邀遮，何以乘危御之？开阖奇正之妙，推挽进退之法，宏纲大略，俱要讲明。俟车制成日，以闻。

因此，他建议缩小制造的规模，只制造战车 10 辆，鹿角榨 10 具，送往教场，由李宾等人规划战术。战车造成后，兵部亦十分慎重，除了李宾、项忠等人外，也邀集三大营内外掌兵官，按照预设的科目分兵列阵试验。

最后项忠对战车的评估是：

> 所造车、榨，若两军对垒之际，用以守城安营，可以御矢石，防冲突；若追逐奔北，登高致远，履险涉危，恐非所宜。宜行工部以渐成造付教场操习，若其制有宜损益者，仍听臣等会总兵等官酌量。[1]

项忠虽然慎重建议再试验，再调整，但宪宗却立刻以此得出结论，以"既登高涉险不便"为由，否决了李宾造战车的建议。

---

1 《明宪宗实录》卷一五六，成化十二年八月丁亥日，页 6a~7a（2853~2855）。

　　《明实录》中所载项忠的评估尚十分含蓄，只点出了战车的优劣和限制。但笔记《菽园杂记》的记载就露骨多了，称"乃者都御史李公宾亦以战车为言，兵部重违其请，尝令成造试之，不欲显言其非，第云备用而已"[1]，指出兵部曾两次反对李宾造车之议。提督京营的都御史王越则更为率直，他借鹧鸪的啼声"行不得也"为喻，将测试用车称为"鹧鸪车"，使李宾大为愤恨。[2]

　　王越，字世昌，浚县人，景泰二年进士。王越多历边务，天顺七年为大同巡抚。成化三年以赞理军务随抚宁侯朱永征毛里孩。五年，为征套虏，率师至榆林，三路皆捷。六年，与朱永破阿罗出，进右都御史。七年加总督军务。八年，朝廷为彻底解决套虏问题，决定遣大将调度，遂拜武靖侯赵辅为平虏将军，节制陕西、宁夏、延绥三镇，王越总督军务。九年九月，满都鲁、孛罗忽、癿加思兰等内犯，直抵秦州安定诸地。王越率兵直捣其巢，破之，使其远徙，数载不再内犯，此即红盐池之役。王越是成化初年平定套虏的重要功臣。《明史·王越传》总结他成功克敌的原因在于"多选跳荡士为腹心将，亲与寇搏，又以间谍敌累重邀劫之，或剪其零骑，用是数有功"[3]。可见他极为重视骑兵，轻视机动力不足的战车。

　　王越对于成化时期的军政影响甚大。成化十年春，朝廷设总制府于固原，以王越提督军务，控制延绥、宁夏、甘肃三边，为三边总制之始。[4]十一年，又与李宾同掌都察院，兼提督团营。王越以赫赫军功之背景讥评李宾所制造之战车，加以兵部顾全两方，最后宪宗终止了李宾等人造战车的计划。可见成化时期之战车，在主张攻势的边政指导上较不受欢迎。而王越等人的反对，虽然

1　《菽园杂记》卷五，页 620。
2　《菽园杂记》卷五，页 620。
3　《明史》卷一七一《王越传》，页 4571~4576。
4　《明史》卷一七一《王越传》，页 4573。

使造战车者受到压抑，但事实上给战车发展带来了良性因素。以往请造战车，往往交兵部议，但在李宾议造战车时，特别安排了京营试验。因此，新式战车的设计往往可以通过军队的实际操演来检验，发现问题。

成化十三年底，时任兵部左侍郎的马文升在议御虏方略时，也进一步地指出战车的缺点。他奏称：

> 虏贼之来，急如鹰鹞，或东或西，不可测度，纵马一驰，倏忽十数里。近来各边制造小战车，上安神枪、铳炮，观其规模，似有可取，施之战阵，多不济用。盖兵欲制人，而不制于人。此车之造，军被虏围，以为自守之计，非临阵可以败贼之术。况边方之地，非山涧则沙碛，必用人以行，仓促之间岂能随马？莫如拒马、鹿角、攒竹、长牌，马上可以带之。随军而行，一则可以拒战马之冲突，一则可以遮胡矢之乱发，御虏急务莫先于此。昔吴璘拒金人于鸡头关，实借此具。先该兵部奏行工部，成造拒马、鹿角计二千架，攒竹、长牌计二千面呈样，后遂停止。今北虏之势日炽，而我军每不能胜，若不成造二物，临敌何以相拒？[1]

从马文升的观点来看，各边所造小战车虽因装备火铳而攻击力较强，但在战场上则多为无用。其本质是防御，而非主动攻击。且边镇地形复杂，只能由人推车，而无法专靠马匹牵引。然而，一样可以达到防御敌骑的效果的拒马、鹿角、攒竹、长牌等兵器，却可以用马匹携行。建议朝廷应该先制造拒马和鹿角备用。

唯这些重视骑兵的言论，并未改变部分边镇造战车的计划。

1　《明经世文编》卷六四《马端肃公奏疏三》，《为会集廷臣计议御虏方略以绝大患事疏》，页 10a~b（537）。

成化十三年十二月，甘肃总兵王玺上奏《陈边备三事》议造战车。王玺除希望能够补造 290 余辆战车外，对战车的车型提出修改意见。过去的战车将火器固定朝向车尾，射击方向受限。王玺利用甘肃和宁夏现有的战车，在车中央立可以旋转的炮架，上架一门神炮。如此一来，射击的角度就可以任意调整。王玺将此车命名为"火雷车"，并获得朝廷认可，同意其改造边镇的战车。[1]

王玺，太原左卫指挥同知。成化初，擢为署都督佥事。巡抚李侃荐于朝。后阿鲁出寇延绥，命充游击将军赴援。先后战于孤山堡、漫天岭、刘宗坞、漫塔水磨川等地，皆有功，进都指挥同知，充副总兵，镇守宁夏。后于成化十二年擢升署都督佥事，充总兵官镇守甘肃。[2]

第三节　余子俊与宣大二镇战车之议造

成化十三年起，余子俊任户部尚书，二任兵部尚书及宣大山西总督，除协助甘肃总兵王玺造车外，并于成化二十年前后于宣大造战车。此为成化朝较重要的数次造车活动，以下分述之。

余子俊，字士英，四川青神人，景泰二年进士，授户部江西司主事，后升福建司员外郎。天顺四年，为西安府知府，任职六年，"三边之事，咸萃于兹"，治行为关中七府之冠。成化二年，擢为陕西右参政，督三边军饷。成化六年，出任延绥巡抚。成化十三年出任兵部尚书，后改户部尚书。[3]

成化十九年，明军兵败大同，余子俊受命节制沿边军事。[4]成

1　《明宪宗实录》卷七三，成化十三年十二月丙申日，页 1b（3120）。

2　《明史》卷六二《王玺传》，页 4641~4643。

3　丘濬：《琼台诗文会稿》卷二〇《余肃敏公传》，页 11a~19b，台北丘文庄公丛书辑印委员会，1972 年。

4　《琼台诗文会稿》卷二〇《余肃敏公传》，页 11a~19b。

化二十年，为宣大总督。八月，上奏《为军务议造战车事》。奏疏中强调，他在天顺四年至九年任西安知府，曾办车料送至宁夏成造兵车，"用无不利，至今赖之"。基于这种经验，余子俊认为"大同地方山川平旷，宣府地方一半相等，门庭寇至，车战为宜"，因议请于大同宣府一带造战车。[1]

在上奏前余子俊已经在大同制造战车 100 辆，构想以兵马 10000 人配合 500 多辆战车为 1 个车营。预计在大同配置 2 个车营，宣府 1 个车营。余子俊的战车，每辆配火炮 4 门，材质为生铜或生铁，重量为 20 多斤（12 公斤）。车上的其他金属件则用熟铁打造，用料 100 多斤（约 50 公斤）。余子俊的战车需要大量金属，因此希望工部支生铜、生铁、熟铁各 10 万斤送至大同和宣府。[2]

《为军务议造战车事》还附有战车式样（原型车）1 辆，鹿角式样 2 副，桩绳式样 1 副，并有用来说明战术的《下兵车营图》《台兵车营图》《台鹿角柞营图》《下鹿角柞营图》《下桩绳营图》和《抬桩绳营图》等图，但这些图已经被《明经世文编》的编者删节，仅留下题要。从这些题要中，仍可以了解余子俊战车营的阵形。

所谓《下兵车营图》，是指车营固定一地时所采取的阵形。据《下兵车营图》题要指出，车营是由 500 辆战车、500 个鹿角柞、5500 名步兵组成。每辆战车由步军 10 人拽车，鹿角柞则由步军每人背负 1 个。车营外挖深阔达一丈的壕沟。车营的中央可以容纳

---

1 《明经世文编》卷六一《余肃敏公集》，《为军务议造战车事》，页 8a~10b（490）。
2 《明经世文编》卷六一《余肃敏公集》，《为军务议造战车事》，页 8a~10b（490~491）。上奏时间依《明实录》推定。《明宪宗实录》卷二五五，成化二十年八月壬戌日，页 1b（4306）。另，《名山藏》称"子俊恭酌古制，造车八百余辆"，疑为"造车百余辆"之误。何乔远辑：《名山藏·臣林记·成化臣一·余子俊传》，页 24a（史 47：367），《四库禁毁书丛刊》本，北京出版社，2000 年。

15000名以上的马队。余子俊认为这种车营足以抵御万余虏贼。至于《台兵车营图》，则指的是车营在运动时的阵形。兵员的分配和数目与下营时相同，唯不必挖掘壕沟。

难能可贵的是，（正德）《大同府志》中保留了余子俊战车车制数据。（正德）《大同府志》的最前两页，是《战车图》和《战车营图》，是现存明代战车图像中最早者，以往从未被研究明代军事史者所注意。（图 3-1、3-2）除了卷首的图像之外，在卷五《武备·战车·造车之法》中，亦有详细的战车造法。

对照《战车图》和卷五《武备·战车·造车之法》，可以看出余子俊战车的几个重要特征。余子俊的车长近 4 米，宽近 2 米，高近 1.5 米，比郭登的偏厢车略小。车长相当，但车宽明显少了 80

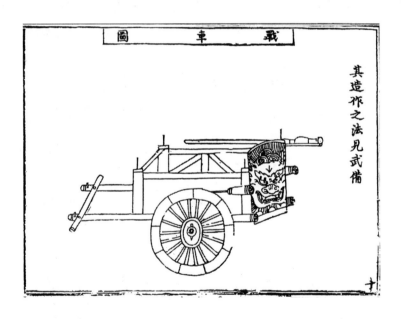

图 3-1　（正德）《大同府志》所载余子俊造战车图[1]

1　此图系目前所见最早的明代战车图，注意车体四柱上的四个铳架。又，此图多绘一铳，有误。张钦纂修：（正德）《大同府志》卷首，《四库全书存目丛书》本，台南庄严文化事业公司，1997 年。

厘米，高度亦少了 80 厘米。车体为木结构，金属则集中在铁桩和火器上。战车配有 4 门火铳。其中 3 门以陷炮木固定在车厢的两旁立柱上，射击方向固定向前。利用立柱上的铁桩，穿上桩轮，将另一门火铳固定于陷炮虎尾木，架在桩轮上，如此就可以水平向旋转火铳，获得较宽的射界。但由于车厢较为低矮，射击火铳时，士兵只能用蹲姿。

从《战车营图》上可了解余子俊车营的布阵方式：500 辆战车排成方形，每一面由战车 125 辆、鹿角柞 125 个组成，交叉配置。而车营中的马队，则分为两层，接于车阵之后。余子俊首次利用战车来保护骑兵的设计，也为后世所采用。

值得注意的是，史载余子俊造战车事的结果莫衷一是。《明宪宗实录》载：对于余子俊造战车宪宗十分支持，并命工部尽速完成，但该车"迟重窒碍不可用"，且初次试验时，车辆"回而

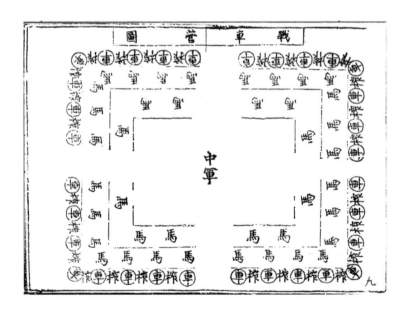

图 3-2　（正德）《大同府志》所载余子俊战车营图[1]

1　（正德）《大同府志》卷首，页 9a~b（208）。

死者数人"，因而废用。[1] 但余子俊在任西安知府时就已有造车相关经验，不可能大费周章地制造无用战车。且奏疏中已说明大同镇已造兵车百辆及鹿角柞 1300 余副，此议为增造，而非新造，不是初次试验的车型。其次，明代的兵书《草庐经略》则载朝廷同意余子俊造战车之议，但造战车数十辆，并绘有练武图以教练士卒。[2] 再者，（正德）《大同府志》也有战车的文字和图像记录，并载明这批战车造于成化二十二年。故《明宪宗实录》所载似不能尽信。

赵堂的《军政备例》亦载大同战车制：

> 大同宣府步队每十人驾拽战车一辆，每辆绳二条，圆牌二面，旗一面，炮四个，车箱内安三个，虎尾上安一个，火桶二个，每个火箭十枝，炮上合用狼头、送子、马子、圆石，并一窝蜂、铁弹、碎石子，包定火药药线，与凡一应军器不许缺一数少，其锣锅、皮浑脱、火镰与马队同。及战车行，则纵以为阵，止则横以为营，营两车之间用马队鹿角柞补塞空阔去处，不可错乱。[3]

可见余子俊战车后来还增添了不同的武器。

除了大同镇造战车之外，余子俊在宣府镇也造战车。据王崇献纂（正德）《宣府镇志》载，成化年间余子俊在此地制造了大量的火炮和战车，如下表：

1　《明宪宗实录》卷二五五，成化二十年八月壬戌日，页 1b (4306)。

2　佚名：《草庐经略》卷五《车兵》，页 13a (227)，《中国兵书集成》本，解放军出版社，1994 年。

3　赵堂：《军政备例》，页 232，《续修四库全书》本，上海古籍出版社，1997 年。

表 3-2　成化二十年尚书余子俊造火器战车表 [1]

	军器种类	数量	备注
1	三将军炮	5个	
2	霹雳小铜炮	153个	
3	铁炮	175个	王崇献纂(正德)《宣府镇志》作"成化二年尚书余子俊造",唯成化二年余子俊并非尚书,故应为成化二十年
4	小圆铁炮	50个	
5	铁铳	91把	
6	双轮火车	476辆	

除了数百辆战车外,也在河南营北修建了兵车厂。在其后,弘治十三年史雍泰又造了单轮火车 1410 辆。[2]

第四节　礼部右侍郎丘濬评析前代战车

孝宗即位后,亦有兴趣制造战车,常召工部尚书曾鉴,以造战车为趣,但曾鉴往往以派办造车工料之害劝谏孝宗。[3]因此,弘治朝议造战车虽较成化为少,但士人研究与省思战车车制却更为深化,其代表性人物为丘濬。丘濬曾于成化末任礼部右侍郎,掌

1　王崇献纂:(正德)《宣府镇志》卷七《武备》,页 43b~44b (143b~144b),线装书局,2003 年。

2　(正德)《宣府镇志》卷二《公署》,页 43b (57b)。

3　徐光祚监修、费宏等总裁:《明武宗实录》卷二二,正德二年闰正月壬子日,页 5b (0616),台北"中研院"历史语言研究所,1984 年。

国子祭酒。因思南宋儒者真德秀《大学衍义》于治国平天下条目未具，于是采群书补之，成《大学衍义补》。会孝宗嗣位，表上此书。孝宗遂命刊行此书，并特进丘濬为礼部尚书。[1]

《大学衍义补》收有丘濬所撰《战陈议》《车战议》和《战阵之法》三篇。《战陈议》主要讨论古代战车之术是否可用。丘濬对于战车的看法甚为透彻。首先，他将战车视为防御性的兵器，仅能用于平原之地，无法用于地形复杂的区域。其次，他从历史的经验强调战车无法作为攻击取胜的战具，故造战车也不应该以复古制为目标。最后，丘濬推想出一种战车必败的情况，即只要以万人掘壕，一日之内即可以包围战车和骑兵。[2]此一预言的战车战争形态，后来果在明清战争中多次为清军所使用。

《车战议》则专论车制。丘濬虽甚为推崇偏厢车的设计，但在考察当时的车辆后，认为要能够行于狭隘之地，又必须能且战且前，则只有民间的独轮车能做到。丘濬于是建议采用青海一带的独轮无厢小车改造战车。丘濬战车造价甚廉，约为千钱，每车士卒5人，5车为一队。虽然丘濬称这种独轮车"一可以战，二可以前拒，三可以为营，四可以冲突，五可以载军装，六可以舁病卒"[3]，但实际上并非用于作战，因为丘濬并未考虑车载火器等问题。其车制亦无特别之处。

《战阵之法》主要以《文献通考》中对于历史上战车活动的记载为基础，在各条目后降一格列马端临语，降二格写自己的见解。由行文中丘濬以臣自称看来，《战阵之法》应该是以丘濬为皇帝讲解《文献通考》的内容为基础，同时将《战陈议》和《车战议》

1　《明史》卷一八一《丘濬传》，页 4808~4809。

2　丘濬：《大学衍义补》卷一二三《治国平天下之要·严武备·战阵之法》，页 8b~9a。《明经世文编》卷七四《丘文庄公集四》，《战陈议》，页 10b~11b（632~633）。

3　《大学衍义补》卷一二三《战阵之法（下）》，页 11b~12a。

二文的内容包括进来，可以说是丘濬战车思想的集大成之作。在《战阵之法》中，《战陈议》的内容置于篇首，而《车战议》则附于李靖论偏厢车鹿角条目之后。

从《战阵之法》的内容来看，除上述已分析过的《战陈议》和《车战议》的内容外，尚可总结出以下内容。

其一，丘濬认为战车的角色是"格之御之，不使入吾境，斯可矣"。将战车的用途明确界定在防御战中。

其二，丘濬考订了夏侯婴破李由军于雍丘，卫青以武刚车击匈奴，李陵以大车为营而引士出营外为阵连战，晋马隆击鲜卑树机能采偏厢车等历史事件，认为偏厢车鹿角的设计较佳，并建议采用较小型的车辆。他曾试拟独轮无厢小车，供朝廷参考。

其三，丘濬考据了宋仁宗至和年间郭固车战法、嘉祐年间章询阵脚兵车、宋英宗治平年间黄怀信万全车、李纲《车制图》和王大智的霆电击车，认为这些宋代战车"卒不见于用，用者亦未闻有战胜之效，有则史书之矣"。且宋失西北二边之险，而以平原旷野为边，尚未闻有车战取胜之事。而明朝的边境皆临崇山峻岭，浮沙积石，不可以采用大车。

其四，他考察了李纲的车制和史事，认为李纲议造兵车在京东西路，为山东、河南、湖北等地，都是平原旷野，故以明朝边塞位于险阻之地，战车未必皆宜。

其五，他研究魏胜所发明的如意战车等车制和史事，认为后世"人自为之制，随其时势，用其智巧，而创为之，不拘于古法，然善用之者，则亦可以取胜"。丘濬强调魏胜所制如意战车、弩车和炮车车制已经亡佚，造车者应根据现况来发挥创意，而不应拘泥于古法。故他认为应该整合三种战车为一。制造数人可推的战车，树牌垂毡、列枪架炮，每辆可以遮蔽数十人。而每边城造

300~500 辆，"战以为阵，居以为营，收获以为载"。[1]

由此可知，丘濬借详细地分析《文献通考》中关于历朝战车的史事及其利弊得失，提出了如何使用战车的建言。虽然丘濬没有完整发展出有系统的车营战术，或造出新战车，但使得皇帝及士人了解到历史上战车的实际作用。

第五节　弘治朝陕西战车之请造

弘治元年起，小王子奉书求贡，自称为"大元大可汗"。弘治八年，小王子与火筛日强，曾三入辽东，又于次年大举入寇宣大、延绥等地，成为明朝北边最主要的外患。[2]弘治十年冬，年逾七十的王越为总制甘凉边务兼巡抚，次年率轻兵袭敌于贺兰山后，十一月底即卒于甘州。[3]十二年，北虏拥众入大同、宁夏等地。朝廷直至十四年三月才以史琳率参将神英，以京兵 3000 前往节制诸路。[4]

因此，在弘治十一年十一月至十四年，镇守太监曾敏实际上为陕西三边的最高军事负责人。他在十三年六月，奏请延绥镇造战车 1000 辆及长刀器械以备御虏，获朝廷的同意。[5]

十三年冬，小王子再度进入河套。十四年秋，保国公朱晖夜袭河套，取得小胜，但小王子随即以 10 万骑从花马池、盐池入，寇略固原、宁夏等地，陕西各地震动。朝廷遂于十五年以户部尚书秦纮出任总制陕西。

1　以上五条皆引自《大学衍义补》卷一二三《战阵之法（下）》，页 9a~15a。

2　《明史》卷三二七《鞑靼传》，页 8475。

3　《明史》卷一七一《王越传》，页 4576。

4　《国榷》卷四四，弘治十四年三月乙亥日，页 2766。

5　张懋监修、李东阳等总裁：《明孝宗实录》卷一六三，弘治十三年六月丁亥日，页 1b（2938），台北"中研院"历史语言研究所，1984 年。

秦纮,字世缨,山东兖州府单县人,景泰二年进士。初宦不顺,后于成化元年升葭州知州,历秦州知州、巩昌知府、陕西右参政、陕西左布政使等职。成化十六年,升陕西巡抚。后又改抚宣府。[1]弘治元年因吏部尚书王恕极言秦纮大用,起为户部尚书。[2]弘治十四年,北虏犯固安等处,遂起为户部尚书兼左副都御史总制陕西固安等处军务。次年仿威宁伯王越例,为总制陕西延绥宁夏军务,为西北边防之大员。总制任内虽仅三年,但对于边防中造兵车、置火器、修边城堡关隘,建树颇多。

秦纮之请造战车,始于弘治十五年五月。他上奏《献战车疏》进献战车,其车制为:

> 车高五尺四寸,厢阔二尺四寸,前后通长一丈四尺。在上放铳者二人,在下推车并放铳者四人。每车重不过二石,遇险但用四人肩行。车上下前后通用布甲遮矢石,甲上皆尽猛兽,辕内放铳者亦用布甲护蔽下身。[3]

秦纮所造战车尺寸为:车高5尺4寸(1.7米),厢阔2尺4寸(0.77米),前后通长1丈4尺(4.5米),大约与余子俊战车相当。其与丘濬、余子俊之比较参表3-3。

而其战术则为:

1 《国朝列卿纪》卷三三《户部尚书行实·秦纮》,页3b~6b。秦纮任巩昌知府时间,《国朝列卿纪》作成化五年,袁衮所《资善大夫南京户部尚书赠太子太保谥襄毅秦公传》则为成化二年,应以前者为是。

2 《国朝献征录》卷二八《户部一·尚书·资善大夫南京户部尚书赠太子太保谥襄毅秦公传》,页56a~57a。关于荐举秦纮,参见《明经世文编》卷一二〇《王文恪公文集》,《上边议八事》,页7a~16a(1146~1150)。

3 《明孝宗实录》卷一八七,弘治十五年五月庚寅日,页3448~3449。《明经世文编》卷六八《秦襄毅公奏疏》,《献战车疏》,页1a~b(575)。

> 每遇贼先发车十辆或五辆，直充贼阵。前有阻塞，则首
> 车向前放铳；后有进袭，则尾车向后放铳。若入贼阵，则各
> 车两厢放铳，使贼马惊扰，自相蹂践，其余车辆或倚角夹攻，
> 或邀贼归路，庶几可万全之策。[1]

可知秦纮的战车并非以方营作战为基础，而是用以冲锋敌阵。

表 3-3 丘濬、余子俊与秦纮战车比较表

	丘濬战车	余子俊战车	秦纮战车
尺寸 （长/厢宽/高）	2.84×0.41[2]×0.79	4×0.93×1.28	4.5×0.77×1.7
配属兵员	5	10/？	6（车上 2 人，车下 4 人）
武装	未载	铳 4	铳 6
推动	人力	人力	人力

秦纮上疏后，孝宗命其"会镇巡等官试验可否以闻"。次年三月，秦纮又上书请命名为"全胜车"，并覆奏称："臣所作车，虽不暇亲历各边会官试验，但每处发一辆，皆以为可用，臣亲于教场试验，则车轻，利用于临阵必能克敌，请名曰全胜车。"孝宗以此奏下兵部议后，得到结论："纮言各边以为可用，但未见各守臣奏报之言，请仍行各边，如果试验有益，即如式制造分给备用。"[3]坚持必须要得到镇巡官试验的报告才同意制造。后世史家

---

1 《明孝宗实录》卷一八七，弘治十五年五月庚寅日，页 3448~3449。《明经世文编》卷六八《秦襄毅公奏疏》，《献战车疏》，页 1a~b（575）。

2 原文对于宽度并没有详细的说明，估采车前铁条宽度代之。

3 《明孝宗实录》卷一九七，弘治十六年三月已丑日，页 10a（3649）。

因此以为秦纮之全胜车未造，但从《明孝宗实录》弘治十七年所载可知，全胜车确实曾制造，唯数量不详。[1]（万历）《大明会典》则指出全胜车共造成 100 辆送营操习。[2]

第六节　正德晚期战车之请造与应用

正德期间的外患频仍，小王子屡以数万骑扰边，明军败多胜少。正德十二年冬，小王子以 50000 骑自榆林入寇，围总兵王勋于应州（今山西应县）。武宗对于军事活动极有兴趣，故曾亲征，亲自部署军队，督发诸将往援，终退敌。[3] 然而，正德期间关于战车的记录却不多。但从正德十一年间，陕西都督佥事赵文议造炮车，及兵部尚书王琼选编宣府军队等事，可发现正德朝对战车仍有相当的关注。

一　陕西署都督佥事赵文请造载炮车

赵文在正德十一年四月二十七日上奏，要求制造虎尾、马腿火炮各 20 门，各样将军铳 300 个及载炮车 500 辆送固原发兵车厂收贮。防守的策略则是"遇有大举贼情，城下列阵，万炮举发"[4]。造炮一节虽然未获得朝廷授权在边镇制造，但造战车之议，武宗下旨"听各官查照先年事例，径自从宜置造"[5]。可见武宗授权边镇将领自行决定制造战车。

1　《明孝宗实录》卷二一一，弘治十七年闰四月乙亥日，页 8b（3942）。

2　（万历）《大明会典》卷一九三《工部十三·军器军装·战车旗牌》，页 13b（2625）。

3　《明史》卷三二七《鞑靼传》，页 8477~8478。

4　《晋溪本兵敷奏》卷四《山西类》，《为陈言修边务以保固地方事》，页 42a~b（史 59：113）。

5　《晋溪本兵敷奏》卷四《山西类》，《为陈言修边务以保固地方事》，页 42a~b（史 59：113）。

二　兵部尚书王琼选编宣府边军与战车

兵部尚书王琼十分重视操练。正德间他采用宣府总兵官朱振等人的意见，将宣府的部队重新加以选编：

> 前任总兵官止是立司分队，立为营分，听候出战，未曾精选，以致强弱相参。今年达贼压境抢杀，官军迎敌，因而偾事，要将团操前后营马队官军拣选头等者三千一百三十三员名，立为前营，听其统领，遇警当先出战。次等者二千八十九员名，及无马步队官军八百余名，并随营兵车俱立为后营，探报声息缓急，继后策应。[1]

由此可知，王琼将次等及无马编余士兵改配战车，列于后营。因此，由宣府边军之前后营可知，战车所扮演的角色是较为保守的，不但兵员较为次等，作战时也担任策应作战的角色。

正德十一年七月间，分守居庸关指挥孙玺报称达贼九个头入境。为预防入侵，王琼也上奏命太监张永等所率领的做工军士暂且歇工，除骑兵外，其余步军"量数多少，结成步阵，整理挨牌、火炮、战车等项，预先于各关厢外安营，周围挑堑以待"[2]，获得正德皇帝的同意。正德十二年，王琼在安排陕西防务时，也指出要"查照旧例，预造战车火器炮铳等项"[3]。王琼虽然将战车置于辅助作战的角色，但他极为重视步军的训练。山西巡抚张翰要求增拨太仆寺马匹时，他在回应时指出，宣府巡抚孟春曾列步阵击败来犯北虏，总兵王勋在应州督军下马步战"始能固守营垒"，要

1　《明经世文编》卷一〇九《王晋溪本兵敷奏》，《为军务事》，页 19b~20a（994）。

2　《晋溪本兵敷奏》卷三《宣府大同类》，《为防御虏患事》，页 22a~23b。

3　《明经世文编》卷一〇九《王晋溪本兵敷奏》，《为预防虏患事》，页 26a~b（997）。此疏与上注之疏不同，虽被《明经世文编》注为宣大虏患，但所言多为陕西三边防务事项。

求张禬以马军应付"势小达贼",而以步军设防于"虏众必由,可以遏截阻铿贼锋去处"。[1]

第七节　成化正德间朝廷对于进献战车之处理

成化至正德年间除了文武大臣议造之外,仍有各阶层人士进献战车及车制。值得注意的是,朝廷处理这些进献的方式及其与前朝的异同。以下就成化正德间实录所载数事,如江西虞都县学生员何京、都察院经历李晟、闲住知府范吉、国子监生田守仁和锦衣卫军人施义等例,试还原史事始末,以考察其异同。

一　江西虞都县学生员何京上《御虏车制》

《明宪宗实录》载,成化八年九月,江西虞都县学生员何京上《御虏车制》:

> 其车旋转轻疾,一人可挽。上挂铁网,前置拒马刃,网眼可发枪、弩。进可冲阵,退可殿后。行则敛之,宽止三尺;战则展之,广至六尺。每五十车为一队,用士三百七十五人。或五百或千乘,随宜创置。辅以淬药弩矢,中者必死,遇敌众寡,用无不宜。[2]

何京战车承袭了边将修改车型以增强越野性的意见,只要一人就可以拉动,其独到之处是车身可以伸缩。行军时将战车缩小成 3 尺(95 厘米)宽,方便越野;作战时将战车展开成 6 尺(1.9

1　《明经世文编》卷一〇九《王晋溪本兵敷奏》,《为告领马匹事》,页 28b~30a (998~999)。

2　《明宪宗实录》卷一〇八,成化八年九月壬寅日,页 1b~2a (2096~2097)。

米）宽，配合车前拒马刃，可以扩大防御面。除此之外，何京战车的编组也很特别。他以 50 辆车为一队，配合 375 名士兵为基本单位。作战时则以 500 或 1000 辆战车为战术单位。其御虏车制并未被朝廷立刻采用，兵部建议将何京送往延绥军前，交赵辅、王越二人面议。[1]

成化十二年五月，已被保举为将才生员的何京，又献神铳牌、连三药、豕豪车、九宫牌枪。朝廷对于何京进献的兵器和车辆，都给予经费补助，并送往军营测试。而何京个人，则被录于京营之中。[2]

二　都察院经历李晟议造战车

何京之例，并非成正时期进献战车者之唯一代表。都察院经历李晟就是另外一种类型。李晟，山东濮州人，成化五年进士。原任都察院经历。成化十九年，因卷入都察院右都御史李裕、右副都御史屠滽等与太监汪直间的斗争，被下锦衣卫狱。[3]

或因为想要立功赎罪，成化二十年五月初一，他上疏《言边务五事》和《兵机五事》，倡言边务。在《言边务五事》中，他提出“一尊强中国、二处置三卫、三封固哈密、四通拟诸虏、五按视河套”等边防建言。在《兵机五事》中，他指出：

> 其变化古法二事，止言大略，至于纵横聚散，法有妙用，迟速远近，动有机巧，能壮人心，能助火器。若得万人另为一营，大小相参，虚实相应，可一举而定虏矣。[4]

1　《明宪宗实录》卷一〇八，成化八年九月壬寅日，页 1b~2a（2096~2097）。

2　《明宪宗实录》卷一五三，成化十二年五月癸卯朔，页 1a（2787）。

3　《明宪宗实录》卷二四四，成化十九年九月癸丑日，页 8b~9a（4142~4143）。

4　《明宪宗实录》卷二五二，成化二十年五月丁亥朔，页 2a（4259）。

李晟虽仍积极上书朝廷表达其独特的观点，但朝廷面对这些独特的建言，却采取相当审慎的态度。其奏疏下兵部议后，朝廷"寻令团营提督总兵等官会同验试，而所谓变化巧妙，秘谋难行纸笔者，卒亦无闻焉"[1]。显然认定李晟所言哗众取宠的成分较多，无法令检验的京营武官感到信服。兵部不客气地认为"盖晟于兵书尝涉猎，偶有所见，遂自矜肆，所谓敢为大言而不惭者也"。兵部仅采纳《言边务五事》"用心三边与精兵、将谋食省、马肥之说"，但仍认为李晟所言多窒碍难行。[2]

九月，他又上奏"大势在固外藩，先务在用旧臣"，主张应起用老臣李秉、王竑、高明、王越等主持边务。[3]宪宗终不耐地下诏称："晟泛言烦扰，不听，仍下所司看详。"由兵部尚书张鹏等劾罪，命锦衣卫鞫问之。后以请命，外任为汉阳府通判。

孝宗即位后，弘治元年十二月，李晟又起意上奏，称：

> 臣先为都察院经历时，屡上疏言兵及战车之制，俱未采用。窃念臣学法四十年，悟得兵书奇要，乞开武英殿召臣一问，残虏不足平。……臣兵机主六经大法，战具集千古大巧，乞处臣一职，两月而战具完，三旬而战法定，期秋冬之交，必建奇功。上战法一篇，急务二篇。[4]

孝宗认为李晟所上战车或有可用之处，遂命工部克期制造并试验。车成后，孝宗命各营文武内外臣于教演测试。但试后，诸臣批评李晟战车过重，且越野能力不足。孝宗因此责称："李晟

1　《明宪宗实录》卷二五二，成化二十年五月丁亥朔，页 1a~2a（4257~4259）。

2　《明宪宗实录》卷二五二，成化二十年五月丁亥朔，页 2a（4259）。

3　《明宪宗实录》卷二五六，成化二十年九月丁酉日，页 5b~7a（4326~4329）。

4　《明孝宗实录》卷二一，弘治元年十二月丙午日，页 5b~6a（492~493）。

狂妄自炫，累章烦渎，及试所制战具，皆无益于用，虚费钱粮，法当重治，姑宥之。"将其降四级边方叙用。[1]

弘治五年七月，李晟又将其所撰《正兵跋语》《正兵要旨》和《文武通训》等兵书进献，兵部议后"以为窒碍，命置之"[2]。迨至弘治十年五月，又将李晟升为都察院照磨。他上奏献兵书及《戎务策》，改良圆牌和木柞，及云南囊突箭。朝廷请照武举人员事例，令晟于总兵官神英处，赞画方略，暂令改京职，以便行事，俟有功效别加擢用。[3]

弘治十三年六月，小王子和火筛内犯，礼部右侍郎焦芳上言"选将才"，曾荐举任都察院照磨兼大同赞画李晟，但未获得朝廷同意。[4]

弘治十六年七月，因李晟对于边务相当执着，朝廷将其调至湖广勋阳府同知。他不愿就，又上奏献兵器及兵书。孝宗将其奏疏下兵部尚书刘大夏，刘大夏覆奏称："今空言无事实，难验，请归晟吏部，候有西北边方兵备员缺改授。"[5]正德四年六月，李晟又被令回籍闲住。[6]正德八年五月，已改授兵备佥事的李晟又上《法象变通》《军礼要括》《春秋安攘论》《复位事要》和《附录兵图》五种兵书。[7]

李晟多次上奏战车言兵未被采纳，及其宦途之升沉，可以呈现出成化至正德间士人言兵之踊跃，而朝廷对此十分重视，不论其意见为何，往往使文武官会议，或交兵部审议，以决定是否采

---

1 《明孝宗实录》卷二一，弘治元年十二月丙午日，页 5b~6a（492~493）。

2 《明孝宗实录》卷六五，弘治五年七月己丑日，页 4b（1248）。

3 《明孝宗实录》卷一二五，弘治十年五月戊辰日，页 5a~6a（2233~2235）。

4 《明孝宗实录》卷一六三，弘治十三年六月甲午日，页 4a~6a（2943~2947）。

5 《明孝宗实录》卷二〇一，弘治十六年七月庚午日，页 1a~b（3725~3726）。

6 《明武宗实录》卷五一，正德四年六月壬午日，页 8b~9a（1174~1175）。

7 《明武宗实录》卷一〇〇，正德八年五月辛巳日，页 5b（2080）。

用。李晟历官成化、弘治、正德三朝，虽其议论太过，但朝廷多次部分接纳其意见，并往往于薄惩后能令其能发挥所好，足见朝廷对于边才的重视。

三　广东海康县去任知县王埙陈攻守二策

弘治十六年九月，广东海康县去任知县王埙陈攻守二策，攻策为用战车。兵部审阅后认为王埙所陈并无御虏长策，但仍发交正在讨伐黎贼的两广总督处再试验，随宜任用。[1]

四　闲住知府范吉的《神机制胜书》和先锋车、霹雳车

范吉，成化年间为刑部主事。因举发内使郭文私放人犯案，被调为云南广西府通判。[2] 后经拔擢，为知府。[3] 弘治九年正月，吏部会都察院考察天下诸司官，核知府范吉等"不谨"，令其冠带闲住。[4] 弘治十六年八月，他上奏言兵事，并献《神机制胜书》及所制先锋车、霹雳车。其阵形由 10000 名步军和 4000 名马军及车辆构成。战车有先锋车、霹雳车各 500 辆，马则与车同配属成各 800 骑的 5 个单位。一般野战阵形为圆形，守城时则为雁形。[5] 范吉的战法与其他车营的战法大同小异，差别仅在于范吉较重视弩。当年三月秦纮曾请命新战车为全胜车，朝廷认为范吉战车营若经议能用，则将范吉送往总制陕西军务尚书秦纮处任用。[6]

---

1 《明孝宗实录》卷二〇三，弘治十六年九月己巳日，页 3b~4a（3776~3777）。

2 《明宪宗实录》卷二二〇，成化十七年十月庚午日，页 6a~b（3811~3812）。

3 《明孝宗实录》卷一五，弘治元年六月戊申日，页 7b~9a（372~375）。

4 《明孝宗实录》卷一〇八，弘治九年正月丁酉日，页 3a~b（1979~1980）。

5 《明孝宗实录》卷二〇二，弘治十六年八月丙午日，页 5a~b（3757~3758）。

6 《明孝宗实录》卷二〇二，弘治十六年八月丙午日，页 5a~b（3757~3758）。

五　国子监生田守仁之自荐教演偏厢车

弘治十四年四月，小王子内犯，朝廷命宣府监军太监苗逵、保国公朱晖往延绥。同年十月，武宗依巡视南城监察御史杨璋所奏，命五城兵马指挥等官荐贤能者，照例推举升用。国子监生田守仁因此自荐，自言知兵，能以胜虏，并希望朝廷能安排偏厢车30辆、步卒20000、材士10000教演。兵部遂命田守仁前往宣府苗逵、朱晖等军前听用。[1]

六　锦衣卫军人施义献偏厢解合车

弘治十六年四月，又有锦衣卫施义进献造偏厢解合车及倒马撒、万全枪、神臂弓、旋风炮等军器。经送团营试验，英国公张懋等认为："义之军器，如遇山溪险隘，或深林幽谷，皆难应敌。"因此建议发回原卫当差。但孝宗支持施义，称"义能自制军器，且志欲讨贼自效，岂无一长可取?"又令兵部再次考验施义。后发现施义武艺和兵学的基础甚佳。[2]朝廷虽然否定了施义所进献军器的价值，但最后仍补偿制造费用，并将施义列名于赴军前效用名单中。

1　《明孝宗实录》卷一八〇，弘治十四年十月丙寅日，页5b~6a（3322~3323）。

2　《明孝宗实录》卷一九八，弘治十六年四月甲辰日，页2b~3a（3658~3659）。

第四章 嘉靖中期以前的战车与西北边防

　　嘉靖皇帝登基之初，为了矫正正德朝喜好军事的风气，在正德十六年的四月二十二日颁布《即位大赦诏》，明令"战车等物从省派办，不许隐匿冒滥，改旧添新"[1]。但随后吉囊、俺答等北方部族盘踞河套，不断大举南下入侵，使朝廷疲于应付。这使得本欲一改前朝尚武风气的嘉靖皇帝，也不得不开始积极地整顿武备，应付强敌。

　　明初的传统手铳和将军铳，在射击速率和精确度上都有待提升。如何提升火器的效率，进而提升战车的战力，是嘉靖朝君臣甚为关心的课题。正德末葡人东来并携入火器，汪鋐在嘉靖初年获得了佛郎机铳，并广为推介。鸟铳则在嘉靖中期输入。透过仿造和应用鸟铳，为中国火器展开了新的一页，也正好提高了战车车载和翼护武器的效率。

　　嘉靖初期，北方民族逐步盘踞河套，并尝试进犯。与之相邻的军镇不得不加强防备。位于河套南侧的宁夏镇，是突出于塞北的军镇。其西侧虽能依托贺兰山为屏障，但东侧开阔地则仅有黄

1　《皇明诏令》卷一九《今圣上皇帝》，《即位大赦诏》，页 20a~b（史 58：387），《四库全书存目丛书》本，台南庄严文化事业公司，1996 年。

河上游屏障，尚须增筑长城进行防御。在敌情顾虑下如何构建大规模的工事，制造战车似乎成为必要的选择。宁夏镇因此部署了大量的战车，并建立了"冬操夏种舍余"民兵部队。

为使明军的防御不陷入被动，部分明朝督抚倡议有限度的出击，或是依靠边墙建立较强的防御部队，以达到积极防御的目的。如韩邦奇的"攻边说"、兵火营和陕西三边总督刘天和所造全胜战火轻车，都是代表性的创造。

嘉靖中期，俺答和吉囊多次由山西入犯。嘉靖十九年八月，北虏自宁武关狗儿涧入，犯岢岚州及静乐、岚兴等县，杀掳居民以万计。[1] 嘉靖二十年八月，俺答阿不孩以求贡不允为名，纠合诸部入犯山西。吉囊则配合攻势，由平虏卫入。大同巡抚史道估计两军各七八万人，掠平定州，逼真定境。[2] 为此，山西等处提刑按察司学校副使胡松把此次防御失败归因于巡抚史道，并建言边镇采用战车。刘天和、毛伯温和戴金先后任兵部尚书，他们皆力主在边镇造战车应敌。而兵部郎中程文德更积极地促成宣府大同造用战车，使得宣大山西边防日渐巩固。

嘉靖朝中，随着火器技术条件逐渐成熟，战车在局部作战中逐渐取得胜绩，证明战车可以出战。嘉靖二十五年，曾铣任陕西三边总督，主张出兵恢复河套，并积极建立战车部队，然而却因此获罪，于嘉靖二十七年被杀。两年后庚戌之变，北虏再次兵临城下，明朝几乎再一次回到土木之变后的窘境。

1　《明世宗实录》卷二五二，嘉靖二十年八月壬午日，给事中张良贵勘报，页 13b（5064）。

2　《明世宗实录》卷二五二，嘉靖二十年八月甲子日，页 5a~6a（5047~5049）。

第一节 欧洲火器之输入

一 佛郎机铳 (Frankish breechloader)

佛郎机铳随其大小在欧洲各国有不同的称法 [1]，大多数在语音学上与佛郎机铳不相类，所以学者们一般倾向相信"佛郎机"一词是其他民族对于法兰克民族（Franks，葡萄牙人属于法兰克民族）的音转而来。[2] 较少人注意到土耳其人对于这种后膛炮的称呼是"prangi" [3]，与佛郎机的发音相当类似。在中国文献中则有"佛郎机""佛朗机""佛狼机""伏狼机""狼机"等称法。

佛郎机铳原为十五六世纪葡西等国展开海上探险活动时，海船上所装备的后膛火炮之一。其传入中国的时间历来有许多不同的说法。过去学者多数认为佛郎机铳于明武宗正德十二年九月底为明朝官方所知，于嘉靖三年仿制。但根据平定宁王朱宸濠叛乱后的史料《刑部问宁王案》的记录，朱宸濠早已于正德十二年三月于广州购得佛郎机铳并开始于南昌府邸私造，以备所需。此铳可能透过海外贸易取得。可见佛郎机铳之来华，应较葡使来华更早。而中国士人之广知佛郎机铳，也与平濠役有关。正德十四年六月十四日，朱宸濠起兵。当时曾经试用佛郎机铳的林俊，可能碍于《大明律》对于私造军器的规定，立刻连夜铸造锡制佛郎机铳模型，并派遣家仆携带此一模型往南赣巡抚王守仁驻地，以供

1　周维强：《明朝早期对于佛郎机铳的应用（1517–1543）》表一，页 203，淡江大学，全球华人科学史国际学术研讨会，2001 年。

2　［日］有马成甫：《火砲の起原とその伝流》，页 527，东京吉川弘文馆，1962 年。

3　J. F. Guilmartin Jr.: *Gunpowder and Galleys*, Cambridge: Cambridge University Press, 1974, p.161.感谢黄师一农赠此书。

其依式改铸铜铁佛郎机铳。为表彰林俊的义行，王守仁于此役后命费宏、唐龙与门生邹守益等，一同赋诗称颂林俊赠铳义行，使得士人广知此一西来火炮及其效能。同时，平叛相关人物中，唐龙、萧淮及举荐王守仁的王琼等，均与嘉靖初期推展使用佛郎机铳有关。[1]

但大力将佛郎机铳配属北边，则与兵部尚书汪鋐有关。汪鋐，安徽徽州婺源人，弘治十五年进士。汪鋐原为广东海道副使，他与白沙巡检何儒策动葡船上的华工杨三、戴明二人，先秘密仿造葡炮，并于正德末至嘉靖初的西草湾之役中击溃葡人，俘获 20 余门葡炮及 2 艘船。[2] 至此，明人对于葡炮的认识加深，并开始尝试仿造。

嘉靖二年军器局先行仿造大样佛郎机铜铳，并发给各边试用。[3] 嘉靖三年四月，负责南京守备的魏国公徐鹏举[4] 又上疏建议仿制。[5] 又经已任广东按察使的汪鋐奏请，兵部认为佛郎机铳是船用火器，所以下令由操江衙门负责仿造葡船，南京兵仗局负责仿造佛郎机铳，并由曾经策反船工和仿造葡铳的何儒来主导仿造的工作。[6] 实际共制造铜佛郎机铳 6 门和葡船 1 艘，交给新江口的官军试用。[7] 次年，又追加至 74 门佛郎机铳和 4 艘葡船。[8]

1　周维强：《佛郎机铳与宸濠之叛》，《东吴历史学报》2002 年 8 期。

2　严从简撰、余思黎点校：《殊域周咨录》卷九《佛郎机》，页 322，中华书局，2000 年。

3　（万历）《大明会典》卷一九三《工部十三·军器军装二·火器》，页 3a。

4　《明功臣袭封底簿》，页 373~375。

5　《钦定续文献通考》卷一三四，页 3996c。

6　李昭祥：《龙江船厂志》卷一《训典志》，页 12b~13a，《玄览堂丛书》本，台北图书馆，1975 年。

7　（万历）《大明会典》卷一九三《工部十三·军器军装二·火器》，页 3a。

8　王圻纂辑：《续文献通考》卷一六四《兵考·教阅》，页 24a，《四库全书存目丛书》本，台南庄严文化事业公司，1995 年。

佛郎机铳之北用，始于嘉靖七年陕西三边总督王琼请求拨
发佛郎机铳。[1] 朝廷即拨下 4000 门小样佛郎机铳至各营城堡备
敌。[2] 嘉靖八年，已升任都御史的汪铉又上奏"广东佛郎机铳致
远克敌，屡奏其功，请如式制造"，兵部又下令造 300 门，分发
各边。[3] 随着汪铉仕途之得意，佛郎机铳在嘉靖初期北边防务所
扮演的角色也日益重要。

　　嘉靖初期，这些明人仿制和量产的佛郎机铳，不论从文献还
是实物的考察来看，都具有中国特色。《筹海图编》中所列的佛
郎机铳，就并非完全依照西方的火炮仿制。《筹海图编》所载的
佛郎机铳有三：一为佛郎机铳，二为木架佛郎机铳，三为发矿。
前二者的形制与西方原型较为类似，每座重 200 斤（120 公斤），
用提铳 3 个［每个重约 30 斤（18 公斤）］，用铅子 1 个［每个重
10 两（0.38 公斤）］。[4] 但是炮架已改成驮架和大型木架。《筹海
图编》特别说明："中国原有此制，不出于佛郎机。"[5] 此外，驮
架上还特意安装照星来辅助瞄准，以提高命中率。发矿则更是吸
收西方设计理念的中国火炮。《筹海图编》称："中国之人更运
巧思而变化之，扩而大之，以为发矿。"[6] 发矿每座重 300 斤（180
公斤），用铅子 100 个，每个重 4 斤（2.4 公斤），可用于攻城。参
看图 4-1。

1　《国朝列卿纪》卷一二六，页 26b。

2　（万历）《大明会典》卷一九三《工部十三·军器军装二·火器》，页 3a。

3　徐学聚编辑：《国朝典汇》卷二〇〇《兵部十六·战具》，页 5a~b，《中国史学丛
书》本，台湾学生书局，1965。

4　郑若曾辑：《筹海图编》卷一三《经略三·兵器·佛郎机图说》，页 1258，《中国
兵书集成》本，解放军出版社，1990 年。该书页码今人曾重编，有误，原序 1257~
1265，应该为 1262、1263、1259、1260、1261、1257、1258、1264、1265。

5　《筹海图编》卷一三《佛郎机图说》，页 1258。

6　《筹海图编》卷一三《发矿图说》，页 1264。

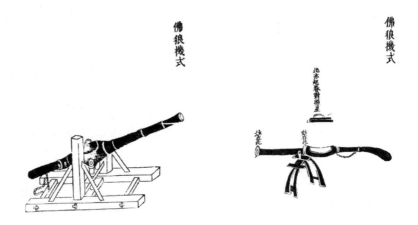

图 4-1 《筹海图编》所附的佛郎机铳图[1]

从技术的层面来看，佛郎机铳会受到士大夫的注意，主要在于其后膛子母铳的设计。这种设计具有装填容易、射速较高的优点，然而也有闭锁不完全的困扰。与同时的前膛火炮相较，取消了木马子的设计[2]，装填较为迅速。炮架也带来一定的便利。嘉靖年间，佛郎机铳从仿制到量产，从水师利器转变为守城之器，并衍生出许多的变体，同时也开始逐渐被整合到战车战术之中，成为战车的基本火器之一。

二　鸟铳 (musket)

鸟铳又称"鸟枪"或"鸟嘴铳"。过去火器史家对于中国鸟铳的命名，多认为是能射中天上的鸟，又或是枪托类似鸟嘴之由。[3]李约瑟的《火药的史诗》则认为得名于夹持火绳的撞机是以类似鸟啄食的动作——"速击" (snaphance) 而来。[4]此外，1499 年，意大利人帕罗·维太利 (Gian Paolo Vitelli) 第一次用"moschetto"这

1　《筹海图编》卷一三《经略三·兵器·佛郎机图说》，页 1260~1261。

2　《筹海图编》卷一三《发矿图说》，页 1265。

3　王兆春：《中国火器史》，页 134，军事科学出版社，1991 年。

4　*Science and Civilisation in China*, pp.428,436.

个名词来称这种火器，英文即为"musket"，原来的意思是雄雀鹰。[1] 两者也能说明鸟铳得名可能的原因。

鸟铳的传入和佛郎机铳的传入一样，在明代史料中有许多不同的记载，但中国所使用的鸟铳与日本的关系较大。南炳文认为中国的鸟铳与日本关系甚大，主要因为：明代中国内地最初的鸟枪来源之一是日本，并且明朝最初使用的鸟枪主要仿自日式鸟枪；明朝鸟枪得以改进的重要推动力，是受了日本鸟枪的质量及其使用情况的刺激。[2]

据日本史料《铁炮记》载，嘉靖二十二年，葡萄牙的探险家达莫塔（Christophero da Mota，日文名喜利志多佗孟太）和另一日名为牟良叔舍（原文名不详）之人乘船，在日本南端的种子岛附近搁浅[3]，从此将西方的火绳枪传入了日本。而郑若曾说："至嘉靖廿七年，都御史朱纨遣都指挥使卢镗破双屿，获番酋善铳者，命义士马宪制器，李槐制药，因得其传而造作，比西番尤为精绝。"[4] 中国在五年后也掌握了制造这种西方火器的方法，并开始大量在战争中制造并使用鸟铳。

鸟铳会受到关注，与它的射击准确度有关。嘉靖以前的中国火器多半采用铅子为发射物，每一门火铳发射时都类似发射霰弹，并不特别要求射击的精确性。明初火铳为了确保气密，装填时往往必须筑土，并用木马子，来保持发射时施于铅子膛压的稳定。[5] 而鸟铳则采用单一铅子作为发射物，以精度较高的锻造技术来制造

1　威廉·利德（William Reid）：《西洋兵器大全》，页98，香港万里机构·万里书店，2000年。

2　南炳文：《中国古代的鸟枪与日本》，页653，张中政主编《第五届明史国际学术讨论会暨第三届明史学会年会论文集》，黄山书社，1994年。

3　*Science and Civilisation in China*, pp.429~430.

4　《筹海图编》卷一三《经略三·兵器·鸟铳图说》，页1272。

5　周维强：《试论郑和舰队使用火铳来源、种类、战术及数量》，《淡江史学》2006年17期。

高倍径的枪管，并仔细研磨铸成的铅子，使枪管壁与铅子间的游隙十分细小，免去了木马子的设计。同时，细长的枪管使得铅子在枪管中运动的时间较长，弹道较为低伸，直射的射击精度较高。此即戚继光所说："鸟铳之准在于腹长而直。"[1] 唐顺之对于鸟铳的性能十分推崇，说："佛朗机、子母炮、快枪、鸟嘴铳皆出自嘉靖间，鸟嘴铳最后出，而最猛利。"[2] 其各外形、枪机结构参图4-2，铳管和扳机分解图参图4-3。

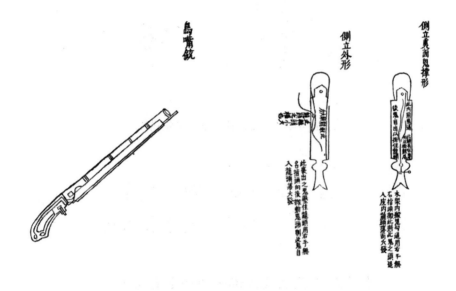

图4-2　鸟铳外形及枪机结构图[3]

　　佛郎机铳和鸟铳两种西来的兵器，分别在射击速度和精确度上超越了中国传统火铳。因此，当嘉靖时期的虏患相继而来时，两者相继被投入北方的防御战中，成为防守利器，更进一步被装备至北边镇的战车部队中。由于这两种火器输入，战车造型改变，战车战术也日益精进。

1　《筹海图编》卷一三《鸟铳图说》，页1271。

2　《筹海图编》卷一三《鸟铳图说》，页1270~1271。

3　《筹海图编》卷一三《鸟铳图说》，页1266~1267。

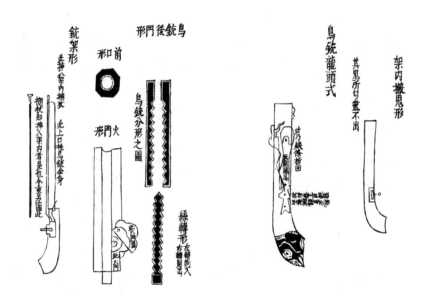

图 4–3　鸟铳铳管与扳机部分解图[1]

第二节　嘉靖初期的战车
战略、制造和思想

一　嘉靖八年汪鋐议以佛郎机铳装备战车

汪鋐在西草湾役中痛击葡人后，受到朝廷赏识，屡有升迁。嘉靖八年，他上《奏陈愚见以弭边患事》。此疏的重要性，在于开启了佛郎机铳在华普及的另一个契机，即汪鋐将发展佛郎机铳，作为朝廷面对情势严峻的西北边患的重要对策。汪鋐说：

> 臣窃惟佛朗机凶狠无状，惟恃此铳，铳之猛烈自古兵器未有出其右者。用之御房，用之守城，最为便利。如北虏之

来，平原旷野与之对敌，则用铜铳一百五十斤，载以手车，每一车载一铳，火药弹子与提铳俱置其上，前后推引并举铳。每车用四人，一出须用三百铳，虏势重大，则增至五百铳，布列前阵，寇至齐举，瞬息之间，一铳可发数弹，其声震天。马必惊溃，触之者死，不触者奔。如虏见我设兵如此，引马他向，则疾速推车向之。敌左行，则车左转，敌右行，则车右转，或先相地度势，以车三面待之，在临时斟酌之耳。夜则团围作营，日复展布如旧。[1]

明军因骑兵数量和质量不足，往往无法堵截、防御机动力高的蒙古骑兵，故汪铉建议使用 75 公斤级的铜佛郎机铳，放在车辆上。以 300~500 辆战车为一个战术单位，可攻可守。这是明人首次将佛郎机铳装备在战车上。此后，明军绝大多数的战车都装备佛郎机铳。这也是明人在守城和船舰后，对佛郎机铳的另一个重要的应用。

随《奏陈愚见以弭边患事》疏，汪铉又将俘获的葡铳 4 把，以及自己设计的手车，交由何儒带往两广总督处，进呈朝廷。[2] 兵部采纳了汪铉部分的意见，在嘉靖八年十二月，以汪铉所请铸造 300 门分发各边。[3] 嘉靖十一年二月，嘉靖皇帝命工部制造佛郎机铳颁降十二团营演习。[4]

1　《皇明名臣经济录》卷四三《兵部》，《奏陈愚见以弭边患事》，页 2a~b。

2　《皇明名臣经济录》卷四三《兵部》，《奏陈愚见以弭边患事》，页 2b~3a。

3　《明世宗实录》卷一〇八，嘉靖八年十二月庚寅日，页 10b（2558）。"都御史汪铉奏：先在广东亲见佛朗机铳致远克敌，屡奏奇功，请如式制造。兵部复议。诏铸造三百分发各边。"《国朝典汇》卷二〇〇《兵部一六·战具》，页 5a~b。

4　张溶监修、张居正等总裁：《明世宗实录》卷一三五，嘉靖十一年二月丁未日，页 7a（3201），台北"中研院"历史语言研究所，1984 年。

二 嘉靖初期宁夏镇的战车战略

自成化年间套虏内犯，明人始加强对西北边墙之构筑，但在部分敌骑活跃的地区，如何在有敌情顾虑的情况下顺利修筑边墙，就成为重要的课题。嘉靖七年，大学士杨一清上奏荐举兵部右侍郎王廷相出任提督延宁边防一职，以负责修筑宁夏花马池至灵州一带边墙，即特别指出若敌情顾虑，必须调用兴武诸营及宁夏中路参将、镇城游击等兵力加以防守，并用宁夏数百辆兵车战车来庇护筑边墙的丁夫。[1]

作为国防重镇的宁夏，在其所辖的宁夏卫、北路平虏城、灵州守御千户所、宁夏中卫、宁夏后卫，设有兵车库。其中宁夏卫兵车库始建于正统间，系为收贮张泰所造 600 辆双轮大厢车所设，位于巩昌王府东都察院西。嘉靖间总制尚书刘天和奏置只轮全胜车 1000 辆于此。[2] 北路平虏城兵车库则设于旧城中。[3] 灵州守御千户所与神机库都位于所城东北隅。[4] 宁夏中卫和宁夏后卫位置不详。[5]

除此之外，自天顺始，应战事的需要，兵员需求大，因而调遣宁夏五卫及各堡丁多力富者抽编为伍，每年十月赴操以习车战，二月则归农，称为"冬操夏种舍余"，总数达 3210 名。这是第一次有民兵战车兵。其各卫动员数字如表 4-1。而冬操夏种舍余民兵之据点和兵车库之位置详图 4-4。

1　《明世宗实录》卷八六，嘉靖七年三月壬申朔，页 1a~b（1939~1940）。

2　胡汝砺原修：(嘉靖)《宁夏新志》卷一《公署》，页 26b（210）、42b（671），台北新文丰出版公司，1985 年。

3　(嘉靖)《宁夏新志》卷一《北路守备·北路平虏城·祠庙》，页 81a（691）。

4　(嘉靖)《宁夏新志》卷三《灵州守御千户所·公署》，页 7b（727）。

5　(嘉靖)《宁夏新志》卷三《中卫·公署》，页 36b（741）；卷三《后卫·公署》，页 14a（367）。

表 4-1　宁夏各卫冬操夏种舍余兵数[1]

卫名	数量
宁夏卫	1111
左屯卫	1007
前卫	443
右屯卫	499
中屯卫	150
合计	3210

图 4-4　宁夏镇冬操夏种舍余民兵据点和兵车库所在对照图[2]

1　(嘉靖)《宁夏新志》卷一《宁夏卫》，页 55a~b（678）；《左屯卫》，页 59a（680）；《前卫》，页 63a（682）；《右屯卫》，页 67a（684）；《中屯卫》，页 70a（685）。

2　本图底图采自谭其骧主编《中国历史地图集》，页 59~60，上海地图出版社，1982 年。唯原图之时间为万历十年之情况，稍有异，如原花马池至宁夏卫间的长城此时正在修筑。

三 南京刑科给事中王希文议造战车和京营战车的改造

嘉靖初期战车的制造兼具复古和创新两种思维。在复古方面，嘉靖十一年七月，南京刑科给事中王希文建议朝廷仿北宋韩琦和郭固所议车制造战车：

> 制虏莫如战车，乞仿韩琦郭固议车之制，前锐后方，上置七枪，以为外向，辕下甲马，以防矢石，车上为橹三层，层置九牛神弩，一发十矢，按机而动，旁翼以卒，行载甲兵，止为营阵，随地险夷，广狭而更易其制，每出塞必万两，长驱而前，务期决胜。疏下工部议，覆请行三边总制唐龙及各抚按总兵官参酌利便施行。报可。[1]

王希文，字景淳，号台峰，广东东莞人，嘉靖八年进士。原为刑科给事中，后改南京刑科。他奏请在陕西三边使用战车配合强弩，获得朝廷的同意。而在创新方面，（万历）《大明会典》载，嘉靖十二年，议准团营收贮先年战车，改造载铳手车 700 辆。[2] 这使得所有的京营战车，都具有装载火铳的能力。

四 韩邦奇的攻边说与兵火营

韩邦奇，字汝节，陕西朝邑人，正德二年进士。自嘉靖十二年起，陆续出任宣府巡抚、辽东巡抚、山西巡抚和总理河道等职，著有《苑洛集》。[3] 他"博学多闻，自声律、天文、地理、太乙、兵陈之书，靡不精究"[4]。他在山西巡抚任内，于嘉靖十六年六月

---

1 《明世宗实录》卷一四〇，嘉靖十一年七月癸亥日，页 5b~6a（3274~3275）。

2 （万历）《大明会典》卷一九三《工部十三·军器军装·战车旗牌》，页 13b（2625）。

3 黄宗羲：《明儒学案》卷九《三原学案》，《恭简韩苑洛先生邦奇》，页 165~167，中华书局，1985 年。

4 《国朝献征录》卷四二《南京兵部一》，《南京兵部尚书韩邦奇传》，页 72a~b。

八日上奏《虏中走回男子传报夷情乞讨火器以防侵略事》，要求朝廷拨发1000门佛郎机铳至山西，以便拨付各城堡使用。[1]可见他对于西方火器有一定的认识。在他的文集《苑洛集·语录》中，记有防边理论"攻边说"和军事组织"兵火营"。

韩邦奇认为对北虏应该采用攻势，但并非全面攻势。他认为北虏大举入寇时，仍以固守为佳。但明军应在敌人驻牧于边境时，利用虏军对于明军坚不出战的固定印象，预先采取主动攻势，此即为攻边说的主要思想。[2]这种战略有相当的危险性。若不能保证主动攻击成功，则极有可能损失大量优秀的军队，而使后防洞开。因此，韩邦奇主张在攻击部队中使用战车来确保立于不败之地，此即称为"兵火营"的战车部队。

兵火营，即战车营，韩邦奇称其可以抵挡百万大军的四面围攻。其战车之制如下：

> 兵火营大略以大车厢，后为阳门板三孔安炮，仍以牌遮其口，画为虎头形；厢两头横安二炮。厢后者，札营用之；厢两头者，行则用之。但用多带火药粮草，每用火药手五人，挽车者十人。如东面兵至，中军扯起青单号带，第一炮放；双号带，第二炮放；三号带，第三炮放。三炮既毕，一炮可装起矣。西南北各如其制，若四面齐来，则四面炮齐发，此札驻时制也。若吾欲回军，则徐徐行之。既围之固，则攻其前。若彼围其左右，则用横厢炮，后如常制，且行且攻，彼必远遁，岂敢近我。彼败则出吾营中军以击斩之，此乃决不败之阵也。都城四面平旷，最宜用此阵，若于潮河川、芦沟

1　韩邦奇：《苑洛集》卷一五《虏中走回男子传报夷情乞讨火器以防侵略事》，页47a~49b，台北图书馆藏明嘉靖三十一年刊本。

2　《苑洛集》卷一八，页6a~7b。

桥左近为此营，则虏必不敢近，而吾可得志。大抵用兵之法要知地，故曰："地生量，量生数，数生称，称生胜。"每营止可用三千，多则五千，然多多益善。攻守之具，无事之时，不可不讲，不可不备，临渴掘井，卒然未善，此攻边之说也。[1]

由上可知，兵火营的战车是由大车改装而成的一种战车。车上共装备 5 门火炮，其中 3 门火炮分别装于车厢后内，门板上开炮口，外则以绘虎头牌遮盖。这些火炮主要用于列阵时。另有 2 门横厢炮，则在行军接敌时用。每车共配属 15 名人员，其中火药手 5 人，推车者 10 人。战术则与明朝先前的车营无异，都是列成四方阵式。指挥车营的主要工具之一是号带，发炮都由号带来指挥。射击的频率则以 3 发为循环，第三发发射完毕后，第一发必须已经装填完成候射。韩邦奇的兵火营以 3000～5000 人为度，战车营由二三百辆战车组成。

攻边说与兵火营的理论，收于韩邦奇《苑洛集·语录》。由于文集中没有注明年代，因此其确切时间无法得知，可能是韩邦奇在嘉靖十二年至十四年，出任宣府、辽东或山西巡抚时所撰。韩邦奇所主张的攻边说是一种有限度地选择对象攻击的策略，主张不可轻率与敌军精锐直接交锋，而应固守，但对于长期驻牧于防线附近的聚落，则可以主动地采取攻势。

韩邦奇主张攻边说与兵火营，是嘉靖年间少数认为可以主动攻击北虏的督抚。虽其攻边说仅选择次要目标来打击，但明军此时在战略上早已陷于被动。韩邦奇出于对火器和战车的认识，大胆提出以战车积极出击的战略设想，殊为难得。但是攻边说与兵火营的理论内容过于简单，其车制亦无特殊之处，又缺乏详密的战略设想，或因此并未引起太多的共鸣。

1　《苑洛集》卷一八，页 6a～7b。《明经世文编·苑洛集二·边事论三》，页 14b（1624）。

第三节　陕西三边总督刘天和与战车

一　刘天和的御边思想和全胜战火轻车

刘天和，字养和，湖广黄州府麻城县人（今湖北省麻城市），与韩邦奇为正德三年同科进士。嘉靖六年，升巡抚甘肃右佥都御史。九年，改抚陕西。十三年起，总理河道。十四年，加工部右侍郎兼佥都仍前任，同年回工部。从其经历来看，他是在技术和军事上有背景的官僚。嘉靖十五年，他以兵部左侍郎兼都察院右副都御史总制陕西三边军务，后改总督。[1] 刘天和长期任职于西北一带，又曾长期治河，对于西北的地理及科学技术有相当的认识。

嘉靖十五年春，他就任陕西三边总制，八月上《条陈战守便益以图御虏实效疏》[2]。刘天和在此疏中指出明军和北虏在战术上的差异，分析明军在陕西三边防御的措施，并结合前朝的经验，指出必须发展战车。此外，他还针对战车的车制、车载兵器等加以改良，最后提出战车的应敌之策。

在明军和北虏在战术的差异上，他指出了吉囊和俺答"弓用铺筋，矢用铁镞，且多精明盔甲"，武器精良，兵力超过十万，而明

1　《国朝列卿纪》卷一二六，页45。由于宣大延宁等地都有北虏进犯的警报，御史徐九皋、胡鳌言复设宣大总制官，更名为总督。嘉靖皇帝诏"兵部会举谙练戎务素有威望者往"，由户部右侍郎周叙升兵部左侍郎兼都察院佥都御史总督宣大偏关军务。事宁回京，三边总制亦更名总督。《明世宗实录》卷一九三，嘉靖十五年十一月甲寅，页4069。

2　此疏的时间说法不一，邓球所编《皇明泳化类编》称："丙申春也，首疏战守便宜以图实效，大略以储木头、用火器、明赏罚、谨峰燧为长策，从之。比至，造轻车、强弩、神枪、伏郎机等。"但《明世宗实录》则载为八月辛丑日，今据《实录》。参见邓球编《皇明泳化类编·人物卷之五十三·刘天和传》，页25，《北京图书馆古籍珍本丛刊》本，书目文献出版社，1988年。《明世宗实录》卷一九〇，嘉靖十五年八月辛丑日，页4a~5b（4007~4010）。

朝所辖陕西三边只能够各自应敌，无法合力防御的现实问题。[1]此外，明军边防上的三个缺点：骑战不如北虏，"正以所短，犯其所长"；摆边分散兵力，个别据点不过千百人，根本无法阻挡十万敌骑；部分边墙尚未修筑完毕，如兴武营，或根本还未动工，如乾沟、乾涧二处，无法有效的防御北虏内犯。

在应敌之策上，刘天和认为明军的强项在于火器和战车。但火器缺乏操演，实效有限。而战车，刘天和除列举历史上卫青、李靖、马隆等以战车胜虏的战例外，以近年明军在宁夏用战车取胜之二例，说明战车"固有成效"。第一例是正德年间，总兵官仇钺曾用屯堡田车以解宁化寨（今银川市西南）之围。第二例则为嘉靖十三年八月四日，明军于兴武营（宁夏后卫西北之兴武营所）大捷。唐龙任陕西三边总督时，平西将军宁夏总兵王效与副将苗銮、游击参将蒋存礼、郑时遇虏于兴武营，大战破之。[2]此二役亦说明了战车确实参与实战，且取得重要胜利。

刘天和亦曾调查各边原有战车，认为并不合用：

> 查得各边亦有国初以来历年所造大兵车，其制度多寡不一，甘肃见存一千一百五十九辆，宁夏见存千辆，固原亦有一百二十八辆，其余边堡亦多收有兵车，但皆双轮大车，每辆二十余人挽之，其行甚迟，稍遇沟涧险阻，即不能越，以是不适于用。[3]

---

1 《明经世文编》卷一五七《刘庄襄公奏疏》，《条陈战守便益以图御虏实效疏》，页 1b~2a（1572）。

2 《明经世文编》卷一四〇《康对山文集·碑·嘉靖甲午平虏之碑》，页 32a~b（1404）。

3 《明经世文编》卷一五七《刘庄襄公奏疏》，《条陈战守便益以图御虏实效疏》，页 2b~4a（1572~1573）。

可见陕西三边所拥有的旧战车在 2200 辆以上，但这些战车多系双轮大战车，存在行进速度慢、越野能力不足等问题。

刘天和提出的新战车设计，即以弘治时总制秦纮的全胜车为基础。全胜车至此时还存有破损车 8 辆。刘天和遂依此车式改造全胜战火轻车，一改过去大型双轮战车的式样，而采用车型较小、越野能力较佳的单轮车。与先前的战车相较，全胜战火轻车之火器达 6 种之多，有熟铁小佛郎机、流星炮、一窝蜂、铜铁神枪、三眼品字铁铳（即三眼铳）和飞火枪筒。其新车制如表 4-2。

表 4-2　刘天和全胜战火轻车之车制 [1]

车体	改良自秦纮全胜车
	轮高 3 尺 1 寸（99 厘米）
	夹轮辕 4 尺 7 寸 2 分（1.51 米）
	下施 4 足，前 2 钉以圆铁转轴，行则悬之
	左右箱各广 5 寸 5 分（30 厘米）
	箱前树兽面牌，以虎猊之象，两面各挂虎头挨牌
	带锹钁、鹿角、铁绳、随车小账等杂物
火器	熟铁小佛郎机 1 及流星炮，或一窝蜂 1
	铜铁神枪 1 及三眼品字铁铳 1（箱上为架）
	飞火枪筒 1
	火药铅子
冷兵器	弩
	插倒马长枪 4
	开山巨斧各 2
	斩马刀、铙钩各 1

1　《明经世文编》卷一五七《刘庄襄公奏疏》，《条陈战守便益以图御虏实效疏》，页 4a~5b（1573~1574）。

机动状态	每车 2 人轮推之，1 人挽之，2 人翼之
车体全重	150 余斤（逾 90 公斤）
造车费用	2 两余

在战术方面，全胜战火轻车与其他战车相类：

> 战则各随地形环布为阵，马军居中，敌远则使火器，稍近则施强弩弓矢，逼近则用枪斧钩刀，短兵出战，敌败则军马出追。遇夜则用火箭，虏骑围绕，则火器、弓弩四向齐发，势如火城，虏不敢逼，退进所向无前，虏不敢遮。[1]

刘天和指出，全胜战火轻车的目的并非与北虏决战，而是充分利用形势来发挥战车的武力，"摆列边墙，以遏虏人，据阨险要，以邀虏归，占据水头，以困虏马。诚可以弱为强，以寡敌众。修边耕获，俱可用以防卫"。是故，战车并非随意独力作战，而必须结合边墙、地形和水源等优势来发挥战力。

除了修改车制外，刘天和根据在陕西省城城楼上所发现的数百张神臂弓，仿古制神臂弓供战车使用。神臂弓实为弩，长 4 尺 5 寸（1.44 米），自 90 斤至 150 斤（53~89 公斤），分为三等。由于发现这些神臂弓时，并未一并发现箭，故刘天和又自行研发神臂弓专用箭。这些专用箭设计亦极为精巧，箭体长 3 尺 5 寸（1.12 米），重为 6 钱，射程则为 300 步（480 米）。与弩相同，

1　《明经世文编》卷一五七《刘庄襄公奏疏》，《条陈战守便益以图御虏实效疏》，页 4a~5b（1573~1574）。

箭亦分三等。刘天和的重要改良有三：其一，为使箭体头尾重量一致，刘天和"以箭干三分之一居前，二分居后，前后铁镞以衡平之，俾轻重遵均"；其二，将箭镞开四尖，"其箭镞后小，铁管心仅长分许，入箭干处，内用胶漆，外用竹丝以夹缚之，俾虏不能取以返射"；其三，箭镞傅涂河南嵩县等处射虎箭药，使人马中之，无不立毙。刘天和认为神臂弓不分诸边、腹里，皆可布防，马步、轻车、边墙、墩台、城堡皆可使用，足以克敌制胜。[1]

刘天和认为，并非有战车就可以不用边墙。事实上，他也十分重视边墙的作用。他引用唐龙的说法，认为借由对于边地的实际观察可以得到明证：

> 无坚好边墙去处，虏辄易犯，兵亦难御，其地耕稼不兴，孳牧不蓄，居人萧条，行者辄披扑捉之患者；坚好边墙去处，入也既惧我兵扼其冲，而出也又惧我兵击其尾，是以不辄轻犯，其地耕稼布焉，牛马孳焉，居者颇可度日，行者亦鲜遭虏，此修边不修边之明验也。[2]

可见刘天和亦十分重视边墙的防御功能。他还建议朝廷拨银 20 余万两，先兴筑延绥乾沟乾涧 60 余里、定南八墩至宁朔 17 里、兴武营一带 78 里等三段边墙。刘天和认为只要这三部分的边墙修成，如套虏进犯，则只要多调步军，少调马军，多用战车强弩，即足以防御。

1　《明经世文编》卷一五七《刘庄襄公奏疏》，《条陈战守便益以图御虏实效疏》，页 6a~b（1574）。

2　《明经世文编》卷一五七《刘庄襄公奏疏》，《条陈战守便益以图御虏实效疏》，页 7a（1575）。

刘天和甚为强调边墙和战车在防御上相辅相成，他说：

> 有车弩而无边墙，固无所凭据以御虏，徒有边墙，而无车弩，虏有人马十万之众，数百里间随处攻犯，谁其御之。其既入也，边墙内之军，皆莫能自保矣。虏之入也，又孰敢遏之？故必用此轻车强弩，加之以据水头，而后可以遏其入。纵使入焉，则延绥全镇之兵，星驰齐赴。后倚边墙，前布军弩火器，虏岂能飞越邪？[1]

刘天和随奏疏附样车 2 辆、样弩 2 张，咨送兵部、工部。希望朝廷能使陕西三边各镇所管边墙，都能够每 10 里布车 10 辆，并在陕西靖虏卫邻河边界分发车辆。[2] 照其安排，则陕西三边至少约有战车 4800 辆。[3]

流星炮是一种佛郎机铳的变体，据（万历）《大明会典》的记载，曾在嘉靖七年由兵仗局试造 160 门，每副炮子铳 3 个，共重 59 斤 14 两（约 35.3 公斤）。[4] 根据刘天和的估计，前线的火器贮量不足，还需要朝廷解送边镇各 2000 门熟铁小佛郎机[5]，共计 6000 门。

嘉靖十五年五月，刘天和与巡抚延绥御史张珩"各以虏酋吉囊声势异常，讨奏马上小铜佛郎机铳，并募新军盔甲器械"，得到

---

1 《明经世文编》卷一五七《刘庄襄公奏疏》，《条陈战守便益以图御虏实效疏》，页 11b（1577）。

2 《明经世文编》卷一五七《刘庄襄公奏疏》，《条陈战守便益以图御虏实效疏》，页 12a~b（1577）。

3 此按原疏"延绥百里、宁夏二百八十里内……陕西总兵协守宁夏边界一百里，每里用车十辆"计算。

4 《大明会典》卷一九三《工部十三·军器军装二·火器》，页 4a。

5 《明经世文编》卷一五七《刘庄襄公奏疏》，《条陈战守便益以图御虏实效疏》，页 13a。

嘉靖皇帝的同意。[1] 所以，九月又拨铜铁佛郎机铳 2500 副，分给陕西三边。[2] 继而于十六年正月，再拨交熟铁小佛郎机 3800 副和铜旋风炮 3000 门[3]，以补足西部防线战车和各据点防御之所需。据《明世宗实录》所载，刘天和《条陈战守便益以图御虏实效疏》所提出的意见，都为世宗所接受。[4]

二　刘天和全胜战火轻车之改良

关于刘天和在陕西的建树，当时暂归于林下的大学者马理[5]也十分明了。他曾于嘉靖十七年撰写《圣天子设险除器以靖中夏记》一文，对于嘉靖中刘天和战车及其战绩的记载甚详。[6] 马理，字伯循，陕西三原（今陕西省三原市，位西安正北方）人，正德九年进士。嘉靖十年原任光禄寺卿，十二年疏病归林下，直至二十二年始复起为南光禄寺卿。[7] 马理是陕西人士，因此在地缘上对于刘天和的作为有较清楚的认识。此外，据其文集《溪田文集》也可以发现，他在刘天和造战车和大同军变两个事件中，均曾致

1　《明世宗实录》卷二〇〇，嘉靖十六年五月戊子日，页 3b。又马上佛郎机铳目前已发现子铳的实物，长度为 154 毫米，口径为 28 毫米，重量为 0.81~0.87 公斤。程长新：《北京延庆发现明代马朗机铳》，《文物》1986 年 12 期。

2　《明世宗实录》卷一九一，嘉靖十五年九月辛巳日，页 13a。"以铜铁佛郎机铳二千五百副分给陕西三边。"

3　《明世宗实录》卷一九六，嘉靖十六年正月戊戌日，页 4b。"戊戌，给陕西三边熟铁小佛郎机三千八百副，铜旋风炮三千副，从总督刘天和请也。"清高宗敕撰：《续文献通考》卷一三四《兵十四》，页 3997a。

4　《明世宗实录》卷一九〇，嘉靖十五年八月辛丑日，页 4a~5b（4007~4010）。

5　《明儒学案》卷九《三原学案》，《光禄马溪田先生理》，页 165。"辛卯，起光禄卿。莅事未几，又归林下者十年。癸卯，复起南光禄。"可知其归林时间在嘉靖十三年至二十二年。

6　此文的撰写时间系依文中"今戊戌春，圣天子在位一十有七载矣"推定。参见马理：《溪田文集》卷三《记》，《圣天子设险除器以靖中夏记》，页 92a，《四库全书存目丛书》本，台南庄严文化事业公司，1997 年。感谢邱师仲麟提供此一史料。

7　《国朝献征录》卷七一《光禄寺·卿·南京光禄寺卿溪田马公理传》，页 42a~43b。

书刘天和。

马理曾致书刘天和讨论战车战术，认为应改变士兵服饰颜色以便于指挥，并增加战术上的变化，利用民力来协助发展战车的教演，这些都是前人在战车战术较未注意的细节。[1]

《圣天子设险除器以靖中夏记》是马理歌颂嘉靖皇帝大修边墙和造战车火器成功抵御北虏的一篇文章，虽为歌功颂德之作，但其中对于历任陕西三边总督修整边墙的工作及大造战车火器都有清楚的记载，较其他史料有一些值得注意的地方。

马理对明军所使用的火器甚为关注，特别是佛郎机铳：

> 火器曰佛朗机，曰七眼枪，曰三眼枪，曰旋风炮，曰神机箭，凡五种。凡枪、箭皆易以铅子，利便故也。佛朗机者，近年圣上得之南海蛮夷者也，外有鹅嗉项筩，内有提炮，盛铁心铅子，数多，一发辄贯人马数重。可屡发，最为利便。又审的省度，巧中如射，其迅烈神妙，难以具述，然造法边工未谙。上尝命工部造之以颁诸镇，此中国长技，古所未有。[2]

马理所见，虽大致与其他人的认知相仿，但指出了"然造法边工未谙。上尝命工部造之以颁诸镇"。陕西三镇所使用的佛郎机铳，是由工部直接提供的。

此外，根据《圣天子设险除器以靖中夏记》的记载，亦可以发现刘天和的改良式全胜车，在上报朝廷后，在车载火器上有部分变动。即马理指出的战车并非使用流星炮，而是采用旋风炮。流星炮是嘉靖七年以黄铜造成的佛郎机铳，共 160 门，配 3 门子

---

1 《溪田文集》卷四《书》，《与松石刘督府书》，页 127a~128a（集 69：482）。
2 《溪田文集》卷三《记》，《圣天子设险除器以靖中夏记》，页 89a~89b。

铳，重 54 斤 14 两（约 32.4 公斤），曾发各边试验。[1] 目前存世的
文物至少有 5 件，其中有 3 门子铳、2 门母铳，皆为铜制，分藏于
北京中国人民军事博物馆和首都博物馆，但皆为嘉靖九年和十年
所造。[2]

"旋风炮"之名，虽可以追溯到三国时代，但明代以前指的是
投石机。《明世宗实录》则称系锦衣卫施义所进献。1956 年，灵
武县的农民马志清发现了明代嘉靖十六年所造的旋风炮，炮重
16.5 公斤，通长 38.4 厘米，口径则未载。[3] 根据目前考古报告内所
附照片，约可判定是倍径较小的前膛装填火炮，形制与小型将军
铳相类。目前共有 4 门旋风炮实物，皆为铜质，铸造时间在嘉靖
十六至十九年，口径约为 6 厘米。最大的铸造编号超过 3500。[4]
2005 年，银川市文物管理处张志军先生依据现存于宁夏回族自治
区博物馆的《张泰墓志铭》指出，旋风炮是宁夏总兵张泰发明，
是一种可以转动射击方向的火炮。[5]

由此可知，旋风炮的射击速度无法与流星炮相较。以旋风炮
代流星炮的原因虽然于史无考，但从改良式全胜车的火器配置来
看，朝廷对于边镇使用佛郎机铳显然还是有一定的顾虑，不敢将
新式火器立刻全面投入前线。

改良式全胜车为独轮车，设有四个车脚。前二脚为活动式，
如停车则可放下以固定战车。车前有兽面牌，牌上有四个铳孔。
两旁有挨牌，用于遮蔽弓箭。车轮旁各设一箱，轮后亦设一箱，

1 （万历）《大明会典》卷一九三《工部十三·军器军装》，页 4a（2620）。

2 《中国火器史》表七，页 131~132。

3 朱耀山：《灵武县崇六乡小杨渠出土明代铜制旋风炮》，《文物参考数据》1956
年 12 期。

4 成东：《明代后期有铭火炮概述》，《文物》1993 年 4 期。杜蔚：《甘肃定西出
土明代管形火器》，《文物》1994 年 6 期。

5 张志军：《旋风炮考》，《宁夏社会科学》2005 年 3 期。

可装放兵器和工具。基本与原型大同小异。此车共重 150 斤（88.5 公斤）。[1] 其车骑编组表如表 4-3。

表 4-3　刘天和改良式全胜车的车骑编组 [2]

	人数	火器	强弩	弓矢	车骑数
战车	1000	500 每车用火器 5 种 佛朗机 1 七眼枪 1 三眼枪 1 旋风炮 1 神机箭 30	200[3] 每车用弩 2	不详	100
骑兵	2000	400 每队佛郎机 5 三、七眼枪合计 5	500	1500	2000 共 40 队

三　刘天和战车与战绩考

这批配备熟铁小佛郎机铳和旋风炮的车营成军后，曾经在数次与吉囊的交战中显示出威力。据王世贞所撰《光禄大夫太子太保兵部尚书赠少保刘庄襄公天和墓志铭》和《国朝列卿纪》所载，刘天和分别于嘉靖十五年、十六年和十八年连续多次以车击败吉囊。[4]

1　《溪田文集》卷三《记》，《圣天子设险除器以靖中夏疏》，页 89b~90b。

2　《溪田文集》卷三《记》，《圣天子设险除器以靖中夏疏》，页 89b~90b。

3　原文作“车用火器凡五百，强弩一百”，弩应为二百。

4　《国朝献征录》卷二一九《光禄大夫太子太保兵部尚书赠少保刘庄襄公天和墓志铭》，页 54b。“丙申，七破虏。明年丁酉，十一破虏。又明年己亥，破虏数如丁酉。”

嘉靖十五年冬，吉囊约万骑进犯。宁夏总兵王效以车据山口抵御住敌骑的进攻。《明世宗实录》载：

> 是役也……虏既不得志，乃复以轻骑六千，西犯宁夏，（王）效侦知之，伏军打硙口，俟其半入，轻车强弩火器四起，横绝其中击之，断虏为二。[1]

宁夏总兵王效在打硙口之战，成功以战车将吉囊驱逐出境。

同年，甘州出现吉囊数万骑，掠山丹卫。总兵姜奭初以武力驱逐，后为敌人大举包围。姜奭"以百车为阵，火器强弩四发，虏伤无算，遂疾驱出境"[2]。

嘉靖十六年春正月，吉囊数万骑夜至宁夏。总兵王效被围，"车进辄解"[3]。同月，吉囊又来犯延绥。总兵任杰出兵抵御，延绥饷军佥事须澜以车御之，"戎众无损，获首级四十"[4]。秋八月，宁夏塞兵五百余人与战车，被吉囊步骑八千包围。虏"遂皆痛哭而遁，我兵保全以归"[5]。同月，吉囊四万至乾沟。"边臣帅兵三千，用车架女墙发火器强弩击之"[6]，又将吉囊大军击退。[7]

1　《明世宗实录》卷一九五，嘉靖十五年闰十二月庚午日，页 9a~b（4131~4132）。

2　《国朝列卿纪》卷一二六《总督陕西三边军务尚书侍郎都御史行实》，《刘天和》，页 48a~b。

3　《国朝列卿纪》卷一二六《总督陕西三边军务尚书侍郎都御史行实》，《刘天和》，页 48b。

4　《国朝列卿纪》卷一二六《总督陕西三边军务尚书侍郎都御史行实》，《刘天和》，页 48b。

5　《国朝列卿纪》卷一二六《总督陕西三边军务尚书侍郎都御史行实》，《刘天和》，页 48b。

6　《国朝列卿纪》卷一二六《总督陕西三边军务尚书侍郎都御史行实》，《刘天和》，页 48b。

7　本段如未注明出处，均引自唐鹤征编纂、陈眷谟评：《皇明辅世编》卷五《刘司马天和》，页 29a~44b（史 98：242~249），《四库全书存目丛书》本，台南庄严文化事业公司，1996 年。

刘天和终以"以兵部侍郎拒虏三边，居四岁，前后与虏战二十七，合得虏首数千级"[1]，获得全面胜利。可见刘天和仿造全胜车搭配佛郎机铳，发挥了相当功效。

刘天和除了将佛郎机铳应用在城墙关堡的防御外，还注意到将佛郎机铳应用于战车之上，使得明军在野战的打击力量大大提升。打硇口、山丹卫、宁夏、延绥和乾沟诸役的胜利，证明了佛郎机铳配合战车的战术价值。明朝政府因此也持续改良佛郎机铳。如造于嘉靖二十二年的中样（中型）佛郎机，其制造方式有二：以明军旧有的手把铳、碗口铜铳改造，每年改造105副；以停造部分旧型武器而节省的经费来制造，每年制造100副。[2]从中样佛郎机铳的制造，可以了解到明廷将以佛郎机铳取代旧有火炮的政策。

第四节　嘉靖中期山西、宣大和北京战车之议造

嘉靖中期，俺答和吉囊多次由山西入犯，京师震动。如嘉靖十九年八月，北虏自宁武关狗儿涧入，犯岢岚州及静乐、岚兴等县，杀掳居民以万计。[3]嘉靖二十年八月，俺答阿不孩以求贡不允为名，纠合诸部入犯山西，吉囊则配合攻势，由平虏卫入，大同巡抚史道估计两军各七八万人，掠平定州，逼真定境。[4]因此，

1　《名山藏·臣林记·嘉靖臣》，页21b~22a。

2　《大明会典》卷一九三《工部·军器军装·火器》，页3。

3　《明世宗实录》卷二五二，嘉靖二十年八月壬午日，给事中张良贵勘报，页13b（5064）。

4　《明世宗实录》卷二五二，嘉靖二十年八月甲子日，页5a~6a（5047~5049）。

嘉靖十八至二十年间，保定巡抚刘峒曾造战车数千辆，用于防卫内地。[1]

一　山西等处提刑按察司学校副使胡松请造战车

北虏深入腹地，激起了地方官员的不满。嘉靖二十年九月二十九日，山西等处提刑按察司学校副使胡松批评负责大同防务的巡抚史道和总兵王升等人：

> 推原所以，盖缘都御史道日冀迁拜，其心汲汲而思去，既不肯以地方为己责，而总兵官王升等又欲侥幸苟免，嫁祸于人，以致贼敢于深入，不复忌人之乘其后，如此是山西之祸，大同实成之。[2]

山西三关失事，系因俺答等部深入山西，大掠岢岚、石州、忻平、寿阳、榆次、阳曲和太原等州县，宗室 4 人被掳，军民被杀和被掳者 51700 余人，然而官军仅仅斩获 393 级。史道等人为众矢之的，其后被降为民。[3]

胡松认为除了严办这些文武官员外，也必须认真考虑山西等地的御虏之策。他指出"以今日御虏之策，莫先于守，而其所谓守之计，莫急于修边"[4]。但他也认为战车十分重要：

> 今以臣所见，揆臣所闻，当今之时计，莫如多造战车，

1　《明世宗实录》卷三四七，嘉靖二十八年四月己未日，页 9a~11a（6293~6297）。

2　佚名：《本朝奏疏》，《奏为陈愚忠效末议以保万世治安事》，页 78~79，虞浩旭主编《天一阁藏明代政书珍本丛刊》本，线装书局，2010 年。上奏日期参《明世宗实录》卷二五三，嘉靖二十年九月壬子日，页 5093。

3　《明世宗实录》卷二百五十八，嘉靖二十一年二月庚午日，页 5171。

4　《本朝奏疏》，《奏为陈愚忠效末议以保万世治安事》，页 84。

众置火器，广备强弩便。盖虏人最善驰突，故常以骁骑践我军，一不能支，众皆靡然争倒，边隅所以往往失事至于歼及将领而莫救者，盖以此也。惟车最能捍御而不为之动，又利多置强弩，广设火器于车箱之上，则彼不能近以即我，此实兵家之利器，今日所宜最先者也。臣闻沿边故亦置有战车，然体质重大，非得十数人不能移徙，即虽平原易地，尚费推移，如遇险阻，即虽跬步不能以寸，是重敌人之资也。臣近出巡过潞安前见兵备副使陈大纲所制战车，甚为简使，其上既可以安置弩与神枪、佛朗机诸械，其下又可以载糗粮，缀衣物，即遇险阻，两人可舁而行，今潞安库中多有之，可具以为式。[1]

因此，胡松建议以强弩和神枪、佛朗机装备在较轻型战车上，作为防御边镇的武力，并认为可以参酌兵备副使陈大纲在潞安所造战车。

胡松也指出了战车在战术上可战可守的优点：

夫此不惟有资于战，而又大有利于守，不惟省刍秩之费，而又资馈饷之给，何者？虏见吾修边必将恶其病已，时出其骑以扰我人，吾既业有此具，故方其不来，则可以实土转运；比其来也，则可以营为营为垒，吾但谨其烽堠，时其瞭望以防之。[2]

战车既可以协助运土，筑造边墙，又可以用于迎敌。胡松希望"敕下有司详议，如以为可，请于诸边各置万余辆，既可用以摆

1　《本朝奏疏》，《奏为陈愚忠效末议以保万世治安事》，页 106~107。
2　《本朝奏疏》，《奏为陈愚忠效末议以保万世治安事》，页 107~108。

边，两补墙垣亭障之阙，又可施之追袭，而制崩奔冲轶之势"[1]。

二　兵部尚书刘天和请造战车

嘉靖中期，除了胡松外，刘天和、毛伯温和戴金等三任兵部尚书皆力主造用战车。嘉靖二十一年初，朝廷先起用以佛郎机铳和战车退敌的刘天和出任兵部尚书提督团营军务。[2]刘天和到任后，上奏《调陈营务十事》，其一便为建议仿造全胜车制造只轮火车，以备战守。但朝廷虽大多予以同意，却否决造战车之议[3]，显示朝廷对于战车的实效仍持相当怀疑的态度。

嘉靖二十一年正月十五日，刘天和上奏《题为遵旨图实效以振举戎务事》，计划对于京营展开大规模改造。刘天和建议以"严选替"和"简精锐"两个方向来提升军队的素质。

> 利器甲，夫器用不利是以其卒与敌也，况今胡虏率多精甲，我兵弓矢多不能伤，虏亦全无所畏，臣于花马池亲见官军数十员围射，各中箭无数，而敌射不休，官军急射弓矢，挺身直前，以闷棍扑杀之，此明验矣。必照三边多用火器及神臂强弩相兼，劲疾弓矢而后可破虏制胜。合无先将两厅听征官军每枝参千内教习火器壹千员名，而火器则惟马上用使小铳佛朗机及三眼枪、五眼枪为最利，教习神臂弩壹千员名，而弩则须分叁等。盖人力有强弱故也。弓箭手壹千员名，须择七八十步外，力能透甲者方入选，否则无益。[4]

一，修战车。照得团营旧造轻便只论大器车，有见存者，

1　《本朝奏疏》，《奏为陈愚忠效末议以保万世治安事》，页109。

2　《明世宗实录》卷二五三，嘉靖二十年九月己亥日，页10b（5086）。

3　《明世宗实录》卷二五七，嘉靖二十一年正月壬寅日，页5b~6a（5156~5157）。

4　《本朝奏疏》，《题为遵旨图实效以振举戎务事》，页175~176。

与臣在边奏准所造全胜轻车大略相同，盖凡出外下营，非此
不可。行军守城获门举皆便利。乞敕工部计议，通查见在大
器车参酌全胜轻车之制，修整壹千贰百轮，并于器械，如有
不足，即行补足。每营壹百辆教演精熟，庶战守咸有资矣。[1]

嘉靖皇帝表示："团营戎务，亟宜修举，该部便看议了来说。"[2]
刘天和稍后并建议拨发工部制造的大小佛郎机铳和自行发明的蒺
藜炮至山西宣大，获得同意。[3]

另一个重要的人事安排，则是世宗任命翟鹏为兵部右侍郎兼
都察院左佥都御史总督宣大军务兼理粮饷。[4]翟鹏，字志南，号联
峰，抚宁卫人，正德三年进士。嘉靖初曾出任宁夏巡抚，因劾总
兵赵瑛被夺职。嘉靖二十一年，翟鹏官整饬北直隶山西河南军饷
右佥都御史，原本即为宣大山西一带负责粮饷的最高阶官员。

因大同巡抚龙大有诱杀求贡的使者石天爵，六月十七日，北
虏自大同长驱而入，二十三日越雁门关，趋太原。无人防御，遂
南下沁汾、潞安所属襄垣、长子等州县，至七月十八日始由来路
退去。[5]八月，山西抚按官刘集等又奏报虏贼四万余骑复从朔州双
山墩、老营堡各入寇。[6]随之，吏部给事中周怡论劾刘天和"付之
团营，非所以振戎武，作士气也"。世宗令刘天和自陈，天和便以
衰老乞休。[7]提督团营职则由原兵部尚书张瓒兼任。[8]

嘉靖二十二年九月，延绥巡抚奏报虏三万骑自响水堡毁墙

---

1 《本朝奏疏》，《题为遵旨图实效以振举戎务事》，页181。

2 《本朝奏疏》，《题为遵旨图实效以振举戎务事》，页187。

3 《明世宗实录》卷二五七，嘉靖二十一年正月癸卯日，页6b~7a（5158~5159）。

4 《明世宗实录》卷二五九，嘉靖二十一年三月壬午日，页1a（5179）。

5 《明世宗实录》卷二六四，嘉靖二十一年七月甲戌日，页9b~10b（5244~5246）。

6 《明世宗实录》卷二六五，嘉靖二十一年八月戊子日，页5b~6a（5256~5257）。

7 《明世宗实录》卷二六五，嘉靖二十一年八月辛丑日，页8a~b（5261~5262）。

8 《明世宗实录》卷二六六，嘉靖二十一年九月甲寅日，页2b（5268）。

入。[1]后在延绥总兵张鹏等人分次追剿下退去，使边境稍宁。[2]但次年十月，北虏依旧南犯，自把儿整河入，往宣府方向，自万全右卫拆墙而入，后至顺圣川、蔚州等地，进浮图峪。京师戒严。[3]为了确保京师的防卫无虞，兵部尚书毛伯温与部分朝臣议防守事宜。毛伯温上奏请京营军于郊外结垒防御，以九卿大臣分守九门，同时郊外挑壕，壕边堆土，土上再用鹿角柞，不足则以战车代，壕外则设品字窖。[4]毛伯温对京师的防御大致与于谦的方法相同。

三　兵部尚书戴金议修战车

因嘉靖二十三年北虏长驱直入，世宗对于翟鹏的能力产生怀疑，先后两次切责翟鹏，并因防守诸臣奏报不同而大怒。[5]又因巡按直隶御史杨本深接着劾奏翟鹏为北虏入犯的罪首，世宗三度切责，并令其戴罪自劾。[6]次日，兵科都给事中戴梦桂等又继续参劾翟鹏在指挥上"漫无可否"，造成北虏突破明军防线。世宗于是令锦衣卫将翟鹏械系来京讯治，并以兵部左侍郎张汉代总督职。兵部尚书毛伯温也因被劾而被杖八十发戍边卫[7]，由戴金接任其职。

嘉靖二十三年，戴金上奏《题为及时修武攘夷安夏以先圣治事》中有边务不容缓之十二项，其中就包括了修复战车。[8]

1　《明世宗实录》卷二七八，嘉靖二十二年九月甲寅日，页 2a（5425）。

2　《明世宗实录》卷二七九，嘉靖二十二年十月己卯日，页 4a~b（5437~5438）。

3　《明世宗实录》卷二九一，嘉靖二十三年十月壬申日至壬午日，页 1b~4b（5582~5588）。

4　《明世宗实录》卷二九一，嘉靖二十三年十月壬午日，页 4a~b（5587~5588）。

5　《明世宗实录》卷二九一，嘉靖二十三年十月甲戌日、乙亥日和戊寅日，页 2a~b（5583~5584）。

6　《明世宗实录》卷二九一，嘉靖二十三年十月甲申日，页 6a（5591）。

7　《明世宗实录》卷二九一，嘉靖二十三年十月乙酉日，页 6b~7a（5592~5593）。

8　戴金：《戴兵部奏疏》，《题为及时修武攘夷安夏以先圣治事》，页 7，虞浩旭主编《天一阁藏明代政书珍本丛刊》本，线装书局，2010 年。

一、修复战车以御虏敌，自古用战之法大概有三：曰步，曰骑，曰车。步不如骑，骑不如车者，以车能陷坚阵，要（邀）强敌，遮北走，动则可以冲突，止则可以营卫，将卒有所比，兵械衣装有所赍。自古皆用之。……国初余子俊在各边亦尝演习车战，迄今宣大等处尚存有遗式，迩年虏患频仍，正宜讲求古制，修复用战，说者谓虏之锐骑先锋多由间道而偏颇狭隘之地，多不利于车也，不知兵法亦尝备论之矣。险野人为主，易野车为主，险野非不用车，而主于人，易野非不用人，而主于车，况平原广野云布雾散驰逐往来。如近日蔚州、广昌之布垒，先年太原四十八州县之横鹜士卒，前无所依，后无所据，使当时有连车以制之，岂无一战而不可用其术哉？盖未尝锐意以图之也。各边抚镇之所以因循而不举者，无非计虑太深，恐造之一不如式，用之少弗利，致有指谪为忌尔。此念一存凡所当为者皆以远嫌而废矣。合无通行各该抚镇，务要讲求历代车制，及咨访大小文武官僚士庶人等，果能通晓车战者延以作式，或官应荐用者，即行举闻。[1]

戴金指出了战车的优劣。更重要的是，他认为各边镇务必讲求历代车制，官府应推荐人才。嘉靖皇帝批答："览奏，具见尽心兵务。奏内事宜，应行的，卿部里斟酌。举行各边的，着各该抚镇官查行，修理关隘，还查议停当来说。"同意戴金用战车之议。[2]

戴金就任后，条上备边十二事，亦主张修战车以御劲敌：

用战之法有三：曰步，曰骑，曰车。车能陷坚阵，要

---

1 《戴兵部奏疏》，《题为及时修武攘夷安夏以先圣治事》，页 24~26。《明世宗实录》卷二九三，嘉靖二十三年十二月庚辰日，页 4a~5b（5616~5618）。
2 《戴兵部奏疏》，《题为及时修武攘夷安夏以先圣治事》，页 24~25。

（邀）强敌，遮北走，动则可以冲突，止则可以营卫。自古皆
用之。请得檄诸镇，讲求历代车制，缮以备用。[1]

戴金与其前任之不同，在于他并未立刻要求朝廷造战车。相反的，
他将战车的研究交与各边镇，令各边镇自行讲求历代的车制，以
便战时可以备用。

四 兵部车驾郎中程文德议造战车

兵部车驾郎中程文德亦多次上书请造。程文德，字舜敷，别
号松溪，浙江永康人。正德十四年从王守仁游，值平宸濠叛间，
应对火器有相当的认识。嘉靖八年进士第二，授翰林院编修。嘉
靖十五年，升南京兵部职方主事，后转礼部精膳司郎中。嘉靖二
十年补兵部车驾郎中，逢北虏迫山西太原，上疏言备边御虏事及
造战车法。二十三年后，转任南京国子祭酒。[2]

兵部郎中程文德曾多次上疏言御边事。嘉靖二十一年正月，
他上疏言造战车事，获兵部看议，但并未执行。[3]嘉靖二十二年，
程文德专为造战车事再上《车战事宜疏》：

臣恐兵食虽足，士马虽强，而临阵终不能当虏冲，亦徒
劳而无功也。何也？盖虏将接战，必先驰骑奔冲，冲动则进，
不动复退。其劲悍慓疾之状，人见之而辟易；腥膻臊羯之气，

---

1 《明世宗实录》卷二九三，嘉靖二十三年十二月庚辰日，页 4a~5b（5616~5618）。
2 《国朝列卿纪》卷一六《詹事府》，页 25b~27b（033：198~202）。
3 程文德：《程文恭公遗稿》卷三《御边四事疏》，页 7b~15b（集 90：140~144），
《四库全书存目丛书》本，台南庄严文化事业公司，1997 年。"若臣言之所未及，欲
用车以备捍御……则臣前疏已悉之，该部亦尝看议，而未之行。"此文亦收于《明经
世文编》，然此部分被陈子龙等人节略。第一疏的时间据《车战事宜疏》称："臣于
去年正月，尝上疏请用车为捍联。"

马闻之而喷缩。我军之势既已披靡，然后虎翼而进，则我曾不得试一技而束手为戮矣。则我之不利，常由于不能当虏之冲也。然则捍卫非所当先讲者乎？今之捍卫，惟恃干橹，人马蹂践，干橹何在乎？臣于去年正月尝上疏请用车为捍，联以钩环，其上置器械，士马皆拥车后，则虏不敢冲，冲亦无恐。而铳炮枪弩且惟意可施左右夹攻，亦相机可动，万一不利驰归，亦有营宅可依。夜则旋绕于外，守在是，战在是，营亦在是。一器而三利焉，不易之制也。虽蒙看议，未竟施行，遂使古今百试百验之法，当此边防如焚如溺之时，而不得一试，以坐观其敝，及其敝也，则又东西委咎，竟未如之何而已。宁不令人抱愤发狂，而欲为边人大恸也哉。故臣拊膺激切，不忍不言。[1]

由上可知，程文德认为就算明军有相当的准备，但面对敌军的骑兵冲锋战术还是无计可施，且明军使用的盾牌不足以防御骑兵。他极力推崇具有可守、可战和可营优点的战车，大声疾呼，希望朝廷采用战车对抗北虏。

为了能够进一步地说服朝廷采用战车，他"稽古今成法，以明车之必可用"。在古代，他罗列了尹吉甫伐猃狁、方叔征荆蛮、卫青伐匈奴、魏太武帝北征柔然、唐马燧在陇州刺史任内防虏、宋宗泽抗金用车的史事，并引用周武王与姜尚的对话，宋代陈祥道、吴淑等人的言论来说明古人用车之道。在本朝，则以余子俊、刘天和来说明战车之为用。[2]

---

1 按虏犯井陉在嘉靖二十年八月，而此疏称"臣闻前年山西警报，虏将破井陉"，则《车战事宜疏》当上于嘉靖二十二年。《明世宗实录》卷二五二，嘉靖二十年八月甲子日，页 5a~6a（5047~5049）。《程文恭公遗稿》卷三《车战事宜疏》，页 16a~b（集 90：145）。
2 《程文恭公遗稿》卷三《车战事宜疏》，页 17a~18a（集 90：145~146）。

程文德也反驳了战车无法适应险要之地的观点：

> 或谓车便于广野不便险隘，臣曰：兵法易野、险野易战，险战皆用车也，特其法少异尔。或疑车畏焚，臣则曰：夫舟岂不畏溺也？而未尝废舟也，在吾有以防之尔。或又疑虏之入，常乘吾所不守，车将安施？臣则谓关之外，或有所不守也；关之内，吾所必守也。不守而不能御，守而必御。其入也，能得志乎？或又疑车或不足捍，臣闻前年山西警报，虏将破井陉，官军莫能制，至洪善镇，乡民仓皇尽砍枣枝布地，虏骑遂不能进，因而北遁。则凡物皆可捍也。而况于车乎？其必可御而不足疑也，又明矣。臣故曰：车之御虏，犹对病之药也，而古今所载则皆经验之方也，弃而不用，病可瘳乎？[1]

可见程文德认为战车的价值在于能守。

他亦至少二度致书宣大山西总督翟鹏，促其使用战车：

> 愚意请公暂借民间小车列营，比度一营用车几何，设牌于前，安器械于上，一试其法，令将士观之。人未见其可以战，而先见其可以自卫，将无不乐从矣，更相宜生智，随事曲防，益尽其制。其为利也，当尤迈于往昔焉。[2]

可知程文德盼翟鹏先以民间小车作为战车，安装盾牌和火炮，邀集士兵观看并作说明，以增强士兵对于战车的信赖。在此信寄出后不久，传来朝廷将程文德的奏疏颁示诸镇的好消息。他于嘉

---

1 《程文恭公遗稿》卷三《车战事宜疏》，页 20a（集 90：147）。

2 《程文恭公遗稿》卷一五《书》，《与翟联峰总制书》，页 1b（集 90：235）。

靖二十三年秋又致书总督翟鹏，仍希望能促其一试战车：

> 某愚疏闻且颁示诸镇，不胜喜幸，非喜言之行也，喜我军之有捍也。夫先有以自捍，而后可以御敌……今之捍，盖惟以防牌，防牌不可恃也。某则请仿古意而欲以车为立地防牌也。……某则欲公姑试之于教场也，集民间车百余，上加木牌，置器械，令步骑隐其后，如对垒状，以健马冲之，如众心无惧，即可用矣。[1]

唯翟鹏于稍后去职，故程文德之议还是未及实现。

在他二度致书翟鹏的次日，程文德亦以书信回复其他官员对战车演练的疑问：

> 辱教捍车事谓军士疲惫，恐不能用，又未训练，恐临时误事。弟意正谓军士疲惫，故借此遮蔽壮胆，庶立得住，立得住斯可用器械矣。正欲先于教场结数百轮演习，试人心如何不可虑，始可乐成人情然也，岂可不预演习而徒拼胜负于临时也。[2]

程文德指出了训练对于运用战车的重要性。

在上述官员的努力下，宣大战车渐有规模，有"大同常以车胜，宣府自今增置（战车）如式"[3]之语。朝廷亦十分重视火炮的

---

1 《程文恭公遗稿》卷一五《书》，《又与翟联峰总制书》，页 2a~3a（集 90：235~236）。

2 《程文恭公遗稿》卷一五《书》，《与人议战车书》，页 3a~b（集 90：236）。信中称"吾兄亦预有守御之责，慨然转达，即请任其事演之教场何如？"可知收信者亦为抗虏之官员。

3 《明世宗实录》卷三四六，嘉靖二十八年三月丙戌日，页 9a~b（6269~6270）。给事中张秉壶上《备边要务十事》。

改进。嘉靖二十五年十月，宣大总督翁万达造三出、连珠、百出先锋、铁棒、雷飞等炮，号称较部队原有的佛郎机和神机枪更为便利，奏讨 20000 两造炮，获得朝廷同意。[1] 而十月，巡按山东御史张铎进 10 眼铜炮，号称"大弹可及七百步，小弹可八百步，四眼铁枪，弹可四百步，皆足以陷阵摧锋"。世宗立刻下诏工部如式制。[2] 这些新火器的应用，反映出明军重视并积极发展野战火器的背景，也为战车的战斗力提供了保证。

第五节　陕西三边总督曾铣的复套主张与霹雳战车

曾铣，字子重，浙江台州府黄岩县人，嘉靖八年进士。二十年，任山东巡抚时，在临清逮获北虏间谍小哈儿。[3] 二十三年，山西巡抚出缺，廷议由曾铣出任。曾铣到任后"励精振饬，加筑边墙，添置火器，百废具举"[4]。

二十五年四月，曾铣升兵部右侍郎兼右佥都御史总督陕西三边军务。[5] 逢北虏十余万由宁塞营入寇，大掠延安、庆阳等地，他采取"攻其必救"之策，令中军参将李珍先率军直捣其巢于马梁山阴，斩一百十级有奇，使敌军因巢穴告急而回师。曾铣还亲自督师前往定边邀击回师的敌军，斩首 180 余级，成功化解危机。[6]

---

1 《明世宗实录》卷三一三，嘉靖二十五年七月乙卯朔，页 10b（5872）。

2 《明世宗实录》卷三一六，嘉靖二十五年十月丁酉日，页 3b（5906）。

3 《皇明辅世编》卷六《曾襄愍铣》，页 70b。

4 《皇明辅世编》卷六《曾襄愍铣》，页 71a。

5 谈迁：《国榷》卷五八，嘉靖二十五年四月乙未日，页 3688。中华书局，1958年。"巡抚山西兵部右侍郎曾铣总督陕西三边军务。"

6 《皇明辅世编》卷六《曾襄愍铣》，页 71b~72a。

曾铣在二十五年十月上疏，指出弘治八年蒙古部族鞭筏渡河进入河套，剽掠官军牧马，十二年又大举入寇，常牧马于此，并侵扰中国。吉囊于正德年间以河套为基地，寇略宣大三关。[1]他认为"套虏不除，则中国之害日炽，浸淫虚耗，将来之祸，有臣子所不能言者"[2]，力主以武力解决此一外患。

朝中曾有议论，认为规复河套必须"得兵三十余万，马步水陆齐驱并进，裹粮二百万石，兼折银三百万两，一举破贼，驱之出境，即缘河修筑城垣界守"[3]等条件。但曾铣质疑这种看法。他认为：估计规复河套的兵力需要30万，但陕西三边可用之兵不满6万，如果调动其他军镇的兵力，则怕顾此失彼；"仓库空乏，上下交困，银谷累五百万，一朝毕集，势不能易"[4]；一旦击退敌人，立刻要筑城，"师徒易挠"[5]。曾铣则认为，"春搜于套，秋守于边，如是二年，虏势必折。俟其远遁，然后拒河为城。分番哨守，则人力不困，财用不竭，河套可复"[6]。

曾铣上奏计划善用仅有的6万兵力，先练兵6万，并调集山东枪手2000多名作为攻击的主力。[7]同时，曾铣也十分重视火器。在提督山西三关时，他曾制造过盏口炮和毒火飞炮。这些火炮在宁塞、定边曾两度击退敌寇。曾铣认为复套必须准备大量的火器，其中包括：

1 曾铣：《复套议》卷上，页 2b~3a（史 60：593），《四库全书存目丛书》本，台南庄严文化事业公司，1996 年。

2 《复套议》卷上，页 3b（史 60：593）。

3 《复套议》卷上，页 8a~b（史 60：596）。

4 《复套议》卷上，页 8b（史 60：596）。

5 《复套议》卷上，页 8b（史 60：596）。

6 《复套议》卷上，页 9a（史 60：596）。

7 《复套议》卷上，页 11a（史 60：597）。《实录》记载为嘉靖二十五年十二月。《明世宗实录》卷三一八，嘉靖二十五年十二月庚子日，页 2b~4b（5924~5928）。

熟铁盏口炮六千位，长管铁铳一万五千把，手把铁铳一万五千把，手把小铁枪二万根，长枪二千根，生铁炸炮十万个，焰硝十五万斤，硫磺三万斤，包铁铅子大小二十五万斤。[1]

这些火器的数量，可以使复套的部队达到几乎百分之百的火器拥有率。因此，他请求拨银两三万两于边镇，买办、置造火炮。

嘉靖二十六年七月，曾铣上奏称："臣前倡乞伐套虏之策，已荷圣谕，令会陕西、宁夏、延绥镇抚官议上方略，而至今迁延不应，乞戒谕之。"世宗遂诏责诸臣避难畏事。秋后再迟回者，由总督官奏治之。[2]

十一月，曾铣与陕西三边各抚按官同上《疏陈边务十八事》，提出完整的西北作战准备、后勤储备、作战方略和战后政务方略。如"恢复河套、修筑边墙、选择将才、选练战士、买补马骡、进兵机宜、转运粮饷、申明赏罚、兼备舟车、多备火器、招降用间、审度时势、防守河套、营田储饷、明职守以专责成、熄讹言以定大计、宽文法以济大事、处孳蓄以裨耕战"。兵部覆曾铣"经略甚详，但事体重大，请下章于廷臣各疏所见，然后集议"。曾铣并附上《营阵图》八：《立营总图》《边虏驻战图》《选锋车战图》《骑兵逐战图》《步兵搏战图》《行营进攻图》《变营长驱图》《获功收兵图》，获得世宗的嘉奖。[3]

曾铣在此疏中称："今臣习夫火攻之法，助以枪箭之长，考

1　《复套议》卷上，页20a~b（史60：602）。

2　《明世宗实录》卷三二五，嘉靖二十六年七月癸亥日，页2b（6020）。

3　《明世宗实录》卷三三〇，嘉靖二十六年十一月丁未日，页6a~b（6073~6074）。

察地利，攻以车阵，马步相兼，水陆并进，欲进贼莫能御，欲止贼莫能撼，内有联束之坚，外无冲突之患，加以斥堠严明，赏罚必信，虽三千之士，可当虏万骑兵。"[1]

因此，在"选练战士"方面，陕西巡抚谢兰等人认为演习战阵时应该重视发射火器的纪律：

> 惟火器为御虏长技，尤该多备。大约预备五层，头层打毕即退，再装火药，二层打之，二层打毕即退，再装火药，三层打之，四层五层无不皆然。周而复始，火炮不绝，久则演熟，可以破众摧坚矣。[2]

由此可见，在嘉靖年间，明军已经在野战火器的操练上十分纯熟，已掌握了五层排枪射击的战术。

而宁夏镇巡抚王邦瑞等则称曾铣"所训练中营士卒三千人，与施用火车火器等项，皆气如虓，虎威若雷霆，发无不中，动不可遏，使诸军精彩皆然，可以横行匈奴中矣"[3]，极为赞扬曾铣练兵的成果。

为牵引战车和火炮，购买马骡亦是重要的课题。曾铣预计每镇每营新造霹雳战车 200 辆，需用骡 200 头，而飞炮则需驮骡 80 头。陕西镇共 5 营，延绥镇 8 营，宁夏镇 6 营，自山西偏头、老营调来官军 2 支，甘肃官兵 2 支，军门中营军 1 支，共使用骡 6720 头，数目详表 4-4。曾铣估计每头骡动支 10 两，需费 67200 两，占全军马骡采购费的 12.86%。[4]

---

1 《复套议》卷上，页 59a（史 60：621）。

2 《复套议》卷上，页 75b（史 60：629）。

3 《复套议》卷上，页 77a（史 60：630）。

4 所有马匹需银 455000 两。《复套议》卷下，页 7a（史 60：634）。

表 4-4　曾铣复套军队步军组成表[1]

军镇	营数	霹雳车数	飞炮车数	拖车骡数
陕西镇	5	1000	400	1400
延绥镇	8	1600	640	2240[2]
宁夏镇	6	1200	480	1680
山西偏老官军	2	400	160	560
军门中营军	1	200	80	280
甘肃	2	400	160	560
合计	24	4800	1920	6720

　　曾铣上奏后，敕下兵部及廷臣将臣集议。曾铣的意见显然与其他西北大员的看法不同，特别是规复河套兵力规模的问题。大部分人认为曾铣所提议的军队 60000 人不足以胜任。陕西巡抚谢兰认为应选练精兵，马军 60000、步军 40000，共 100000 人。[3]宁夏巡抚王邦瑞，认为非 120000 人不可。兵种的分配应为马军 60000，步军 60000。其中步军 30000 从征，负责驾火车、守辎重，另 30000 则负责运饷。作战时，以马军 20000 和步军 10000 为一营。[4]延绥巡抚杨守谦则认为"马步相兼，陆师九万，分为三路"[5]。西北大员所认知的动员规模，要比曾铣所主张的 60000 人多 50%~100%。曾铣也顺应各地巡抚们的要求，加甘肃兵 6000、偏老 6000，调整总兵力为 72000 人。

　　谢兰曾建议复套军的霹雳战车在战术上应该分五层来部署，以使火力得以连续发扬：

1　《复套议》卷下，页 7a~b（史 60：634）。

2　原文作"二千八百四十头"，疑误，应为"二千二百四十头"。

3　《复套议》卷下，页 9a~b（史 60：635）。

4　《复套议》卷下，页 10a~b（史 60：636）。

5　《复套议》卷下，页 12a~b（史 60：637）。

相得器械俱利，内连车阵，外备火攻，三路进发，势相
联络。立行营之法，行则为营，止则为阵，多备火器，连接
五层。当虏贼春月马瘦之时，乘虚而为搜套之举。彼若纠聚
而来势拥，而火器愈便。稍远则毒火飞炮，其势冲突，可以
透重围；佛朗机，其势迅速，可以透双甲；连珠炮，其势散
猛，可以数虏，触之者碎，犯之者亡，满地血流，处命不暇；
倘若逼近，则弓刀并举，枪梃齐进，虏贼马弱，不能驰骋，
必致倾仆；若依旧星散随地住牧，我则驱大军以逐之。[1]

这种五层守御的战术是以火器作为核心，视敌人的远近来发射不同
的火器。毒火飞炮射程最远，威力最强，可以突破敌骑两层的冲
击。佛郎机铳的发射速率较高，可以穿透两层铠甲。连珠炮则用于
近战。两军相接后，则以弓刀枪梃等冷兵器接战。最后再以步骑协
同，收拾战场的残局。这种战术设计虽然与英宗时的战车战术相
当，但火器的优势使复套军的火力投射威力得到大幅的提升。

曾铣调查过在西北服役的战车和火炮，认为沿边旧有的战车
"体质大重，略加增减，上施火器，攻守咸宜，堪以致胜"[2]。可
见，其霹雳战车是根据先前的战车稍加改良而来。在火器方面，
陕西巡抚谢兰曾经将陕西一带边镇的情形加以调查，并回报称：

夫中国长技火器为最。造之不尽其法，教之不尽其妙，
火药铅子储之不豫，与无火器等耳。访得往昔陕西边镇各营
止有佛郎机等器，每营不上四五十件，不惟造不如法，抑且
教之无素，其会打放者，百无一二，火药铅子尽，须常不数
用，纵临战阵，不过虚张声势，未闻着实打中一虏，虏如何

---

1 《复套议》卷下，页 9a~b（史 60：635）。

2 《复套议》卷下，页 32b（史 60：647）。

而震恐。况火器不多，连放三次，火器中热，随点即出矣。[1]

　　刘天和在总督任内，曾向朝廷要求下拨佛郎机铳至西北。谢兰所见，当是 10 年前所装备的佛郎机铳。这批仿制的佛郎机铳边事稍宁后并未受到重视，不仅所存数量少，能操作的士兵也很少。在士兵不知清扫子铳的情况下，佛郎机铳最多只能连续射击三发，否则会造成弹药自燃发射的情形，无法发挥射速较高的优势。可见，旧有的火器无法满足新型战车的需要。因此，谢兰等人应该采用曾铣在任内所开发的毒火飞炮、连珠炮等火器。这些火器在嘉靖二十五年春秋两季中，都曾经在战事中通过考验。[2]

　　曾铣复套军中，共有步军 72000 人，分为 24 营，每营 3000 人。曾铣的步军车营共配属霹雳车 200 辆，毒火炮车 80 辆，每辆车均配属骡 1 匹以供拖曳。每辆霹雳车的造价为 2 两，因此所有复套所需的战车仅需银 9600 两，比规划中用于黄河中的支持舰队造船费用 15000 两还低。整个复套所需的马价约为 455000 两。

　　霹雳战车的随车火器为霹雳炮，每辆战车 18 杆，重 8 钱，铅子共 50 出（出是指每次发射的铅子数量，每出 5 个）。其所载火器种类和弹药数量参见表 4-5，而一营霹雳战车所载火器种类和弹药数量表参见表 4-6。

　　据谢兰的计算，一营的霹雳战车营约需花费 27367.23 两购置铅子和火药。而杨守谦实际在延绥所造随车火器、火药、铅子等费用，约计 37000 余两[3]，可知造一营火器的费用约为 10000 两。造 24 营，4800 辆战车约需 9600 两。驮马一匹 10 两，购置一营 280 匹驮马的费用为 2800 两。而一营尚有战马 2100 匹，依谢兰估

1　《复套议》卷下，页 34b~35a（史 60：648）。

2　《复套议》卷下，页 35a~b（史 60：648）。

3　《复套议》卷下，页 38b（史 60：650）。

价每匹价银为 17~20 两[1]，共需银 35700 两。24 营约需 900000 两。计一霹雳战车营所需的额外费用（含火器、火药、铅子、驮马、战马等），共为 85100 两余。而 24 营，共需 2042400 两余。因此，谢兰认为应该采用曾铣已在西北制造出的几十万新型火炮毒火飞炮、连珠炮等火器，以俭省费用。[2]

表 4-5　一辆霹雳战车所载火器种类和弹药数量表[3]

火器		弹药			
名称	数量	种类	数量	重量	火药重
霹雳炮	18杆	8钱铅子（每出5个）	50出（4500个）	225斤	50斤
大连珠炮	1杆	1两8钱铅子（每出10个）	20出（200个）	22斤	3斤6两
二连珠炮	1杆	1两8钱铅子（每出5个）	30出（150个）	16斤14两	3斤6两
手把铳	2杆	1两铅子（每出2个）	50出（100个）	12斤8两	5斤
火箭	200支				
合计	222		140出（4950个）	276斤6两	61斤12两

表 4-6　一营霹雳战车所载火器种类和弹药数量表[4]

火器		弹药			
名称	数量	种类	数量	重量	火药重
霹雳炮	3600杆	8钱铅子（每出5个）	900000个	45000斤	1000斤
大连珠炮	200杆	1两8钱铅子（每出10个）	40000个	4500斤	675斤

1　《复套议》卷下，页 4a（史 60：633）。

2　《复套议》卷下，页 35b（史 60：648）。

3　《复套议》卷下，页 37b~38a（史 60：649~650）。

4　《复套议》卷下，页 35b~36b（史 60：648~649）。

续　表

火器		弹药			
名称	数量	种类	数量	重量	火药重
二连珠炮	200杆	1两8钱铅子 （每出5个）	30000个	3375斤	675斤
手把铳	400杆	1两铅子（每出2个）	40000个	2500斤	1000斤
火箭	4000支				
盏口将军	160位		用药装就小炮 3200个	4800斤	1600斤
合计			1010000个	55370斤	12950斤

复套之议的终结，起于二十七年正月。兵部尚书王以旂奉诏会同九卿詹翰科道等衙门议上复套事略，建议先命大臣处理粮饷问题，并俟世宗钦命派发山东枪手及火器、火药。但世宗却言：

> 套虏之患久矣。今以征逐为名，不知出师果有名否？及兵果有余力，食果有余积，预见成功可必否？昨王三平未论功赏，臣下有快快心，今欲行此大事，一铣何足言？只恐百姓受无罪之杀。我欲不言，此非他欺罔，比与害几家几民之命者，不同我内居上处，外事下情，何知可否？卿等职任辅弼，果真知真见、当行拟行之阁臣？[1]

责备辅臣。并责与议官员及科道官称："曾铣无故轻狂倡议，虽奉谕旨，然既下诸臣集议，自当为国为民深思实虑，明以入告，如何忍心观望？一旦败事，将何救者？"夺与议官禄俸一月，兵部侍郎及该司官禄俸一年，并令锦衣卫遣官校械系曾铣至京，科道官各罚俸四月。此外内阁首辅夏言削夺，余阁臣令以尚书致

1　《明世宗实录》卷三三二，嘉靖二十七年正月癸未日，页2a~4b（6088~6094）。

仕。[1]二十七年三月，曾铣被世宗以结交近侍官员为名，斩于市，妻子被流两千里。[2]十月，杀大学士夏言。[3]至此，计划良久的战车复套之策，遂告寝议。就在前一年，俺答寇大同拒墙堡，周尚文尚以车兵败却之。[4]唯曾铣以战车复套之议，也随着世宗对于战守方略的改变而消失无踪。唯有识之士仍不放弃战车重要之观点，如宣大总督翁万达就请奏，将原保定巡抚刘峒所造数千辆战车的三分之二运赴宣大御敌。[5]

1　《明世宗实录》卷三三二，嘉靖二十七年正月癸未日，页 2a~4b（6088~6094）。

2　《明世宗实录》卷三三四，嘉靖二十七年三月癸巳日，页 4b~5b（6122~6124）。

3　《明世宗实录》卷三四一，嘉靖二十七年十月癸卯日，页 1a~b（6201~6202）。

4　《明经世文编》卷四三四《冯元成文集》，《俺答前志》，页 18a~b（4743）。

5　《明世宗实录》卷三四七，嘉靖二十八年四月己未日，页 9a~11a（6293~6297）。

第五章　庚戌之变后京营
与边镇战车之置造

嘉靖二十九年的庚戌之变，是明代中期最严峻的国防挑战。蒙古朵颜等部与鞑靼俺答合势分进，突破明朝的边防，直抵北京城下围城，形成土木之变后罕见的军事危局。"朵颜"是朵颜三卫的简称，系指朵颜、福余、太宁三卫，位于黑龙江南，称为兀良哈之地。洪武二十二年，明太祖朱元璋置三卫指挥使司，使子朱权为宁王，统领朵颜等部。燕王朱棣起兵前，因顾虑宁王在后牵制，故以重金厚赂三卫，计擒宁王，并选三千为奇兵，从己南征，在靖难战事中立下功勋。成祖即位后，遂将宁王旧地予三卫。[1] 朵颜与明朝维持友善关系的时间并不长，此后叛服不定，先后勾结鞑靼、瓦剌、孛来、俺答等，时而内附，时而寇掠，但并未成为北边的主要外患。

朵颜的壮大，与嘉靖中晚期俺答和朵颜等部联合有关。朵颜部中掳去的明人哈舟儿、陈通事为三卫所用，致使其屡屡来犯。此外又有丘复、周原等在边召集亡命，赵全教俺答攻战之术。[2] 这些变化，为蒙古部族的入侵提供了新的思路和方法。

嘉靖二十九年六月，俺答破坏边墙而入。先以老弱骑兵引诱

1　《明史》卷三二八《朵颜传》，页 8504。

2　《明史》卷三二七《鞑靼传》，页 8480。

大同总兵张达，而后埋伏精兵，将其消灭。副总兵林桩来救，亦以身殉。虽然俺答就此退回塞外，但宣大总督郭宗皋和大同巡抚陈耀都被下狱。同年秋，哈舟儿引俺答循潮河东路，逼近古北口，蓟州巡抚都御史王汝孝率蓟镇兵抵御。哈舟儿向边军诈称俺答已退，却使俺答自鸽子洞、曹榆沟等处溃墙而入。王汝孝兵溃，俺答大掠怀柔，围顺义，抵通州，逼近京师[1]，此即庚戌之变。庚戌之变中，曾有边镇战车入卫勤王，如十月应诏入朝的陕西巡抚傅凤翔[2]，就曾率战车兵往援[3]。

俺答等退兵后，光禄寺少卿马从谦，兵科都给事中俞鸾，都上奏提及了造用战车之法。[4]而部分地方官员亦积极在地方练兵。如陕西按察司佥事黄澄，驻花马池，"增万雉以御虏，搜故垒得战车三百，肄之"[5]。茅坤，好谈兵，对于战车颇为醉心。在乡试时，策论题目即为车骑。茅坤认为："呜呼！车骑之谋，器械之利也，毋乃忧其末而不及其本耶！愚请先言国家选将练兵之实，而后车骑卒伍之阵敢及焉。"[6]明确指出训练才是战车能够发挥作用的根本因素。他曾读过曾铣《复套议》，指出曾铣并非寡谋轻发战车复

---

1 《明史》卷三二八《朵颜传》，页 8508；卷三二七《鞑靼传》，页 8480。

2 傅凤翔，字德辉，号应台，嘉靖二年进士。

3 《溪田文集》卷七《长篇·古风》，《送巡抚应台傅公应诏入朝》，《四库全书存目丛书》本，页 237b~238b（集 69:537~538）。诗云："庚戌仲秋辰，朔风来甸服。笳鸣羽林军，马衾天庑菽。帝念傅岩贤，堪雪千古厚。爰自保厘疆，授以司马禄。十月霜雪途，君征不待仆。行将视六师，鹰扬应武曲。将择药师才，车理偏厢毂。更求子江流，能飞火器属。次延艺精师，教习短兵熟。技成演律师，纵横如所欲。敌远火器攻，锋交短兵促。神机自远发，炎炉那敢触。飞枪偶尔出，胡焉措手足。敌围从中击，所向卵逢禄。虎贲万夫齐，足夷猃狁族。凯还庙策勋，画可麒麟续。应有鸿帛来，从大降草屋。"

4 《明经世文编》卷二八〇《冯养虚集》，《选将练兵足财疏》，页 9a（2962）。

5 沈一贯：《喙鸣文集》卷一七《神道碑》，《中宪大夫山东按察司副使云浦黄公神道碑》，页 55a~56a（总 419），《续修四库全书》本，上海古籍出版社，1995 年。

6 茅坤：《茅坤集》卷三四《策》，《车骑》，页 920~923，浙江古籍出版社，1993 年。

套之策，读曾铣的奏疏往往发愤而饮泣流涕。[1]其后，他累官广西兵备佥事，嘉靖三十二年冬十月迁大名兵备副使。因部题防秋，特敕将顺德府改隶大名道，每岁提兵 3000 人赴倒马关戍边。[2]为此，茅坤特别招募少年而善骑射搏战疾斗者 3000 人，造战车 300 辆，在大名府练战车。[3]

朝廷面对严峻的国防形势，积极改变防御战略。在京营方面，严嵩请振刷以图善后，以原吏部侍郎王邦瑞为兵部左侍郎协理戎政专管京营操练。新任京营总兵仇鸾亦投入练战车。其后，兵部尚书杨博又对京营进行改革，成立 10 个车营，战车 4000 辆，并装备大量火器，在东便门至西便门间布防。嘉靖四十四年，协理戎政兵部尚书赵炳然则着力于车营的战术和士兵战技提高，并补足支持车营的四营战兵，出城操演火器等。

在边镇方面，甘肃巡抚陈棐撰有《火车阵图考》，研发飞轮游刃八面应敌万全霹雳火车、旋风炮火车和冲枪飞火独角车三种新战车，并将鸟铳配置于战车，为战车的理论和实践提供了新的途径。此外，嘉靖三十七至四十年，大同巡抚李文进和俞大猷在大同推广战车的战术，并撰成《大同镇兵车操法》一书，对于车制、营制和战术都有进一步的探索，同时也发展出复杂的指挥号令工具。

由于庚戌之变的俺答的突破点是蓟州的潮河川，因此北京北部和东北防线日益重要。在庚戌之变前，蓟州一带依仗天险，原本就较无敌情顾虑。但庚戌之变时，原本叛服不定的朵颜等部与俺答形成联合之势，自潮河川入，进而围攻北京，北边的防务重点顿时从宣大以西，转而向东延伸至辽东一带。而京师面对的威

1　《茅坤集》卷三一《杂著·读曾襄愍公复河套议题辞》，页 852~853。

2　《茅坤集》卷八《茅鹿门先生文集·书·与杨侍郎本庵书》，页 364。

3　《茅坤集》卷三二《茅鹿门先生文集·杂著·河南上官日梦记》，页 871~873。朱赓《明河南按察司副使奉敕备兵大名道鹿门茅公墓志铭》、屠隆《明河南按察司副使奉敕备兵大名道鹿门茅公行状》、许孚远《茅鹿门先生传》、吴梦旸《鹿门茅公传》、毛国缙《先府君行实》称战车五百辆。《茅坤集》，页 1347、1353、1363、1376。

胁，也从宣大一带扩展到朵颜等部南方的蓟州一带。要如何填补两千多里的防务空缺，变成北边防务的首要课题。部分朝臣因此议设立蓟辽总督一职，并添设蓟、昌二镇，以提升此一地区的防卫能力。其次，就新设军镇的防守战略，朝臣也提出了一些不同的看法。这些都成为稍后隆庆军事事务改革的先声，也足以说明嘉靖晚期明朝的国防已经十分依赖战车。

第一节　庚戌之变后京营战车的置造

一　严嵩与王邦瑞之改革京营营制

北京的京营在嘉靖初年即有造战车，数量亦较诸边为多。(万历)《大明会典》载："嘉靖十二年，议准团营收贮先年战车改造载铳手车七百辆。"[1] 由旧战车改造载铳手车，只是对战车进行翻新，并未有重大的革新。关于这些战车的运用，目前尚缺乏进一步的资料。

京营的整顿与嘉靖二十九年庚戌之变关系密切。时俺答兵临北京城下，兵部尚书丁汝夔清查京营，发现原应有 12 万人的兵力只剩不及五六万人。不仅人数剩下不足一半，军官和士兵的素质和战斗力也大有问题。《明史·兵志》称："驱出城门，皆流涕不敢前，诸将亦相顾变色。"[2] 可见京营将士之不堪用命甚矣。

其后，严嵩请振刷以图善后，以原吏部侍郎王邦瑞为兵部左侍郎协理戎政，专管京营操练。王邦瑞上奏议京营兴革。《典故纪闻》载：

> 兵部侍郎王邦瑞言："国初京营劲兵，不减七八十万，

1　(万历)《大明会典》卷一九三《军器军装二·战车旗牌》，页 13b~14a（2625）。

2　《明史》卷八九《兵一·京营》，页 2179。

而元戎宿将，常不乏人。……迄今承平既久，武备废弛，
在营操练不过五六万人而已，户部支粮则有，兵部调遣则
无。……臣以为卒伍之不足，其弊不在逃亡，而在占役；训
练之不精，其罪不在军士，而在将领。今之提督武臣，多世
胄纨绔，不闲军旅，平时则役占营军，以空名支饷，临操则
四集市人，呼舞博笑而已。先年尚书王琼、毛伯温、刘天和
辈尝有意整饬之矣，将领恶其害己，率从中阻挠；军士久习
骄惰，辄倡流言。清理未半，复从中止，彫敝至极，我皇上
亲见其害矣……。"世宗以其疏陈积弊皆是，于是革去十二营
两官厅名目，止用京营总兵官一员，以仇鸾为之，赞理军务
文臣一员，以复祖制，以一事权。[1]

按上文所指，可知庚戌之变后，朝廷立即着手于京营之改造。
鉴于积习已深，遂以复祖制为名，推动以下改造：其一，罢去团
营和两官厅，恢复三大营旧制，但以五军营为主，原有的三千营
改称神枢营，在京各卫亦并入三大营；其二，罢去原统领京营的
提督和监枪等内臣，改为文武大臣各一统领，武职称总督京营戎
政，文职称协理京营戎政。[2]

新任的京营总兵仇鸾亦喜造战车。《万历野获编》载，嘉靖
三十年七月，他曾奏请借民田车以备战守。嘉靖皇帝覆之："去
岁造完战车，专备御敌，如何又取民车，益增骚扰，不允行。"同
时，嘉靖三十年正月，朝廷令取南京工部库银 15 万两造大小战车
和其他兵器。[3]

此外，为了增加京营的战力，也准许京军轮流赴边协守春秋

1　《典故纪闻》卷一七，页 314。

2　（万历）《大明会典》卷一三四《营操·京营·营政通例》，页 13a（1895）。《明
　　史》卷八九《兵一·京营》，页 2180~2181。

3　《明世宗实录》卷三六九，嘉靖三十年正月己丑朔，页 1a（6595）。

防。（万历）《大明会典》载：

> （嘉靖）四十年，题准春秋二防，各选兵四枝，赴居庸关
> 防守，每枝三千人，马兵三百，步兵二千七百，春防以正月
> 十五日行，三月终旬回营，秋防七月十五日行，九月终旬回
> 营，每防用参将二员，佐击二员，将官到彼，听总督巡抚节
> 制。[1]

如此可使京军与边兵互相观摩，达到提升战力的作用。兵科给事
中魏时亮在巡视京营后，指出：

> 皇上更定三大营而戎政始新，大臣祗奉德意，易纨袴，
> 用边将，而积弊始厘，近复立枪箭之赏，别车战之伍，而各
> 兵操演，诸务始渐有足观者。[2]

可见嘉靖末京营的整顿得到初步的成效。

二 杨博的改革

杨博，字惟约，号虞坡，蒲州人，嘉靖八年进士，曾随大学
士翟銮巡视九边，尽记其形势利害。嘉靖四十二年冬，杨博任兵
部尚书。奉嘉靖帝的命令，通行副参佐击各官开报，并会同巡视
科道官一起参酌，拟出十项有关于京营改革的事务，于嘉靖四十
三年七月二十四日上奏《会议京营戎政核实十事疏》。这些京营的
改革有相当的部分与战车关系密切。

---

1 （万历）《大明会典》卷一二九《镇戍四·各镇分例一·蓟镇》，页 7b~8a（1840）。
2 《明经世文编》卷三七〇《魏敬吾文集·议处兵戎要务疏》，页 1a~b（3990）。

杨博等人对于边境有警时京营和边军的调遣提出新的指导
原则：

> 京边之兵虽一，战守之用各殊。盖边兵主于战，而守在
> 其中；京兵主于守，而战在其中。边兵战于外，则奋其敌忾，
> 而手足之义明。京兵守于内，则严其弹压，而腹心之体正。
> 近日议者多欲远调京兵与虏角战，不知仓促之际，尚当广集
> 边兵以卫京师，岂有反调京兵外出之理。[1]

杨博等人确立了京军在战略上，以固守北京为最重要的任务。而
京军如何防御，则成为十分重要的课题。

杨博等人认为，防御应自车营的部署开始。边境有警时，京
营中 10 个车营分别布防列阵于北京城外 1~2 里（约 0.5~1 公里）。
北京城南有外城，不必设车营；自东便门起，迤逦而西，至西便
门止，分列 10 个车营。其中东、北二面为防御重点，共驻防 8 个
车营，西面则只用 2 个车营，共 10 个车营。每个车营"实营盘一
处，虚营盘二处，略如布棋之势"，以使敌人不知驻防的实力。而
辅助作战的 6 支战兵，其中 4 支各自分驻于城东南西北，由兵部
尚书备于城内外调度应援。剩余 2 支则由兵部尚书和总理戎政二
人统领，支持战车作战或协助守城，如通州、昌平等边镇需要支
持，则抽调前往。[2]

战车的部署确定后，火器也是发挥战力的重要武器。杨博等
人认为，京营的车兵 10 支和战兵 6 支都仰赖火器的战力。因此，
火器在制造上必须精密，以免膛炸。同时，发给火器也必须迅速，

1　杨博：《杨襄毅公本兵疏议》卷一四《会议京营戎政核实十事疏》，页 24b（史
61：575），《四库全书存目丛书》本，台南庄严文化事业公司，1995 年。

2　《杨襄毅公本兵疏议》卷一四《会议京营戎政核实十事疏》，页 24b~25a（史 61：
575~576）。

以免京营的车兵和战兵无法确实训练。因此，他对京营使用火器的制度大加改革。首先，他将京营所使用的火器加以规范，每一车兵营共享连珠炮 320 位及夹靶枪 1000 杆，战兵营则使用连珠炮 100 位、夹靶枪 1300 杆。战兵 6 营和战车 10 营共用枪炮 21600 杆。其次，他将火器所使用的铅子按原有的数量增加一倍，以增加火力的储备。再次，为了能使京营常常练习火器，他协调工部，在春秋两防时让部队全数支领火器。并在北京的德胜门和安定门建设库房，晚间收储火器，并充为火器试验所，以便随时将损坏的火器回送工部兵仗局改造。[1] 如此一来，京军不但有充足且精良的火器，同时也有充分的时间进行训练。

在战车方面，过去仅注意造新战车，对于战车的修理并不重视。杨博等人认为，应该在春秋两防由兵部尚书和协理戎政二人备查各车营的战车的状况，有问题的立刻移交工部修理。[2] 杨博所提意见甚为重要，后来多为朝廷采取。（万历）《大明会典》载：

> 四十三年，议准京营不宜远调外出，今后有警，以车营兵十枝，分布东西便门，去城各一二里，其城之东西南北，各屯战兵一支，紧在关厢之外余下战兵二枝，随戎政二臣，驻适中去处，外壮车营声势，内助都城防守。[3]

> 嘉靖四十三年，题准京营该用兵车，每营四百辆，共四千辆。每辆前带鹿角木，上安拒马枪，迎风牌一面，两旁偏厢牌二面，上下裹铁叶二寸，前后车板二副，竹杆枪一根，约一丈五尺，铁锅一口，铁索一条，约一丈二尺，每辆可容

---

1 《杨襄毅公本兵疏议》卷一四《会议京营戎政核实十事疏》，页 27b~28a（史 61：577）。

2 《杨襄毅公本兵疏议》卷一四《会议京营戎政核实十事疏》，页 28a（史 61：577）。

3 （万历）《大明会典》卷一三四《营操·京营·营政通例》，页 35a~b（1906）。

步卒五人，给神枪、夹靶枪各二，发营教演。[1]

嘉靖四十三年，准战兵和车兵的火器春秋两防时，由工部发出，责令军士常用演放，遇晚收于德胜、安定两门库内。毕日，送还该局。[2]

由此可知，除按杨博之议确立京军的防卫部署并设立火器库以方便操练外，京营并大造 5 人使用的小型战车，一次共造 4000 辆。

三　赵炳然之整顿京营与战车

赵炳然，号子晦、剑门，剑州人，嘉靖十四年进士，四十三年任兵部尚书协理戎政。他在协理戎政期间，曾"遍访群谋，备阅往牒"，归纳出"选将、练兵、足食、备器、修马政、查占役、革奸弊、明赏罚"等八项军事改革项目，并条陈七事。其中"备器"一项，即"车兵为之列营，射铳为之攻击"。赵炳然于四十四年二月二十一日上奏《为披沥愚忠备陈末议以饬戎务事》，对北京的防御提出建白。[3]

赵炳然的"七事"中有"议营阵以定操演""练步技以全战兵""增战兵以固车营"三事与战车有关，而其他则多与后勤及支持有关，可见赵炳然的军事改革实与战车有密不可分的关系。

"议营阵以定操演"中，赵炳然对于当时京营"合操"的效果十分质疑，他指出：

臣见今之合操，不过列以方阵，开以四门，外为装塘，

1　（万历）《大明会典》卷一九三《工部十三·军器军装·战车旗牌》，页 13b~14a（2625）。

2　（万历）《大明会典》卷一三四《营操·京营·营政通例》，页 18a~b（1897）。

3　本疏上奏时间载于兵部尚书杨博的覆疏，参见《杨襄毅公本兵疏议》卷一五《覆协理戎政尚书赵炳然条陈整饬营务疏》，页 20b~24b（史 61：579~599）。

内为冲敌，一出而三迭，能事毕矣。问之分合变化，未讲也。即一营而十二总，马步多寡不一，什伍左右不定也。况合二营而为偶，鼎列之而为三，再合之为伍、为八乎？以之营操似矣，用之临敌，其能整乎？[1]

赵炳然指出了明军在操练上缺乏战术构想，部队编组不一、难于分合的两大缺失。

他的解决之道有二。首先，任用有实战经验的将领来进行训练。训练的重点为：

非敢遽以古人诸葛之八阵、李靖之五花。始自今方阵三迭法，但要开阖变化，进退周旋，随机应用。什伍队哨有定规，左右前后有定次。举一营而十二总马步什伍器械同也，合二三营四五营而马步什伍器械无弗同也。自易而难，自简而数。久久服习，则目熟旌旗，耳熟金鼓，手熟击刺，足熟步武，呼吸变化，动中机宜，斯诚节制之师。奇正分合，井井有条，自然临敌而不乱矣。[2]

赵炳然对于阵法的要求并非着重于仿效古代名阵，相反的，他重视的是士兵是否能够熟练一致地操演方阵三迭法，可见其练兵务实的一面。

其次，提高士兵在铳、弓等投射武器上的训练标准。在火铳方面，原分操时，每名士兵只放铳 1 发，赵炳然以为士兵不够熟

---

1 《明经世文编》卷二五二《赵恭襄文集一》，《为披沥愚忠备陈末议以饬戎务事》，页 27a~b（2657）。

2 《明经世文编》卷二五二《赵恭襄文集一》，《为披沥愚忠备陈末议以饬戎务事》，页 27b~28a（2657）。

练，因此将火铳操演改为 3 发。在弓箭方面，虽然原来分操时发射 4 矢，较火铳练习的次数为多，但测验距离仅 50 步（80 米），并不足以威胁善于弯弓骑马的塞外民族，因此赵炳然将弓箭的指定射程调整为 80 步（128 米）。而用于奖赏的原重 3 钱的银牌也被改为 1 钱，以免浮滥。[1]

赵炳然的第二个重点是"练步技以全战兵"。北虏入侵以骑射为主，"其来山崩，其去鸟疾"，但明军的骑兵不多，无法与之相抗。因此，赵炳然认为应该重视火器和弓矢的配合。每营 3000 名士兵中，分为马军、持火器兵和持长刀、枪、钩、镰、滚牌等兵器的步兵三种，严加训练，并且依照火器射击训练的成绩给予赏罚。敌人至 100 步（160 米）外，举火炮攻击；50 步（80 米）外，举弓矢射击；双方接战，则以攻击马匹为主。[2]

赵炳然认为战车是保护明军抵抗敌骑冲锋的有效工具，因此应该"增战兵以固车营"。嘉靖末京营的车制为，每营军士 3000人，战车 160 辆。每辆车兵 10 人，共 1600 人。其余则为金鼓、旌旗、执役、杂冗、火器兵和弓兵，以及数十至 200 的骑兵。赵炳然认为应该增加原有车营中负责挽车、火器、弓矢的军士，而稍减马兵。其次，京营中原有车兵 10 营，但支持的战兵只有 6 营，还有 4 营的差额。由京营中 14 支城守兵中抽调 4 支，比照原有 6支战兵加以训练，以使"战兵可战，车兵可营"[3]。其改设京营营制的内容，详表 5-1。

1　《明经世文编》卷二五二《赵恭襄文集一》，《为披沥愚忠备陈末议以饬戎务事》，页 28b（2657）。

2　《明经世文编》卷二五二《赵恭襄文集一》，《为披沥愚忠备陈末议以饬戎务事》，页 28b~29a（2657~2658）。

3　《明经世文编》卷二五二《赵恭襄文集一》，《为披沥愚忠备陈末议以饬戎务事》，页 29a~30b（2658）。

表 5-1　嘉靖二十九年新定三大营将领官军制表 [1]

大营	番号	指挥将领	兵力	其他官员
五军营 50000人	战兵一营	左副将	7000	备兵坐营官 1 员
	战兵二营	练勇参将	6000	大号头官 1 员
	车兵三营	参将	6000	监枪号头官 1 员
	车兵四营	游击将军	3000	中军官 11 员
	城守五营	佐击将军	3000	随征千总官 4 员
	战兵六营	右副将	7000	随营千总官 20 员
	战兵七营	练勇参将	6000	把总 138 员
	车兵八营	参将	6000	
	车兵九营	游击将军	3000	山东领班都司 2 员
	城守十营	佐击将军	3000	外备兵 66666 名
神枢营 48000人	战兵一营	左副将	6000	备兵坐营官 1 员
	战兵二营	练勇参将	6000	大号头官 1 员
	车兵三营	参将	6000	监枪号头官 1 员
	车兵四营	游击将军	3000	中军官 11 员
	城守五营	佐击将军	3000	千总官 20 员
	战兵六营	右副将	6000	选锋把总官 6 员
	车兵七营	练勇参将	6000	把总 157 员
	执事八营	参将	6000	河南领班都司 1 员
	城守九营	佐击将军	3000	
	城守十营	佐击将军	3000	外备兵 40000 名
神机营 42000人	战兵一营	左副将	6000	备兵坐营官 1 员
	战兵二营	练勇参将	6000	大号头官 1 员
	车兵三营	游击将军	3000	监枪号头官 1 员
	车兵四营	佐击将军	3000	中军官 11 员
	城守五营	佐击将军	3000	千总官 20 员
	战兵六营	右副将	6000	选锋把总官 6 员
	车兵七营	练勇参将	6000	把总 128 员
	城守八营	佐击将军	3000	中都领班署副留守 4 员
	城守九营	佐击将军	3000	
	城守十营	佐击将军	3000	外备兵 40000 名

1　（万历）《大明会典》卷一三四《营操·京营·今定营制》，页 6b~10b（1891~1893）。

由表 5-1 可知，车营共 10 营，车兵总数约为 45000，占全京营的 45%。而嘉靖二十九年奏准造战车 900 辆，火车 50 辆，鹿角架 50 副。[1] 嘉靖三十年，又题准造单轮车 1000 辆，双轮车 400 辆，单轮弩车 40 辆。[2] 可知车兵与战车的比例大约维持在 20:1。

赵炳然整饬京营的意见受到世宗和兵部尚书杨博的重视。杨博草拟"敕下镇远侯顾寰督率副参游守等官从实举行，敢有以虚文塞责者，悉听巡视科道指名参奏"的意见，得到世宗的同意。[3] 先后按照赵炳然的意见推动京营的改革。在操练上，嘉靖四十三年先后颁布京营内的勋戚习练武艺、京营定期合操、春秋两防出城演习火器等的规定。（万历）《大明会典》载：

（嘉靖）四十三年，题准京营科道会同戎政大臣，将随营勋戚每岁较试二次，其弓矢策论习熟者，附记在簿。遇有营中参游坐营，照例酌量推补，未谙练者，行戎政大臣督责戒饬。[4]

（嘉靖）四十三年，议准总协大臣，每月以初一、初八、十五、二十三日合操。其余二十六日，各营将官分练各兵，总协大臣及巡视科道不必同在一处，随意各入一营，较阅赏罚。[5]

（嘉靖四十三年）又议准战兵、车兵二营火器，春秋两防行工部发出责令，军士常用演放，遇晚收于德胜安定二门库内，毕日送还该局。[6]

1　（万历）《大明会典》卷一九三《军器军装二·战车旗牌》，页 13b~14a（2625）。

2　（万历）《大明会典》卷一九三《军器军装二·战车旗牌》，页 13b~14a（2625）。

3　《杨襄毅公本兵疏议》卷一五《覆协理戎政尚书赵炳然条陈整饬营务疏》，页 20b~24b（史 61：579~599）。

4　（万历）《大明会典》卷一三四《营操·京营·营政通例》，页 14b（1895）。

5　（万历）《大明会典》卷一三四《营操·京营·营政通例》，页 18a（1897）。

6　（万历）《大明会典》卷一三四《营操·京营·营政通例》，页 18a~b（1897）。

这些规定使得京营至少在操练方面得以确定。至于编组，则在嘉靖四十四和四十五年分别执行。（万历）《大明会典》载：

> （嘉靖）四十四年，议准行总协大臣，将军兵内，除挽车铳射之外，其余俱选作战兵，仍于城守军内择精壮者共足四支，务使战兵十支与车兵十支相当。
>
> 四十五年议准京营城守十一营中，量并神枢第三营之兵，分入十营之内，共车战城守三十营，以遵钦定三十营之制。[1]

营制的标准化，使得京营在操练时，各营易于分合，使复杂的战术操演得以实现。

第二节　甘肃巡抚陈棐的《火车阵图考》与破虏三车

甘肃是明朝北边防御最西端的前线，在对吉囊和俺答的作战中，地位十分重要。嘉靖三十六年五月就任的甘肃巡抚陈棐对于战车的理论和实践有较深入的见解。陈棐，字汝忠，号文冈，河南鄢陵人，嘉靖十四年进士，撰有《陈文冈集》《八阵图》《火车阵图考》等书。

陈棐上任后曾上奏《条陈地方事宜以固边圉以图永安事》，十分注意西方火铳的引进。他认为甘肃原有的京降神枪、佛郎机铳、快枪已"固足战守"，但得知已有新制的鸟嘴铳，希望朝廷能够颁降。[2]在造战车方面，他撰写《火车阵图考》，并开发和修改破虏

1　（万历）《大明会典》卷一三四《营操·京营·营政通例》，页 18a~b（1897）。
2　陈棐：《陈文冈先生集》卷一二《奏议》，《条陈地方事宜以固边圉以图永安事》，页 11b~27a（集 103：691~699），《四库全书存目丛书》本，台南庄严文化事业公司，1997 年。

三车作为战车形制和战术的指导。以下分论之。

一　《火车阵图考》

《火车阵图考》一书的创作，除了明朝西北边防紧绷的大环境，"因胡狄之盛讲防御之策，求兵车之可为全胜者"，也与陈棐个人的经历有关。据其自述，他在为官期间曾看过许多战车。在任给谏时，他曾途经京师和山西交界处，看见閺馆阔庭内停有大战车，仿周朝元戎车之制，"长如连屋，可立十余人"。后又经过河南北部，见过按照运货物的小车所制战车，如桌子大小，只需要一两人就可以推挽。京师东玉河桥畔翰林院的旁设有兵车厂，他任刑部侍郎时也前往观看各种廷议下设计制作的新战车。后前往陕西，在固原、三边等地也曾取西北的各种战车加以观察和研究。[1]

他眼见车制繁多，因此希望能够创建出"元戎而不致于大，准推挽而不至于小，综内制而诸式咸备，考边制而众技皆集，准古而酌宜于今，用边而考制于朝，然后谓之集成，然后可图全胜"[2]的兵车法。《火车阵图考》系陈棐创造火车后，汇辑相关图，并考定阵法编成，上下两卷。命行都司刊刻，并颁布于各道将领，使兵车的战术能够在甘肃镇推广开来。可惜的是，目前《火车阵图考》一书似已佚，无法得知陈棐对于战车战术的见解。

二　破虏三车

陈棐升任甘肃巡抚后，就不断加强兰州的防务。其防务之重点有三。其一，以城外设多层炮位敌台增强原有各镇、卫、所城的防御，共筑敌台万余。其二，造战车。陈棐所造的战车共有三种：飞轮游刃八面应敌万全霹雳火车、旋风炮火车、冲枪飞火独

1　《陈文冈先生集》卷一五《火车阵图考序》，页 40a（集 103：753）。

2　《陈文冈先生集》卷一五《火车阵图考序》，页 40b（集 103：753）。

角车。其三，增火器。以下介绍此三种战车。

飞轮游刃八面应敌万全霹雳火车是陈棐新创，共造 100 辆。再以家丁和勇士 1200 人组成一营，以《火车阵图考》作为教本，进行操练。第二种战车是旧有的旋风炮火车，即刘天和之改良式全胜车。陈棐共整修了 100 辆旋风炮火车。第三种是冲枪飞火独角车。陈棐令洪水、黑城等五堡修整此车 400 辆。这三种战车被陈棐命名为"破虏三车"。他将这三种战车送至各兵备道和卫所，令依式制造千余辆，并在战车上装备各种武器。[1]

陈棐亦十分重视火器的制造。他协同分巡副使王继洛、分守参政张玭、兵备副使陈其学和总兵徐仁等大造火器。他先奏讨京制大将军、二将军炮 20 位，三将军炮 15 位，又讨京降鸟嘴铳 20 杆及随用火药什物和皮袋、药规、药管，作为仿造火器的模板。然后让各分巡道行局仿造京降式的鸟嘴铳，造金刚腿等大炮、连珠双头诸枪，铸生铁石榴炮，共 2000 余。再下分分守兵备三道各造炮数。最后发价山西造快枪等近千件。[2]这些建设已使"河西火器雄甲诸镇"。[3]这是目前所知较早将鸟铳作为战车火器的记录。

第三节　大同巡抚李文进与俞大猷造练战车

一　大同镇之防御及李文进与俞大猷

除了甘肃镇的整军经武外，大同镇的整备亦十分可观。嘉靖晚期宣大议造战车，与战略论争有相当的关系。有的主张修边抗

1　《陈文冈先生集》卷一六《甘肃边防记》，页 11b~12a（集 103：759）。同文见陈履中纂修：（乾隆）《河套志》卷六《艺文》，《防边碑记》，页 40b~41a（史 215：804~805），《四库全书存目丛书》本，台南庄严文化事业公司，1996 年。

2　《陈文冈先生集》卷一六《甘肃边防记》，页 11b~12a（集 103：759）。

3　（乾隆）《河套志》，《防边碑记》，页 41b~42a（史 215：805~806）。

敌，有的主张血战，但均非釜底抽薪之计。嘉靖三十五年至三十六年任宣大山西总督的江东就曾上奏，主张保全边堡最为重要：

> 北虏自二十九年深入之后，谋臣经略，无虑数家，有为修边之说者。宣府东自开平，西至洗马林，大同东至新平，西至丫脚山。山西则自偏头以至平刑筑垣乘塞，延衮三千里。而一时中外翕然，谓可恃以无虞。及虏之溃墙直下，曾无结草之固？又有为筑堡之说者，使人自为战，家自为守，棋布星罗，遍满三原。然虏一深入，望风瓦解，村落歼则略及小堡，小堡空则祸延中堡，中堡尽而大堡存者仅十之一二。又有谓守无足恃，倡为血战之说者，惟以战胜为功，不以败亡为罪，而不度彼己，易于尝虏，良将劲兵，消灭殆尽。凡此之计，臣已目见其困矣。万不得已，惟有保全边堡一策最为切要。而边堡所以全，其说有十：积谷，一也；征还各营选调之卒，二也；选练本堡土兵共守，三也；增城浚池，四也；筑火墩以便耕牧，使商旅通行有警易于收保，五也；造双轮战车以备战守，六也。[1]

故可知，山西、宣大一带造战车的原因之一，在于保护边堡。江东，字朝阳，朝城人，嘉靖八年进士，曾任辽东巡抚，嘉靖三十三年三月任陕西三边总督。[2]嘉靖三十五年正月，接替许论为宣大山西总督。后出任兵部右侍郎及南兵部尚书等职。[3]嘉靖四十一年四月，再以兵部尚书协理戎政兼总督宣大山西等处军务，[4]接替

1　《明经世文编》卷二八七《江总督奏疏·北虏事宜疏》，页 1a~2b（总 3028）。

2　《国榷》卷六一，嘉靖三十三年三月辛丑朔，页 3828。

3　《国榷》卷六一，嘉靖三十五年正月戊寅日，页 3868。

4　《明世宗实录》卷五〇八，嘉靖四十一年四月甲寅朔，页 1a（8371）。

过世的原任总督李文进。

　　而在大同主造战车事者，就是大同巡抚李文进。李文进，字光之，号同野，四川巴县人，嘉靖十四年进士，历任吏科给事中、浙江海道副使、大同巡抚和宣大总督等职。[1]嘉靖三十一年四月，他在任浙江海道副使时，就因倭贼攻陷昌国临山、乍浦所城失事等，与俞大猷同被劾罪，但皆以有斩首功免。[2]嘉靖三十二年十月，以擒斩倭寇 700 余人，又与俞大猷同时被停俸。[3]嘉靖三十七年八月，他以山西按察使升任大同巡抚。[4]李俞两人皆为原供职南方之军政要员，既是旧识，又曾同获罪。然而，大同镇之练战车，主要思想和具体操作还是归之于俞大猷。

　　俞大猷，嘉靖十三年登武举。[5]次年以论策《安国全军之道》登武会，举第五，授泉州卫千户，防卫金门。[6]嘉靖十八年，俞大猷呈《上两广军门东塘毛公平安南书》[7]，请从军。毛伯温奇之。会兵罢，不果用。[8]嘉靖十九年，俞大猷注意到福建、广东一带的海寇有数百之众，恐其坐大，上书佥都御史陈伍山《条陈用兵二弊、二便书》及《又呈画处官澳三策》，不料被陈斥责以"若武

1　《明世宗实录》卷五〇七，嘉靖四十一年三月乙巳日，页 7a（8367）。

2　《明世宗实录》卷三八七，嘉靖三十一年七月己亥日，页 4a~5a（6815~6817）；卷三八八，嘉靖三十一年八月辛亥朔，页 1a~b（6821~6822）；卷四〇一，嘉靖三十二年八月庚子日，页 4b~5a（7030~7031）；卷四一四，嘉靖三十三年九月丁未日，页 3a~b（7197~7198）。

3　《明世宗实录》卷四〇三，嘉靖三十二年十月庚辰日，页 2a（7051）。

4　《国榷》卷六二，嘉靖三十七年八月丙寅日，页 3913。

5　《国朝献征录》卷一〇七《俞公大猷行状》，页 43b。

6　俞大猷：《正气堂集》，《俞公功行纪》，页 2b，南京国学图书馆，1934 年。

7　撰写时间系以疏文首"照得卑职近蒙广东按察司佥事林按临本省募兵，乃得承睹总督军务总兵官咸宁侯仇、参赞军务太子宾客兵部尚书都察院右都御史毛"推定。按：《明史·毛伯温传》载"（十八年）闰七月，命伯温、鸾南征……。伯温等至广西……征两广、福建、湖广狼土官兵凡十二万五千余人"，可知此疏应撰于嘉靖十八年闰七月以后。参见《明史》卷一九八《毛伯温传》，页 5240~5241。

8　《明史》卷二一二《俞大猷传》，页 5601。

人，何以书为"，被杖，被夺职。[1]

从授泉州卫千户至被杖责夺职的五年期间，俞大猷撰述策论、奏疏和书信共四篇，说明他早年就十分重视战车。在《上两广军门东塘毛公平安南书》中，他力倡御安南象军，当以战车为之。其立论以昆阳之战中刘秀以战车战胜王莽象军的历史经验为主。《条陈用兵二弊、二便书》及《又呈画处官澳三策》则是针对制度所发，但其论证亦以历史经验为主。可见俞大猷在三十五岁以前，虽对军政多有兴革之见，特别是认为战车是制胜之道，但对于火炮在军事上的应用较不注意。

俞大猷被杖责、夺职后，开始了人生另一个沉潜阶段。嘉靖二十二年俺答入寇，诏选天下将才。他虽"于九边形势虚实，无所不知；古今兵法韬略，无所不究，且以忠孝诗书运于期间"，但并未获得重用。其间福建提学副使田汝成、大理寺左少卿丘养浩等人，均给予肯定和协助。俞大猷并两度上书宣大总督翟鹏以论求用。[2]但因翟鹏"已有息兵之意，大同赵公又有客兵虚费之奏"，仍不得用。后毛伯温以俞大猷所请，擢其为守备汀漳，驻防武平。[3]

《上宣大军门侍郎联峰翟公书》中，俞大猷提到："未修之具者，欲以强弩胜其弓矢，铳炮催其尖锐，虎叉制其环刀，矛车御

---

1 李杜：《俞公功行纪》，页 3b。又，《明史·俞大猷传》作"小校安得上书"，见《明史》卷二一二《俞大猷传》，页 5601。

2 《正气堂集》卷一，页 21a。历来有许多关俞大猷的传记资料将翟鹏误为翟銮，如明代李贽所撰《续藏书》、过庭训纂辑《分省人物考》、何乔远《名山藏·臣林记》、林之盛编述《皇明应谥名臣备考录》、徐开任辑《明名臣言行录》、傅维麟所编《明书》，皆云翟銮。按：《正气堂集》中有《上宣大军门侍郎联峰翟公书》及《再上联峰翟公书》两通，联峰为翟鹏号，故可知翟鹏为是。又，翟鹏官至宣大总督兵部侍郎有二：一为嘉靖二十一年三月至六月间，二为二十二年七月至二十三年十月。由于前者仅受事百日而去，后一任内确有请调陕西、蓟、辽客兵八支，与《奉复双溪程公书》"已有息兵之意，大同赵公又有客兵虚费之奏"的陈述相符，故推断其相会时间在嘉靖二十二年七月以后。

3 《俞公功行纪》，页 5a。

其冲突。"[1] 由此可看出，他已经注意到铳炮在防御俺答骑兵冲锋时的重要性。第二次上书，俞大猷提出"切近三事"。其中第一事为"辩马步，已定胜贼之长技"，说明武器与距离的关系：

> 一曰辩马步，以定胜贼之长技。夫马步之兵技各有宜。马兵之技，未合，而在百五十步之外，宜用弓矢疏射；已合战，而在十五步之间，宜用环刀骨朵砍打。步兵之技，未合战，而在百五十步之外，宜用弓、矢、铳、炮，以合战；而在十五步之间，宜用虎叉、钩刀、镖枪、圆牌、斩马刀之类。[2]

俞大猷认为，骑兵在 150 步之外，就必须开始利用弓矢射击敌军；若在 5~10 步，就必须用刀砍打。而步兵在 150 步之外，就必须利用弓矢铳炮杀伤敌人；若在 5~10 步，则采用虎叉、钩刀、镖枪、圆牌、斩马刀等兵器退敌。这说明了，俞大猷认为火炮是步兵对付远距离敌人的利器。

从嘉靖十九年至二十三年，俞大猷虽然鬻家财远游，且仕途失意，但他多居停京师，曾暂居丘养浩处，并利用机会前往边关。[3] 或因此，他开始注意到战车和火铳的关系。丘养浩曾于嘉靖初年"请多铸火器，给沿边州县"[4]。另，田汝成亦与翁万达为首从关系。翁万达曾于嘉靖中改良佛郎机铳。此二人应对俞大猷有一定的影响，故大猷虽无职，但对于军事的思考并未稍懈。

1　《正气堂集》卷一《上宣大军门侍郎联峰翟公书》，页 28a。

2　《正气堂集》卷一《再上联峰翟公书》，页 30a。

3　《正气堂集》卷一《上宣大军门侍郎联峰翟公书》，页 25b。"日者，蒙遣督戎视边，得悉边情。"《正气堂集》卷一《再上联峰翟公书》，页 29b。"猷自奉使出关，过城问禁。"

4　《明史》卷九一《志六十七·兵三·边防》，页 2239。"嘉靖初，御史丘养浩请复小河等关于外地，以扼其要。又请多铸火器，给沿边州县，募商籴粟，实各边卫所。诏皆行之。"

自嘉靖二十五年起，俞大猷在剿平地方叛乱上屡屡建功，得以自守备升至都司。自嘉靖二十六年起，安南夺嫡事件牵连中越边境，安南叛臣范子仪一方面向明朝迎回莫正中，一方面又欲劫掠中土以取得粮食。俞大猷虽驻扎福建，但因两广重臣交相奏请以大猷驻钦州，备安南。俞大猷撰《议征安南水战事宜》一文，提出船上需要使用佛郎机铳。到达钦州后，又在澳口布防佛郎机铳，以便堵击安南舰队。在城池防御及野战中，佛郎机铳亦有应用。俞大猷后于钦州大破来犯之安南军，于嘉靖二十九年升任琼州参将。[1]

嘉靖三十一年，倭寇大扰浙东。俞大猷任浙江总兵官，随战事之起伏，职务几经变动。后因御史李瑚劾其"纵贼自解"，被逮系诏狱。后在陆炳的营救下解狱，得改令立功塞上。[2]嘉靖三十九年，大同总兵官刘汉和大同巡抚李文进突击塞外汉奸的根据地板升（丰州），大获全胜，俞大猷因此得复祖职。[3]

俞大猷复职后，兵部尚书杨博令其规划练兵事宜。他撰写《兵略对》一文来说明练兵的要点。俞大猷的战术是：当遭遇敌人时，战车列于前，以车上所载的弓弩铳炮攻击敌人。并以马兵与步兵交叉配置，马兵相机冲入敌阵杀击，车兵则以割取敌人首级为主。[4]值得注意的是，我们可以在《兵略对》中发现其车制的最初雏形，以及他在南方剿倭战争中成功运用战车的例子。

俞大猷在《兵略对》所提出的车制甚为简略，"独其轮，横其长轴，直安双股长矛，轻便易运，遇坑则数人可抬而前"[5]。

1　《国朝献征录》卷一〇七《俞公大猷行状》，页 45a~b。

2　《明史》卷二一二《俞大猷传》，页 5605。

3　《明世宗实录》卷四八六，嘉靖三十九年七月庚午日，页 1b~2b（8100~8102）。

4　《正气堂集》卷一一《兵略对》，页 4b。

5　《正气堂集》卷一一《兵略对》，页 4b。

《兵略对》中对于战车战术、单位编成的构想，是战车 1 辆、步兵 10 人、马兵 20 人、车兵 10 人，共 40 人。同时兵各给 1 马，驮运辎重。[1] 战术上，俞大猷十分重视砍杀敌马，以长短兵器组合来对付敌骑。长兵器是钩镰、虎叉、龙刀枪三种。这三种兵器，仅仅是柄就有七八尺（2.24~2.56 米）长。短兵器是环刀等。俞大猷还设计左手持圆牌，右手持环刀砍杀敌马的战术。[2] 俞大猷对于战车火器则没有特别的说明。

在练兵大同之前，俞大猷曾经两次运用战车于实战。第一次是嘉靖二十六年至二十八年，俞大猷在两广总督欧阳必进麾下，平定新兴恩平峒贼谭元清之乱，"颇有奇效"。[3] 第二次则在被劾之前的嘉靖三十年十二月，与海道副使谭纶选练壮兵 600 名，投入象山之战中，也"与往常之战大不相同"。[4]

二　大同车制之开发

嘉靖三十七至四十年，他与大同巡抚李文进在大同推广战车的战术，并撰成《大同镇兵车操法》一书。这本书是他首次将佛郎机铳与战车战术相结合的专著。《大同镇兵车操法》是现存明代最早讲述战车操法的兵书。俞大猷共列有三种战车的车制：独轮车（图 5-1、5-2、5-3）、双轮粮车（图 5-4）、双轮战车（图 5-5）。其中最重要的是独轮车，基本上与《兵略对》中所说无异。《大同镇兵车操法》对于车制的叙述十分详细：

　　一，车制，独其轮，轮大径四尺六寸（按：约 1.47 米）。

1　《正气堂集》卷一一《兵略对》，页 4b。

2　《正气堂集》卷一一《兵略对》，页 3a~b。

3　《正气堂集》卷一一《兵略对》，页 5a。

4　《正气堂集》卷一一《兵略对》，页 5a。

直施大木二股，各长一丈二尺（按：约 3.84 米）。前横一木，长六尺（按：约 1.92 米）。并上面两直小木，共装大枪头四件，大佛郎机一件，挨牌二件，小月旗二面，布幔一幅。二大木中横，三小木以便推运，每旁索三条，以便挂肩挑扯。后中安小直木一枝，临敌用乖觉管队官一人把之，一车运转，中节不差，皆由此一人。如舟之有舵，舵之舵工是也。前有二脚，止则放下顶之，使无东西之倚。后有二锥，止则插入地中，使无前后之移。车身并轮并车上铳、牌、枪，共重不满三百斤（按：约 177 公斤），以十六人分班推之。[1]

若将《大同镇兵车操法》车制与《兵略对》相较，原先置于车前的双股长矛在《大同镇兵车操法》中被改成大枪头 4 件，并增加了挨牌、小月旗和布幔等附件。同时为了改善独轮车的稳定性，也在车体前装二脚，后装二锥，以确保车体不会摇晃或滑移。在车体后设有一直木，由管队官用于控制车子的方向。

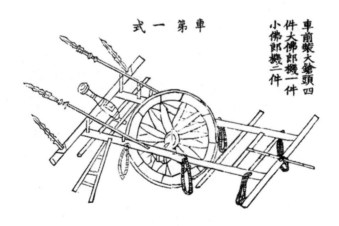

图 5-1　战车图[2]

1　《正气堂集》卷一一《大同镇兵车操法》，页 8b~9a。

2　《正气堂集》卷一一《大同镇兵车操法》，《车第一式》，页 10。此图呈现独轮战车的车制和火器，唯图中附文称有"小佛郎机二件"，于图未见。

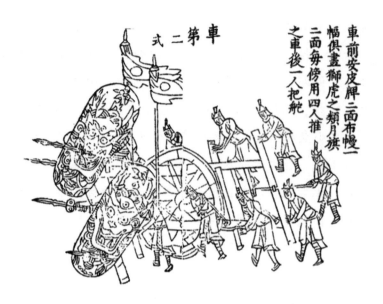

图 5-2　战车含车兵图 [1]

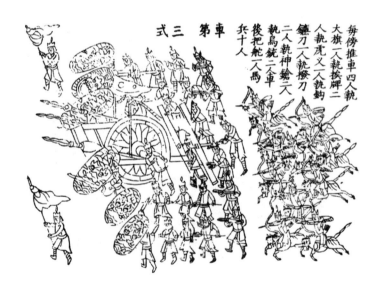

图 5-3　战车小队图 [2]

1　《正气堂集》卷一一《大同镇兵车操法》，《车第二式》，页 11。此图主要呈现战车的配件及车兵的位置。

2　《正气堂集》卷一一《大同镇兵车操法》，《车第三式》，页 12。此图呈现出大同镇战车一辆所配属的车骑步混成的编组。

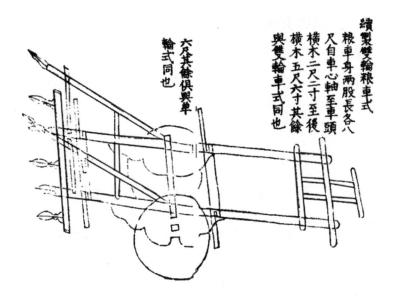

图 5-4　粮车图[1]

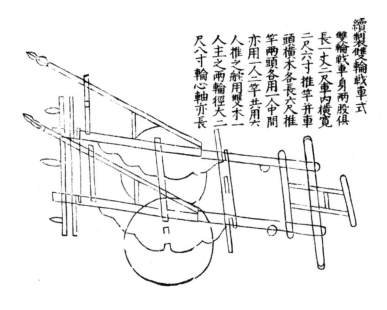

图 5-5　双轮战车图[2]

1　《正气堂集》卷一一《大同镇兵车操法》,《续制双轮粮车式》,页12。

2　《正气堂集》卷一一《大同镇兵车操法》,《续制双轮战车式》,页12。

三 大同镇兵车之营制

俞大猷《大同镇兵车操法》将战车的基本战术单位设为队，一队包括管队官 2 名、战车 1 辆、驮马 4 匹、车兵 16 人、护车步兵 14 人和马兵 10 人，共 42 人。[1]与《兵略对》之车制比较，可以参表 5-2。

表 5-2 《兵略对》和《大同镇兵车操法》的车制比较[2]

	战车	车兵	步兵	马兵	兵员合计	驮马[3]
兵略对	1	10	10	20	40	20
大同镇兵车操法	1	16	14	10	42[4]	4

由上表可知，俞大猷对于战车车制的看法，在抵达大同前后有很大的改变。俞大猷增加了车兵（160%）和步兵（140%）的人数，而删减了一半的马兵。运输辎重的驮马也从 1 人 1 匹改成 4 人 1 匹，整个战车队的马匹从 40 匹降成 14 匹。显示俞大猷是以降低机动力的方式，来换取战车较强的战斗力和近战防守力。这也可以从《大同镇兵车操法》中有关兵员的执掌分配看出。

大同战车队的车兵共 16 名：鸟铳手 4 名、神枪手 4 名、佛郎机铳手 4 名、短拨刀手 4 名，分为两班推车及守车。行李不得置于战车之上，只有轮值推车人可以将所执兵器置于车上。每 4 人可分得驮马 1 匹载运行李。[5]每次由 8 位军士来推约 177 公斤重的战车，在负担上尚可。原在《兵略对》中并未说明战车火器使用的

1　《正气堂集》卷一一《大同镇兵车操法》，页 13a。按：《大同镇兵车操法》虽称"一车一乘用兵五十人"，但无论是从图 5-3《车第三式》还是后文的记录看，都是 42 人。

2　《正气堂集》卷一一《兵略对》，页 4b；《大同镇兵车操法》，页 13a。

3　驮马指运输士兵辎重的载重马，不是马兵所骑的战马。

4　含管队官 2 员。

5　《正气堂集》卷一一《大同镇兵车操法》，页 13a~b。

情形，在《大同镇兵车操法》则是以 1 门大佛郎机铳为主，由 4 名士兵操作。俞大猷以为"古时炮法未备，若今一佛郎机，岂十架千斤弩所可比；一鸟嘴铳二架，千斤弩亦不能如也"[1]，强调以佛郎机铳和鸟铳取代弩在战车上的地位。另有神枪和鸟铳手各 4 名。16 名车兵中，有 12 人持用火器。同时，这也是目前在战车上同时出现佛郎机铳和鸟铳这两种西方火铳的较早记录。

护车步兵 14 人：大旗手 2 名、牌手 4 名、叉手 2 名、钩镰手 2 名、拨刀手 4 名。遇敌时，出车前冲锋破阵，不协助推车。护车步兵所使用的武器皆为冷兵器，用于近战。一队共有两名指挥官，一名负责执青旗指挥士兵冲锋陷阵，另外一名则掌车舵并且督兵守车。指挥官和士兵都腰悬环刀，另备弓矢置于驮马。[2]

高于队的战术编组是小营（以地支命名），由 13 辆战车组成，其中一辆为指挥车（中军）。小营的指挥官为千总，以下设把总两名，一名负责冲锋，另外一名负责督兵守车。13 个小营合为一个大营，其中一小营为中军营。大营由参将来指挥。[3]俞大猷所制的战车共有三种，除上述一种以外，另有双轮战车和双轮粮车，但都止于车辆的设计，并未提及武装的情形。其车制与营制之对照，参表 5-3。

表 5-3　俞大猷在大同练战车之车制与营制对照表 [4]

	战车	车兵	步兵	马兵	兵员总数	佛郎机铳	鸟铳	马/驮马
队	1	16	14	10	40+2	1	2	10/4
小营	13	208	182	130	546+3	13	26	130/52
大营	169	2704	2366	1690	7137+1	169	338	1690/676

1　《正气堂集》卷一一《大同镇兵车操法》，页 13a。

2　《正气堂集》卷一一《大同镇兵车操法》，页 13b。

3　《正气堂集》卷一一《大同镇兵车操法》，页 14a。

4　《正气堂集》卷一一《大同镇兵车操法》，页 12a~14a。

四 大同镇兵车之战术

在战车战术的训练上，俞大猷认为小营只需要演练单面的作战模式，而四面与敌作战，必须在大营人数、车数较多的条件下才可以进行。[1] 小营的操法主要有二：操车阵和操步战。

所谓操车阵是指距敌较远时，以火铳攻击敌人的战法。小营中的 13 队，先交叉列阵成子丑寅、卯辰、巳中军午、申未、酉戌亥等 5 列。然后进行第一梯次射击，由午、卯、辰、巳 4 队行出子、丑、寅 3 队之前，每队放大小铳共 3 次。接着进行第二梯次射击，由亥、酉 2 队行前，与子、丑、寅 3 队并列，共 5 队，至午、卯、辰、巳 4 队之前而止，每队放大小铳共 3 次。其后，重复此一射击序列，由午、卯、辰、巳 4 队和子、丑、寅、酉、亥 5 队更迭徐进。这样的徐进轮流射击的战术，也可以应用于战胜收兵。[2] (图 5-6)

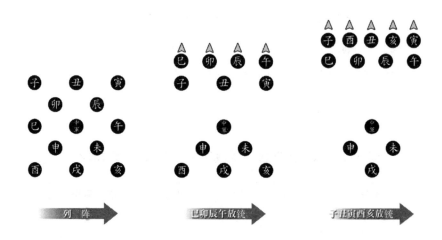

图 5-6 小营操车阵更迭放铳示意图[3]

---

1 《正气堂集》卷一一《大同镇兵车操法》，页 14a。
2 《正气堂集》卷一一《大同镇兵车操法》，页 15b。
3 《正气堂集》卷一一《大同镇兵车操法》，页 14b~16b。

操步战是指距敌近时，以步骑攻击敌人的战法。午、卯、辰、巳4队和子、丑、寅、酉、亥5队，各队各留一名队长督兵守车，另一名队长则执青旗引步兵出战。骑兵随步兵作战。[1]

为了确保战车的战术能够发挥，俞大猷十分重视"演武艺"。操练时，牌手、叉手、钩镰手、拨刀手必须分次依序操练。除了特殊的兵器外，为使士兵有对击的经验，全体士兵还必须操练棍法，以达到磨炼击技的目的。[2]

除了小营的基本战法外，俞大猷也注意如何能使车营坚守阵地。因此，他教7个小营一起演练坚守之法。演习的科目是：假设战车在骑兵前后保护下鱼贯前进时，塘马得知前方有敌，战车营该如何处置。7个小营的战车必须先分为两列，所有战车火炮皆向外，并将骑兵包于中央。随即将车营移往"背险之地"。"背险之地"指的是后有山、边墙、坑、水等敌人无法跨越的障碍，以使部队的后方不必担忧敌军的攻击。至背险之地后，7个小营从后以八字形分开，排成偃月营。（图5-7）

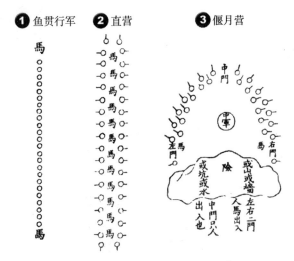

图5-7　大同战车的防御阵形[3]

1　《正气堂集》卷一一《大同镇兵车操法》，页16a。

2　《正气堂集》卷一一《大同镇兵车操法》，页16b~17a。

3　《正气堂集》卷一一《大同镇兵车操法》，页17b~18b。

偃月营是以背倚险的半圆阵形，中军位于半圆的中央，其他战车分前后，二列交叉于半圆弧上。当敌骑接近至 100 步（150米），中军吹雁声号，全体士兵起立，骑兵上马，中军磨红旗[1]，各队官军呐喊三声，大小铳炮齐放。若敌军稍退，中军磨黑旗，各队官军呐喊一声，派遣马兵追击。马兵出追 200 余步。中军放铳三声，马兵回营。若敌军逼近战车前二三十步，中军磨黄旗三遍并点鼓，由管队官一人持青旗率领冲锋兵出战。若敌军被杀败，则中军磨黑旗，使马兵追击敌军，但仅能追击 300 余步。最后，中军磨绿旗点鼓，后列车不动，前列车再分先后迭行，擂鼓迭冲敌军。若敌败，则中军磨黑旗，呐喊一声，战车以二列迭出的方式攻击敌军，再由马兵出阵 300 步追击。[2]

大营的战法：大营共战车 169 辆，分为 3 班，第一班 5 小营，第二班和第三班 4 小营。第一班位于前列，任务是迭冲敌军；第二班居中列，距前列约二三十步（30~45 米），职责为保护第一班的后侧及左右，防止敌军对第一班进行迂回；第三班距离第二班后 10 步（15 米），车头向后，作为大营的后卫。[3]（图 5-8）

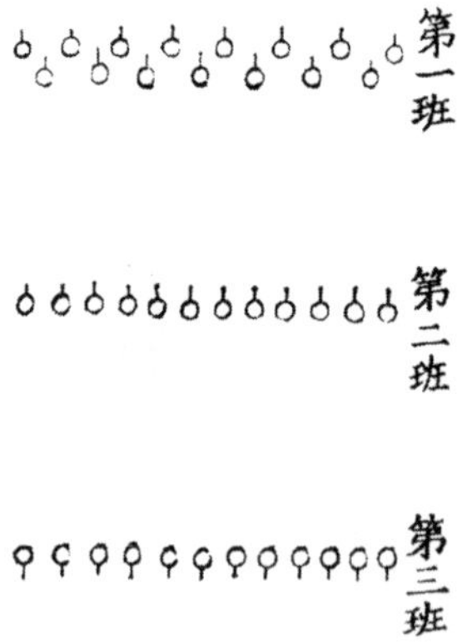

图 5-8 大营战法图[4]

---

1 所谓磨旗，是指向转磨一样挥舞旗帜。

2 《正气堂集》卷一一《大同镇兵车操法》，页 19a~b。

3 《正气堂集》卷一一《大同镇兵车操法》，页 20a。

4 《正气堂集》卷一一《大同镇兵车操法》，页 20b。

俞大猷战车营的指挥，是十分复杂的系统，一共有号笛（即唢呐）、鼓、旗、铳和金等五种指挥工具。

俞大猷的战术充分反映出防御性攻势的战术性格。先以战车作为屏障，以火铳打击远距的敌人，然后以马兵进行有限度的攻击。敌军靠近，则由护车的步兵以长兵器刺击敌马，再派马兵追击。最后，出动战车，以二列送出的方式攻击敌军，马兵再出追击。

虽然俞大猷的战车都装备有大佛郎机铳这种后膛装填的火炮，而且一部分的士兵也装备火器，但从战车必须先以偃月营倚险固守，最后才主动出战两点来看，可以发现俞大猷对战车的应用并非主动。除了以火器攻击远方的敌军外，所有主动攻击的部分，基本上还是仰赖骑兵完成。

战车采取这种固守的战术，有三种可能性：其一，战车的主要火炮大佛郎机铳重量过重；其二，整体士兵运用火器的比例偏低；其三，依据剿倭时期的经验，过度依赖步兵的近战。

嘉靖三十八年十二月宣大总督张松曾上《条陈边务疏》，指出宣大应修举战车，恢复余子俊原来的构想。将原在大同左右卫的兵车移往镇城，将宣府原已隳废的战车修复，将山西原已废去的鹿角柞木重新修整，并令老成废将管领，时加操演。[1]

嘉靖三十九年七月，俞大猷因参与讨平丰州叛人丘富、赵全、李自馨等，得准复祖职。[2]同年，依照俞大猷的规划，在大同置兵车7营。车1辆为1队，卒40人，和13队为1小营，合13小营为1大营。[3]十一月，李文进升任宣大总督。[4]十二月，俞大猷以

1　《杨襄毅公本兵疏议》卷四《覆宣大总督张松条陈边务疏》，页1a~2b（史64：324）。

2　《明世宗实录》卷四八六，嘉靖三十九年七月庚午日，页1a~2b（8099~8102）。

3　《明经世文编》卷四三四《冯元成文集·俺答前志》，31a~b（4750）。

4　《明世宗实录》卷四九〇，嘉靖三十九年十一月癸亥朔，页1a（8149）。

车 100 辆、步骑 3000，大挫敌安银堡。[1]次年二月，李文进上奏《陈边务疏》，将大同练造战车的经验推及所属各路效仿。[2]在二月十八日，李文进又上《条陈边计疏》，因大同练战车的实效，要求能够于三镇广练兵车。令各路参将等官各将步兵着实如法训练，每路各为一营，用于防守本路。[3]

虽然有挫敌于安银堡的成功经验，但是，严嵩对于俞大猷游说京师推行战车的做法却不以为然，随后就将俞大猷调往广东。俞大猷希望推展车营的构想也随之幻灭。嘉靖四十年俞氏复为南赣参将，事业转回南方。他讨平海寇张琏、萧雪峰与徐东洲等。嘉靖四十二年，俞大猷与戚继光并肩作战于福建平海卫后，入粤剿平残倭。[4]

从（万历）《大明会典》的记载，可以稍窥大同造练战车对其他各边镇造车的影响：

> 嘉靖三十七年，题准大同制造兵车。三十八年题准，令大同将左右卫原制兵车移于镇城。[5]
>
> 嘉靖三十八年，题准令宣府置兵车，选老成废将管领。[6]
>
> 嘉靖三十八年，题准山西置兵车，选老成废将管领。四

1 《明史》卷二一二《俞大猷传》，页 5605。《国朝献征录》卷一〇七《都督府二·后军都督府都督同知赠左都督俞公大猷行状》，页 114：512-1。"庚申，卒与虏遇安银堡，以所练兵车百辆、步骑三千，纵击虏万计，追奔逐北数百里。"

2 《明世宗实录》卷四九三，嘉靖四十年二月庚戌日，页 4a~b（8189~8190）。

3 《杨襄毅公本兵疏议》卷六《覆宣大总督御史李文进条陈边计疏》，页 1a~2b（史 64：324）

4 《明史》卷二一二《俞大猷传》，页 5605~5606。

5 （万历）《大明会典》卷一三〇《镇戍五·各镇分例二·大同》，页 5a（1849）。

6 （万历）《大明会典》卷一三〇《镇戍五·各镇分例二·宣府》，页 2b（1847）。

十年题准山西制双轮兵车，各将官将步兵给火器防守本路。[1]

四十年题准，宣府制双轮兵车，各将官将步兵训练，各为一营，给火器，防守本路。[2]

因此可知，在嘉靖三十七年至四十年，除大同外，宣府、山西确实也在推展下制造战车。唯朝廷对此最初仍有所保留，在宣府和山西镇都采老成废将管理。战车之形式，则都被改为双轮战车。这些都是李文进在总督任内积极推动的。可惜李文进嘉靖四十一年三月卒于宣大总督任上。[3]宣大山西三镇之战车，就仅维持在此一规模。

第四节　边防战略的改变与蓟昌等镇之设立

一　蓟辽总督之设

嘉靖二十九年九月，庚戌之变后，吏部奉旨推经略蓟镇大臣，以工部左侍郎孙禬为兵部左侍郎兼右佥都御史，提督蓟州军务，节制河间、真保、辽东兵马。[4]其间，时任顺天巡按的王忬曾上《条陈末议以赞修攘疏》，对于蓟镇防区的统合，提出了设立总督，添设辅兵，暂拨京边精兵防守等建议：

> 查得蓟镇兵马，素称单弱，巡抚官止辖顺永二府，财用亦甚窘束。惟保定巡抚，统辖六府，事体宽裕，颇便经营。若设有总督临之于上，则兵马调遣，既不患奏称之稽留，而财

1　（万历）《大明会典》卷一三〇《镇戍五·各镇分例二·山西》，页8a（1850）。

2　（万历）《大明会典》卷一三〇《镇戍五·各镇分例二·宣府》，页2b（1847）。

3　《明世宗实录》卷五〇七，嘉靖四十一年三月乙巳日，页7a（8367）。

4　《明世宗实录》卷三六五，嘉靖二十九年九月乙未日，页4a~b（6517~6518）。

> 力通融，亦无虑临事之缺乏。[1]

由此可见，蓟镇的资源在未设总督之前，确实十分窘迫。王忬，
字民应，号思质，江苏太仓人，嘉靖二十年进士。

嘉靖二十九年十二月，兵部尚书夏邦谟等陈边备事宜，因辽东
保定去蓟镇不远，请改以蓟州总督都御史为总督蓟保辽东。[2]据（万
历）《大明会典》载，嘉靖三十三年，以密云咫尺陵京，接连黄花
渤海，去石塘岭、古北口、墙子岭各不满百里，将总督移往密云。
巡抚则驻扎蓟州，防秋之日改驻昌平。[3]蓟辽总督的设置成为定制。

蓟镇原系内地，在嘉靖末才成为军事上的重镇。万历中叶蒋
一葵所著《长安客话》曾载：

> 国初宣辽联络，鼎峙三关，蓟属内地。自大宁内徙，三
> 卫盘旋，蓟遂与虏邻矣。嘉靖庚戌，虏从古北口入犯，游骑
> 直薄都城。天子震怒，特遣重臣督镇蓟辽，驻节于密（云），
> 是为蓟镇。其总督开府兵备专司俱在密治，遂称总镇城。[4]

可见蓟镇之设，远与朵颜三卫内徙后的战略形势有关，近则与嘉
靖庚戌之变俺答兵临城下有关。

蓟辽总督的防区分为蓟州、昌平、保定、辽东四镇，最初节
制保定、辽东巡抚，万历九年加顺天巡抚。[5]其中蓟镇是整个防区
的核心。《长安客话》称：

---

1 《明经世文编》卷二八三《王司马奏疏》卷一《条陈末议以赞修攘疏》，页 3a~5a
（2984~2985）。
2 《明世宗实录》卷三六八，嘉靖二十九年十二月甲子日，页 3b（6580）。
3 （万历）《大明会典》卷二〇九《都察院·督抚建置》，页 5b~6a（2781）。
4 蒋一葵：《长安客话》卷七《关镇杂记·蓟镇》，页 145~146，北京古籍出版社，
2001年。
5 （万历）《大明会典》卷二〇九《都察院·督抚建置》，页 5b~6a（2781）。

> 蓟镇东起山海关，西至大水谷，抵昌镇、暮田峪界，边长一千余里，分十二路，辖以三协。东协偪近辽左，陆海兼防。中协开设关口，抚赏甚繁。西协内蔽营平，外扼曹墙。潮古镇外系朵颜三卫属夷，东北系擦汉脑儿，西北系青把都儿大壁只赶兔等部落，住收向背靡测，故要害视诸镇称至剧云。[1]

就此可见，蓟镇三协之防守之道各有其特殊性和复杂性。

蓟镇辖区原包含昌镇，嘉靖三十年后才分为二镇。设提督都督一员，任务为"护视陵寝，防守边关"[2]，归蓟辽总督节制。《长安客话》称：

> 蓟昌建在畿辅，实为腹心，东西辽保则左右臂也。要之，论国势重轻则蓟昌为最，保镇次之，辽镇又次之。论夷情缓急，则蓟辽为甚，昌镇次之，保镇又次之。[3]

足见蓟昌两镇为蓟辽总督辖下最重要的两个军镇。然而，整体而言，蓟镇的重要性还是略大于昌镇。

设立蓟辽总督和蓟镇、昌镇后，辽蓟昌保各镇防务得以连成一气。然而，由于皆为新设防区，在强敌环伺下，择人主政、拟定战略战术、招募士卒、筹措经费等问题都有待解决。而朝廷首先面对的问题，就是厘清蓟镇与宣大防务的关系。

据实录载，嘉靖三十五至四十三年，北虏曾多次入侵辽东、广宁、永平、遵化、迁安、蓟州、玉田、顺义、三河等地大掠。整个蓟辽防区时传边警，损失极大。总督王忬、杨选等因此

1　《长安客话》卷七《关镇杂记·蓟镇》，页146。
2　《长安客话》卷七《关镇杂记·昌镇》，页140。
3　《长安客话》卷七《关镇杂记·昌镇》，页141。

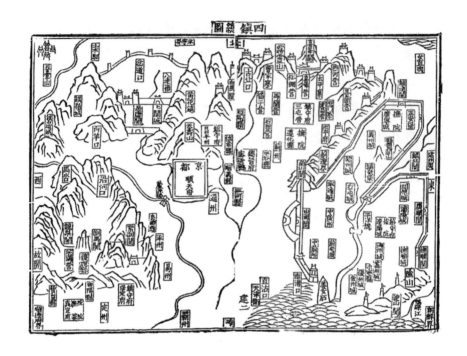

图5-9　万历初年北京与四镇形势图[1]

被革职逮系[2]，以下抚镇受累亦多。《明史·戚继光传》对时情
描绘道：

> 自嘉靖庚戌俺答犯京师，边防独重蓟，增兵益饷，骚动
> 天下，复置昌平镇，设大将，与蓟相唇齿。犹时躏内地，总

1　《四镇三关志》卷一《建置考·四镇总图》，原未注页码（史：10～14）。此图可见
　　蓟、昌二镇与北京的关系。蓟辽总督驻密云、蓟州巡抚驻节遵化、蓟镇总兵驻三屯
　　营、昌平总兵驻昌平。

2　王忬，字应民，江苏太仓人，嘉靖二十年进士。嘉靖三十八年二月把都儿、辛爱
　　入寇，声东击西。王忬中计，将兵力移于东方。寇自潘家口入，大掠遵化、迁安、
　　蓟州、玉田等地，驻内地五日。京师大震，御史交劾。王忬五月被系，于次年冬论
　　斩。杨选，字以公，河南章丘人，嘉靖二十三年进士，嘉靖四十年累官至蓟辽总督。
　　嘉靖四十一年十一月，把都儿、辛爱自墙子岭入寇，京师戒严。寇先围傅津等将于
　　郑官屯，又败杨选所部总兵官孙膑、副将胡镇等人，留内地前后十日。寇北退后，
　　杨选与诸将被劾，俱被逮下诏狱，以守备不设律被斩。《明史》卷二〇四《王忬
　　传》，页5396～5399；卷二〇四，《杨选传》，页5400～5401。

214

督王忬、杨选并坐失律诛。十七年间，易大将十人，率以罪去。[1]

在这种艰难的情势下，朝廷却并未提出合理的蓟镇战略，对于外患也显得束手无策。

嘉靖四十三年，世宗又下诏说：

> 诏："蓟镇练兵，分区以守，今八年矣，一卒不练，每遇防秋，不过多调边兵，此岂远谋？令兵部详议。"议上，复诏："蓟镇不遵旨练兵，而恃调兵，幸虏不至，辄相玩忽，今诸兵频年远戍，人情不堪，粮饷多糜，岁复一岁，何时而已？该镇原分各区人马，兵部可遣郎中一人，与巡关御史备阅兵数多寡，操练与否，限一月还奏。"[2]

说明了他对于蓟镇建军的进度十分不满。临事只调取其他边镇的士兵进入蓟镇防守，徒然劳师费饷。

庚戌之变至嘉靖四十二年，蓟辽共历孙襘、何栋、杨博、王忬、许论、杨选等六位总督。六位总督中，除去任职不满三月的孙襘外，何栋被罢，许论以蓟镇士兵不堪战守被革任，王忬以"调度无策，贻害地方"被赴京鞫治。[3]杨选则以墙子岭失事被劾，被锦衣卫逮系入京讯治。[4]仅杨博一人全身而退。蓟镇虽设总督，但防务一直不理想。《明世宗实录》曾载：

> 嘉靖三十九年，兵部职方司郎中王叔果自蓟镇阅视练兵

1 《明史》卷二一二《戚继光传》，页 5616。

2 《典故纪闻》卷一七，页 318。

3 《明世宗实录》卷四七二，嘉靖三十八年五月辛巳日，页 2b~3a（7926~7927）。

4 《明世宗实录》卷五二六，嘉靖四十二年十月丁卯日，页 8a~b（8585~8586）。

还，复命俱言："本镇旧兵疲劳饥渴，而不可练；新兵乌合应募，骄而不暇练。镇边城、曹家寨、大水峪游兵皆客居坐食，冗而不必练。今当先择主将，将才则兵自精，如参将黄龙、黄演，游击崔经、周扶先、白琮，坐营指挥柴良弼等，皆贪庸不职，所当更代。昌平副总兵祝福兴与提督云冒并居一城，事权不一……。"兵部覆奏得旨，蓟镇练兵，三年未有成绩，是诸臣不实心奉诏明矣。始俟明年阅视，若仍前玩，檄令科臣查参并治，福回部别用，冒改总兵官，镇守居庸、昌平等处，原设提督官罢，补以冒兼之。龙演等各降级、夺俸有差。[1]

由此可知，尽管世宗坦率地拿出"诸臣不实心奉诏"的大帽子，蓟镇练兵的情况仍然不理想。虽然王叔果的奏报明白指出练兵的成效与将领有关，但从世宗的处置中可以看出，朝廷并未择良将入蓟，而只采取惩处的手段。朝廷并没有全面设置新军镇的决心，才会仍依赖大量客兵的调遣。

二 南山战守之策与蓟镇

嘉靖末隆庆初蓟镇的战守策略，与蓟辽总督刘焘关系密切。刘焘，号带川，天津卫人，嘉靖十七年进士，有武力，精骑射。[2]嘉靖四十二年十月，刘焘以大同巡抚升任蓟辽总督。[3]次年正月，东虏土蛮黑石炭等纠集万余众，入犯蓟镇东方的一片石、黄土岭、山海关等地，皆失败。刘焘阻止了东虏的入犯，因此升为兵部右侍郎兼右佥都御史，仍为蓟辽总督。[4]这段时期，刘焘主要贡献是将漕

---

1 《明世宗实录》卷四八七，嘉靖三十九年八月癸亥日，页5a~b（8117~8118）。

2 张怡撰、魏连科点校：《玉光剑气集》卷三一《惩戒》，页1101，中华书局，2006年。

3 《国榷》卷六四，嘉靖四十二年十月乙亥日，页3995。

4 《明世宗实录》卷五二九，嘉靖四十三年正月壬辰日，页2a~b（8627~8628）。

运疏通，使潮河川水直抵通州。潮河发自丰宁以北，流经古北口、潮河所、密云、顺义、怀柔，直抵京杭大运河北端的通州。因此，岁用漕粮十余万石，可以由通州直接以水运送抵古北口，解决了密云一带补给的问题，也省去大量转输的费用。[1]

除了补给问题，协调与宣大总督的防御关系，也是重点之一。庚戌之变前，蓟州一带防御甚为薄弱，不仅兵力不足，兵员的质量也大有问题。以故，后每有警，必调宣大兵入援。蓟镇新成，尚须支付入援的军费，军费往往不足。

此外，防区间的关系也十分紧张。居庸以东，南山一带，虽隶属于宣府，但紧邻蓟镇，因此，宣大和蓟辽两区间的总督、巡抚往往容易发生互相推诿的情形。杨博曾议宣府蓟镇相互传报来补正这项缺失，但阻力很大，争执亦多。葛守礼曾主张："守南山，蓟镇事也，与宣府何干？卫空山而弃实寨，非算。"[2]除了这种各自为政、相互推诿的情形，也有利用入援蓟镇来占用蓟镇饷额的情形。

隆庆元年正月，宣大总督王之诰与蓟镇总督刘焘对于宣大和蓟镇边防发生争议。王之诰认为宣大一带平坦无险，而蓟镇多为山险，故主张以宣大步卒千人，调往蓟镇守边。[3]不过负责蓟镇防务的蓟镇总督刘焘却认为蓟镇防务已定，不宜弃守宣大部分防务来增兵蓟镇。

在回答内阁对于是否应请宣大兵马入援的询问时，刘焘指出了宣大兵马入援的动机：

> 查蓟镇大举之寇，多自宣大而来，虏入结聚，常在数十

---

1 《明世宗实录》卷五三八，嘉靖四十三年九月癸丑日，页 1b（8714）。

2 黄景昉：《国史唯疑》，页 233，上海古籍出版社，2002 年。

3 张溶监修、张居正等总裁：《明穆宗实录》卷三，隆庆元年正月壬午日，页 14a~b（89~90），台北"中研院"历史语言研究所，1984 年。

日之前，在宣大哨夜，无不预知者，督抚止闻其声，而边堡无不知详，凡有东犯蓟镇的信，率多隐匿不报，幸其不入本境而已。是以宁为入援之兵，而不肯为先事之报。其情何所为也？盖以入援者不惟成他镇追剿之功，抑且免本镇失守之罪。[1]

刘焘的说法虽然多少有些阴谋论的成分，但他曾任大同巡抚，对于宣大入援的真实情形应有所掌握，才敢做此言。

兵部最后虽采纳了刘焘的意见，令宣大不必入援，但主张"南山（怀来卫一带）为陵京藩，关系甚重，设有虏警，则令昌平总兵（属蓟辽）、南山参将（属宣大）互相策应，辅车相倚，刖于各守之中寓协守之意"[2]。兵部的主张，无疑是认为居庸关一带为京师门户，故而强调京师东（蓟辽）西（宣大）两防区协调合作的重要性，此即"南山战守之策"。这样的结果，使得宣大入援的任务，被局限在与昌平总兵的合作防御上。

南山战守之策颁布后，虽然宣大总督染指蓟镇防务的情形受到限制，但后任仍有主此者。王之诰的后任陈其学也曾主张要将宣大总督移驻怀来，专备南山，后被令回籍。宣大总督仍驻阳和。[3]隆庆四年正月，王崇古就任宣大总督后，宣大防区驻兵东移的争议才告终止。王崇古曾多次上疏表达山西三镇无力东防。他在《免调山西无益援兵责实战守疏》中指出：

山西……是有兵尚难自顾，若复将老营游兵及总兵官兵马二枝，每春秋二防听援南山游兵，则尽选老营一带各堡之

---

1 《明经世文编》卷三〇五《刘带川书稿一》，《答内阁宣大入援兵马有无实用书》，页 12b~15a（3225~3227）。

2 《明穆宗实录》卷三，隆庆元年正月壬午日，页 14a~b（89~90）。

3 《明穆宗实录》卷四一，隆庆四年正月甲申日，页 8b~9a（1024~1025）。

马军，预调合营远戍，保安正兵责东驻阳方，去偏老三四百
里。一旦狡虏拥众直犯老营，外而奸逆之诱煽，内而远近之
无援，非惟老营不可守，即汾、石、隰、吉诸州，皆可蹴至。
北而太原大川，南而平阳汾石，亦可深入，全晋之祸将不可
支矣。[1]

可见山西三镇之兵困窘，已经极为严峻，根本无力东调。蓟镇作
为独立的军镇，地位也终告确立。

除防区的重划外，军费问题也极为重要。兵部协调出议行南山
战守之策的战略部署计划，来逐步加强蓟镇防务。这些加强包括了
增修工事、募兵、买马、修治器械等项，经费主要是太仓库银和太
仆寺马价银各 20000 两，合计 40000 两。次月，又发太仓银 166400
两至蓟镇，永平 69200 两，密云 192800 两，昌平 74900 两，备客兵
支用。[2]仅客兵一项，就支用超过 500000 两。而稍后宣府和大同
的客军费用，仅 195000 两[3]，尚不足蓟镇一带之半，可见对蓟镇
防区的经费捆注不可谓不足。前后又陆续发太仆寺寄养马 1180 匹
给蓟镇官军。[4]又于隆庆二年二月拨给太仆寺马 650 匹，马价银
7800 两。[5]

兵部要求掌管太仓银的户部发银协济时，发现户部不足以供
给，遂改由兵部马价银支应。[6]然而，这个结果并未被接受。当宣
大总督王之诰等以修理南山工费为名，向户兵二部请费时，户兵
二部"互相推诿，莫任其事"。朝廷因此命户兵二部会同科道定议

1　《明经世文编》卷三一六《王鉴川文集》，《免调山西无益援兵责实战守疏》，页
4a~6a（3344~3345）。

2　《明穆宗实录》卷五，隆庆元年二月甲辰日，页 2a（125）。

3　《明穆宗实录》卷六，隆庆元年三月甲戌日，页 9a~b（175~176）。

4　《明穆宗实录》卷一二，隆庆元年九月乙卯日，页 3a（325）。

5　《明穆宗实录》卷一八，隆庆二年三月乙卯日，页 1a（493）。

6　《明穆宗实录》卷六，隆庆元年三月庚辰日，页 11a~b（179~180）。

新的经费分配办法：

> 主客主军本折刍饷则隶户部，慕兵及本折马匹隶兵部，赏
> 功则隶礼部，业有专任矣，惟修边一节往岁皆各镇自办，后以
> 功大始开请乞之端……自今以后，凡各镇以此请者，以十分为
> 率，户部给十分之七，兵部给十分之三，永为定例。[1]

经费的摊派，七月间总算达成协议，但实际的拨放直到次年的二月才执行。

经费的拖欠与整体边防经费的暴增也有相当的关系。据王崇古奏报，嘉靖初年的边费仅为 59 万两，二十八年暴增至 221 万两，三十八年续增至 240 万两，至四十三年已达 251 万两。而其中，蓟镇的费用已占去约 60 万两，约当陕西四镇的两倍，无怪乎王崇古要求重新检视各镇的经费是否恰当。[2] 无论如何，在职权和经费上，蓟镇都已经取得了独立的地位。

三　刘焘"摆边不如合战"说

嘉靖四十二年，刘焘就任总督后，曾多次上疏表示他对于蓟镇防守战略的看法。他反对嘉靖以来大筑边墙的政策也用于蓟镇：

> 尝闻长城之设古为无策，我朝祖宗以来，未闻有修边之事，而亦未闻有胡虏之强。夫何数年以来，修筑益急，而虏患亦炽，稽之宣大工完之后，失事者屡矣，是果墙之不恃耶？

1　《明穆宗实录》卷一〇，隆庆元年七月乙未日，页 2b~3a（274~275）。隆庆二年二月壬辰日，经费终于照前核定金额拨下。参见《明穆宗实录》卷一七，隆庆二年二月壬辰日，页 11b（480）。

2　《明经世文编》卷三一八《王鉴川文集》，《陕西岁费军饷疏》，页 24a~29a（3386~3389）。

> 宣大之墙不足恃，则蓟镇之墙不可修；蓟镇之墙不可缺，则
> 宣大之墙不可弃也。[1]

　　刘焘立论，主要是根据宣大筑边墙的经验。他反对筑墙的原因为：其一，居庸至山海关长达千余里，而仅筑 200 余里，根本不足以防备；其二，若以一步为距离安排士兵，仅仅这 200 余里的边墙，也必须派遣 80000 名士兵来戍守；其三，蓟镇一带山势较高，容易造成"山高墙卑，仰面而受敌"的情形。[2]无论如何，他不筑边墙的主张，确实是当世少见。

　　他对于蓟镇防务的看法是"省修墙之力以行操，省修墙之费以行赏"，"修墙不如蓄锐"，即全力练兵，以野战应付强敌。但刘焘并未提出具体的野战军部署计划，以及敌军来犯时的详细调兵计划，所以刘焘的论点虽颇有鼓舞人心的作用，但是这种自卫反击、守株待兔且不周详的战略，未免有些令人担心。因此，刘焘对于单守长城的批判虽不无道理，但其在蓟镇防区提出"摆边不如合战"的战略主张，无怪乎《明经世文编》的编纂者称"刘公跳荡之才，故每每主战"[3]。

　　从军事的角度来看，防御必须有良好的军事情报系统，供守军正确判断敌军主力所在，以便调动军队及时围击。因此，刘焘的计划必须仰赖大量高素质的墩军和夜不收军。[4]即便如此，传递军情也必须十日以上。而消息传达期间，敌军主力极可能又运动

1　《明经世文编》卷三〇四《刘带川边防议》，《修边》，页 4a（3209）。

2　《明经世文编》卷三〇四《刘带川边防议》，《修边》，页 4b~5a（3209~3210）。

3　《明经世文编》卷三〇四《刘带川边防议》，《摆边》，页 6b（3210）。

4　刘焘注意到军事情报系统的建立，他认为"哨探者，三军所恃以进止也"，应该优恤负责烽火的墩军与远哨（长途侦察）的夜不收军。《明经世文编》卷三〇四《刘带川边防议》，《哨报》，页 13b~15b（3214~3215）。林为楷：《明代侦防体制中的夜不收军》，《明史研究专刊》2002 年 13 期。

到其他地区，防不胜防。其二，即便能够与敌军主力遭遇，也未必能准时集结足够多的部队，对动辄以十万数的敌骑发动攻击。其三，即便上述条件都能达到，以步军为主的边军未必一定能够取胜。其四，倘有可战之军，早已开塞远征，何必坚守防线，等待敌袭。

此外，既不摆边，当然必须由强大精锐的野战军担任防御的主力。在长达千余里的防线上，此一野战军要如何部署，才能够在必要时集结相当的兵力而不致有备多力分的困扰，以及这支部队要如何产生，都是必须考虑的问题。但无疑的，刘焘的立论使得蓟镇的防御战略异于其他边镇。

四 吴时来"游兵破敌之议"

既然要编组精锐野战军来防御蓟镇，则野战军的部署和形态就成为此一防御系统是否有效的关键。隆庆元年秋，俺答和土蛮两路攻明，造成很大的伤亡，使得这一问题日渐紧迫。给事中吴时来上《目击时艰乞破常格责实效以安边御虏保大业疏》，为蓟镇的防御提出了进一步的规划。吴时来，字惟修，号悟斋，浙江仙居人，嘉靖三十二年进士，后被严嵩所害。吴时来的官秩虽低，但曾供职于倭乱之区，可谓知兵文人。此疏中关于聚兵、明事权、练土著、议粮饷、缮城守、广间谍、整营务、求真才等意见，后来大部分为朝廷所采纳，可见其重要性。以下仅就该疏中与蓟镇防务和战车相关的聚兵、明事权、整营务等意见略作分析。

吴时来指出先要"聚兵"，指的是要将分散部署的边军集中起来：

> 国家备边……今虽虚耗，尚有六十余万……缘此六十余万者，散在九边，以一镇言，止五六万有奇。则此六十万众

之大，执十分之矣。又一镇之中，总督标下一枝若干名，总
兵副总兵参游各分一枝若干名，又巡抚兵备各分一枝若干名。
近据总督都御史刘焘开称，该镇在边食粮军六万，关营城寨
三百余处，副总参游提调官不下百员，一应防守坐墩哨报，
俱此六万之众，则此六万众之大，执又零分之矣。

故海防之蔽，莫蔽于摆海边，边防之坏，莫坏于摆边，
今摆边密矣！[1]

吴时来的观点不仅呼应了刘焘的"摆边不如合战"说，还进
一步分析造成兵力分散的原因。除了沿长城布防外，督抚各官都
有专属军队，对军镇中作战部队的整体素质产生负面的影响。吴
时来分析道：

且各官既各分兵，而该镇之兵其强壮者必先尽总督，次
巡抚，次兵备，次总兵，次参游，是督抚哨下兵必精壮者，
不过拥以自守，而参游冲锋杀贼之兵，又皆三选之余，斯非
以我下骑当敌上骑乎？[2]

各官强兵自用，造成实际面对强敌的部队并非精锐的不合理现象。

为有效解决蓟镇兵力分散的问题，吴时来认为应该将蓟镇
之兵聚在一处，统由一总兵领导，并以车步骑战术分别教导。
文职的各级长官不得拥兵。即便有直属部队，亦必须一同加入
操演：

1　《明经世文编》卷三八四《悟斋文集》，《目击时艰乞破常格责实效以安边御虏保
大业疏》，页 3a~4a（4164）。
2　《明经世文编》卷三八四《悟斋文集》，《目击时艰乞破常格责实效以安边御虏保
大业疏》，页 4a（4164）。

> 每一镇宜合一镇所辖之兵，聚为一处，择一总兵官久而
> 任之，聚而教之，教以车战、步战、骑战三法。为督抚者不
> 许拥兵一枝，临时量留百名自卫，其见在标下兵，尽发营中
> 掺演。其哨守探报则就营中轮番差遣，务使上有必胜之将，
> 下有无敌之兵。教之三年或五年。[1]

吴时来关于蓟镇兵力集中的建议中，选择总兵官久而任之，教以车步骑战的想法，后来成为朝廷的决策，此即"游兵破敌之议"，也是蓟镇防御以战车作为基调的滥觞。

吴时来主张练兵，亦有其背景因素。隆庆元年七月，俺答和土蛮连手攻明前，巡按直隶御史郝杰、王友贤、利瓦伊观奏报，蓟昌、保定等地上中等的兵员仅占 20%，下等的 50%，而未经训练的达 30%。为此，朝廷立刻对武将采取罚俸、降职等处分。[2]吴时来希冀提升兵员的素质。这种期盼提升蓟镇兵员素质的呼声，也是召南将北来练兵的契机。

其次，吴时来认为应该明确界定督抚与总兵的关系。他引《大明会典》中"凡天下要害去处，专设官统兵戍守，俱于公侯伯都指挥等官内推举充任"的规定，认为督抚原只负责定期阅实，并不承担赞理军务之责。镇守事权是在总兵官而非督抚。而后世权宜之计却使得"巡抚事权不如巡按，而本兵行事不如知府"，"（总兵）上至总督，下至通判知县无不制之"。

吴时来认为解决之道在于重总兵事权。他说：

> 使其勤掺演，恤军士，以战为归，以死为生，以破虏为

---

1 《明经世文编》卷三八四《悟斋文集》，《目击时艰乞破常格责实效以安边御虏保大业疏》，页 4a~b（4164）。
2 《明穆宗实录》卷一〇，隆庆元年七月丙寅日，页 5a~b（279~280）。

命，其有欲（按：疑为"遇"）敌不战，则以逗留观望罪罪
之，如临阵三次不能胜，又不能以身赴敌者，则总督取其首
以献阙下。是重事权，乃鼓舞将官之术，亦旧制也。[1]

此一重事权的主张，事实上也影响了谭纶与戚继光的僚属关系。
后世将蓟镇军事改革之成功多归于戚而少归于于谭，与吴时来的
意见极有关联。

1　《明经世文编》卷三八四《悟斋文集》，《目击时艰乞破常格责实效以安边御虏保大业疏》，页 7a~b（4166）。

第六章 南方官将的起用
与新防御体系的完成

　　庚戌之变后，虽然朝廷对于造战车抗敌渐无反对之声，但是这些临事而起的造用战车之举仅仅是应急之策，并未产生战略性和体系性的新思考。庚戌之变后，瓦剌等部仍然能够不断大举内犯，明军疲于奔命，不但军费支出不合理，军队素质亦每况愈下，又有大量的军事工程需要修筑。诸事有待刷振，新即位的隆庆皇帝借由秋祭宣达了整顿军事的决心。

　　隆庆元年九月，俺答入寇山西，土蛮寇掠蓟镇，又有黄台吉窥伺宣府，直至十月战事才告终。又发生了蓟州总兵李世忠冒功案，致使朝廷在经历了混乱后，决意大力整顿边镇。

　　朝廷将目光投向了南方。刚刚解决了倭寇问题的南方官将，既有实战经验，又善于使用火器，不啻是整饬京营和边防的最佳人选。因此，朝廷极为重视这些官将，特别是谭纶、戚继光、俞大猷和汪道昆等人。

　　谭纶将吴时来的"游兵破敌之议"转化为"蓟镇战守之策"，构建出蓟镇防御战略的蓝图。并添设总理一职，由戚继光出任，负责整顿蓟昌保三镇的军工建设、部队编组、训练和演习等问题。

大量采用西方火器，并创建了蓟镇战车营。戚继光重新整理了战车车制、营制、操练和战术，并将之落实于隆庆六年之大阅。大阅内容包括了传烽、台墙守御、合战原野、追战关口、教场操阅与伎俩军器之展示，操南兵与标车合营等科目，战车的训练与战略战术密切结合。北京终于得到了稳固的防御。

除了蓟镇之外，还要逐一建立北京外卫的辽东、昌平、保定等镇的防御体系，则有赖万历初年汪道昆四镇联合的防御设计。他议增南兵，联通四镇，建立辽东战车营，在真保镇成立战车营和辎重营，在蓟镇和昌镇增设战车营。其防御成效，均记载于《四镇三关志》中。

而在京营方面，隆庆元年魏时亮建议京营应该酌营制而尚火攻，倡议改革京营。隆庆四年，谭纶自蓟辽总督调升兵部尚书后，整饬京营成为另一个目标。万历二年底，工科左给事中李熙和福建道监察御史周咏在巡视京营后，上奏京营六事，开启了整顿京营的工作。老将俞大猷被起用，担当此任。他筹措火器，改造编组，造新式的双轮战车千余辆，并创造小合、大合、十干万全、五行、三才等阵法，使京营的战斗力超越周边各镇。并将结合四镇三关之防御，形成内外兼防的新战略格局。

第一节　隆庆初的军政、外患　与南方官将的起用

一　隆庆初的军政问题

隆庆皇帝即位后，对于边防相当关切。隆庆元年六月，他令北边的蓟辽总督刘焘、宣大总督王之诰和陕西三边总督霍冀三人及各镇兵备守巡等"竭忠为国，协力整理秋防，事竣，仍核功罪

以闻"[1]。七月，他又利用宣大总督王之诰上奏秋防分布和兵马事宜的机会，要王之诰"严督所部，多方侦采，相机战守，不用命者，以名闻"[2]。

但隆庆初的边防问题众多，先是悬而未决的宣大、蓟镇间南山地区的边防经费问题。朝廷很快就议定，修边之银，令户部给十分之七，兵部给十分之三。[3]算是在争论不休后，经费终于有了着落。

京营的素质也十分堪虑。兵科给事中欧阳一敬等上言八事，建议两京营兵息之弊，乞时简教而散其党众。兵部亦不讳言：

> 两京兵制在北则戎政府，素不练习，徒蓄不捕之猫。在南则振武营桀骜尤甚，至养贻患之虎，此大患也。宜令戎政大臣时加简教，勿仍姑息。罢南京振武营兵，各归大小教场及神机等营。有缺勿补，敢有飞语惑众者，必置以法。[4]

北京京营的士兵平日已不操练，南京的振武营甚至到了建议被解散的地步，京营的刷振已经刻不容缓。

不只京营如此。隆庆皇帝派遣直隶御史郝杰、王有贤和利瓦伊观三人前往蓟、昌平、保定等处阅视，结果发现训练达到中等者20%，下等者50%，未练者30%。而自辽东、保定、宣府、大同、延绥、宁夏等处来援的客军素质更糟，中等10%，下等50%，未练者40%。这种低下的兵员素质，不仅不能够配合刘焘的"摆

---

1 《明穆宗实录》卷九，隆庆元年六月甲辰日，页10a~b（259~260）。

2 《明穆宗实录》卷一〇，隆庆元年七月戊午日，页2b（274）。

3 《明穆宗实录》卷一〇，隆庆元年七月乙未日，页2b~3a（274~275）。按：应为己未日，初六。先前因宣大总督王之诰、宣府巡抚冀炼所请修理南山费用，曾造成兵部、工部相互推诿经费摊派的争议。

4 《明穆宗实录》卷一〇，隆庆元年七月乙未日，页3a~b（275~276）。

边不如合战"说，恐怕连自保都有困难。顾及颜面，兵部请宽刘
焘之罪。因此，隆庆皇帝仅仅薄惩至指挥一级，施以罚俸或降级
的处分。[1]

再者，边城和北京城墙都出现问题。隆庆皇帝亦曾对蓟镇边
墙因久雨倾圮表示忧虑。他对于修边的进度和防御的计划十分重
视，于隆庆元年七月下令推举有才望的大臣行边，会同督府等官
阅视工程。在尚书杨博的推举下，兵部侍郎迟凤翔兼都察院右佥
都御史行边。[2]此外，并着手修理北京城的重城。[3]

然而，客观形势日益紧张。隆庆皇帝本拟于八月二十六日亲
诣天寿山行秋祭礼。大学士徐阶除借祖制为名阻止，也指出天寿
山外即黄花镇，黄花镇外即为北虏盘踞之地。据边将报，东虏土
蛮欲攻喜峰口，而西虏把都儿则欲犯古北口。在劝谏下，隆庆皇
帝才放弃了行秋祭礼的打算。[4]而后，北虏果然进犯。

由上可知，除了经费开始到位外，北京外围部队的士兵素质、
城防建设和客观形势，都已到十分令人忧心的地步。而次年，隆
庆皇帝仍决定亲诣天寿山，并借此表达对整顿蓟镇和宣镇的决心：

> 隆庆二年，穆宗至天寿山，谕辅臣曰："朕躬诣祖考陵
> 寝，始知边镇去京切近如此。兹蓟州总督来朝，言近日虏情
> 如何，今边事久坏无为，朕实心厘。理者但逞词说，弄虚文，
> 将来岂不误事？卿等其即以朕意传谕宣蓟二镇诸臣，令彼知
> 儆。"[5]

---

1 《明穆宗实录》卷一〇，隆庆元年七月丙寅日，页 5a~b（279~280）。
2 《明穆宗实录》卷一〇，隆庆元年七月丁卯日，页 5b~6a（280~281）。
3 《明穆宗实录》卷一〇，隆庆元年七月戊辰日，页 6a（281）。
4 《明穆宗实录》卷一一，隆庆元年八月戊申日，页 14a~15a（317~318）。
5 余继登撰、顾思点校：《典故纪闻》卷一八，页 326，中华书局，1997 年。

隆庆皇帝的决心，是隆庆、万历年间大力整顿京营和蓟镇的重要
原因。

二 石州之陷与李世忠冒功案

隆庆元年九月初四日，果如边将所报，俺答率众数万人入寇大
同、井坪，至偏头关、老营、坠驴、皮窑等处。[1] 十三日，达虏犯
镇边头墩，原任总兵胡镇等人在靖虏堡取得初胜。次日，传来俺答
攻陷山西石州，杀知州王亮，并扬言南犯的消息。王之诰随即请亲
率宣府游兵两支西援雁门关，南山的防务则交给总兵马芳。[2]

二十三日，东边的土蛮则寇掠蓟镇，由界岭口、罗汉洞溃墙
入（山海关西面偏北 100 余公里处），大掠昌黎县。宣府镇方面又
报西虏黄台吉拥兵窥伺。隆庆皇帝命蓟辽总督刘焘、总兵李世忠
及巡抚耿随卿领兵东御土蛮，昌平总兵刘汉西防黄台吉，遣京营
左参将陈良佐、游击将军邵勇防护皇陵，并召宣大总督王之诰自
雁门返驻怀来，巡抚曾亨自保定移往通州。[3] 又谕兵部募有能力破
敌者，如嘉靖四十二年故事者重加升赏。并下令在蓟镇特予杀敌
赏格，只要能斩首一名，官秩升一级，或取赏银 50 两。[4] 二十四
日，又派迟凤翔为经略边事兵部左侍郎兼都察院右都御史督兵，
在昌平防御西面。[5]

一直到总兵官李世忠引兵东援永平，与土蛮遭遇于抚宁南李
家庄，斩首 5000 级 [6]，东面的战事才解燃眉之急，取得决定性胜
利。而西面的俺答则持续停留在石州，并不时派出精锐骑兵骚扰

1 《明穆宗实录》卷一二，隆庆元年九月乙卯日，页 1b~2a（322~323）。
2 《明穆宗实录》卷一二，隆庆元年九月癸亥日，页 4b（328）。
3 《明穆宗实录》卷一二，隆庆元年九月壬申日，页 10a（339）。
4 《明穆宗实录》卷一二，隆庆元年九月壬申日，页 10a（339）。
5 《明穆宗实录》卷一二，隆庆元年九月癸酉日，页 10b（340）。
6 《明穆宗实录》卷一二，隆庆元年九月乙亥日，页 11a~b（341~342）。

交汾等处。宣大总督王之诰并请发宣府游兵一支，和保定巡抚曹亨、河南巡抚刘应节及延绥总兵赵岢引兵救石州。[1]为了防止情势恶化，巡视京营刑科给事中孙枝建议兵部和京营诸臣条议京城防守，获得隆庆皇帝的同意。[2]十月，以山西失事，兵部尚书郭乾乞归，侍郎迟凤翔则被降俸三级用。[3]初五日，俺答出边，隆庆皇帝命刘焘还镇、迟凤翔回京[4]，石州之陷造成的混乱局面才告终止。

随着战事的结束，朝廷也展开一系列追究责任的行动。初七日，蓟镇总督刘焘、宣大总督王之诰、顺天巡抚耿随卿、山西巡抚王继洛、蓟州总兵李世忠、山西申继岳均住俸听勘。[5]二十九日，山西巡按御史核奏边臣失事罪状，称"总督王之诰等自八月间闻虏结聚于黑石崖等处，正与井坪边对境，不能无事预防，山西副将田世威，参将黑云龙、刘宝等皆逗留不战，俱宜明正法典"。兵部奉旨令王之诰回籍，将田世威下狱，令黑云龙听勘。[6]隆庆二年二月，隆庆皇帝命夺镇巡总督等官俸，并令回籍听勘。而王继洛、山西总兵申维岳、田世威、刘宝、奇岚兵备副使王学谟等至京后，申维岳、田世威两人被斩，王继洛、王学谟两人则被谪戍。[7]

究责局势的发展，似乎宣大的责任较蓟镇为大。土蛮撤退后，蓟镇防区诸官本可将功折罪，但随着"李世忠冒功案"的爆发，惩处范围也逐渐扩大。先是隆庆元年十二月，蓟辽总督刘焘因"虏入永平，报功不实"[8]，被令回籍听勘。次日浙江道御史凌儒

1　《明穆宗实录》卷一二，隆庆元年九月乙亥日，页 11b（342）。

2　《明穆宗实录》卷一二，隆庆元年九月丙子日，页 12a（343）。

3　《明穆宗实录》卷一三，隆庆元年十月乙酉日，页 2a（349）。

4　《明穆宗实录》卷一三，隆庆元年十月丙戌日，页 2a（350）。

5　《明穆宗实录》卷一三，隆庆元年十月戊子日，页 4a（353）。

6　《明穆宗实录》卷一三，隆庆元年十月庚戌日，页 12b~13a（370~371）。

7　《明穆宗实录》卷一七，隆庆二年二月癸未日，页 2b~4b（462~466）。

8　《明穆宗实录》卷一三，隆庆元年十月乙未日，页 6b（358）。

上奏：

> 近者虏犯永平诸处，深入百八十里，僵尸数万。总督镇
> 巡等官刘焘、李世忠、耿随卿等，自知失事罪重，尽割被伤
> 民首以报，功至八百余级。请核正其罪，以纾民情。[1]

隆庆皇帝令将申维岳、李世忠、王继洛、耿随卿等逮问。接
着追究土蛮入侵界岭口的责任，将保定都司吴光裕和永平游击胥
进忠下狱。[2]十二月二十五日，刑部和都察院提出了土蛮犯蓟镇的
诸臣功罪，刘焘被降二级，耿随卿被贬为民，李世忠被发戍。[3]至
此，蓟镇蓟辽总督刘焘、顺天巡抚耿随卿、蓟州总兵李世忠全都
获罪。蓟镇文武高层的完全悬缺，使得朝议中举荐南方官将的意
见得以实现。

三　南方官将之起用

嘉靖末年，长期进犯的倭寇渐被荡平。对照于北方京防和边
防的薄弱，平倭的胜利经验自然受到朝廷的重视。两广总督谭纶、
福建总兵戚继光、福建巡抚汪道昆和广西总兵俞大猷，都是平倭
战争中的要角。他们不但对西方火器认识较多，同时也有丰富的
作战经验。但更为难能可贵的是，他们对于战车的战略战术问题
都有一定的涉猎和讨论。

从《明穆宗实录》的记录来看，朝廷早有将南方有作战经验
的官将北调的意图。最早推荐谭纶、戚继光和俞大猷北上练兵，

1　《明穆宗实录》卷一三，隆庆元年十月丙申日，页 6b（358）。

2　《明穆宗实录》卷一三，隆庆元年十月丙申日，页 7a（359）。

3　《明穆宗实录》卷一五，隆庆元年十二月己巳日，页 9b~10b（422~424）。按：应
为乙巳日，二十五。

是在隆庆元年八月，即俺答和土蛮连手攻明前，工科右给事中吴时来所议。后因兵部认为俞大猷"不效且老矣"，此议遂寝。

谭纶与戚、俞二人交识颇深，在嘉靖三十六年以前就曾与俞大猷论古兵法。[1]除三人在平倭战争中的共事外，隆庆元年十一月谭纶进京前，戚继光撰《速应命入京启》称谭纶为"中兴之柱石"，而俞大猷则撰《送特命召入京序》称"愚虽不及自效于今世周公之左右，但倾耳而听闻公建第一等事业，不负生平相期报国之愿足矣"，为之送行。[2]

隆庆皇帝先召谭纶进京。[3]谭纶，字子理，号二华，江西宜黄人，嘉靖二十三年进士。在剿倭战争中以兵备副使职平定福清、仙游、同安、漳浦诸处倭患。后以兵部侍郎巡抚两广，又平七山诸贼。嘉靖四十五年，接任两广总督。隆庆元年十一月，命练兵兵部右侍郎兼都察院右佥都御史谭纶回管部事。[4]隆庆二年三月，为兵部左侍郎总督蓟辽保定，因此谭纶得以在蓟辽保定各镇实践战车防御的构想。隆庆四年十月，任协理京营戎政兵部尚书，又将置造训练京营战车的政策交给俞大猷执行。隆庆六年七月为兵部尚书。[5]万历五年四月初三日卒于兵部尚书任上，戚继光和俞大猷都撰写了祭文。[6]死前一天，谭纶尚与俞大猷议论，将京营战车

1　谭纶：《谭襄敏公遗集·附录·署都督同知提调京营车兵俞大猷祭文》，页19a（伍辑 20：728），《四库未收书辑刊》（伍辑），北京出版社，2000年。

2　《谭襄敏公遗集·附录·速应命入京启》，页3b（伍辑 20：714）；《送特命召入京序》，页1a~3b（伍辑 20：713~714）。

3　《明穆宗实录》卷一一，隆庆元年八月癸卯日，页13a（315）。

4　《明穆宗实录》卷一四，隆庆元年十一月庚午日，页13b（397）。

5　《明神宗实录》卷三，隆庆六年七月甲申朔，页1b（66）。

6　《谭襄敏公遗集·附录·哀荣录·蓟州永平等处总兵中军左都督戚继光祭文》，页12a~15b（伍辑 20：725~726）；《署都督同知提调京营车兵俞大猷祭文》，页15b~20a（伍辑 20：726~729）。

之制推广各边[1]，实为造战车鞠躬尽瘁。

戚继光，字符敬，号南塘，山东登州人，袭职为登州卫佥事。嘉靖三十年至四十五年，他参与平倭战争，先后取得多次大捷，升任福建总兵。荐举戚继光北上者，据《戚少保年谱耆编》的说法，最早是给事中吴时来。吴时来在隆庆元年六月上《敷陈时政以图久安疏》，要求将福建总兵任上的戚继光"行取北来，驻扎昌平，拣阅燕蓟三万余众，经营三年，责其游兵破虏，以省各镇入卫之兵"。兵部答复，希望能将军饷和驻防地规划完成后再令戚继光北上。[2]可见吴时来上疏请谭纶、戚继光北上不止一次。又《戚少保年谱耆编》记，同年八月，福建巡抚涂泽民上《专任将帅以安地分定人心疏》，要求令戚继光"料理全闽事务，纾主上南顾之忧，保海邦万民之命"[3]，使戚继光北上的计划又暂缓。可见朝廷虽殷切盼望戚继光北上，但涂泽民的挽留却使得戚继光幸运地不致陷入甫到任就面对大敌的窘境。

正当俺答犯山西石州，土蛮入寇蓟镇之时，十月十四日，蓟辽总督刘焘推荐戚继光协理戎政。[4]这是戚继光第三次被举荐。《戚少保年谱耆编》记，隆庆元年十月，山西道御史李叔和上《荐举边才疏》，第四次推荐戚继光代蓟镇总兵之职。该疏并同荐广西总兵俞大猷北上，但兵部只选择了戚继光。因此可知，石州之陷前，大臣至少两次推荐戚继光北上练兵，之后至少有两次。

至于戚继光北上出任的官职与时间，《明穆宗实录》与官员的文集有所差异。《明穆宗实录》载，隆庆元年十一月，戚继光

1　《谭襄敏公遗集·附录》，《哀荣录》，《署都督同知提调京营车兵俞大猷祭文》，页 20a（伍辑 20：729）。

2　戚祚国等编：《戚少保年谱耆编》卷六，隆庆元年六月，页 23b~24a，北京图书馆出版社，1997 年。

3　《戚少保年谱耆编》卷六，隆庆元年秋八月，页 24a~b。

4　《明穆宗实录》卷一三，隆庆元年十月乙未日，页 6b（358）。

以署都督同知入副神机营戎务[1]。何以不直接将戚继光派任边镇，却让他先至京师供职京营？据戚继光自己的说法，是"忌者置副京营"[2]，可见朝中对其仍有疑虑。《戚少保年谱耆编》则记时间为隆庆二年二月[3]，与实录所载有异，可能为颁令与到任时间的差异。在《谭襄敏奏议》中，谭纶荐戚继光为总理蓟辽保定等处练兵总兵官，时在隆庆二年四月二十四日。[4]《戚少保年谱耆编》则载，隆庆二年五月，命戚继光总理蓟昌辽保练兵事务，节制四镇，与总督同。[5]可见戚继光到任总理职之时为隆庆二年五月。

汪道昆，一名守昆，初字玉卿，后改字伯玉，号高阳生、南溟（或南明）、太函等，江南徽州府歙县人。嘉靖二十六年进士，与张居正、王世贞同科。[6]嘉靖三十二年任兵部职方司主事，开始涉入军事事务。嘉靖三十六年任福建按察司副使备兵福宁，次年上疏总督胡宗宪请檄总兵戚继光率军至闽平倭。此后，两人长期在军事上有合作关系。嘉靖四十三年至四十五年为福建巡抚。至隆庆四年，起复为郧阳巡抚，次年调湖广巡抚，又次年升任兵部右侍郎。

隆庆六年十月，兵部侍郎王遴、吴百朋和汪道昆分阅边防。[7]其后，汪道昆数次奉旨巡阅蓟辽、保定军务，不但成为朝廷与边镇沟通的管道，也积极地参与蓟辽昌保四镇的边防兴革。

俞大猷，字志辅，号虚江，福建晋江人。在隆庆元年八月给事中吴时来建议调谭纶、俞大猷和戚继光三人北上前，俞大猷在广西

1　《明穆宗实录》卷一四，隆庆元年十一月庚辰日，页 16a（403）。

2　戚继光撰、王熹校释：《止止堂集·横槊稿上·汤泉大阅序》，页 64，中华书局，2001 年。

3　《戚少保年谱耆编》卷七，隆庆二年二月，页 6b。

4　谭纶：《谭襄敏奏议》卷五《早定庙谟以图安攘疏》，页 8a~b（675），《文渊阁四库全书》本，台湾商务印书馆，1983 年。

5　《戚少保年谱耆编》卷七，隆庆二年五月，页 13b。

6　汪道昆：《太函集》，"点校前言"，页 1，黄山出版社，2004 年。

7　《明史》卷二〇《明神宗本纪一》，页 262。

总兵任内，并在五月因擒斩广东贼首王西桥等而得署都督同知。[1]隆庆三年八月癸丑，因论平闽广巨寇曾一本功，又升为都督。[2]期间谭纶在两广总督任内，将奉诏北调，因戚继光亦奉诏，特上疏《特荐大将讲求车战共图安攘事》，再次推荐俞大猷。[3]隆庆元年八月，兵部主要是出于对其年龄的考虑，否决俞大猷北上的建议。但此一决策并非来自兵部，而是张居正。《国史唯疑》载：

> 江陵故不甚知吾邑俞帅，其有札询俞大猷毕竟如何？又曰："俞帅老奸，志意已骄，难复用。"时方属意马、赵、刘、戚诸将耳。[4]

此后，俞大猷的仕途出现很大转折。直至万历二年四月，俞大猷已逾七旬，复职担任署都督金事，任京营后军都督府金书管事。[5]

此外，不仅这些领头的文武大臣涉猎战车，他们的幕僚也有对战车有相当研究者。戚继光的幕僚郭遇卿，字建安，福建福唐人，少时以韬略自负。嘉靖末，倭寇掠福唐，他组织义兵御敌，受到戚继光的倚重。后戚奉旨北调，他亦随行，历升遵化守备、都指挥使。他曾撰写《车战六议》和《蓟昌图说》，意见被朝廷的采纳。著作尚有《龙洞集》五卷。[6]过世时，礼部尚书东阁大学士

1　《明穆宗实录》卷八，隆庆元年五月辛酉日，页 2b~3a（224~225）。

2　《明穆宗实录》卷三六，隆庆三年八月癸丑日，页 4b（916）。

3　《正气堂集·洗海近事·荐疏》，页 1b~4a。

4　《国史唯疑》卷八，页 245。

5　《明神宗实录》卷二四，万历二年四月乙丑日，页 6a（621）。

6　李修卿、林昂纂，饶安鼎修：（乾隆）《福清县志》卷一四《武功》，《郭遇卿传》，页 369~370，《中国地方志集成·福建府县志辑》第 20 册，上海书店出版社，2000 年。叶向高：《苍霞余草》卷九《闽都阃肖云郭公墓志铭》，页 25a~29b（集 125：511~513），《四库禁毁书丛刊》本，北京出版社，1995 年。感谢许进发学长提示此史料。

叶向高为其撰写墓志铭。[1]

另有欧阳枢，福建晋江人，为指挥佥事欧阳深之子。欧阳深在平倭战役中殉职，嘉靖皇帝悯予世官。由于枢兄欧阳模已为进士，故由枢袭职。历升署泉州营都指挥使和铜山把总。万历四年，随藩枭赴北京贺万历皇帝寿，欧阳枢得见同乡俞大猷，并陈古战车法及方略。[2]

第二节　谭纶就任蓟辽总督后的边防兴革

以任期来论，谭纶任蓟辽总督一职只不过短短的 3 年 7 个月，然其对于嘉靖、隆庆间蓟辽防区的经营，贡献卓著。隆庆元年十月，刘焘回籍后，先由曹邦辅暂瓜代。隆庆二年三月中，谭纶就任蓟辽总督。面对混乱的蓟镇防务，谭纶从战略、战术、兵器、军政、兵员各方面着手，逐步落实蓟镇的战车野战军建设。

一　从"游兵破敌之策"到"蓟镇战守之策"

隆庆元年十一月，谭纶已任练兵右侍郎，被命管部事。[3] 同月随后，戚继光也改任神机营副将。[4] 次年三月十六日，谭纶升为左侍郎兼都察院右都御史总督蓟辽保定等处军务。[5] 三月二十九日辞朝，领敕离京，至四月初四抵达顺义，与原任总督曹邦辅

1　《苍霞余草》卷九《闽都阃肖云郭公墓志铭》，页 25a~29b（集 125：511~513）。
2　郭赓武、黄任纂、怀荫布修：（乾隆）《泉州府志》卷五六《欧阳枢传》，页 1900，上海书店出版社，2000 年。
3　《明穆宗实录》卷一四，隆庆元年十一月庚午日，页 12b~13a（396~397）。
4　《明穆宗实录》卷一四，隆庆元年十一月庚辰日，页 16a（403）。
5　《明穆宗实录》卷一八，隆庆二年三月丙寅日，页 12a（515）。日期依《谭襄敏奏议》卷五《交代疏》中谭纶自陈的时间。

交接。[1] 经过 20 天的考察，他于四月二十四日上《早定庙谟以图安攘疏》[2]，向朝廷报告蓟昌两镇现况及未来改革方略。

在疏中，他指出吴时来"游兵破敌之议"有六利和四难。基本上，谭纶认同吴时来"游兵破敌之议"可以克敌制胜：

> 如给事中吴时来议，慎择忠智之臣，假以便宜之任，训练游兵一枝，益以蓟镇主兵，乘彼之骄，因我之弱，或当其内侵，或出其不意，以我素练兵车，出为堂堂之阵，正正之旗，与决一战，必可得志于彼，使大有创惩。如此则不惟既练之兵勇气百倍，且使九边之兵尽知奋励，京营之兵亦受约束，不出数年间，驯复强盛之旧。[3]

四难部分，则在于指出"游兵破敌之议"不切实际的地方。其一，游兵的数量至少为 30000，若采用募兵制，每月人给 1 两 5 钱，每年就必须支付 540000 两以上。因此，若全募兵，在财政上绝不可行。其二，由于北方燕赵之士在边防不振的情势下早已锐气全消，因此募兵则必须募 12000 名吴越惯战之士。而朝中对于南人是否能用于北，以及解散时是否会发生问题，尚有疑虑。其三，燕赵之士从未经过严格的训练，如以军法从事，则容易因流言引起非议而前功尽弃。其四，如能取胜，必使外敌不服，再来报复，而我军则易因嫉妒而不愿勠力同心，造成失败。

霍与瑕也曾致书谭纶，谈论战车的战术问题。他指出了蓟辽布防的难点，并提出解决的方法：

1　《谭襄敏奏议》卷五《交代疏》，页 1a~b（671）。

2　此疏之时间，《明穆宗实录》中记载的五月初一日应为覆奏时间，今据《谭襄敏奏议》卷五题奏时间。《谭襄敏奏议》卷五，页 1b~11a（671~676）。

3　《谭襄敏奏议》卷五《早定庙谟以图安攘疏》，页 3b~4a（672~673）。

近日边报孔棘，知我翁劳神，不敢闲言琐牍。且兵难遥度，充国之说也。我翁夙夜战兢，焦思以图之，尚不容易，乃后进喋喋然，逞其未试之语，岂非画饼。虽然狂夫之言，圣人犹择集思广益，我翁所素畜积也，谨以谬说就正。闻虏欲分数道大举入犯，而台丈分兵以守，此无所不备，无所不寡，是为彼强我弱。又闻凡一处有急，则各处不分信地，俱赴应援，夫七百里连营，古谓不可待敌，况二千里而远，是为彼逸我劳，斯二者贼所长而我所短。善用兵者，避其所短，就其所长，为今之计，不知制人之术可行否？倘得先致一处，并吾力以剿之，一处挫锐，则三处瓦解，所谓攻瑕则坚者瑕，或伺各虏未齐，乘其远道方倦，先劫其营，所谓先人有夺人之志。兵法大涧深谷，翳林茂木，骑之竭地也；左右有水，前后有山，骑之艰地也；所从入者隘，所从出者远，寡可击众，骑之没地也；往而无以返，入而无以出，骑之死地也，善用兵者避之。昌蓟山河寸金，天设之险，胡虏不知兵，但恃众耳。冒犯其所大忌，不知于各处狭斜委曲之处，利于步而不利于骑者，可预设之奇否？树木丛杂，山涧阻深，此火攻之利，不知可预为之所否？中间骑得成列之路，大约有几，此当择其隘处为车营、车阵以待之，既设车营、车阵，则是正正堂堂与之迎敌，恐我设于此，贼趋于彼，鸟飞豕逐，倏忽百里，是我终有不备之处，非所以制万全之胜也。或于大路，度虏所必经由者，多开陷马坑，以俟之覆之以草，伏兵其旁，胡马到以弱卒诱陷之，万炮齐发，亦其一端，大抵贵多方以误之。或择大村落，车可制骑，炮可制箭，此固我之长技，然车与骑皆利平原。倘择平原以用车，偃旗息鼓，俟其入歼之，又其可也。彼众我寡，投彼十围五攻之利，亦未为得。愚以为虽车亦当择险阻胡马难骋之地以御之，或山溪或乡落，或堤渠错杂，乃保无虞。夫兵事至危，深而沉之者，机也；广而集之者，谋也；断以必行，勇也；乘利而动，毋后时者，决也。知彼知己，百战不殆者，名也。读翁奏疏知忠肝烈胆，与戚总兵俱有决战之意，将士用命，而人心奋或者狂言可采，是以贡其浅陋。[1]

可知，重点部署战车，配合其他的地形和战术运用，战车仍是重建防御的可行之道。

基于上述的分析，谭纶认为应以蓟镇现有的士卒来讲求战守之策，此即谭纶的《蓟镇战守之策》。谭纶主张以总督标下标兵 2 支、振武营游兵 1 支、顺天巡抚标下标兵 1 支、遵化游兵 1 支、蓟镇总兵标下标兵 2 支、大名和井陉兵备道民兵 1 支、真定民兵 1 支、真保等府安插舍内及各路防秋民兵挑选 1 支，每支兵力 3000 人，共 30000 人，[2] 分为三营，每营各分为三军。一营驻密云，一营驻遵化，各用参将 2 员、游击 1 员统领。三屯营[3] 则由蓟镇总兵郭琥统领中军，以参将和游击各 1 员统领左右军。而原有摆守修边之兵仍负责原有任务，分布就边墙应援之兵中处于极冲、次冲防地之兵就地训练，昌平总兵官亦于原地训练防守。换言之，他是将原有各官名下的兵马、游兵和民兵加以整合，组成 30000 人

1　《明经世文编》卷三六九《霍勉斋集》，《寄谭二华都堂》，页 14a~15b（3988~3989）。

2　后未取大名、井陉兵备道民兵一支，真定民兵一支，真保等府安插舍内及各路房秋民兵挑选一支等河北南方的部队，而改取蓟镇十路游兵中的部分。遵化营：巡抚标兵一支、遵化游兵一支、永平游兵一支；三屯营：镇守总兵标兵二支，建昌营一支；密云营：总督标兵二支，振武石匣二营。《谭襄敏奏议》卷五《早定庙谟以图安攘疏》，页 13a~b（677）。以后又数有变动，下不补述。

3　遵化原设有忠义中卫，该卫三百户所屯地即在三屯营。参《太函集》卷八八《蓟镇善后事宜疏》，页 1822。笔者 2003 年 8 月在中华发展基金的资助下，曾前往此地考察河北省重点文物保护单位戚继光碑亭。亭内有五座碑，另有一残碑已成为碑亭的垫脚石，碑亭前尚有一横置之大石碑，共七座，唯保存状况不佳。

的野战军。其余部队在编组和任务上不作变动。这种设计，基本上解决了野战军兵员的问题。[1]

其次则是权责和执掌的更改。谭纶认为负责统兵和训练的大将，应由神机营副将戚继光转任，加总理蓟辽保定等处练兵总兵官职衔。而巡抚刘应节则负提调之责。谭纶除总督外，并与刘应节共同负责战车、军火、器械、盔甲的筹办。[2]

春秋两防时，三营移往近边要地屯札。在密云者，由密云兵备副使张学颜随营监督；在遵化者，由永平兵备佥事王之弼随营监督；在三屯营，则以蓟州兵备参政罗瑶随营监督。谭纶、刘应节和戚继光则往来督厉。战时，如有少数敌人入侵，则分路截杀；如有大敌入侵，则合力并攻。并以"据墙以战，御之边外"为上策，如失守，则招各路兵马与之决战。[3]

谭纶在六月初的同名题奏中，又进一步提出三路彼此策应的关系：

> 如永平有警，则遵化一营先迎敌，三屯一营出二哨应之；蓟州一区有警，则三屯一营首先迎敌，遵化一营出二哨应之，密云一营出一哨应之；密云有警，则石匣一营首先迎敌，三屯一营出二哨应之，遵化一营出一哨应之，余在本地防守。其迎敌应援之兵，务各据墙，以战御之边外为上策。万一一面失守，致或溃入，则尽合三营之兵并力奋击。[4]

这种设计，不但使得兵力不致过于分散，随时都有 20000 兵马投

---

1 《谭襄敏奏议》卷五《早定庙谟以图安攘疏》，页 7b~8a（674~675）。

2 《谭襄敏奏议》卷五《早定庙谟以图安攘疏》，页 8a~b（675）。

3 《谭襄敏奏议》卷五《早定庙谟以图安攘疏》，页 8b（675）。

4 《谭襄敏奏议》卷五《早定庙谟以图安攘疏》，页 11a~17b（676~679）。

入作战，同时，由于兵力较为集中在蓟镇西路、中路，因此较易协同京师外围的作战，但会牺牲了东路的防御。

汪道昆曾说：

> 蓟镇始设总督，分部蓟西，于时主、客精兵悉在西部，而密云标兵强矣。巡抚分中部治遵化，其标兵强者半之。总兵专备滦东，标兵具数而已。先年饷无定额，密云独优，遵化次之，滦东仅仅不给。[1]

可见不止在兵力的驻守方面有如此差异，连军饷都有巨大的差异。此外，谭纶反对按前任总督许纶和巡抚张祉分蓟镇为十路。除昌镇三路按旧制外，其余多设参将游击，参将分守，游击策应，虽"势渐分析，稍失出意"[2]。

为使蓟昌镇防区战略、兵力部署一致，谭纶稍后主张将蓟镇武官系统的职务加以调整，恢复过去总督侍郎杨博和巡抚吴嘉会所提出的密云和建昌设副总兵各一员，三屯营设总兵一员的设计。[3] 这种部署矫正了布防着重西路和中路的缺点，将蓟镇平分为西、中、东三路，各有武官可以节制并相互应援，可以达到集中兵力的目的。由此可见谭纶对于蓟镇官制之调整，实着眼于官制与战略设计相配合。

(万历)《大明会典》载：

> (隆庆) 三年题准，蓟州以东置一副总兵，将建昌营游击改设，分理松棚、太平、燕河、台头、石门、山海等处，而

---

1 《太函集》卷八八《蓟镇善后事宜疏》，页 1817。

2 《谭襄敏奏议》卷五《请复旧兵马以严防守疏》，页 48b~49a (688~695)。

3 《谭襄敏奏议》卷五《请复旧兵马以严防守疏》，页 48b~49a (688~695)。

巡抚标兵即以属之；蓟州以西，置一副总兵，将石匣营游击改设，分理为马兰谷、墙子岭、曹家寨、古北口、石塘岭等处练兵，而总督标兵即以属之。[1]

可知朝廷在隆庆三年已按照谭纶的意见，增设了东路建昌营的副总兵和西路石匣营副总兵。

二　添设总理一职

除了蓟镇战略部署的调整外，为了整顿边军，谭纶也不断赋予戚继光权力，使戚继光得以一展所长。四月二十四日，他先建议朝廷比照总理江广福建军务刘显之例，加戚继光总理蓟辽保定等处练兵总兵官职衔，又使蓟辽昌保等处应受总督谭纶节制者，均受戚继光节制。[2]但因不知名的阻力，六月初六日，改议戚继光为中军都督府署同知总理蓟昌保定练兵事务。[3]

事实上，谭纶添设总理之议，与嘉靖三十九年朝廷平定振武营兵变的经验有关。嘉靖中叶，因为倭寇的侵扰，南京募兵3000，成立振武营。嘉靖三十九年正月二十五日，发生振武营兵变。[4]明代朱国桢所著《涌幢小品》载之甚详：

> 黄懋官，官府尹，以严辩称，改前官。……既以苛刻失众心，有数十卒哄于院门，亲戚多请自便，不听，然内惧出其眷属匿抚台署中，而密以帖邀内厂何绶、督府徐鹏举、李廷竹、大司马张鏊、少司马李遂至，懋官出迎，诸卒遂入。

1　（万历）《大明会典》卷一二九《镇戍四·各镇分例一·蓟镇》，页9b（1841）。

2　《谭襄敏奏议》卷五《早定庙谟以图安攘疏》，页8a~b（675）。

3　《谭襄敏奏议》卷五《早定庙谟以图安攘疏》，页11a~b（677）。

4　此事《明世宗实录》载在嘉靖三十九年二月丁巳日下。按：应以《涌潼小品》所载为是。

懋官以金帛布地，饵之，不退，益大集。绶等惶恐，将往估计厅俟变。而懋官自后逾垣，体魁壮不能上，一家僮自下推之。仆地，气息仅属。抵一民家罗姓者……迹懋官，得其处。时绶、鹏举等亦至，懋官牵鹏举衣，呼诸卒为爷，曰："发廪，发廪。"鹏举稍谕止之，骂曰："草包何为？"张鳌呼曰："幸为我赍懋官。"不听，数卒翻屋上木，飞瓦及鹏举冠，乃各弃去。曰："力不能保公矣。"然犹抱鹏举足，不肯舍。一侍者手拨之，乃脱。卒持梃乱下，其家僮卧腹上，受捶无数，面决眼突。梃及懋官身，一卒持铳击脑后，垂死。拽至大中桥，以绳裸悬坊上，纽不作结，每一悬辄掷下，初犹作呻吟声，数掷，绝矣。刘世延后赎其尸，殡而归之。[1]

南京振武营始设于嘉靖二十四年冬，兵力为 3000 人，是南京兵部尚书张鳌因倭寇而设立。原拟议选各营精锐，但仍不足，遂招四方矫健者，于是成员多为恶少、无赖。黄懋官，字君辨，福建莆田人，嘉靖十七年进士，累官至户部侍郎，总理南京粮储。时因旧例，南京各营官军月米有妻者一石，无妻者减十之四。春秋二仲月，每石予折色银 5 钱。南京户部尚书马坤奏减折色银为 4 钱，官军始怨黄懋官性苛削。加以稍后又奏停补役军丁妻粮，因而引发官军不满，特别是南京振武营。当日，叛军赴黄懋官家中鼓噪，造成黄懋官被扑杀悬尸的惨剧。[2]

嘉靖皇帝为黄懋官案下令诛首恶，并以户部尚书江东为参赞，但江东对士卒宽假，因而更无法纪。朝廷为解决振武营之变，遂采纳给事中魏元吉的建议，以浙直副总兵刘显前往提督。刘显尚未到任，江北的池河营又发生变乱，千户吴钦被殴。因而诏刘显亟往，

---

1 《涌幢小品》卷三二《振武兵变》，页 8a~9a。
2 《明世宗实录》卷四八一，嘉靖二十九年二月丁巳日，页 4a~b（8031~8032）。

并答应其携 500 川兵随行。[1] 谭纶巧妙地利用这个先例，为戚继光取得了更高的武职，并得以浙兵为后盾，整饬蓟镇的军事。

　　然而，戚继光就任后就面临尴尬的处境。由于总理一职系新设，体制未备，戚继光立即面临缺乏中军和坐营官等幕僚军官的困窘。对此，谭纶也是积极解决，在隆庆二年六月十一日代戚继光荐举杨秉中为都指挥使司，管理中军事务。坐营把总则由原海宁卫同知陈文治充任。[2] 此外，戚继光虽为总理练兵，但其直辖的部队仅有 3000 人，所以谭纶在秋防后决定予以更动[3]，使其在实质上能够掌管蓟镇全镇兵马之训练与作战。隆庆三年初，原任蓟镇总兵官郭琥终被调回京听用，戚继光担任总兵官。[4] 隆庆三年一月，朝廷又将郭琥调走，最后连昌平和保定也被分出，使戚继光从总理四镇变成一镇总兵。[5] 故谭纶虽为戚继光极力争取武职，但朝中对开此先例不甚重视。戚继光之练兵成果，遂局限于蓟镇附近。

三　采用西方火器

　　谭纶初到蓟镇视察时曾到教场去检视官军所用火器，他认为蓟镇所使用的主要火器快枪，长度只有 1 尺（32 厘米），制造不精，点放无法。而先前所引进的浙江制造的鸟铳，每 3000 人仅中有 18 人使用。武库中所藏的鸟铳也"敝坏不堪"。谭纶以为蓟镇防区的 30000 将士中，需要有 3000 名鸟铳手为"冲锋破敌之用"，故计划往浙江募 3000 鸟铳手。[6]

　　除了鸟铳，也添购木佛郎机铳。由于佛郎机铳的造价昂贵，

1　《明史》卷八九《兵志一·京营》，页 2183~2184

2　《谭襄敏奏议》卷五《照例设立中军坐营官以便教练疏》，页 17b~18b（679~680）。

3　《谭襄敏奏议》卷五《请复旧兵马以严防守疏》，页 53b（697）。

4　《谭襄敏奏议》卷九《感激非常恩遇披诚请兵备战守以图补报疏》，页 1a（782）。

5　范中义对此考据甚详。《戚继光传》，页 246~249。

6　《谭襄敏奏议》卷五《早定庙谟以图安攘疏》，页 9b~11a（675~676）。

谭纶于六月二十九日建议采用木制，以连发七八发不裂亦不伤射手为设计的基本要求，制造佛郎机铳。以坚木为铳身，长 7 尺（2.24 米），炮身周长 1 尺 4 寸（45 厘米），炮口的内径 1 寸（约 3.2 厘米），炮身外铁箍 6 道，共只需费银 3 钱 3 分。且铳身如已不能使用，只需换木制铳身。谭纶希望工部拨款 11000 两给蓟镇昌镇和十一路分造 33000 架，以备战守。[1]

四 创建蓟镇战车营

在谭纶尚未到任前，朝廷就已有在蓟镇造战车的计划。隆庆二年正月，接替刘焘的兵部右侍郎曹邦辅暂兼蓟辽总督整顿防务。他和顺天巡抚刘应节两人向朝廷上《条议边事》，建议在蓟镇造战车 200 辆，车上载火器以备两营防御之用。[2]谭纶就任后，立刻在隆庆二年四月上奏《申庙谟献愚衷以预饬防秋大计疏》，提出了自己对于蓟镇战车布防的计划。[3]谭纶计划以 30000 兵配合 700 辆战车组成野战军。战车车型以谭纶、戚继光和俞大猷三人所合力研发的车型为主，初期试制 30 辆。而战车所用的鸟铳，则由谭纶所带来的浙匠负责制造 1000 杆。

30 辆战车仅够作为训练之用，若要达到 700 辆的规模，必须仰赖工部的补给，因此需要朝廷核拨经费。此外，战车上配制的火器有喷筒、火箭、鸟嘴铳、大铁铳、铜佛郎机铳等，冷兵器则有弓、腰刀、长刀、团牌、锐叉、白棍、夹刀棍、大棒等，都需要军费的支持。（表 6-1）

---

1 《谭襄敏奏议》卷五《条陈蓟镇未尽事宜以重秋防疏》，页 34a~45b（688~693）。

2 《明穆宗实录》卷一六，隆庆二年正月戊辰日，页 6a~b（437~438）。

3 《谭襄敏奏议》卷七《申庙谟献愚衷以预饬防秋大计疏》，页 48a~50a（760~761）。《谭襄敏奏议》中并未指出题奏时间，从奏疏中记载戚继光仍为神机营副将，可知此疏的时间应在隆庆二年四月后，谭纶已就任蓟辽总督后，而在同年五月戚继光就任总理前。以下未注明出处者皆引此。

表 6-1　《申庙谟献愚衷以预饬防秋大计疏》中所载

修造蓟镇战车军需费用表[1]

品名	数量	经费（单位：两）	说明
战车	700辆	12174.7500	每辆 17.3925 两
喷筒	8400支	1133.4960	每支 0.135 两
火箭	140000支	4533.1300	连盛箭席桶 1400 个
鸟嘴铳	2800杆	3780.0000	每杆 1.35 两
鸟铳药	28000斤	1550.0800	连乘药瓷瓶 2800 个
铅子	14000斤	1155.0000	连乘铅子筒 700 个
棉纱火绳	20080条	571.7000	共重 7000 斤，连盛贮木桶 234 个
大铁铳	234门	329.9868	并槌送等项，每门 1.41 两
粗火药	2880斤	760.8480	连乘药瓷瓶 288 筒
大铅子	2108个	168.4800	
铜佛郎机铳	1400架	26886.6600	每架 19.2 两 每架提铳 9 门，共 12600 门 每架铁锤铁送剪刀药匙各一 药匙共 8800 件
大铅弹	151200个	3402.0000	
车正队长攒竹旗杆	1400根	137.2000	
团牌	1400面	509.0000	
牌手腰刀	1400把	1457.4000	
长刀	1400把	1656.2000	
锐叉	1400把	567.0000	
白棍	1400把	37.8000	
弓箭	1620副	1620.0000	弓 1 副，弦 1 条， 箭 30 支，撒袋 1 副
箭手腰刀	1620把	1686.4200	
夹刀棍	1620根	405.0000	
大棒	1620根	43.7400	
合计		64565.8908[2]	

1　《谭襄敏奏议》卷七《申庙谟献愚衷以预饬防秋大计疏》，页 48a~50a（760~761）。

2　奏疏中合计金额有误，短少 600 两，现列为重新核算之总数。

从上表可知，一辆战车所配属的火器为喷筒 20 杆、火箭 200 支、鸟铳 4 杆、铜佛郎机铳 2 架。冷兵器则有弓、腰刀、长刀、团牌、锐叉、白棍、夹刀棍、大棒等兵器，大约每车各配备 2。而大铁铳则非随车配置，属于车营作战时统筹使用的火器。

上述经费规划有几个特点。其一，主要的开支是制造战车和佛郎机铳。制造战车为 12174.75 两，佛郎机铳为 26886.66 两，合计 39061.41 两，约占总经费的 60%。佛郎机铳的经费尤高，约占全部的 40%。如将铅弹等附件的花费计入，则达到 47%。其二，传统火器与西方火器的造价差异极大。以单兵火器喷筒和鸟铳相较，喷筒每支为 0.135 两，鸟铳则每杆 1.35 两，有 10 倍的差距。佛郎机铳每架的造价为 19.2 两，而类似的大铁铳只要 1.41 两，超过了 13 倍。此表可以反映出，战车的武装虽然中西合璧，但已经转变为以西方火器为主。

装备这支以 700 辆战车为主体的野战军，总计须支用银约 65000 两，而这些费用尚不含新募 3000 名鸟铳手的盔甲。六月廿九日，诏给蓟镇战车火器银 46500 两及军器、火器。[1] 九月廿七日，又发太仓银 70000 两充密云镇新募车兵及添调防秋军马之费，并给蓟镇达军盔甲。可见在当年九月秋防前，700 辆战车的装备和经费就已经到位。

隆庆三年初，谭纶上奏《感激非常恩遇披诚请兵备战守以图补报疏》回答兵部对于车骑合练是否堪用的问题时，又将 30000 人、700 辆战车的野战军规模加以扩大：

> 计二镇之间可练为兵车七营，每营用重车一百五十六辆，轻车二百五十六辆，步兵四千，骑兵三千，驾轻车马二百五十六匹。以东路副总兵一营合巡抚标下一营驻之建昌、遵化；

---

1 《明穆宗实录》卷二一，隆庆二年六月丁未日，页 8b（581）。

以西路副总兵一营合总督标下一营，驻之石匣、密云；以蓟镇总兵二营驻之三屯，昌平总兵一营驻之昌平，是十二路二千里之间有七营车骑相兼。[1]

隆庆二年议造 700 辆战车之时，并未有详细的战车部署计划，只在秋防计划中提出在三屯、遵化和密云三地设立车骑二营。隆庆三年的战车部署计划，范围已涵盖蓟昌两镇。不止如此，如实行隆庆三年的计划，蓟昌两镇的战车数量将增至 7 营。谭纶将战车分为轻重二型，主要是战术的需求不同。当追击、拦截敌军或地形险恶时，以轻车配合骑兵。如防守军事重地，则用重车。如迎击敌军或遇平坦地形，则轻重车和骑兵协同作战。从（万历）《大明会典》的记载可知，朝廷同年即同意此案。[2]

五　招募南兵

南兵是指浙江宁绍温台等地曾充兵役、善放鸟铳的雇佣军。谭纶到任蓟辽总督后，发现蓟镇的火器"制造弗精，点放无法"，故而建议招募 3000 名鸟铳手。谭纶此举当然也与刘显整饬南京振武营的经验有关。刘显提督振武营时，率领川兵 500 自随，终于压制住振武营的骚乱。后在兵部同意后，由参将胡守仁会同浙江巡抚赵孔昭募得南兵，在六月二十一日启程前往蓟镇。八月二十一日抵达由谭纶阅视后，分遣 2000 南兵到古北口。另外 1000 名

1　《谭襄敏奏议》卷九《感激非常恩遇披诚请兵备战守以图补报疏》，页 10a~11a（787）。《明穆宗实录》将该疏记为二月戊子日。《明穆宗实录》卷二九，隆庆三年二月戊子日，页 6b~10b（764~772）。

2　（万历）《大明会典》卷一二九《镇戍四·各镇分例一·蓟镇》，页 11a（1842）。"一车营，隆庆三年题准二镇练车七营，每营用重车一百五十六辆，轻车二百五十六辆，步兵四千，骑兵三千，驾轻车马二百五十六匹，以东路副总兵一营合巡抚标下一营，驻建昌遵化。以西路副总兵一营合总督标下一营驻石匣密云。以蓟镇总兵二营驻三屯，昌平总兵一营驻昌平。"

留于石匣营，由戚继光训练。[1]

募兵的军费，谭纶也尽力催促朝廷从马价银中支给。在隆庆三年正月以前，共募南兵 3446 名，年需银 74337.9 两。[2]

六　隆庆二年的蓟镇秋防及其成果

隆庆二年的秋防，可以说是对谭纶就任后的重要考验。他在六月二十六日秋防的题奏中，对蓟昌两镇的秋防部署有非常详尽的记述，其内容详见表 6-2。

表 6-2　隆庆二年秋防蓟昌二镇十四路防区一览表 [3]

总督侍郎谭纶驻扎密云，巡抚都御史刘应节驻扎遵化				
名称	防区宽度	军事长官	兵力	附注
昌平镇	460里	总兵官杨四畏	未注明兵数	总兵标兵二支
第一路镇边城	130里	副总兵杨镗	10121 名	山东民兵 3018 名
第二路居庸关	150里	参将孙山	8992名	
第三路黄花镇	180里	副总兵程九思	11253名	含鸟铳南兵 200 名
西路 (驻密云)	654里	总兵官李超	11000 名 车骑二营	总督标兵二支配石匣营官军组成
第四路石塘岭	248里	参将陈勋	11805名	含鸟铳南兵 500 名
第五路古北口	95里	副总兵董一元	11491名	
第六路曹家寨	111里	游击王旌	7847名	含鸟铳南兵 500 名
第七路墙子岭	200里	副总兵张臣	10488名	含鸟铳南兵 100 名
蓟镇 (驻三屯营)	1557里	总兵官戚继光	车骑二营 未注明兵数	总兵标兵二支配车步民兵、河南班军组成
马兰松棚太平	457里			

1　《谭襄敏奏议》卷五《南兵已到即行分布边塞以重秋防疏》，页 54a~56a（698~699）。

2　《谭襄敏奏议》卷六《请发南兵工食以济边用疏》，页 12b~13a（720）。

3　《谭襄敏奏议》卷五《分布兵马以慎秋防疏》，页 20a~34b（681~688）。

续　表

总督侍郎谭纶驻扎密云，巡抚都御史刘应节驻扎遵化				
名称	防区宽度	军事长官	兵力	附注
第八路马兰谷	150里	参将杨鲤 （属李超）	11877名	
第九路松棚谷	130里	游击张拱立 （属胡守仁）	8151名	
第十路太平寨	177里	参将罗端 （属胡守仁）	11032名	
东路 （驻遵化）	446里	副总兵胡守仁	车骑二营 未注明兵数	建昌营官军一支配巡 抚标兵二支组成
第十一路燕河营	120里	参将史纲	9254名	
第十二路台头营	116里	参将杨腾	6900名	
第十三路石门寨	160里	参将李信	8928名	
第十四路山海关	50里	参将莫如德	2060名	

这个秋防计划，有以下几个特色。

其一，谭纶主张蓟镇的部署以三路协守为精神，但现实情形却是遵化一营将官三员皆为游击，密云一营将官四员皆为参将游击，官秩相同，彼此难分统属，战时会产生指挥上的困难。因此在此一计划中，谭纶将蓟镇、密云、遵化三者的主官分别定为总兵、总兵、副总兵职等[1]，显示出三地防守的重要性有些微的差别。在七月十一日的题奏中，他又主张将密云改为副总兵[2]，以符合蓟镇战守之策的精神。

其二，募兵依其兵员的来源可以分为民兵和南兵两种。民兵来自华北，南兵则多来自浙江。民兵主要运用于昌镇的镇边城和蓟镇戚继光直属的车兵，而南兵以鸟铳手为主，分布在昌镇黄花

1　《谭襄敏奏议》卷五《分布兵马以慎秋防疏》，页20a~34b（681~688）。

2　《谭襄敏奏议》卷五《请复旧兵马以严防守疏》，页51a~b（696）。

镇和西路石塘岭、曹家寨、墙子岭等地。这种安排显示由西而东的兵力布建考虑。早期计划中南兵数量并不高，可能是对招募时程的估计较为保守。前已述及，八月底南兵 3000 名抵达后，2000 兵南兵到古北口，1000 名则留于石匣营。

其三，蓟镇的车营驻防在蓟镇、密云和遵化三地，而以车骑各一营的方式部署，显示出三地集结主力以支持前线的构想，但初期蓟镇只有三个车营，车兵在野战军的比例并不高。

其四，此一计划未见原蓟镇总兵郭琥。事实上，郭琥直至隆庆三年二月才被调离蓟镇。而由戚继光承担蓟镇领兵之责，可见谭纶已将大权交与戚继光，使之既掌练兵事宜，又能够统兵作战。

隆庆二年十二月十六日，蓟镇总兵郭琥报称喜峰口外有长昂斜领 3000 余骑来犯，抢夺太平寨等路。戚继光立刻率领战车前往策应。二十七日，明军发动伏击，将敌骑前哨打退。隆庆三年正月初一，敌军见边墙上把守严密，遂将攻城器具抛弃北退。[1] 谭纶的秋防战略虽未被兵部完全接受，但明军总算得以击败敌军。谭论战略部署的优越性透过此役得到证明。隆庆三年的秋防，谭纶又规定骑兵昼夜需行 120 里，车兵和步兵 80 里，"以调兵文到为始，违期者以逗留论"[2]，确保蓟镇秋防时各路军能够确实抵达阵地并抵御敌兵。

七 辽东镇设车营

除了蓟镇之外，辽东的防御也是一个重点。自隆庆三年起，辽东巡抚魏学曾在辽东镇新设战车营。魏学曾所设立的战车营是采用 120 辆偏厢车组成。每车上用佛郎机铳 2 杆，下用飞雷炮、快枪各 6 杆作为武装。车中载有拒马枪 1 架，上用长枪 12 杆，下

---

1 《谭襄敏奏议》卷六《敌兵窥犯拒堵退遁疏》，页 13a~14b（720~721）。
2 《谭襄敏奏议》卷七《分布兵马以慎秋防疏》，页 1a~5a（736~738）。

用飞雷炮、快枪各 6 杆作为武装。每车配属步军 25 人，共 3000 人。[1]其车制的设计与蓟镇相类。

辽东防区的重要性无法与蓟昌镇防区相比，车兵无法新募。辽东新设车营的兵员主要从广宁步哨军、左等九哨无马军、巡抚军门标兵、营田见占军流寓及土官舍余取得。谭纶认为步哨与各队无马军"向皆置之无用，间多影占歇役者"，改制成车兵则"化腐为新，不增甲兵，不费粮饷，而得精兵一枝"[2]。营田军则"故多费（废）操，今结为一营，而以专官督之，无事则相从耒耜，有警则戮力戎行，得古且战且耕之义"[3]。隆庆五年，辽东巡抚张学颜将车营游击马文龙所部车营移往正安堡，以监督马市。[4]隆庆六年，兵部覆吏科给事中裴应章《条陈辽东善后事宜疏》，提出了教火器，使辽东士兵用佛郎机铳、一窝蜂、鸟嘴铳和火箭，并添设战车的建议，也获得了朝廷的同意。[5]

总而言之，谭纶在总督任内，着力于蓟辽防御策略的定调，为戚继光提供足够的军政后勤支持，并建设以战车和火器为主的野战打击力量。

第三节　戚继光的战车思想与实践

戚继光以南将出任北边总理四镇练兵，自然必须面对朝中对他是否明了南北用兵差异的质疑。戚继光利用廷议的机会发表其对于西北边防问题和东南的差异性的认识，后又著《辩请兵》来说明蓟镇练兵十万的方式。他任职总理后，对蓟镇各路兵马进行

1　《谭襄敏奏议》卷七《添设将领团练车营以图制胜疏》，页 29a~32b（750~751）。

2　《谭襄敏奏议》卷七《添设将领团练车营以图制胜疏》，页 29a~32b（750~751）。

3　《谭襄敏奏议》卷七《添设将领团练车营以图制胜疏》，页 29a~32b（750~751）。

4　《明穆宗实录》卷六四，页 5a（1537）。

5　《明神宗实录》卷八，页 9b~10a（294~295）。

规划，并逐渐发展出详尽完善的编制、务实的操练和缜密的演习计划。以下分论之。

一　廷议和《辩请兵》中的战车思想

在戚继光任神机营副将的短短数月间，曾借由廷议和上奏《辩请兵》的机会，阐述了对使用战车的见解。

隆庆元年十月，隆庆皇帝谕大学士徐阶，命文武大臣详议防虏之策。[1]召集廷议，询问戚继光防御西北之道。戚继光指出西北防御有五难：

> 西北视东南难者五：岛夷航海，其大举不过二万人；匈奴伺边，往往不下数十万。边地凡数千里，备广而力分。彼以全力而趣一军，无坚不入，一难也。岛夷袒裸跳梁，斗在五步之内；匈奴控弦铁骑，卷甲长驱，疾若飘风，士马辟易不暇，二难也。中国所恃者，火器耳。北风高厉，胡尘蔽天，我当下风，火不得发，三难也。岛夷来去有时，非时辄不能涉海去。譬之射隼，亡能出吾彀中。匈奴所至无留行，去则鸟举，终不可制，四难也。蓟辽宣大，藩卫京师，或在吭背，或在肘腋。以致列镇相望，画地守之。彼界此疆，不啻秦越，号令不一，烽堠不通，虽有声援，鲜克有济，五难也。有一于此，犹将不振，况五者乎？[2]

戚继光借此自陈对于西北边患中敌军动员兵力庞大、运动迅速，

1　《明穆宗实录》卷一三，隆庆元年十月甲辰日，页 9b~10a（364~365）。

2　《戚少保奏议》，《重订批点类辑练兵诸书》，《议虏》，页 87，中华书局，2001年。其实此乃戚继光早就构思过的论述，同样的论点可以参见戚继光北上之前，汪道昆所写的《大将军戚长公应诏京师序》。《太函集》卷三《大将军戚长公应诏京师序》，页 60。

天候不利火器，敌军入侵不受天候限制，明军画地自守、号令不一等问题的理解。

他认为解决之道是解除现行法令的限制，挑选 38 名裨将，并招募边郡诸县人民。每 3000 人为一旅，配属在县中，由县令监军并提供后勤所需。以旅为单位，分为车、骑、步三种旅。以三旅为一部，由偏将领军，御史监军。以十部为一军，由主将统领，由总督监军。以训练浙兵的方式训练这批新军，花费三年，准备才算完成。[1] 可见建立一个由募兵组成的车骑步混合的 90000 人部队，是戚继光最初的构想。而新军的战术，戚继光总结道："战则以车距敌，以步应敌，敌稍却则以骑驰之。"[2] 换言之，用战车为前锋，以步兵为后继，而用骑兵收战果。

隆庆二年三月，在即将就任总理蓟昌保练兵事务前，戚继光再著《辩请兵》，进一步为自己练兵的策略辩护。虽然此文的主要目的是指陈练兵 100000 是"为国远谋，一劳永逸"之举，但主要内容却是论述车步骑混成部队的战术。他首先指出必须募集浙兵 10000 北上，作为火器教师，来提升部队的素质和使用火器的效率。随后一反过去多着墨于火器、车制等问题的传统，而采取问答的方式，深入地批判分析战车战术，指出战车的重要性。

他在《辩请兵》中强调战车的接战问题，说：

> 御冲以车，卫车以步……而车以步卒为用，步卒以车为强。骑为奇兵，随时指麾，无定形也。除车之制度、火器等项不赘论，其战法，将车上为女墙捍矢石，且取轻便，下有活裙以出战卒。如虏以数十骑挑我则不应，或虏势大，至五十步时，火器齐举；虏近车丈余，步卒于车下出战。第一行，

---

[1] 《戚少保奏议》，《重订批点类辑练兵诸书》，《议虏》，页 87~88。
[2] 《戚少保奏议》，《重订批点类辑练兵诸书》，《议虏》，页 88。

255

卒持长刀，用平日习法，伏地向前，至远不离车五步；车即随步卒缓进，而步兵齐砍马足。二行，木棍打仆马之贼，只在仆时，乘其跌落，身体仰覆，屈伸未得，乃可着力。三四行，钯枪杂上，以打戳之。如或力倦，退保车内，又用火器冲放一次。[1]

戚继光指出了战车的作战范围是5~50步，以及从发射火器到使用冷兵器的时机。

此外，在《辩请兵》中，他还以六败六变的方式，指出过去战车战术的谬误，并提出相应的对策。其内容详表6–3。

表6–3　戚继光战车六败六变之理[2]

	六败	六变
1	平日教场操演，乃无力害之地，从容中节，便可为用；若临阵，生死目前，心忙手乱，每致火药自焚	今以瓶置火药于别车，平日习熟，约以严刑
2	往者用车为守，遇虏下营，车钉于土，不复移动，以车为城，人避于中，不敢出战。夫城之无人，陷者多矣。况平原车壁，虏得聚攻，集薪蹈犯，燃火焚燎	今用车以战，行而不止，步卒恃车，出没其下
3	往车制不如法，守则不能蔽伍，战则不能飞冲	今之制式，外捍冲突，内卫士马，战则与士卒并进，退则卫士卒之后。虏聚薪则不及焚，蹈犯则不能近

1　《戚少保奏议》，《重订批点类辑练兵诸书》，《辩请兵》，页92。
2　《戚少保奏议》，《重订批点类辑练兵诸书》，《辩请兵》，页92~93。

	六败	六变
4	夫车如王道，大用之则王，小用之则亡。往者之用车，兵不逾万，车不过二百辆，每车占地一丈，每面不过五十丈。以五十丈之阵，而当数万之虏，四面还攻，所谓小敌之坚，大敌之擒	若兵只数万，用车不如用骑，可战可退之为得也。今用车必以十万，或五万，或数车为一营，圆如小堡；或数十车为一营，圆如一大堡；或数百车为一营，分而不离，合而不杂，各开驰道，星棋错综，高下原阻，占地十余里。如虏称十万，其实不过五六万，四面分攻，每面不过数千。彼分而弱，矢石不能逾一面之车，以及对过之背，我面面足以制之。如聚攻一面，则诸营各以其便，举车而前。即一营有失，诸营可胜。此则平日聚练一隅，朝夕抚摩，严刑联束，血脉贯通，臂指相应，一营势危，诸营协救
5	或谓车战宜平原，蓟多山险，非车所利	此执方而用药者。夫以地就车，地不可移；以车就地，随地得便。古法云："车不得方轨，骑不得成列。"若使车轨不可方，而骑列不能成，此取败之道矣。但彼来此往，险则共之，以车塞险，尤为吾利。假如此地可容数车，则数车一营；可容百车，则百车一营；可容千车，则千车一营。随地为势，分而不可断，聚而不可乱，何尝难于险仄而为拘方之器
6	往时无制之兵，人各一心，号令不明，畏敌而不畏将。只靠一车之用，使靡兵而恃车用命，乃必败之道	今练使合兵，万人一心，上下同欲，畏将而不畏敌。真有短刀地斗必死之心，敌忾之气。但恐虏骑冲突，势不可前，借车导引以前耳。是既称为战车，必用之而战

六败和六变说明了戚继光对于旧有车营战术不足以应付新战争的认识。他一一指出以严刑确保士兵的训练和火药的保存使用，强调战车在接战时必须持续移动，车制必须坚固，以符合战

术的需要。同时，作战时一面独立受攻，其他三面应策应。并强调"以车塞险"破除一般人对于车战适于平原，不适于蓟镇多山的错误认知。同时，加强部队协同作战的训练，使部队能够"万人同心，上下同欲"，也使士兵畏长官甚于畏敌人，培养部队的士气。

二　戚继光就任总理后的规划

戚继光甫至蓟镇，遣裨将胡守仁、李超募浙兵 3000。当这批人抵达待命时，忽然下起大雨，自日出下至中午。浙兵军容益肃，使蓟镇诸将大为折服。[1]

隆庆二年十月，戚继光上书《议分蓟区为十二路设东西协守分统其路建制车营配以马步兵而合练之》，展现出他对于蓟镇防御的战略主张，以及车营在其中扮演的重要角色。

戚继光将京师的东北方划分为二协十二路。原来的建昌营游击改为协守东路副总兵，石匣营游击改为协守西路副总兵。东路辖松棚、太平、燕河、台头、石门、山海等处，并配属巡抚标兵。春秋两防时，部队赴建昌路合练。合练结束后，部队分别集中于建昌和燕河，以防有警。西路辖马兰、墙子岭、曹家寨、古北、石塘等处，并配属总督标兵。春秋两防赴密云合练，练后一营驻防密云，一营驻防石匣。平时，前方有十二路，左有石匣，右有建昌，而其中有三屯营，作为本镇营标兵驻扎练兵所在。

东路有敌情时，燕河、石门先应敌，随后则依序为三屯营镇、西协各路、昌镇各标兵。反之，当西路有敌情时，密云、石匣先应敌，然后是三屯营镇、昌平、东路协守各标兵。而马兰、松棚、

1　《太函集》卷七八《燕山勒功铭》，页 1597。

太平三路则属三屯营防守，敌军自东方来则东协驰援，敌军自西方来则西协驰援，最后是昌镇。驰援时，各营先派骑兵 2000，战车后至。

戚继光在这条防线的后方共立有 7 个车营，东路建昌和遵化各 1 个车营，西路石匣、密云各 1 个车营，蓟镇 2 个车营，昌平 1 个车营。[1] 这些车营正好分为两大集团，其中西路石匣、密云、昌平大致南北部署；东路则由以三屯营为中心，西倚遵化，东倚建昌，左右部署。

戚继光在车营的改革中，比较突出的，除了营制的改变外，还有车兵和马兵战术角色的改变。戚继光以为车兵应放火器、砍马足、攻击仆倒的敌人，并不出车应敌。而原应出车作战的战兵，则由马兵替代。马兵成为车营攻击的主力。为了消除疑虑，戚继光在隆庆二年十一月提出的《覆本兵请兵事宜》中曾表示：

> 今之用车，正为送马兵与虏见面耳。马兵得车，方敢出入伸缩，以图一逞。今车营，每一百二十八辆，鹿角六十四架，用步三千五百人，皆附车中。除有空地，方可以一里，正为容列马兵三千于内。[2]

将战车作为保存马兵战力、削弱敌骑的战具。

戚继光又专力于战车与台军的战术配合：

> 一遇事势紧急，摆墙之兵皆归老营，据营以守。标兵又

1　《戚少保奏议》，《重订批点类辑练兵诸书》，《议分蓟区为十二路设东西协守分统其路建制车营配以马步兵而合练之》，隆庆二年冬十月，页 95~96。

2　《戚少保奏议》，《重订批点类辑练兵诸书》，《覆本兵请兵事宜》，隆庆二年十一月，页 99~100。

将重车并列一营，在总括路口；轻车移就边上适中去处，札下一营或二营，听候聚兵决战。虏即入边，当其初入，见我兵齐聚与战，决可驱之退走。万一不然，亦收入大车，与之大决一战，定不许深入内地。各该在边将官，务要先时料理；各该标兵，亦要先期计定，免至临时仓惶误事。[1]

如此，原来分散防御的台军可以集中。重型战车在路口堵截，轻型战车则靠近边墙策应，在会战时适时投入作战。

三 戚继光车营的车制、营制和战术

戚继光蓟镇练兵虽涉及了步、骑、车、台四个兵科，其实是以战车为主的军队改造。

(一) 战车营的编组和营阵

戚继光战车营的编组共分为营、部、司、局、联、车六级。每营由营将一名统领，其下设左右两千总和中军一员。左右千总各统领一部，每部配属战车 64 辆。每部下分设四司，各由把总统领战车 16 辆。每司又下分设四局，每局由百总统领战车 4 辆。每 2 辆战车称为联，每车设车正 1 名统领。而中军则负责统领其他车辆 18 辆。[2] 整个车营合计共有战车 146 辆。（图 6-1)

---

1 《戚少保奏议》，《重订批点类辑练兵诸书》，《设备附台军营》，隆庆三年九月，页 125。
2 《练兵实纪》正文和杂集中对于车营营制的记载不尽相同，在此采较后编入的《杂集》之说。《练兵实纪·杂集·车步骑解·车营解》，页 11b~12a（702~703)。《练兵实纪》卷一则载"中军望竿车一乘、将台车一乘、鼓车二乘、座车一乘、大将军车四乘，子药什物车四乘、火箭车四乘，共一十六乘"，与此有出入。《练兵实纪》卷一《练伍法·车兵》，页 26a (77)。然《练兵实纪·杂集》仍然漏记营将所乘元戎车。

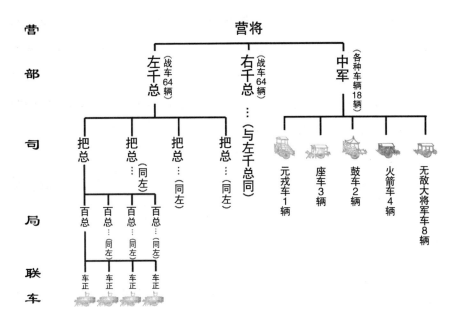

图 6-1 车营编组示意图[1]

戚继光车营的编组是以车为基本单位。原设定每一辆战车配属士兵 4 大队，每队士兵 12 名，共 48 名。但因额定每营不得超过 3000，故改采每车 2 队之制，以 2 队共 24 人为一车，但最后又降为 20 人。[2] 车营使用 128 辆偏厢战车，故基本的战车兵有 2560 人。其各兵士执掌如表 6-4，而车兵在战车的位置可参看《练兵实纪》所载《正厢行营图》和《偏厢行营图》。（图 6-2、6-3）

---

1 《练兵实纪·杂集·车步骑解·车营解》，页 11b~12a（702~703）。战车图样采自《四镇三关志》。

2 《练兵实纪》卷一《练午法》，页 26b（78）；《杂集》卷六《车步骑解·车营解》，页 10b~11a（700~701）。

表 6-4　战车士兵职掌表 [1]

偏厢车一辆			
正兵一队 10 人		奇兵一队 10 人	
职掌	人数	职掌	人数
车正（披坚执旗，专司进止）	1	队长	1
狼机手（每架 3 人）	6	鸟铳手（车内放鸟铳，贼近用长刀）	4
大棒手（专管骡头）	2	藤牌手（车内放火箭，出车打石块，贼近用藤牌）	2
		锐钯手（在车放火箭，出车亦放火箭，贼近用锐钯）	2
舵工（专管运车左右前后，分合疏密）	1	火兵（专管炊饭）	1

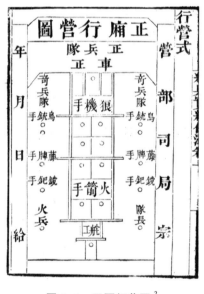

图 6-2　正厢行营图 [2]

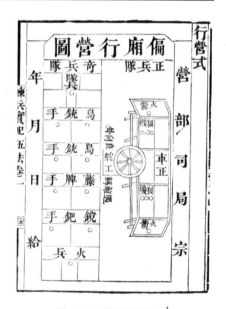

图 6-3　偏厢行营图 [3]

1　《练兵实纪·杂集·车步骑·车营解》，页 11a~12a（701~703）。

2　此图系展示正厢车的士兵配置图。正厢车系先前的战车。《练兵实纪》卷一《练伍法·正厢行营图》，页 31b（88）。

3　《练兵实纪》卷一《练伍法·偏厢行营图》，页 32a（89）。

除了基本的二部战车兵所用的偏厢车和轻车外，还有由中军所率领的部分特殊车辆。这些车辆包括元戎车、座车、望杆车、鼓车、无敌大将军车和火箭车等（其车制及功能详后），其数量和配属士兵原额参表6-5。

表6-5　车营各种车辆员额表[1]

车种	数量	员额（每车）	说明
偏厢车	128	20	每车士兵2队
轻车	256	10	每车士兵1队
座车	3	12（车正1名，舵工1名）	百总1名，把总1名，以中军监管
鼓车	2	12（以鼓手充车正，舵工1名）	
火箭车	4	12（以火药匠充车正，舵工1名）	
无敌大将军车	8	22（以火药匠充车正，舵工1名）	百总1名

若以执掌和官阶来分，其各级人数可见表6-6：

表6-6　车营职称与人数对照表[2]

职称	人数
将官	1
中军	1
千总	2
把总	9
百总	34
车正	128

1　《练兵实纪·杂集·车步骑解·车营解》，页12a~12b（703~704）。

2　《练兵实纪·杂集·车步骑解·车营解》，页12a~12b（703~704）。

职称	人数
舵工	128
狼机手	768
大棒手	256
奇兵队长	128
火兵	128
鸟铳手	512
藤牌手	256
镋钯手	256
旗鼓、爪探、架梁、开路大小将官应用军士	268
运大将军、火箭等车车正、军兵	234
合计	3109

　　隆庆二年十月，戚继光上奏此新战车营制，其中重车 128 辆，轻车 216 辆，步兵 4000，骑兵 3000，驾轻车马 216 匹。[1] 在编制上，每一个车营以 16 车为一司，4 司为一部，2 部为一营。[2] 在战车之间，为了使车辆间距及士兵间距不至过小，戚继光并于两车之间加一鹿角、拒马，使"疏密得宜"[3]。战车结为方营时，偏厢车在外围成一圈，每面战车 32 辆。如果没有鹿角、拒马，车营内仅能容步兵，而无法容纳骑兵，加鹿角、拒马则可以使全员在车营中。骑兵和中军等单位被围在内。

1　《戚少保奏议》，《重订批点类辑练兵诸书》，《议分蓟区为十二路设东西协守分统其路建制车营配以马步兵而合练之》，隆庆二年冬十月，页 95~97。
2　《戚少保奏议》，《重订批点类辑练兵诸书》，《议车营增鹿角》，隆庆二年十一月，页 97~98。
3　《戚少保奏议》，《重订批点类辑练兵诸书》，《议车营增鹿角》，隆庆二年十一月，页 97~98。

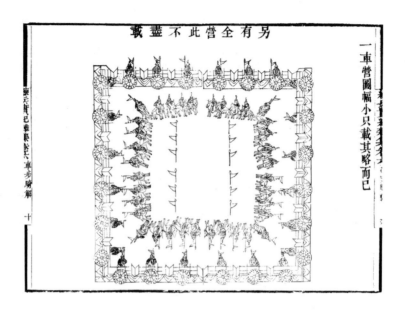

图 6-4　车营图[1]

车营的旗号色彩依五行属色。5 个马营并成大营时，前、后、左、右、中各营按红旗蓝边黄带、黑旗白边黄带、蓝旗黑边黄带、白旗黄边黄带、黄旗红边黄带为长 6 尺宽 4 尺旗、长 7 尺号带。如为前军，旗中间书"前军司命"字样。营以下的旗，旗杆缨头颜色与营将旗色相同。千总旗宽 3 尺长 5 尺，带长 5 尺；百总旗长 3 尺，旗上分别书"振勇""扬勇""威勇""武勇"四种字样；车正的盔旗长 2 尺，书有队哨分数。[2] 戚继光利用不同的旗帜、文字、数字设计，使得各级军官可以很容易地掌握部队的情况。

（二）战车营的战车和火器

1. 偏厢车和轻车

偏厢车是戚继光车营的主力战车，重量在 600 斤（360 公斤）以上，由 2 头骡牵引。车体双轮长辕，两头皆可骡架。车上偏厢

1　《练兵实纪·杂集·车步骑解·车营图》，页 9b~10a（698~699）。

2　《练兵实纪》卷一《练伍法》，页 33b~38a（92~101）。

可以左右配置，长 1 丈 5 尺，两头各有门，以便出入。[1] 其配属士兵情况前已述及。每车配有佛郎机铳 2 门、鸟铳 6 门。轻车是较晚发展出来的车辆，重 300 斤（180 公斤）以上。戚继光说它的用途是"利于远出，经过险隘，有时用之"。轻车等于是偏厢车一半的编制，每车配佛郎机铳 1 门，鸟铳 6 人。每车一队共配属12 名士兵：车正 1 人，铳手 6 人，佛郎机铳手 2 人，锐箭手 2人，火兵 1 人。轻车一营共车 256 辆，每面 54 辆。[2]（图 6-5、6-6、6-7）

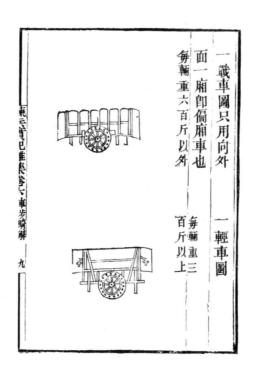

图 6-5　战车和轻车图[3]

1　《练兵实纪·杂集·车步骑解·车营解》，页 10b~11a（700~701）。

2　《练兵实纪》卷一《练伍法》，《车兵》，页 27b（80）。

3　《练兵实纪·杂集·车步骑解·战车图》页 9a（697）。

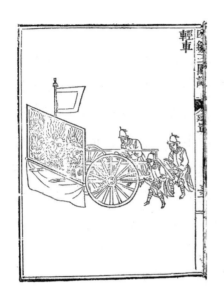

图 6-6　《四镇三关志》的轻车图、偏厢车图 [1]

戚继光说："马上、步下惟鸟铳为利器，其车上、城必用佛郎机。" [2] 佛郎机铳和鸟铳是战车不可或缺的基本火器。佛郎机铳因其后膛装填的设计，使其具有射速较高的特性，因此受到明人的青睐，在嘉靖年间被大量的产制，并配署到各地。戚继光甚为推崇这种火器，认为"此器最利，且便速无比，但其体重，不宜行军，比无车营，只可边墙守城用之。今有车营，非有重器，难以退虏冲突之势" [3]。可见佛郎机铳是车营最重要的火器之一。

偏厢战车每辆配佛郎机铳 2 架，子铳 18 门，铁栓 4 根，凹心铁送 2 根 [4]，铁锤 2 把，铁剪 2 把，铁锥 2 件，铁药匙 2 把，火药 60 斤，合口铅子 200 个，火绳 10 根。[5] 戚继光将佛郎机铳依大小、铅子重、发射药重分为五号。从火药的量可知，战车所使用的佛

1　《四镇三关志·建置考·车器营台图》，页 33a~b（史 10∶30）
2　《练兵实纪·杂集·储练通论》，页 11b~12a（486~487）。
3　《练兵实纪·杂集·军器解》，页 21b（644）。
4　原文作"铁凹心送"，今据中华书局《纪效新书》改为"凹心铁送"。
5　《练兵实纪》卷一《练伍法》，页 39a（103）。

郎机铳，约是三至四号佛郎机铳。[1]

戚继光认为明朝当时所造的佛郎机铳铸造失法，往往有母铳过大、子铳过小的情形。若铅子口径与母铳相当，则子铳的火药无法推动铅子，而且母子铳相接处会有膛压外泄的情形。若铅子的口径与子铳相当，则膛压立刻外泄至母铳，无法推动子铳。此外，还有子母铳口不合的问题。以原有的土石填筑子铳，或用木马子来推动铅子，都无法使佛郎机铳的射程提升。因此，戚继光认为在制造上必须使母子铳口相合，同时，子铳必须深衔于母铳中一寸，以熟铁制造。铅子的口径，则设定为子铳口一半。以凹心铁送装填铅子入子铳，以防止铅子变形。然后，以母铳上的前后照星瞄准射击。[2]如此才能发挥佛郎机铳的威力，有效射程约可达1里（500米）。[3]

鸟铳是战车的另一项利器。戚继光甚为推崇鸟铳在准确性和贯穿力方面的优点。他说："此与各色火器不同，利能洞甲，射能命中，犹可中金钱眼，不独穿杨而已。"[4]射击时，以眼睛、铳首的准星、铳尾的照门和目标形成一线瞄准，即可达八九成的命中率。[5]戚继光曾说，鸟铳的命中率10倍于传统的火铳快枪，5倍于弓矢。[6]

鸟铳的制造是很复杂的工艺，特别是钻铳管，必须要"光直无碍"。火药也必须仔细地舂细，达到"如粒不尘，可以掌上燃

---

1 此处可知佛郎机铳每发所用火药不及五两，故在用药六两的三号佛郎机铳和用药三两半的四号佛郎机铳间。参戚继光《纪效新书》卷一二《舟师篇》，页277，中华书局，2001年。

2 《练兵实纪·杂集·储练通论》，页12a~b（487~488）。《纪效新书》卷一二《舟师篇》，页278。

3 《练兵实纪·杂集·军器解·佛郎机解》，页22a（645）。

4 《练兵实纪·杂集·军器解·鸟铳解》，页29a（659）。

5 《练兵实纪·杂集·军器解·鸟铳解》，页29b（660）。

6 《纪效新书》卷三《手足篇》，页57。

之"的快速燃烧速率。[1]戚继光为使士兵牢记发射鸟铳的要诀，将射击鸟铳的程序编为"铳歌"：

> 一洗铳，二下药，三送药实，四下铅子，五送铅子，六下纸，七走纸，八开火门，九下药线，十仍闭火门，安火绳，十一听令开火门，照准贼人举发。[2]

由上可知，鸟铳需要 11 个准备动作才能发射。射击后鸟铳的保养也十分重要。因为鸟铳内剩余的火药残渣会腐蚀铳膛，因此必须用搠杖进行清洁。搠杖顶突出若檐，以布裹住蘸水后插入铳膛清洗。[3]由此可知，鸟铳从制造到使用都十分讲究，否则无法发挥效用。或因烦琐，北方的士兵并不喜使用鸟铳这种利器。[4]

《练兵实纪》载鸟铳的配件有：鸟铳 1 门，搠杖 1 根，锡鳖 1 个，药管 30 个，铅子袋 1 个，铳套 1 个，细火药 6 斤，铅子 300 个，火绳 5 根。[5]故可知每兵的弹药携行量为 300 发。

2. 无敌大将军车

无敌大将军是用于击溃敌骑万马冲锋的关键武器。过去军中虽有大将军、发煩等重型火器，但是戚继光认为这些火炮往往有以下三种问题：其一，重量达千斤，临时装填火药铅子往往来不及；其二，若预先在炮膛内装填火药，火药会受潮结块，火门也容易锈蚀；其三，第一发射出后，再装填时必须清洁炮膛，以免因炮腔中残留余烬而引发爆炸，而清洁炮膛时又必须以数十人将

1　《练兵实纪·杂集·军器解·鸟铳解》，页 29a~b（659~660）。

2　《纪效新书》卷三《手足篇》，页 59。

3　《练兵实纪·杂集·军器解·鸟铳解》，页 29a（659）。

4　《纪效新书》卷三《手足篇》，页 57。

5　《练兵实纪·杂集·军器解·鸟铳解》，页 29b~30a（660~661）。

炮身举起，在紧急情形下很困难。[1]因此，若将大型火炮的装填问题解决，即可有效增强对敌骑的反击力。

戚继光提出的解决之道，是将这些大型火炮改成葡萄牙后膛装填火炮——佛郎机铳的子母铳设计。无敌大将军装载于双轮炮车之上，利用车上的枕木来调整射击角度。从《无敌大将军车图》可见，铳身前后都有圆环，在移动铳身时较为方便。作战前预先装填三门子铳，发射完毕后可以一人之力取出，并装入下一发子铳。子铳的长度较短，也使得再装填的工作容易完成。虽然采用了子母铳的设计，会牺牲火炮的射程，却大大地提升了重型火炮在战场上的实用性。

无敌大将军铳的装填程序：第一，发射前将子铳刷干净，后将药线以布裹住，再塞入火门，以防止装填铅子时不慎击发。第二，装填火药约3升，略低于铳身上第二箍下的位置，然后以纸张盖住，目的也是防止装填铅子时不慎因余火而击发。第三，置入3寸厚的木马子，大约在炮身第二箍的位置。装填木马子后，再用少许土塞住，以保气密。第四，装填铅子。先下第一层铅子，再下一层土，使得铅子间也没有细缝，以木送舂实。重复这个动作至5层以上，直至第五层箍为准。第五，利用湿泥将铳口粘封舂实，使铅子不会因为炮身晃动而脱出。第六，利用枕木调整母铳射击的角度后，将子铳放入母铳铳身后段。再在子铳末端插入铁栓，用铁锤敲紧铁栓，以使子铳与母铳紧密结合。[2]

无敌大将军铳每门配有以下附件：母铳1门，子铳3门，火药120斤，生铁子10 950个，木榔头1把，木马子30个，木枕2个，木送1根，铁栓1把，铁锤1把。[3]无敌大将军共备弹30发，

1　《练兵实纪·杂集·军器解·无敌大将军解》，页18b（638）。

2　《练兵实纪·杂集·军器解·无敌大将军解》，页19a~b（639~640）。

3　《练兵实纪·杂集·军器解·无敌大将军解》，页21a（641）。

每发火药4斤，铁子365个。[1]火药另由火药车专门载运。战时每面配属无敌大将军车1辆，作为紧急防堵敌骑冲击之用。（图6-7、6-8、6-9）

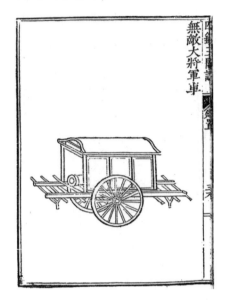 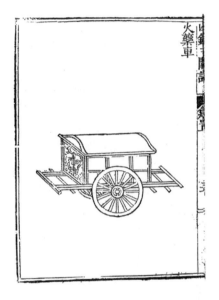

图6-7　无敌大将军车图[2]　　　　图6-8　火药车图[3]

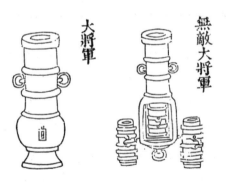

图6-9　大将军铳和无敌大将军铳[4]

1　《练兵实纪》卷一《练伍法》，页39a（103）。

2　《四镇三关志·建置考·车器营台图》，页36b（史10：32）

3　《四镇三关志·建置考·车器营台图》，页37b（史10：32）

4　此图可以看出大将军铳改良前与改良后的比较，以及子铳五籲的设计。此图还说明了一个文献没有提及的部分，即铳尾的部分也增加了一个铁环，使移动铳身更为方便。《四镇三关志·建置考·车器营台图》，页41a（史10：34）

3. 元戎车和座车

元戎车是营将的指挥车，座车则是其他高级将领乘坐的车辆。《四镇三关志》有此二车的图像（图6-10、6-11）。其中元戎车的车制与轻车相仿，配属车兵10名。元戎车车前有防护设施，车身上设有将台，可以方便营将居高指挥。座车则为一全覆式车厢。

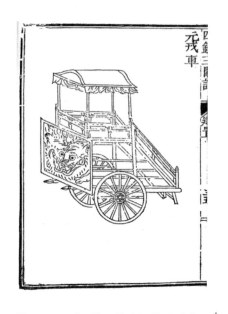

图6-10　《四镇三关志》的元戎车图[1]　　图6-11　《四镇三关志》的座车图[2]

4. 火箭车

所谓火箭，源于南宋，一直沿用至清代。据潘吉星的研究，这种火箭是将含硝量较高的固体火药装入纸筒，筒上以薄泥封闭，筒内开一空腔，筒下留一小洞，插药线于其中，再将火药筒固定在箭身上。（图6-12）这种火箭的飞行速度在每秒百米以上。[3]

戚继光在蓟镇所使用的火箭共有四种：大型的飞枪、飞刀、

1　《四镇三关志·建置考·车器营台图》，页35b（史10∶31）

2　《四镇三关志·建置考·车器营台图》，页34a（史10∶31）

3　潘吉星：《中国火箭技术史稿——古代火箭技术的起源和发展》，页3~4，科学出版社，1987年。

飞箭，小型的火箭。飞枪、飞刀和飞箭以直径为六七分（1.9~2.2厘米）、长为 5 尺（1.6 米）的荆木为箭杆。箭杆尾端装三棱大翎，顶端则以长 7 寸（22 厘米）、粗 2 寸（6.4 厘米）的纸筒装填火药。箭杆顶部则安装长 5 寸（16 厘米）、宽 8 分（2.6 厘米），形似刀、剑、三棱的箭镞。箭体总重 2 斤（约 1.2 公斤）。（图 6-13）

　　戚继光说，大型火箭的射程可以达到 300 步（480 米）。如果射中，不止能贯穿，还能使人马皆倒。火箭与鸟铳神枪等发射铅子的火器最大的差别在于：被铅子击中者身旁的士兵看不到铅子射来，不会因恐惧而退却；而火箭的射程远，可达敌人的后队，且声如雷鸣，易使马匹受惊而跳跃不前。[1]小型火箭采用长三四尺（96~128 厘米）的箭竹作为箭杆，三棱箭镞则长 4 寸（约 13 厘米）、宽 2 分（0.6 厘米）。[2]

　　车营共配有火箭车 4 辆，每辆士兵 10 名，归中军节制。所

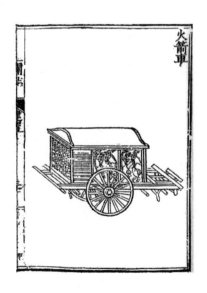

图 6-12　《四镇三关志》的火箭车图[3]

1　《练兵实纪·杂集·军器解·飞枪飞刀飞箭解》，页 35b~36a（672~673）。
2　《练兵实纪·杂集·军器解·火箭解》，页 37b（676）。
3　《四镇三关志·建置考·车器营台图》，页 37a（史 10：32）

携带的火箭共 15360 支，共配 256 个火箭篓和雨罩。[1]作战时配给每辆战车 2 副，以供锐钯手发射，平时则集中于火箭车运送。唯《练兵实纪·杂集》所载之火箭重一两斤，若只分载于 4 车，则每辆火箭车至少负重 2300 公斤，似不甚合理，或有部分预先装于战车之上。（图 6-14）

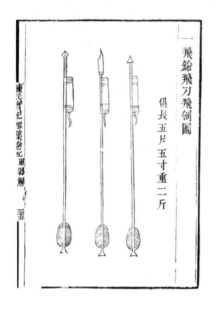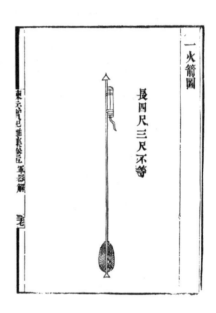

图 6-13　《练兵实纪》的飞枪飞刀飞箭图[2]　　图 6-14　《练兵实纪》的火箭图[3]

5. 望杆车和鼓车

望杆车最早出自于郭登的设计，是车营在营操时所使用的车辆，只配有 1 辆[4]。出征时不用随行，主要功能是瞭望。而鼓车则为发进攻号令的战车，配有 2 辆，每辆士兵 10 名。[5]（图 6-15、6-16）

1　《练兵实纪·杂集·军器解·车营解》，页 14a（707）。

2　《练兵实纪·杂集·军器解·火箭图》，页 35a（671）。图中长度为箭杆与箭镞相加之数。

3　《练兵实纪·杂集·军器解·火箭图》，页 37a（675）。

4　《练兵实纪》卷一《练伍法·车兵》，页 26a（77）。

5　《练兵实纪·杂集·军器解·车营解》，页 12a（703）。

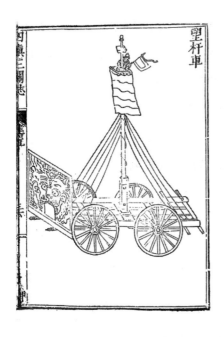 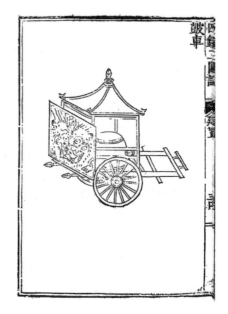

图 6-15　《四镇三关志》的望杆车图[1]　　**图 6-16　《四镇三关志》的鼓车图**[2]

（三）马营和步营

1. 马营的营制

戚继光创建车营时，不少人担心会削弱原有以骑兵为主的防御体系。因此，戚继光特别说明"今之用车，正为送马兵与虏见面耳。马兵得车，方敢出入伸缩，以图一逞"来争取认同。从《练兵实纪》的内容安排来看，戚继光将马营的编组列于书首，颇堪玩味。

马营的旗号色彩依五行属色。5 个马营并成大营时，前、后、左、右、中各营按红心蓝边、黑心白边、蓝心黑边、白心黄边、黄心红边为 6 尺梯形旗。旗杆长 1 丈 5 尺，饰有缨头、雉尾及 8 尺 5 寸的号带。如为前军，旗中间书"前军司命"字样。营以下

1　《四镇三关志·建置考·车器营台图》，页 36a（史 10：32）。

2　《四镇三关志·建置考·车器营台图》，页 34b（史 10：31）。

的认旗，旗边的颜色与其所属上一级长官旗主色相同。如有号带，则与上上级主色同色。百总认旗分别书"振勇""扬勇""威勇""武勇"四种字样，队总的盔旗书有队哨分数。[1] 步营的旗号亦与马营相同。[2] 马营旗号形制尺寸可参见表6-7。

表6-7　《练兵实纪》中的马营旗号形制尺寸表[3]

阶级	旗类	旗制	旗杆	号带尺寸
营将	认旗	长6尺（斜角有边）	杆长1丈5尺，缨头雉尾	8尺5寸
千总	认旗	长4尺（斜角有边）	杆长1丈3尺（疑缺缨头）	7尺
把总	认旗	长3尺（斜角有边）	杆长1丈1尺，缨头	5尺
百总	认旗	方2尺（斜角有边）	杆长9尺，枪头	
旗总	背旗	方2尺5寸（斜角有边）	杆长3尺6寸	
队总	盔旗	长6寸（书队哨分数）		

戚继光的马营，全员2988名。如加大编组，则在每一把总下多设一局，成为3360人的大营。马营的基本单位是队，共12名军士。除队总1名外，尚有鸟铳手、钯手、枪棍手、大棒手各2名，火兵1名。（图6-17）每3队为一旗，设旗总1员，共37员。3旗为一局，设百总1员，共112员。4局为一司，设把总1员，共449员。2司为一部，设千总1名，共899员。3部为一营，设将官、中军各1名，共2699员。[4]

1　《练兵实纪》卷一《练伍法·骑兵》，页10b~11b（46~48）。

2　《练兵实纪》卷一《练伍法·步兵》，页24a（73）。

3　《练兵实纪》卷一《练伍法·骑兵》，页10b~11b（46~48）。

4　《练兵实纪·杂集·车步骑解·马营解》，页16b~17a（712~713）。

图 6-17　马队图 [1]

除了基本的马队外，另有神器把总 1 员，及旗鼓、爪探、架梁、开路大小将官应用军士 288 员。旗鼓人员有：旗牌 6 员、号铳手 3 员、门旗 2 员、金鼓旗 2 员、执五方旗 5 员、执号带 5 员、角旗 4 员、认旗 2 员、巡视旗 8 员、吹鼓手 16 员、夜不收 50 员 [2]、火药匠 2 员、铁锃匠 [3] 1 员、弓箭匠 2 员、医士 1 员、家丁 1 员、医兽 1 员、家丁 1 员，共 112 员。另有杂流人员，是指百总以上（含）军官的勤务人员。将官下属：识字 3 员、伴当 18 名、军牢 24 员、厨役 2 员（以上马军）、养马 3 员、薪水 3 员（属步军）。中军官下属：识字 2 员、军牢 8 员（以上马军）、军伴 4 员（属步军）。千总下属：识字 1 员，军牢 6 员（以上马军）、军伴 4 员（属步军）。把总下属：识字 1 员、军牢 4 员（以上马军）、军伴 4 员。百总下属：旗丁 1 员（马军）。共有 176 员。 [4]

1　《练兵实纪·杂集·车步骑解·马队图》，页 15a（709）。

2　夜不收军系用于侦察敌情、传报军情的部队。林为楷：《明代侦防体制中的夜不收军》，《明史研究专刊》2002 年 13 期。

3　锃，指磨光金属。

4　编组部分系还原自《练兵实纪》中《骑兵》和《马营解》的记载。《练兵实纪》卷一《练伍法·骑兵》，页 1b~3b（28~32）。《练兵实纪·杂集·马营解》，页 16b~17a（712~713）。

马营的指挥仰赖旗鼓人员。在马营中，有旗牌6员、门旗2员、金鼓旗2员、执五方旗5员、执号带5员、角旗4员、认旗2员、巡视旗8员，共34人。这些人员负责旗号。另有吹鼓手16员、号铳手3员，负责用声音指挥军队。[1]

骑营使用火器的比例亦很高，共有虎蹲炮60位（备弹1800发，每炮30发），鸟铳432门（备弹129600发，每铳300发），快枪432杆（备弹12960，每铳30发），火箭12920支。[2]

马营独自结方营时，外围以拒马648副双层包围[3]，仅在门角间下单层。[4]虎蹲炮置于拒马中。内则骑兵分两层方营，中军等在最内层。（图6-18）

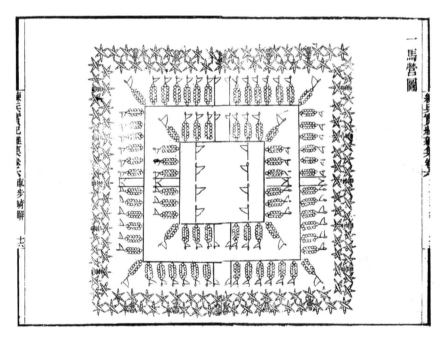

图6-18　《练兵实纪》的马营图[5]

---

1 《练兵实记》卷一《练伍法·骑兵》，页3b（32）。

2 《练兵实纪·杂集·马营解》，页18a~20b（715~720）。

3 《练兵实纪·杂集·马营解》，页21b（722）。

4 《练兵实记》卷一《练伍法·骑兵》，页22b（70）。

5 《练兵实纪·杂集·车步骑解·马营图》，页15b~16a（710~711）。

2. 步营的营制

步营的组成有两种基本单位，一是火器手队（主要使用鸟铳），二是杀手队（主要使用弓箭），每队各 12 名。其编组参表 6-8。

表 6-8 步营编组表[1]

火器手队		杀手队		
职称	人数	职称	人数	个人装备
队长	1	队长	1	长旗枪一杆，腰刀弓箭
鸟铳手	10	圆牌	2	腰刀一把
		狼筅	2	狼筅 2 把（兼火箭）
		长枪	2	（兼弓箭）
		钯	2	（兼弓箭）
		大棒	2	（兼弓箭）
火兵	1	火兵	1	铁尖扁担

3 队为一旗，加旗总 1 名，共 37 名。3 旗为一局，设百总 1 名，共 112 名。3 局为一司，由把总统领，共 449 名。2 司为一部，由千总统领。3 千总为一营，由营将统领。其中鸟铳手共 1080 名，杀手 1080 名，加上将官 1 名、中军 1 名、千总 3 名、把总 6 名、神器把总 1 名、百总 64 名、旗总 72 名、队总 216 名，火兵 216 名，全营共 2699 名。[2]（图 6-19、6-20、6-21）

---

1 《练兵实纪·杂集·车步骑营阵解·步营解》，页 23b～24a（726～727）。

2 《练兵实纪·杂集·车步骑解·步营解》，页 23b～14a（726～727）。

图 6-19 步队图 [1]　　　图 6-20 《四镇三关志》中的步兵护具图 [2]

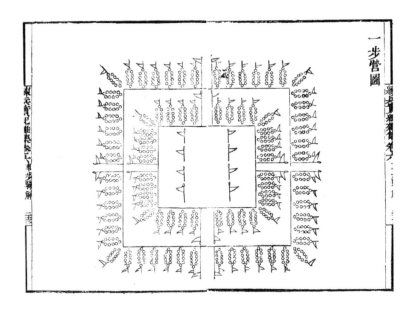

图 6-21　步营图 [3]

1　《练兵实纪·杂集·车步骑解·步队图》，页 21a（723）。戚继光对于步兵的防护极为重视。从此图可知，步队除火兵外，皆着盔、甲和臂手。

2　《四镇三关志·建置考·车器营台图》，页 38a（史 10∶33）。本图系自原图稍作处理。

3　《练兵实纪·杂集·车步骑解·步营图》，页 21b~22a（724~725）。

（四）辎重营

嘉靖四十二年，宣大总督江东领兵出战，因补给无法供应而困饿于山顶。因此，戚继光于隆庆三年八月始议建辎重营[1]，以避免作战时部队受缺粮之苦。在《建辎重营》议中，建议设立 3 个辎重营，平时分别驻防于密云、遵化、建昌。原本规划每个辎重车营 120 辆战车，配属火器，用骡 10 头，养骡军 10 名，由参将或游击统领。在《练兵实纪》中，指出创设辎重营的目的在解决"虏每入犯，官军并无辎重"的现象。为了使官军能够免于"候支粮料，坐失军机"和"枵腹追往，饥疲甚已"的两难之境，创设了 3 座辎重营。

《明神宗实录》记载，隆庆六年十二月，经蓟辽总督刘应节和巡抚杨兆疏议：

> 密云、遵化、三屯各辎重营每营改造大车八十辆，三营凡二百四十辆，每车用骡八头，三营凡一千九百二十头。一车用银十三两，一骡十两，三营车骡凡二万二千二百一十二两。……既称便利，又不增加户部、省转输之难，地方免野略之患。部覆行之。[2]

可知改为每营 80 辆，是蓟辽地区官僚将领讨论的结果，并获得朝廷的认可。万历元年五月二十七日，朝廷就添设了辎重营的坐营官，正式成立 3 个辎重营。[3]

《练兵实纪·辎重营解》是戚继光依朝廷批准的构想所撰写的。

1　《戚少保奏议》，《重订批点类辑练兵诸书》，《建辎重营》，隆庆三年八月，页105~106。

2　《明神宗实录》卷八，隆庆六年十二月辛未日，页 9a（293）。

3　《明神宗实录》卷一三，万历元年五月丙午日，页 12a（435）。

辎重营每营大车 80 辆，每辆骡 8 头，车上用偏厢牌。每车载米、豆等 12 石 5 斗（其中米 2 石 5 斗，棋炒 3 石 7 斗 5 升，黑豆 6 石 2 斗 5 升），80 车共有米 300 石、棋炒 300 石、黑豆 500 石，可供 10000 人马 3 日之需。

辎重营的最基本单位是车，每辆车配属 20 名军士，其职分参表 6-9。

表 6-9　辎重营大车员额职掌编组表 [1]

大车一辆			
正兵一队 10 人（负责驾车）		奇兵一队 10 人（负责护车）	
职掌	人数	职掌	人数
车正（专司进止）	1	队长	1
狼机手（兼领拽车骡）	6	鸟铳手	
大棒手 （领拽车骡兼临阵收拾骡头）	2	（其中 4 名兼习长刀，2 名兼习藤牌短刀，2 名兼习锐钯）	8
舵工（专备留后）	1	火兵（专管炊饭）	1

虽然辎重营的兵额较少，也没有鹿角等加强车营防御的设备，但辎重营的火力较之于其他车营，并不显得逊色。在员额中 1914 人，使用火器的兵员为 1280 人，约占 66.87%。其车式有两种图像，参图 6-22、6-23、6-24。

1　《练兵实纪·杂集·车步骑营阵解·辎重营解》，页 341~343。

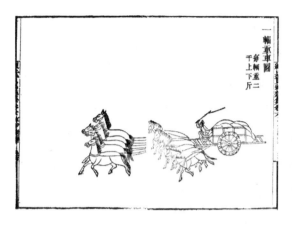

图 6-22　辎重车图[1]

图 6-23　《四镇三关志》
的辎重车图[2]

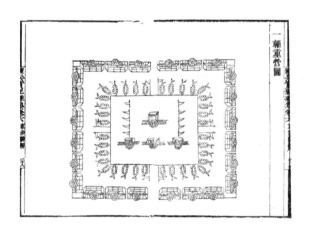

图 6-24　辎重营图[3]

（五）分科教练和操演

在东西路副总兵李超和胡守仁二人所辑的《登坛口授》

1　《练兵实纪·杂集·车步骑解·辎重车图》，页 26b~27a（732~733）。《练兵实纪》所绘的辎重车与民间大车较为类似，可以装载较多粮食。但本图并未绘出佛郎机铳等武器。此图牵引骡共 10 头，但事实上应为 8 头。

2　《四镇三关志·建置考·车器营台图》，页 38a（史 10：33）。《四镇三关志》所绘的辎重车只由一匹马来牵引，亦十分令人怀疑。

3　《练兵实纪·杂集·车步骑解·辎重车图》，页 27b~28a（734~735）。

中 [1]，戚继光特别提到了鸟铳的限制：

> 惟有火器是我所长，但火器又有病痛。且如三千军一营，便一营都是火器，不过三千杆。临时必下四面营，每面只得六百杆，况一营决无此多。又不敢以六百杆一齐放尽，思以何为继？只得分为五班，每班不足百杆。临阵之际，死生只在眼前，人人面黄口干，心慌手颤，或将铅子先入，或忘记下铅子，铳口原是歪斜大小不一，铅子原不合口，亦尖斜大小不一，临时有装不入口者，有只在口上者，有口大子小，临放时流出者，有将药线捻不得入，用指引唾而捻者，有将火线灭了者，此类皆放不出，已有二十杆矣。放出，高下不准、润湿不燃者，又有四十余杆，中贼者不过二十杆，内有中贼腿及马腿非致命所在，又不能打贼死。其中贼致命处而死者不过十数人。夫以贼数千人冲来，岂打死十余人可使之走乎？[2]

可见有了优良的武器后，适当的训练也极为重要。戚继光因

---

1 隆庆四年六月，因敌台兴建已过半，蓟镇奉总督和巡抚之令，暂停工事先练兵。六月二十一日，戚继光召集蓟镇将领于三屯营镇城止止堂"登坛口语"，除东路协守胡守仁和西路协守李超外，东路的遵化标下游击孙朝梁、张士义，三屯标下游击史宸、王通和王抚民，中军都司谢惟能，分守山海参将管英，石门寨参将李珍，台头营游击谷承功，燕和营参将史纲，太平寨参将罗端，松棚路游击张拱立，马兰谷参将杨鲤，入卫固原游击刘葵，延绥游击侯福远皆至。而西路的密云标下参将，墙子岭副总兵、曹家寨游击、古北副总兵和石塘岭参将因西防紧要未至，但皆派遣代理人与会。除了将领外，各部之中军官、管操书记、掌号吹鼓手亦皆至。李超等人预先于厅事西壁派遣多名书手抄记戚继光口授的内容。是日极为酷热，戚继光赏吴扇和西瓜二叶与众将及幕僚。前后登坛口授二日，第二日晚间戚继光亲自询问各路兵力等情况，逐一定下墩军传守之法、尖夜部武练法、派墙垛之法、十一路援兵向往方略。第三日设宴，第四日各将归信地。其登坛口授的内容后被刊行于《练兵实纪·杂集》卷四《登坛口授》。《练兵实纪·杂集·登坛口授》，页 1a~3b（535~540）。

2 《练兵实纪·杂集·登坛口授》，页 10a~b（553~554）。

此制定了详细的比武艺制度，同时对于部队的射击、行军、作战都制定了详细的规范，并一再操练。以下就武艺比试、射击测试与训练、车马步营战术和合营战术分述之。

1. 武艺比试与赏罚

戚继光教导士兵，是透过层层节制来实现的。百总在每个入操日必须以旗为单位轮流比武，把总则在每月的初六日进行比武，千总则在每月十六日比武，营将则在每月二十六日进行比武。总督、巡抚、总兵和兵备道则采用抽验的方式。[1]

凡是遇千总、把总比武之日，就调出比武的记录，凭册赏罚。赏罚从上上至下下九等，外加超等，共分为十等。中上和中中免究，上下等以上军官可以获得丝织品和银钱等嘉奖，中下等以下者则必须承受降级（甚或开革、降为士卒等）、捆打、减俸等罚则，十分严格。在这种评等制度下，只有火兵、薪水、军伴等少数人员免比，其他的杂流皆须比一种武艺。[2]其比较之例，参表6–10。

表 6–10 比较武艺例表[3]

等次	射艺	武艺
超等	九发中九	极精极熟，出乎上上之外，得心应手，自知机彀，可以传教者
上上	九发中八	较上中稍纯熟者
上中	九发中七	舞对俱疾速，力猛，不差正彀者
上下	九发中六	较上中稍钝弱者

1 《练兵实纪》卷四《练手足》，页 1a~2b（210~211）。

2 《练兵实纪》卷四《练手足》，页 7b~8a（222~223）。

3 《练兵实纪》卷四《练手足》，页 5a~6b（217~220）。

续　表

等次	射艺	武艺
中上	九发中五	比中中稍熟
中中	九发中四、三	舞对猛力，不差正毂，俱稍生涩者
中下	九发中二	比中中再生者
下上	九发中一	艺虽纯熟而不知毂者，虽合毂而不熟，与合熟而迟钝者
下中	九发皆不中	能舞而不知对，能对而不知舞。虽精，亦为下中
下下	不知	舞对二事全然不通，与未习者为不知。或一事而生，与但舞对俱差正毂，虽熟，亦为下下

2. 射击基本训练

射击是边军打击力的主要来源。以弓箭的射击为例，戚继光就指出"射，不在图中"[1]。他认为超等的射手应该能扯硬弓，射重箭，射得远，命中率高，且使箭深入目标物。其次，则是射程较近的射手。可见戚继光认为，除了命中率，射程和力道等因素都很重要。戚继光设计了以 80 步（128 米）为射程的训练，以 5 尺（1.6 米）的步弓进行射击训练，训练时以蓝旗指挥。每千总所属士兵立四面靶，每次 5 名射手上场。靶材、靶衣、步弓都由马兵千总制造。每千总共制造 4 个靶，将敌人的形象画在靶布上。靶高 7 尺（224 厘米），宽 2 尺（64 厘米），用绳固定在 2 根木杆上，以便于携带。[2]

测试火器时，将靶向后移动 20 步，即以 100 步为射程。以红旗指挥调动铳和铳手。营中所属的虎蹲炮、佛郎机铳、鸟铳、快

1　《练兵实纪》卷四《练手足》，页 10a~b（227~228）。
2　《练兵实纪》卷四《练手足》，页 10a~11a（227~229）。

枪、火箭都至中军听令。与比试弓箭不同，部分火器比射前，必须要先做一系列的装备检查。[1]

鸟铳和快枪，先检查将领是否将口径相同的编入同一旗，是否有铅子模范，是否将铸出的铅子磨光、秤重、量口径。然后检查搠杖是否竖直，火门是否够小，火绳是否干燥，火药是否燥细，药管的装药量是否正常，相关的装备是否合于规范，可以说十分精细。[2]

火器射击的距离为 100 步（160 米），每次 6 人依序轮流射击。射击时，小型铳以鸣锣一声一人举放，大型火铳则以长声喇叭一声后举放。鸟铳和快枪射击 6 发，大铳则 3 发。[3]

佛郎机铳的射击以 3 人为一组，其中 1 人负责控制母铳，另 2 人负责装子铳和运送。一般练习时只用 3 个子铳，如此可以提升发射的速率。佛郎机铳的检查重点如下：母铳腹内是否光圆匀净，子铳口周围牙肩是否齐整，母子铳是否能够密合，铅子大小是否与子铳的口径一半相符，火药袋的装药和火线的长短是否符合规定，槌剪是否堪用，铳架是否方便转动，装填火药和铅子是否合乎程序。最后再连发 3 发，以检验发射速度。虎蹲炮的检查与佛郎机铳类似，但有几点不同。由于虎蹲炮仍保留明初火铳木马子的设计，因此，木马子是否"松下平口"十分重要。此外虎蹲炮装填的弹药也与佛郎机铳不同，有大石铅子和小铅铁子等弹药，前者必须要合口径之半，后者则必须足数。也因为虎蹲炮的装填较为复杂，装填火药、木马、铅子和封土均须检查，然后才准许举放。[4]

1　《练兵实纪》卷四《练手足》，页 11a（229）。

2　《练兵实纪》卷四《练手足》，页 11a~b（229~230）。

3　《练兵实纪》卷四《练手足》，页 11b~12a（230~231）。

4　《练兵实纪》卷四《练手足》，页 12b~13a（232~233）。

个别武器操演完后，还有战队的比试。这种比试比较接近实际战斗的情形。鸟铳手列第一层，快枪手列第二层，火箭手列第三层，射手列第四层，大棒手列第五层。先打锣休息，然后吹哱啰起身，准备操演。先由鸟铳手射击 3 发，然后快枪手、火箭手、射手依序各射击 3 发。最后鸣摔钹，收火器，执短兵器，成鸳鸯阵，照号令一起向靶子冲去，至靶而止。[1]

火箭车和大将军铳等特殊兵器仅在春秋两防时举行比试，不需要参加一般的比试。火箭车先检验箭的数量是否堪用，并抽放 3 支。其次检查车架是否坚固，各部分的组成是否合乎规范。最后将射击用的靶数个凑成宽 5 丈（16 米）的大靶，置于 60 步的距离，以模拟敌军大举进攻的情形，再放火箭。大将军铳则检查子母铳是否合口，然后检查铁闩、榔头、送子木马等零件和火药等物。打靶的方式与火箭车同。[2]

3. 马营的操演

操演以营为单位，操演的内容包括了出营、行军、变换队形、结阵、作战、安营等科目。马营在接受大中军营的旗令后准备出发，先由架梁马作斥候，预先探查行军路线。然后以左中右部为序，陆续开拔。遇险隘时，排成以 3 队为单位、6 匹马为正面的纵队。至平旷地形时，则成为横队，左中右部间距离 30 步（48 米）。[3]

遇有敌情时，中军先举变令炮，然后吹摆队伍喇叭。部队闻声后，左右两部围成方形外围，中部所属左右二总则收进中间成为子营。最中央则为标下人员排成的两排。外围每一小队排成鸳鸯阵，每小队距离 1 丈（3.2 米）。马匹退至小队后。鸣啰后，摆

---

1 《练兵实纪》卷四《练手足》，页 16a（239）。

2 《练兵实纪》卷四《练手足》，页 18b~19a（244~245）。

3 《练兵实纪》卷五《练营阵》，页 1a~b（251~252）。

放拒马，并在阵前 1 丈处安放虎蹲炮。一旦敌军靠近至 100 步（160 米）外，就举号炮一声，吹哱啰起身，子营的马兵上马，再吹哱啰一次。如逼近至 100 步以内，则掌天鹅喇叭一声，外围第一层枪铳手齐射。又吹天鹅声一遍，则第二层枪铳手齐射。第三次天鹅声则由第三层的锐钯手以钯为架放火箭几支，然后放虎蹲炮。第四次天鹅声则第四五层的士卒和队长一起射弓箭。[1] 前后射击火器 3 次，弓箭 1 次。

等到敌人接近至 30 步（48 米）的距离，摔钹疾响，开始调整队伍，改用短兵器。第一层为锐钯，第二层为刀棍，第三层为大棒，第四层为快枪倒用，第五层为长刀。子营的马兵待命，列于外营步兵之后。整队完成后，点鼓步兵缓步前进，进而擂鼓，开始跑步冲锋杀敌。攻击时步兵队应注意刀棍只攻击人面、马腹，而大棒只打马头，不许割取首级。[2]

中军标兵和子营马军最后出击。变令号发后，马兵出步兵阵前。马兵中的铳手先下马射击，然后点鼓前进，在马上进行射箭、刀砍、枪戳等动作，直到获得大胜为止。其他的铳手则装填弹药列阵等待。[3]

4. 步兵的操演

步兵在有敌情的顾虑下，一般是先吹摆队伍喇叭，点鼓，部署为三部横排的阵形，如图 6-25。

左部一司	中部一司	右部一司
旗鼓	旗鼓	旗鼓
左部二司	中部二司	右部二司

图 6-25 步兵有敌情顾虑时之横排阵 [4]

---

1 《练兵实纪》卷五《练营阵》，页 2a~3a（253~255）。

2 《练兵实纪》卷五《练营阵》，页 3a~4a（255~257）。

3 《练兵实纪》卷五《练营阵》，页 4a（257）。

4 《练兵实纪》卷五《练营阵》，页 7a~b（263~264）。

再鸣金，鼓止后，又吹喇叭单摆开，则成为每队一行，每队左右相距 1 丈的队形，预备应敌。[1] 当敌人接近至 100 步（160 米）的距离时，举变令炮一声，吹哱啰一声，部队起立。接着吹天鹅声喇叭，第一层的鸟铳就举放。再吹第二声，第二层快枪举放。接着再吹天鹅声喇叭，钯手出前，以钯为架，点放火箭。再吹天鹅喇叭，枪棍手与队长出前射箭。

当敌人接近至 30 步（48 米）时，摔钹急响，收起弓矢，排成鸳鸯阵。第一层为藤牌，第二层为狼筅，第三层为钯，第四层为快枪。鸟铳手改用长刀，列在第五层。[2]

由于步兵是战场上人数最多的基干兵力，因此，与其他步兵营合营的机会较多。行军和下营时如何合营，对于步兵营的防卫甚为重要。在行军时，二营、三营、四营、五营的排列方式如《广行营图》，下营则依《广下营图》。（图 6-26、6-27）

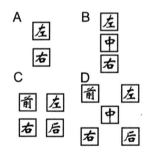

图 6-26　广行营图[3]

1　《练兵实纪》卷五《练营阵》，页 7b（264）。
2　《练兵实纪》卷五《练营阵》，页 7b~8a（264~265）。
3　《练兵实纪》卷五《练营阵》，页 9b~10a（268~269）。A 表二营行营时，B 表三营行营时，C 表四营行营时，D 表五营行营时。

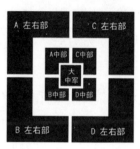

图 6-27 广下营图[1]

5. 车营的操演

车营的操作较其他的兵种复杂，因之训练也较其他的兵种重要。戚继光要求训练推车上下山坡、车单推、车联推及火器放射，务必达到熟练的程度。[2]

车营遇敌时，排成"∏"字形，前列的战车由偏厢车两两相联成为正厢车，左右两侧则为偏厢车，偏厢车有厢的部分朝外。车头车尾相连，不可留有空隙。[3]

当敌人接近至 60 步（96 米），又以数十骑兵试探车营时，车营静守。若敌人的人数增加至数百，则每车以一杆鸟铳射击一敌骑。戚继光强调射击时不得用旗鼓等号令，而用口传令，目的在

1 《练兵实纪》卷五《练营阵》，页 10a~b（269~270）。

2 《练兵实纪》卷五《练营阵》，页 10b~11a（270~271）。

3 《练兵实纪》卷五《练营阵》，页 11a~b（271~272）。

于收狙击突袭之效。[1]

若敌人"拥众而来",则望旗向敌方向磨,下垂,车上旗急点,举变令炮一声,吹天鹅声一次。战车上的4名铳手分为2班,每班2门鸟铳,听天鹅声轮流齐射。等到射起火一支,火箭持续放射,佛郎机铳齐射,鸟铳和快枪则暂时停止射击。再吹天鹅声,则改为鸟铳和快枪射击,如此与火箭、佛郎机铳轮流射击,并且战且行。当车营遇上"前途平坦,贼众势大"和"天晚路长"两种情形时,布阵的方式就改为方营。作战的方式与前同。[2]

当敌人进逼至战车前,则预先将火箭车1辆和大将军车2辆推向营面的左右,发射时机由中军主将决定。若敌人即将冲入营中,则举变令炮,点鼓,出奇兵。每车派出一队,每队相距一大步(约5尺多,1.5~1.6米)。除队长外,分为4层,以天鹅声为令,两两次第发射鸟铳、火箭、弓箭等长兵器。若敌人靠近,则摔钹响,排成鸳鸯阵,以藤牌、队长、钯手、长枪手、鸟铳手为序与敌交锋,胜后退回车阵中。[3]

由于车营的运作较为复杂,因此接战时,各级军官必须遵循固守或是出战的命令。一般而言,营将只在车内,固守车城,管放火器,不领兵出战。千总领兵出战。把总管车。百总既管车城,又领兵出战。车正专管车内攻打。队长专领兵出战,在车内仍管车上攻打。[4]

6. 车马合营

马步合营时,马兵先并入车营的编组中。先由两排战车排成

1 《练兵实纪》卷五《练营阵》,页11b(272)。

2 《练兵实纪》卷五《练营阵》,页12a~b(273~274)。

3 《练兵实纪》卷五《练营阵》,页13a~b(275~276)。

4 《练兵实纪》卷五《练营阵》,页15a~b(279~280)。

前列，马兵以一旗配二车的方式组合。合营时，车营将领居前，主将居中，骑营将领在后。[1]作战时如突然遇敌伏兵，一律下马作战，依照车营的命令，一起轮番打射火器并前进。如遭遇敌方主力，则战车两两相合，形成较为紧密的防御队形。如有空疏处，也必须用器物加以封闭。马兵则不再配属于车，回复原来的建置，分为外、子二层，布防在战车后方一丈处。[2]马营所构成的子营中，车马营的杂流和家丁位于子营的后段，大将军神箭鼓座等车则列于中央，称为"将垣"。[3]

车营和马营合营时，马兵每旗总1名，队总3名，共管1门虎蹲炮。车骑合营的四面门由骑营派遣旗牌1名、家丁1队防守。车营则拨旗牌1员护车，辖下的百总负责守门。当探马来报敌人接近至300步时，望旗四面绕转向上，举变令炮，吹哱啰，马营中应下马的士兵下马，整理火器，准备轮流放射火器，车营则车正上车，营将至车城内。当敌人迫进至100步以内时，车营和马营的火器依天鹅声轮流打射，依序为车兵鸟铳手、车兵鸟铳手、马兵第一伍铳手、马兵第一伍铳手。然后放起火一支，火箭自由齐放。吹天鹅声，佛郎机铳齐射。再吹天鹅声后，依鸟铳、火箭、佛郎机铳顺序轮流打射。若敌人逼近战车，则以虎蹲炮齐射。若再逼近，则放大将军炮和火箭车。大将军炮和火箭车在望旗发令时就布于营门附近，由主将指挥。[4]

当两军接战，望旗向下垂绕，金鸣，火铳停止发射。此时点鼓，马营外围的战兵由车上的小门出战。随后，中军再点鼓，由车营的奇兵出战，分两层策应。随后马营子营急点鼓，紧接着上

1　《练兵实纪》卷五《练营阵》，页16a~b（281~282）。

2　《练兵实纪》卷五《练营阵》，页17a~b（283~284）。

3　《练兵实纪》卷五《练营阵》，页18a~b（285~286）。

4　《练兵实纪》卷五《练营阵》，页18b~19a（286~288）。

阵，以鸳鸯阵前进，作战时步兵不可以离车超过 30 步。步兵前进时，战车内的喷筒和火箭发射，攻击敌人的战马。若敌人败退，则马兵由步兵队的空隙出前追击。[1]

车营作战时，若敌人只从一方攻击，由各面的指挥发令，其他面不许应敌。若四面有敌，则由中军发令。[2]一般而言，车营当中还有冲车数十辆，行营时可补空缺，布阵时则作为保卫中军的子营，作战时也可冲锋。[3]

此外，车营在城外防守时，也必须注意车与城的相辅相成。戚继光说：

> 临时须先择总路一城，以车围在城下，城恃车之火器，车恃城之藩篱，互相保守无虞，方待马兵趋赴。车上惟有随车鸟铳可发墙上，其佛郎机断不可以离车，万不得已，必留一架。随车军兵，必每车留数名。车正等役，须留车中。若尽将车军掣边，其车须入一城内。倘虏马溃城入犯，先保车乘无虞，马兵方有归着，斯胜算也。[4]

故可知，战车在防守时应围于城外，待马兵抵达后才出击。此外，车兵和佛郎机铳均不可擅离战车。战斗时，战车需保存实力于城内，以保护马兵的战斗力。

辎重营与马营的作战方式大致与战车营类似。在遇警不及或地势不便时，不拘车数，"随方随圆、随地为营"，将车辆联结，车厢向外。拖车骡则收于车内。举变令炮一声，马兵下马，

1　《练兵实纪》卷五《练营阵》，页 19b~20a（288~289）。

2　《练兵实纪》卷五《练营阵》，页 20b~21a（290~291）。

3　《练兵实纪》卷五《练营阵》，页 22a（293）。

4　《戚少保奏议》，《重订批点类辑练兵诸书》，《定随营车营马兵》，隆庆三年九月，页 122。

步兵整队。当敌军靠近至 100 步以内，举变令炮，吹天鹅声，营内的炮手两人一组，放炮一次。再吹，再放，共两次。待敌人逼近至 60 步左右，佛郎机铳、大炮、火箭一起举发，鸟铳快枪和佛郎机铳轮番发射，必须"炮声不绝，即终日达夜不止"。当敌人迫近至 20 步时，奇兵队听令下车作战，作战方式与车营同。辎重营的战术角色与车营不同，所以行军时列于战车、马、步之后，作战时更应以自保为主，不求力战，不求首级，辎重不可失。[1]

7. 战车与台军

戚继光在隆庆六年二月曾说："今之车营，战中之守也；沿边台垣，守中之战也。二者相需不悖。"[2] 可知他十分重视战车与台军的配合。隆庆三年九月，戚继光又说明了守御长城的官兵与车营的协防关系：

> 一遇事势紧急，摆墙之兵皆归老营，据营以守。标兵又将重车并列一营，在总括路口，轻车移就边上适中去处，扎下一营或二营，听候聚兵决战。虏即入边，当其初入，见我兵齐聚，与战决可驱之退走。万一不然，亦收入大车，与之大决一战，定不许深入内地。各该在边将官，务要先时料理；各该标兵，亦要先期计定，免至临时仓惶误事。[3]

可知，情况紧急时，原在长城防守的守军应回归主营固守（老

---

1 《练兵实纪》卷五《练营阵》，页 22a~23b（293~296）。
2 《戚少保奏议》，《重订批点类辑练兵诸书》，《议台官习艺》，隆庆六年二月，页 143。
3 《戚少保奏议》，《重订批点类辑练兵诸书》，《设备附台军营》，隆庆三年九月，页 125。

营），重型的战车并列一营于路口，轻型战车则布防于边墙合适之处，准备决战。当敌军犯边时，以战车驱逐敌军。如果无法驱逐，则与重型战车合营，收入重型战车营中，与敌军再次决战，不可令敌军深入内地。将领和军士也须先拟定战术，以免仓皇失措。

第四节　蓟镇改革的展现：
隆庆六年大阅合练

戚继光原拟于隆庆五年初冬对蓟镇部队进行大规模的联合训练，但由于朝廷正拟议新的巡阅制度，因而改为隆庆六年举行。[1]明朝自宣德以来就有令文武大臣巡阅边镇的传统。（万历）《大明会典》载：

> 宣德七年，令居庸、山海关、荆子村、黑峪口，北抵独石，西抵天城，每三月差武官二员、御史二员点视。成化二十二年，令各边军马数目，远边一年一报，近边半年一报，兵部每三年一次具题，差文武大臣各一员，同行阅实，每年一次具题。差御史二员，分行巡视，有设置未备、器械未精、军伍不足、守卒年久未更代者，逐一查理。[2]

由此可知，巡阅边镇在于使兵部可以确定边镇士兵、马匹、装备是否齐备，并了解是否有弊端。

庚戌之变后，巡阅边镇制度又有变化。（万历）《大明会典》载：

1　"拟以辛未初冬，合练于汤泉，适朝遣使者阅视。"《止止堂集·横槊稿上·汤泉大阅序》，页 65。

2　（万历）《大明会典》卷一二二《各边定例·凡巡阅》，页 5a（1871）。

> 嘉靖三十三年，差兵部侍郎一员带司官二员，前往蓟州
> 保定行边，将一应战守事宜，相度计议。如修城堡，给发钱
> 粮，易置将领，悉听便宜施行。[1]

虽然仅在蓟镇施行，但巡阅者位阶升至兵部侍郎，已经不仅能查兵、查账，决行的范围也包括了战守事宜，甚至可以易置将领。

隆庆五年，巡阅制度更加完备。周期改为三年一次，分遣才望大臣，或风力科道官三员，一往延、宁、甘、固四镇，一往宣、大、山西，一往蓟、辽、保定，阅视回奏，扩及九边。同时对阅视官员的赏罚也与边臣同，有劳绩则与擒斩同功，若因循则与失机同罪。[2]

而首次承担此一任务的，就是隆庆六年九月的协理京营戎政兵部左侍郎王遴，兵部右侍郎汪道昆、吴百朋。[3]十月，朝廷给予关防。[4]十月底，王、汪、吴等人阅视由戚继光所训练的蓟镇边军。演习过后，自十一月初八起，戚继光又和三人前往马兰松棚太平三路，十九日抵昌平，十二月初至西路石塘岭、古北口、曹家寨、墙子岭、密云等巡阅，再前往东路建昌、燕河、台头、石门、山海，在月底结束对整个蓟镇的巡阅。次年，则继续前往辽镇巡阅。[5]故蓟镇的合练实是阅视中的第一个重要的军事活动。

而实际参与的官员，据戚继光《汤泉大阅序》所记，有兵部

1　(万历)《大明会典》卷一二二《各边定例·凡巡阅》，页5b (1871)。

2　(万历)《大明会典》卷一二二《各边定例·凡巡阅》，页5b~6a (1871)。

3　《明神宗实录》卷五，隆庆六年九月壬子日，页10a (203)。

4　《明神宗实录》卷六，隆庆六年十月己未日，页3b (212)。

5　《戚少保奏议·补遗·上政府大阅事迹》，页240~241。

右侍郎汪道昆、职方郎中左某、蓟辽总督刘应节、顺天巡抚杨兆、天津兵备道杨枢、密云兵备道王之弼、蓟州兵备道徐学古、永平兵备道孙应元等。[1] 此次合练，共动员十万军士，车营九。[2] 其间还出现了不速之客"贡夷"，前来侦伺演习。[3]

即便较戚继光所预定的时间晚了一年，但实际上在此时举行合练，对戚继光在时程上较为不利。从隆庆六年八月戚继光上书兵部左侍郎汪道昆《条呈大阅事宜》可以看出一些背景。戚继光曾说他抵达蓟镇的最初数年，基本上是着力于敌台的兴建：

> 向以台工方兴，主客军无暇及练。虽并行不悖，实一曝十寒。今秋罢工以来，始得通行教习，必求堂堂一举之后，庶可为数十年幸安之图。[4]

所以，汪道昆等人所阅视的，不过是戚继光真正全心训练两月的成果。而自隆庆二年至隆庆六年八月，一共请拨官银 40000 余两，造战车 6 营，共 1109 辆。[5]

隆庆六年的蓟镇大阅合练，是第一次动员全镇的实兵演习。戚继光曾说明此一合练的重要性：

> 其分合之法，趋援之方，守台守墙，贼攻我御之略，及一应执把击刺军器之具，固虽一一授成，件件给备，各军皆

---

1 《止止堂集·横槊稿上·汤泉大阅序》，页 64~66。蓟镇诸兵备道的姓名，得自《四镇三关志》。《四镇三关志·职官·蓟镇职官》，页 24a~25b（史 10:442~443）。

2 《止止堂集·横槊稿上·汤泉大阅序》，页 66。

3 《戚少保奏议·补遗·上政府大阅事迹》，页 240。

4 《戚少保奏议》，《重订批点类辑练兵诸书》，《条呈大阅事宜》，隆庆六年八月，页 151。

5 《戚少保奏议》，《重订批点类辑练兵诸书》，《条呈大阅事宜》，隆庆六年八月，页 151~152。

已习用。缘向日只是小操分操，俾先各谙其业。而场肆之声容，每紊乱于临敌；分教之缕析，常丝棼于合营。又以众寡不同，而合教之道未举。是以从来操演官军，每不效于出阵。盖以既未试于真境，抑且人心难转，图饰貌观，故方奋而不齐，势分而不属，职此故也。况蓟门二千里之边，十余万之众，边长兵寡，无所不备。五标十一路兵马，分置摆守，相去颇远。必须实如贼至，试真守真战于台墙之上，必士卒真有能战之势，而后可期固守之安。则合战之教，又所难遗。否则主客将领三十余枝，聚则何所次第？行则何所后先？车骑步三者何从而更番迭出？地方长短广狭险易仓皇何辨？皆当预试，俾其熟习，然后可用。苟不为然，职恐数年之功，竟作虚幻杳冥。[1]

因此可知，合练的主要目的在于增强军队应敌训练的真实感，使训练和作战的差距缩小。尤其是战车和步兵骑兵作战所涉及的战术较为复杂，不论是行进和安营的次序，抑或地形的判别，都需要实际的操演，才能实际了解训练的成效。

合练在隆庆六年十月底举行，合练的内容包括了传烽、台墙守御、合战于原野（即今日所称之"会战"）、追战于关口、教场操阅与伎俩军器之展示、操南兵及标车合营等科目。[2]以下分考述之。

一　传烽

要能够第一时间掌握敌军进攻的动态，迅速集结打击兵力，

1　《戚少保奏议》，《重订批点类辑练兵诸书》，《练全镇兵马实守实战条略》，页153。

2　《戚少保奏议》，《补遗》，《上政府大阅事迹》，页240。

不至于疲于奔命，必须仰赖有效率的传烽警报法。戚继光曾在隆庆五年十二月上奏《额设守墩军卒定编传烽警报法》，指出：

> 蓟镇向无传烽法，故虏窃犯，而应援者必须征调，辄致后期。于是创立烽燧，设专军五名，建房三间，为军栖止。外砌火池四座，树旗杆六杆，照协路传烽，制为号令，载之条约，播之诗歌，使各军熟习，设专官督之。有警依协路放炮、举旗，因旗以识路，用炮以分协，夜则加火于旗上。[1]

故此一传烽警报法，以炮、旗、烽火等三种信号构成。戚继光又将烽燧信号的意义编成《传烽歌》，使士兵传唱，方便记忆。其内容如下：

> 一炮一旗山海路，一炮二旗石门冲，一炮三旗台头警，一炮四旗燕河攻。
>
> 二炮一旗太平路，二炮二旗是喜峰，二炮三旗松棚路，二炮四旗马兰中。
>
> 三炮一旗墙子岭，三炮二旗曹家烽，三炮三旗古北口，三炮四旗石塘冲。
>
> 千贼以上是大举，百余里外即传烽。贼近墙加黑号带，夜晚添个大灯笼。若是夜间旗不见，火池照数代旗红。贼若溃墙进口里，仍依百里号相同。
>
> 九百以下是零贼，止传本协各成功。单用炮声分四路，不用旗火混匆匆。

---

1 《戚少保奏议》，《补遗》，《额设守墩军卒定编传烽警报法》，页232~234。

山海大墙皆一炮，石门喜曹二炮从。台头松古三炮定，四炮燕马石塘烽。

零贼东西一时犯，两头炮到一墩重。该墩停炮分头说，东接西来西接东。但凡接炮听上首，炮后梆响接如风。炮数梆声听的确，日旗夜火辨分明。[1]

由《传烽歌》的内容可见，传烽的制度本身虽然简单，但透过精巧的设计，可以传递地点、距离、敌人数量和攻击状态等讯息。即便是同时攻击两个地点，也可以呈现出来。自此，蓟镇创立了传烽设施和制度，明军得以在敌人入侵之初，即掌握敌军入犯的位置，并迅速动员军队，使得北虏的突袭大大受到了限制。

戚继光的合练中，第一阶段便是传烽。十月二十二日寅时（03:00~05:00），在蓟镇中央附近，马兰峪北的平山顶寨烽堠起，左右分传烽火一次。当第一次传烽（初报），左路的石塘岭、古北口、曹家寨等应援马军和应援标兵，见传烽至后，便由大路先赴太堡庄（今密云县东邵渠镇太堡庄村）等处扎营听候。并派人于至镇虏营瞭望烽火，以确定敌军的动态。同样的，山海、石门、台头、燕河与遵化、建昌各标兵，则起营至建昌等候，并差人于冷口瞭望烽火。[2]在烽火传出后，收到讯号的各路将领，必须通报督抚、镇道、副总各衙门会报。烽火旗号、时刻、数目等必须仔细看过，如有误书则以军法从事。

1　《戚少保奏议》，《补遗》，《额设守堠军卒定编传烽警报法》，页233~234。"二炮一旗太军路"疑为"二炮一旗太平路"。

2　《戚少保奏议》，《重订批点类辑练兵诸书》，《练全镇兵马实守实战条略·合练申令》，隆庆六年八月，页156~162。

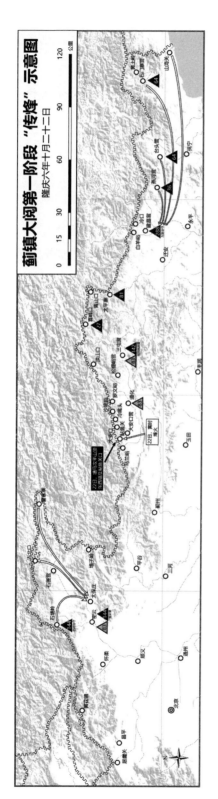

图 6-28 蓟镇大阅第一阶段"传烽"示意图[1]

1 本图系在 ArcGIS 系统上，以美国地质调查局地质调查局地球资源观测与科学中心 (USGS EROS) 提供的 SRTM (Shuttle Radar Topography Mission) 30M 米 (1 角秒) 遥感数据渲染谊染之地形图为基础，套入历史图资后，由系统输出至 Adobe Illustrator 进行后制而成。并参酌谭其骧主编《中国历史地图集》，第六册，战车兵力数字系依《四镇三关志》所载资料补入。黄字旸先生协助绘制。黑色三角形表战车部队，灰色三角形表辎重营，三角形内的数字表示车辆的数量。白色箭头表示明军移动方向，黑色箭头表示假想敌军移动方向。

二　台墙守御

演习的第二阶段是台墙守御，其过程参图6-29。

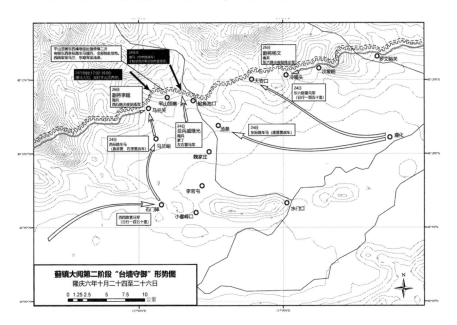

图6-29　蓟镇大阅第二阶段台墙守御图[1]

二十四日早，塘马（假想敌骑兵）发动第一波攻势，于鲇字西四号台空作登墙状。戚继光亲率南兵为前列，家丁在中，左右营马军在后，追击攻台敌军。

1　本图利用来自美国地质调查局地质调查地球资源观测与科学中心（USGS EROS）提供的 SRTM（Shuttle Radar Topography Mission）30M 米（1 角秒）遥感数据。透过 ArcGIS 进行等高线分析渲染，再依次加上坐标经纬线、比例尺、等高线高度数据。输出后再采用 Adobe Illustrator 进行后制美化加工而成。本图并参考中央研究院历史语言研究所傅斯年图书馆藏，全国陆军测绘总局测绘，《遵化县（遵化近傍第九号）》（地图）、《平安城镇（遵化近傍第二十号）》（地图）、《马兰峪（遵化近傍第十六号）》（地图）、《马伸桥（遵化近傍第十九号）》（地图），1:50,000（直隶：全国陆军测绘总局，依民国二年［1912］所定地形原图图式绘制，1928.7）四图。演习之路径，则取自《戚少保奏议》，《重订批点类辑练兵诸书》，《练全镇兵马实守实战条略·合练申令》，隆庆六年八月，页 156~162。黄宇旸先生协助绘制。黑色箭头表假想敌（塘马）之进攻路线，白色箭头表蓟镇军队行进之路线。虚线表烽火传递之路径。

申时塘马再次入犯，攻打平山顶西空。平山顶寨东西烽墩连扯旗传烽两次，原于镇房营和冷口瞭望烽火者，传报东西各标路车马援兵，全部驰赴信地。西路军至马兰，东路军至汤泉。

其次是各路营马军，西四路营马军援赴石门驿，东六路营马则援赴大安口营。[1] 按规定每日行军必须达 150 里（75 公里）。再次是各路营的步军，西五路尖夜贴练军，由长城上往马兰营关一带暂住。东六路尖夜贴练步军，亦由长城至冷嘴头、沙坡谷一带各城内暂住。[2]

二十六日，部队大致集结完毕，李超则驰赴马兰路，统领合调到西四路尖夜并贴尖步军。杨文则驰赴冷嘴头，合调到东六路尖夜并贴尖步军。

三 合战于原野

二十七日天刚亮，塘马即开营南抢，并移驻汤河。而明军主力兵车马移到魏家庄西南，全镇会齐，扎营后进兵。戚继光统率三屯标下两营分左右，为中路当锋。密云两营车行平列为两路，居总镇之右，相去一铳所不到之地。地狭稍近，地阔稍远。遵化、建昌车亦各为一行营，两营平列同行，居总镇之左。其他与密云两营相同。

路营援兵则与主力不同，到达扎营处立即挑壕，以增加防护。西五路主客兵到合营地方，若四路至，则墙子岭为前面，曹家寨为左面，古北为右面，石塘岭为后面。若仅有三营，则在前两营为外面，末后一营为子层，共合一大营。未到齐之时，则各自为

---

1 原文作"太安营"，疑为"大安口营"之误。

2 步军沿长城移动，虽然因为必须爬山和下山而较为费力，但因长城位于棱线上，故较无敌情顾虑，亦不必车骑掩护。且对于烽火讯号较能掌握，又可以暂宿长城之上。

一营。东六路主客兵，到合营地方亦同。各营号令，无贼时，起止向往，下营列阵，尽夜守御，听在前之营为主。在后之营，一依号令而行。贼至，各听各面将官号令攻打。卒然遇贼，以有贼相近之营主号令。各面各将亦有贼犯，则一令而行。

合战共有两次。第一次在汤河之北。塘马到汤河，作扎老营状。明军战车营在前并列，辎重营在后，立刻追至汤河大战。塘马于汤河会战后，退回，分为三支：一支伏石门南山，一支伏李官屯，一支南至小喜峰口。[1] 俟明军追击过汤河南一半路，发起突击。

第二次在汤河之南。战毕，明军改列阵为方营。明军先发南兵，伏于营外夹道。俟塘马至车前酣战时，南兵发起攻击。塘马被击退，退出小喜峰口。当晚，车营扫荡小喜峰口，并侦察各地。西路马兵移到石门驿，东路马兵移到汤河，亦侦察各地。

车营和塘马交战时，也有一定的程序。如双方距离 10 里，塘马 1000 名自山外冲入，绕军左右前索战，车营则持续缓行。敌军至 1 里余处，明兵仍不应，持续前进。如至五六十步，一面前进，一面发射火铳。至车营行至塘马大营 1 里之内，塘马前来急攻，车营则按常操与之大战。塘马稍退则将营下定，并放铳和火箭攻击。如塘马作稍败之状，又作人众缓行之势，车营继续向前逼近。待行数里外，过小喜峰口相近，塘马作过不及之状，车营三标改为齐列阵形，持续作战。直至塘马作四散奔山逃命状，车兵各营择地下方营，每营相去不到一铳之地。合战于原野之过程，详见图 6-30。

1　此处所指小喜峰口，并非在喜峰口附近，而是李官屯南方，三角山（标高 340 米）西麓的山口。

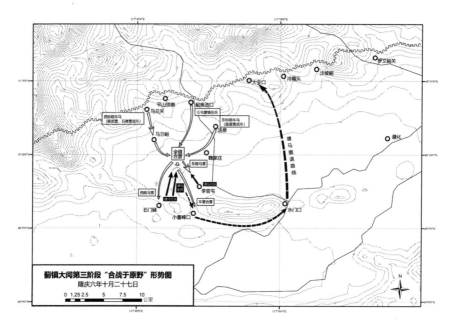

图 6-30　合战原野

四　追战于关口

二十八日早，塘马由水门口[1]进入，扎营并收整部众。哨兵回报塘马由水门口入，往大安口进发。各营将领，俱至总镇营中会议后，追击敌军。以三屯为前锋，二车营并行，遵化次之，二车营并行，密云又次之，二车营并行。西路马随后，东路马又随后，辎重营在马后。

步兵则沿边墙来。若遇险峻地形或路径遥远，则可下山离墙，以便前往驰应。唯遇见敌马时，应登山傍墙台依险前进。其中西山四路南兵步练尖夜等军，俱以南兵为首，次马兰，次墙子，次曹家，次古北，次石塘。东五路，南兵为首，次松棚，次大平，次燕

1　石门驿东白草山（标高 320 米）东侧之山口。

河，次台头，次石门。东由冷嘴头登山，西由毛山[1]登山。步兵皆驻扎于大安口附近墙台，以为伏兵。待敌军拆墙出口一半，且望见南方主力部队，则于台上大张声势呐喊，放铳截拒，封锁出口。

二十八日早，车骑主客军各营向大安口追击，至大安口营城。战车仍照行进队列，车营内的马军出列，东西路马兵亦出。在大安营城北一字列阵。俟车营和各路营布阵后，由中军放炮三个，明军下马，马匹牵制阵中后，马队间并留空隙，使军队可以穿过。

然后将虎蹲炮、大将军、火箭车等火器，推出南兵之前。俟敌军冲来，先发射小铳，次虎蹲，次大将军、火箭。皆依照号铳举放令发射。待敌军败退，各军步行追击，一字向前。追至大安口关，相去 1 里之地，敌军作困兽之斗，返戈死战，明军则尽力杀砍。至敌军败尽，明军俱追至墙上，听鸣金收队（图 6-31）。

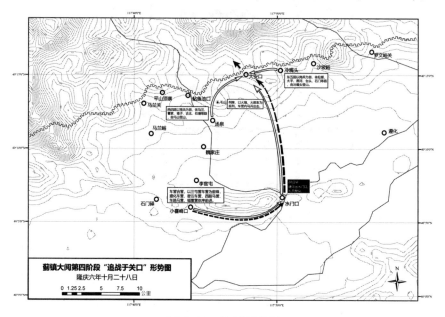

图 6-31　追战于关口

1　原文作"大毛山"，疑为毛山之误。缘以遵化马兰一带，虽在罗文峪西有大毛山（标高 401 米），却在冷嘴头的东面，西路军不可能需要绕过大安口、冷嘴头、沙坡峪一线登山。而大安营南方有毛山（标高 320 米），正好可登上边墙前往大安口西路一带。

五 教场操阅与伎俩军器之展示

教场操阅是合练完毕后，于十一月初一日在马兰峪南方和石门北一带举行。共分为：操马兵、马营冲战和列三迭大阵血战。戚继光先将六标及东西各路马军分为十三哨。初一日早，各车营先于南山下的教场扎营，马兵出车。首先，操阅马兵行军。

其次，操马营冲战。先哨报敌军不知其数，正冲明军而来。明军迅速将各营形成方营后，敌骑四面齐冲，明军轮放枪炮，然后放火箭，再发射虎蹲炮。完毕后派出杀手步战，最后派出子层的骑兵追击敌军。明军所结之方营，参图 6-32。

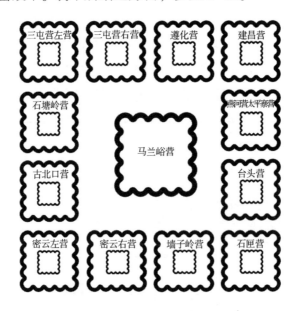

图 6-32 合操营阵说接战阵形图[1]

其三，列三迭大阵血战。十三营向上列为三层，与大安口列行战同。一、二层追战敌军，第三层不动。当前方战将毕时，敌马由后面冲锋，第三层兵即就向后方敌军冲锋，中部兵立刻返身向后应援。

---

1 董承诏辑：《重订批点类辑练兵诸书》卷四《合操营阵说》，页 62b~64b（子 33：267~268），《四库全书存目丛书》本，台南庄严文化事业公司，1995 年。

六　操南兵及标车合营

先以南兵列三迭阵，以鸟铳手和杀手分为四层，模拟近战。结束后下为方营，分为一外层，二子层。其阵式参图6-33。

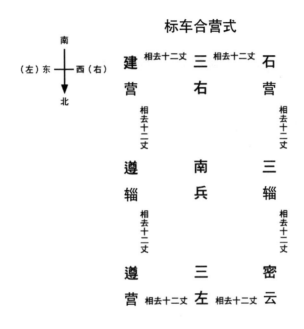

图6-33　标车合营式[1]

第五节　汪道昆与万历初年四镇
联合防御的成形

在谭纶离任之后，蓟辽总督虽先后由刘应节和杨兆接任，但兵部侍郎汪道昆借由阅视之便，成为扩大京师外卫防御体系的重要推手。汪道昆从蓟昌二镇的强化开始着手，先后议增南兵，在

1　《重订批点类辑练兵诸书》卷四《操南兵迎敌》，页66b（子33：269），《四库全书存目丛书》本，台南庄严文化事业公司，1995年。张德信所校释之《戚少保奏议》卷四《重订批点类辑练兵诸书》第165页亦有此图，但左右二路正好相反，今据原刻本改回。并加上方位及左右，以为判别。

官制上强化蓟辽昌保四镇之联合，于辽东镇议造战车火器并在真保镇议设战车营和辎重车营。京师的外卫逐渐完备，整合蓟辽昌保四镇和紫荆、居庸、山海三关的新防御体系于焉成立。以下分述之。

一　汪道昆对四镇防御之贡献

（一）议增南兵

汪道昆与北京外卫防御工作的关系，始于隆庆六年十月，朝命兵部侍郎王遴、吴百朋和汪道昆分阅边防。[1] 至其万历三年被迫陈情终养间，汪道昆数次奉旨巡阅蓟辽、保定军务。对于边防的战略部署，他在接受阅边任务后，先上《额兵额饷议》，在谭纶构想的基础上，建议在蓟、昌二镇暂休客兵，增募南兵，并在蓟镇各路立车营：

> 乃今所急，宜莫如得人。其计主客官兵凡十五万人，不谓无人矣。……求其能守能战者，则惟南兵。顾其数仅九千人耳。分之则每台各九人为守，合之则九千为一营以战，守则备广，战则势轻，备广则力分，此轻则彼重。徒欲倚办一旅，取胜什全，譬则以筵撞钟，力不逮矣。
>
> 南兵在蓟者几一万，加之增募世众，得二万人。分之则每台各二十人，各益以主兵十人，可以画地而守。合之则布各车营，或冲锋邀击之，或出奇衡击之，或乘胜追击之，可以相机而战矣。计南兵二万，合以主兵八万二千有奇，附以新军、班军共约十五万。在蓟得额兵十二万，面同在事者就十一路分之，因地缓急为兵多寡。……且以总督抚镇标兵六枝，悉加派各路，视旧额增矣。仍以山海并石门为十路，每

1　《明史》卷二〇《明神宗本纪》，页 262。

路结一车营，每车营步骑各三千，就近通融衰益。总置辎重三营，每营藏游兵一支，以备冲截驰逐。兵分各路，而总督、抚、镇以时就近调操，在路皆戎兵，欲调则皆标兵。……昌镇得额兵二万八千，大率仿此。[1]

汪道昆议增南兵，朝廷在万历元年五月戊戌日批覆，同意汪道昆所奏。[2]这使得南兵的数量增加一倍，对蓟镇部队战斗力的提升也大有帮助。各路设车营，则防守部队在第一时间内的防御力也大大增强。

(二) 四镇防御的联合

北京外卫防御体系的营建始于隆庆年间，汪道昆认为仍有"画地而守，声援不通"和"无所不备，无所不寡"二患[3]，因此上奏《辅兵议》，提出"通四镇"的观点：

为今之计，请通四镇之势，而旋衡其间，设辅兵六万军昌平，左右顾以伺虏便，四镇之谍者，皆能深入虏地，毕得虏情，纵或大举，必先旬日知之，自此勒兵长驱，可一当虏。如虏犯蓟，则蓟主兵守以待战，而辅兵赴战以协守；如犯宣大亦然。乃若因时制宜，战守互用，悉在主将。即如蓟、昌，可战之兵不啻八万，以辅兵六万合之，则十四万有奇，即虏大举而来，而吾得十万之师，足以制胜矣。宣、大故有敢战之兵，自今部署而训习之，当不在蓟昌下，即出宣大，亦得十四万有奇，以战制胜，以守则固，事之必至者也。[4]

1　《太函集》卷八七《议三首》，《额兵额饷议》，页 1794~1799。
2　《明神宗实录》卷一三，万历元年五月戊戌日，页 7b~10a（426~431）。
3　《太函集》卷八七《议三首》，《辅兵议》，页 1800。
4　《太函集》卷八七《议三首》，《辅兵议》，页 1801。

在昌平增设辅兵 60000，可以使蓟镇的部队专心于守御。而新成立的野战打击部队，由于人数达到 60000，训练又极为严整，可以奔赴抵挡来自宣大或是蓟镇方向的敌军。

汪道昆认为要通四镇之势，必须以重臣弹压，若只设总督，有三不便。其一，面对统领蓟保宣大四巡抚，及宣大、蓟辽二总督，有"岂惟不掉，抑且背驰"之不便。其二，合四镇而通于一，必假统督之命以重将权。责任既同，何以驭将？其三，位在而权不在。故建议以兵部尚书或侍郎一人，命曰"督视"，使其"入理部事，出莅辅兵，昌平主将及四镇抚镇诸臣悉听节制"。[1]

再者，增设统领各镇总兵的武职。先前戚继光曾以练兵受总理之命，制称三镇总兵，但徒有虚名，并无实权。因此，汪道昆建议增设统督蓟保宣大军务一职，使其职类似文职的总督，可以号令各镇总兵。并设副总兵 2 人、参游中军 24 员为其幕僚。[2]

至于四镇的打击部队，汪道昆则设计了 60000 人的部队，其中包括昌平 10000、保定 10000、班军选 5000、蓟镇南兵 10000、宣大骑兵 10000、山东民兵 2500、河南伊府护卫军 2500，共骑兵 30000，步兵 30000，仿八阵设车营 8 营，每营 5000 人，步骑各半。[3] 此一为数 60000 的野战军，有新造战车 1536 辆，大将军车、火箭车各 48 辆，大将军 48 位，虎蹲炮 660 位，鸟铳 11760 门，火箭 116240，刀 4752 把，藤牌、钯枪各 3168。[4]

汪道昆十分重视主将与训练军队的职责。部队由主将编成，然后分交昌平边关城堡各部将分营练之，每月主将合练于州城，为期三月。主将轮流前往昌平、宣府、大同、蓟镇等地训练辅兵。即便每年的防秋结束，辅兵分撤，主将仍必须前往阅视宣大蓟镇

---

1 《太函集》卷八七《议三首》，《辅兵议》，页 1802。
2 《太函集》卷八七《议三首》，《辅兵议》，页 1803～1804。
3 《太函集》卷八七《议三首》，《辅兵议》，页 1804～1805。
4 《太函集》卷八七《议三首》，《辅兵议》，页 1805。

之兵。[1]

(三) 辽镇战车和火器的更新

除此之外，汪道昆也指出辽镇无险足恃，士卒"大半无弓矢，直持三尺白梃入军中"，防御能力十分不足。他认为应使辽镇的军士使用火器和战车。他计划于岁首蓟镇休兵和春防开始之际，以副总兵胡守仁暂代戚继光蓟镇总兵之职，由汪道昆与戚继光同率偏师及造战车火器工人前往辽东，使辽东将领学习战车和火器。[2]

汪道昆在《辽东善后事宜疏》中，进一步规划辽东车营。他认为可参酌蓟镇的方法，在广宁和辽阳设立车营。唯战车的车制不同，改用较轻的单轮车，每辆车配属 6 名军士。200 辆战车组成一营[3]，每营军士共 1200 名，训练一年而成军。[4]

(四) 真保之成立战车营和辎重营

基于正统年间北虏曾经攻入紫荆关，且至嘉靖年间仍有警报，为以防万一，汪道昆认为紫荆关的防御也应予以考虑：

> 夫行军有车、有骑、有辎重、有步，兵法也。在蓟则讲此久矣。辽方经始，保定犹或未遑。责在应援，何可无备夷？考庚戌之役保定军军城西，虏一二骑当营杀人，虽有严命，终不敢发一矢，无车营也。癸亥之役，保定军赴蓟西，副使刘应节、严清同乘一车前驱，越宿皆不得食，诸军徒跣后至，其馁可知。当是时，我兵劫虏潮河川，虏败矣。宣大兵数万，率以乏食仆山上，坐视虏北，无能奋臂一呼，无辎重也。无车营，无辎重，步骑何为？往事可鉴矣。臣请行抚镇真保标

1　《太函集》卷八七《议三首》，《辅兵议》，页 1806。

2　《太函集》卷八七《议三首》，《辽东议》，页 1808~1809。

3　《辽东善后事宜疏》原文为"三百辆"，误，应为二百辆。

4　《太函集》卷八九《疏一首》，《辽东善后事宜疏》，页 1832~1833。

下，仿蓟车式，各立一车营，即选标下士马精壮者充之。每营步骑各三千，即稍减，必各足二千五百。骑或不足，则求足于该镇各营。盖各营率以骑杂步兵，非有行列，自非骑操哨拨，则供将领私役居多。就各而足之，易易耳。两营束伍授器，一如蓟法，即运车用器，有不习者，听总督就蓟选习者训之，彼此相传，可以岁月责效。保定兵少难议，辎重营每遇营警，将行，预先雇募民间骡车各二十四辆，连火其炒粮料，随营以行，记日授资，民无偏累矣。[1]

因此，保定真定方面的防御，必须予以加强。除设立车营外，并设立简易的辎重营，雇募民间骡车 24 辆，补给保定战车。朝廷在万历元年八月丁巳日，经与户部尚书王国光会同兵部议后，同时回复了《保定善后三事》和《辽东善后六事》，并同意汪道昆的构想。[2]

万历年间，由贾三策修、王孙昌纂的（万历）《成安邑乘》五卷，载广平府成安县城亦收小战车 2 辆。其配置如下：

马步兵，抚院标下马兵一十八名，步兵一十四名，真定民兵营马兵一十八名，步兵五十六名。

民壮，本府团操六十九名，本县守城六十名。

器械，原旧贮库堪用军器三十六项，共计二万三千三百七十八件。火药、硫黄、火硝三项，共计一千五百五十斤。火药、引线二项，共计一百条。小战车二辆，随车什物三十六项，共计二百六十件，火药三斤。新添军器五项，共计一千六百二十件，俱开载库册。[3]

1 《太函集》卷九〇《疏二首》，《保定善后事宜疏》，页 1846。
2 《明神宗实录》卷一三，万历元年五月戊戌日，页 7b~10a（426~431）。
3 贾三策修、王孙昌纂：（万历）《成安邑乘》卷三《法制考》，页 42b~43a（444~445），"中华全国图书馆"文献缩微复制中心，2000 年。

该县义兵亦有战车 80 辆。

> 　　义兵一千，亲兵四百，勇士三十二人，战车八十辆，大
> 灭虏炮三十位，大炮七十位，三眼枪一百杆，单铳一百杆，
> 连头棍五十杆，大稍弓二百张，弩弓七十张，铅子五百斤，
> 火药三千斤。[1]

可见除了正规军拥有战车外，直隶地方上的义军也开始装备
战车了。

（五）蓟昌镇之增额设战车营

汪道昆的另一个贡献，就是将蓟镇十路都装备战车，并设步
兵和骑兵一支，使得守城军或步兵可以立刻接战或进行积极防御。
他在《储边疏》中称：

> 　　利守莫如台，则人皆信之矣。乃若车营之利战，人由或
> 疑之。殊不知边人劫虏积威，自知不格，必使之身有所庇而
> 后士气坚。台与车营，则皆三军之甲胄也。夫既分兵、分路，
> 蓟镇仍以山海附石门为十路，每路各立一车营。昌平三路设
> 在近边，兵马数少，共立一车营。近该督抚题密云、遵化、
> 三屯营各立一辎重营，以供转运；前各路车营内每营驻各路
> 骑兵一枝，步兵一枝；各辎重营内驻步兵一枝，各边骑兵一
> 枝，假令虏众分侵，就近可以联络互张掎角，衡击自由，此
> 战之首务也。[2]

汪道昆的构想，逐步由蓟辽总督刘应节、杨兆等人完成。万

1　（万历）《成安邑乘》卷三《法制考·续考·武备》，页 43b~44a（446~447）。
2　《太函集》卷九一《疏一首》，《边储疏》，页 1866~1867。

历二年八月保定督抚刘应节等奏请紫荆一带添设车骑 2 营，并详拟车营的军士的来源。[1] 昌镇车营始设于同年闰十二月，为蓟辽总督杨兆所设 2 车营，扼东西山口之隘。[2] 至万历三年七月，蓟辽保定总督兵部左侍郎杨兆向朝廷奏报蓟昌镇二镇的战车造竣，并向朝廷请领火炮盔甲。[3]

二　从《四镇三关志》看京师外卫四镇练兵之成效

《四镇三关志》是万历初年记载京师外围防卫情况的重要文献。[4] 四镇是指蓟、辽、昌、保，三关则为紫荆关、居庸关、山海关，而节制此四镇三关之最高地方长官则为蓟辽总督。《四镇三关志》的编纂者刘效祖，字仲修，号念庵，滨州人，寓居京师，嘉靖二十九年进士。据刘效祖自撰之序载，自己长期寓居京师，对于四镇的情况较为了解，因此受刘应节和杨兆两位总督之命承担此一任务，而编纂的目的在于讨边防经费。[5] 刘应节，字子和，号白川，山东潍县人，嘉靖二十六年进士。隆庆四年十月，以顺天巡抚升任蓟辽总督。万历二年七月，转任南工部尚书。杨兆，字梦镜，陕西肤施人，嘉靖三十五年进士。万历二年，接任蓟辽保定等处总督，至五年十二月转任南京刑部尚书。

时任蓟辽总督的杨兆在序中指出，他和兵部尚书刘应节二人

1　《明神宗实录》卷二七，万历二年七月戊寅日，页 3b（666）。

2　《明神宗实录》卷三三，万历二年闰十二月乙未日，页 6b~7a（780~781）。

3　《明神宗实录》卷四〇，万历三年七月甲寅日，页 3b（923）。

4　王兆春曾指出："《四镇三关志》第一卷《建置考》的车器营台图中，刊载了多种构造特殊的战车和兵器的图形。这些图像，在其他文献中只见文而不见图，有的文字亦无，甚至《武备志》也不见，是军事技术史中罕见的珍贵资料。"王兆春：《〈四镇三关志〉题要》，任继愈编《中国科学技术典籍通汇·技术卷五》，页 5：527，河南教育出版社，1994 年。

5　《四镇三关志》，"四镇三关志序"，页 1a~b。

"稍稍摭谱牒收遗事以付北平刘君效祖"[1]，可见修志的原始材料是刘应节和杨兆二人提供的。至于《四镇三关志》的内容，刘效祖称是刘应节和杨兆二人先后总督蓟辽昌保四镇军务任内的情况。[2]但杨兆称，"详自庚戌以来，诸谈兵家撮其要，删着于篇"[3]，可见其内容是以庚戌之变后史事为主[4]，而重点则在刘、杨二人在任的成就。

《四镇三关志》是地方官向朝廷请示而修纂的边志。据书首《纂修边志檄文》所载，该书的修纂是由钦差整饬密云等处兵备王之弼上奏《为纂修边志以垂永久》所提出的，后由总督刘应节和时任顺天巡抚的杨兆支持。其文献搜集，止于汪道昆阅视之后。[5]其撰写时间，据刘效祖称："起草者何时也？万历甲戌冬也；杀青者何时也？万历丙子夏也。"[6]可见其撰写工作始于万历二年冬，终于万历四年夏，仅约 1 年半的时间。可知交付任务的时间，是在杨兆甫就任总督后不久。由于书中尚有万历六年之记述，故可知其后又有增修。《四镇三关志》撰写的地点，则是密云县武学。[7]

在内容上，刘效祖"间取三关及郡邑旧乘为条刺之，不足则取诸诸司所籍记补缀者称倍也。为纲者十，为目者三十，目无论也"。全书分建置考（图画、分野、沿革），形胜考（疆域、山川、乘障），军旅考（版籍、营伍、器械），粮饷考（民运、京帑、屯粮，附盐法），骑乘考（额役、免给，附互市胡马赔补），经略考（前纪、令制、杂防），制疏考（诏制、题奏、集议），职官考（部

1　《四镇三关志》，"四镇三关志序"，页 3a。

2　《四镇三关志》，"四镇三关志序"，页 1b。

3　《四镇三关志》，"四镇三关志序"，页 3a。

4　吴丰培：《吴丰培边事题跋集》，页 10~12，新疆人民出版社，1998 年。姜雅沙编《影印珍本古籍文献举要》，北京图书馆出版社，页 47~49，2002 年。

5　《四镇三关志》，《纂修边志檄文》，页 1a~2a；"四镇三关志凡例"，页 1b~2a。

6　《四镇三关志》，"四镇三关志序"，页 3a。

7　《四镇三关志》，《纂修边志檄文》，页 4b。

署、文秩、武阶），才贤考，勋考（勋劳、谋勇、节义），夷部考
（外夷，附入贡、属贡、入犯等），共十卷。其中《建制考》以图
画分列四镇三关的形势，并且收录各种战车、武器和营阵的图像，
对于汪道昆阅视时四镇三关的实际状况有清楚的说明。以下按四
镇之顺序分别讨论四镇战车布防的情况。

（一）蓟镇

蓟镇是紧邻京师东北方的军区，防线之北有燕山山脉为屏障，
其间仅有滦河、潮河及其支流贯穿形成的路径和部分山径形成的
沟通南北的险道，因此易守难攻。明军在此的防卫亦以燕山山脉
为依托，除了在山上兴筑边墙，建立敌台瞭望烽守外，在各险道
均设立关口，防敌内犯。关口后方又设立营城，以便堵截北虏或
驰援他处。

蓟镇军事地位十分重要，因此关于交通的详细情况，往往被
隐匿。如隆庆年间由休宁人黄汴所撰的《一统路程记》卷四《各
边路》中称，蓟镇边路因"各关寨关口，路倚山补筑，边墙参差
不齐，难以里记驿"[1]，无法得知蓟镇内详细的交通方式。但《一
统路程记》记山海迁安驿至顺义驿设有 16 个驿站，每个相距 60
里，可知驿路自最远的山海关迁安驿至遵化计 600 里。蓟镇总兵
驻扎三屯营，以急递铺兵之速度，传递军情约需两天。

蓟镇配属的战车部队，主要属于预备队性质。就其性质，可
分为四。

其一，偏厢战车营，由蓟辽总督（密云）、蓟镇总兵（三屯
营）、东协西协副总兵（石匣营、建昌营）各统领一个。每营基本
有偏厢战车 128 辆和特殊车辆，如座车、大将军车、火箭车、鼓
车。比较特别的是，东路协守建昌营的战车部队，除了特殊车辆

---

1 杨正泰：《明代驿站考》，《附录二·一统路程图记》，页 235，上海古籍出版社，
2006 年。

外，配属偏厢战车 144 辆和轻车 128 辆，战车的数量冠于全蓟。

其二，辎重营，由蓟辽总督（密云）、顺天巡抚（遵化）和蓟镇总兵（三屯营）各领其一，负责部队野战时的后勤补给。辎重营由 80 辆辎重车和 1 辆元戎车、2 辆鼓车组成。

其三，各路分守轻战车。蓟镇中路和东路、石门寨、台头、燕和、太平寨、喜峰口等路营，视规模之不同，分别驻防 27~81 辆轻战车。

其四，京营神枢车兵营。由北京派遣，秋季驻扎在东路古北口。

除随季节调遣的京营神枢车兵营外，蓟镇战车之总数达 1239 辆。其具体之武将、兵力、武器、战车、骑乘的情况，参见蓟镇战车布防表 6–11。而相关布防位置，参见蓟镇战车布防图 6–34。

表 6–11　蓟镇战车布防表 [1]

	武将	兵力	武器	战车	骑乘
督府标下					
振武营（驻密云）	嘉靖四十二年设游击 1 员中军 1 员千把总 11 员	额兵 3017 名	盔甲 2554 副兵器 15580 件火器 693045 件	偏厢战车 128 辆座车 3 辆将军车 6 辆火箭车 5 辆鼓车 2 辆	额马 157 匹骡 228 头

1　《四镇三关志》卷三《军旅考·蓟镇军旅·营伍》，页 10a~17b（史 10：89~93）；卷三《军旅考·蓟镇军旅·器械》，页 30a~37a（史 10：99~103）；卷五《骑乘考·蓟镇骑乘·额设》，页 1a~5b（史 10：135~137）。唯现行刻本《军旅考》中，蓟镇和昌镇军旅间，第 16b~18b 页序有误，其序应为 18b、17a、16b、18a、17b。

	武将	兵力	武器	战车	骑乘
辎重营（驻密云）	隆庆六年设 游击1员 中军1员 千把总6员	额兵2188名	盔甲1696副 兵器1640件 火器824件	辎重车80辆 元戎车1辆 鼓车2辆	额马61匹 骡646头
抚院标下					
辎重营（驻遵化）	隆庆六年设 游击1员 中军1员 千把总6员	额兵2347名	盔甲240副 兵器8150件 火器48160件	辎重车80辆 元戎车1辆 鼓车2辆	额马27匹 骡646头
总兵标下					
辎重营（驻三屯营）	隆庆六年设 都司或游击1员 中军1员 千把总6员	额兵2006名	盔甲80副 兵器800件	辎重车80辆 元戎车1辆 鼓车2辆	额马27匹 骡646匹
保河民兵营(春秋两防俱赴三屯营驻扎操练，专候应援，春派喜峰，秋派马兰路防守)	嘉靖二十九年招募保定、河间二府民兵设 游击1员 中军1员 千把总14员	额兵3000名	盔甲338副 兵器850件 火器3057件	战车128辆 座车3辆 大将军车3辆 火箭车3辆 运药物车3辆 鼓车2辆	马210匹 骡790头 （额定三屯车营骡头系蓟镇官价置买）

续　表

	武将	兵力	武器	战车	骑乘
各路营					
东路协守建昌营（驻燕河路地方）	隆庆三年改设 副总兵1员 中军1员 千把总20员	额兵5432名	盔甲3199副 兵器67678件 火器448976件	偏厢战车144辆 轻车128辆 元戎车3辆 鼓车2辆 大将军车6辆 火箭车5辆	额马2714匹 骡288头
西路协守石匣营（驻石塘路地方）	隆庆三年设 副总兵1员 中军1员 千把总12员	额兵3291名	盔甲2116副 兵器13040件 火器185727件	偏厢战车128辆 座车3辆 将军车6辆 火箭车5辆 鼓车2辆	额马440匹 骡288头
各路分守					
石门寨营	嘉靖三十五年 参将1员 中军1员 千把总13员	额兵5634名 尖哨100名 夜不收400名	盔甲1504副 兵器22666件 火器186412件	轻战车64辆	额马2500匹
台头营	隆庆二年设 游击1员 中军1员 千把总9员	额兵3391名 尖哨100名 夜不收300名	盔甲1128副 兵器20381件 火器285830件	轻战车64辆	额马1300匹

	武将	兵力	武器	战车	骑乘
燕河营	正统年间设 参将 1 员 中军 1 员 千把总 9 员	额兵 3128 名 尖哨 100 名 夜不收 300 名	盔甲 1888 副 兵器 19954 件 火器 214948 件	轻战车 36 辆	额马 1600 匹
太平寨营	正德十年设 参将 1 员 中军 1 员 千把总 6 员	额兵 3871 名 尖哨 52 名 夜不收 184 名	盔甲 4399 副 兵器 60166 件 火器 1076978 件	轻战车 81 辆	额马骡 1347 头
喜峰口营	万历二年设 参将 1 员 中军 1 员 千把总 5 员	额兵 2433 名 尖哨 98 名 夜不收 216 名	盔甲 3433 副 兵器 12709 件 火器 412397 件	轻战车 27 辆	额马 1016 匹 骡 23 头
客兵					
神枢车兵营 （每秋防驻扎古北口防守）	万历三年题发京营 参将 1 员 中军 1 员 千把总 14 员	额兵 3000 名			额马 100 匹

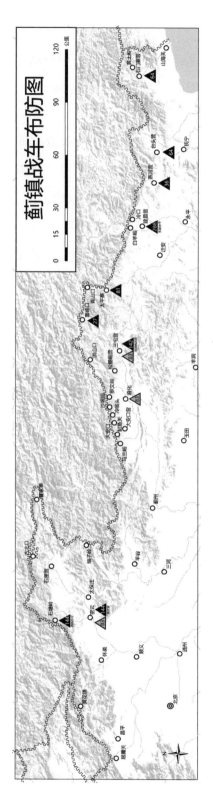

图 6–34　蓟镇战车布防图 [1]

1　《中国历史地图集》，《顺天府附近》，页 46。《四镇三关志·军旅考》自绘。黑色为战车部队，灰色为辎重营，图标内的数字为战车数量。

（二）昌镇

昌平之战车，至《四镇三关志》刊刻时尚在议造中。自万历三年始，仅有京营神机车兵营驻昌平。（万历）《大明会典》载：

> 万历二年，议准行总协大臣防秋之时，将三大营战、车二兵，各调拨一枝，就令本管将官统领，赴蓟镇军门，听派相应处所屯驻，遇有虏变，与边兵并力截杀，事竣撤回。[1]

（万历）《大明会典》亦载昌镇之准造战车，事亦在同年。[2] 显示昌平后亦自造战车，并编有战车营。

（三）真保镇

（万历）《大明会典》载：

> 万历元年，题准保定各立车营，配以精兵壮马，每营务足三千。[3]
>
> （万历）二年题准立车骑二营。[4]

《四镇三关志》则称真保镇的战车共 2 营，皆为万历二年始设，分别为保定巡抚（驻真定）和总兵（驻保定）所统领。采用的战车与京军相类，是双轮战车。每营有双轮战车 120 辆、门车 8 辆、火箭车 5 辆、望车 1 辆、元戎车 3 辆、将军车 6 辆和鼓车 2 辆。其具体之武将、兵力、武器、战车、骑乘的情况，参见真保镇战车布防表 6–12。

1　（万历）《大明会典》卷一三四《营操·京营·营政通例》，页 35b~36a（1906）。

2　（万历）《大明会典》卷一二九《镇戍四·各镇分例一·蓟镇》，页 11a（1842）。"（万历）三年，议准昌镇置车营。"

3　（万历）《大明会典》卷一二九《镇戍四·各镇分例一·保定》，页 18a（1845）。

4　（万历）《大明会典》卷一二九《镇戍四·各镇分例一·保定》，页 18a（1845）。

表 6-12　真保镇战车布防表[1]

	武将	兵力	武器	战车	骑乘
主兵总兵标下					
保定车营	万历二年设 游击 1 员领 中军 1 员 千把总 6 员	额兵 2532 名	盔甲 1557 副 兵器 25588 件 火器 1168 件	双轮战车 120 辆 门车 8 辆 火箭车 5 辆 望车 1 辆 元戎车 3 辆 将军车 6 辆 鼓车 2 辆	马 132 匹
主兵抚院标下					
真定车营	万历二年设 游击 1 员领 中军 1 员 千把总 8 员	额兵 2532 名		双轮战车 120 辆 门车 8 辆 火箭车 5 辆 望车 1 辆 元戎车 3 辆 将军车 6 辆 鼓车 2 辆	

（四）辽东镇

（万历）《大明会典》载辽镇于隆庆四年设车营。[2]次年又题准造车 200 辆，发前屯、宁远，挽赴城外冲口堵截。[3]随后在辽东巡抚张学颜和汪道昆等人的努力下共造车 3867 辆，在战车的数量和编制上冠于四镇。但辽东战车多属于小型战车，如广宁正兵营之独轮小车和只轮小车。另，据稍后任辽东分守东宁道边备参政栗在庭

1　《四镇三关志》卷三《军旅考·真保镇军旅·营伍》，页 21a~26b（史 10：95~97）；卷三《军旅考·真保镇军旅·器械》，页 41a~45a（史 10：105~107）；卷五《骑乘考·真保镇骑乘·额设》，页 8a~9a（史 10：138~139）。

2　（万历）《大明会典》卷一二九《镇成四·各镇分例一·辽镇》，页 13b（1843）。

3　（万历）《大明会典》卷一二九《镇成四·各镇分例一·辽镇》，页 13b~14a（1843）。

的记载，辽东初造战车时，是以李文进所颁定的车制为基础，长 1
丈 5 尺，高 6 尺 5 寸。辽阳车营配属 200 辆。车制详参图 6-35。

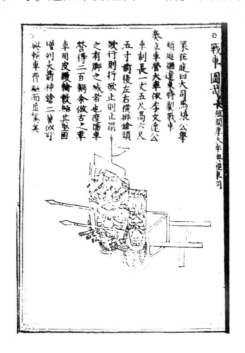

图 6-35　辽东战车图[1]

万历初辽东镇战车之实际情形，参看表 6-13 和图 6-36。营
制图参图 6-37。

表 6-13　辽东镇战车布防表[2]

	武将	兵力	武器	战车	骑乘
辽镇军旅		主兵 94045 客兵 3912		万历二年巡抚 张学颜题造 战车共 3867 辆	全镇操马骡 51776 匹/头

1　《九边破虏方略》卷一《轻车图式》，页 27b。

2　《四镇三关志》卷三《军旅考·辽镇军旅·营伍》，页 27a~29b（史 10：95~97）；卷
三《军旅考·辽镇军旅·器械》，页 46a~52a（史 10：107~110）；卷五《骑乘考·辽镇骑
乘·额设》，页 10a~11b（史 10：139~140）。

	武将	兵力	武器	战车	骑乘
主兵总兵标下					
广宁正兵营	嘉靖六年设坐营官1员领千把总30员	主兵5312名客兵降夷家丁2978名	盔甲7856副兵器24679件火器2767件	独轮战车200辆只轮小车400辆元戎车1辆鼓车2辆	额马4756匹骡100头客兵额马2917匹
各路营					
辽阳营	天顺六年设副总兵1员领中军1员千把总18员	主兵9988名客兵家丁164名	盔甲12547副兵器45759件火器8153件	独轮战车200辆元戎车1辆鼓车2辆	额马6648匹骡100头
开原营	永乐年间设参将1员领中军1员千把总14员	主兵10520名	盔甲5630副兵器25761件火器4258件	独轮战车200辆元戎车1辆鼓车2辆	额马2825匹骡50头
海州营	嘉靖二十八年设参将1员领中军1员千把总9员	主兵4583名	盔甲2352副兵器15625件火器5825件	独轮战车200辆元戎车1辆鼓车2辆	额马2696匹骡50头
宁远营	嘉靖二十六年参将1员领中军1员千把总9员	主兵3888名客兵家丁23名	盔甲4083副兵器9166件火器8015件	独轮战车100辆	额马3368匹骡50头

续　表

	武将	兵力	武器	战车	骑乘
险山营	嘉靖四十二年参将 1 员领中军 1 员千把总 9 员	主兵 5258 名客兵家丁19名	盔甲 5820 副兵器 20081 件火器 845 件	独轮战车 200 辆元戎车 1 辆鼓车 2 辆	
沈阳营	嘉靖二十年游击 1 员领中军 1 员千把总 9 员	主兵 7987 名客兵家丁48名	盔甲 6750 副兵器 25948 件火器 2131 件	独轮战车 200 辆元戎车 1 辆鼓车 2 辆	额马 5388 匹骡 50 头
镇武营	嘉靖四十一年游击 1 员领中军 1 员千把总 9 员	主兵 4128 名	盔甲 2287 副兵器 9596 件火器 1795 件	独轮战车 200 辆元戎车 1 辆鼓车 2 辆	额马 1674 匹骡 50 头
正安车营	隆庆五年设游击 1 员领中军 1 员千把总 9 员	主兵 4511 名	盔甲 4473 副兵器 14127 件火器 9410 件	只轮战车 220 辆独轮战车 300 辆（分发镇静堡100 辆，镇宁、镇远、镇安、镇边、镇夷等堡每堡 20 辆）元戎车 1 辆鼓车 2 辆	额马 1865 匹骡 50 头
前屯营	嘉靖四十一年游击 1 员领中军 1 员千把总 2 员	主兵 4954 名客兵家丁98名	盔甲 4083 副兵器 12407 件火器 6389 件	独轮战车 100 辆	额马 2732 匹骡 50 头

	武将	兵力	武器	战车	骑乘
锦州营	嘉靖二十八年 守备 1 员领 千把总 6 员	主兵 4973 名	盔甲 4127 副 兵器 15696 件 火器 3007 件	独轮战车 380 辆 （分发大凌河、 松山二所每所 40 辆，大茂、大 胜、大镇、大 福、大兴等堡， 每堡 20 辆） 元戎车 1 辆 鼓车 2 辆	额马 2143 匹 骡 50 头
金州营	嘉靖三十年设 守备 1 员领 把总 2 员	主兵 1775 名	盔甲 1554 副 兵器 11940 件 火器 11344 件	独轮战车 200 辆 元戎车 1 辆 鼓车 2 辆	额马 571 匹
义州营	守备 1 员领 千把总 9 员	主兵 5294 名	盔甲 3569 副 兵器 12789 件 火器 2463 件	独轮战车 340 辆 （内分发大静、 大清、大宁、大 平、大庸、大 安、大定等堡， 每堡 20 辆） 元戎车 1 辆 鼓车 2 辆	额马 1576 匹 骡 50 头
中固营	弘治年间设 备御 1 员领 把总 2 员	主兵 1696 名	盔甲 899 副 兵器 3874 件 火器 1653 件	独轮战车 100 辆	额马 363 匹
铁岭营	弘治年间设 备御 1 员领 把总 2 员	主兵 2381 名	盔甲 1614 副 兵器 10011 件 火器 3658 件	独轮战车 100 辆	额马 558 匹

续 表

	武将	兵力	武器	战车	骑乘
泛河营	嘉靖八年设备御 1 员领把总 2 员	主兵 1307 名	盔甲 1645 副 兵器 6201 件 火器 1083 件	独轮战车 100 辆	额马 565 匹
懿路营	正统年间设备御 1 员领把总 2 员	主兵 1649 名	盔甲 1592 副 兵器 7973 件 火器 1302 件	独轮战车 100 辆	额马 594 匹

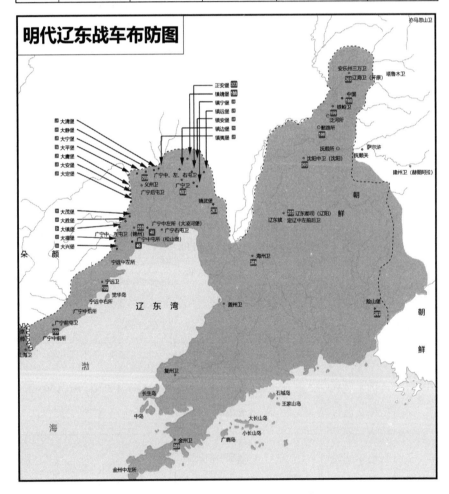

图 6-36 明代辽东战车布防图[1]

---

1 据谭其骧《中国历史地图集》及表 6-13 改绘。

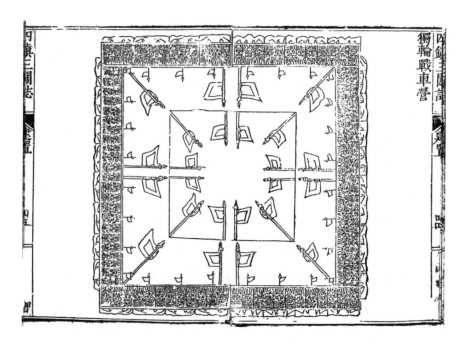

图 6-37　独轮战车营图[1]

第六节　隆万间京营之整顿
与俞大猷之北上练京军

一　隆万间京营整饬的呼声

京营在嘉靖朝的末期经历多次改革，其中最重要的就是将营制改回祖制的三大营，并开始练战车。但是长期以来，京营士兵素质和战斗力并没有显著提升，连嘉靖皇帝也多次抱怨京营训练不足，因此朝臣持续对京营提出改革的意见。

魏时亮，字工甫，号敬吾，江西南昌人，嘉靖三十八年进士。嘉靖末年为兵科给事中，曾巡视京营，指出京营素质不佳，必须练纪律、胆和操战之法。当隆庆元年北虏再次入侵时，兵科给事

中魏时亮上奏建议京营应"酌营制而尚火攻":

> 访得各边御虏,惟资马斗,各兵临阵,惟尚弓矢,夫马
> 固夷虏之所习,而射尤胡骑之长,是以虏来一矢不敢交,虏
> 去一步不敢蹑,咸职此之故耳。今诚酌定营制,凡一营之内,
> 务有车兵以列营,有步兵以站伏,有马兵以追突,马兵之制
> 旧矣。车之制则宜轻举疾随,一鼓列营,四面环卫;步之制
> 则宜随马逐,急则站定,远则设伏,相错互倚,严敕举行,
> 而纵横变化在各将焉。所谓有制之兵,盖如此,但车步马斗
> 均宜熟练火器,盖弓矢之利在胡虏,而戈戟之势难远攻,其
> 为我中国之长技,而胡虏之最畏者,仅火器也,一位炮与独
> 火飞炮,重而难举,发而莫继。惟夹把枪与火器之便者,可
> 以随带,急则充挺刀之击,缓则足屡发之用。凡战兵一营,
> 若马步车兵均宜以此教之,每队班伍层列,教以由一而五,
> 迭发至五,而一者复得药可发矣。臣昨巡视京营,见营军稍
> 稍习此,全未精熟,及备询边将,犹谓边军火器不如营军,
> 则边军之不习火器可知也。近辽东问以火器,皆云不知,及
> 臣劝以火攻,故用车战取捷,今各边舍此长技不练,而惟他
> 议之图,非善算矣。营制定而火器练习,此臣所惓惓者。[1]

魏时亮指出宜改变京军车兵和步兵的战术,并改善火器不足、
训练亦不足的问题。他特别指出马车步三个兵科都应该练五轮排
枪射击。但从另一个角度来看,魏时亮的上疏,其实说明了朝中
对于新式火器的认识仍十分不足,尤其是步兵单兵仍持用的夹把
(靶)枪(其实也就是多管的手铳)。因此,若要提升京军的战斗

---

1 《明经世文编》卷三七一《魏敬吾文集》,《题为圣名加意虏防恭陈大计一十八议
疏》,页 1a~20b(4005~4014)。

力，使用较为有效的单兵火器，是十分重要的问题，而具有这样
能力的，就是北上的南方官将。

谭纶在隆庆四年十月，正式离任蓟辽总督，调任协理戎政兵
部尚书。遗缺由顺天巡抚刘应节接任。此时，因为京营营制的改
变，(万历)《大明会典》载：

> 隆庆四年，议更营制。初革总督勋臣，用总兵官三员，
> 各给关防，推文职大臣一员督理。又改总兵官为提督，仍用
> 勋臣三员。又添文臣二员，与勋臣一同提督。又以六提督事
> 权不一，仍复旧制，用武臣一员总督，文臣一员协理，给戎
> 政印，缴三关防。[1]

这使得协理戎政兵部尚书事权集中，便于谭纶进行京营的改
革。隆庆六年六月庚午日，高拱被罢。[2]乙亥日，杨博被命回管兵
部事，但杨博不愿意。次月，谭纶升调至兵部，以协理戎政兵部
尚书升为兵部尚书。[3]因此，谭纶除了对于京营的问题十分了解
外，也有足够的权力再调遣南将北上整饬京营。

明神宗登基之初，对于京营的整饬十分重视。隆庆六年十二
月十七日、十八日，两天之间，京营千总先被革10员。[4]次日以
年终科道论劾，又革去参将等官8员。[5]随后，就《明实录》所
见，在万历二年四月俞大猷抵京前，曾派遣官员阅视京营。如隆

1　(万历)《大明会典》卷一三四《营操·京营·营政通例》，页13b (1895)。

2　《明神宗实录》卷二，隆庆六年六月庚午日，页13b (34)。

3　《明神宗实录》卷三，隆庆六年七月甲申朔，页1b (66)。十月，王遴以兵部左侍
郎兼右金都御史接任协理京营戎政一职。张德信：《明代职官年表》，页2243，黄山
书社，2009年。

4　《明神宗实录》卷八，隆庆六年十二月己巳日，页8b (292)。

5　《明神宗实录》卷八，隆庆六年十二月庚午日，页9a (293)。

庆六年十二月先派遣刑科左给事中贾待问、江西道御史苏士润巡
视京营。[1]万历元年，又遣山西道御史杨相、刑科给事中欧阳柏巡
视京营。[2]

隆庆万历年间对于京营兴革的意见众多，其中与战术相关者
不少，如吴时来倡练战车。他认为京营过去一直是精锐，而今日
却多以为"营军绝不可教"，与京营的废弛有极大的关系。他指
出，京营之蔽有五：苟玩、假充、凭依、畏怯、速转。而改革京
营畏怯之蔽的方法，就是以车步马的混合战术训练来提高京营的
战斗力：

> 教以车战、步战、骑战三法，而车战为先。车战尚可载
> 火器，下可载糇粮，马不能冲，箭不能入，战则为阵，止则
> 为营，进有所恃，退有所息。故先之以车，以冲其锋，次之，
> 以步攻其散，次之，以骑角其零。又选为上中下三等，上为
> 战兵，中为应兵，下为守兵，教之有成，渐渐徙之于边，以
> 观虏情，经战阵作其勇敢之气，示以能胜之机，则畏怯之蔽
> 可革。……臣愚以为，宜急取今之名将善练兵者以佐之，顺
> 其志意，假以权宜，相与整理，则营军可以列阵而待敌矣。[3]

上述吴时来对于京营的改革主张，可以分为三个步骤。第一，
以车步骑联合作战。他认为战车除可使用火器、载运粮食外，还
可抵挡敌骑的进攻，可抵挡敌人的弓箭等。因此，作战时应该以
车为前锋，先与敌骑交战，然后以步兵攻击被打散的敌军。至于

---

1 《明神宗实录》卷八，隆庆六年十二月壬申日，页 10a（295）。
2 《明神宗实录》卷二〇，万历元年十二月丙寅日，页 4b（550）；卷二一，万历二
年正月己丑日，页 3b（562）。
3 《明经世文编》卷三八四《悟斋文集》，《目击时艰乞破常格责实效以安边御虏保
大业疏》，页 17b~18a（4171）。

骑兵，则用于收拾战果。第二，主张将京营士兵分战兵、应兵和守兵三等训练，然后遣至边镇磨炼。第三，请名将主持训练事宜。吴时来这些针对京营的改革建议并不突出，甚至不超出魏时亮的意见，但吴时来较有战术的眼光，并未把京营的车马步三个兵科等而视之，反而看出车战是未来战争中的核心，认为京营的训练应以战车为核心。

兵部对于练战车的立场也很一致，特别指出战车营与战兵营联合操练的重要性：

> 一顺车战以便各操，谓车战二营相须为用，若平时操演，分而不合，则临敌参差，缓急何赖。宜将二营均搭齐备，时分时合，着实操演，使驰击环卫，各尽其长。[1]

吴时来和兵部的战车优先论点，使京营练兵逐渐走向了练战车火器的方向。

万历初年，京营营务的废弛，连京营的文武指挥官总督京营戎政彰武伯杨炳和协理京营戎政兵部尚书兼都察院右副都御史王遴都不讳言：

> 京营之兵，本为居重驭轻，控护宸严，非必驱逐于山溪之远道。京营之技，生长内地，胆怯气馁，原非临敌经战之劲卒。……及查昔年营务废弛，虏报频仍，兵虽充籍，未敢御敌一战，而所在辄被攻溃，良以无制人之术，有坐困之势尔。[2]

1　《明神宗实录》卷一四，万历元年六月己巳日，页 5b~6a（446~447）。
2　《正气堂续集》卷六《京营车战近议》，《戎政府覆本》，页 5b~6a。

此外，对于练车马步协同战术来训练京营，杨、王二人的意见也与吴时来相合：

> 今以京营之兵当御虏之用，必有兵车千辆，骑兵数万，倚兵车为郭廓，恃骑兵为冲仗，以分合为犄角，以战守为奇正……。兵家万全之道，无逾于此。[1]

因此，在万历初年，不论是科道官、兵部还是京营的文武大臣，对于京营的改革方向，特别是训练方面，都达成了以练战车为核心的共识。当然，北京外卫的大造战车，也为京营造战车提供一定的声援。

二　俞大猷北上与京营重造战车之议

（一）京营修造新战车之共识

万历二年闰十二月，工科左给事中李熙和福建道监察御史周咏在巡视京营后，条陈选战将、蓄将材、练战兵、习车兵、核养马和广火器等六事，得到兵部的同意。[2] 其中练车兵一项的内容如下：

> 为照京营有大战车四营，每营一百二十辆，小战车六营，每营一百六十辆此时制造，各有车上火器，先年领出试验，率多炸损，迩者惟将大小车辆在于教场空行操演，并无安置火器，亦无出场试验，平日既乏整备之实，万一有警，欲其取效难矣。且臣等勤加访问，多谓营车制造既未如法，而所张置器具亦未全备，合无乘此闲暇将大小战车原造各样火器

1　《正气堂续集》卷六《京营车战近议》，《戎政府覆本》，页 5b~6a。
2　《明神宗实录》卷三三，万历二年闰十二月丁酉日，页 7a（781）。

尽数领出，安置车上，又将各车运出关外行营，逐一阅试，
验其可用与否，如果不堪，作何议处？仍行兵部广集众思，
不拘在京在外将官，但有素谙车法者，径荐一二员推用营中，
专责以置造之规，教练之略，而无靳于费财，无夺于浮议，
则整备之后，虽以摧坚冲突，横行匈奴可也，岂但为防御之
资已哉。[1]

从李熙和周咏题本的内容，可以了解万历初北京原有战车部
队数量虽不及于嘉靖末，但仍十分庞大，达到 1440 辆。然李、周
两人阅视后，却对北京战车营的战车形制及火器评价不高，认为
必须将战车送至边镇关外阅视是否堪用。并拣选素谙车法的将领
前来负责训练新的京营战车营。

俞大猷在此时上书兵部尚书谭纶，指出京营只是取民间的大
车、小车作为战车，并未仔细研究车制，故京营战车"不适于实
用"。[2] 然后，俞大猷提出自己战车设计上的优点，希望能够担任
制造战车和训练京营之职：

愚今（斟）酌损（益）其制，大而不重，轻而不虚，进
退纵横不滞，涉险渡水无所往而不宜。缓行日六十里，急行
日百里，皆可至。但车必借火器以败贼，火器必借车以拒马，
二器之用，实相须也。合无如科道近议，将旧车改修四百辆。
覆题准行之日，愚从而设法教操，有分有合，有正有奇，简
便平易，官兵乐从，数月之后即可观阅。……果谓兵车如此，
真足为安，社稷威夷狄之上策，用之京营，相传不废，使宣
大各镇闻而踵行，各成一军。[3]

1　《正气堂续集》卷六《京营车战近议》，《科道题本》，页 1a~b。
2　《正气堂续集》卷六《京营车战近议》，《上本兵稿》，页 2b。
3　《正气堂续集》卷六《京营车战近议》，《上本兵稿》，页 3a。

由是可知，俞大猷所造战车约日行 60~100 里（30~50 公里）。俞大猷希望在几个月内改进 400 辆战车，并加以教操，若有实效，再推动至宣大等各军镇。

谭纶对此作出回应，以俞大猷为后军都督佥事。首先，他命俞大猷不妨原务，每遇开操之时前去提调京营车战，职在副将之上，同后军都督府佥事。其次，指出俞大猷的任务是进行战车和火器等装备的检查。由俞大猷督率本营将官将大小战车及火器逐一阅视，以便掌握京营战车装备的情况。检查后寻找适用的战车和火器"为定制，如法操练"[1]。

《名山藏》曾录有俞大猷北上前友人李杜（即曾为俞大猷撰写《功行纪》的作者）嘲讽："大猷老也，盍退休?"俞大猷覆称:

> 吾祖父世官，享国家俸禄，未有以报主上，冲岁夷虏时肆凭陵，平生志在西北边，老当益壮，毙而后已。刬谭公在位，又知我心，虏自成祖北伐，而后未有用大阵胜之者，世宗庚戌之变，将士惝弱，未能列一阵见敌，此国耻也。穆宗皇帝奋武大阅，而阵法久废，诸将几不能军，何以示国威卫天子？于是以故大同制车法上之于朝，曰："御虏之法，非车不足以战。"[2]

由此可知，俞大猷实怀抱一练阵法之理想，争取前往北京训练京营战车。

（二）俞大猷对于京营营制的重组

1. 京营原有之营制与新战车之修造

根据杨炳向兵部的覆本，万历初京营三大营的编组分为战兵 10

---

1 《正气堂续集》卷六《京营车战近议》，《兵部覆科道本》，页 4a。
2 《名山藏·臣林记·嘉靖臣·俞大猷传》，页 24a~b（史 47：645）。

营、车兵 10 营，每营各 3000 人，共 60000 人。其编组参表 6-14。

表 6-14　万历初京营基本编组表[1]

营别	职称	营人数	附注
车兵 10 营 大车 4 营（每营战车 120 辆） 小车 6 营（每营战车 160 辆） 共 30000 人	弓箭手	1250	主要火器： 快枪 100 杆 夹靶枪 1000 杆 连珠炮 50 位 一位炮 50 位
	火器手	1250	
	长枪	250	
	大刀	250	
	圆牌	250	
	合计	3000	
战兵 10 营 共 30000 人	弓箭手	1000	
	火器手	1250	
	长枪	250	
	大刀	250	
	圆牌	250	
	合计	3000	

　　俞大猷最初计划整修战车的幅度不大。京营使用战车的情形十分恶劣。小车是低矮的单轮车，仅由一人推挽，不仅无法发挥对付骑兵的作用，也不堪修用。[2]大车的情形也差不多。大车营的战车 480 辆若交给俞大猷改造，经整修仅能得到 104 辆。加上修整小车得到的 126 辆，一共为 230 辆。经过重复捡选，又得 10 辆战车，总共不过 240 辆，仅足以装备两个营。[3]修造用银达 1500 两，却只能够装备原来五分之一的部队。

1　《正气堂续集》卷六《京营车战近议》，《戎政府覆本》，页 6a。

2　《正气堂续集》卷六《京营车战近议》，《戎政府覆本》，页 6a~b。

3　《正气堂续集》卷六《京营车战近议》，《戎政府覆本》，页 6a~b。原疏总计多算 10 辆战车。

由于考虑将战车送往兵车厂修造缓不济急，因此杨炳等建议，由他分投各营副将，会同俞大猷，由戎政衙门鸠工自造战车。杨等又顾虑到原修造的 240 辆战车"不堪远道"，因此建议重新装备 10 个战车营，共造战车 1200 辆。[1]京营的战车几乎全面换新。

2. 火器的筹措

俞大猷新战车所需的火器较新，且为战车各项费用中最昂贵者。为撙节费用，改由京师内外库调遣火器，而非新造。俞大猷原先建议采用 1 门大佛郎机铳和 2 门中佛郎机铳作为战车的主要武装，另外配属鸟铳 2 杆，地连珠 2 杆，涌珠大炮 2 位，夹靶、快枪 10 杆等火器。后杨炳至兵车厂和军器厂，发现库中有 34 架大佛郎机铳，重达 300 斤（177 公斤），过于沉重，故全部改用二号佛郎机铳。据《纪效新书》十四卷本载：二号佛郎机为长六七尺（192~224 厘米），铅子每丸 1 斤（0.59 公斤），用药 11 两（406 克）。[2]但各库仅藏 1000 架，还要额外制造 2600 架。鸟铳和地连珠库存均足，故可直接调用，不必另造。涌珠大炮重 40 斤，京师各库并无库藏，故交由宣大陕各边制造。此外还有大旗 2 面、小旗 2 面、木盾 2 面、虎叉 2 支、长枪 2 柄和大砍刀 2 柄，需要筹措。[3]

3. 编制的改变

京营原有的营制就是步车合编，分别有大合和小合两种编组。大合是指车兵和战兵营各二的组合，小合是车兵和战兵营各一的组合。作战时，以车为外阵，每车各附火器手一队，后有骑兵，并以弓箭火器为内列。中军则由本营将领发号令。杨炳等认为俞大猷新制战车使用后，战车成为战术的主体，兵员等皆应以车为

---

1 《正气堂续集》卷六《京营车战近议》，《戎政府覆本》，页 7a。

2 《纪效新书》卷一二《舟师篇》，页 277。

3 《正气堂续集》卷六《京营车战近议》，《戎政府覆本》，页 7b~8b。

基本单位分配。为了不使此一变动影响原有的营制，他主张在新制中，战车每车用步兵20名，其中14名分成两班负责推运战车，6名为大火器手，共2400人。此外，还拨有马军200人，负责巡哨。中军由步军400人组成，负责旗鼓和分守营门。而配合的战兵则每车有弓箭手8名，火器手10名，枪刀圆牌手各2名，共有22人，总计2640人。其余的360人，拨充中军。战车分作四面，前者称为前锋，左称左哨，右称右哨，后称殿后战兵。若以四车营合营，则各分一面，以使"三营旧制不致纷更，军士技艺不烦改练"[1]。操练时，以每班兵车五营，每营各分两日，前往神机营听俞大猷"见修兵车，专管教练"[2]。表6-15为杨炳所陈之京营战车编组表。

表6-15　杨炳等据俞大猷议所主张之京营战车基本编组[3]

营别	职称	车人数	营人数	附注
车兵10营 每营战车120辆 车兵2400人 马军200 中军400 每营3000人 共30000人	推车兵	14	1680	每车主要火器： 二号佛郎机铳3架 涌珠炮2位
	大火器手	6	720	
	合计	20	2400	
战兵10营 战兵2640人 中军360人 每营3000人 共30000人	弓箭手	8	960	
	火器手	10	1200	
	枪刀	2	240	
	圆牌	2	240	
	合计	22	2640	

1　《正气堂续集》卷六《京营车战近议》，《戎政府覆本》，页9b。
2　《正气堂续集》卷六《京营车战近议》，《戎政府覆本》，页9b。
3　《正气堂续集》卷六《京营车战近议》，《戎政府覆本》，页9a~b。

兵部在万历三年二月，回复同意总督京营戎政彰武伯杨炳议造战车 1440 辆的计划，并令火器兵仗库中有者照给，无者置造，操练则交给俞大猷负责。[1] 俞大猷当此重任时七十三岁，年事已高。

俞大猷所造新战车在材质上与原战车不同。原来的大小战车所使用的木料是松木和柳木，不能经久，新战车则以榆、槐、枣、檀、楠、桦等木料为主。另，京营新战车采用双轮的设计，车体主要由 2 根长 1 丈 3 尺 5 寸、宽 3 寸，厚度头尾各 4 寸、中间 6 寸的直木所构成。[2] 在车推竿上有绳索 3 条，用于挂肩挑扛。车前横木两头各有长 5 尺铁锁 1 条，用于结营时钩连。车体的结构详参图 6-38。

京营战车的防护，主要依赖战车前部的大枪头和木屏。战车前部的 5 支枪头可以防止敌军靠近战车，而木屏即防盾，可使屏后的人员不被敌箭射伤。京营战车的木屏分为飞虎大木屏和两面小木屏。小木屏用于防护发射佛郎机铳的车兵，飞虎大木屏则一来可以惊吓敌马，二来可以防护位于车身后段的士兵。[3]

表 6-16　俞大猷新京营战车的基本编组 [4]

营别	职称	车人数	营人数	附注
车兵 10 营 每营战车 120 辆 每车 20 人 车兵 2400 名 中军马步军 600 名 每营 3000 人 共 30000 人	队长或写字相间	1	120	每车主要火器： 二号佛郎机铳 3 架 涌珠炮 2 位
	车长、车副	2	240	
	正、副舵工	2	240	
	推车兵兼佛郎机铳助手	6	720	
	推车兵兼涌珠炮助手	6	720	
	佛郎机铳手	1	120	
	涌珠炮手	4	480	
	合计	20	2400	

1　《明神宗实录》卷三五，万历三年二月辛巳日，页 8a（817）。
2　《正气堂续集》卷六《京营车战近议》，《兵部覆本》，页 11b~12a。
3　《正气堂续集》卷六《京营车战近议》，《兵部覆本》，页 11b~12a。
4　《正气堂续集》卷六《京营车战近议》，《兵部覆本·操法》，页 13b~14a。

续　表

营别	职称	车人数	营人数	附注
战兵 10 营 每车 15 人 每营战兵 1800 名 中军马步军 1200 名 每营 3000 人 共 30000 人	队长或写字相间	1	120	
	师范	2	240	
	木盾	2	240	
	夹钯枪	4	480	
	快枪	2	240	
	虎叉	2	240	
	大钩砍刀	2	240	
	合计	15	1800	

（三）京营战车的车制

俞大猷的新战车为双轮设计，似承袭自大同双轮粮车。《京营车战近议》载其图（图6-38）。其各部尺寸，还原如图6-39。

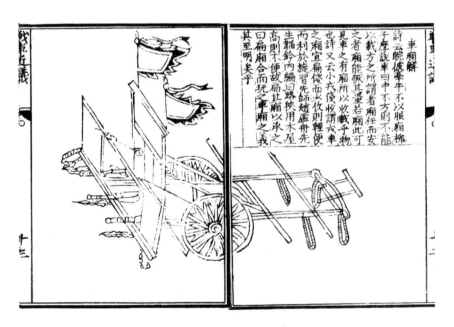

图 6-38　双轮战车图 [1]

1　《正气堂续集》卷六《京营车战近议》，《兵部覆本》，页 12b~13a。

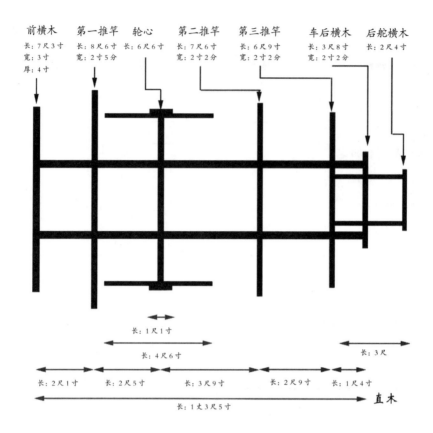

前横木　第一推竿　轮心　第二推竿　第三推竿　车后横木　后舵横木

图 6-39　俞大猷京营战车尺寸示意图[1]

(四) 京营车战的战术

万历四年九月俞大猷制定京营战车操法，将战车的操练分为小合、大合、十干万全阵、五行阵、三才阵等。以下分述之。

1. 小合

京营车营的操练，主要是以小合（战兵一营十二司搭配车兵一营十二司）为单位。早上五更至教场，列队后开始操演。操演的重点是行军和野战御敌两项。京营车营的行军是以哨探马和战兵马为前导，然后是车兵，一至六司在右，七至十二司在左，中军旗鼓殿后。（图 6-40）如遭遇敌军，中军立刻吹长声喇叭，结

---

1 《正气堂续集》卷六《京营车战近议》，《兵部覆本》，页 11b~12a。

成方营。[1]（图6-41）

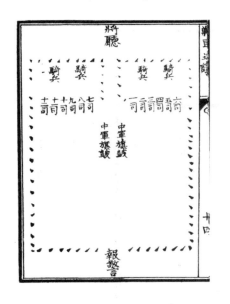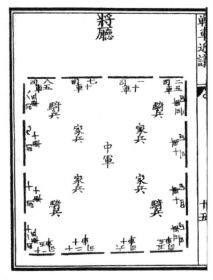

图6-40　单营行军图[2]　　　　　　　图6-41　单营结营图[3]

结成方营后，中军吹哱啰三声，所有部队坐地整理衣甲、干粮，并将大枪头装于车前。随后召集千把总，指示各官回队传说"各军从容勿忙，今日我官军正好出力报朝廷，贼只是箭来射我们，神器火炮胜他箭，只是马来冲我们，车胜他马，汝众官军齐心对他大营冲打去，决可破灭他无疑"。传话完毕，中军吹三声喇叭，步军起立，马军上马。[4]

当敌军开始包围，中军放大铳一声，所有火器齐射，并士兵齐呐喊，如此再三。当敌兵退走，则中军连放大铳三声，改阵形为战车在第一行，骑兵在第二行，家兵与中军在第三行，最后一

1　《正气堂续集》卷六《京营车战近议》，《兵部覆本·操法》，页15a。

2　《正气堂续集》卷六《京营车战近议》，《操法》，页14b。文中所指左右，系依将领之观点。

3　《正气堂续集》卷六《京营车战近议》，《操法》，页15b。

4　《正气堂续集》卷六《京营车战近议》，《兵部覆本·操法》，页16a。

行排少数战车的追击队形。[1]（图6-42）

图6-42　单营追击图[2]

2. 大合（二营合操）

起操后，扣除起操至行营的4个号令，从结方营开始行进至收回方阵，一共12个号令，可分为以下三个步骤。[3]

当遇敌时，先结成方营，中军放大炮三声，吹喇叭三声，马兵上马，点鼓抬阵徐行25弓步而止。随后中军放起火一支，放大炮一声，敲锣边，前面一列齐放大小铳炮，呐喊，点鼓抬阵徐行25步。如此三次，第三次不必徐行前进。

中军改令放起火一支，大炮三声，阵形改为开左右翼为一长

1　《正气堂续集》卷六《京营车战近议》，《操法》，页16a~b。

2　《正气堂续集》卷六《京营车战近议》，《操法》，页17a。

3　二营合操法内容俱见《正气堂续集》卷六《京营车战近议》，《操法·二营合操法》，页23b~24a。

列。随后中军放起火一支，放大炮一声，敲锣边，齐放大小铳炮毕，擂鼓呐喊，前冲 30 弓步而止。如此四次，最后一次不擂鼓前冲。

随后放起火一支，大炮一声，马兵出列。放起火一支，放大炮一声，擂鼓，长列呐喊前冲 30 弓步，不可放铳。中军吹长声喇叭收阵，放大炮三声，鸣金，打德胜鼓。（图 6-43）

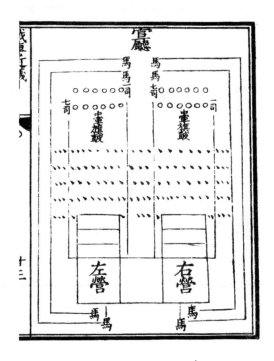

图 6-43　双营行军图[1]

3. 十干万全阵

十干万全阵是出动京营所有（10 个）战兵、车兵营的阵形。由于每个车兵营与战兵营结合后称为阵，并以十天干为序，故称"十干"。而"万全"是指所有的部队分为战阵、驻阵两个部分，分单双日轮流战或驻的战术。[2] 十干万全阵是明军战车战术的高峰

1　《正气堂续集》卷六《京营车战近议》，《操法·二营合操法》，页 23a。

2　《正气堂续集》卷六《京营车战近议》，《操法·十干万全阵图》，页 30a。

之作，动员战车 1200 辆，总兵力达 60000 名。（图 6-44）

十干万全阵的基本阵式，是以己阵为中军阵，向东依序为乙、辛、丁、癸四阵，向西为甲、庚、丙、壬四阵。以上九阵分作二纵列，一至六司在阵右，七至十二司在阵左。中军己阵前为戊阵，亦分两列，但为直列。[1]

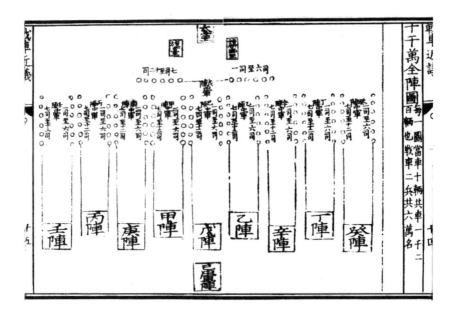

图 6-44　十干万全阵图[2]

行军时，依照天干的顺序依次行进，每一阵马兵在前，车兵在后，分两头前进。如在较为宽阔的地形，以两阵、四阵、六阵并行亦可。[3]布阵时，由庚、辛、壬、癸四阵先陆续至信地，并立刻将马兵包围入车阵中。随后为己阵和戊阵，再依序为甲、乙、丙、丁四阵。集结完毕，吹哱啰后，马兵下马。[4]

1　《正气堂续集》卷六《京营车战近议》，《操法·十干万全阵图》，页 25b~26a。

2　《正气堂续集》卷六《京营车战近议》，《操法》，页 24b~25a。

3　《正气堂续集》卷六《京营车战近议》，《操法·十干万全阵图》，页 26a~b。

4　《正气堂续集》卷六《京营车战近议》，《操法·十干万全阵图》，页 26b。

作战前，己阵吹双号笛，所有阵中的中军、千把总必须集结到己阵，聆听命令后归本阵。

敌人还有相当距离时，十营以己阵为中心，分为两个攻击梯队，后队为戊、庚、辛、壬、癸五阵，前队为甲、乙、丙、丁四阵，一共用火器攻击三次。己阵放大炮三声，吹喇叭，马兵先上马，后队点鼓抬阵至后队之前，己数组于戊阵之后。己阵放起火三支，放大炮一声，后队内敲锣边，后队前面一列齐放大小铳炮，呐喊。随后前队点鼓抬阵至后队前而止。己阵放起火三支，放大炮一声，前队敲锣边，齐放呐喊如后队。己阵放起火三支，放大炮一声，后队内敲锣边，齐放呐喊同前。此一战术称为"步"[1]，是以保守攻击为主的战术。

在攻击三次后，随着敌军的接近，全军阵形改变，攻击的主力由后队担任。在己阵放起火三支，放大炮三声后，后队各阵由方营改为开左右翼为一长列。攻击发起时，己阵放起火三支，放大炮一声，齐敲锣边，齐放大小铳炮后，擂鼓呐喊前冲约30弓步而止。如此三次。此一战术称作"伐"。如三冲后敌军仍不溃，则重复此战术。[2]"伐"的战术是以发扬火力和冲锋等积极进攻作为战术基调。

如敌败，必须先瞭望敌是否真败，不可先行派出马军。待确认敌军真败后，己阵放起火三支，放大炮一声，后队派马兵驱逐敌军残部。待马兵远离阵，则己阵放起火三支，放大炮一声，擂鼓，后队呐喊前冲，但不可放铳。当确定敌军已经远离战场，己阵吹长声喇叭，各阵也吹长声喇叭回应。后队改回方阵队形。己阵放大炮三声，鸣金三声，全队打德胜鼓收马兵。马兵回阵后，

---

1 《正气堂续集》卷六《京营车战近议》，《操法·十干万全阵图》，页26b~27b。

2 《正气堂续集》卷六《京营车战近议》，《操法·十干万全阵图》，页27b~28a。

鸣金鼓止。由己阵放起火一支，放大炮一声，前队不动，己阵和后队慢慢鸣金退于前队之后。[1]这种战术是确保不会因为落入敌人诈败的圈套，而导致全盘皆输的局面。

如在后队收兵之间敌军冲锋来攻，则己阵中军再放起火三支，放大炮一声，前队齐敲锣边，前面一列齐放大小铳炮，呐喊。己阵放起火三支，放大炮三声，前队左右翼展开为一长列。己阵放起火三支，放大炮一声，齐敲锣边，齐放大小铳炮，呐喊。己阵放起火三支，放大炮一声，前队出马兵驱逐敌骑。待马兵远离阵，则己阵放起火三支，放大炮一声，擂鼓，前队呐喊前冲，但不可放铳。当确定敌军已经远离战场，己阵吹长声喇叭，前队吹长声喇叭回应，前队改回方阵队形。己阵放大炮三声，鸣金三声，全队打德胜鼓收马兵。马兵回阵后，鸣金鼓止。由己阵放起火一支，放大炮一声，前队慢慢鸣金退于后队之后。己阵再放起火一支，后队徐徐鸣金退于前队之后，恢复原来的队形。[2]

为使京营各部都熟练十干万全阵的操法，俞大猷颁定了各营轮值序列。除五军战兵一营和五军车兵三营的组合必须熟习六种阵中位置外，为了使其他部队熟悉居全阵指挥位置的己阵，神枢战兵一营神枢车兵三营（戊阵）、神枢战兵六营神枢车兵七营（庚阵）、神机战兵六营神机车兵七营（辛阵）、五军战兵六营五军车兵八营（壬阵）、神机战兵一营神机车兵三营（癸阵）等五支部队除操练原须熟习的阵位外，亦须每月操练一次己阵阵位。大阅各营轮值序列表详参表 6–17。

1　《正气堂续集》卷六《京营车战近议》，《操法·十干万全阵图》，页 28a~b。
2　《正气堂续集》卷六《京营车战近议》，《操法·十干万全阵图》，页 28b~29b。

表 6-17　京营大阅十干万全阵时各营轮值序列表 [1]

京营部队番号	十干万全阵序列					
	一～五日	六～十日	十一～十五日	十六～二十日	二十一～二十五日	二十六～三十日
五军战兵一营 五军车兵三营	己阵	戊阵	庚阵	辛阵	壬阵	癸阵
神枢战兵一营 神枢车兵三营	戊阵	己阵	戊阵	戊阵	戊阵	戊阵
神枢战兵六营 神枢车兵七营	庚阵	庚阵	己阵	庚阵	庚阵	庚阵
神机战兵六营 神机车兵七营	辛阵	辛阵	辛阵	己阵	辛阵	辛阵
五军战兵六营 五军车兵八营	壬阵	壬阵	壬阵	壬阵	己阵	壬阵
神机战兵一营 神机车兵三营	癸阵	癸阵	癸阵	癸阵	癸阵	己阵
五军战兵二营 五军车兵四营	甲阵					
五军战兵七营 五军车兵九营	乙阵					
神枢战兵二营 神枢车兵四营	丙阵					
神机战兵二营 神机车兵四营	丁阵					

4. 五行阵和三才阵

五行阵得名于五行——金、木、水、火、土。京营旧制，每月一日至五日操战兵（五军一、二营，神枢一、二营，神机一、

———————————

1　《正气堂续集》卷六《京营车战近议》，《操法·十干万全阵图》，页 30b～31b。

二营）和车兵（五军三、四营，神枢三、四营，神机三、四营），因此可以组合为六阵。其中五阵充当十千万全阵中的前队，另一阵则充己阵，由京营三大营的副将轮流统领演习。[1]

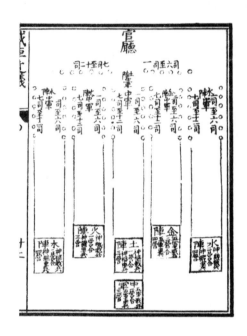

图 6-45　五行阵图[2]

另，京营旧制，每月六至十日操练战兵（五军六、七营，神枢六营，神机六营）和车兵（五军八、九营，神枢七营，神机七营），共可分为四阵。其中一阵充己阵，亦由副将统领训练，称为"三才阵"。[3]（图 6-46）

五行阵和三才阵是为了配合原有京营的日常训练所开发出的，也可以视为十千万全阵的前队操演的缩影，只是规模大小有所差异。同时由副将统领己阵，亦可增加其领导京营全军作战的经验。

由于车营作战仰赖车兵和战兵的配合，因此俞大猷等认为每

1　《正气堂续集》卷六《京营车战近议》，《操法·五行阵》，页 32b。

2　《正气堂续集》卷六《京营车战近议》，《操法》，页 32a。

3　《正气堂续集》卷六《京营车战近议》，《操法·三才阵》，页 33b。

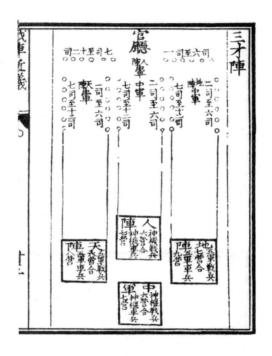

图 6-46 三才阵图 [1]

旬例行训练中，前半以一日合六营操练（即三才阵），其余四日比试弓箭枪炮等各种武器，每营各自的操练；后半则定一日操大合，其余四日与前五日的比试操练同。[2]

刚下营时，每营四面各 80 弓步，每营相距 15 弓步。如移至信地，吹哱啰，马兵下马时，则改采较为紧缩的队形，每营四面缩为 70 弓步。[3]

"冲"是战车快速全面向前推进攻击的手段。一般而言，当车营两翼张开，放起火三支，大炮一声，齐敲锣边后，先齐放大小铳炮，然后慢点小鼓，步兵出车前齐列。改齐擂小鼓，呐喊，步兵冲前约 30 步而止。鸣金，收步兵回车内。大小鼓齐擂，呐喊，战车齐冲前约 30 步而止。如此步兵三冲三退，车三进。以放起火

---

1 《正气堂续集》卷六《京营车战近议》，《操法》，页 33a。
2 《正气堂续集》卷六《京营车战近议》，《操法》，页 33b~34a。
3 《正气堂续集》卷六《京营车战近议》，《操法》，页 34a。

三支，大炮一声，齐放大小铳炮，暂停步兵出车阵的攻击。再放起火三支，大炮一声，呐喊，改出马兵攻击，车营改回方阵。

如敌军于收兵时来冲锋，则立即放起火三支，大炮一声，前面一列大小铳炮齐放。再放起火三支，大炮三声，将车营由驻阵改为开左右翼为一长列，回复"冲"的战术。步兵一冲一退，车一进后，火器齐射。放起火三支，大炮一声，再出马兵驱逐敌军。放起火三支，大炮一声，阵往马兵的方向移动，但不可放铳。步兵出阵时，为恐杂乱，每车出 11 名。（图 6-47）

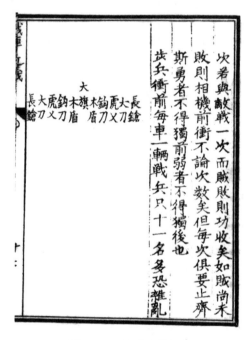

图 6-47　步兵出阵图[1]

俞大猷还特别在万历五年取消原有的家丁名额，选出各营的精壮军丁，并设选锋副将 6 人，各统领精壮军丁 300 名，每月给双粮。另外，每一战兵营增士兵 300 名，战车营十营亦各增士兵 200 名，各统以把总，时常训练，[2]以确保京营练战车的成果。

1　《正气堂续集》卷六《京营车战近议》，《操法》，页 37a。

2　（万历）《大明会典》卷一三四《营操·京营·营政通例》，页 33a（1905）。

明清史学术文库

明代战车研究

下

周维强 著

故宫出版社
The Forbidden City Publishing House

周维强，1967 年生，台湾新北人，祖籍浙江温岭，新竹清华大学历史学博士，现任台北"故宫博物院"图书文献处副研究员，"中研院"科学史委员会执行秘书，并任教于东吴大学历史学系。研究涉及明清军事、天文历法、河工等领域。著有专书《佛郎机铳在中国》，发表论文四十余篇，专书论文四篇。编辑史料《院藏剿抚张保仔史料汇编》《清代琉球史料汇编·军机处档奏折录副》《清代琉球史料汇编·宫中档朱批奏折》和《涓滴成洪流·清宫国民革命史料汇编》四种。曾多次担任策展人，参与策划"同安·潮"新媒体艺术展。此外，尚有纪录片四部：《印象水沙连》《铜版记功》《送不出去的国书》和《再现·同安船》。

「國之大事，在祀與戎。」中國歷史源遠流長，兩千餘年的征戰，累積了豐富的軍事史遺產，因此研究軍事史既是吾人之使命，亦為現今圖強所必須。現代軍事史工作者必須系統性地運用各種輔助學科，探究軍事技術、戰術等影響戰爭的因素。尤為重要者，誠如軍事史家李德哈特所言，「如要止戰，則必須知戰」，不可忘記知戰乃為謀求和平而努力。

周雅玲
2018. 4. 20

第七章 万历时期之战车与边防

隆庆五年俺答封贡的成功，北京周围及京营等地战车营的积极建设，虽然换得了北方边境的安宁，但废止战车秋防操演和裁减战车营等的议论又随之兴起，并对战车造成了相当的影响。不过，蓟辽总督王一鹗恢复了遵化辎重营、恢复了车营将领的职衔。他又支持永平兵备道叶梦熊创造了轻车、灭虏炮车和大神铳滚车，使得朝廷以战车构筑边防的战略得以延续下去。

万历初期，在山东布政使司右参政栗在庭的努力下，辽东镇战车战术又有了新的发展。他撰作了《九边破虏方略》，在许论《方阵》的阵法基础上，创立了新阵法《方阵八门出奇方阵》，又修改了辽东镇的战车，提高了战车的战斗力。同时，蓟辽总督顾养谦多次以400辆战车布防于广宁城，防御北虏和土蛮的联合进攻。在万历十六年的开原之役中，出动了战车720辆，获得胜利。

万历二十年，倭寇大举入侵朝鲜，史称"壬辰倭祸"。头一次面对同样使用火器的倭寇大举入侵，明朝出动边军精锐远征，战前即调派了战车，并抽调蓟镇战车入朝，在克复朝鲜平壤时发挥了关键作用。

壬辰倭祸战争长达七年，不但带动了东亚各国的火器交流，也促进朝臣对于战车和火器的开发。万历三十年，醉心于研究火器的赵士桢上疏进献新发明的火器和战车，期望说服明神宗改造京营战车。赵士桢先后打造了鹰扬车、冲锋雷电车和牌车等，更发展出鹰扬炮、掣电铳、玄机翼虎铳等战车用火器。遗憾的是，赵士桢更换京营武备的想法并未被采纳。万历三十七年，职方郎中徐銮建议修复京营战车，亦未获得朝廷的允许。

万历四十六年四月，努尔哈齐在赫图阿拉誓师，率军两万攻明朝领地抚顺所和清河堡，揭开了明清战争的序幕。抚顺等地的陷落，使明神宗调兵遣将，兵分四路，准备直捣赫图阿拉。这场战役，史称"萨尔浒之役"。此役是大清开国最重要的一战，因此受到众多学者的重视，不过甚少学者注意战车在此役中的作用。透过满文文献的图文记载，可以发现金军有效打击明军战车的战术。

萨尔浒之役反映出应注意战车的训练等问题，明朝官员开始检讨将领不懂得利用战车战术，因此对京营刷振、重建辽东战车营、将战车列入武科、改进战车及其战术等问题都有深入的探讨，唯能确实执行者相当有限。

第一节　万历初战车政策之更易、战术技术发展与实战成效

一　京营和蓟镇战车防御制度的更易

京营之出防，始于靳学颜之上疏京军轮番戍守。他主张：

> 欲京军强，宜试以战，即未能战，宜则以轮番戍守。京师去宣府、蓟镇才数百里，以京军九万军，轮二万往戍，是九年而始一遇，未为苦也。不数年轮遍，将京军亦与边卒同

其劲。[1]

此议于万历二年获得朝廷之支持。[2] 因此，次年七月总督京营戎政杨炳遂与户部奏讨冬衣布花，以供各军置办衣装。[3] 八月，首调京营赴蓟镇防秋。京营防秋的兵力为二营，约 6000 人，神机战兵二营，神枢车兵三营。由参将管逯乾、刘葵统领。[4] 五年五月，京营每战兵营又增选锋 300 名，车兵亦增选锋 200 名，增强了出防京营战兵和车兵的实力。[5]

然而此一立意良好的新政，却为职方司郎中项笃寿所质疑。项笃寿，字子长，号少溪，浙江嘉兴人，嘉靖四十一年进士。他利用巡视京营官员条陈营务的机会，在万历六年正月题奏《题集众议陈愚见以裨营务事》，对京营战车之事务提出颇多修改之处。项笃寿力主议习骑射，并买补新马，十分重视骑兵。而对于战车的训练，他却主张废除合操，改为分营细练。甚至，原定京营春秋两防战车二支出防，他也质疑其必要性：

先年议拨战车营兵二枝，分戍蓟镇，更代往来，不徒借

---

1 《国史唯疑》卷八，页 233。

2 （万历）《大明会典》卷一三四《营操·京营·营政通例》，页 35b~36a（1906）。"万历二年，议准行总协大臣防秋之时，将三大营战、车二兵，各调拨一枝，就令本管将官统领，赴蓟镇军门，听派相应处所屯驻，遇有虏变，与边兵并力截杀，事竣撤回。"

3 《明神宗实录》卷四〇，万历三年七月乙卯日，页 3b（924）。

4 《明神宗实录》卷四一，万历三年八月乙亥日，页 2b~3a（932~933）。

5 《明神宗实录》卷六二，万历五年五月庚戌日，页 5a（1401）。（万历）《大明会典》卷一三四《营操·京营·营政通例》，页 33a（1905）。"万历五年，题准革去家丁名色，通将各营精壮军丁选验，改为选锋六副将，各与三百名。十战兵营，每营增设三百名，车兵十营，每营各增二百名，每月给双粮，各统以把总，时常训练，总协科道不时检阅。"

以出防，亦欲其习见边事，作其骄惰也。所处山径崎岖，跋涉勤动。以战则今无可观；以力则推挽甚苦。所议暂容休息，诚唯有见，但北虏款贡，边境虽宁，修战、修守，何可少懈？况查各边防分布疏内，各军派有信地，似难据议撤回，合无备行蓟镇军门于分戍之兵，悯其行役，优加抚恤，使无祈父之怨。其出戍车兵，推挽艰难，人多不便，或停车不发，该镇造车给与，果否可行？仍加议处，咨部施行。[1]

项笃寿虽然并未遽然推翻京营戍边的惯例，但从其认为出防的京营士兵不必推车前往，可由边镇直接提供战车，以省去京军推车的劳役，及前述废合营操练事来看，项笃寿确实是有意不重视车兵的训练。

其次，万历六年正月，兵部也议暂停京营战车秋防：

先年议拨战车营兵二枝，暂议休息。夫畿辅营兵，优养安逸，故令习营知战，况查各镇边防分布疏内，各军派有信地，难以拨回，唯于分戍之兵，悯其行役，优加抚恤，使三军无怨。[2]

然而，项笃寿何以如此呢？《国史唯疑》提出了一些旁证：

项笃寿在职方忤江陵，稽无显状。惟云："方蓟帅结政府欢如父子，岁练兵靡饷不赀，实未发一矢，专饰子女玉帛，宣淫固交，督抚中枢，概受胁制。"又时辽帅勋名甚振，蓟害

1　项笃寿：《小司马奏草》卷二《题集众议陈愚见以裨营务事》，页 48a~52a（史62：267~269），《四库全书存目丛书》本，台南庄严文化事业公司，1997 年。

2　《明神宗实录》卷七一，万历六年正月甲戌日，7a~b（1531~1532）。

　　其能，屡嫁祸焉。笃寿颇阴持之。[1]

可知对于张居正所主导的京营练战车和蓟镇练兵之事，朝廷内部仍有相当的反对势力。然而，明朝本无条件大量培养骑兵，大量培养骑兵实为浮夸之言。随着俺答封贡后蓟镇边境的安宁，反对战车的势力找到了施力点，原有的战车战守之策逐渐受到了挑战。朝野为政争而无视国防，为明朝的衰亡埋下伏笔。

　　稍后于京营秋防议免时，同年十一月又发生了令人难以理解的事。甫练成的直属蓟镇总兵的三屯营车营保河民兵营被裁革了，改用当地人充车营兵。[2]万历八年七月，蓟辽总督梁梦龙又罢去其下属的标兵营的指挥官，士兵改由总兵统领，标兵中的精锐的车营改为骑营，原来较差的步军则改为车营。[3]

　　万历九年六月，出于京营巡视官姚学闵的建议，蓟辽总督吴兑认为"边势稍缓，应暂停止，候有大警临时相机请发"，也向朝廷提出停止京营秋防的建议，并获得兵部同意。[4]于是春秋两防京营轮调边镇的制度被停止，改为在京训练。[5]次年，从京师南面发往蓟镇的真保镇客军也被调回，只保留该镇的战车部队驻防石门。[6]万历十年十月，蓟辽总督吴兑上奏，"分管马步之兵，既难通融选补，临敌应变，又互相掣肘"，将车营将领由游击改为都司，使马营将领得以指挥车营。兵部尚书梁梦龙上书回应《咨为重将权

1　《国史唯疑》卷八，页 245。

2　《明神宗实录》卷八一，万历六年十一月戊申朔，页 1a（1723）。

3　《明神宗实录》卷一〇二，万历八年七月丁亥日，页 4b~5a（2014~2015）。

4　《明神宗实录》卷一一三，万历九年六月癸酉日，页 4a~b（2157~2158）。

5　（万历）《大明会典》卷一三四《营操·京营·营政通例》，页 36a（1906）。"（万历）九年，议准将京营轮流出防蓟镇车战兵二枝，每岁秋防俱暂停止，听在京训练。"

6　（万历）《大明会典》卷一二九《镇戍四·各镇分例一·保定》，页 18a（1845）。"万历十年，议准真保六营兵马，岁轮赴蓟，保镇空虚，合将本镇巡抚总兵标下两营兵马留镇操练，只令保定车骑、真定车民四营轮流赴蓟防守石门。"

定营制，以图实效事》，同意吴兑的意见。[1] 蓟镇以车兵为主的制度，遂受大害。当月，吴兑又接着出任兵部尚书。

唯梁梦龙、吴兑二人并非因为政治立场而更易裁抑战车。梁梦龙，字乾吉，真定人，嘉靖三十二年进士。《明史·梁梦龙传》称："神宗初，张居正当国。梦龙其门下士，特爱之。"[2] 而吴兑，字君泽，绍兴山阴人，与梁梦龙同科进士。他考举人时，系高拱门下，且高拱被罢时，他独送高拱至潞河。高拱复出，他即被超擢。虽然他与高拱的关系密切，但也同时受到张居正的提拔。[3]

万历十一年，朝廷进一步革去密云辎重营，兵丁充密云标下左营或石匣营伍。[4] 万历十一年六月，蓟辽总督周咏等又议，裁革遵化、三屯二辎重营和镇虏、密云奇兵营，主要的理由是"各营专设将官，领军不满一千"。遵化和三屯的两个辎重营，分别被移作左右营，使得这些部队的人数可以达到3000。[5] 于是蓟镇所有的辎重营都被裁革殆尽。

此外，万历十二年六月，真定车营也曾因巡按御史汪言臣奏请改为步军。后经蓟辽总督张佳胤、顺天巡抚李已等上疏称改步非便，终使此事寝议。[6]

---

1 王一鹗：《总督四镇奏议》卷一《议复车营将领职衔疏》，页43b（6：105），台北正中书局，《玄览堂丛书续集》本，1985年。"万历十年十月，兵部《咨为重将权定营制，以图实效事》，将蓟昌两镇马车各营相兼战守，旧设二将，分管马步之兵，既难通融选补，临敌应变，又互相掣肘。今该督臣题称要将见在各马将将领兼统车营，以车营游击改为都司分理，听马营将领节制，以便居常选练，临时调度相应。"《明神宗实录》卷一二九，万历十年十月丙午日，页4b~5a（2407）。

2 《明史》卷二二五《梁梦龙传》，页5916。

3 《明史》卷二二五《吴兑传》，页5848~5849。

4 （万历）《大明会典》卷一二九《镇戍四·各镇分例一·蓟镇》，页6b（1839）。"（万历十一年）辎重营军一千名，每月粮之外，加给行粮，并原设杂流，共三千一百八十一名，俱充密云标下左营军，其延绥标兵一千八百名，永免入卫，保定军一千名，仍分春秋两班，同辎重营选下余军，俱发石匣营补伍，密云辎重营裁革。"

5 《明神宗实录》卷一三八，万历十一年六月戊午日，页3a~b（2573~2574）。

6 《明神宗实录》卷一五〇，万历十二年六月丙辰日，页2b（2784）。

二　蓟辽总督王一鹗对于战车布防制度的恢复

（一）遵化辎重营之恢复

虽然万历九年至十一年间，蓟镇的车营营制受到内外的挑战，但支持战车者仍尝试恢复蓟镇练战车的旧观。如蓟辽总督王一鹗在万历十三年十一月三十日上《议复遵化辎重营疏》，希望恢复遵化辎重营：

> 本道查得所属原有三屯、遵化二辎重营，每营各原有官兵二千余名，设置车骡，编立营伍，不特转输刍粮而已。即有警，亦可当一面之敌。乃近年裁革，精壮军士拨补各营，次者为之余兵，见附左营食粮，今议复设以省勾解新军，授之田亩，以为世业。……今丰玉二县田兵一千六百名，把未耕锄已历一岁，田既成熟，居止亦定，苦于饷无所出，今若归入辎重营，使与各兵分屯错居，耦耕并作，为兵农长久之计，合无将遵化辎重营先行议复，该营原旧兵士，除拨补各营者不必掣回，其见在余兵一千一百余名，与同田兵合为一营。……另行处补密云、三屯二辎重营，候新军集日，渐次查复。[1]

万历十三年十二月，奏疏抵达朝廷，朝廷原则同意恢复遵化辎重营，兵员由原安排至左营的本营所剩 1123 名军士，及在丰润、玉田屯田的 1400 名南兵，组合成车营，仍由游击 1 员、中军千户等 7 员统领。[2]万历十四年四月，在户部解决辎重营的饷额后，才正式恢复遵化辎重营。[3]

《条陈蓟镇未尽事宜疏》（万历十四年八月二十一日）载：

1　《总督四镇奏议》卷一《议复遵化辎重营疏》，页 13a~38b（6：45~82）。
2　《明神宗实录》卷一四〇，万历十三年十二月辛巳日，页 3a~b（3053~3054）。
3　《明神宗实录》卷一七三，万历十四年四月辛巳日，页 10b~11a（3180~3181）。

> 一处募兵以期实用……为今如照关臣先议，将二营减作一营，但二营俱系车兵，与三屯左右二营骑兵配合训练，有警车骑并驰，兵制既定，废一车即单一骑，未免营伍参差。合无将滦汉二营之兵，俱以二千一百名着为定额，照旧车骑合练，此外不必召补，所遗滦阳营九百名钱粮改拨永平镇，募补山海路缺额主兵月饷之用，其汉庄营所省九百名钱粮，系抵裁保河民兵工食不在额饷之内，以备打造新议战车，及新建边台器具之用。[1]

(二) 车营将领之职衔之恢复

其次，伤害最大的车营将领职衔被降，也逐渐浮现出弊端。万历十三年十二月初七日，蓟镇总兵张臣上疏建议《议复车营将领职衔疏》：

> 查得密云振武营、石匣营，遵化右营，三屯车前营、车后营，昌平左车营、右车营，其初各以游击统领，与各马营相为搭配，不相统束，得以各行整搠。自革游击，改为都司，受马营将官节制，十羊九牧，反致疲弱，众议咸称不便。[2]

希望能够将车营将领改回游击，以提高车营素质，并免受马营之节制。

事实上，裁抑车营的将权在蓟镇引发了很大的问题，所以作为蓟辽总督辖下的蓟镇总兵官张臣和昌镇总兵官董一元都力持恢

---

1 《总督四镇奏议》卷五《条陈蓟镇未尽事宜疏》，页6a~7b（6：543~546）。
2 《总督四镇奏议》卷一《议复车营将领职衔疏》，页40b（6：99）。

复之议。张臣说：

> 依蒙议照，马车二营相为配合，以车为家，以马为战，诚相需而不可偏废。后议以马兵出战，宜用精强，而以挽车为次，遇有调发，必须二营通融挑选，故议抑车营之将权，改为都司，专听马营节制，便抽选步兵，以充马兵之故。但自车营改为都司之后，威令既轻，权柄日削，非惟将领有难展布，在中军千把总同一职衔亦将以尊临卑，真如十羊九牧，故营伍日就疲弱。[1]

就张臣之分析可知，裁抑车营使马营得以极力抽取车营之精英车兵，造成了车营的素质和战斗大为衰弱。车营的指挥官被降级为都司后，非但不利升迁，也不被其他将领平等对待，故车营整体的士气大受影响。

昌镇总兵董一元更举自己所统率之昌镇左、右车营受害为例，说明裁抑车营将领官职之不利：

> 查得昌镇左、右车营游击改为都司，实为借节制车营之名，以便抽选马兵之故。自改设以来，如右骑营与右车营相配，右骑营系昌平土著，右车营系良涿班军，若选车营之精壮以入马营，马营之脆弱发于车营，不惟额伍紊乱，即选练未久，亦将撤防回卫，暮易朝更，竟难遵行。况都司回兵之日，驻扎涿州原统该班官军三千即交与彼处守备管理，守备原管歇班兵三千，交与都司，以备赴防。往年游击总统两班军士，节制涿州守备遇有逃亡，催督预补，兵齐器整，战守有裨。自改都司，与守备齐力，均俨如敌国。左车营配搭左

---

1 《总督四镇奏议》卷一《议复车营将领职衔疏》，页 40b~41a（6：100~101）。

骑营，虽未如右骑营之掣肘，但营伍已定，终难抽兑。况马营游击既以节制都司，原议又云：如遇游击公出，都司并权马营。夫都司先已受约束于马营之中，中军、千把总平日目为寮寀，临事调度，未免相抗，初本改弦以期易制。今都司权抑大轻，反难振举，合无将左、右车营都司仍复游击职衔，实为便益。[1]

故可知，昌镇右车营系良涿班军，选练后就撤回原来的良乡和涿州，如抽调昌镇右车营精锐士兵入马营，则因马营之组成原为昌平当地人，如良涿班军撤回原卫，则昌平右骑营的兵力不啻自动消失。其次，当良涿班军返回原卫，则交由当地守备管理。原本车营将领为游击，官阶高于守备，守备自然须听令整备。但自将车营改为都司，守备则由于官秩相当，甚至可相抗衡。

蓟辽总督王一鹗因此上奏提出恢复各车营将领为游击之议：

> 今询谋佥同，所据密云振武营、石匣营，遵化右营，三屯车前营、车后营，昌平左车右车两营各将领，亟应仍复为游击，免受马营节制。其涿州守备则仍受昌平右车营将官节制，选练俱无掣肘之嫌，战守乃得同舟之济。[2]

而蓟镇总兵张臣和昌镇总兵官董一元，密云、蓟州、昌平兵备参政郭四维、朱依、于达真等都力主车营不应受马营将领的节制。而朝廷在压力下，遂于万历十三年十二月，将密云振武营、遵化右营、三屯之车前后车营、昌平左右车营照旧以"见任都司

---

1 《总督四镇奏议》卷一《议复车营将领职衔疏》，页44a（6∶107）。
2 《总督四镇奏议》卷一《议复车营将领职衔疏》，页41a~42a（6∶101~103）。

管游击事"方式恢复为游击，等其秩满后真除。万历皇帝并下敕
命："以后军政并遵旧制，不得轻易更置。"[1]

（三）永平兵备叶梦熊的轻车、灭虏炮车和大神铳滚车

戚继光是以 20 多人配属一辆战车。然而，万历初年蓟辽一带
逐渐形成造轻车的趋势，如辽东巡抚张学颜就采取李文进车制在
辽东自行造轻车。万历八年四月，戚继光亦上奏于添造山海路车
前营时，请造 4 人推运的轻车。[2]万历十三年，任永平兵备的叶梦
熊也发展出轻车。这些改良除反映出明朝军队对于战车机动力的
需求。

叶梦熊，字男兆，号龙潭，广东惠州归善县人。[3]嘉靖四十四
年进士。[4]对其西北军功和所著《运筹纲目》《决胜纲目》两部兵
书较为人所知。万历十二年任山东副使，整饬永平兵备。[5]因设计
战车火炮，受到朝廷的注意。粟在庭的《九边破虏方略》中，对
叶梦熊所造的大神铳滚车、灭虏炮车和轻车有详细的记载。

大神铳滚车是叶梦熊针对大将军炮车的改良，参见图 7-1。
蓟镇原有的重型火铳系戚继光所制之大将军炮为最，但放射的次
数很少。因为其威力强大，所以无人敢放。原大将军铳采用约
1000 斤（590 公斤）铜制母铳和 150 斤（88.5 公斤）子铳三门。叶
梦熊放弃原有的佛郎机铳子母铳设计，改回传统的形制，并将铳
身重量调整为 250 斤（147.5 公斤），铳长则为 6 尺（1.9 米），置

1　《明神宗实录》卷一六九，万历十三年十二月丁亥日，页 6a（3059）。

2　《明神宗实录》卷九八，万历八年四月辛卯日，页 4b~5a（1966~1967）。

3　《永平府志》作"浙江归善人"，误，《永平府志》卷五《历代职官表二》，页 3a
（379）。

4　《明史》作"嘉靖四十年进士"，误。《明史》卷二二八，页 5978。

5　《明神宗实录》卷一五六，万历十二年二月丙午日，页 2a（2877）。"浙江副使叶
梦熊为山东副使整饬永平。"《永平府志》卷五二《名宦四·叶梦熊传》，页 20a
（3729）。"十三年任永平兵备。"

于滚车之上，号为"大神铳滚车"。[1]

大神铳的射程约为 800 弓步（约 1200 米），可以发射 5 种炮弹。7 斤（4.13 公斤）大铅弹称作"公弹"，3 斤（1.77 公斤）者称为"子弹"，1 斤（0.59 公斤）者称为"孙弹"，3 钱或 2 钱铅子 200 个称作"群孙弹"。如以群孙弹配合用班毛毒药煮过的铁片和瓷片，重达 20 斤（11.8 公斤）者，称为"公领孙弹"。据叶梦熊的测试，此炮发射公领孙弹时，"势如霹雳，可伤人马数百"。配合滚车，则机动力也大为提升。[2] 大神铳滚车为前双轮后单轮设计。其炮车车身各部组成详参表 7-1。

表 7-1 叶梦熊大神铳滚车组成 [3]

品名	数量	规格
辕条	2根	长 9 尺，阔 6 寸，厚 4 寸
横档	5根	长 2 尺 4 寸
立柱	4根	长 7 寸
盖板	1片	长 4 尺 6 寸，阔 1 尺 8 寸
前车轮		径过 3 尺 2 寸
后车轮		径过 1 尺 5 分
前车头		长 1 尺，径过 1 尺
后车头		长 6 寸，径过 6 寸
车耳		长 1 尺 8 寸，阔 4 寸
大神铳		长 4 尺 5 寸，铁 1000 斤，箍 9 道，点火眼加大铁箍 1 道

1 栗在庭：《九边破虏方略》卷一《神铳议》，页 22a~23a，台北汉学研究中心。

2 《九边破虏方略》卷一《神铳议》，页 22a~b。

3 《九边破虏方略》卷一《大神铳滚车图式》，页 24a。

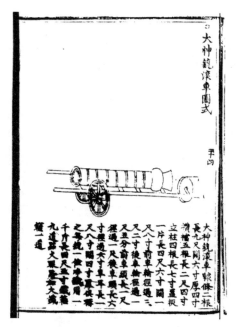

图 7-1　大神铳滚车图 [1]

灭虏炮车是叶梦熊在永平时所新制，上载灭虏炮 3 门，其车式亦为前双轮后单轮设计，车身较大神铳滚车稍小，参见图 7-2。车载灭虏炮的射程为五六百步（800~960 米），铅子 1 斤（0.59 公斤）。其炮车组成详参表 7-2。

表 7-2　灭虏炮车组成 [2]

品名	数量	规格
辕条	2根	长 7 尺 3 寸，阔 3 寸 5 分
横档	7根	长 2 尺 3 寸，阔 2 寸 5 分
前车轮		径过 2 尺 6 寸
后车轮		径过 1 尺 5 寸
前车头		长 7 寸，径过 7 寸

1　《九边破虏方略》卷一《大神铳滚车图式》，页 24a。

2　《九边破虏方略》卷一《灭虏炮车图式》，页 24b。

续　表

品名	数量	规格
后车头		长6寸，径过6寸
车耳		长1尺，阔4寸
车匣	1个	长1尺8寸，阔7寸，厚俱称之。
炮	3门	长2尺，净铁95斤，箍5道，膛口2寸3分，每道箍1寸5分

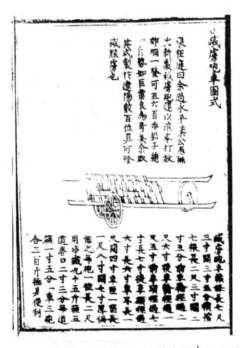

图7-2　叶梦熊灭虏炮车图[1]

叶梦熊还创造了轻车，参图7-3。"轻车"一词，主要为相对先前各车之重量而名。叶梦熊认为，先前所造的成化小车和偏厢车、飞车等战车都过大，必须15个人以上才能操作[2]，因此必须小型化。轻车是双轮轻战车，基本设计为"平地二人可推，遇

1　《九边破虏方略》卷一《灭虏炮车图式》，页24b。

2　《九边破虏方略》卷一《制轻车以备战守》，页25a。

险四人可举，共可遮蔽二十五人，为一队，队马五匹"[1]。轻车的武装十分可观，除了车前所装的六把刀枪外，车体上载有佛郎机铳2门，火箭3层，手上百子铳2函。其车身组成各部详参表7-3。

　　叶梦熊认为，现今各营所存的战车应该改为运输用途，而将健壮者改驾轻车。至于操作挨牌、拒马和百子铳者，必须是南兵。轻车连同铳炮器具的造价共为5两，如此花费3年，练兵10000，他认为可以达到巩固边防的效果。[2]

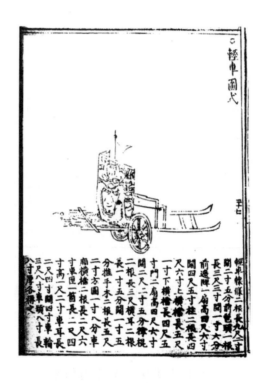

图7-3　叶梦熊轻车图[3]

1　《九边破虏方略》卷一《制轻车以备战守》，页25b。

2　《九边破虏方略》卷一《制轻车以备战守》，页25b~26a。

3　《九边破虏方略》卷一《轻车图式》，页27a。

表 7-3　叶梦熊轻车组成 [1]

品名	数量	规格
辕条	2根	长9尺2寸，阔2寸5分
前笆头	1根	长3尺3寸，阔1寸6分
前遮牌	1扇	高4尺6寸，阔4尺5寸
柱	2根	长4尺6寸
上横档		长5尺1寸
下横档		长4尺5寸
门	2扇	高4尺6寸，阔2尺2寸5分
撑棍	2根	长3尺
横耳	2根	长1寸5分，阔1寸5分
推手木	2根	长5尺2寸，方圆1寸8分
车厢横档	2根	长2尺6寸
车匣	1个	长2尺4寸，高1尺2寸
车耳		长2尺4寸，阔4寸
车轮		3尺8寸
车头		宽8寸，长8寸，厚各称之

万历十五年正月初七日，蓟辽总督王一鹗上奏《议边工冲缓并造轻车疏》，代叶梦熊呈新战车车制：

先据永平道兵备叶梦熊《呈为制轻车以备战守事》内称：车战古今用之皆有成效，间亦有称不便者，谓其重滞难行，非多人不能驾，未得古人良法美意，今本道意造双轮轻车，向前遮板，稍后上列刀枪火器，轮轻着地，若有自行之势，二人推之如飞，翼以新制铁拒马竹挨牌、砍马刀，平地二人

1　《九边破虏方略》卷一《轻车图式》，页27a。

可推，遇险四人可举，一车可蔽二十五人，每车及器具约用银一十八两一钱八分八厘五毫，造之如法，勿惜其费，练之如法，必极其精，本道愿以三年之功练精兵一万，少效制房安边之策等。因随军门咨会查议行准。[1]

蓟镇总兵张臣则在使用后提出修改意见，及新战车的需求数量，详参表 7-4。

表 7-4　蓟镇新造轻车及灭虏炮滚车数量表 [2]

部队番号	战车及其数量	费银（两）
东协四路	轻车 400 辆、灭虏炮滚车 200 辆	9434.40
西协四路	轻车 400 辆、灭虏炮滚车 200 辆	9434.40
中协四路	轻车 540 辆、灭虏炮滚车 240 辆 [3]	12078.79
合计	轻车 1340、灭虏炮滚车 640	30947.59

王一鹗认为叶梦熊的战车设计精良，但西协中协仍有戚继光之旧车，且车骑营制已经固定，因此他认为：

见今东协当蓟辽之界，羽檄时驰，则夷情视西中二路为急，墙台疏薄，旧车无多，则边备当比西中二路加严，今东路台墙之工必需岁用，则今之轻车委应亟造，若西中二路台墙之镶缺未备者尚有，当修旧车之各营布列者率皆足用，宜

1　《总督四镇奏议》卷七《议边工冲缓并造轻车疏》，页 35b～36a（7：192～193）。

2　《总督四镇奏议》卷七《议边工冲缓并造轻车疏》，页 36a～37a（7：193～195）。

3　中协四路灭虏炮车的数量原疏未说明，且数字多次计算不合，故其灭虏炮滚车数为换算之数。

勤训练以备缓急，则新车委应缓造，使工力得专于台墙，旧车不至于沈阁。[1]

王一鹗亲自试验叶梦熊所造战车，认为"委果便利，有裨边防"[2]。《实录》曾载："(叶梦熊)以台省交荐边材，改永平兵备，造火车、神铳。事闻，命解进大内面试，称旨：'着兵部行九边为式，加衔参政。'"[3]由此可知，叶梦熊所设计的战车，受到朝廷极大的重视。

此外，叶梦熊的战车和火器，亦应用在其他边镇。万历十七年十二月，叶梦熊以山东左布政使升贵州巡抚。[4]又请造轻车神炮，朝廷"令听遵制造，如法演用"[5]。十八年，顺义王撦力克西赴青海，火落赤、真相犯洮河，副总兵李奎、李联芳先后被杀。朝廷命兵部尚书郑雒为经略七镇兼领总督。后大学士王锡爵荐魏学曾，魏学曾遂为兵部尚书，总督陕西延宁甘肃。[6]十月，叶梦熊任陕西巡抚。[7]十九年七月，经略郑雒主和，但总督魏学曾和巡抚叶梦熊主战，造成冲突。[8]九月，史车二酋窥犯，兵部命叶梦熊速赴甘肃任事，陕西事务由总督魏学曾暂管。[9]二十年二月，时任甘肃巡抚的叶梦熊向朝廷请发太仆寺银及原经略所留下的马价银共12000两，造大神炮1000门御房，获得同意。[10]二十年四月，以原

1　《总督四镇奏议》卷七《议边工冲缓并造轻车疏》，页 37a~40b（7：195~202）。

2　《总督四镇奏议》卷七《议边工冲缓并造轻车疏》，页 43a~44a（7：207~209）。

3　《明神宗实录》卷三二三，万历二十六年六月庚午日，页 6a~b（6005~6006）。

4　《明神宗实录》卷二一八，万历十七年十二月乙未日，页 11a（4089）。

5　《明神宗实录》卷二三二，万历十九年二月乙酉日，页 6b（4300）。

6　《明史》卷二二八《魏学曾传》，页 5976。

7　《明神宗实录》卷二二八，万历十八年十月壬申日，页 1b（4224）。

8　《明神宗实录》卷二三八，万历十九年七月丙寅日，页 1b~2a（4402~4403）。

9　《明神宗实录》卷二四〇，万历十九年九月癸卯日，页 14a（4477）。按：应为辛卯日。

10　《明神宗实录》卷二四五，万历二十年二月丙午日，页 3b（4568）。

衔加提督军务。[1]宁夏总兵哱拜杀巡抚党馨，副使石继芳逼总兵张维忠缢死，联络北虏谋反，叶梦熊又上疏自请代魏学曾讨贼，寻代为兵部侍郎总督陕西三边。九月初八，攻取南关。[2]十六日，叶梦熊攻破宁城，平定乱事。[3]是则大神炮滚车，可能曾投入宁夏平叛的作战。

三 栗在庭的战车思想

栗在庭，字应凤，号瑞轩，陕西会宁人，隆庆二年进士。他在万历十五年刊刻了《九边破虏方略》，时任山东布政使司右参政，并整饬辽海东宁道边备兼理屯田任内。其编纂动机据《刻九边破虏方略序》言：

> 于生长西陲，洎通籍役，三晋与辽左历览，周游马蹄几九边遍矣。居尝庄颂圣训，暇取大司马灵宝许恭襄公《九边图》绘之座右，每披阅有概，于中辄搜检古今将相制驭戎虏方略，如剿抚、攻守、兵食悉具，稍为裁定成编，妄加品评，参之赌记，不计工拙。[4]

可知此书主要内容在于编次历史上重要的御边军事方略。此外，栗在庭十分重视许论的观点，他不但将许论的《九边图》绘之座右，将《九边破虏方略》刻在序后，在正文中亦收有许论的破虏新阵大略、下急营法、下行营法、拒马枪说等四个阵法。

栗在庭也自行发展出三迭阵法、方阵图说和四正四奇分门突

---

1 《明神宗实录》卷二四七，万历二十年四月丙午日，页7a（4605）。

2 《明神宗实录》卷二五二，万历二十年九月己卯日，页7a（4699）。

3 《明神宗实录》卷二五二，万历二十年九月庚辰日，页7b（4700）。

4 《九边破虏方略》，《刻九边破虏方略序》，页2b~3b。

阵剿捕虏寇图说等战术，后两者是战车营的阵法。

（一）方阵

方阵是许论所设计的一种阵法。许论，字廷议，号嘿斋，嘉靖五年进士。活跃于严嵩掌政时期，官至兵部尚书。许论所设计的方阵，在其他文献似未曾见，亦未知是否应用。栗在庭称方阵：

> 八阵分布图内有驰车、辎车，虚实奇正，层迭成伍，变化不穷。按常陈皆向敌，但中营有内向，有外向，外营有立陈，有坐陈。将居其中，调度约束，各有准绳，务要隔落钩连，曲折相对。中间九军错列，四头八尾，车步相兼，方圆互倚，即古鱼丽、六花，偏厢鹿角，挈然具备。[1]

许论的方阵结合了战车（驰车）和辎车，营中内部由外至内依序为：第一层步兵蹲坐持长枪，第二层曲腰发弓弩，第三层步兵端立放火器，第四层马兵用枪策应，第五层马步相兼。可知，方阵虽与其他车营阵法相同，但更为强调阵内的层次。（图7-4）

方阵以战车四面围列，阵内有奇、正之分。四面部队为正，按东、西、南、北分别命名为"风""天""云""地"。在方阵的四角延伸至中军的部分则为奇，尚有步兵各一支，分别命名为"鸟""蛇""虎""龙"。[2] 阵中则为中军，大将居此，称为"握奇"。

---

1 《九边破虏方略》卷一《方阵图说》，页 18a~b。
2 许论的营阵各部的名称经栗在庭改动，栗在庭认为："八阵旧图以西北乾、西南坤、东南巽、东北艮四隅为天、地、风、云；以东、西、南、北四正为龙、虎、鸟、蛇，是后天卦位也。余以先天四正、四隅分奇正，为便于演习可。"参《九边破虏方略》卷一《四正四奇分门突阵剿捕虏寇图说》，页 20b。

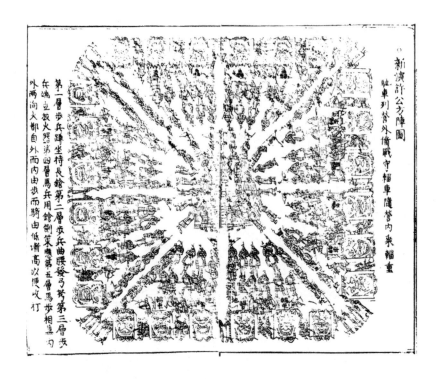

图 7-4　新演许论方阵图 [1]

（二）八门出奇方阵（四正四奇分门突阵）

许论在嘉靖中叶的设计，当然未必能够符合栗在庭在辽东的需要。因此，栗在庭以许论的方阵为基础，设计了八门出奇方阵。此阵法格局与许论的方阵相近，唯主要的差异有二：其一，将属于鸟、蛇、虎、龙四位的奇兵由步兵改为骑兵；其二，原天、地、云、风四位设有门，在庭则增置奇兵。如此，则营阵之中有八支由骑兵组成的奇兵。栗在庭认为：

> 正门出正，敌人知备。奇门出奇，敌人莫测。正门时阖时辟，奇门突阵方张，每面三兵，敌自败北，阵步不移。曰

1　《九边破虏方略》卷一《新演许公方阵图》，页 19a~b。

实骑突出，曰虚。虚以待实，实以障虚。[1]

因此，新阵的主要目的，是使营阵外附近的敌军，无法猜测车营的攻击行动。且任何一面，都可出动三支骑兵应敌。[2] 栗在庭曾以八门出奇方阵在辽阳一带演习，据称成效不错。[3] 其阵详参图7-5。

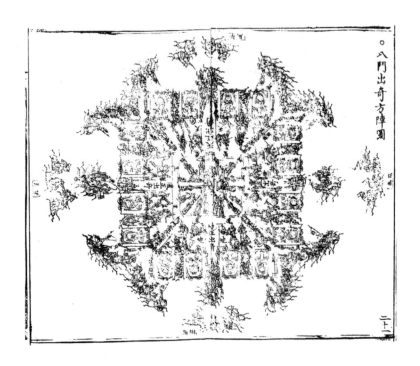

图7-5　八门出奇方阵图[4]

1　《九边破虏方略》卷一《四正四奇分门突阵剿捕虏寇图说》，页20a~b。

2　栗在庭曾举例说明奇兵的作用："若正北受敌，则东北、西北二阵为奇兵，张左右翼以援之。若正南受敌，则东南、西南二阵为奇兵，张左右翼以援之。其正东、正西及四隅受敌，亦如之。所谓常山之蛇，击其首则尾应，击其尾则首应，击其中则首尾俱应者也。"

3　《九边破虏方略》卷一《四正四奇分门突阵剿捕虏寇图说》，页20b。

4　《九边破虏方略》卷一《八门出奇方阵图》，页21a~b。

（三）栗在庭对辽东战车的改良与增设

栗在庭经过永平时，看见了叶梦熊所新制的灭虏炮车，发觉射程及威力强大，遂在辽阳仿制数百辆炮车。此外，栗在庭对于辽东巡抚张学颜先前造的 200 辆战车进行两项小修改：一是改为皮幔轮毂，二是增列火箭、神枪二层。战车尺寸与轻车相当，栗在庭认为战车可以与轻车协同作战。[1] 战车之图式详参图 7-6。

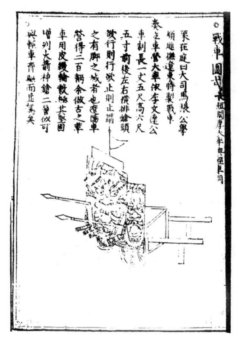

图 7-6 战车图式[2]

四 辽东镇战车的战绩

万历初年，北边的防御情势有了巨大的改变，原来是头号外患的俺答，在王崇古的折冲下，成为了明朝封的顺义王，而东部的土蛮则屡屡攻击辽东，使得明朝的外患压力从蓟镇转向了更东面的辽东。而面对土蛮的进攻，战车仍然是明军的重要武器之一。

---

1 《九边破虏方略》卷一《战车图式》，页 28a。

2 《九边破虏方略》卷一《战车图式》，页 27b。

顾养谦，字益卿，号冲庵，南直隶通州人，嘉靖四十四年进士。早年多历官福建、云南、浙江等地。万历十一年十月，顾养谦自浙江杭严兵备副使调往蓟州兵备道。[1] 同月，六科十三道周邦杰等各举边才，顾养谦与叶梦熊同列其中。[2] 十三年六月，升任辽东巡抚。[3] 次年五月，以辽东捷叙功升都察院右副都御史[4]，至十七年七月卸任前[5]，历官前后约计四年。虽其后曾任蓟辽总督，但任期不长。[6] 其抚辽之事迹，多见于《冲庵顾先生抚辽奏议》，可说明战车在辽东运用的情况。

顾养谦曾多次以战车防卫广宁城。如万历十四年九月底，台头、石门等路参将王㹴等据哨夜探报得知东西虏酋以儿邓、黑石炭、黄台吉、粆花把兔儿等及土蛮男卜言、太主兴兵六七万来犯广宁、锦义、宁前等处。顾养谦为使兵力集中，将广宁 10000 名士兵支持锦州、义州和广宁前屯卫的作战。而广宁卫城自身的防卫，则仅仰赖 1000 名士兵和战车 400 辆。他将战车部署于城门外的道路上。[7] 十五年九月，蓟镇及永平哨夜查得东虏大头儿、把汉、大成等纠合烧海、召力兔等共五万余欲抢略广宁以西，他又以战车布防于城外，并坑堑以待敌。[8]

---

1 《明神宗实录》卷一四二，万历十一年十月甲寅日，页 2a（2641）。

2 《明神宗实录》卷一四二，万历十一年十月壬申日，页 8a~b（2653）。

3 《明神宗实录》卷一六二，万历十三年六月壬戌日，页 5b（2966）。

4 《明神宗实录》卷一七四，万历十四年五月乙巳日，页 2a（3193）。

5 《明神宗实录》卷二一三，万历十七年七月壬戌日，页 4a（3995）。后由山东按察使郝杰接任。

6 二十一年正月，由兵部右侍郎升任兵部左侍郎，兼都察院右金都御史总督蓟辽保定。《明神宗实录》卷二五六，万历二十一年正月丁丑日，页 5b（47603）。

7 顾养谦：《冲庵顾先生抚辽奏议》卷七《疏》，《贼虏屡次大犯官军出奇获功》，页 6a~18a（史 62：486~492），《四库全书存目丛书》本，台南庄严文化事业公司，1996 年。

8 《冲庵顾先生抚辽奏议》卷一三《疏》，《虏贼入犯官军袭击获功》，页 7a~19b（史 62：580~586）。

　　而记之较详者，则为万历十六年开原之役。十五年十月，朝廷得知卜寨和那林孛罗意图谋叛，欲策应猛骨孛罗与温姐、康古六等入侵开原。顾养谦于十一月[1]及次年正月[2]两次向朝廷请求命总督张国彦调查叛逆缘由。待张国彦决意清剿，顾养谦遂于次年二月十二日，赴辽阳料理李成梁的兵马。除此之外，他亦令千把总刘应德、王评、赵国桢等督令步军推挽战车300辆前往海州进行防御。[3]又行文金复海盖兵备郝杰及海州管参将事副总兵孙守廉督选复州参将营新练火器，并传调参将佟养正和盖州备御王绶前往辽阳更挽战车（原辽阳额定战车200辆）。三月初三日出兵时，又添调战车220辆。[4]总计此役共出动战车720辆，担任防御任务的战车300辆，攻击的则为420辆，出征总兵力不及20000。[5]在开原东郊，李成梁曾将兵马战车分布派贴写成营图，其中车营系由杨燮、傅士忠、佟养正等所统领。[6]

　　讨伐军自开原一带的威远堡小关门台出境，时道路已冰雪渐消，人马陷足往往有1~2尺深，战车亦难以前进。[7]讨伐军曾向屯卒借牛来拖运战车，遂能于十四日黎明抵达贼寨。[8]贼寨由卜寨与那林孛罗山城合营，兵万余。李成梁将"车骑列营，四合匝

1　《明神宗实录》卷一九二，万历十五年十一月己丑日，页3611。

2　《明神宗实录》卷一九四，万历十六年正月戊申日，页3647。

3　《冲庵顾先生抚辽奏议》卷一四《疏》，《剿处逆酋录有功死事人员》，页15a~b（史62：600）。

4　《冲庵顾先生抚辽奏议》卷一四《疏》，《剿处逆酋录有功死事人员》，页16a（史62：600）。

5　《冲庵顾先生抚辽奏议》卷一四《疏》，《剿处逆酋录有功死事人员》，页22a（史62：603）。

6　《冲庵顾先生抚辽奏议》卷一四《疏》，《剿处逆酋录有功死事人员》，页17a（史62：601）。

7　《冲庵顾先生抚辽奏议》卷一四《疏》，《剿处逆酋录有功死事人员》，页25a~b（史62：605）。

8　《冲庵顾先生抚辽奏议》卷一五《疏》，《甄别练兵官员》，页9a（史62：613）。

围"，劝谕不果，遂令官兵四面攻击。顾养谦催督车营火器分番迭进，原任总兵官王尚文和原任游击吴大绩所领家丁善用火器。次日火炮击坏城垣，直达城中八角楼，卜寨与那林宇罗遣使愿求和。大军于十六日申时从原处返回。是役，共斩首 554 颗，明军损失则为 53 人。[1]

值得注意的是，顾养谦称此次能发挥炮击能力，关键是能发射 8 斤铅弹的大炮，系由总督张国彦仿永平参政叶梦熊所制。[2]事实上，即前节栗在庭所仿制之大神铳。

他在万历十七年六月后，曾推荐六名闲将，其中推原管辽阳车营游击都司金书杨大观，充造战车火器堪练的原石门路管参将事游击戴朝弁，"不惜身劳条议，甚有心计，战车之督造如式，火器之训练有裨"的原任清河管守备事加衔游击三人。顾养谦甚至已先令戴朝弁和王惟屏督造火器和战车 500 辆。[3]为处理广宁左营管游击事参将涂某被参劾革任，以及辽东掌印都事孔东儒患病所造成的连续空缺，他又再一次推荐杨大观及戴朝弁推补金州守备。[4]足见其重视麾下将领中较为熟习战车火器者。

第二节　壬辰倭祸与战车

万历二十年九月所发生的倭寇侵略朝鲜的战争，被称为"壬

---

1 《冲庵顾先生抚辽奏议》卷一四《疏》，《剿处逆酋录有功死事人员》，页 21b~23a（史 62：604）。

2 《冲庵顾先生抚辽奏议》卷一四《疏》，《剿处逆酋录有功死事人员》，页 29a（史 62：607）。

3 《冲庵顾先生抚辽奏议》卷二〇《疏》，《查举闲将》，页 32a~34b（史 62：708~709）。

4 《冲庵顾先生抚辽奏议》卷二〇《疏》，《举劾武职官员》，页 35a~36b（史 62：710）。

辰倭祸"。在这场历时七年的战争中，明朝和朝鲜联军对抗倭军，共发生了数次重要的战役，终将倭寇赶回东瀛，结束了朝鲜战争。以往史家对于壬辰倭祸的研究往往因袭《明史》之说，舛误不少。李光涛先生始依新史料，如宋应昌《经略复国要编》及朝鲜《李朝实录》等，订正《明史》关于朝鲜战事之曲笔。特别是曾摘取《经略复国要编》中平壤大战前的史料 60 条，并摘其要旨。[1] 今就《经略复国要编》之内容，试论明朝战车之援朝及其与平壤大捷之关系。

一　明廷援朝的准备与战车

倭寇之首登陆朝鲜釜山，在万历二十年四月十三日。至六月十九日陷平壤，仅两月六日。明廷最初关于倭军计划进犯平壤的情报之一，来自同月辽东总兵杨绍勋的奏报：

> 本月十七日，据夜不收金子贵禀报，哨见大通江口倭奴约有数千临江边踏浅，欲渡攻平壤，朝鲜兵马与战数十合，各持挨牌弓矢堵截，倭奴指放鸟铳，尚未得渡。……江口离平壤府还去五六十里。……本日，朝鲜国王带领家眷行李出平壤府，往西来避兵。[2]

兵部为了预防战事的蔓延，咨行辽镇督抚发精兵两支往援，并在沿海一带布铁蒺藜和火器、火炮。并指示令朝鲜国王驻扎于险隘处，等候明军来援。[3] 在辽东巡按李时孳的建议下，将蓟镇的精兵

1　李光涛：《朝鲜"壬辰倭祸"研究》，台北"中研院"历史语言研究所，1972 年。

2　宋应昌：《经略复国要编》，《部垣台谏条议疏略》，页 8b~9a（54~55），南京国学图书馆，1930 年。

3　《明神宗实录》卷二五〇，万历二十年七月己未日，页 1b（4648）。

3000~5000 人，以及驻扎于山海关的火器手 3000 名调往辽东。与先发的谷燧、骆尚志所统领马步军兵共 3000 名，加上由辽镇选的军丁 5000~7000 名，谣称 100000，准备与朝鲜合力抗倭。[1] 七月，辽东巡抚郝杰令副总兵祖承训领 3000 兵马前往义州接救国王。祖承训贪功直攻平壤，游击史儒及千总张国忠、马世隆皆伤。[2]

八月，朝廷命兵部右侍郎宋应昌经略备倭事宜。[3] 宋应昌即刻展开对于援朝部队的火器及防御装备的准备。他说：

> 臣平日讲一字阵法，用兵一万，当造车三百六十辆，火炮七万二千个，弩弓二万七千张，毡牌各二千面，弩箭百万枝，火药铅子难以数计，并臣前任山东题造轰雷、地雷、石子等炮，又神球、九龙、火枪、火箭等件与军中一应所费，似不可已。伏乞敕下兵部议该给钱粮几何，容臣制造完备，用一字阵法练兵一万，蓟镇有急则援蓟镇，辽左有急则援辽左，机会可投，则为朝鲜恢复进取之计。[4]

因此，宋应昌最初所筹备的是操一字阵法的战车部队，用车 360

1 《经略复国要编》，《部垣台谏条议疏略》，《兵部一本紧急倭情事》，页 12b~14a（62~65）。

2 《朝鲜"壬辰倭祸"研究》，页 12~14。据李光涛言，此事《明史·本纪》和《朝鲜传》《日本传》所记均采取明季妄说。事实上据《宣祖实录》等朝鲜史料，此役系祖承训贪功直攻平壤城所造成，事实是士卒损失三百人，双方伤亡相当。另，游击史儒等《明史》称三人皆死，但《明神宗实录》最初则称伤。《明神宗实录》卷二五一，万历二十年八月壬辰日，页 3b（4674）。史儒之死，《实录》载于次月，"仍优恤阵亡官军史儒等"，故应非死于战阵之中，而是死于战后。《明神宗实录》卷二五二，万历二十年九月甲子日，页 3a（4691）。

3 《明神宗实录》卷二五一，万历二十年八月乙巳日，页 7a（4681）。

4 《经略复国要编》卷一《初奉经略请敕书》，页 2a~3a（71~73）。该疏《实录》记为万历二十年八月壬子日。《明神宗实录》卷二五一，万历二十年八月壬子日，页 8b~9a（4684~4685）。

辆，士兵约 10000 人。

对宋应昌的请求，兵部迅速作出回应，在九月二十七日檄天津、密云、永平、蓟州、宁前、东宁六道，令预行制造一字车、火炮、弩牌等装备，以备战争之用。兵部命称：

> 一为经略边海要务事。照今倭警叵测，防备宜周，本部制有一字车、火炮、弩牌等项，俱为破虏长技，合应预行制造，以备缓急。牌行各道即督各匠制造车六十辆，押阵大炮一千六百七十个，一字小炮一万个，小信炮三百三十个，弩弓一万二千张，毡牌竹牌各三百三十三面，弩箭六十万枝，仍多备火药铅子，酌量估计工料匠作各项钱粮议该若干，呈请本部于马价银内支给该道。仍限文到三日内，先解精巧木匠、火药匠、生熟铁匠各二名，赴部听候面谕式样，传令各匠如法制造。[1]

故可知宋应昌所用一字车，主要为六道各造战车 60 辆。至于一字车的车制，兵部檄文中载：

> 一字车所用木料榆、柳、椿、槐木俱可。车轮盘一个，用大木板一片，长阔各二寸五分，厚三寸，取圆周围，用铁叶包裹锢钉，中凿一孔。用生铁铸就通圈一个，其圈与木板一般厚，圈外铸四齿，嵌入车轴，两头用铁梢二根管闸。车脚熟铁轴一根，长一尺，粗如核桃，大旗枪四根，铁环十个。[2]

---

1 《经略复国要编》卷一《檄天津、永平、辽东等六道》，页 9a~b（85~86）。
2 《经略复国要编》卷一《檄天津、永平、辽东等六道》，页 10a（87）。

由上可知，一字车是一种强化了车轮和车轴的战车，有抵挡骑兵之大旗枪，以及可与其他战车连接的铁环。

除了远征军外，沿海的防御也是重点。同日，朝廷又移蓟辽总督并山东、顺天、保定、辽东四抚院咨。这些咨文中指出，要各兵备道会同总兵官确定在传烽要害处所安置大小火炮及车辆是否足够。[1]次日，又再檄天津、永平、山东、辽东各兵分巡守等十二道。这些紧急命令中，限于五日之内呈报的仅有两项：一是火器的制造，二是战车鹿角的制造。明廷亦加强堵绝倭寇登岸，因此兵部认为攻守必用偏厢车和鹿角，令各"于各海口及分拨防守军兵，酌量大小多寡之数，动支应用钱粮，多多制造，分拨防御"[2]。可见北方沿海一带，开始广泛造偏厢车和鹿角。此外，兵部要求必须清楚地方原设车载大将军、虎蹲炮、灭虏炮、涌珠炮、马腿炮、鸟嘴铳、佛郎机铳和三眼铳等火器，并补足原数。[3]可见兵部认为完备的战车和火器，是沿海防御倭寇的最重要后盾。

明廷对于倭寇不敢轻视，主要的原因还是在于倭寇亦拥有鸟铳和利刃。所以两军交战时，防避铅子和倭刀的装备十分重要。兵部先至江南购置了狼铣和长枪来对付倭刀，但铅子的防护，还在加紧试验中。[4]这些防铅子的设施，也应用于战车之上。十月十六日，宋应昌令标下中军都督杨元前往辽东募满家丁3000人时，也特别提起"遮蔽铅子棉被"。这种棉被高7尺（2.2米），阔1丈

1　《经略复国要编》卷一《移蓟辽总督并山东、顺天、保定、辽东四抚院咨》，页10b~11a（88~89）。

2　《经略复国要编》卷一《檄天津、永平、山东、辽东各兵分巡守等十二道》，页14a（95）。

3　《经略复国要编》卷一《檄天津、永平、山东、辽东各兵分巡守等十二道》，页13a（93）。

4　《经略复国要编》卷一《檄天津、永平、山东、辽东各兵分巡守等十二道》，页13b（94）。

2尺（3.8米），制造的数量以满足30000军兵为主。[1]

　　明廷调兵的方略是从蓟辽宣大各镇和保定中抽调出一支野战军，约40000人。十月二十一日，兵部又通知蓟辽总督和总兵等官，确定调遣的兵力为蓟镇南兵5000名，山海关火器手3000名，谷燧、骆尚志共1600名，辽镇兵7000。先募家丁3000，蓟镇再选北兵5000，保定选精兵5000，宣府、大同各选精兵8000，俱为马步各半。[2]初期动员共计38600名，如加上预计募集的辽镇兵，则超过40000名，作为援朝鲜的主力。而远征军中的南兵尤为明军边军中的精锐。

　　除了宋应昌的一字车外，朝廷又增加调遣蓟镇战车和部队前往辽东支持。十月二十一日，由叶梦熊所造的轻车和佛狼机、大将军等项火器，分发建昌等六营路应用后，颇称便利。兵部计划将调遣永平原有的轻车400辆、随车佛郎机铳800杆、枪刀火器、车载大将军100辆，灭虏炮600位，及推车步军中的一半发至辽镇待命。[3]

　　然而，兵力的调遣与实际的情形颇有出入，主要原因有三：一是各路兵马未能够克期抵达；二是新募的南兵准备不足；三是蓟镇抽调援朝的六营步兵14000名和骑兵2000名，会影响蓟镇的防务。其中第三项因素尤为重要。从蓟镇所调遣的兵力结构来看，不仅素质上是蓟镇一时之选，所调遣的部队中还有8000名是车兵。以故，宋应昌特别檄文蓟镇总兵张邦奇，希望他能够理解当前"倭情重大，虏情稍缓"的局势，勿再"拘泥迟误，致误军机"。檄文到五日之后，将军队发往辽阳。[4]（表7-5）

1　《经略复国要编》卷二《檄标下中军都督杨元》，页18a~b（139~140）。

2　《经略复国要编》卷二《移蓟辽总督军门咨》，页25b~26a（154~155）。

3　《经略复国要编》卷二《檄永平道》，页27b~28a（158~159）。

4　《经略复国要编》卷二《檄蓟镇张总兵》，页29b~31a（162~165）。

表 7-5　宋应昌拟自蓟镇抽调援朝的兵力组成 [1]

兵种	部队别	指挥官	兵力
骑兵	遵化标下左营马兵	本管将官李芳春	1000
	三屯营标下左营内马兵	本管将官管一方	1000
步兵	通州通津营步兵		4000
	密云、振武、石匣等营步兵	石匣营将官马逵武	2000
	遵化标下右营步兵	本管将官	2000
	三屯营标下、滦汉二营步兵	汉儿庄将官魏邦辅	2000
	建昌车营步兵	本营都司王问	2000
	中西二协南兵	西路南兵游击陈蚕	2000
合计			16000

　　宋应昌亦极为重视战车部队的行前整备。十一月三十日，在出征前提出了《军令三十条》，对于火器与车营的任务有特别规定：

　　　　一，铜铁大将军、佛郎机、灭虏炮、虎蹲炮、百子铳、三眼铳、快枪、鸟枪俱要将官督同中军、千把百总，逐一细加试验。某炮装药若干，或用纸裱小口袋，或用竹木为筒，每炮三五十个，盛药装放，以免临时装药多寡不匀。

　　　　一，车营须要多备锹镢、斧锄、镰刀，以俟修路、砍伐草木。

　　　　一，车营官兵至各营城堡，就于城外安营，看管车中军

1　《经略复国要编》卷二《檄蓟镇张总兵》，页 29b~31a（162~165）。表格灰色部分为车兵单位。

火器械。[1]

战车原只负责国境内防守任务。为了出外远征，针对战车火药和火器的完善，开路拓荒工具的预备，战车城外驻扎，作出一些必要的规范。

十二月初八日，从宋应昌致李如松的文件中，可知宋应昌的计划是以兵 40000、马 20000 计算，预备两月调集援朝的军队。而调遣的军器中，有大量的火器和火药。其中大将军有 120 位，灭虏炮 210 门。同时也在分守辽海道制造轻车 88 辆及各种配件，如联车铁绳 88 条、麻帘 488 面、毡牌 336 面、灭虏炮 58 位、虎蹲炮 9 位、百子铳 168 架、火药 30000 余斤。[2] 稍后，十二月十五日，宋应昌又根据蓟镇后续解来的大将军炮 50 位、灭虏炮 210 门、小信炮 200 个、滚车 50 辆，令辽海分守道依式督匠造大将军滚车 40 辆、灭虏炮滚车 60 辆及合用火药铅子。[3]

由上可知，发动援朝之后，宋应昌在编成远征军、沿海防御、调蓟入辽上，都极为重视战车。

二　援朝远征军之编组与战车

十二月十二日，宋应昌上奏报各路进兵朝鲜的时间，共分四个梯次。十二月初三以吴惟忠先发，大军则分为中、左、右三军，分别于十三、十六、十九日出发。其战斗序列，详参表 7-6。

1　《经略复国要编》卷三《军令三十条》，页 37b~41b（266~274）。

2　《经略复国要编》卷四《檄李提督》，页 6b~11b（285~296）。

3　《经略复国要编》卷四《檄分守道》，页 20a（313）。

表 7-6　明军出征时的战斗序列 [1]

经略宋应昌，提督李如松			
先发	吴惟忠		5000
中军	副将杨元(统领)	中军兵力	10639
	参将杨绍先	宁前等营马兵	339
	标下都司王承恩	蓟镇马兵	500
	辽镇游击葛逢夏	选锋右营马兵	1300
	保定游击梁心	马兵	2500
	大同副总兵任自强并游击高升、高策	马兵	5000
	标下游击戚金	车兵	1000
左军	副将李如栢(统领)	左军兵力	10632
	副总兵李宁游击张应种	辽东正兵亲兵	1189
	宣府游击章接	马兵	2500
	参将李如梅	义州等营军丁	843
	蓟镇参将李芳春	马兵	1000
	蓟镇原任参将骆尚志	南兵	600
	蓟镇都司方时辉	马兵	1000
	蓟镇都司王问	车兵	1000
	宣府游击周弘谟	马兵	2500
右军	张世爵	右军兵力	10626
	游击刘崇正	辽阳营并开原参将营马军	1534
	副总兵祖承训	海州等处马军	700
	副总兵孙守廉	沈阳等处马军	702
	加衔副总兵查大受	宽佃等处马军	590
	蓟镇游击吴惟忠	南兵	3000
	标下都司钱世祯	蓟镇马兵	1000
	真定游击赵文明	马兵	2100
	大同游击谷燧	马兵	1000
续到		蓟镇应调步兵	2800
总兵力			34697

1　《经略复国要编》卷四《报进兵日期疏》，页 15a~18a（303~309）。

由上表可知，初期投入的兵力大约为 35000 名，扣去组成不详的先发和续进，仅就主力的中、左、右三军论，共 31897 名。其中大部分为骑兵，中军有 9639 名，左军 7000 名，右军 7626 名（共 21165 名），各占中军 90.6%、左军 65.8%、右军 42.6%，而占全部的 76.1%。值得注意的是车兵在先发部队中的角色。车兵仅派遣 2000 名，分属中军和左军，均来自于蓟镇，仅占全部兵力的 6.3%。南兵则有 3600 名，占 11.3%。此为根据倭寇无马的情报及快速进入朝鲜境内的战术作出的考虑。可见援朝军的质量均为一时之选。距离最初的哨报，已有三个月。而实际能调遣的战车兵，仅及宋应昌所期望的四分之一。

三　明军战车克复平壤之战绩

十二月二十日，宋应昌与李如松议定攻平壤及克复平壤后的战略后，于次日修书与李如栢、李如梅二人，细述攻平壤城战术：

> 查得平壤形势东西短南北长，倭奴在平壤者闻我进兵彼必婴城固守，我以大兵围其含球、芦门、普通、七星、密台五路外，当如新议铺铁蒺藜数层，以防突出死战，其南面、北面、西面及东南、东北二角各设大将军炮十余位，每炮一位，须用惯熟火器手二十余人守之，或抬运或点放炮后，俱以重兵继之，防护不测，每门仍设虎将一员守之，一有失误实时枭首，止留东面长庆、大同二门为彼出路，须看半夜风静时，乘其阴气凝结，火烟不散，先放毒火飞箭千万枝入城中，使东西南北处处射到，继放神火飞箭及大将军神炮，烧者烧，熏者熏，打者打，铁箭铅弹雨集，神火毒火熏烧，其不病而处者万无是理。若处则必走大同江，伺半渡以火器击之，又伏精兵于江外要路，截杀之必无漏网。悬重赏召敢死之士，口含解药二九，用新制口袋或乘米或装土，兼铺柴

草，置于城下，逾垣而进，看果真病否。病则开门令兵齐入，众倭斩级，将领生擒。……平壤一平，便当整束人马，大彰声势，由中路缓缓而进，且莫深入，与我只要牵制，使彼中和、凤山、开城诸贼西来堵截，即选精兵万余，从间道直抵王京。[1]

平壤城西门为普通门和七星门，南门为芦门和含球门，东门为大同、长庆和密台门。故宋应昌的战略是封死北、西、南三方，而在东方预留出口。封锁的方法有三：其一，在城门外左右铺设铁蒺藜数层，纵深约十余丈，但城门中留走道；其二，在平壤城的四周遍布灭虏炮和虎蹲炮，列以重兵固守；其三，以大将军炮排列于平壤南面、北面、西面各城门及东南、东北二角。城东的大同和长庆虽然不封锁，但沿江布有火炮、弓箭，可以攻击想要渡江撤退的倭军。

万历二十一年正月初七日，明军利用半夜无风的天候，射千万支毒火飞箭进平壤城，展开攻击的序幕。毒使城中的倭军受毒气熏灼而中毒，火箭使倭军无法待在建筑物内，并须出外灭火。最后用大炮射击暴露在建筑物外的倭军。[2]由于射毒火飞箭的战术成功，宋应昌于正月十九日致书游击吴梦豹，要求采用辽阳的火药匠役修改兵部所造喷筒，用 3 小尺（不到 1 米）木筒或纸筒为容器，制造威力更强的喷筒 6000 支，解送军前应用。[3]

车兵在战斗中的角色，可见于宋应昌在万历二十一年三月初四日所上奏之《叙恢复平壤开城战功疏》。杨元亲率中军将士，先以明毒火箭及诸火炮攻小西门，乘势登城。统领车兵的游击戚金

1　《经略复国要编》卷四《与副将李如栢、李如梅等书》，页 25a~26b（323~326）。

2　《经略复国要编》卷五《檄李提督并袁、刘二赞画》，页 25a~26b（323~326）。

3　《经略复国要编》卷六《檄游击吴梦豹》，页 29b~30b（512~514）。

继之。在攻击平壤城时，车兵扮演的系支持前锋的角色。一旦攻坚部队攻下据点，车兵就立刻趋前确保战果。

第三节　赵士桢和徐銮对于京营战车及车用火器的改良

朝鲜战争的僵持使得朝臣十分注意钻研兵事。赵士桢[1]，字常吉，号后湖，浙江省乐清县人。大理寺副赵性鲁之孙，工书法，于万历六年任鸿胪寺主簿，万历二十四年为中书舍人。他对边事甚为留意，曾上书要求斩在朝鲜战场上主和的兵部尚书石星。[2]他醉心钻研火铳，《神器谱》是其关于火器战车的代表性著作。[3]

一　赵士桢进献车铳之始末

赵士桢撰写《神器谱》，与万历二十年援朝战争的背景大有关系。为了解倭寇运用火器的能力，赵士桢遍寻曾经参与嘉靖东

1　其生卒年，杜婉言考订为 1554~1604 年。杜婉言：《赵士桢及其〈神器谱〉初探》，《中国史研究》1985 年 4 期。蔡克骄则采 1553~1611 之说。《神器谱》，"前言"，页 361。今采后者说法。
2　《神器谱》，"黄建衷序"，页 10a（2650）。
3　目录学家王重民在《冷庐文薮》中《读玄览堂丛书》一篇中，曾经认为日本内阁文库和成篑堂文库藏万历刻五卷本《原铳》《铳车》和《说铳》三篇为《神器谱》和《续神器谱》的内容。唯洪震寰《赵士桢：明代杰出的火器研制家》一文指出，上海图书馆藏有万历二十六刊本《续神器谱》，似为家藏本，内容分为自序、图式、续神器谱杂说、跋四部分，与王重民所述不同。但相关的研究者中，似仅洪氏得见《续神器谱》，其他包括刘申宁著《中国兵书总目》和《中国善本书目》等书均未著录。经董少新博士代询上海图书馆，亦未发现《续神器谱》。未见此著，实难解其中之关系。王重民：《冷庐文薮》，上海古籍出版社，页 461~462，1992 年。洪震寰：《赵士桢：明代杰出的火器研制家》，《自然科学史研究》1983 年 2 卷 1 期。又王重民所称日本内阁文库和成篑堂文本不得见，故以卷数接近之日本文化五年翻刻之《神器谱》五卷本为底本。

南御倭战役的胡宗宪和戚继光旧部，得到"倭之长技在铳"的结论。[1]赵士桢对于域外的鸟铳也有深入的认识。首先在万历二十四年，游击将军陈寅到北京时，曾向赵士桢出示"西洋番鸟铳"。赵士桢经过与日本鸟铳比较后发现，西洋番鸟铳的铳体较为轻便，且射程也较旧鸟铳的射程远五六十步（80~96 米）。[2]除此之外，万历二十五年，他辗转结识原在噜密[3]管理火器的外臣朵思麻，因而得到噜密铳。在测试后，他发现噜密铳的射程较倭铳远数倍。并且在朵思麻的协助下，赵士桢学会了噜密铳制造和发射的方法。[4]日后，他又与戚继光旧日的材官林芳声、吕慨、杨鉴、陈录、高风、叶子高等人"朝夕讲究"，并再请陈寅和朵思麻两人协助印证[5]，确认这些新火铳的效果。

此后，赵士桢上书条陈《东援用兵八害》，首次向朝廷奏陈噜密铳的制造及使用方法。朝廷令京营将火铳的形制送交工部制造。[6]但京营并无这些火铳的样本，于是赵士桢再捐资制造了四种十余门火铳，上《恭进神器疏》并相关资料，于万历二十六年五月初二日进呈神宗皇帝御览。[7]神宗并未题覆，仅称"图器着进览，这所奏该部看了来说，钦此"[8]。

赵士桢并不认为光靠火器即可以杀敌制胜，他在《神器谱·或问》中曾指出如何解决火器发射不继的问题：

---

1 《神器谱》卷一《神器谱奏议》，《恭进神器疏》（万历二十六年五月初二日），页 4a（2656）。

2 《神器谱》卷二《原铳上》，页 2a（2680）。

3 据刘广定之考订，噜密当在今阿曼地区。刘广定：《鲁迷初考》，《中国科学史论集》，台北台大出版中心，页 361~375，2002 年。

4 《神器谱》卷二《原铳上》，页 2a~3a（2680~2681）。

5 《神器谱》卷一《神器谱奏议》，《恭进神器疏》，页 8a（2658）。

6 《神器谱》卷一《圣旨》，页 1a（2654）。

7 《神器谱》卷一《神器谱奏议》，《恭进神器疏》，页 3a~8b（2655~2658）。

8 《神器谱》卷一《圣旨》，页 1a~b（2654）。

　　或问：神器故能命中，倘一发之后，未及装饱，如虏骑冲锋而来，为之奈何？

　　曰：神器，物也，运用变化，存乎其人。譬如虏之入犯也，必然调兵堵截，须得先择一战场，以车列为营垒。无车，以信炮乱布铁蒺藜于百步之外。信炮未备，急掘濠堑，先用大将军击打，其余火器更番而用，任其山崩潮涌而来，非铁非石，必然星散。[1]

　　因此，赵士桢认为必须在火器和敌人之间建立阻绝，以防止火器手被骑兵冲溃。阻绝最好的方法是用战车列为营垒，否则得用信炮发射铁蒺藜至 150 米外；或是掘壕，发射重型火器以击退敌骑。

　　赵士桢又说：

　　或问：神器之利既能杀敌，则敌必不能制我矣。然犹谆谆欲备车盾为自卫计者，何耶？

　　曰：事有至理，兵有妙用，凡为将者，能明至理，斯臻妙用，夫卫我士卒，是至仁也，果于杀人，至不仁也，以至仁而济我至不仁之术，迨其胜残去杀，内安外攘，宁不借至不仁而得尽我至仁之心乎。自古及今，未有自卫不周而能立于不败之地，执先胜之机，制敌死命之理，周于自卫，政求建杀敌之基。自卫不周，先为贼制，即有利器，属谁用之？谆谆于此，不唯合战之时，不至以卒予敌，即士卒自然神完气定，得士卒神完气定，则兹器当数倍其利，前拒自卫，古人岂谩然为之哉。[2]

---

1 《神器谱》卷五《或问》，《神器为师旅锋锐》，页 2b~3a（2721）。
2 《神器谱》卷五《或问》，《神器为师旅锋锐》，页 14a~b（2726）。

因此，赵士桢认为"自卫周全"才是制胜之道，而必须借助战车来达到部队自我保卫的目的。

万历三十年五月初九，赵士桢再上《恭进神器疏》，将所制轩辕等铳和鹰扬车绘图上奏，称"望皇上敕下兵、工二部及都察院并协理戎政衙门详加会议车铳之法"[1]。五月十七日，兵部等衙门署掌部事太子太保刑部尚书萧大亨与都察院左都御史温纯遂至宣武门外西城下，将赵士桢的车铳一一试验。兵部于六月初一日题覆，萧大亨等人在测试后对于赵士桢的发明十分肯定，不但称赞鹰扬炮的威力和操作的便利性、噜密等铳的准确性，也认为配合战车使用，装备京营并将车式传于各边，将可发挥防边制虏之用。[2]

其后，朝廷认可了赵士桢的战车火铳，并令京营制造教习，并行九边。协理戎政尚书王世扬会同泰宁侯陈良弼清查府库余银，得 16000 余两，拟咨兵部转送工部制造这些军火。但赵士桢对此一决策颇有疑虑，遂于三十年十月十二日上《恭请造用归一疏》。赵士桢在此疏中指出，以往京营的军器，凡年例旧式铳炮则由工部王恭、盔甲二厂制造，战车则由战车厂制造，而新式军器则由京营委官制造。如万历三年俞大猷在京营造战车，就是采此一模式，由委副将焦泽会同俞大猷监制。其后，万历二十年，总督李言恭暂管协理事，兵部侍郎王基则建议委坐营将领何良臣、张邦器负责制造。"恐造器非用器之人，未必精致坚固。即精致坚固矣，又恐用器非造器之人，罔知工作艰难，必不肯保护爱惜。"[3]为了能使造器和用器间没有落差，他希望造器者和用器者能够合

1　《神器谱》卷一《神器谱奏议》，《恭进神器疏》（万历三十年五月初九日），页 9a~11b（2658~2659）。

2　《神器谱》卷一《神器谱奏议》，《兵部都察院题覆疏》（万历二十六年六月初一日），页 12b~14a（2660~2661）。

3　《神器谱》卷一《神器谱奏议》，《恭请造用归一疏》（万历三十年十月十二日），页 13b~14a（2660~2661）。

一。并委差一员专主钱粮，赵士桢则专管战车式样。至于负责造练的将领，则推荐陈寅和何良臣充任，共教习兵士二营，共7000人。[1]

次年二月，掌兵部事的刑部尚书萧大亨也同意赵士桢的主张，题覆认为此举可以"少省虚糜，共图实用"，于是起用原任游击何良臣添注标兵右营，委其雇募匠役，买办物料，于营卫宽厂去处模仿式样，如法打造车铳。[2]

但此案执行不久，便出现问题。四月初三日，工科给事中胡忻参论何良臣"昔既以贪败，今必不能以廉奋，且军器自有局，何必京营？京营自有人，何必良臣？"神宗以此疏下兵部，兵部居然立刻就将何良臣再度革任。[3]此事虽未直接牵涉赵士桢，但四月十一日，赵士桢上《奏请停止制造车铳疏》，以"备陈始末，以明心迹"，指出此一事件的真正缘由。赵士桢认为兵部采用何良臣并无错误，协理侍郎李春光和巡视科臣刘余泽都曾保荐，兵部于是起用何良臣负责造车铳事，因此何良臣之被劾并不合理。[4]

事实上，此案幕后的真正原因，乃在于造车的经费来自戎政府库存余银。此一金额原有30000多两，但报往职方司后，行查总协，以16400余两回咨兵部。由于这些银两的底簿已经毁坏，各衙门也没有数目可查，因此被职方等衙门视为己物，因而痛恨赵士桢夺其所阴占者，遂以攻讦何良臣来达到反对使用此一款项的目的。最后赵士桢不得不忍痛奏请停造战车和火铳。[5]

---

1 《神器谱》卷一《神器谱奏议》，《恭请造用归一疏》，页17a~b（2662）。

2 《神器谱》卷一《神器谱奏议》，《兵部题覆》（万历三十一年二月），页21a~22b（2664~2665）。

3 三月初三日系《神器谱·神器谱奏议》所载时间，《明神宗实录》则记为四月戊子日。《明神宗实录》卷三八三，万历三十一年四月戊子日，页7201。

4 《神器谱》卷一《神器谱奏议》，《奏请停止制造车铳疏》（万历三十一年四月十一日），页24a~b（2666）。

5 《神器谱》卷一《神器谱奏议》，《奏请停止制造车铳疏》，页25a~b（2666）。

虽然在政争当中，赵士桢所积极进行的京营战车营改造计划被破坏了，然而，朝廷对于他仍保持相当的信任。万历三十一年二月十七日，由御马监教习武艺邢洪奏请，要求赵士桢提供御前近侍李国泰等 11 人合用轻短噜密鸟铳，并交由赵士桢家人中精于鸟铳的赵寿前往御马监负责教席。[1]

同年八月二十七日，赵士桢看到宣大总督巡抚的塘报中指出了素囊台吉以枪炮手百余人协助撦酋。撦酋帐内也架有铜炮和其他四样火器，但实际数量不详。也有使用火器的专家，如炮手头目麦刀艮恰和鸟铳手三媚榜什。另外，自万历九年起，辽东努尔哈齐在穷三站抢劫茶客龚五，利用他来制造火器，并利用貂皮和人参交易硝黄和犁铁以制造火器和火药。而宁夏的叛乱中，明朝边军的叛卒和沙湃掳去川兵，令其制造火器。[2]赵士桢对于外夷逐渐掌握火器的情况和明朝如何维持使用火器的优势大为忧心。万历三十一年九月，撦酋召集套虏攻击云中一带，居然能以铳炮自卫，连营 40 余里。为此，他又将原有的三种长铳增加阴阳机牙的设计，称为"合机铳"。此外，并改良北兵较为习用的三眼铳，建议朝廷试验采用。并发旨宣大蓟辽等镇，再造战车、车牌等器，以宣大蓟辽抽出不惯骑射的士卒万余，展开新一阶段的训练。[3]

二 赵士桢研发的战车

(一) 鹰扬车

鹰扬车是赵士桢开发的第一种战车，车身长 9 尺（2.88 米），

---

1 《神器谱》卷一《神器谱奏议》，《恭进御前近侍合用轻短噜密鸟铳内直揭帖》（万历三十一年三月初七日），页 28a~29b（2668）。

2 《神器谱》卷一《神器谱奏议》，《恭进合机铳疏》（万历三十一年八月二十七日），页 31a~b（2669）。

3 《神器谱》卷一《神器谱奏议》，《恭进合机铳疏》，页 34b~26a（2671）；卷二《合机铳图叙》（万历三十一年九月十一日），页 34a~b。

宽2尺5寸（0.8米），高6尺5寸（2.08米）。赵士桢说："参酌
指南，损益偏厢，作鹰扬车。"[1]可见鹰扬车是偏厢车的一种变体。
（图7-7）车体由车牌、车辕、车轮、牌架、水箱、撑竿、天平、
把手、铳板、连铳等各部组成，参图7-8。车牌由六面组成，绘
有飞虎图，用以惊吓马匹。车牌上亦开有铳口，方便车载连铳和单
兵火器射击。顾虑北方风大，战车行军不便，行军时车牌可以放下
折叠，由5名士兵推拉。（图7-9）

　　鹰扬车与其他战车的不同，主要在于火力配置。鹰扬车的基
本火力不是来自中口径的佛郎机铳，而是来自连铳。连铳是由三
眼铳所改造，但从《神器谱》附图中可以发现，连铳长达1尺8
寸（58厘米），重8.5斤（5公斤），明显有倍径上的优势。连铳是
由18门火铳组合而成，车载两组，分由两名放铳手负责发射，两
名装铳手负责再装填。（图7-10）

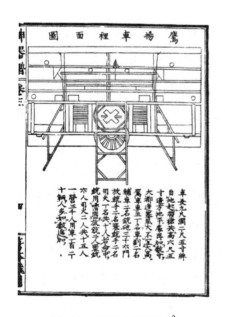

图7-7　鹰扬车里面图[2]

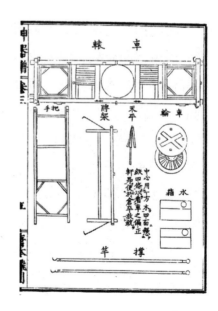

图7-8　鹰扬车各部图[3]

1　《神器谱》卷三《车图》，页1a（2698）。

2　《神器谱》卷三《车图》，页4a（2699）。

3　《神器谱》卷三《车图》，页5a（2699）。

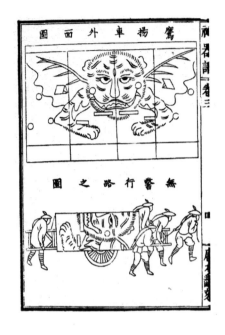
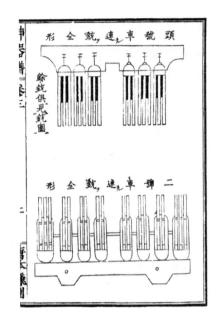

图 7-9　鹰扬车外面图及无警行路之图[1]　　　　图 7-10　连铳图[2]

在鹰扬车出现以前，明朝的战车都是以四面布方阵为基本阵形，虽可四面应敌，但因战车轮子是定向的，前进时左右两方其实有移动上的困难。赵士桢设计了"一盘一轮，上旋下转，机轴圆活，八面可行"[3]，使鹰扬车可以从任一方向前进，大大地增加了战车的机动性。（图 7-11）

鹰扬车配置车正 1 名，车副 2 名，辅车 2 名。放铳手 2 名，装铳手 2 名，司火 1 名，共 10 名，操作铳炮共 36 门。如改装备噜密铳，则放铳 2 人，装铳 6 人，司火 2 人，共 15 人。

车营中，鹰扬车的基本作战单位是队，一队设队长 1 名，副长 1 名，包括车兵、神器手、步兵、马兵和火兵 5 个兵种，共 60

1　《神器谱》卷三《车图》，页 2a（2698）。

2　《神器谱》卷三《车图》，页 4b（2699）。

3　《神器谱》卷三《车图》，页 1a~b（2698）。

人。战车共有 3 辆，共 30 人。步兵 20 名，分为 4 伍，每伍 5 人，分持金鎗旗 1、狼铣 1、长枪 1、翼虎铳 2。若为防御阵形，则狼铣置换为天蓬铲，长枪换为钩镰。马兵 5 名，带弓矢或三眼铳、斫刀等兵器。火兵 5 名，驾辎重车一辆，分管队中的粮食问题。一个车营，下设 50 哨。每哨战车 8 队，共 6 哨。余下的 2 队为中军。其一队之列阵可参图 7–12。

图 7–11　鹰扬车八向图[1]

1　《神器谱》卷三《车图》，页 5b~7a（2699~2700）。本图系组合《车图》中内容而来。

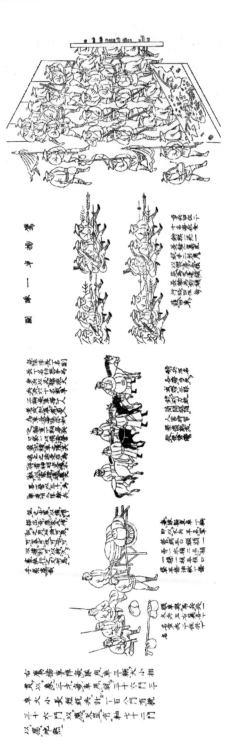

图 7-12　鹰扬车一队图[1]

1　《神器谱》卷三《车图》，页 7b～9a（2700～2701）。本图系组合《车图》中内容而来。

（二）冲锋雷电车

冲锋雷电车是赵士桢所设计的第二种战车，系独轮车式，尺
寸仅"两袱一条长一丈，阔六尺"[1]，似较鹰扬车大，参图 7–13。
每车设车长 1 名，辅车 3 名，发火兵 1 名，预备装药兵 1 名，管
水兵 1 名，共 7 名。主要武装是火箭匣 2 个，每次可发射火箭 20
支、短火球个 10 个、长火球个 5 个、转出火球 30 个。另装备快
铳 6 门和水桶 1 个等。（图 7–14）

赵士桢在《神器谱·或问》中，曾经特别谈到冲锋雷电车的
作用：

> 或问：战场既择，濠堑已掘，蒺藜俱布，我寡虏众，绕
> 出我后，分兵攻我必救之所。时当日暮，去必救之地稍远，
> 为之奈何？
>
> 曰：以冲锋雷电车分置前后，以大小鹰扬卫我左右，观
> 其瑕处，鼓行击打而前，迫我则急击，远我则缓打，俟其气
> 急，以骑兵用翼虎急击之，虏众必乱，即有十万，又安能困
> 我。[2]

可知冲锋雷电车能在面对敌骑包围时，以优势火力配合其他鹰扬
车和持火铳的骑兵进行突围。

1　《神器谱》卷三《车图》，页 11a（2702）。

2　《神器谱》卷五《或问》，《神器为师旅锋锐》，页 4a~b（2721）。

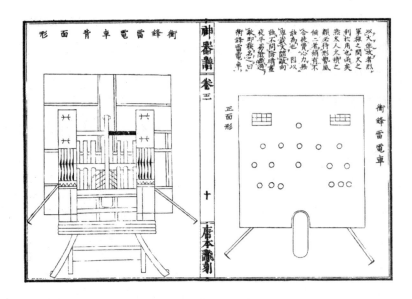

图 7-13　冲锋雷电车正背面图 [1]

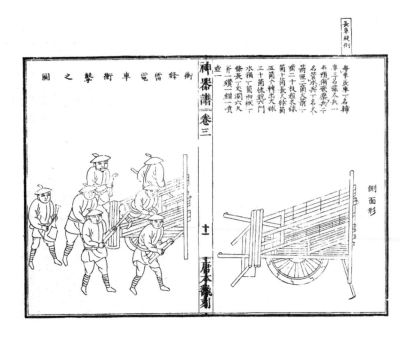

图 7-14　冲锋雷电车冲击及侧面图 [2]

1　《神器谱》卷三《车图》，页 10a~b（2702）。

2　《神器谱》卷三《车图》，页 11a~b（2702）。

（三）牌车

牌车是三种战车中最小的，其尺寸虽未载明，但从《行路图》可见其仅需要两人即可牵拉，应为小型独轮车式。赵士桢称此车是总结朝鲜战役的经验所设计的小型战车。它的外观如其名，如士兵所使用的挨牌，但牌底具有活轮，与鹰扬车一样可以八面行车。[1] 为了抵抗火铳所发射的铅弹，特别在牌车外加软牌，每车两片。遇敌时，其中一片置入水桶，以水浸湿，然后挂于排外，以提升牌车的防弹效果。[2]（图7-15）

牌车一般5牌为一帮，由牌车5辆、辎重车1辆组成。人员则分架牌、副牌、铳手、噜密铳手、鸟铳手、铳手、铲手、长枪手、司火、火兵等，五牌共35人，其分工如下表。每帮士兵持各铳共14门，车载每车10门，共50门，共有长短铳64门。[3] 帮之编组详表7-7。

除了作战和行军外，牌车的另一功能是可以结合成营，以供士兵安营宿歇。凡遇昏雨之夜，将牌车架好，把车载油袱撑开，士兵可于车内休息。除执牌、牌副外，其余士兵每人轮流值更。[4]参图7-16。

表7-7　牌车一帮编组表[5]

	1	2	3	4	5	6	7
第一牌	架牌	副牌	铳手	铳手	铲手	长枪手	长枪手
第二牌	架牌	噜密	噜密	铲手	长枪手	长枪手	火兵
第三牌	架牌	噜密	噜密	铲手	长枪手	长枪手	火兵
第四牌	架牌	副牌	铳手	铳手	铳手	铳手	司火
第五牌	架牌	副牌	铳手	铳手	铳手	铳手	司火

1　《神器谱》卷三《车图》，页12a（2703）。

2　《神器谱》卷三《车图》，页13b（2703）。

3　《神器谱》卷三《车图》，页12b~13a（2703）。

4　《神器谱》卷三《车图》，页13b（2703）。

5　《神器谱》卷三《车图》，页12b~13a（2703）。灰色部分表持单兵火铳者。

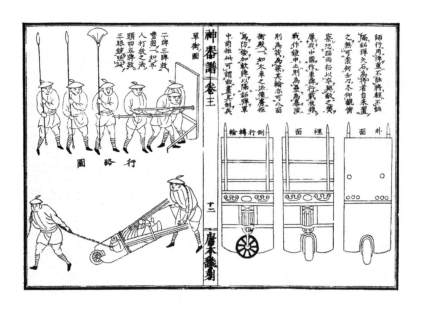

图 7-15　牌车单冲、行路图及外面、里面、侧行转轮图[1]

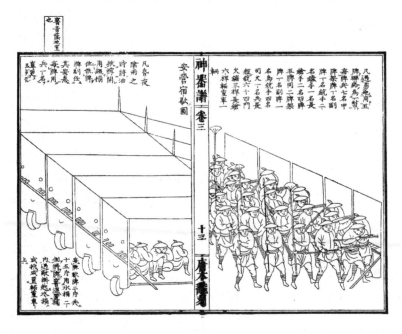

图 7-16　牌车安营宿歇图、牌车帮阵图[2]

1　《神器谱》卷三《车图》，页 12a~b（2703）。

2　《神器谱》卷三《车图》，页 13a~b（2703）。

三　赵士桢研制的车用火铳

赵士桢所研发的火器种类繁多，现存两种《神器谱》所载内容异同互见，兹罗列之。

《玄览堂丛书》本《神器谱》（含后附之《神器谱或问》等书，以下称"《玄》本"）载有噜密铳、西洋铳、掣电铳、迅雷铳等。[1]这些是万历二十六年五月最初进献朝廷的火铳，属于赵士桢研发的仅有掣电铳和迅雷铳2种。而同书后附之《铳图》载有车上命中铳炮火器7种：鹰扬炮、轩辕铳、噜密铳（重复）、九头鸟、旋机翼虎、掣电、火箭溜；战酣连发并备敌冲铳2种：连铳、百子佛郎机铳；辅车士卒火器11种：国初三眼枪、国初双头枪、三神镜、电光剑、梨花枪、天蓬铲、火箭刀溜形、步下翼虎铳、火弹筒、锹铳、镢铳。[2]这20种火铳，都与战车有关，是万历三十年五月所进呈。《玄》本《神器谱》共载有火铳23种。

和刻之五卷本《神器谱》则载有噜密铳、西洋铳、迅雷铳、掣电铳两种（以上为万历二十六年三月记）、震迭铳、三长铳、翼虎铳、奇胜铳、鹰扬炮（以上万历二十六年记）、轩辕铳、旋机翼虎、九头鸟、火箭溜、三神镜、电光剑、梨花枪、天蓬铲、国初三眼枪、国初双头枪、马上三眼铳、步下翼虎铳、锹铳、镢铳（以上万历三十一年孟春记）、合机铳（万历三十一年九月十一日记）、连铳（附于车图内）等26种。其中震迭铳、三长铳、翼虎铳、奇胜铳、马上三眼铳、合机铳6种未见于《玄》本。《玄》本火箭刀溜形、百子佛郎机铳和火弹筒则未载于和刻本。此外，鹰扬炮虽在和刻本有提及，但无炮及配件图。

赵士桢研发的这20多种火铳，其实与战车息息相关。他对火器配合战车的战术有其创见，尤其在以战术和技术使火力能够持

1　《神器谱》，《铳图》，页18：201~210。

2　《神器谱》，《铳图》，页18：353~361。

续发扬这方面。在战术上他提出了鸟铳轮番放铳的战法:

> 每铳五门,于铳手五人之中,择一胆大有气力者,专管
> 打放,令四人在后装饱。时常服习,若平原旷野之间,去敌
> 二三百步,譬如一军五千人,内有火车数辆,鸟铳五百门,
> 先以火车振扬军威,然后用鸟铳百门,佐以弓矢、火箭,陆
> 续弹射,纵有数万贼徒,未必便敢冲突,若远道趋利,未择
> 战场,或仓促遇敌,遽难成列,而又无车以为前拒,尤宜依
> 此法运用。[1]

前述鹰扬车一队的战术也包含这一战法,可见其重要性。其
具体的操作,详参图7-17。

图 7-17　五人更番放铳图[2]

赵士桢认为火器和战车有相辅相成的作用,他说:"神器附
之车间,功用甚大。车凭神器以彰威,神器倚车而更准。或鼓行
而前,或严阵待敌,或趋利远道,或露宿旷野,坚壁连营,治力

1　《神器谱》卷四《说铳》,页 19a~b(2715)。

2　《神器谱》卷二《原铳上》,页 17a(2688)。

治气，无不宜之。"[1] 赵士桢在战车阵内布置不同的火铳，并归结成战车的战术。战车上安鹰扬炮两位及小铳数门，如敌人结阵来袭，在二三里间（1~1.5 公里）以鹰扬炮击之，以破坏敌人阵形。再用噜密鸟铳，在三四百步（480~640 米）之外个别狙击。再近以掣电、旋机翼虎连发车内。退敌之后，开战车之围壁，用长枪翼火铲、三眼枪出击。[2]

从上述这段引文可以了解，赵士桢以鹰扬炮取代了传统车载佛郎机铳的地位。鹰扬炮的研发原因是，赵士桢得知在对马岛上日军拥有大鸟铳，威力可与佛郎机铳相较，部分明朝将领曾受制于这种大鸟铳。鹰扬炮是一种大型的鸟铳，但其具体尺寸不详。赵士桢用长枪管，并将铳管加厚，铳管尾端改采子铳设计，采取了佛郎机式的后膛装填。每铳有 3 门子铳，轮流装放，使鹰扬铳不但有大鸟铳的威力，还有高出 3 倍的射击速率。赵士桢以该铳可"奋击飞扬，可以制之"，名之为"鹰扬炮"。[3]（图 7-18）

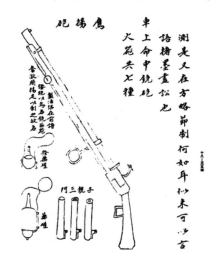

图 7-18　鹰扬炮图[4]

1　《神器谱》卷四《说铳》，页 17a（2714）。

2　《神器谱》卷四《说铳》，页 17a~b（2714）。此段部分提及火铳处与《玄览堂丛书初集》本之记载稍有异，如"车上安鹰扬炮二位"，《玄览堂丛书初集》本作"佛郎机一位"。此外尚有数处，不俱引。《神器谱》，《神器杂说》，页 18：242~243。

3　《神器谱》卷二《原铳中》，页 19b~20a（2689）。

4　《神器谱》，《铳图》，页 18：354。

鹰扬炮之发射至少需要 2 人，1 人发射，1 人装填。《玄》本《神器谱》载有鹰扬炮图，和刻本则载有依托铳架、挨牌、藤牌发射的方式，详参图 7-19。

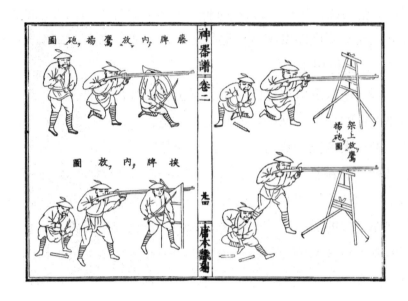

图 7-19　鹰扬铳的射击法[1]

噜密铳是噜密进贡狮子陪臣朵思麻向赵士桢所出示的西方火铳，因其威力胜过倭铳，赵士桢向朵思麻习得制放之法。[2]噜密铳重 6~8 斤（3.54~4.72 公斤），长六七尺（1.9~2.2 米）。铳筒约长 4 尺 5 寸（约 1.4 米），重四五斤（2.36~2.95 公斤）。铳床尾部有钢片，紧急时可作为斩马刀之用。用药 4 钱（14.8 克），铅弹则用 3 钱（11.1 克）。发射方法与一般鸟铳无异。[3]射程较鸟铳远，可达三四百步（480~640 米）。其铳式参图 7-20。

1　《神器谱》卷二《原铳上》，页 24a~b（2691）。

2　《神器谱》卷二《原铳上》，页 2b~3a（2680~2681）。

3　《神器谱》卷二《原铳上》，页 5a~b（2682）。

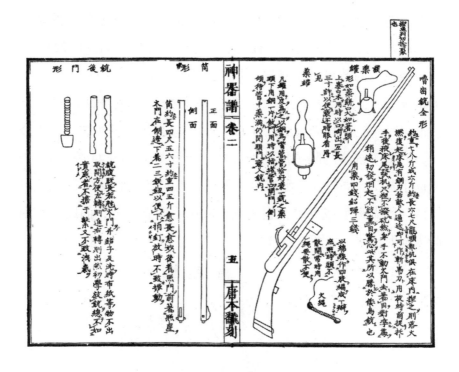

图 7-20 噜密铳图[1]

另一种射速较高的新式火铳则是掣电铳，赵士桢说此铳是"斟酌西洋铳佛郎机之间"[2]。此铳外形上与西洋铳相当，但铳身采取佛郎机铳的子母铳设计。母铳称为"溜筒"，配备有 4 门子铳，每门子铳上皆有火门，发射后可以迅速置换预先装填完毕的子铳。发射时，1 人负责射击，1 人负责装填。掣电铳的长度约为 6 尺（1.92 米），重 6 斤（3.54 公斤）。子铳长 7 寸（22 厘米），重 1 斤（0.59 公斤）。用药 2 钱 4 分，发射的铅弹重 2 钱。[3] 其放铳法参图 7-21。

掣电铳采取了子母铳的设计，虽有射速较高的优点，但发射时子母铳相接之处会因闭锁不全，出现火药烟熏灼射手眼睛的情况。

---

1 《神器谱》卷二《原铳上》，页 5a~b（2682）。

2 《神器谱》卷二《原铳上》，页 3a（2681）。

3 《神器谱》卷二《原铳上》，页 9a~b（2684）。

因此，赵士桢在子铳中间特别设置一个铜盘，防止发射药的烟尘吹向后方。此一铜盘上还设有孔，作为照门之用。（图7-22）

但铜盘的效果似乎有限，且用于战车上，发射时亦会影响附近的士兵。[1] 赵士桢又进一步改良掣电铳，将铳身减轻到 5 斤（2.95 公斤），筒长则为 2 尺（0.64 米）。原来 4 门子铳装于一皮袋中，后将子铳袋与防护用的牌合并，共重 16 斤（9.44 公斤），仍由助手背负。同时，还配有冷兵器钗，其式参图7-23。掣电铳可以依托牌做蹲射或立射，也可以分成铳手独立射击，而助手利用牌来发射子铳。（图7-24）

图 7-21 放掣电铳图 [2]

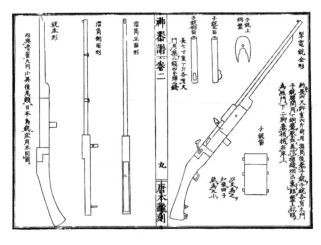

图 7-22 掣电铳图 [3]

---

1 《神器谱》，《铳图》，页 18：356。
2 《神器谱》卷二《原铳上》，《放掣电铳图》，页 17a（2688）。
3 《神器谱》卷二《原铳上》，页 9a~b（2684）。

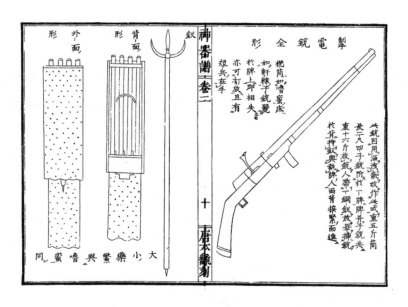

图7-23 改良后的掣电铳及其配件图[1]

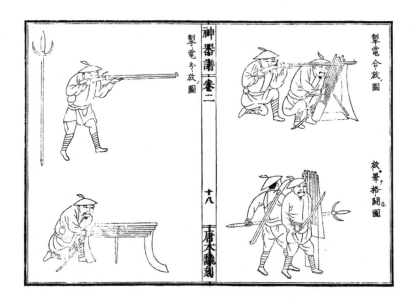

图7-24 改良后掣电铳射击图[2]

---

1 《神器谱》卷二《原铳上》，页10a~b（2684）。

2 《神器谱》卷二《原铳上》，页18a~b（2688）。

旋机翼虎是翼虎铳的改进型，重5斤多（2.95公斤以上），铳筒有3个，平行排列于铳床之上。每铳筒长1尺3寸至1尺4寸（42~45厘米）。铳筒上有准星照门，使用火药2钱及1钱5分的铅弹。[1] 为增加装填的效率，其火药罐（药鳖）为三颈设计，可以同步为3个铳筒装填火药。（图7-25）

而旋机翼虎，则是将平行并列的铳筒，整合成三棱形。如此则在外形上与三眼铳稍类似，但兼具鸟铳较为低深的弹道（图7-26）。旋机翼虎是供步兵和骑兵所使用短铳。（图7-27）

而其他如三神镋、电光剑、梨花枪、天蓬铲、国初三眼枪、国初双头枪、马上三眼铳、步下翼虎铳、锹铳、镢铳等火铳，射程和准确度都不能与前述火铳相比，因此主要是用于追击敌人，但也有可能是因为考虑到北方籍士兵习惯。

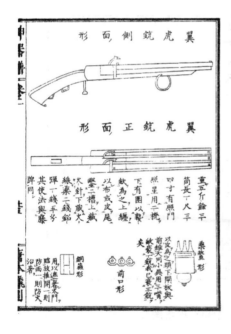

图7-25　翼虎铳图[2]

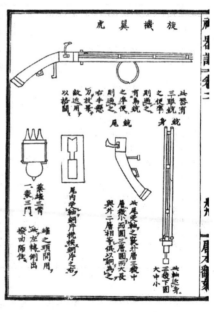

图7-26　旋机翼虎图[3]

1　《神器谱》卷二《原铳上》，页23a（2691）。
2　《神器谱》卷二《原铳上》，页23a（2691）。
3　《神器谱》卷二《原铳上》，页29b（2694）。

赵士桢在万历二十六年至三十一年进献火器和战车，本可预计是继隆庆练兵之后的高峰，但此案因财源问题掀起政争，使改造京营和边军战车的梦想终成泡影。

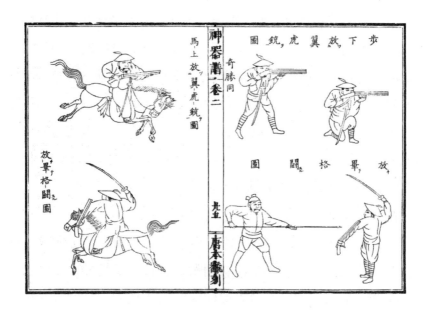

图7-27　步兵和骑兵使用翼虎铳图[1]

四　职方郎中徐銮对于京营战车和西北秋防之更易

在赵士桢之后，仍不乏建言战车战术及改造京营战车者，如兵部职方郎中徐銮。徐銮，福建龙溪人，万历二十三年进士。他在改进京营战车部队的哨探、修造战车火器和议请战车堵截西北边地方面有所建言。

万历间，京营十支战车营均有守城信地。其中德胜、安定和西直三门外及城外东北角、天坛、地坛，属于五军营信地；东直、朝阳和广渠三门以外，属于神枢营信地；阜成、广宁和永定三门外，则为神机营信地；城内东西二牌楼为标兵左右营。万历三十七年正月，兵部职方郎中徐銮奏陈各营无事应照常会操，有事则

1　《神器谱》卷二《原铳上》，页25a~b（2692）。

列营防御，并议设哨探，使京营能迅速掌握敌情。[1]

七月，兵部职方郎中徐銮会同京营三大营六副将查验战车火器。徐銮认为京营中的火器，佛郎机铳虽可车载和人负，但配属子铳 6 门，再装填的步骤较难。因此，他建议改用铳体二三十斤的百子铳，且每门的造价仅为 2 两。百子铳的外围有铁圈，不易炸裂。徐銮建议造此铳 1000 门，以供京营运用。[2] 其次，他认为京营中保存最差的火器就是鸟铳，而鸟铳的威力可以透甲洞胸，以鸟铳配合战车狙击敌军首领，往往可以克敌制胜。徐銮希望朝廷能招用南人能精制鸟铳者，并以日本提硝黄法精制火药。在战术上，则请鸟铳教师十余人，训练 3000 鸟铳兵，配合战车大炮作战。[3]

在战车方面，徐銮调查了京营现有的战车和数量，发现京营存有俞大猷所造大兵车 1200 辆，坐营将领何良臣所造轻车 240 辆，然皆状况不佳。大兵车因长期曝晒，板木多朽坏，岁修仅以油漆涂饰，毫无实效。徐銮因此建议朝廷将较为完好的大兵车加以修整。由于车体重大，需七八人才能推动，故供各门外信地安营使用。至于原有轻车，则系以牛皮为防护，但车体太轻，仅能用于装载火器。[4]

徐銮因此建议造新型双轮轻车，车体重量介于大兵车和轻车之间，且两人就能推挽，车制以京营千总陈云鹭之车式为基础，稍加强化即可。制造一车约需花费 12 两，拟造战车 300 辆，费银 3600两。且为了防止战车因风吹日晒而损坏，将新造车房收贮战车。在营制上，徐銮改以每车车正 1 人、舵工 1 人、推车勇士 4 人、铳手 4 人，配合其他步骑兵，共 25 人为一队。2 车为联，4 车为局，16

1　徐銮：《职方疏草》卷二《京营议设哨探疏》，页 2b~3a，台北汉学研究中心，景日本内阁文库藏明刊本。

2　《职方疏草》卷一三《稽查火器揭帖》，页 6a~7a。

3　《职方疏草》卷一三《稽查火器揭帖》，页 7a~b。

4　《职方疏草》卷一三《稽查火器揭帖》，页 8b~9a。

车为司，64 车为部，128 车为一营，与戚继光营制相仿。[1]

但是，这些关于京营战车火器的修造，从《明实录》的记载来看，似并未获得神宗的首肯。

除此之外，因职务关系，徐銮对于西北边防亦有建言。嘉靖三十七年六月二十一日，他上奏四镇秋防分布成规，其中陕西定边营需拨军士 100 名推挽战车，扼守沙梁一带，并于冲口设大炮以防不测。[2]并使花马池副总兵石尚文统官军 1246 名驻扎原地，但须东援盐场、定边等地。西面则督同安定堡守备郭维校等官军 63 名，随带原有的大神炮战车防堵河湃（今陕西潞城县内）。[3]唯十月山西巡按刘光复条陈安编十二策，欲造一人可推小车，"装染虎形，辟易虏马"[4]，为神宗复以"条陈虽多，实效甚少……俱着实行不得"[5]，否定此一造虎形战车的建议。

五　巡视京营兵科给事中吴亮嗣等奏请急修京营战车

万历四十六年，兵科给事中吴亮嗣和江西道监察御史唐世济上奏请求急修战车。他们根据京营署管车营事务参将周文炳的揭帖，认为应该急修京营战车。周文炳称：

> （京营）额车一千四百辆，三十七年曾送厂二百五十辆修理，后止送二十辆到营，其二百三十辆已经十载，催请徒频，而造报愈杳，其余车辆亦数十年来未经修换，兼之车房渗漏，以致破坏，至一千一百四十辆。凡战车原有一年一小修，五年一大修之例，今数十年未经大换，五载之期屡更，木久自腐，

1　《职方疏草》卷一三《稽查火器揭帖》，页 9a～10b。

2　《职方疏草》卷二《题三十七年分布秋防疏》，页 21a。

3　《职方疏草》卷二《题三十七年分布秋防疏》，页 25a。

4　《职方疏草》卷七《覆山西巡按刘光复条陈安边十二策疏》，页 25b。

5　《职方疏草》卷七《覆山西巡按刘光复条陈安边十二策疏》，页 27b。

理势必然，车之破坏无全，实由修造之愆期也等因。到署据此随该本科院亲诣车房，眼同营官，逐一查验，堪用者止二十八辆，有具体尚存，强半朽坏者三百五十九辆，其余尽皆破碎不全，当时封贮，随择营中谙练车务中军周基命等四员，将三百五十九辆，即令估计修理，就将破碎物料，裁处应用，其余应添应买及工价木值皮前等项，逐一估计，该银一千九百三十一两三钱三分。随查戎政府库循环内开载历年还官并扣除事故单粮减赏积欠子粒八款，见存库银五万八千有奇，以公家之积余，修公家之车辆，万无不可，业经移文戎政衙门照数动支，给官兴工修造车辆，完日不烦部帑分毫，便可省公家银一万二千余两，但查工部条例开载，每年原有修理战车务料银一千七百三十余两，往不具论，即三十七年送厂修车之后，并不修换，迄今十载矣。共该银一万七千三百余两，作何开销？营车十年不修，以致大坏不可收拾。朝廷费数万金钱置之无用，况当今日何等之时，前项送修车二百三十辆，尚尔泄泄，倘一旦有事，谁任其咎？弗谓职等今日不言也。既经查明相应移会等因，一手本知会工部监督并催战车二百三十辆，一手本戎政府动支银两，一牌委中军周基命等四员修理战车各缘由。[1]

朝廷费数万金置之无用，深为可慨，倘仍拘例诿之该部，必至再误矣。当择营中谙练车务中军周基命等六员，将十营堪修车三百五十九辆，又标兵左右营车一百二十辆，即令估计修理，就将破碎物料裁处应用，其余应添买物料计共该银二千七百余两，随查有戎政府库积余官银内照数动支，不费部帑分毫，便省公家银一万四千余两，业已事竣。本科院年终举劾疏内亦已附及之矣。[2]

1　张延登辑：《京营巡视事宜》，《纪要》，页 10a~12a，美国国会图书馆藏明万历杨元刊本。

2　《京营巡视事宜》，《纪要》，页 38a~b。

万历四十七年三月，戎政兵部尚书薛三才要求修理这些京营战车，并补造因战事孔急送往辽东的京营火器枪炮。但奏疏被留中。[1]其后，以戎政府库所积余官银内动支修车所需银两二千七百余两支应，由曾负责打造偏厢车百辆的中军周基命等六员将十营堪修战车三百五十九辆和标兵左右营车一百二十辆修理完成。[2]京营战车因此得以稍恢复旧观。

第四节　萨尔浒决战与明军战车军团的覆灭

萨尔浒之役是 17 世纪影响东北亚政治发展的决定性战役。在此役之前，明朝透过加强军事防御和利用外交手段，成功地解决了蒙古部族长年南下侵扰的问题，接着顺利征服了土蛮等部族。又透过援助朝鲜的军事行动，压制了日本的侵略，也建立了和朝鲜的稳固的关系。明朝的北方边境上，一时出现了难见的和平。但原为明朝羁縻的辽东建州三卫，出现了有勇略的部族长努尔哈齐，逐步统一女真各部，成为明朝的新边患。

对于努尔哈齐言，女真族陷于各个势力的包围中，西有明朝，北有叶赫，南则有朝鲜，但要说实力真正能够威胁女真的，唯有明朝。努尔哈齐作了最直接的选择——挑战实力最强的明朝。万历四十六年四月，努尔哈齐在赫图阿拉（今辽宁省新宾满族自治县永陵镇）准备率师 20000 攻明朝领地抚顺所和清河堡两地，出师前在告天书上写与明朝的"七大恨"[3]，宣告与明朝的决裂，揭开了明清战争的序幕。

抚顺等地的陷落使朝廷大为震惊，明神宗下令九卿科道官会

1　《明神宗实录》卷五八〇，页 10999~11000，万历四十七年三月壬寅日。

2　《京营巡视事宜》，《纪要》，页 38a~39b。

3　《明神宗实录》卷五六八，万历四十六年四月甲寅日，页 6b（10690）。《明神宗实录》载为"七宗恼恨"等语。

议[1]，诸臣"请乞亟推大将，速发大兵，救援辽左，时不容缓"[2]，力主以武力讨伐。朝廷调兵遣将，兵分四路，准备直捣努尔哈齐的根据地赫图阿拉，这场战役史称萨尔浒之役。

抚顺、清河两役，明朝损兵折将。在直隶巡按王象恒的奏请下，朝廷令蓟辽总督驻山海关，不可出关，另设一人"备经略监军之务"[3]，任命曾与援朝之役的杨镐经略辽东。在防区上，朝廷也自蓟镇割设山海关镇，使辖原蓟镇东协四路[4]，并新设镇守山海关应援蓟辽总兵官，以杜松任之[5]。至此，出征的文武官员都已大致确定。

讨伐军的兵力组成，原依署兵部尚书薛三才的建议，自蓟镇抽调10000人，九标十二营台兵2000余人，山西三镇10000人，延、宁、甘、固四镇60000人，川、贵兵和湖、广、永顺、保靖土官各4000人。[6]后经经略杨镐调整为辽镇和蓟镇援兵30000余，选调宣、大、山西、延、宁、甘、固七镇兵马16000，蓟镇各路兵丁数千，辽镇招募新兵20000，及刘綎议调各土司汉土官兵9829名，共不足90000人。[7]可知讨伐军超过半数以上的士兵来自蓟、辽两镇。工部并议以库贮盔甲并铜铁佛郎机、大将军、虎蹲炮、三眼枪、鸟铳、火箭等武器，委官挑选演试后解赴辽左。[8]

战前朝臣对讨伐军军备建言甚多，其中火器与战车之置造与应用尤为诸臣关切的重点之一。五月，辽东管粮户部郎中冯汝京

1 《明神宗实录》卷五六八，万历四十六年四月甲辰日，页4a~5a（10685~10687）。
2 兵部：《题为奴酋计杀官兵全军覆没事》，程开祜辑《筹辽硕画》卷三，页19a~21b（125~126），《丛书集成续编》242~243册，台北新文丰出版社，1988年。
3 《明神宗实录》卷五六八，万历四十六年四月丙辰日，页8a~9a（10693~10695）。
4 《明神宗实录》卷五六九，万历四十六年闰四月壬申日，页9b（10716）。
5 《明神宗实录》卷五六九，万历四十六年闰四月壬午日，页12a（10721）。
6 《明神宗实录》卷五七一，万历四十六年六月壬戌日，页2b~3a（10760~10762）；万历四十六年六月乙丑日，页6a~b（10767~10768）。
7 《明神宗实录》卷五七二，万历四十六年七月甲寅日，页13a~b（10811~10812）。
8 《明神宗实录》卷五七一，万历四十六年六月甲子日，页6a（10767）。

上奏指出，讨伐军所招募的蓟辽 5000 新兵应严加训练驾车及使用枪炮的技术，以成为骑兵的后盾。[1] 工部署郎中事主事米万钟也认为应以战车作为骑兵的后盾：

> 其一在练车战以济步骑。……今当仿飞毂寨诸法以练车兵，如下营，则众车钩联，环固如城，以拒冲突；如用战，则旋折为门，内攒强弩火器为守。行则部，止则联，每车御以二人，而执兵者不限数，则立战拒敌皆可制胜矣。[2]

又据六月二十三日辽东经略杨镐的奏报，蓟辽总督汪可受已在山海关督造战车。[3] 可知明朝确实应此役而制造战车。

除了辽东的备战外，京营总协赵世新等也议京营战车恢复防秋的任务。但后考虑京师需要战车防御，原定战车两支共 7000 名出防，改为战兵和骑兵共 3400 余名出防。[4] 戎政尚书薛三才也请修车营战车、火器铳炮等项。[5] 直隶巡按潘汝祯并奏陈希以车营修防兵移驻。[6] 一时京营战车活动也随战前的紧张情势而恢复起来。

虽然讨伐军的战车已经备便，京营的战车也加紧补造和布置，但从万历四十七年正月兵部尚书黄嘉善的奏陈中，可以发现另一个问题：

1　冯汝京：《题为孤镇阽危亟需兵饷恳乞圣明轸念边疆素复豫发限解旧例以固军心以壮战军事》，《筹辽硕画》卷五，页 10b~11a（191~192）。

2　米万钟：《题为御戎胜算宜周辽帅轻敌当鉴敬献一得之愚以备战守采择事》，《筹辽硕画》卷五，页 42a~43b（207~208）。《明神宗实录》卷五七○，万历四十六年五月乙未日，页 5b~6a（10734~10735）。

3　杨镐：《题为抵关闻警急议应猝兵将以资战守事》，《筹辽硕画》卷六，页 56a~b（250）。"职以本月二十一日晚至山海，二十二日查阅保定营援辽官兵，二十三日正与督臣汪可受议兵饷，又于其衙门内见所督造枪刀、战车、火箭之类甚备。"

4　兵部：《再抒末议佐军兴疏》，《筹辽硕画》卷九，页 16a（326）。

5　《明神宗实录》卷五七三，万历四十六年八月甲子日，页 4b（10824）。

6　《明神宗实录》卷五七四，万历四十六年九月丙午日，页 9b（10858）。

盖闻中国长技火器为先，旷野列营战车是赖。辽人浪言抟战，向以用火器为无勇，用战车为迂阔，而不知御夷灭虏我之所恃全在于此，近虽经督臣打造数百，转运关东，然不知果否足用？应否续造？所宜早为措办，不可使军前称乏也。[1]

可见朝廷并未详细计划讨伐军应使用多少战车，也无后续的支持计划。而辽兵在讨伐军内的数量甚多，黄嘉善意识到辽东士兵不喜用战车和火器，并担心战车的数量不够，与前述冯汝京所奏相关，但他们二人的问题并未受到应有的注意。

至于讨伐军出战的方式，山东承宣布政使司董启祥建议各路军的组成方式为：

> 须每路大兵发后，随委骁将，用步骑驱战车百余辆，或三四百辆驮载糗粮、火器、火药以尾其后，驱火车三四十里或五六十里结阵以待，名曰老营。仍多用哨马，络绎侦探，相机应援，路路皆然，此必胜之师也。[2]

因此，各路讨伐军出战时，战车几乎都是担任后卫，补给粮秣弹药等任务。

一　各军之战斗序列

（一）明军

万历四十七年二月十一日，明军于辽阳演武场誓师，分四路

1　黄嘉善：《题为时当改岁挞伐将行敬虑一得之愚仰佐万全之画乞赐代题以备采择事》，《筹辽硕画》卷一五，页 32b（506）。《明神宗实录》卷五七八，万历四十七年正月癸卯日，页 4b~6a（10944~10947）。

2　董启祥：《题为恭陈征剿紧要事机以彰天讨以收全胜事》，《筹辽硕画》卷一五，页 36b（508）。

往征后金。除朝鲜军外，明军总兵力不及十万。[1] 分为沈阳一路（西）、开铁一路（北）、清河一路（南）和宽甸一路（东），由杜松、马林、李如柏和刘𬘓分任各路主将。战斗序列和原本议定四路出边时间和地点详参表7-8。明军原定出口时间虽有差异，但沈阳、开铁、清河三路必须会师于二道关，然后合兵前进。

表7-8 萨尔浒之役明军四路之战斗序列及出边时间地点表[2]

各路军、兵力及主将	其他将领	誓师出边时间、地点
沈阳（左侧中路，西路） 主将：杜松（山海关总兵） 兵力：《满洲实录》作6万	王宣（保定总兵） 赵梦麟（原任总兵） 刘遇节（原右翼营管游击事都司） 柴国栋（原任参将） 王浩（原任游击） 张大纪（原任游击） 杨钦（原任游击） 桂海龙（原任游击） 杨汝达（管抚顺游击事备御） 张铨（广宁分巡兵备副使，监军） 龚念遂（原任参将） 李希泌（后营游击）	二月二十九日申时出抚顺关口

1　关于萨尔浒之役明军之总数，历来说法不一，但大同小异。如黄仁宇则认为杨镐率兵只83000，加上朝鲜派兵及叶赫部参战者，总数在10万上下。郑天挺和范中义等援引王在晋《三朝辽事实录》的记载，认为除朝鲜援军外，仅88 590余名。而孙文良与李治亭讨论最详，他们引用兵科给事中赵兴邦的题奏，认为集中兵数最多不会超过10万，并再经查考，推断明军的总数在10万以下、七八万以上。黄仁宇：《1619年的辽东战役》，《大历史不会萎缩》，页196，台北联经出版事业，2004年。郑天挺等编撰：《清史》，页66，台北昭明出版社，1999年。范中义等所撰：《中国军事史·明代军事史》，页885~886，军事科学出版社，1998年。孙文良、李治亭：《明清战争史略》，页44~45，江苏教育出版社，2005年。

2　《明神宗实录》卷五七九，万历四十七年二月乙亥日，页5b~7a（10962~10965）。

各路军、兵力及主将	其他将领	誓师出边时间、地点
开、铁（左侧北路，北路） 主将：马林（原任总兵） 兵力：《满洲实录》作 4 万	麻岩（开原管副总兵事游击） 郑国良（管铁岭游击事都司） 丁碧（管海州参将事游击） 葛世凤（原任游击） 赵启祯（管新兵右营原任游击） 李应选（管新兵中营原任参将） 潘宗颜（开原兵备道佥事，监督） 董尔砺（岫岩通判，赞理） 江万春（原任守备） 窦永澄（庆云管游击事都司）	二月二十八日巳时 出铁岭三岔口
清河（右侧中路，南路） 主将：李如柏（辽东总兵） 兵力：万余	贺世贤（管辽阳副总兵事参将） 张应昌（标下左一营管游击事都司） 李怀忠（管义州参将事副总兵） 戴光裕（总镇坐营游击） 王平（总镇左翼营游击） 冯应魁（总镇右翼营管游击事都司） 尤世功（武靖营游击） 徐成名（西平备御） 李克泰（加衔都司） 吴贡卿（原任游击） 于守志（原任游击） 张昌胤（原任游击） 阎鸣泰（辽宁分守兵备参议，监督） 郑之范（推官，赞理）	三月初一日巳时 出清河鸦鹘关

续　表

各路军、兵力及主将	其他将领	誓师出边时间地点表
宽甸（右侧南路，东路） 主将：刘綎（总兵） 兵力：《满洲实录》作 4 万	祖天定（管宽甸游击事都司） 姚国辅（南京六营都司） 周文（山东管都司事） 江万化（原任副总兵） 徐九思（叆阳守备） 周翼明（浙兵营备御） 康应乾（海盖道兵备副使，监督） 黄宗周（同知，赞理）	二月二十五日寅时 出宽甸小佃子口
宽甸：朝鲜军 主将：姜弘立（都元帅） 兵力：13000	金景瑞（副元帅） 乔一琦（管镇江游击事都司，监军）	

（二）朝鲜军

在抚顺清河陷落之后，明朝为了出兵讨伐，也向朝鲜要求派遣援军。据朝鲜史料的记载，万历四十六年七月，经略杨镐曾要求朝鲜派遣铳手 10000 人。朝鲜遂以刑曹参判姜弘立为都元帅，平安兵使金景瑞为副元帅。[1] 次年正月，由于努尔哈齐派兵抢掠北关，杨镐又檄朝鲜派遣铳手 5000 名，支持在亮马佃结阵的明军都督刘綎。姜弘立屯驻于庙洞，派遣副帅和三营将前往亮马佃。刘綎对于姜弘立没有亲自前来有微词，称："将来举事，元帅不可退在。"经略杨镐又以教练军卒为名，请朝鲜派遣铳手。朝鲜因此派遣平壤炮手 400 名。[2]

1　[朝鲜] 李民寏：《栅中日录》，页 445，《清入关前史料选辑》第三辑，中国人民大学出版社，1991 年。

2　《栅中日录》，页 446。

二月，杨镐于辽东定分路进兵，姜弘立也议定出师，其战斗序列见表 7-9。朝鲜军实际渡江参战的兵力约为 13000 人，编于刘綖一路，由乔一琦担任监军。

表 7-9　萨尔浒之役朝鲜军战斗序列表 [1]

	标下将领	兵力
都元帅姜弘立标下	中军前签使吴信男 从事官军器副正郑应井 前郡守李挺男 听用别将肃川府使李寅卿 折冲李掬 别将昌城府使朴兰英	领平壤炮手 200 名
	别将折冲柳泰瞻	领马军 400 名
	别将折冲申弘寿	领京炮手及降倭并 100 名
	响道将阿耳 万户赵英立	领土兵 40 名
副元帅标下	中军虞候安汝讷 别将折冲金元福	领随营牌 800 名
	别将折冲黄德彰	领别武士新出身并 800 名
	军官韩应龙	领自募兵 160 名
	军官金洽	领立功自效军 50 名
	响道将河瑞国	领土兵 80 名
中营	中营将定州牧使文希圣 中军江西县令黄德汝	领兵 3350 名
左营	左营将宣州郡守金应河 中军永柔县令李有吉	领兵 3480 名
右营	右营将顺川郡守李一元 中军云山郡守李继宗	领兵 3370 名
运粮	连营将清城金使李穦	马兵 5000（分为 10 营）

1　《栅中日录》，页 446~447。

（三）后金军

《山中闻见录》称建州人："大抵女真诸夷并忍询好斗，善驰射，耐饥渴，其战斗多步少骑。"[1] 朝鲜人赵庆男所著《乱中杂录》，曾转录姜弘立于战后所上启状。启状中姜弘立叙明战争的过程，以及曾亲至赫图阿拉见努尔哈齐（书中称"满住"）的情况。他对后金军的作战能力有很高的评价，称："臣等临阵，目见其用兵则其锋甚锐，有进无退，矢不及连发，炮不及再藏，此胡之不可与野战，难以形言。"[2] 可见后金军的战法，在于号令严明，只进不退。同时能够利用骑兵快速攻击的特性，充分把握弓箭和火器射击的时间差，在敌人重新装填弹药之前冲垮敌军的阵营。

后金军的军制为八旗制度，其八旗与旗主对照详参表 7–10：

表 7–10　八旗与旗主对照表

序号	旗别	八固山旗主
1	正黄旗	努尔哈齐
2	镶黄旗	努尔哈齐
3	正白旗	皇太极（努尔哈齐四子）
4	镶白旗	杜度（努尔哈齐长子褚英长子）
5	正红旗	代善（努尔哈齐次子）
6	镶红旗	岳托（代善长子）
7	正蓝旗	莽古尔泰（努尔哈齐三子）
8	镶蓝旗	阿敏（努尔哈齐弟舒尔哈齐次子）

1　《山中闻见录》，《东人志》，《建州》，页 152。

2　［朝鲜］赵庆男：《乱中杂录》卷五，页 268，《清入关前史料选辑》第三辑，中国人民大学出版社，1991 年。

二 各路之战

(一) 西路明军萨尔浒山之战

根据明军监军张铨等人的奏报[1]，沈阳路主将山海关总兵杜松与赵梦麟、王宣等于二月二十八日，率兵 30000 由沈阳出抚顺所，二十九日至抚顺关。原应申时率兵出边，但杜松"违期先时出口"。三月一日杜松所部抵达萨尔浒地区，掌车营枪炮龚念遂部并未渡河，驻扎于斡珲鄂谟。杜松渡河后为敌所引诱，生擒活夷 14 名，焚克二寨，遂亲率一部攻击吉林崖（界凡山）后金军，将主力屯驻于萨尔浒山，由监军张铨指挥。

后金军则于三月一日辰时出兵。努尔哈齐得知西路明军情形后，立刻派遣两旗兵力增援吉林崖，并自率六旗攻击萨尔浒山的监军张铨所部西路明军主力。虽然萨尔浒山的张铨部立刻"挖堑竖栅，布列火器"，仍未能阻挡后金军的攻势，终被击溃。

杜松乘胜往二道关后，忽然出现后金埋伏的骑兵 30000。杜松奋战数十余阵，并希望占领山头制高点，但又出现伏兵。杜松面中一矢，落马而死，西路明军也不支溃散。（图 7-28）

战后不仅经略杨镐提及杜松"辄弃车营"，巡按御史陈王廷陈主将杜松之六失，即有"轻骑深入，撤弃车营"之语。《明季北略》也引《通纪》云："三月，杜松越五岭关，前抵浑河，弃车营，趋利半渡，敌万余忽遮击，冲我师为二。"[2]都认为杜松渡浑河时放弃车营，无法有效防御后来后金伏骑的冲击，是后来杜松所部大溃的主要原因。明季野史《山中闻见录》则指出了另一个与车营有关的因素："松直前涉浅，弃车营趋利，半渡，敌决上

1　关于萨尔浒决战的战况，明军之作战行动主要根据辽东经略杨镐和巡按监察御史陈王庭的战后的奏报。《明神宗实录》卷五八〇，页 4b~6a（10976~10979）；万历四十七年三月甲午日，页 6b~8a（10980~10982）。

2　计六奇：《明季北略》卷一《刘杜二将军败绩》，页 13，中华书局，2006 年。

流，断我后军，车营火器为伏奸所焚。松骁，果奋击，敌且战且走，诱松深入，伏兵尽起，松血战突围，自午至暮，力竭被杀。"[1] 因此，后金奸细将后军的战车和火器焚毁，是使杜松无法坚持的另一个原因。

图 7-28　太祖破杜松营战图

（二）北路明军尚间崖、斐芬山之战

马林部离开开原后，应于三月初二日抵达二道关与杜松部会师，但至初二日中午仍驻扎于三岔口外的稗子谷。当马林部开始往二道关前进时，杜松部已经被歼灭。马林于当日晚间至王岭关附近。初三日晨，马林闻知努尔哈齐率兵前来，遂率兵万人前往尚间崖，并派遣开原道监察御史潘宗颜率领数千人前往尚间崖东面

1　《山中闻见录》卷二《建州》，页 14。

三里的斐芬山，与在斡珲鄂谟的龚念遂部互成掎角，相互声援。
明朝方面的史料对于马林部的情况交代不多，但《满洲实录》对
于马林部次日战前的描述是："马林方起营，见大王兵至，遂停，
布阵四面，而立遶营凿壕三道，壕外列大炮，炮手皆步立大炮之
外，又密布骑兵一层，前列枪炮，其余众兵皆下马于三层壕内布
阵。"[1] 可见马林部未使用战车，且马林部的阵形是将大炮放在阵
外，骑兵则在内，大炮和炮兵没有任何的保护。交战不久，后金
军迅速击败马林部。《满洲实录》卷五有《太祖破马林营战图》，
绘有马林部被后金骑兵击败后，明军四散、枪炮委地的情形。
（图 7-29）

图 7-29　太祖破马林营战图 [2]

---

1 《满洲实录》卷五，页 236。

2 《满洲实录》卷五，页 235。

被杜松留在后方的龚念遂、李希泌领车营骑步兵10000，在三日也至斡珲鄂谟处安营，绕营凿壕列炮，但为皇太极率骑兵冲入战车阵中。龚念遂等人皆阵亡。[1]《清太祖高皇帝实录》则称："时明左翼中路后营游击龚念遂、李希泌统步骑万人，驾大车，持坚楯，营于乞哄莩漠地，环营浚壕列火器。"[2] 可见龚念遂的战车是大战车，防御力较佳。没有足够的骑兵策应，仍无法抵御后金骑兵的优势进攻。《满洲实录》卷五有《四王破龚念遂营战图》，描绘龚念遂车营被后金骑兵冲破的一瞬，是难得的图像史料，但图中明军战车系轻战车，似有误。（图7-30）

图7-30　四王（皇太极）破龚念遂营战图

1　《满洲实录》卷五，页236~237。

2　觉罗勒德洪监修总裁、明珠等总裁：《清太祖高皇帝实录》卷六，天命四年三月初二日，页80，中华书局，1986年。"乞哄莩漠"即斡珲鄂谟。

第二支战车部队的覆灭，则是属开铁路的潘宗颜部。当马林屯于尚间崖时，潘宗颜部一万驻扎于三里外的斐芬山，努尔哈齐领下马步兵向潘宗颜部仰攻，顺利破坏战车。[1]《清太祖高皇帝实录》称："上复集军士，持往飞芬山（按：即斐芬山），攻开原道潘宗颜兵……宗颜兵约万人，以楯遮蔽，连发火器，我兵突入，摧其楯，遂破之。"[2]双方鏖战至中午，潘宗颜中箭而死。而原定支援马林之叶赫部闻知明军败讯，遂仓皇退兵。《满洲实录》卷五亦有《太祖破潘宗颜营战图》，绘有后金以步骑协同攻击潘宗颜车营的情况。（图7-31）

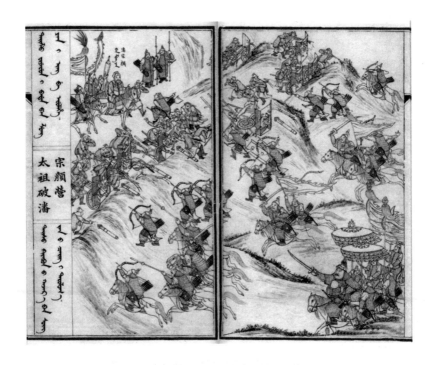

图7-31　太祖破潘宗颜营战图

1　《满洲实录》卷五，页238~240。

2　《清太祖高皇帝实录》卷六，天命四年三月初二日，页81。

（三）东路明军阿布达哩岗伏击战、富察之战

努尔哈齐在击败杜松和马林二部后，集结兵力攻击东路刘𬳿所部。刘𬳿所部明军万余，并有朝鲜都元帅姜弘立和副帅所统领的万余朝鲜兵。十九日，朝鲜军左右营开始渡江。次日，元帅渡江。二十二日，中营渡江。二十三日，朝鲜全军渡过。实际渡江朝鲜军之数量，经姜弘立查勘，共为"三营兵一万一百余名，两帅标下二千九百余名"。二十五日，大雪，朝鲜军至亮马佃。二十六日，与明军刘𬳿部会合。姜弘立以粮食几尽为由，要求等待补给前来，但为刘𬳿所拒。二十七日，明军先行，至平顶山下营。朝鲜军则在拜东岭十里许下营。士卒因粮食几尽和长途跋涉，状况不佳。为了追上明军，姜弘立下令各营留下 600 人，设为老营，将步卒的负担和难以运输的军器留下，其余部队全力追赶明军。[1]二十八日，朝鲜军主力通过牛毛岭。树木茂密，后金军又于大路上砍倒树木，阻绝明军和朝鲜军前进。明军和朝鲜军一路还遭遇零散后金军的偷袭。

两军于二月二十五日会师，因路途艰险，直至三月初四日才到达宽甸东北富察一带。《满洲实录》载刘𬳿部在出宽甸时，先遭遇并包围由牛录额真托保、额尔、纳尔赫三人所统领的守卫兵 500，明军取得小胜，并四处野掠，直至发现努尔哈齐的主力，方始布阵于阿布达哩岗。

而努尔哈齐的防守策略，则是先留下 4000 兵力防守赫图阿拉，派遣皇太极等率领右翼四旗兵埋伏于阿布达哩岗山林中，阿敏则率兵埋伏于阿布达哩岗南面的谷地。计划是待刘𬳿部通过一半时，追击明军的后部。代善则率领左翼四旗兵，在岗北隘口前迎击明军。

努尔哈齐派遣冒充杜松部的材官前去刘𬳿部，伪称杜松部告

1　《栅中日录》，页 448。

急，催促刘𬘡前进。刘𬘡误认为杜松已进逼赫图阿拉，遂命部
队疾行，进入已为后金军埋伏的阿布达哩岗。后金军所采的战
术与先前相同，充分的争取制高点，由皇太极领右翼兵登山担
任先攻，阿敏则后攻。后金军约 30000 骑，自密林中伏击明军。
明军则企图占领制高点阿布达哩岗并结阵，但受代善和皇太极
夹攻，双方激战，直至酉时。尚未布阵的二营，也为后金军所
消灭。[1]

《明季北略》则清楚地说明了刘𬘡战败的原因：

> 刘心已动，恐杜将军独有其功，令诸将拔营而东，老弱
> 各持鹿角枝，绕营如城，遇敌则置鹿角于地，转睫成营，敌
> 骑不能冲突，兵得以暇列置火具。敌前队毙于火攻，则不能
> 进，我乘间出劲骑格斗，肆出肆入，疲则还营少休，而令息
> 者贾勇。且刘之火器妙绝诸军，生平所恃以无衡者此也。始
> 闻炮声犹敦阵而行，行未十里，炮声益喧，心摇摇惟恐足之
> 不前，设杜先入城，则宿名顿堕，乃下令弃鹿角而趋。行里
> 许，而伏兵四起，刘旅不复整矣。长技不及一施，众遂歼
> 焉。[2]

由此可见，刘𬘡部的失败，实与不重视部队行进间的防御有
关。放弃使用鹿角，与杜松之败如出一辙。尽管刘部火器冠于各
军，仍不免于败绩。《满洲实录》卷五有《四王破刘𬘡营战图》，
图版中地面弃置的佛郎机铳和溃逃的明军，与马林之败况亦所差
无几。（图 7-32）

---

1 《满洲实录》卷五，页 245~247。
2 《明季北略》卷一《刘杜二将军败绩》，页 11~12。

图 7-32 四王破刘𬘩营战图

同日，属于刘𬘩部的康应乾所部步兵已经完成布阵，驻于富察旷野处。后金军代善所部注意到康应乾部"皆执筤铣、竹杆、长枪，披藤甲，朝鲜兵披纸甲柳条盔，枪炮层层布列"[1]。两军接战时却刮起大风，把火药的烟尘吹向本阵，而后金军则利用此一明军能见度低的时机，大举冲入明军阵中，使康应乾仅以身免。而乔一琦营亦被后金军击败，逃入朝鲜军营中。[2] 后金军先攻朝鲜军左营，元帅姜弘立命令右营驰援，右营方与左营联阵。后金军骑兵冲锋。朝鲜军火器才放过一轮，后金骑兵已经攻入阵中，而朝鲜军中营亦在稍后降于后金军。[3] 初五日，明军刘𬘩所部浙兵残部数千人屯据山上，被后金数百骑扫荡无遗。[4] 至此，明军四路中

---

1 《满洲实录》卷五，页 247。

2 《满洲实录》卷五，页 247~248。

3 《栅中日录》，页 452。

4 《栅中日录》，页 455。

三路已溃矣。

《满洲实录》卷五有《诸王破康应乾营战图》，描绘有两军交战前的态势，可见康应乾部虽有布阵，但并未设置障碍物或使用战车，步兵直接暴露于骑兵之前。（图7-33）

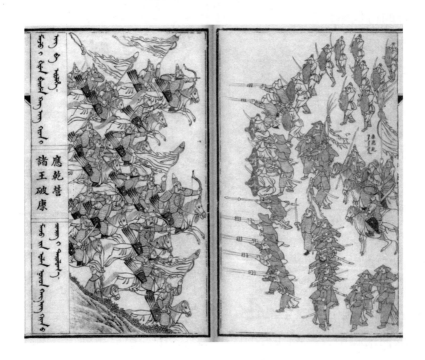

图 7-33　诸王破康应乾营战图

三　战役之结束与明军战后的改革

南路的明军由李如柏统领，出鸦鹘关后行军缓慢，至虎栏关就按兵不动。虽然经略杨镐在得知杜松和马林两军溃败后，即命刘綎和李如柏回师，但刘綎稍后即被后金击溃，尚未能得知撤军的消息。而李如柏虽被少数后金部队骚扰，但仍能保存实力，退回防线。

此役中，明军损失如辽东监军陈王廷御史查报疏所载："阵亡文武等官共三百一十余员，阵亡军丁共四万五千八百七十余名，阵亡马骡共四万八千六百余匹，阵亡战车一千余辆。"[1] 而后金仅损失 2000 余人。

万历四十七年三月初一日到初五日，两军鏖战了五日，最后后金取得了大胜，辽东局势自此产生了根本的变化。由于明朝近十万的讨伐军惨败，丧失了抚顺以东的控制权，后金的铁骑取得了此一区域战略的主动权，唯一能够提供明朝兵力和物资支持的盟邦朝鲜也噤若寒蝉。

萨尔浒之役中，明军在战前和战斗中均装备有相当数量的战车，但明将均未善加利用。虽然后代史书中多将四路间不协调和争功冒进视为最重要的败因，但事实上明军主力骑兵均远离后卫车营，使得骑兵与车兵无法相互掩护，遂被后金军个个击破。

上面这种见解，虽然没有太受到现代史家的注意，但求之于当日史料，则确有其事。如万历四十八年二月，户科给事中官应震就曾上奏指出杜松的败因："闻御虏长技惟车与炮，车营难破，杜松之用车而败者，咎不在车，乃其轻率冒进，而车不及用也。"[2] 杜松急于渡河放弃战车，马林布阵错误，也未使用战车，而刘綎则连鹿角都不愿使用。这些现象说明了各路主将对于战车和防御战的忽视。

部分官员也注意到了这些名将一致犯错的现象，进而加以批判。如万历四十八年三月，湖广襄阳府推官何栋如称：

> 今之号称名将者，有一干是乎？不过恃其弓马技艺，畜养降夷为家丁，勇敢直前耳。曾知练兵之法使军有纪律，先为不可胜，以待敌之可胜否？曾知谋定而后战，宁斗智而不

1　董启祥：《题为恭陈辽饷省费捷法以疏圣怀事》，《筹辽硕画》卷二一，页 26a（692）。

2　官应震：《题为敬虑援辽管见以祈立允施行事》，《筹辽硕画》卷三八，页 29b（484）。

斗力否？曾知中国之战长技在火与车，散则为阵，合则为城，近则可战，退则可守，皆茫然不知也。[1]

何栋如指出这些名将只懂武艺，不懂战术优势，更不懂得运用战车。

另一个问题则是战车部队缺乏训练。提督学校御史周师旦在万历四十七年十月上奏，指出了车营训练的不实：

乃今之所为训练者，臣知之矣，只能袭其形似，摆一四门方阵，其金鼓震也，旗帜翩翩也，左此而右彼，赏罚错然也，问之兵，兵不知其故也，问之将，将亦不知其故也。卒然有警，则又改为一堵墙，沟其地而堑之，置火器其上，奈军士脚跟不定，每欲望敌先溃，犹然左右也，而心不知。故虏每见其营脚动，即扑马直前，刃矢两下，我兵率自相蹒轹以死。不然，或深入而落伏，或少骋而被围，是可为训练乎？前总兵周尚文与俺答阿不孩战于石硅村，鏖战两日，大至克捷，复合战于馒头山，亦杀伤过当，此独非边兵乎？意平昔所为教演者，当另有步伐，不徒如今日画饼也，辽中诸将帅亦知其略否？倘不急返此道，即渠犀百万奚为？[2]

周师旦指出，不仅车营士兵训练有问题，指挥阶层也有问题，但长期练兵的大量开销又非朝中所乐见。因此，兵员素质的问题始终没有得到解决。

《山中闻见录》的作者彭孙贻也指出了两个值得注意的情况。

1　何栋如：《题为三世四受国恩请缨勉图报效事》，《筹辽硕画》卷四〇，页 53b~54a（554）。

2　周师旦：《题为天讨幸已恭行军事尚无完策恳惟特赐宸断以彰威稜以靖封疆事》，《筹辽硕画》卷三一，页 55a~b（262）。

第一是刘綖出师前，因旧兵所携佛郎机各火器、袖箭、药矢等诸械船运未到，曾经向朝廷奏请等待兵器到齐才可出关，但兵部严旨令其即行。[1]因此，刘綖所部在武器装备上并未准备充分。徐光启在战后的奏疏也指出："杜松矢集其首，潘宗颜矢中其背，是总镇监督尚无精良之甲胄，况士卒乎？"[2]可见明军在战前军资准备根本不足。

可见，明军之败在于将领的素质、士卒的训练和器械的准备上都有致命缺失。这些因素都影响了萨尔浒之役的结局。

萨尔浒之役是后金军集中兵力打击多路敌军的经典战役。而后金在战术上的成功，主要在于对四路明军的侦察和监视工作甚为成功，因此得以掌控四路明军的进程，并在必要时利用奸细操纵明军的行进。同时后金既知明军骑兵和车兵的战术特性不同，又了解辽东镇士卒不喜战车的性格，因此一直诱使明军的骑兵和车兵分离，先将骑兵解决，然后围困车兵，用优势骑兵冲锋失去骑兵翼护的战车营。

明军在萨尔浒之役战车部队损失的情况，过去并未受到史家的注意。据辽东监军陈王廷御史《查报疏》所载："阵亡战车一千余辆。"[3]可见萨尔浒之役明军战车的损失极大。

（一）京营刷振

萨尔浒决战新败后，朝中对于战车之讨论日益热烈，其对象无非京营与辽东战车。京营战车营一直维持俞大猷所建立的车制和营制，遭逢大败之后，朝臣为谋远虑，故有更新车制营制之见。而萨尔浒之役中，关外精锐损失 45000 余，开铁之役亦损兵折将，如何重建辽东武力成为朝廷当务之急。

1　《山中闻见录》卷二《建州》，页 12。

2　《徐光启集》卷三《练兵疏稿一》，《敷陈末议以珍凶酋疏》，页 98。

3　董启祥：《题为恭陈辽饷省费捷法以疏圣怀事》，《筹辽硕画》卷二一，页 26a（692）。

　　萨尔浒之役后，全面整饬的声音陆续开始出现。万历四十七年七月，锦衣卫都指挥使张懋中奏请京营设立新制战车及战车营。张懋中希望将京营和边镇原有的武刚车、辎重车和双轮车改造成称为"铁冲"的单轮轻战车，以 500 辆为一战车营，每车配属 6 人。"前列遮牌，上施铳炮，山川险夷通行无碍。每车六人，二人拥挽，二人持钩镰，为左右翼，二人司火药。"[1] 张懋中的京营改造计划规模虽大，但内容空洞，并未比先前京营的车制营制更严谨，只是抓住了战车小型化的潮流，故此一大规模的改造计划最后并未得到朝廷的青睐。

　　巡视京营工科给事中范济世等则认为出城操演十分重要。他提出京营应合令营中六将各予以信地，各配以战兵 5000 或 10000，即在信地各自操演，使熟知"地之险易，人之勇怯，时时摆列战车，演放火炮"[2]。甫于六月底就任的京营总督泰宁侯陈良弼[3]支持范济世等人的观点，亦主张应使京营战车预认信地：

> 国家所恃以环护宸居者，惟此十万之众，然标战车城各有信地，车战布列关厢，城守分摆各门，所借以捍外蔽内者，只此三十五营之兵而已。观今征调之难，岂能猝集如林之旅，言之真可寒心，而分认信地，岂容再缓。合无将各营查照原分信地错综碁布，令彼各量地势，须先认定某营联络某营，某营策应某营，务其首尾相应如常山，左右相救如臂指。[4]

1　张懋忠：《揭为奴志日横边疆日蹙宗室日危恳乞立决防剿之策以遏凶锋并采愚虑以求实效事》，《筹辽硕画》卷二四，页 18a~19a（9~10）。

2　范济世：《题为都城时当戒严营操尚属虚套敬陈末议以资防守事》，《筹辽硕画》卷二六，页 4a（68）。

3　《明神宗实录》卷五八三，万历四十七年六月辛巳日，页 19a（11123）。

4　陈良弼：《题为辽左迫切燃眉之急都门剥肤之忧敬陈京营战守以壮神京以固根本事》，《筹辽硕画》卷二六，页 59a~b（96）。

其次，他又主张亟补京营所缺 800 余辆武刚车：

> 夫安营布阵，莫要于车，今车营无车，是自撤其有足之城。今之画地为营，从有步骑，安所容足而措手，计查营中武刚车尚缺八百余辆。即今分派信地，需车最急，若行该厂必至误事，前发二百三十辆延捱十余年，仅完一百七十辆，尚属不堪。今患在剥肤，势难延缓，乞敕该部照依近议成造价值，发营分投置造，碁布信地，以防冲突。[1]

故可知经薛三才的催促，一年之间只不过补造京营战车 170 辆而已。然而，在辽东惨败的氛围下，京营部队虽非于前线，但忧心国事的士大夫仍企盼能重振京营的战车部队。

（二）辽东车营之重建

万历末年，辽东是帝国防御的前线。在新败之际，如何在有限的时间内重建充足的前线部队，是朝廷的首要之务。朝臣相关建言亦较论京营改造者众，众臣皆认为战车为抗敌之不二法门。稍析其论，有议战车防御辽东者，有举用造战车人才者，有造新战车、用新战术者。

认为战车可解决辽东问题者，如万历四十七年八月，广东巡按王命璇上奏称："奇正相生，车营其最要也。"[2]并认为练兵一至两年，以战车兵就地训练，更翻屯牧，使兵农合一，如此才可战。[3]又如四十七年十一月，天启皇帝在文华殿召见文武大小臣工面

1　陈良弼：《题为辽左迫切燃眉之急都门剥肤之忧敬陈京营战守以壮神京以固根本事》，《筹辽硕画》卷二六，页 61b~62a（97）。

2　王命璇：《题为谨陈战守机宜仰佐庙谟以除奴贼以安辽民伏乞圣裁事》，《筹辽硕画》卷二七，页 12b~14a（107~108）。《明神宗实录》卷五八五，万历四十七年八月丙子日，页 14b（11206）。

3　王命璇：《题为谨陈战守机宜仰佐庙谟以除奴贼以安辽民伏乞圣裁事》，《筹辽硕画》卷二七，页 16a~17a（109~110）。

议战守机宜后，兵部职方司署员外郎事车朴上奏称战车"其进如行，运有脚之城，策不秣之马，驱不老之师，彼虽众，其奈我何？以此横行匈奴中，可也，何恢复之足云"[1]。也认为战车是解决辽东军事利器，但内容都只是陈述旧说，根本毫无新意。

而前任的辽东巡抚李植，除了上疏点明辽事之坏肇因于关外李成梁父子 50 年之垄断，也指出他曾以新练的 15000 名车营兵，对抗 150000 的强虏在七里沙滩两天的包围。后因击杀虏酋成功而得以解围。[2] 建议防守辽阳时，内用民丁火炮站守射打，外列车栅远卫，再用火器远御。[3]

（三）武举与战车

在举才方面，楚党领袖、户科给事中官应震除了荐举"能造战车及运粮车，精工省费"[4] 的山东道旧臣杨述程外，也请特设将材武科，以广举材。万历四十七年七月，他奏称：

> 武科目前两月一举，逮兵将大集，或半岁一举，一岁一举。初场马步各箭不过二枝，此外枪刀箭戟拳法抟击等法并试之。二场则营阵、地雷、火药、战车等项作何试验。三场不用论策，令自书谋略，并熟知古今何将、何项兵法，知何天文，知何地利夷情，各得随意畅言。大抵三场中但有一二可取即为入彀，不必全场俱通，收录名数宁宽无窄。其应试之人不拘何项，一废闲将领，二已登科未除官者，三一科至

1　车朴：《谨奏为势危事》，《筹辽硕画》卷三三，页 54a~55b（324~325）。

2　李植：《题为不忍蘯尔小丑破坏全辽祸延宗社岌岌将有版荡之虞亟陈急救战守先着以保万世金瓯事》，《筹辽硕画》卷二三，页 35b（760）。

3　李植：《题为不忍蘯尔小丑破坏全辽祸延宗社岌岌将有版荡之虞亟陈急救战守先着以保万世金瓯事》，《筹辽硕画》卷二三，页 42a~b（763）。

4　官应震：《题为经略赴官无日举朝催请徒频仰祈圣明立敕到任以畅舆情以纾危急事》，《筹辽硕画》卷二二，页 28b（728）。

三科武举，四白衣杂流皆得入试。进呈止用题名，不必试录。
登榜分为三等，内一等即署以偏裨之职，速咨冲边，如目前
即往辽东。二等咨次冲，三等留京营练习以备不时之用。[1]

官应震对于武举的改革重点，主要在于应考内容的合理。以往只
设策论及弓马，现增加第二场试验"营阵、地雷、火药、战车等
项"，考试的内容与实际的需求相符合。第二个优点则在于优秀的
人才直接派往边镇。官应震改革武科之举后被准许。十一月初九
日兵部录名，并送往辽东经略处听用。[2]

(四) 战车的技术和战术改良

除了取仕之外，战车本身的技术和战术改良，也是朝臣关注
的重点之一。万历四十七年八月，原任浙江杭州右卫经历程继怡
奏请改良炮车及战术：

> 随营安置车炮，各如临阵对敌，备令惯熟，训以奇正之
> 法，虚实之机……。夫火器，除鸟枪大炮外，大炮俱用车载，
> 臣愚以造车分为三号，一号居先者，高二尺五寸，二号在后
> 者，高三尺五寸，三号又在后者，高四尺五寸，车中钉以竹
> 片，使其坚滑，用就鞋底钉于车外，使刀刃不能损。操演时，
> 三号三层列于马兵之前，长号一声先放头号车炮，长号二声，
> 再放二号车炮，头车得以灌药备用，长号三声始放三号车炮，
> 二号车得以灌药，又重放头号车炮，则三军又得从容安顿，
> 不惟兵马火器相连，而不相悖，且炮得以源源不竭，若贼未

1　《明神宗实录》卷五八四，万历四十七年七月壬午朔，页 2a~3a（11127~11129）。
2　《明神宗实录》卷五八八，万历四十七年十一月戊申日，页 9b（11268~11269）。

至，而炮口已尽，则已至而仓皇失措也。[1]

程继怡主要是利用炮车的高度差，来解决同高度炮车在轮放时必须移动车体的问题。如此炮车就可以在不必移动的情况下，轮流发射。（图7-34）

车高2尺5寸　　车高3尺5寸　　车高4尺5寸　　骑兵1列　骑兵2列　骑兵3列
（80厘米）　　（110厘米）　　（140厘米）

图7-34　程继怡炮车示意图[2]

徐光启是极为重视科学技术的文人，对于军备亦十分关切。早在万历三十二年闰九月下旬，他就已在馆课中撰写了《拟上安边御虏疏》，提到了他对边军所使用战车的看法：

> 而平原易野，大兵深入，计非战车如武刚、偏厢之类，则不能载重致远。列营守卫，顾其相视乌秩之宜，轮辕辐毂之制，如《周礼·考工记》所载，及师皇、马援所论述，弃置久矣；今边地名为战车，重迟粗恶，略不堪用。[3]

显然徐光启对于明军所使用的战车并不满意。徐光启亦十分重视

1　程继怡：《题为虏患已至剥肤安危势在呼吸谨陈一得之愚以壮国威以固金瓯事》，《筹辽硕画》卷二八，页57a~58a（162）。

2　《筹辽硕画》卷二八《题为虏患已至剥肤安危势在呼吸谨陈一得之愚以壮国威以固金瓯事》，页57a~58a（162）。图为作者自绘。车身号码即为发射序，轮流发射时车身不必移动。

3　《徐光启集》卷一《论说策议》，《拟上安边御虏疏》，页5。

火器与战车的相辅相成：

> 今诚简我精卒，日夕肄习，悉令入彀，次乃用之。其法
> 以战车为营，大小杂置之，步兵司之，干盾自卫，间以矛刃，
> 长短相次，铁骑居中。游奕进退，或诱其前，或击其败，以
> 当虏众，豕突蚁聚，骈发同的，雷击电迈，未及接刃，已糜
> 烂其十七八于千百步之外矣。……故曰战有必胜，守有必固
> 者，此也。[1]

萨尔浒之役后，四十七年九月，时任詹事府少詹事兼河南道御
史徐光启奏请令工部造双轮战车、独轮轻车和大小炮车，并请赁用
民间的辎重大车。[2]次年十月，他因练兵时发现士马孱弱、器械朽
钝，又请朝廷广造战车。[3]因此，徐光启实是十分重视战车的作用，
并且颇有师法戚继光之意，以练兵作为改革的基础。

除了徐光启请造战车外，万历四十七年十二月，完成督运军
器赴辽任务的刑部员外郎冯时行，也进献战车非输车、旋风车、
降魔杵车、滚地产车、辘轳车等，希望朝廷采纳：

> 顷闻奴酋领兵六万，勾连西虏五万，欲犯沈阳，惟恐我
> 兵未必能当职，为辽事积思得奇车数式……。一以车进剿，
> 可期直冲万，处一月可复开、铁，数月可平奴酋，各边调兵
> 可罢，各省派饷可触。不过用车五百辆，兵一万，饷三十万，
> 足矣。但车用木料、牛皮，及铁木匠二千余人，乃能一月可

---

1 《徐光启集》卷一《论说策议》，《器胜策》，页 52~53。
2 《徐光启集》卷三《练兵疏稿一》，《恭承新命谨陈急切事宜疏》，页 124。徐光
启：《题为恭承新命谨陈急切事宜仰祈圣鉴即赐施行事》，《筹辽硕画》卷三〇，页
33b（219）。
3 《明神宗实录》卷五九三，万历四十八年四月乙卯日，页 4a~b（11373~11374）。

443

完。倘或急难杂办，但率一万人，携三十万饷以助高丽为名，彼国木料颇饶，且因粮于彼，假道于彼，由混同江西入建州，出其不意，以顺太乙五福之先东北者，不半月可下也。……皇上不以职言为狂，敕下兵工二部，令先造如式车五十辆。[1]

冯时行认为以 300000 内帑来造此 5 种战车，在一个月内以 2000 余名工匠造车 500 辆，练兵 10000，或假道朝鲜，即可在半个月内击退后金的想法虽然不切实际，但可以看出当时士人多以战车为解决辽东战事之必然手段。

除了文臣请造战车外，武将也在请造战车之列。如万历四十八年五月，原任广西把总李自用上奏请造鹿角车、遁形车和枪车：

择车马以壮戎事……。大车环垒，从来尚矣。其法以一人挽，二人运用神器，二人挟辕而战，以防偏突。其制有三等，一为鹿角车，以铁为之，施于车前端，随车广狭屈曲出于车前牌之外，以挡刀箭，辕傍设戟以刺马胞，车中容大炮一或风雷炮一、快枪六、鸟铳三，每车载器行以一百二三斤为准，重则难驰驱。若速征，可便带五人五日之粮。进则御敌，居则为营，退则殿后，车上之炮三次更发……车之后立二马，为遮前逐北之用。其二遁形车，其制如虎豹狮象之蹲距，足上安轮，旁置栏楯以架刀枪，兽坐下一炮口，中消息吐火，以帘幛之。临阵去帘，马见虎兕而必奔，口吐烟火，人亦畏之，虏奔，则马出前邀击逐北，或刻狞兽形状，施于车上，变动贵乎其人耳。其三枪车，其制如门刀，枪长短错

<hr>

1　冯时行：《题为解完军器以慰圣怀以补借支并献奇车以速进剿以省兵饷事》，《筹辽硕画》卷三五，页 9b~11a（368~369）。《筹辽硕画》所录疏没有记载车型，但《明神宗实录》则只录车型，分别为非输车、旋风车、降魔杵车、滚地产车、辘轳车等。《明神宗实录》卷五八九，万历四十七年十二月丙寅日，页 10b（11290）。

杂，其上更于四出箭垛之空间，以神器可以为桓，可以塞门，可以待两车之更番运动，进退教之惯熟，则一车可以当五马，二马足护一车，路狭则以生牛皮为屋，施于车上，且战且行，以避矢石，即马隆之偏厢而制少易耳……辽地峻岭少平原，多车骑为良，而步攻之可战可守，惟将之操纵何如耳。[1]

《武备志·军资乘·阵练制》载有遁形车和枪车，其中遁形车收有虎车和象车两种。（图7-35、7-36）遁形车是把原先战车上所绘惊吓马匹用的猛兽加以立体化，以增加对抗骑兵的效果。枪车则是以防护力取胜的一种战车。《武备志》所辑的3种战车中，第一种枪车（图7-37）只有车前有刀枪防护，第二种枪车（图7-38）则车头和车旁均有刀枪防护，第三种塞门架器车（图7-39）则符合李自用所言"其制如门刀"的说法。所谓门刀，系指《武经总要》中的"塞门刀车"。[2]这些新式战车的出现，反映出将领们对于提升战车防御力的要求。

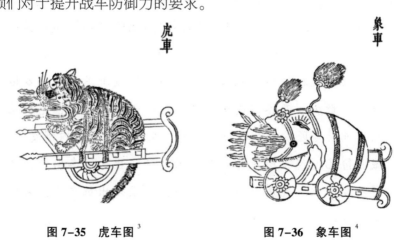

图7-35　虎车图[3]　　　　　图7-36　象车图[4]

1　李自用：《题为敷陈末见以殄丑虏以复封疆事》，《筹辽硕画》卷四三，页52a~54a（641~642）。

2　曾公亮、丁度奉敕纂：《武经总要》卷一二，页18a（557），《中国兵书集成》本，解放军出版社，1988年。

3　《武备志》卷一〇六《阵练制》，页2a（4411）。

4　《武备志》卷一〇六《阵练制》，页3b（4414）。

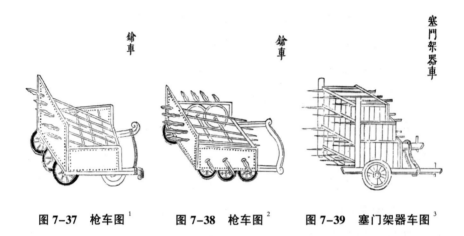

图 7-37　枪车图 [1]　　　　图 7-38　枪车图 [2]　　　　图 7-39　塞门架器车图 [3]

　　开原陷落后不久，朝廷于同月癸酉日命熊廷弼为兵部右侍郎兼都察院右佥都御史经略辽东。[4] 神宗皇帝特别赐剑一把，"将帅以下不用命者，先斩后奏"，命熊廷弼尽速出关。[5] 万历四十七年八月，辽东经略熊廷弼则奏请发军器。除了要求大量的火器外，也要求木匠一两千名至辽东打造战车粮车。[6] 虽然已有大量的工匠前往辽东，但由于辽东本地工匠极度缺乏，关外工匠还是十分吃紧。万历四十八年正月，辽东巡抚周永春又上奏请调关内的匠役增援：

　　　　辽左匠役绝少，兵兴之后，在外匠役既不肯来，本地之匠益多散失，而各道造车用匠，辽阳造战车用匠，芝麻湾造船用匠，是匠役以互调而力竭矣。经臣曾请于关内催发工匠，诚非得已。经臣所请为战车火器计耳。臣为运车船计，亦不得不望于此。况用匠与用兵不同，匠役无出征之危，且散在

1　《武备志》卷一○六《阵练制》，页 4a（4415）。

2　《武备志》卷一○六《阵练制》，页 4b（4416）。

3　《武备志》卷一○六《阵练制》，页 11b（4430）。

4　《明神宗实录》卷五八三，万历四十七年六月癸酉日，页 9a（11103）。

5　《明神宗实录》卷五八三，万历四十七年六月己卯日，页 14b~16b（11114~11118）。

6　熊廷弼：《题为请发军器以济急用事》，《筹辽硕画》卷二八，页 13a~15a（140~141）。

> 宁前广宁近地，应听督臣转行各州县，催募出关，事完即回，
> 此匠役之法当议也。[1]

除此之外，为了能够节省经费，部分的官员也注意到战车部队较骑兵省费的现象，开始建议多造战车。如万历四十八年正月，钦差募兵工科给事中祝耀祖和河南道御史王象恒上奏：

> 枢臣议募兵一万，步骑各居其半，则马匹应买五千四，
> 以备驰驱。但建马奔轶绝伦，我亦以骑角，不待对垒而胜，
> 势不在我矣。考古制虏之马无如车战步敌，今止买马三千匹，
> 可省银二万四千两，但营中大炮用骡驮载，合无买骡五百头，
> 约费四千余两，留以造车，及兵之膂力过人，武艺绝胜者，
> 量增安家衣装，无遗内顾，则人皆乐从然。[2]

可见，大量使用战车也有关于国防经费的考虑。

随辽东战车数量日益增加，部分官员也期望战车能主动反攻。万历四十八年三月，新补南京户部江西司添注主事牛维曜就建议以战车收复抚顺：

> 一曰战守机宜，夫抚顺者制夷之门户也，抚顺破而当事
> 者遂弃之，以致侦探不的损将屠城，全辽震恐，三辅戒严，
> 皆由于此。使非经臣出而整顿，辽之为患，尚忍言哉？职以
> 为此时辽势既张，宜分步兵三万，马兵一万，往抚顺城，以

---

1 周永春：《题为谨陈目前紧急饷务以济燃眉事》，《筹辽硕画》卷三六，页 73a~b（431）。

2 祝耀祖、王象恒：《为募兵往援危辽议定乃能责效谨条陈切要事以鼓士气以俾实用事》，《筹辽硕画》卷三六，页 8a~b（398）。

步兵分三营，马兵分两翼。步之第一营用车马阵，马兵为翼，从两旁辅之，第二营、第三营更迭在军营之前，深沟高垒，立为老营，十里一舍，数日一移，遇贼则两翼卫车，击以火器，退则两翼夹车而行，直至抚顺，亦以三营递修其城。贼出则坚壁以待之，贼退则修城以守之机，有可图或反间或招来或径取，逸在我而劳在敌，盖守以为战，而复以战为守。制奴之术，端不出此，此当急者也。[1]

部分官员则倾向于保守地利用战车和屯田，对后金进行长期作战。万历四十八年六月，广东巡按王命璇就执此议：

将在谋不在勇，兵贵精不贵多，诚如赵充国营屯，郭子仪自耕百亩，即农即兵，家自为守，集土著同西北之素精车骑者以练，人人尽兵，客兵尽变为土著，逐堡营屯，逐堡练习车战，备大铳、百子铳、神臂弓、摧山弩，筑屯堡为保障，浚沟洫为堤防，虏马不得奔突去来，无所自由，夷者能使险，聚者能使散，强者能使弱，奴夷之长绌，则中国之强伸矣。[2]

王命璇希望以逐堡屯营的方式，增加明军在辽东的经济和军事基础，显示出了部分官员已经了解到后金是无法在短时间内取胜的。

总之，萨尔浒、开铁之役后，朝臣除重视传统的京营刷振、边镇造战车、新战车开发等议题外，也开始注意举仕和屯田等配套问题，使得万历末年的战车思想再次向战略层次发展。但是，

1　《筹辽硕画》卷四〇《题为摘目前之急务申筹昔之肤言以备采择以裨辽左事》，页8b~9b（531~532）。

2　王命璇：《题为辽左安危关神京安危主心休戚即臣子休戚敬陈救辽机宜以备圣鉴采择事》，《筹辽硕画》卷四四，页18a（657）。

从这些反响可以知道，战车制造和部队训练并未能够确实执行，这也为明末的辽东边防埋下了注定失败的种子。

明朝是东亚诸文明中使用火铳的第一强权，在城防、水师、步兵、骑兵和战车等部队，都配属了火铳。其中，战车部队所使用的火铳种类和数量最多，是反映明帝国使用火药兵器实力的代表性兵种。明朝开始建置战车部队约始于英宗景泰土木之变前后，经历了百余年的发展，其车型、火铳、兵员素质、战术都有相当的精进。但这些成功的经验，为何无法扭转萨尔浒之役的战局？关键因素，可能在于辽东镇明军的偏执。《督师纪略》曾载："辽东向习弓矢，置火器不讲，至于车营，则九边英锐，无不以为耻。"[1] 这种心态上的偏差，使得明军放弃了自己的优势，轻视了敌人的战斗能力。

无疑，萨尔浒之役的影响极为巨大。明军自此不敢再轻视金军的实力，在辽东镇大造战车，并改良战车战术。部分有识之士开始寻求新的终极武器，转而自海外引进大口径的红夷大炮并聘请葡萄牙佣兵教战。而后金也积极地寻求火器的技术和战术，与明朝开始走向新一轮的武器竞赛。

1　鹿善继等：《督师纪略》卷八，页 209，《清入关前史料选辑》第三辑，中国人民大学出版社，1991 年。

第八章　鏖战辽东

明神宗驾崩后，继位的光宗仅月余，就在服食红丸后去世，继而由年仅十余岁的天启皇帝即位。天启皇帝宠信宦官，阉党的崛起及其与东林党间的政争，随着辽东战事的激荡，与明廷战略路线的争议盘旋交错，使得战车的运用难有持久之策，不论是政局或是战局，都显得难解难分。喜好木工并宠信宦官的天启皇帝，使得魏忠贤等宦官亦有机会插手战车的制造和运用，并借此提升其在朝中的影响力，加上方士的介入，形成了此一时期战车发展的历史特色。

自萨尔浒之役后，努尔哈齐逐步剪除明军在辽东的据点，以扩大其统治基础。辽东经略熊廷弼为此提出了四路战守之策，要求置造双轮战车并增发火炮，并以战车用于辽阳城外的防卫，在两年半内共造战车约 5000 辆。熊廷弼于战前去职，改由袁应泰继任。天启元年，努尔哈齐进攻沈阳，沈阳明军战车只知固守，未曾积极出战。而城外的浑河桥之役中，努尔哈齐以战车驰援右固山部，击溃来援的陈策部川兵。而浑河桥南五里的战斗，双方以战车决战，最终金军获胜。在辽阳之役中，金军亦以战车击溃城外明军，并攻下辽阳。明金双方鏖战的结果，是明朝失去了辽河以东的领地。

沈辽之役后，辽河以东土地尽失，熊廷弼复职为辽东经略，再提出了"三方布置"的战略，但熊廷弼没有掌握实际兵权，陷于与辽东巡抚王化贞的"经抚不和"和"战守之争"中，难有作为。原兵部尚书王象乾出任蓟辽总督，在关内练战车兵36000名，为蓟镇重新建立了防御力量，也成了恢复河东的援兵。天启二年，金军以战车攻下西平堡，救援的明军主力和车营在平阳桥遭遇。交锋后明军主力溃师，西平堡被金军攻下。王化贞弃守广宁，与前来接应的熊廷弼一同撤回山海关。关外的明军据点寥若晨星。

在广宁之役后，明军在辽东的防务必须重整。暂掌兵部的孙承宗在巡边之后，以熊廷弼三方布置之策为基础，逐渐重新建立辽东的战车营。他还复位车营营制，将辎重营纳入车营编组，增加车营作战的自持力，并将水师与车营结合，创造了龙武营水师。迄天启五年夏，他已经训练了12个车营，约有战车2500辆。唯与熊廷弼同，孙承宗终因政治因素下台，而未有与金军一战的机会。孙承宗去职后，金军进攻宁远，明军守城部队成功阻绝了金军战车的攻城。但觉华岛上的明军战车，仍为武纳格所败。

天启六年，金军再攻锦州和宁远，太监魏忠贤等将战车输往辽东。明军于宁远防御战中得胜，并击退以战车攻锦州城的金军（史称"锦宁之捷"），终使明军在辽东站稳脚跟，得以坚守据点城市，继续与金军僵持。战后，兵部尚书霍维华仍坚持要在辽东整备车营。

在外患频仍，对战车需求孔急的天启朝，反对战车的声音逐渐消失，方外草泽之士的战车奇想代之而起。天启二年二月，天启皇帝命发帑银30000两着锦衣卫千户陈正论会同刑部主事谭谦益速制战车。太监魏宗贤指使谭谦益上疏荐举黄处士和宋明时，盼由其指挥。与此呼应的是，明末兵书也出现了讲求神异的战车车制。喻龙德的《兵衡》反映出了这种特殊的现象，也反映出明人对于战车的过度期待。

第一节　熊廷弼经略辽东与沈辽之役

一　辽东经略熊廷弼四路战守之策与战车

在萨尔浒之役后，因三路丧师，明朝在辽河以东的疆土陷入危机。（图8-1）朝廷启用了熟悉辽东军务的熊廷弼。熊廷弼，

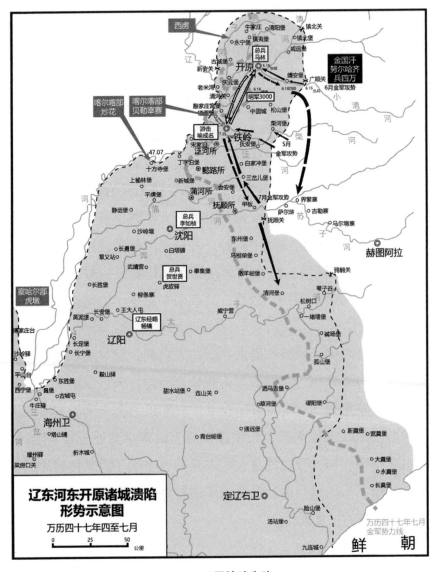

图8-1　开原铁岭失陷

字飞白，或非白，号芝冈，江夏人。万历二十六年进士。自万历三十六年十一月至三十九年六月，任辽东巡按，凡二年又七阅月。[1]在辽东巡按任内，他曾多次论及辽东造战车的重要性。在《务求战守长策疏》中，他严词批判辽东的军备废弛，称"平原易地，宜用轻车火炮火枪之属，又置之不讲"[2]。也曾经在《修复屯田疏》中，为掩护修筑边堡的作业，请求补造六七百辆战车给护工官军，装载火器，以防虏患。[3]在《惩前规后修举本务疏》中，则指出战车的作用："选将练兵，大造火器战车，以备堵截于临时。"[4]又说：

> 虏见吾官军至，必解围而合众以冲我，我勿与浪战也，昼则环战车为方城，层列火器，抬营而前，直薄其垒，夜则以大炮惊扰之，虏欲掠而吾野已清，欲战而吾壁已固，欲相持而谓吾火器存札不住，三日不得利，而气夺退矣。[5]

故可知其在接任辽东经略前对战车战术已知之甚深。

自万历四十七年萨尔浒和开原、铁岭两次大挫败后，熊廷弼取代了杨镐的职务。他率兵出山海关，并以总兵柴国柱、游击朱万良各领兵出关援辽。[6]十一月，他汇总了朝中的意见，提出了

1　李光涛：《熊廷弼与辽东》，页 2，台北"中研院"历史语言研究所，1976 年。

2　熊廷弼：《题为辽左情势危急乞敕当事诸臣务求战守长策以存孤镇事》，《筹辽硕画》卷一，页 4b（51）。

3　熊廷弼：《题为钦奉圣谕修复屯田以助粮饷谨区画大略乞敕当事大修边防保民护田以图经久之策事》，《筹辽硕画》卷一，页 47b~48b（73）。

4　熊廷弼：《题为辽敝已极辽人已空谨按四十年来边情大略再申肤见乞敕当事惩前规后修举本务以保孑遗性命事》，《筹辽硕画》卷一，页 56a（77）。

5　熊廷弼：《题为辽敝已极辽人已空谨按四十年来边情大略再申肤见乞敕当事惩前规后修举本务以保孑遗性命事》，《筹辽硕画》卷一，页 56b~57a（77~78）。

6　《明神宗实录》卷五八四，万历四十七年七月丙申日，页 16b（11156）。

辽东四路战守之策，作为辽东防御的战略指导。（表8-1，图8-2）

表8-1　四路战守之策各路军分布表[1]

各路	地形与战略	将领	兵种	兵力	附注
叆阳（东南）	林箐险阻 今日防守，他日进剿	西南大将 主将1 裨将15~16	川、土兵	30000	分前后左右营
清河（南）	山多漫坡，可骑步并进 今日防守，他日进剿	西北大将 主将1 裨将15~16	西北兵	30000	分前后左右营
抚顺（西）	山多漫坡，可骑步并进 今日防守，他日进剿	西北大将 主将1 裨将15~16	西北兵	30000	分前后左右营
柴河、三岔儿间（北）	山多漫坡，可骑步并进 今日防守，他日进剿	西北大将 主将1 裨将15~16	西北兵	30000	分前后左右营
镇江	水路之冲 南障四卫，东顾朝鲜	兼用南北将 副总兵1 裨将7~8员	兼用南北兵	20000	半驻义州，半驻镇江，夹鸭绿江守
辽阳	策应四路，以应外援			20000	
海州三岔河	联络东西，以备后劲			10000	
金复	防护海运，以杜南侵			10000	
合计				180000	

1　《明神宗实录》卷五八八，万历四十七年十一月癸卯日，页7a~9b（11263~11268）。

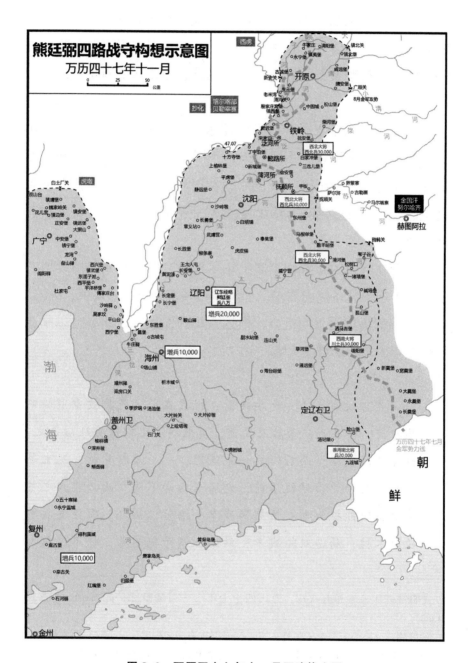

图8-2 万历四十七年十一月四路战守图

他的四路战守之策，主张"守正所以为战也"[1]，是以防守为基调，待实力增强时再与金军决战。他以兵 180000 人、马 90000 匹为基础，重新建立辽东关外的防御。熊廷弼将明军主力置于叆阳、清河、抚顺及柴河、三岔儿间四路，每路各 30000 人，分为前后左右营。

万历四十八年正月，他发现辽东的骑营和车营新募的 14100 余名士兵"兵多孱弱，不惯弓矢，不惯火器，又无甲、无马、无器械、无约束、无纪律"[2]，同时，在清河方面也有大量新募士兵逃役的情况。[3]辽东战车兵员的数量和质量问题，一直没有得到彻底的解决。

尽管在兵员的数量和素质上不尽理想，但熊廷弼仍持续地对战车和火炮等装备提出需求。他利用对神宗给予辽东盔甲、火器、铅铁、硝黄等项谢恩的机会，根据金军的作战方式，提出应制造双轮战车，并要求增发火炮：

> 又言奴贼战法。死兵在前，锐兵在后。死兵披重甲骑双马冲前，前虽死，而后乃复前，莫敢退，退则锐兵从后杀之。待其冲动我阵，而后锐兵始乘其胜，一一效阿骨打、兀术等行事，与西北虏精锐居前，老弱居后者不同。此必非我之弓矢决骤所能抵敌也，惟火器战车一法可以御之。顷臣发兵将砍取木植，局造双轮战车，约以三四千辆为率，每车议载大

1 《明神宗实录》卷五八八，万历四十七年十一月癸卯日，页 7a~9b（11263~11268）。

2 熊廷弼：《题为新兵全伍脱处军声大损谨据实奏闻乞赐罢斥以正驭军无术之罪并乞敕中外诸臣无靠以辽守之说以缓征而误残镇事》，《筹辽硕画》卷三七，页 21a（444）。

3 熊廷弼：《题为新兵全伍脱处军声大损谨据实奏闻乞赐罢斥以正驭军无术之罪并乞敕中外诸臣无靠以辽守之说以缓征而误残镇事》，《筹辽硕画》卷三七，页 21a~28a（444~446）。

炮二位，翼以步军十人，各持火枪，轮打夹运，行则冲阵，
止以立营，方为稳便。及查见发大炮不及十之二三，而又留
为城守，不得尽发军中充用，欲行打造，又无铁钉无匠役，
而时又不待。伏乞亟敕该部会同巡视科道，将各厂局戎政府
存贮大炮查发三千位，并敕蓟辽总督查发蓟昌保三镇、四关、
各府一千五百位，如数解运，立等安置战车，以备冲突。[1]

故熊廷弼实欲在辽东建立总和为三四千辆战车的部队，并借助中
央和地方政府存贮之 4500 门大炮，来重新建立辽东部队的战力。
但神宗以京师防御为名，只同意酌量发给。双轮战车即俞大猷所
创战车，但尺寸略小[2]。（图 8–3）

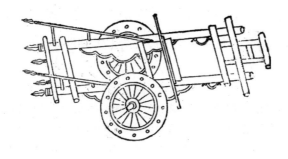

图 8–3 双轮战车[3]

---

1 《明神宗实录》卷五九〇，万历四十八年正月癸卯日，页 8a~9a（11317~11319）。
2 熊廷弼所造双轮战车车长 1 丈 2 尺，最宽为 6 尺。六人推车，一人掌车舵。参见
《武备志》卷一〇六《阵练制》，页 6b（4420）。俞大猷之车制则为车长 1 丈 3 尺 5
寸，宽 8 尺 6 寸。
3 《武备志》卷一〇六《阵练制》，页 6a（4419）。

除了战车部队的建立外，为了解决沈阳城墙低矮不堪防御的问题，同年五月，熊廷弼又将战车用于沈阳城的防御，奏称：

> 沈城大而低，身高不盈丈，余面窄仅五六尺，其砖皆麟
> 蚀珊塌，可蹬而上……壕墙逼城数尺许，今填壕平墙，展开
> 八丈，作围城。一大营盘，每丈五地置战车一辆，中空卫以
> 炮手十余人，余宽三四丈为游兵策应马道，盘外浚深壕二道，
> 壕外合抱大树多枝桠者，交互纠结三五层，为鹿角状。职同
> 道镇时时操锸执杵，以示先劳。[1]

他巧妙地将城外的壕填平，墙亦推倒，将战车置于原来城外壕墙的位置，每1丈5尺（4.7米）置战车一辆，配属炮手十余人。战车与城墙间有三四丈（9.5~12.6米）宽，利于预备队支援。同时在战车之外掘深壕二道，并把壕外的树枝纠结成为类似鹿角的障碍物。因此，不止各路有车营，甚至连辽阳城都被战车团团包围。

七月，据兵部尚书黄嘉善的奏报，出关将领中101员有69员已经出发或到任[2]，而兵员方面，已出发149655员[3]。基本上已经

1 熊廷弼：《题为辽左将帅同盟文武和附为灭贼一大机会独惜兵寡粮匮各道缺人不得随心应手得当图报以纾顾忧事》，《筹辽硕画》卷四三，页29b~30a（630）。
2 《明神宗实录》卷五九六，万历四十八年七月乙酉日，页6a~7b（11437~11440）。"将百一员言之，除题留六员，斥逐八员不开外，已出关阎正名等五十九员，已过京将出关达奇策等十员，已报起程叶光先等六员，未报起程陈与王等六员俱见在严檄催督，告病如梁国臣、鲁应熊先该经题参罚，马杜勇、李承芳该抚臣查系真病，若陈九思、沈继业者托疾规避，忠义全亏，应革去职衔永不叙用。"
3 《明神宗实录》卷五九六，万历四十八年七月乙酉日，页6a~7b（11437~11440）。"以援兵十八万言之，四十七年十一月十八日以前，辽东见存兵募兵节次出关兵九万八百一员名。十一月十九日起，四十八年七月初三日止，陆续出关兵四万二千一百八十四员名，通十三万二千九百四十九员名。已过京将出关兵一万六千一百一十八员名。已报起程兵五百五十二员名。"

完成将领近七成、士兵超过八成的调遣。而至泰昌元年[1]十月，辽东经略熊廷弼疏言辽东防务大略时，辽东在火器和战车方面显然已粗具规模：

> 自去年开铁连陷，辽城非常破碎，士民知不可守而谋欲先去，贼亦知不可守，而谋欲速来。今内外巩固壮哉，一金城汤池也。……三路覆没之后，军无片甲，手无寸铁，臣调宣大各匠役改造，又增造大炮数千，枪炮一二万，而军中始渐有器械。采桑、削檗、买角、易筋，各镇弓箭匠昼夜制造，而军中始有弓矢。又调各镇木匠，旋造双轮战车五千辆，每车安灭虏炮二位或三位，以至火箭、火轮之类，无所不备，而军士始有攻守具。[2]

是故，熊廷弼在一年内，已经在辽东准备了约5000辆战车及其所需的火器，这个数量是萨尔浒之役中明军所损失数量的5倍。如按其前疏所言，每车翼步兵10人，则当至少有车兵50000人。唯其交代疏中，关于军器所载则稍有差，称仅造战车4200余。[3]

　　除了人员和硬件外，熊廷弼亦极为重视训练。泰昌元年十月二十五日，他在二疏辞辩中自称其操练的方法有特别之处。当时地方的操练，主要是合营装塘冲打，或是由将官一一面试，每日

1　经礼部会议后，依照礼科给事中李若珪和暴谦贞等人的建议，万历四十八年以八月初一日为分界，前为万历四十八年，自八月初一日起为泰昌元年，次年为天启元年。宋纯臣监修、温体仁等总裁：《明熹宗实录》卷一，泰昌元年九月庚寅日，页27a~b（53~54），台北"中研院"历史语言研究所，1984年。张惟贤监修、叶向高等总裁：《明光宗实录》卷三，泰昌元年八月丙午朔日，页1a~b（53~54），台北"中研院"历史语言研究所，1984年。

2　《明熹宗实录》卷二，泰昌元年十月戊申日，页1b~2a（74~75）。《山中闻见录》卷二《建州》，页23。

3　《熊廷弼与辽东》，《奉旨交代疏》，页235。

不过 300 人。熊廷弼则以 1000 人为单位，分成 40 队，每队 25 人，然后每队挑出善射者 5 人，以一教四，自卯时教演至午时，不分骑射枪炮，每日操演 70~100 回。[1] 如此则士兵的训练频率可以大幅增加。

然而，因熊廷弼不愿协助原户科给事中姚宗文复职，姚宗文与之结怨，后姚得复职吏科给事中，并阅视辽东，遂联合御史刘国缙等人连番攻击熊廷弼。其后御史冯三元、张修德、魏应嘉等人复劾之，熊廷弼遂自请罢，获准。[2] 泰昌元年十月，熊廷弼终被解任，由山东按察司整饬永平兵备袁应泰接任辽东经略。[3] 其间，朝廷曾派遣兵科给事中朱童蒙勘熊廷弼功罪。在天启二年闰二月，朱童蒙以"朝廷用人方急，仍议及时起用，以为劳臣任事者劝"为结论，肯定他在辽东的功绩，并认为应重新起用。[4] 然而，在熊廷弼未及起用之前，天启二年三月，由熊廷弼费时两年余所建立的辽东战车部队就面临了沈辽之役的考验。

二　沈阳之陷

天命六年春二月十一日，金军准备攻取奉集堡（沈阳城东南45 里）。明军总兵李秉诚驻兵于此。努尔哈齐率贝勒大臣，率八路进军。李秉诚出城六里迎敌，并派遣一两百人的部队前去侦察金军，但遭遇金军左翼四旗兵而被击退。金军追至山上，山下的明军也随之撤退，但金军尾随追击，直至城下。在明军守城部队发射巨炮后，金军参将吉巴达及一卒中炮而死。努尔哈齐驻军于城北三里的高冈之上，有士兵前来报告明军 200 人小部队在附近活

1　《明熹宗实录》卷二，泰昌元年十月戊辰日，页 16b~17a（104~105）。

2　《明史》卷二五九《熊廷弼传》，页 6693~6694。

3　《明光宗实录》卷四，泰昌元年八月甲寅日，页 16a~b（117~118）。

4　《明熹宗实录》卷七，天启元年闰二月戊戌日，页 16a~b（355~356）。林金树、高寿仙：《天启皇帝大传》，页 176，辽宁教育出版社，1994 年。

动。努尔哈齐下令贝勒大臣等率右翼兵追击，自己则率领左翼兵留驻。追击部队击败了明军，也发现了李秉诚主力2000余驻扎的地点，李秉诚所部溃逃。四贝勒皇太极另外率领精锐护军，至黄山（沈阳城东南30里）明军副将朱万良的驻营地。朱部退走，四贝勒追至武靖营而还。稍后金军还师。[1]闰二月十一日，金军开始于萨尔浒兴建小城。[2]二十九日，萨尔浒城竣工。[3]三月初一日，努尔哈齐命令参将沙金沿明边置台戍守[4]，开始了攻击沈阳和辽阳战事的序幕。

三月，努尔哈齐召集贝勒大臣商议攻取沈阳，命军士载营栅攻具，乘舟顺浑河而下。初十，努尔哈齐率领水陆军兵出发。十一日夜，明军的前哨发现了在夜间移动的金军，立刻举烽火鸣炮，警报沈阳守将贺世贤、尤世功。[5]（图8-4）

明军亦早已侦知努尔哈齐计划攻取沈阳。《明熹宗实录》载，天启元年闰二月，逃回明境的辽民就已经告诉总兵李光荣，努尔哈齐预备造战车攻击沈阳的情报。[6]三月，当山海关内援辽部队还在山海关急于预支兵饷，迟迟不肯出动时[7]，四日后，努尔哈齐将行军缓慢的栅木、云梯战车等武器顺浑河而下[8]，金军快速行军，水陆并进，仅仅两天多，在十二日上午辰时就已抵达沈阳，在城东七里设立了木城。十三日卯时，绵甲兵携楯车前往城东，准备攻城。[9]辰时，努尔哈齐下令以云梯、战车攻城。[10]《明熹宗实录》

---

1 《皇清开国方略》卷七，页6a~7a（163~164）。

2 《满文老档》，页164。

3 《满文老档》，页172。

4 《满文老档》，页173。

5 《皇清开国方略》卷七，页8a（165）。《满文老档》，页176。

6 《明熹宗实录》卷七，天启元年闰二月丙戌日，页9b（342）。

7 《明熹宗实录》卷八，天启元年三月庚戌日，页4b~5b（374~376）。

8 《满洲实录》卷六，页308。

9 《满文老档》，页176。

10 《满洲实录》卷六，页308~309。《清太祖武皇帝实录》卷三，页33a。

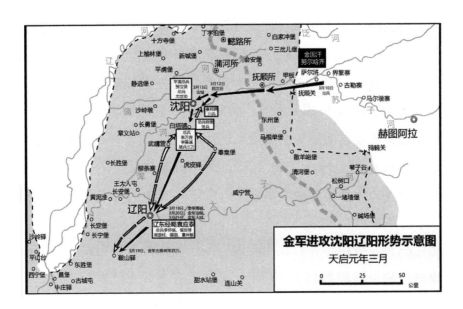

图 8-4 天启元年沈辽之役

亦载金军"用战车冲锋，马步继之，遂围沈阳"[1]。而其战车之制，据《山中闻见录》载，金军所用的战车是"用毡裹四轮车，载钩梯"[2]。而攻城时，金军以"小车载土填壕，拥战车过壕，急攻东门"[3]。处处显示出金军之善用战车发动攻击。

不论是明清两方的官修历史还是私史，对于熊廷弼所构筑的沈阳城防御评价均很高，如《满洲实录》的记载：

> 城外有深堑，内插尖桩，上覆秫秸，以土掩之，又壕一道，于内边树栅木。近城复有壕二道，阔五丈，深二丈，皆有尖桩，内筑拦马墙一道，间留炮眼，排列战车枪炮，众兵绕城，卫守甚严，城上兵亦登陴坚守。[4]

---

1 《明熹宗实录》卷八，天启元年三月甲寅日，页 6b（378）。

2 《山中闻见录》卷三《建州》，页 29。

3 《山中闻见录》卷三《建州》，页 29。

4 《满洲实录》卷六，页 309~310。《皇清开国方略》载壕深非二丈，而作二尺。《皇清开国方略》卷七，页 9a（165）。

《满文老档》则称：

> 明人掘堑十层，深一人许，堑底插有尖木，堑内一箭之
> 地，复造壕一层，壕内侧以一二十人始能抬起之大木为栅。
> 栅内又掘大壕二层，宽五丈，深二丈，壕底插有尖木。壕内
> 侧排列盾车，每车置大炮二门，小炮四门，每车间隔一丈，
> 筑土为障，高至肚脐，障间设炮各五门。[1]

熊廷弼为了不让攻城金军有机会接近掘城，设立大量的壕堑作为物理隔绝，同时运用战车为城外固定火力点，以便截击攻城军。《山中闻见录》也称："廷弼掘河建闸，城之上下，密布火器、火车，经营之周，人所不到。沈阳、奉集、虎皮大小三城，亦复如是。"[2] 熊廷弼将这种防御方式用于沈阳及其附近的战略要地上。

对于沈阳城的失陷过程，《满文老档》的记载十分简短，仅"辰刻抵城，即刻攻克"[3]。沈阳城守将为贺世贤，原为副总兵，在战前甫被晋升为征夷总兵。[4] 沈阳战役结束后，经略袁应泰、巡按张铨皆疏报"尤世功、贺世贤生死俱未可知"，对于沈阳陷落的过程亦不清楚。后来贺世贤的家丁张贤向兵部尚书张凤翼详述了贺世贤阵亡的经过，由此可以探知两军最初在沈阳遭遇的情形：

> 贤昔以兵部家丁往沈阳立功，实隶贺世贤麾下。沈阳城
> 颇坚，城外浚壕，伐木为栅，埋伏火炮为固守计。奴猝至，

1　《满文老档》，页176。

2　《山中闻见录》卷三《建州》，页28。

3　《满文老档》，页176。

4　《明熹宗实录》卷七，天启元年闰二月辛丑日，页21b（366）。

未敢遽逼也。先以数十骑于隔壕侦探，尤世功家丁蹑之，斩获四级。世贤勇而轻，谓奴易与，遂决意出战。张贤谏，不听。世贤故嗜酒，次日取酒引满，率家丁千余出城击奴，曰："尽敌而反。"奴以羸卒诈败诱我，世贤乘锐轻进，奴精骑四合，世贤且战且却，至沈阳西门，身已中四矢，城中闻世贤败，汹汹逃窜，降夷复叛，吊桥绳断，或劝世贤走辽阳，世贤曰："吾为大将，不能存城，何面目以见袁经略。"时张贤在侧，世贤麾使速去，曰："与我俱死无益也。"贤不忍，世贤叱之。贤走数十步，奴兵已至，围世贤。世贤挥铁鞭决斗击贼数十，中矢坠马死，张贤回首犹隐隐望见之。云尤世功引兵至西门，欲救世贤，兵皆溃，亦力战而死。[1]

据上文可知，因贺世贤之轻敌冒进，致使沈阳城之防御设施无用武之地，此与萨尔浒之役中明军将领轻敌冒进颇类。值得注意的是，尽管熊廷弼在辽东大造战车，数目达 5000 辆，但在沈阳一役中，贺世贤从未如熊廷弼积极督催马兵迎敌出战，也未令战车积极出战，仅仅将战车布防于城外，消极保卫城池而已。

跟随尤世功出战的家人尤定事后秉称：

世功守沈阳西南二门，计授健儿出奇兵，当斩打红坐纛二酋长，军声大震，贼复并力来攻，世功督兵拒堵，贼三攻而我三胜之，始不敢攻西南二面。转攻贺总兵信地之东北两门，世贤失守，兵将披靡，莫可收拾，世功亟率亲丁，飞援北门，与贼死斗，杀伤奴贼甚众，世功欲图全城，而以奴众我寡，亲□□余骑，转战殆尽，贼复攒箭以射，世功面中二矢，身中四矢三枪，犹执铁简连毙十余穿明甲骁贼。贼愈恨

---

1 《明熹宗实录》卷八，天启元年三月乙卯日，页 7a~b（379~380）。

愈逼，蜂拥蚁趣。所骑战马亦被射倒，世功西向叩曰："臣
力竭矣。"而犹能步战，骂贼不绝口，手不停挥，老奴恨甚，
即令四面齐冲。世功力尽无援，随自刎毕命。[1]

在金军强攻下，沈阳七万守军不敌，总兵贺世贤、尤世功，
参将夏国卿、张纲，知州段展，同知陈柏等皆被斩于阵中。[2]由是
可知，金军不仅在西门骑兵的交战中占上风，同时在稍后的东门
攻城战中，也成功地利用战车击败守城的战车部队，在两日之内
就攻下了沈阳城。

三　浑河桥之役

驻扎于皇山（黄山）的总兵陈策和参将张名世，在接到金军
攻击沈阳的消息后，率领川兵和浙兵赶至浑河南岸，得知沈阳已
经失守，下令部队撤退。但游击周敦吉认为应该进攻，称："我
辈不能杀敌救沈，糜饷三年，何为者！"[3]石砫土司副总兵秦邦屏
引兵先渡河，驻扎于桥北。而总兵陈策与浙兵 3000 驻扎于桥南。
金军在秦邦屏尚未完全渡河之际发动攻击：

> 邦屏等营未就，奴四面攻之，将卒殊死战，杀奴二三千
> 人，贼却而复前，如是者三。奴益生兵至，诸军饥疲不支。
> 周敦吉、秦邦屏、吴文杰、雷安民皆战死。[4]

因此，明军中的精锐川兵在金军的逐次打击下被消灭，金军亦伤

1　"中研院"历史语言研究所编辑：《明清史料乙编》上册，《总兵尤世功之弟为辽
沈陷没兄嫂等赴死残件》，页 42，台北"中研院"历史语言研究所，1999 年。

2　《满洲实录》卷六，页 309~310。

3　《玉光剑气集》卷六《忠节》，页 256。

4　《明熹宗实录》卷八，天启元年三月乙卯日，页 7b（380）。

亡不少。

《满洲实录》记载明军装备为："执竹杆、长枪、大刀、利剑。铁盔之外有棉盔，铁甲之外有绵甲。"[1]《满文老档》则载："明三营步兵未携弓箭，据执丈五长枪及铦锋大刀，身着盔甲，外披棉被，头戴棉盔，其后如许，刀枪不入。"[2]显示明军的防护力极佳。

金军所记载的交战情况如下：

> 帝见之，令右固山兵取绵甲战车，徐进击之。红甲拜雅喇不待绵甲战车至，即进战。帝见二军鏖战，胜负未分，令后兵助之，遂冲入，败其兵，追杀至浑河。尽溺死，阵斩陈策、张名世，而我国有先进战参将布哈、游击朗格实尔泰战死于阵中。[3]

可知努尔哈齐原令右固山所部取绵甲和战车后再行进攻，但红甲拜雅喇并未依令使用战车，直接与陈策部交战。两军难分胜负，直至努尔哈齐下令增援始获胜。可知先发的右固山军没有使用战车，而直至努尔哈齐以战车增援，才扭转了战局。是役金军付出参将布哈、游击朗格实尔泰阵亡的代价。[4]《满洲实录》附《太祖破陈策营战图》绘出沈阳之役中金军使用战车的情况。（图8-5）

清修史书对此战的记载颇为混乱。陈策和张名世并未进入浑河北岸的明军阵地，而是在南岸，清修史书却称陈、张二将阵亡于浑河之北。同时，也将北岸的明军川兵兵力高估为20000人，实际渡河川兵不过3000人。

---

1 《满洲实录》卷六，页311。
2 《满文老档》，页177~178。
3 《满洲实录》卷六，页311~312。
4 《满洲实录》卷六，页312。

图 8-5　太祖破陈策营战图 [1]

四　白塔铺与浑河桥南五里之战

在秦邦屏部川兵被消灭后 [2]，明军守奉集堡总兵李秉诚、守武
靖营总兵朱万良、姜弼率领骑兵 30000 安营于白塔铺。明军先派
出 1000 骑兵侦察，与金军雅逊所领兵 200 遭遇。金军立退，明军
以铳追击。努尔哈齐遂命四贝勒皇太极驱赶明军侦察骑兵，并因
此发现白塔铺的明军主力。皇太极杀入明军，明军退走。金军追
击明军，明军沿途阵亡 3000 余人，金军遂收兵。[3] 至此，浑河桥
南岸的步兵和车兵失去了骑兵的翼护。

1　《满洲实录》卷五，页 235。文献上虽未记载，但此图显示金军使用了鸟铳，每辆
战车都配有两门鸟铳。
2　《满洲实录》卷六，页 313。
3　《满洲实录》卷六，页 314。《满文老档》称这些骑兵来自辽阳、武靖营、虎皮驿
和威宁营，另有三总兵官之骑兵。《满文老档》，页 177。

467

浑河桥北岸的残部退入桥南的浙兵营中，《明熹宗实录》载其交战过程：

> 他将走桥南入浙营，奴围之数重。副将朱万良、姜弼拥兵去浑河数里，观望不前，及贼围浙兵，始领而前，与贼遇，即披靡不支。贼乃萃力于浙兵营，初用火器击之，杀伤相枕，火药已尽，短兵接战遂大败。陈策先死，童仲揆骑而逸，副将戚金止之曰："公何往？"遂下马语其属曰："吾二人得死所矣！"与诸将袁见龙、邓起龙、张名世皆死之，惟周世禄突围得脱。[1]

可知金军继续围攻陈策所领导的浙兵营，浙兵以火器攻击金军，直至火药尽，双方以短兵相接，浙兵营也随之溃败。陈策先死，童仲揆、戚金、袁见龙、邓起龙、张名世皆死之，仅周世禄突围得脱。

清修史书对此战的记载则甚简：在天色将暗之际，努尔哈齐攻击浑河南岸的步兵。金军以战车冲入敌营[2]，杀死副将董仲贵（实为童仲揆）、参将张大斗等，浑河南的明军战车营被消灭殆尽[3]。此外，清修史书对此战的记载亦颇为混乱，浑河南岸的浙兵系由总兵陈策统领，但《满文老档》记为副总兵董仲贵所统领的明军增援部队，兵力则称有步兵 10000 人。《满洲实录》亦载"复有步兵一万，布置战车枪炮，掘壕安营，用秫秸为障，以泥涂之"。而从明朝的记录可知，浑河南北岸的明军各只有 3000 名。

---

1 《明熹宗实录》卷八，天启元年三月乙卯日，页 7b（380）。

2 《清太祖高皇帝实录》仍作"楯车"。《清太祖高皇帝实录》卷七，天命五年三月壬子日，页 102。

3 《满洲实录》卷六，页 315。唯此处原误植参将张名世之死，张已先阵亡于浑河桥之役。今据《皇清开国方略》修改。《皇清开国方略》卷七，页 10b。

　　努尔哈齐消灭童仲揆部，是明清交战期间，双方第一次在野战中都使用战车作战。说明了金军了解如何因应明军的战车战术，在实战中亦有能力以战车战胜明军战车。《满洲实录》绘有《太祖破董仲贵营战图》，图中未绘出明军战车，但可见金军骑车并进，车兵亦使用鸟铳的情况。（图8-6）从《太祖破陈策营战图》和《太祖破董仲贵营战图》两幅战图中可以发现，金军使用战车和鸟铳攻击明军，金军的战车与辽东明军一样使用双轮型战车，战车前部的遮蔽采取模仿城墙和城垛的设计，没有和明军一般绘以猛兽，但可以为车上两名发射鸟铳的士兵提供完整的庇护。由两名士兵负责推战车，战车后则有携带弓箭的骑兵和步兵。

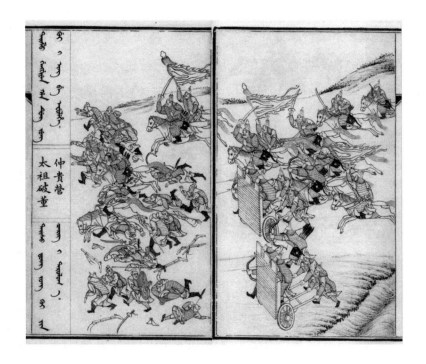

图8-6　太祖破董仲贵营战图[1]

1　《明熹宗实录》卷八，天启元年三月乙卯日，页8a（381）。

金军充分利用了明军尚未结营的机会大举进攻，先利用局部优势打垮川兵营，再以战车消耗浙兵营火药，使其失去攻击能力，进而予以消灭，是金军在浑河桥之役胜利的原因。

明廷对于此役川兵英勇甚为注意：

> 自奴酋发难，我兵率望风先逃，未闻有婴其锋者，独此战以万余人，当虏数万，杀数千人，虽力屈而死，至今凛凛有生气。当时亡归残卒有至辽阳以首功献按臣张铨者，铨命照例给赏，卒痛哭阶前，不愿领赏，但愿为主将报仇，义哉卒也，可以将矣。[1]

《满文老档》亦称川兵为"皆系精锐兵，骁勇善战，战之不退"[2]。然而，金军在战术和兵器的使用上，实已超过明军，金军最后以战车击溃陈策部的精锐浙兵，并未受到应有的注意。

五　辽阳攻防战

天启元年三月，朝廷得知沈阳失守后，辽东经略袁应泰撤下辽阳北的奉集、威宁二堡的明军，集中防守辽阳。辽东巡按张铨为防范金军迂回，建议巡抚薛国用提河西之兵移驻海州，督臣文球提山西之兵移驻广宁，以杜声援，而山东水兵从海道直抵盖州，通州团练民兵速遣出关，更请发内帑数百万以佐军需。[3]

十八日，金军发兵攻辽阳，驻军于十里河。[4]十九日，金军再攻辽阳，午时抵城东南角，哨报西北武靖门外已驻有明军。努尔哈齐领左翼兵出击，而城内的明将总兵李怀信、侯世禄、柴国柱、

---

1 《满文老档》，页177。

2 《满洲实录》卷六，页315。

3 《明熹宗实录》卷八，天启元年三月庚申日，页9b（384）。

4 《满文老档》，页178。

姜弼、童仲魁等率兵 50000 出城布阵应战。努尔哈齐原仅命部分部队攻击明军营左，并未计划投入主力。但皇太极坚持往攻，努尔哈齐遂将二黄旗兵（正黄、镶黄）增援皇太极。在皇太极和四固山的夹攻下，明军被追杀至 60 里外的鞍山，至黄昏大溃。是夜努尔哈齐改至城南七瑞安营，金军围城驻营。[1]

二十日卯时，努尔哈齐根据辽阳城的形势对诸将颁示作战方略，他说："观绕城之水，西有闸口，可令左四固山兵掘之，东有水口，又以四固山兵塞之。"[2] 于是亲率右四固山兵布战车于城边以防卫，令军士以土石塞东门水口。明军也以 30000 兵出东门（平夷门），列枪炮三层，连发不已。由于西门掘城作业困难，目标改为夺桥。努尔哈齐亦决定将攻击的主力先移往东门，当东门水口壅塞的工作完成后，立即下令绵甲军排战车进击东门外的 30000 明军。部分金军出战车外渡壕与明军激战，明军列阵后方的骑兵率先潜逃，但步兵仍岿然不动。金军列阵，集结精锐呐喊奋射而进，城外的明军也败入城中，部分明军落入东门外的壕沟水中，金军再一次以战车击败明军。而西门外桥梁也为金军达尔汉侍卫所部攻下，城外明军虽然以大量火器攻击金军，但仍无法阻挡攻势，金军遂攻下了西门。辽阳城内的监军道牛维曜、高出、邢慎言、胡嘉栋，户部傅国和军民于夜间逃出城。当晚，双方在城内交战至天明。[3]

二十二日黎明，金军拥战车渡河，营于东山，明军则阵于城东，鸣炮相距。[4] 但又败，东门遂被攻下。时经略袁应泰在城东北镇远楼监战，见东门为金军所克，遂纵火焚楼而死。分守道何廷魁与妻子投井，监军崔儒秀自缢，总兵朱万良，副将梁仲善，参

1　《满洲实录》卷七，页 319~321。《满文老档》称四万兵。《满文老档》，页 178。

2　《满洲实录》卷七，页 322。

3　《满洲实录》卷七，页 324~325。《满文老档》，页 179~180。

4　《山中闻见录》卷三《建州》，页 30。

将王豸、房承勋，游击李尚义、张绳武，都司徐国全、王宗盛，备御李廷乾等皆死于乱军之中。御史张铨被生擒，辽阳遂全为金军所夺。[1]

《明熹宗实录》的记载中，还可以看到这一阶段的战斗中一些值得注意的细节：

> 先二日，奴过代子河向辽阳。经略袁应泰，巡按张铨皆登埤，应泰出城督战，留铨居守，奴薄城，攻西门，不动。次日，应泰见奴却易与，趣兵出战，以家丁号虎旅军者助之，分三队锋交而败，余卒望风奔窜，奴仍入旧营。又次日，尽锐环攻发炮，与城中炮声相续，火药发，川兵多死，薄暮丽谯火，贼已从小西门入，夷帜纷植矣。[2]

从明朝的记录可以看出，攻城的金军一样使用火炮，明军的火药发生意外爆炸，杀伤了明军所部川兵，使金军得以攻入小西门。

明廷对于辽阳陷落的过程却一直不甚清楚，天启皇帝十分关注辽阳战役的过程，曾谕兵部：

> 辽阳奏报，自本月二十五日称，奴贼攻进小西门，至今再无续报，朕心时切忧虑你部，便马上差人传与督抚镇将等官，多方侦探情形缓急，不时报闻，不得仍前急玩，致误军机。[3]

但直至五月，辽东巡抚王化贞奏报委官杜时隆和生员祖天弼二人

1　《满洲实录》卷七，页 325~326。

2　《明熹宗实录》卷八，天启元年三月壬戌日，页 12b~15a（390~395）。

3　《明熹宗实录》卷八，天启元年三月庚午日，页 25b~26a（416~417）。

在辽阳所见城陷的情况：

> 有自辽阳逃回委官杜时隆、生员祖天弼等，或得之目睹，或质之众口，言其状甚悉。三月十九日，贼薄辽阳，我兵出战，有广宁标兵二千直犯贼锋，贼小却，因我众溃，乘之逐北数十里。有言贼大败以去者。按臣独为不然，与各道画地为坚守计。次日，贼围城，按臣督守西门，亲以火箭焚贼车。薄暮，城头火起，城中大扰，称小西门已开，城中皆贼。按臣下城欲入署，从者不可，共拥去小南门后，竟回署中。比晚，李永芳入见叩头，诉不得已之故。[1]

可见辽阳陷落前，张铨曾亲自发射火箭来攻击金军的战车。但由于城中已充斥间谍，小西门被打开，张铨遂被叛军所掳。

辽阳城陷后，消息尚未传到北京时，关于辽阳城的防务，经兵部尚书崔景荣等人会议，认为应在城外"树栅、浚壕、掘营盘、列车营、备火炮"[2]。但这些建议乏善可陈，与城陷之时明军防御的方式完全相同，且主管兵部的官员对于战术方面毫无创新。另一件值得注意的事就是，与此同时，山西道御史江秉谦上奏力陈熊廷弼保守危辽之功，并称"使得安其位而展其雄抱，当不致败坏若此"，天启皇帝遂下令大小九卿从公会议具奏。[3]当朝中得知了辽阳陷落的消息，天启皇帝就立刻同意重新起用熊廷弼为辽东经略。[4]只是熊廷弼所辛苦建立的新防务和新战车兵团，就在明朝将领的颟顸和奸细的渗透下，马兵放弃主动出击，使金军掌握了绝对的主动。而相反的，金军却于使用战车的战术日益熟稔精进。

1　《明熹宗实录》卷一〇，天启元年五月戊申日，页 6b~7a（496~497）。

2　《明熹宗实录》卷八，天启元年三月乙丑日，页 16b~17a（398~399）。

3　《明熹宗实录》卷八，天启元年三月甲子日，页 16a~b（397~398）。

4　《明熹宗实录》卷八，天启元年三月丙寅日，页 18b（402）。

第二节 广宁之役

一 熊廷弼之再起与三方布置之策

沈辽之役败后，明廷的军政高层产生了极大的变动。除熊廷弼复任辽东经略外，由王象乾回任兵部尚书[1]，并随即于七月再出任蓟辽总督一职。因此，负责蓟辽防区的重任落在王象乾与熊廷弼的身上。此外，还有自萨尔浒决战后，因"晓畅兵事"而被朝廷委以"就着训练新兵、防御都城"的詹事府少詹事兼河南道监察御史管理练兵事务的徐光启。[2]熊廷弼、徐光启和王象乾三人都针对辽东的新情势提出的新战略主张，这些意见成为防止战局恶化的辽东新战略基础。

天启元年六月，熊廷弼提出三方布置之策，作为明军防守河西并进取河东的战略。（图8-7）他主张在广宁方面，利用骑兵和步兵沿河与金军对垒。其次设登莱、天津为抚镇，以从海上进取南卫（即金复海盖四卫）。[3]如此则金军碍于三面作战，无法放心全力攻击河西的明军，而必须退却，以避免防线过长而被明军迂回。明军防线的中央是山海关，经略可在此节制各方。[4]

三方布置提出之后，吏科都给事中薛凤翔却因此主张要增加辽抚王化贞的事权，以辽东巡抚兼经略事，并要朝廷取消经略一职的设置。熊廷弼为了成全大局，也建议不必另设经略，直接由王化贞兼任。最后终在熹宗的坚持下，依照熊廷弼的战略行事。[5]升熊廷

---

1 《明熹宗实录》卷一〇，天启元年五月己酉日，页8a~b（499~500）。

2 《徐光启集》卷三《练兵疏稿一》，《恭承新命谨陈急切事宜疏》，页117~118。

3 李光涛曾推断山东水兵出海者约两万人。李光涛：《熊廷弼与辽东》，页248~249。

4 《明熹宗实录》卷一一，天启元年六月辛未朔，页1a~b（543~544）。

5 《明熹宗实录》卷一一，天启元年六月辛未朔，页1a~b（543~544）。

弼为兵部尚书兼都察院右副都御史驻扎山海经略辽东等处军务，并新设登莱巡抚一职，由登州道按察使陶朗先升任。[1] 但也因此埋下后来熊廷弼与王化贞经抚不和的种子。

徐光启则从沈辽之役的过程中检讨，他认为明军在战术上有

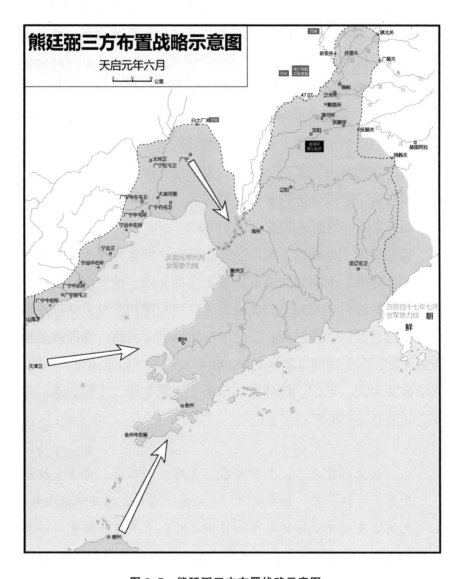

图 8-7　熊廷弼三方布置战略示意图

1　《明熹宗实录》卷一一，天启元年六月丙子日，页 4b（550）。

重大瑕疵，因此极为强调战术必须改变。他对于辽阳的防御批评甚力，称"既不能战，便合婴地自守，整顿火炮，待其来而歼之，犹为中策。奈何置炮城外，委以资敌，反用攻城，何城不克"。徐光启以积极防守为基调，将防御分为"广宁以东一带大城""广宁以西至山海关""北京"三层，基本皆以拥铳凭城坚守为策，但防御程度不同。广宁以东一带大城仅"只宜坚壁清野，整齐大小火器，待其来攻，凭城击打"，而广宁以西至山海关则"只合料简大铳，制造火药，陆续运发，再用厚饷，招募精兵，能守城放炮者，令至广宁前屯，山海诸城，助之为守"。而北京则仿制他和李之藻于去年所取西洋大炮，并于城外兴筑铳台。徐光启凭城放铳的战术虽然放弃了辽东战场上的主动性，但明军在野战上无法与金军抗衡。为了争取较长的整军时间，以培养新式野战军，只有依赖来自欧洲的新式武器"西洋大炮"。[1]

兵部尚书王象乾的态度与徐光启接近，但他重视的是关外各城的城外防御，而将战略预备队置于山海关内。他计划分设四个防御重点，三个在关外。他建议于三岔河西增高沙堤，并置敌台火器，防止努尔哈齐往西；三岔河以北则挑浚河路，拖延敌骑横渡的速度；广宁则增派重兵防守。最后一道防线就是山海关一线。因山海关关北、石门、桃林等处平坦，王象乾建议于蓟、密、永平之间设立三个车营：

> 创立车营者三，专演火器，火炮、三眼枪、噜密、机长斤斧，人精一艺，务济实用。……车上设盾，虏马不能飞越，大炮远及数里，枪机命中数百步之外，虏矢不能及也。如其重铠轻刀，直前冲突，而我斧斤突出，上砍人胸，下砍马足，

1　本段引文皆引自《明熹宗实录》卷一〇，天启元年五月己酉日，页 9b~10b（502~504）。

此韩岳之所以破金虏者也。……车兵三万六千余人，可省马价五十万金，刍束不与焉，既可御虏，又大省费，何惮而不为也。其制度节目容臣另疏，以请合用车兵。[1]

战车既有战术上的优势，也有军费上俭省的优势。王象乾的策略就是山海关外积极防守，关内则广练战车三营，共36000余人。

七月，天启皇帝命蓟辽总督王象乾行边。行前，王象乾上奏说明三车营的规制须用兵36000人，马3000匹，太平等车1590辆。并请求拨下建立三车营所需90000两的经费。[2]王象乾将重点置于在蓟镇设立三个战车营，并希冀以此作为未来出关作战的主力。

在广宁前线的辽东巡抚王化贞，九月向朝廷奏报蒙古的虎墩兔憨愿调兵400000助攻金军，希望朝廷能增援。兵部虽认为广宁已有兵力141300多人，难以增援，但立即同意先拨发车马，有保定巡抚胡思伸所造380辆战车和经略熊廷弼所带出京6000匹马。[3]因此辛苦积聚在蓟镇和熊廷弼山海关的兵力，反而必须前援广宁前线。熊廷弼不但无法置喙，反而必须支持其错误的战略。

稍后抵达广宁的经略熊廷弼因此极为困扰，他发现"火炮战车则皆无有，虽拒马、枪牌、镢斧、蒺藜之类亦无一备"，但王化贞却坚持攻打海州，并称复海州的军事行动是"非万全未敢动"。当熊廷弼以此问在场的辽东地方文武官员时，众"皆低头不对"。熊廷弼无奈地向天启皇帝奏陈"枢抚欲图进，而臣亦处不得不进之势，而实未有可以进与不可不进之机"，天启皇帝却下旨斥责熊廷弼"经略重寄，岂得全不主持"[4]，逼迫熊廷弼支援王化贞。

1　《明熹宗实录》卷一〇，天启元年五月辛亥日，页10b~12b（504~508）。

2　《明熹宗实录》卷一二，天启元年七月庚戌日，页8a~b（599~600）。

3　《明熹宗实录》卷一四，天启元年九月癸丑日，页6b~7a（704~705）。

4　《明熹宗实录》卷一四，天启元年九月癸丑日，页7a~8b（705~708）。

先前保定巡抚胡思伸于五月向工部请用 200 辆战车[1]，在八月份因御史徐卿伯的请求，与寺丞李之藻所造的战车一同发往辽东。[2]但实际负责兵马钱粮的总理三部侍郎王在晋题奏"忧兵甚于虏，而急饷甚于兵也"，并认为为了重建三方布置，河西索战车，海上索兵船，各路索盔甲器械，"即以天地为炉，亿兆为匠，亦不能给"。[3]熊廷弼虽屡屡为此奏请增援，但就如御史徐景濂所言，"奈何兵马、甲仗、车辆、糇刍屡催不应"。[4]

十月，王象乾上奏新立车营，共立三营，每营 12000 人，共计 36000 人。其中川兵 24000，浙兵 12000。三营一驻山海，一驻辽东，一驻密云。无事分练于边墙一片石、桃林、河流、喜峰、古北、潮河诸口，有事则一营发之出山海关，一营移往山海、密云，一营仍驻密云，以护陵京。[5]但天启皇帝随即下令兵部马上差人督催附近军镇人马器械车辆星夜出关。[6]

《明实录》的记载虽然并未明白指出王象乾所部车营是否被调遣，但十一月王象乾奏请新命车营将领时，仅以万化孚管团练西协车营，王永祚管分统西协左车营，孟吉调管西协前车营，卢晰调管分统中协前车营，袁勋管分统中协后车营，李卑量管分统西协后车营[7]，可知基本上原东协的战车营及中协的一部已被移往关外。《明实录》指出前后调遣出关的士兵达到 20000 左右[8]，王象

---

1 《明熹宗实录》卷一○，天启元年五月庚申日，页 23a（529）。

2 《明熹宗实录》卷一三，天启元年八月丁酉日，页 27a（689）。

3 《明熹宗实录》卷一四，天启元年九月戊午日，页 14b~15a（720~721）。

4 《明熹宗实录》卷一四，天启元年九月甲子日，页 17a~18a（725~727）。

5 《明熹宗实录》卷一五，天启元年十月庚午日，页 2b（738）。

6 《明熹宗实录》卷一五，天启元年十月辛未日，页 3b（740）。

7 《明熹宗实录》卷一六，天启元年十一月癸卯日，页 5a~b（793~794）。

8 《明熹宗实录》卷一六，天启元年十一月丙寅日，页 21b~22a（826~827）。"先后出援兵一万五千余名，迄经臣出关，又带东协各将家丁二千余名驻右屯，李诚先又领中东二营标兵二千五百往广宁。"

乾为此甚而必须向朝廷要求将部分出关蓟镇士兵补回。[1]

天启皇帝下旨谴责熊廷弼和王化贞争执后，原奉旨出关策应的熊廷弼不得不向兵部询问究竟他应该回山海关节制三路，还是留在广宁取代王化贞的指挥权。[2]最后，他只能在山海关坐守，而不得不放任王化贞调取兵马军资。"经抚不和"逐渐发展成"战守之争"，只知将战车急调前线，却不重视战车的部署和训练。

另，从部分朝廷的举措可以旁见战车日益受到重视。如首辅叶向高回想起戚继光和俞大猷二位名将的功勋，因而请朝廷给予改荫和改谥。[3]天启皇帝遂令荫故太保右都督戚继光子昌国锦衣卫指挥使世袭[4]，以表对于戚继光功勋的认同。

战车的训练问题虽因朝廷急调部队进入辽东而被忽视，但也有部分官员强调训练的重要性，但未被重视。如吏科给事中赵时用认为战守之争并无必要，而应反思金军何以能以少胜多。他认为是"贼众素练，勇敢当先，而我兵无复纪律耳"，经抚应"求良将讲阵法"，并以战车来反击金军的骑兵。[5]

自沈辽之役后至广宁之役，不过8个月的时间，明军在辽东的新防务能够落实的极为有限，士兵的募集和训练时间也极为短促。最初熊廷弼、徐光启和王象乾等人皆倡议积极防守，并计划重建战斗力量，其中也包括造战车运辽东和在蓟镇编练三个新车营，一时颇有新象，本应继续关注军队调派、提升兵源素质、后勤支持与改良战术等问题，以解决在野战上与金军对阵的劣势。但在随后的"经抚不和"和"战守之争"中，自争论转为攻讦。王化贞的攻势派，以盲目前进部署，企图收复失土，在军队数量

1　《明熹宗实录》卷一六，天启元年十一月丙寅日，页 21b~22a（826~827）。

2　《明熹宗实录》卷一六，天启元年十一月癸卯日，页 20b~21a（824~825）。

3　《明熹宗实录》卷一七，天启元年十二月甲戌日，页 6a~b（843~844）。

4　《明熹宗实录》卷一八，天启二年正月辛亥日，页 12b（920）。

5　《明熹宗实录》卷一七，天启元年十二月甲午日，页 23b~24b（878~880）。

不足、素质堪虑的情形下，自然是悲剧收场。虽然叶向高有尊崇战车名将戚、俞二人之举，赵时用亦力陈练兵之要，但广宁之役的结果已可预知。

二 西平堡攻城战、平阳桥之战与广宁之弃

天启元年七月，熊廷弼上奏规划河西防御形势，主张不可以防守于三岔河上，因为"河窄难恃，堡小难容，纵使河上满兵三万，不能当贼三千之渡"。近河的西平、盘山等地，因为形同竹节，容易被各个击破。他认为固守广宁，自然山海关的防御稳妥，而固守必须用"掎角札营"之法，在近河之地设置游徼兵（捕盗）巡逻，而不要定点驻守；在临河至广宁间设立烽火，以便警报；在西平、高平、盘山等地增兵，以负责传烽哨探；明军主力驻扎于广宁城内外。[1]

熊廷弼在山海关停留仅 8 日，就于八月初六日出关，得知王化贞在三岔河，有意派兵袭取海州，遂骑马率家丁十数人从大凌河前往。至杜家屯又获知王化贞返回广宁，于是改由柳河口北上达广宁。熊廷弼发现广宁没有火炮和战车，也没有拒马枪、牌镢斧和蒺藜等防御骑兵的兵器。[2]

九月，熊廷弼与王化贞定下进攻和防守二策。在进攻上，明军等待西虏虎憨军经长安堡向北攻击金军，而明军则渡三岔河，向南攻击。在防守上，熊廷弼认为天启二年春夏之交，炮车甲仗等武器准备完成，各边镇支持的兵马也抵达，天津、登莱等策应也完成，就可以三方并进。但因各项车马甲仗等军资未到，明军无法与西虏连兵进攻。熊廷弼对于王化贞空言联络西虏合攻之策

---

1 《熊廷弼集》卷一二《后经略奏疏》，《三岔河不可驻兵疏》，页 627。

2 《熊廷弼集》卷一二《后经略奏疏》，《备述出关情形疏》，页 638~639。

不满，在攻守战略上发生冲突。[1]同时，他也上疏直言，天津和登莱二方"已属画饼"。三方布置之策，仅剩广宁一方。[2]

金军在天启元年底的进攻前，也准备了战车。天启元年十月初八日辽东巡抚王化贞的奏报中，提及发现努尔哈齐为了预备攻击广宁，将战车集中在河岸边的情报。[3]《山中闻见录》则明确指出，天启元年除夕，"建州大宴诸将，发钩竿战车赴海州"[4]。王化贞立即要求"乞催发川、土、近镇兵，及甲马、车辆、火炮，犹可几幸一守"[5]。攻守两方都十分重视战车的准备和运用。熊廷弼则在永平、抚宁和山海关之间设局造车炮甲仗，提供前线须用的战车和兵器。[6]

前曾述及王象乾建议于三岔河西增高堤防并设置敌台，而其具体的实践则为依辽东监军方震孺所议成立镇武大营。在此之前，关外的官员多以固守广宁为对策，等于放弃了辽河以西的防御，因而方震孺力主应将防御线前移至镇武：

> 以臣之愚谓守镇武最便，盖镇武去广宁九十里，正当三岔河之冲，又可为柳河、张义站之援，贼不越镇武，决不敢深入。且沿河诸冲，诚不能一一尽守，若只守镇武，须兵不过三万人耳。总兵既不肯守、不敢守，而臣窃见诸将中胆勇绝人者，无如游击刘征、参将罗一贵，若加以副将职衔，使各统兵万五千人为死守计，撑持得住明年，便以大将与之，二将必有可观者。然非使两将自为措置、自为部署，则指多

1 《熊廷弼集》卷一二《后经略奏疏》，《三方布置有名无实疏》，页632~635。
2 《熊廷弼集》卷一三《后经略奏疏》，《辨出关疏》，页641~643。
3 《明熹宗实录》卷一五，天启元年十月乙亥日，页5b~6a（744~745）。
4 《山中闻见录》卷三《建州》，页37。
5 《明熹宗实录》卷一五，天启元年十月乙亥日，页5b~6a（744~745）。
6 《熊廷弼集》卷一三《后经略奏疏》，《不和非关节制疏》，页647~649。

乱视，亦无以尽其长。[1]

十月二十日，方震孺与辽抚王化贞议以三路守河：主力屯镇武为北路最冲，以罗一贵、刘征、江朝栋、杜学仲守之；黑云鹤守西平堡，扼金军来路，副使高出为监军，由总兵刘渠统之；杜家堡为南路，由姜弼守之。而援兵则有二路，总兵达奇勋驻闾阳驿，佥事胡嘉栋为监军。又令副总兵鲍承先守镇宁堡、防黄泥洼，王化贞和其他人则固守广宁。[2]

尽管前进的明军部队已经布置完成，但在野战的战术上如何与金军一争长短，则毫无新策。方震孺在十一月的奏报中就曾指出，广宁方面对于战术上的攻守之策都没有决议：

> 然今恶着，止消日夜打算自己伎俩如何，是步，是骑，是车，如何是联络，一一求心上信得过，止消打算奴之长计（技），三十步内万矢齐发，脚站不住，作何遮当？贼挨牌坚厚，蜂拥而来，炮打不退，火烧不然（燃），作何防御？铁骑冲突，如风如电，火器不点，贼骑已前，一切利器，俱为盗赍，作何抵拒？而战守俱可无言也。[3]

方震孺已经预见明军无法在野战中与金军相抗衡。

十月二十七日，熊廷弼得知王化贞计划主动出兵，遂于二十

1　《明熹宗实录》卷一五，天启元年十月丁丑日，页 7a~8a（747~749）。

2　《明熹宗实录》卷一五，天启元年十月丁亥日，页 14b~15a（762~763）。

3　《明熹宗实录》卷一六，天启元年十一月壬戌日，页 17a~18a（817~819）。"然今恶着，止消日夜打算自己伎俩如何？是步？是骑？是车？如何是联络？一一求心上信得过；止消打算奴之长计（技）三十步内万矢齐发，脚站不住，作何遮当？贼挨牌坚厚，蜂拥而来，炮打不退，火烧不然（燃），作何防御？铁骑冲突，如风如电，火器不点，贼骑已前，一切利器，俱为盗赍，作何抵拒？而战守俱可无言也。"

八日率兵千余出关。至右屯，补充骑兵 12000 人，其中 1000 人发往义州、戚家堡防西边之敌，另 1000 人则驮运火炮。他又向王化贞要求原属真保步兵 5000 人，操演战车 400 辆，每辆 10 人，分为两营，并从前述 10000 骑兵分为两营。仅留 1000 人防守右屯城。[1] 这些步兵系原贺谦平所率 4 支人马，驻于山海关。熊廷弼本将其用于渡河攻击金军的战车部队，原为 320 辆，后扩充为 360 辆。每辆战车用步兵 12 名，4 名负责操作车上火炮，8 名持三眼铳翼护车辆。并拟以毛有伦为车营主将，统领全部炮车二三千辆，作为过河攻击的主力。[2]

但王化贞另有打算，他希望借用与明朝关系较为友善的蒙古部落联兵渡河攻击金军。十二月十四日，陆续来了 10000 骑兵，"铁甲者三千、绵甲者二千、无甲者五千"，王化贞从中选了 7000 骑兵。又安排了刘世勋率领辽兵 1000 监军，命副将鲍承先伏兵于大黑山，于夜间燃火为疑兵。令杜学伸统领车营，江朝栋统领步营，拟进兵柳河，骑兵则埋伏于一旁。王化贞原拟命哨卒引诱金军主力，但为诸将反对。[3]

天启二年正月，努尔哈齐进军的消息传来，王化贞分兵三路，以道臣高出统北路，胡嘉栋统南路，牛象坤统中路，每路隶一大将，各统军 30000。[4] 王化贞又将河防部分调整为：刘渠以 20000 兵守镇武，祁秉忠以 10000 兵守闾阳驿，罗一贵则以 3000 兵守西平堡。而经略熊廷弼则驻在右屯。[5]

正月十八日，努尔哈齐率领大军攻广宁，命族弟铎弼贝和齐

1　《熊廷弼集》卷一三《后经略奏疏》，《辽事是非不明疏》，页 651~652。

2　《熊廷弼集》，卷二二《后经略书牍》，《与王肖乾中丞》，页 1127。

3　《山中闻见录》卷三《建州》，页 37。

4　《明熹宗实录》卷一八，天启二年正月丙辰日，页 14a~15a（923~925）。

5　《明熹宗实录》卷一八，天启二年正月丁巳日，页 15b~16b（926~928）。《清太祖高皇帝实录》称罗一贵兵一万。《清太祖实录》卷八，天命七年正月丁巳日，页 114。

及额驸沙进苏把海统兵守辽阳。[1]十九日，抵达辽河之东昌堡。二十日寅时，努尔哈齐抵达辽河，辰时渡河，明河防兵退走。金军于申时包围西平堡。参将黑云鹤出战阵亡，副总兵罗一贵则坚守西平堡。金军李永芳曾派人来劝降，罗一贵斩使以明不降之志。二十一日辰时，金军以战车云梯攻击西平堡[2]，罗一贵以火器杀敌数千人，但无法扭转战局。随后负伤，火药用尽，而外援不至，遂自刎。[3]午时，金军下西平堡。[4]《满洲实录》绘有《太祖兵克西平堡战图》，可见金军以战车攻城的情形。（图 8-8）

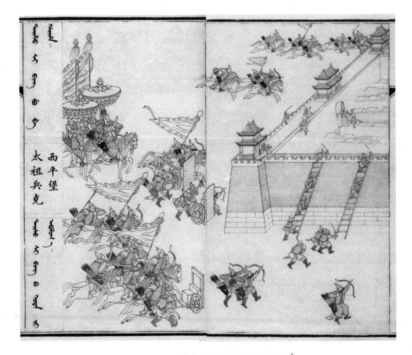

图 8-8　太祖兵克西平堡战图[5]

1　《清太祖武皇帝实录》作"宗弟多毕背胡吉沙进及素把海姑父沙进等"。台北"故宫博物院"藏：《清太祖武皇帝实录》卷四，页 1a。

2　《满洲实录》卷七，页 340。《清太祖武皇帝实录》作"布战车云梯攻之"。《清太祖武皇帝实录》卷四，天命七年正月二十一日，页 1b。《清太祖高皇帝实录》作"布梯楯，攻其城"。《清太祖高皇帝实录》卷八，天命七年正月丁巳日，页 114。

3　《明熹宗实录》卷一八，天启二年正月丁巳日，页 15b~16b（926~928）。

4　《满洲实录》卷七，页 340。

5　《满洲实录》卷七，页 238。

　　正当西平堡被攻破之时，自广宁发来的明军主力抵达西平堡。刘渠等将领统率 30000 明军，金军虽然尚未列营备战，却击败明军，并乘胜追击 50 里，直至平阳桥（平洋桥）堡。总兵刘渠、祁秉忠，副将刘征，参将黑云鹤，游击李茂春、张明先阵亡。总兵李秉诚、副将鲍承先、参将祖大寿、游击罗万言等遁逃。是夜，努尔哈齐驻防于西平堡，明军残部进入广宁城。明军游击孙得功，千总郎绍贞、陆国志，守备黄进等把守城门，遣 7 人请降。二十二日，西兴堡备御朱世勋差中军王志高请降。二十三日，因明军溃逃，努尔哈齐顺利进入广宁城，邻近 40 余城明军大量投降。[1]二月十七日，努尔哈齐率军连同官民撤返河东。

　　熊廷弼事先从高出在十五日发出的消息得知，金军可能于十七日渡河。因此，立刻将所部右哨骑兵 5000 人增援总兵祁秉忠，并命令总兵刘渠准备支持西平。[2]当西平堡被围之际，王化贞在金军内应孙得功的鼓动下，拟尽发广宁兵交由祖天寿（即祖大寿）、孙得功与驻闾阳驿的祁秉忠合师进战，熊廷弼亦督刘渠撤镇武大营进兵，“车骑并进”。[3]大军与金军在平阳桥遭遇，两军始交锋。由于金军内应孙得功和鲍承先等先奔，明军大溃。刘渠、祁秉忠、刘征等皆死，祖天寿走觉华岛，孙得功降于金军。至此广宁主力已经被金军消灭。王化贞只能弃城西撤。二十三日，王化贞与熊廷弼相遇大凌河。熊廷弼自率溃民于二十六日入关，又分兵 5000 人为王化贞殿后。[4]

1　《清太祖高皇帝实录》卷八，天命七年正月己未日，页 115~116。

2　《熊廷弼集》卷一三《后经略奏疏》，《辽事是非不明疏》，页 651~652。在稍后的奏疏中，熊廷弼指出系十六日派出增援，由高国贞等统领。《熊廷弼集》卷一三《后经略奏疏》，《辩张本兵疏》，页 668。

3　《山中闻见录》卷三《建州》，页 38。

4　《明熹宗实录》卷一八，天启二年正月丁巳日，页 15b~16b（926~928）。

从二月二十七日熊廷弼所上《辽事是非不明疏》[1]可知，二十日，熊廷弼想要前往三岔河观察，往东至石桥，得到金军渡河的消息，发令箭催监军道韩初命督左哨5000骑和战车400辆至镇武支援。熊廷弼继续东行至大板桥，得知周守廉和罗万言退往镇武，祁秉忠和监军道胡嘉栋在杜家屯防守。熊廷弼催其与刘渠合营，以救援被围的西平堡。高出也禀报广宁城情形，熊廷弼遂准备前往广宁。当时左哨骑兵和车营则抵达石桥，近闾阳驿。韩初与胡嘉栋至板桥，向熊廷弼报告，广宁标军已全部前往镇武，马步军超过40000人，建议左哨骑兵和车营驻扎闾阳驿，以便防御广宁右翼，并避免蒙古偷袭。

二十一日，熊廷弼率兵至闾阳驿，派遣监军道邢慎言于晚间进入广宁，与王化贞联络。甫抵达闾阳驿，左屯守御安邦与听用守备蒋应旸报告明军在平阳桥大败的消息。总兵刘渠将兵马分为10支，在平阳桥与金军遭遇。两军交战，明军即奔溃，官员亦不知下落。熊廷弼遂立刻命韩胡二人、随行将官及5000兵扎营以待。

二十二日辰时，得报金军在西平堡，尚未抵达镇武。王化贞则在广宁拥兵20000余，并抽调锦州和义州的军队，又请熊廷弼前往广宁。王化贞开城门，使民众离开。涌来的民众，借闾阳驿西行。因担心蒙古人出兵抢掠，造成重大伤亡，熊廷弼不得不于当夜先前往大凌河防御。熊廷弼未及进入广宁，就不得不后撤。王化贞的战车主力溃败，但熊廷弼的战车部队却未及投入战斗，因此得以掩护王化贞后撤。

---

1 《熊廷弼集》卷一三《后经略奏疏》，《辽事是非不明疏》，页651~652。《熊廷弼集》卷二二《后经略书牍》，《与王霁宇制府》，页1140~1141。

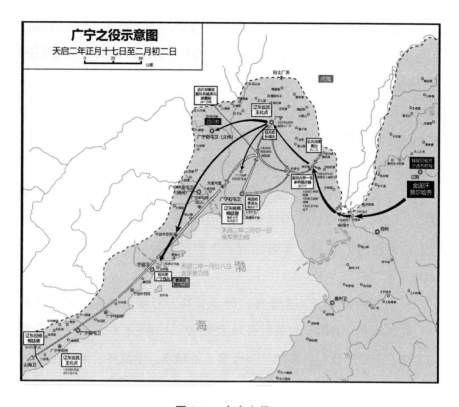

图 8-9　广宁之役

三　广宁之役的影响

明军主力在平阳桥的溃败，无疑与孙德功等人阵前叛变有关。但此役中，与明军战车的战术、战绩等相关的问题，没有足够多的记载。西平堡之战中，仅有镇武营援兵刘渠部使用战车。虽然此役胜负似与战车无关，但自金军用间于刘渠，可知金军对明军战车的重视，然而它也显示出明军在野战中不主动运用战车的情况。

明军在辽东的战车数量众多。沈辽之役至西平堡之役，除前述王象乾蓟镇车兵 20000 外，粗估还有 500 辆战车。天启元年九月，保定巡抚胡思伸造战车 380 辆[1]，京营拨交战车 500 辆[2]，工部所解武刚车 220 辆、轻车 120 辆，用顺天府银修理战车 100 辆[3]，至少还有外援战车 2000 余辆。加上辽东原有和自造的战车，王化贞所统领的战车不为不多，而输辽的火器更何止万千。[4]因此广宁之役的惨败，对于明军在辽东的军事部署打击很大。熊廷弼所保有的 400 辆战车，得以掩护巡抚王化贞和难民入关，是唯一幸存的战车部队。

广宁之役明军的迅速溃败，令人质疑明军训练的素质及战斗能力。因此，熊王二人没有将训练和作战作为防务的重点，成为战后的检讨方向之一。御史江日彩上疏批判称：

> 河西失守，几至烽火，彻于甘泉，乃议求将矣……未闻也议训练矣。兵练于何将？将练于何地？未闻也！……条议京营夥矣，而习车攻、较技艺、演火器、讲韬略、学战阵，未闻也。[5]

1　原为二百辆，后增为三百八十辆。《明熹宗实录》卷一四，天启元年九月癸丑日，页 6b~7a（704~705）。

2　《明熹宗实录》卷一九，天启二年二月丁卯朔，页 1a~b（949~950）。此一估计系依西平堡役后，候代总督京营泰宁侯陈良弼所言："营中见操器械，因经臣熊廷弼两次奏讨……京营战车共计一千四百辆，见存整者五百辆。"

3　《明熹宗实录》卷二〇，天启二年三月庚戌日，页 10b~12a（1014~1017）。但工部计算的时间范围略长，是自万历四十六年至天启元年止，故很难加以估计。

4　《明熹宗实录》卷二〇，天启二年三月庚戌日，页 10b~12a（1014~1017）。自万历四十六年至天启元年工部输辽的火药火器有："闻天威大将军十位、神武二将军十位、轰雷三将军三百三十位、飞电四将军三百八十四位、捷胜五将军四百位、灭虏炮一千五百三十位、虎蹲炮六百位、旋风炮五百位、神炮二百位、神枪一万四千四十杆、威远炮十九位、涌珠炮三千二百八位、连珠炮三千七百九十三位、翼虎炮一百一十位、铁铳五百四十位、鸟铳六千四百二十五门、五龙枪七百五十二杆、夹靶枪七千二百杆、双头枪三百杆、铁鞭枪六千杆、枪六千五百杆、快枪五百一十杆、长枪五千杆、三四眼枪六千七百九十杆、旗枪一千杆、大小铜铁佛朗机四千九十架、清硝一百三十万零六千九百五十斤、硫黄三十七万六千二百八斤、火药九万五百斤、大小铅弹一千四万二千三百六十八个、大小铁弹一百二十五万三千二百个。"

5　《明熹宗实录》卷一九，天启二年二月戊寅日，页 11a~b（969~970）。

指责王化贞并未重视战车与火器，更没重视战略和战术。

天启皇帝因此特命经营将领杜应魁任募兵训练副总兵官，训练明军士兵。兵科都给事中蔡思充则疏言：

> 皇上轸念危疆，特用宿将杜应魁专司募练，今应募者千余人，此辈将令之陷阵冲锋，非演练何以能精？非有车马甲器何以能练？非钱粮应手何以能办？然历数辽地败局，皆缘马兵先溃，步兵反被踩踏。似宜多用步兵，而步兵莫如多练车阵。如以追逐利马，亦须步七马三，马兵用铁叶甲，步兵用绵楮甲，马兵用弓箭，步兵用火器与藤牌阔斧。盖以弱矢加坚甲，虽及铠不能透，惟火炮无坚不破，而藤牌以蔽矢石，阔斧以破马蹄，为中国之长技，当敕户工二部亟为料理。上然之，敕该部议妥速给。[1]

蔡思充指出了在广宁之役中，明军骑兵先溃败，甚而践踏己军的步兵，自乱阵脚的现象。故应重视步兵，特别是操驾战车的步兵，并应准备充足的防护甲具，以对抗金军骑兵。

除了江日彩和蔡思充外，天启二年二月，何栋如倡议以战车为基础的辽东"三方鼎立"之策。何栋如，字子极，南直隶无锡人，万历二十六进士。他原倡议由王国梁率马步车兵44000守宁远，以孙谏和、吴自勉两副将守前屯、中前所，三方鼎立，以图恢复广宁。后何被革去，其事乃寝。[2]

广宁之役的败绩，由熊廷弼和王化贞共同承担。朝廷逮捕王化贞，并命熊廷弼褫职回籍听勘。[3]

1　《明熹宗实录》卷二〇，天启二年三月己亥日，页2b（998）。

2　《颂天胪笔》卷一九《颂冤》，页66b（6~342）。

3　《明熹宗实录》卷一九，天启二年二月己卯日，页12a（972）。

四 蓟镇车营之再造

关内仅存的野战军，就是蓟辽总督兵部尚书王象乾所选练的战车兵。天启二年十二月，密云车营练兵已成。王象乾车营基本上参考了戚继光车营和栗在庭八门出奇方阵而有新意。王象乾车营包括了鹿角车、偏厢车、狮虎车、辎重车和独轮车 5 种车辆，组成 3 种战斗单位。车营外卫主力是鹿角车，如围成 4 面，则每面有鹿角车 80 辆，共 320 辆。此外，与叶梦熊车营相同，车营设有 8 个门，每门布置偏厢车 3 辆，共为 24 辆。鹿角车、偏厢车和偏厢车都配属 25 名士兵，故车营外卫共有士兵 8600 名。[1]（图 8-10）

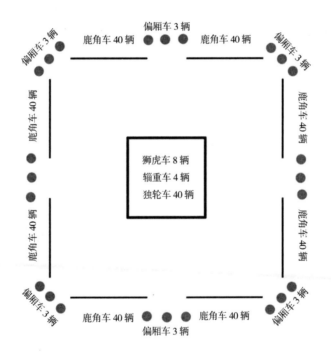

图 8-10 王象乾战车示意图[2]

---

1 《明熹宗实录》卷二九，天启二年十二月戊辰日，页 4a~5a（1439~1441）。以下有关王象乾车营的说明皆引自此。

2 《明熹宗实录》卷二九，天启二年十二月戊辰日，页 4a~5a（1439~1441）。

　　车营的内卫称作"中权出奇"，由狮虎车 8 辆、辎重车 4 辆和独轮车 40 辆组成，作为车营的防卫中心或预备队。狮虎车用士兵25 名，辎重车用士兵 12 名，加上来自 4 个分营副总兵的 30 名被称做"羽翼"的家丁，以及各级指挥官，一共是 9480 名。另有970 余名负责操作火炮的士兵也编入中权。至于车营所用车辆器械种类数量，参表 8-2。

表 8-2　王象乾车营的各种装备数量表 [1]

装备	数量
鹿角车	320
偏厢车	24
狮虎车	8
辎重车	4
独轮车	40
大将军	24
二将军	24
灭虏炮	24
百子、灭虏等炮	640
火箭	640（匣）
钉板	1200（片）
拒马枪	640（架）
火药、大小铅铁子、铁蒺藜	46000余
弓矢、追风鸟铳、三眼枪、筤筅钩镰、锛斧、锐钯、掀镢、挨牌、罗锅、水袋、旗帜诸器	14250余
马匹	1000

1　《明熹宗实录》卷二九，天启二年十二月戊辰日，页 4a~5a（1439~1441）。

在车营编制上，王象乾沿袭了营部司局制。他设计由总兵统领前后左右 4 个分营，分营由 1 名副总兵统领，负责车营 1 面的战守。副总兵统领 2 部，并配属一个由 30 名家丁组成的中权。部的指挥官是千总，指挥 4 司。司的指挥官是把总，指挥 4 局。局的指挥官是百总，指挥 4 辆战车。其数量关系可以参见表 8-3。

表 8-3　王象乾车营的编制与战车数量关系表[1]

编制称	数量关系	指挥官	指挥战车之数量
	1	总兵	320
营	4	副总兵	80
部	8	千总	40
司	16	把总	20
局	80	百总	4
车	320	车正	1

五　两京京营战车改造与训练

广宁之役后，两京京营都展开了修改战车车制的活动。天启三年正月，兵科给事中王志道上奏：

> 战车宜舍重大而习轻小，近见京师所造皆仿古武刚，其制过大，不如蓟镇所造小武刚之便利，武刚止可自环为营，至于冲突堵截，又不如独轮厢之类之便利也。[2]

1　《明熹宗实录》卷二九，天启二年十二月戊辰日，页 4a~5a（1439~1441）。
2　《明熹宗实录》卷三〇，天启三年正月乙未日，页 1b~2a（1496~1497）。

由于京营车制原就比边镇车制为大，故王志道从蓟镇的经验主张京营战车宜小不宜大。

除了王志道外，南京工科给事中徐宪卿也上奏请于南京制造小武刚车，并练成一队，不过被朝廷以"南方山川错落，复多水田，似非戎车利地"驳回。[1]

京营战车的训练是朝臣重视的问题，同年六月，巡视京营给事中彭汝楠等上《条奏营务九款》时就提到"若以车战，则莫妙于佛郎机，查营中见存一千一百五十架，尽堪演习。无奈车营久废不讲，并此铳亦不知用，宜令各车营依旧制练习之"[2]。指出京营训练之差，已经连车营武装的佛郎机铳都无法操作，可见京营战车部队战力之衰败。

第三节　孙承宗与蓟辽战车军团之再造

一　孙承宗之起用与三方布置之再举

广宁之役后，明军恢复之初，即以造车和造炮为两大重要工作。天启皇帝命发帑银 30000 两，命锦衣卫千户陈正论会同谭谦益速制战车[3]，委任孙元化造铳、大炮和铳台。[4] 孙承宗立即综合与辽东兵事相关的奏疏，一一处理。[5]

由于关外已为金军所控制，情况不明，因此朝廷防御的重点是山海关。天启二年十一月，孙承宗革罢不适将领，并将关内十

1　《明熹宗实录》卷三二，天启三年三月甲辰日，页 18b~19b（1644~1646）。

2　《明熹宗实录》卷三五，天启三年六月乙丑日，页 8b~11a（1798~1803）。

3　《明熹宗实录》卷一九，天启二年二月丁丑日，页 10b（968）。

4　《明熹宗实录》卷一九，天启二年二月丙申日，页 22a（991）。关于引进西洋大铳史事，参见黄师一农《天主教徒孙元化与明末传华的西洋火炮》，《"中研院"历史语言研究所集刊》（第六十七本·第四分），页 911~966，1996 年。

5　《明熹宗实录》卷二〇，天启二年三月己未日，页 17a~18b（1028~1030）。

七营的部队分为北、中、南三部，各设总兵统理：北部为尤世禄、中部为江应诏、南部为马世龙，而由中部"辖三路居中调度"[1]，成为关内新军事力量培植的基础。

孙承宗，字稚绳，高阳人，"喜从材官、老兵究问险要，陋塞用是，晓畅军事"[2]，万历三十二年登进士第二。天启元年，进少詹事。沈辽败后方震孺请罢兵部尚书崔景荣，以孙承宗代，但因天启皇帝欲留御经筵，未果。天启二年升为礼部右侍郎协理詹事府。广宁大溃后，天启皇帝决定起用孙承宗。[3]孙承宗于二月十四、十六日二度辞新命。[4]至二十三日始在天启皇帝"东事紧急，卿即掌管部务，掌朝奏事，免承旨，仍入阁办事"的催促下暂掌兵部。[5]

时朝中兵政大乱，原兵部尚书张鹤鸣已前往视师，廷推解经邦为兵部尚书，但解经邦不愿就任而被削籍，再推王在晋为兵部尚书。王在晋抵达山海关后，就力主费百万，在山海关外 8 里兴筑重城。此举在天启皇帝拨发 200000 两，且已经开工的情形下，仍为监军道阎鸣泰和袁崇焕所反对。首辅叶向高将双方争执的四封文书出示孙承宗，孙承宗遂决意亲阅山海关。[6]

---

1 《明熹宗实录》卷二八，天启二年十一月庚子日，页 3b~4a（1400~1401）。因江应诏调往别镇，后改以王威掌三屯营。《明熹宗实录》卷二九，天启二年十二月丁丑日，页 9a~b（1449~1450）。

2 孙承宗等：《车营叩答合编》，《明高阳孙文正公传》，页 1a（265），《中国兵书集成》本，解放军出版社，1994 年。

3 《明熹宗实录》卷一九，天启二年二月戊寅日，页 11b（970）。

4 《明熹宗实录》卷一九，天启二年二月庚辰日、壬午日，页 12a（971）、13a（973）。

5 《明熹宗实录》卷一九，天启二年二月己丑日，页 18a（983）。

6 《督师纪略》卷一，页 7a~8a（413~414）。按：《督师纪略》原为禁毁书。《清入关前史料选辑》第三辑曾收录民国初年由但焘发现的十六卷抄本并点校。抄本无序，由章炳麟另为新序，并题为鹿善继、杜应芳、茅元仪合著。又《北京图书馆藏珍本丛刊》另有明末十三卷刻本。书首有茅元仪序，且此书中常有自称，则作者当为茅氏一人，而非合撰。今采《北京图书馆藏珍本丛刊》景十三卷明末刻本之内容。

天启二年六月十一日，孙承宗在职方主事鹿善继和赞画中书舍人宋献的随行下，单车就道，前往山海关。孙承宗在抵达山海关前，为了能够先解决"抚虏之议"和"十三山之事"[1]，特意先前往密云见力主此议的蓟辽总督王象乾。稍后取道盘山，往见辽东经略王在晋。六月二十八日他抵达山海关，往阅新关城。他认为重关无用，并计划前往宁远、觉华一带考察形势。但王在晋以死固争，不欲孙承宗前往考察。于是孙承宗仅至广宁中前所即折返。[2]孙承宗费七昼夜也无法说服王在晋改变守重关的战略后，叹曰："使病驱不死，无可让者。"[3]但在考察中，孙承宗已发现宁远、觉华的形势重要，始萌荐代之志。

回程中，孙承宗又阅蓟镇诸口。至建昌时大雨，留七日，遂将关上所见报呈，并建议以百万筑宁远城取代山海重关。他在谒定（神宗）、庆（光宗）二陵后，于七月二十八日返回北京。[4]

八月初九日，天启皇帝御讲筵，孙承宗面陈边事，并自愿以本官赴山海关督师。天启皇帝大悦，于是下诏孙承宗以原官督理关城及蓟辽天津登莱等处军务，并以职方主事鹿善继、王则古及武库主事杜应芳随行，发帑1200000为辽用。天启皇帝赐尚方宝剑和银币、坐蟒，并令百官吉服入朝，阁臣俱送至阙门，

1　"十三山之事"指义州外抗金义军请援之事。按：天启二年广宁大溃后，位于广宁和宁远之间的义州、锦州和戚家堡尚未陷落。金军攻下右屯卫时，将居民全部东徙，戚家堡因惧而降于西虏。故金军招降锦州和义州时，称"凡髡以从者，俱安"，但金军反悔，又决定将二州居民东徙，遂使义州民起而抵抗。义州民半据城中，"杀奴累万"，另一半则据十三山。金军于稍后攻下义州并屠城，但十三山上的军民共有十万，计十三山山城四万余，前寺山万余，查角山四万余，亦为金军所包围。十三山的领导者原为大侠杨三，后为毕麻子所杀，并其兵。毕麻子曾遣陈天民等请朝廷兵救。《督师纪略》卷一，页8b~11b（414~415）。

2　《督师纪略》卷一，页12b~13b（416）。

3　《督师纪略》卷一，页14a（417）。

4　《督师纪略》卷一，页15a~16a（417~418）。

以壮其行。[1] 孙承宗成为辽东边务的实际负责者，而王在晋则被派往南京。

孙承宗对于辽东战略的见解，基本上以熊廷弼的三方布置为基础，但孙承宗主张"自古取辽必兼用青（山东）冀（河北），今虽经理于关，而恢辽全着，必资于海"[2]，他以为：

> 以我欲恢全辽，必先复金、复、海、盖南四卫，盖四卫在三岔河东，而实全辽膏腴之地……以三方布置皆当为战，欲令登莱兵图四卫之南，觉华兵图四卫之北，则虏虞腹心之溃，而自不能窥关门。[3]

九月初三，他抵达山海关。时力主守宁远的阎鸣泰已被孙承宗荐为辽东巡抚，而武将则为总兵江应诏。孙承宗原令江应诏定兵制，以3000人为一营，改善居住条件，提高薪俸，并积极训练使用火器，拨调千里之内将领家丁，成立骑营，并使孙元化铸造西铳等。[4]

在关外，自广宁溃后由于王象乾招西虏守关，因此罗城之外均为西虏。部分明军仍固守关外部分孤立的据点，如鲁之甲自前屯回守中前所，抚夷将朱梅和参将杨应乾亦受命招辽人为兵，而赵率教则守前屯。前屯和山海关之间的八里铺反而充满虏军。因此孙承宗于八里铺北设置铁场堡，并在中前所设高台堡，使关外明军得以立足，并使哨马可以直抵宁远。[5] 孙承宗将明军分为五部，分别驻防于罗城、南海、北山、前屯和一片石、红花店；而

---

1 《督师纪略》卷二，页 1a~5b（419~421）。

2 《督师纪略》卷二，页 6a（421）。

3 《督师纪略》卷二，页 7a~8a（422）。

4 《督师纪略》卷二，页 9a~15a（423~426）。

5 《督师纪略》卷三，页 3a~4a（428）。

金军原以数万守广宁，20000 守右屯，在此时也陆续撤回领地，广宁空城遂为千余辽民所暂居。[1]

后由于江应诏被劾，且新兵制"踆踆终无成"，孙承宗遂改令三屯营总兵马世龙代行绥钺，并拨建昌路游击尤世禄及京营练兵总兵王世钦为南北部大将[2]。前后部则由原经略袁应泰、中军赵率教[3]和原任副将孙谏分任，每部 15000 人。关内外的兵马因此有统一的军制号令，为稍后的战术训练提供了良好的基础，但此时关外战车的数量并不多。

表 8-4　天启三年春孙承宗所定军制[4]

部	驻地	大将	营称	备注
中部	罗城	马世龙	神武营 威武营 戡武营 纬武营 戢武营	将 1 中军 1 千总 3 把总 6 百总 30
左部	南海	王世钦	标兵：左神武 宁武营 襄武营 定武营 耀武营 龙武营（水兵）	将 1 中军 1 千总 3 把总 6 百总 30
右部	北山	尤世禄	标兵：右神武 振武营 奋武营 英武营 雄武营 翼武营	将 1 中军 1 千总 3 把总 6 百总 30

1　《督师纪略》卷三，页 5a（429）。

2　《督师纪略》卷三，页 1a~b（427）。

3　《督师纪略》卷二，页 10b（423）。

4　《督师纪略》卷三，页 10a~11a（431~432）。

部	驻地	大将	营称	备注
前部	前屯	赵率教	彰武营 肃武营 宣武营 广武营 壮武营	将 1 中军 1 千总 3 把总 6 百总 30
	一片石		昭武营 建武营 靖武营 修武营 经武营	不详
后部	红花店	孙谏	骠武营（骑兵） 骁武营（骑兵） 捍武营（步兵） 捷武营（步兵） 冲武营（居中）	将 1 中军 1 千总 3 把总 6 百总 30 合为车营

当时关内外的战车部队只有一营，属于后部孙谏。新建营制的军队中，车营部队和战车的数目都很少。但值得注意的是，虽然前部驻扎于前屯，后部驻扎于红花店，但两部距离不远。后部所在红花店在关西 10 里，正当一片石，如出关作战，则以后部居前部之前 [1]，故战车部队仍为最初计划投入作战的部队之一。

二　孙承宗与明军车营之恢复

自三月底起，明军逐步开始规复原有辽左诸城，并开始重新筑可容六七万人的新宁远城。[2] 六月，孙承宗上疏议防奴，开始规

1　《督师纪略》卷三，页 10b（431）。

2　《督师纪略》卷四，页 10b（438）。

划大军出关恢复辽左,关内总督及三屯营总兵王威、孙祖寿二总兵驻永平和遵化,关外以尤世禄、王世钦二总兵驻宁前统兵三万,计划以马世龙"联四部之呼吸,参战守之机",并侦察广宁空城的情况。海上则由署都督佥事登莱防海总兵沈有容由皇城岛袭旅顺,毛文龙自皮岛攻镇江和九连城。同时以工部所造的武刚、偏厢车1000辆陆续装备关内外部队。[1]数月之内,战车的数量增加不少。而《督师纪略》卷五中亦载有此疏,指出马世龙"统兵三万,列车营于关外"[2]。可见战车部队系复辽的主力部队。

孙承宗为了使训练更为有效率,又议请调西北七镇各将精锐家丁12500人,并以该镇将领统领。[3]除了密云和山海关对于战车部队有不同程度的建设外,在金军退回辽河东岸后,明军也逐渐返防辽左。新任命的辽东巡抚阎鸣泰在重新整顿辽东的军务时,有意以戚继光练车兵之法来重整关外部队,但担心有阻力。天启皇帝遂下旨,请其"悉力担当,不必以嫌怨为虑"[4]。

天启三年十一月,京师附近的保定和真定也展开了整理军制的工作。保定巡抚张凤翔奏请裁汰浮员、免去民壮战车营出防,并把保定和真定原有各七营均改为中、前、后、左、右五营。[5]

但是孙承宗在任督师的几年中,并未立即着手于战车部队的构建与改造。他的僚属赞画茅元仪主战,称"虏虽伏,当急图大战,大战非车营不可",因此往谒孙承宗。孙承宗当面指出原因在于火器手不足、战车不足及战车战法未定等。孙承宗初至山海关时,火器手不过数十人,而车营需要大量的火器手。没有经过长

---

1 《明熹宗实录》卷三五,天启三年六月癸亥日,页 4b~5a(1789~1791)。《督师纪略》卷五,页 1b~2a(442)。

2 《督师纪略》卷五,页 1b~2a(442)。

3 《明熹宗实录》卷二九,天启二年十二月庚午日,页 6a(1443)。

4 《明熹宗实录》卷二九,天启二年十二月丙戌日,页 23b~24a(1478~79)。

5 《明熹宗实录》卷四一,天启三年十一月壬午日,页 24a~25a(2155~2157)。

期的训练，很难有充足的火器手。战车虽有熊廷弼原造迎锋车 600
辆，但是状况不佳，须加以修造。工部主事谭谦益以内帑所造攒
枪车 1000 辆，经半年亦未拨调一辆。战术方面，显然不能应用旧
战术，必须依照辽东的地理特性、战术特性加以重新设计。[1] 孙承
宗除了上疏称"近合马步战辎为车营者十，而器具不备"[2]，也在
辽东渐如承平之际，与僚属们开始研究新战术。

孙承宗认为战车对于辽东的战事极有帮助，由其阅边诗中可
见一二。在宁远督师府新落成时，他赋诗：

> 一年两度入宁阳，千里重开建节堂。几树春松歌白雪，
> 还依秋菊傲清霜。周家大业彤弓旧，汉室元功带砺长。最喜
> 马隆饶意绪，偏厢不独下西凉。[3]

又访灵异台时，他赋诗：

> 天苑风华秋自开，挈壶东眺集露台。一方海岱排青下，
> 千里淮徐入望来。聚远云寒鸿没灭，凌空水远月低徊。兼夷
> 苦忆夷吾手，纵以兵车亦壮哉。[4]

都反映出孙承宗认为扭转辽东战局的主要手段，是战车部队的重建。

此外，在与关内外诸将通信时，亦不忘提及训练车营的重要
性。致书马世龙时，他说：

---

1 《督师纪略》卷七，页 1a~b（458）。
2 《明熹宗实录》卷三九，天启四年二月戊子日，页 3b~4b（2254~2256）。
3 《孙高阳集》卷五《七言律》，《宁远督师府新成适朝命至鹿司马有作答之遂柬马
大将军》，页 26b（94）。
4 《孙高阳集》卷五《七言律》，《灵异台》，页 42a~b（102）。

闻车营有次第，殊欲聚观于关门东也。渐集渐熟，便有生色人情，初拉之使入，尚觉牵合，久习之，不知当自安妥，惟门下深念之，此仆与门下大关系事，诸所调度，俱有条理，其车之应更即更，只取便军前耳。此时便得怕人怨到得不怕自家怨时，方是豪杰。

又，以御史之兵合船与车共来屯防，此大便益事，可速令之出，高将自是聪明人，第世间人乖滑，多以聪明误耳，甚爱之，故与兄商榷，此等官都未易得也。[1]

在与杨家谟和陈九德等人书信时，亦鼓励其练战车的成果：

闻五车营颇有次叙，此大将军勤心，亦将军等勤力也。吾辈生在世上，既为人进，在朝中文为官，若缩项抽头，延挨时日，便不是人，如何是官？此本阁部所日念，愿与诸将共念之。[2]

将军精勇有胆识，凡吾辈要识以用胆，车营好为之。以久失约束之兵，拊而有之，徐以束于法，使见吾之德，而不觉相安于法，将军饶为之矣。[3]

在他致马世龙的书信之一中，还可以注意到他对于车营的训练、将领的体能、兵器和战车的整备都十分关心：

连日各营铳炮及车营尝练乎？王（世钦）大将军体力何如？曾相见乎？尹将军所造诸器可催督之……永平战车一百二十辆、小车八十辆已行该道调取矣。密云车及遵化车尚可

---

1 《孙高阳集》卷一九《尺牍》，《答马总戎》，页 15b~16a（447）。

2 《孙高阳集》卷一九《尺牍》，《谕杨家谟等》，页 16b~17a（447~448）。

3 《孙高阳集》卷一九《尺牍》，《谕陈九德》，页 17a~b（448）。

调也，前改造极便。[1]

　　武营车器如何？可盖完便可出就已发之兵，如车器未可顿成，便当撤前兵回营，以就训练，但忽出忽入，似非事体可酌量，有说方可。[2]

这些询问说明了孙承宗对于战车战斗力十分重视。

据《督师纪略》的说法，新车营的基本阵形是茅元仪在孙承宗的命令下完成：

　　元仪乃以分为尺，寸为丈，以画车图，使步骑辎车足以相容，又量度车之火器无如子母，子母则循环无穷，可以数昼夜不绝，与夫主佐之用，行止之需，各疏列焉，公复斟酌为车营制。[3]

初稿完成后，孙承宗又令茅元仪将车营图、要旨传与诸将，仅马世龙能理解，并将所有的战车改为偏厢车。[4]

从孙承宗的书牍中，可以发现孙承宗和马世龙对车营的战术也不乏讨论：

　　车营合是如此，但用事者未得发明详尽。得大将军议，始令天下知有车营之妙，此社稷之福也，深心大力，敢不念之。图中虚中为将，似当明注以兼领马步者为主将，而仍以一骑将，一为佐庶，将有专责，而势常合。每车一曲，便以

1　《孙高阳集》卷一九《尺牍》，《柬马总戎》，页 27a~b（453）。

2　《孙高阳集》卷二〇《尺牍》，《答马总戎》，页 7b（470）。

3　《督师纪略》卷七，页 1b（458）。

4　《督师纪略》卷七，页 6a~b（460）。

马兵几何？旅兵、监兵、夫兵、杂兵几何？牛马等几何？器甲等几何？凡在此曲之后者，俱属于此四车，而以八辐车共其饷，俱要相亲相傍，认定主顾，使二百人合为马步战辐为一。仍以步兵百总以总之，两分听于偏将，以合听于主将，此俱图中不言而具者，特捻出问之。左旅等旅字当改做冲，以旅字仄声嫌于不雄也，左冲、右冲、前冲、后冲取古兵车冲车尔。凡图可列者，俱是正法。其法之行却有奇，即如此板做去，还有应与不应行之以奇，便可无敌于天下。[1]

上文显示出孙承宗曾与马世龙讨论车营战术。在马世龙的车营基础上，孙承宗对于车营的指挥中心的构建甚为重视，要求对所需的各种兵员器械及指挥系统作出详细的说明，并将原定车营下属单位的旅改为冲。

孙承宗练车营之成效如何？天启四年五月，孙承宗将新车营的规划编《车营图说》上奏朝廷。称计骑、步共24营，合为车营。外有前锋后劲，骑兵7营。合骑步共92856人。内步兵41856人，俱足骑兵51000人，其马宜63913匹。[2]没有具体说明造战车的数量。十二月，车营训练全部完成。[3]从孙承宗致书座师叶向高的内容中，可见关内外的战车为2000余辆。[4]孙承宗在《督理事宜序》中明确交代：

予以壬戌二月入参铉席兼枢务，以六月阅关，以八月出督师，历乙丑夏，当三年考，历季防者七，当叙及乞骸归，

1　《孙高阳集》卷二〇《尺牍》，《柬马总戎》，页13a~14a（473~474）。

2　《明熹宗实录》卷四二，天启四年五月壬午日，页9a~b（2373~2374）。

3　陈铉编：《明末鹿忠节公善继年谱》卷上，页27b（54），《新编中国名人年谱集成》第五辑，台湾商务印书馆，1978年。

4　《孙高阳集》卷二〇《尺牍》，《又启东叶相公老师》，页39b~41a（486~487）。

当奏缴例以所督理事宜入告……。其四年所复地，则四卫、四所，四十余堡，四百三十里。兵民则辽人三十余万，辽兵三万，骑兵万二千五百，水营五，车营十二，前锋营三，后劲营五，弓弩、火炮手五万。兴举文武官生及医药赈给可三万有奇。军实则船六百，轻车千，偏厢车千五百，马驼牛羸六万，官民庐舍五万屯田五千顷有奇，甲胄、器仗、弓矢、火药、蒭石、渠答、卤楯合之数百余万。[1]

即孙承宗自天启二年二月起，至五年夏止，一共编组了战车营12，水营5，轻车1000辆，偏厢车1500辆，共有战车2500辆。

三 孙承宗车营之编组

（一）车营的通用基本单位——乘

孙承宗车营营制的基础单位是乘，并用于对照骑、辎、水师等其他兵种。"乘"是指偏厢车4辆，迎锋攒枪车8辆，步兵100人，骑兵50，辎重车8辆，是以车作为营制核心所产生的新的通用军事单位。乘与衡、冲、营各级单位维持1:4:8:32的数量关系，详参表8-5。车营四面各设督冲一人，统领在这面内的战车、步兵、骑兵和辎重车。

表 8-5 孙承宗车营营制表 [2]

	基本单位	乘	衡	冲	营
车营	偏厢车	4辆	16辆	32辆	128辆
	迎锋攒枪车	8辆	32辆	64辆	256辆
步营	步兵	100人	400人	800人	3200人
骑营	骑兵	50人	200人	400人	1600人
辎重营	辎重车	8辆	32辆	64辆	256辆

1 《孙高阳集》卷一一《序文》，《督理事宜序》，页78a~81b（206~208）。

2 《车营叩答合编》卷一《车营总说》，页1a。

步兵的基本单位是伍，两伍为什，两什为队。每队偏厢车一辆，队长即为车正，什长（又称"左右副牌"）为车副。除了车兵20人外，还有车正、火兵、奇役各1人，车副2人，共为25人。操作武器部分，佛郎机铳手6人（操作2门佛郎机铳，分为运子、装药、炮手），鸟枪手2人，三眼枪手6人，火箭手2人，弓箭（大弩）手2人，左右什各半。战车4辆为一乘。[1]

马营的基本单位也是伍，即5人。两伍为什，两什为队。队中除了骑兵20人外，还有管队、背招、传督各1人，大炮手2人，共为25人。骑兵的主要武器是三眼枪和弓箭，由左右什长分任教师。什长即大炮手。传督和左什以操作火器三眼枪为主，背招和右什则以操作弓箭为主。一队有三眼枪手10名、弓箭手13名和大炮手2人。骑兵二队即一乘。[2]

（二）外营、内营、子营和握奇

车营的基本架构是步骑合营。骑兵二队为一乘，步兵四队为一乘。骑步各四乘称为衡，各二衡为一冲，各四冲为一营。骑步合营时，由主将（由副将充任）统领，下有步佐将和骑佐将，为专职负责骑兵和步兵部队的统领。此外，车营每面设有一统领该面内外营骑步的将领督冲。督冲在统领兵马的数量上虽相当于千总，但由于其统领两个兵种，地位较一般千总地位为高。冲设有冲总，即为千总，为车营一面的指挥官，下辖二衡。衡设有衡总，即为把总，辖骑步各四乘。乘有乘总，即为百总。[3]

从结构来说，车营可以分为外营和内营。"外营"指车营外围四面的部队。外营每面外卫是战车32辆（8乘），内卫则为骑兵

1　《车营叩答合编》卷一《步兵束伍授器》，页4a~b。

2　《车营叩答合编》卷一《步兵束伍授器》，页3b~4a。

3　《车营叩答合编》卷一《骑步合营》，页4b~5a。

16队（8乘），由冲总指挥。四冲共有战车128辆，车兵3200人，骑兵1600人。

"内营"，即中权，是由骑营中800名骑兵（称"权勇"）组成。这批骑兵依车营四面布阵的需要，分成8个100人的小单位，即正前权、正左权、正右权和正后权四正，奇前权、奇左权、奇右权和奇后权四奇。中权的指挥官是权总，由相当于千总的将领充任，但由较冲总位高者任之。8个权则分别由相当于把总的权正和权奇负责统领。

四正和四奇两者的角色是"随四督以内卫主将，外应四冲"[1]，但略有别，四正主要负责"居中卫主将，有变则应之"[2]，担任主帅的近卫；四奇则"恒随四督监四冲……骑步退缩则杀之"[3]，负责督战。

若骑步营又加入辎重营，则称为"辎重合营"。辎重车共256辆，分为四冲，每冲设督冲官一员，负责督导每日粮食的发放，及监督外营骑步冲。每辆辎车用夫2名、牛1头，载粮8石4斗。8辆辎车为一乘，32辆为一衡，64辆为一冲，四冲则为子营，位于内营权正骑兵之间。[4]

车营的中心，就是主帅所在，称为"握奇"或"中军"。它包括了骑营余奇100名，步营余奇177名。另还有部分属于军官的步营余奇110名。不含军官，车营之士兵总数为5988名，军官则为127员。辎重车所属的辎夫，共512名。[5]车营共6627员。（图8-11）车营隶中军及隶各官士兵数量则参见表8-6。

---

1 《车营叩答合编》卷一《骑步合营》，页5a。

2 《车营叩答合编》卷一《骑步合营》，页5a。

3 《车营叩答合编》卷一《骑步合营》，页5a~b。

4 《车营叩答合编》卷一《车营总说·辎重合营》，页5b。

5 《车营叩答合编》卷一《骑步合营》，页5a~b。

表 8-6 车营隶中军及隶各官士兵数量 [1]

骑营余奇隶中军	步营余奇隶中军	步营余奇隶各官
金手 1	金手 2	隶衡总（共 8 衡）
鼓手 4	鼓手 2	字识 1
锣手 2	锣手 5	背标 1
摔拔手 1	摔拔手 2	旗手 1
吹手 8	吹手 8	鼓手 1
高招旗手 3		传事 1
五方旗手 10	五方旗手 10	亲丁 2
八门旗手 16	八门旗手 16	小计 56
清道旗手 2	清道旗手 2	隶冲总（共四冲）
号带旗手 1	号带旗手 1	字识 1
赏罚旗手 2	赏罚旗手 2	背标 1
令旗手 5	令旗手 5	旗手 1
号炮手 3	号炮手 3	传事 2
内巡 5	内巡 5	亲丁 3
巡察 5		小计 32
巡视 5	巡视 5	隶中军官
医生 1	医生 1	字识 2
医兽 1	医兽 1	背标 1
补伍兵 25	步将补伍亲丁 100	传事 4
		亲丁 4
		小计 11
		隶材官（共六员）
		亲丁 2
		小计 12
合计：100	合计：177	合计：110

---

1 《车营叩答合编》卷一《总计官兵车马骡驼器械杂具》，页 9b、10a~b、10b~11a。

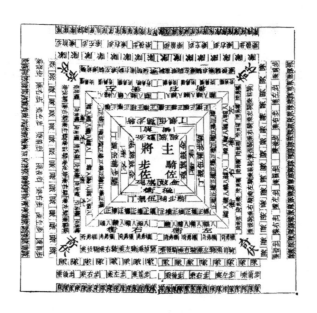

图 8-11　车营方阵图[1]

（三）车营所使用的火器

整个车营所拥有的火器有大炮、灭虏炮、佛郎机、鸟枪、三眼枪和火箭 6 种。大型火器如大炮和灭虏炮，都由骑营来操作使用。其中大炮 16 门，骑营正权（内营）每队一位；灭虏炮则由骑营奇权 16 队（内营）和战冲 64 队（外营），每队一位。骑营所使用的小火器为三眼枪。骑营战兵（外营）和权勇（内营）共 96队，每队 10 名三眼枪枪手。[2]

步兵使用的火器，主要以战车上的佛郎机铳、鸟枪、三眼枪和火箭等中小型火器为主。战车每辆有佛郎机铳 2 架（附子炮 18门）、鸟枪 2 门、三眼枪 6 杆、火箭 60 支。[3] 车营所配发的火器总数，参表 8-7。

1　《车营叩答合编》卷一《车营方阵图》，页 15。图例数字仅列士兵数目，将官及其随员不计。

2　《车营叩答合编》卷一《总计官兵车马骡驼器械杂具》，页 13b~14a。

3　《车营叩答合编》卷一《总计官兵车马骡驼器械杂具》，页 14b。

表 8-7　车营配发火器种类与数量 [1]

大炮	16
灭虏炮	80
佛郎机	256
鸟枪	256
三眼枪	1728

（四）车营内的规划

车营的范围为一周长共 223 丈 2 尺的正方。其中营区共有六条正方形通路，以便车营内部指挥联络之用。分别为：步兵后巡视道（1 丈 5 尺），骑兵后巡视道（1 丈 5 尺）[2]，权奇后巡察道（1 丈），夫牛后马道（1 丈），子营外巡路（1 丈），子营内巡路（1 丈）。（图 8-12）

（五）辎营

戚继光采用独立的辎重营，而孙承宗则将辎营并入骑步合营中，这是孙承宗车营最为独特之处。每辆辎车载运仓粮 8 石 4 斗，256 辆辎车共可载 2150 石 4 斗。据《车营叩答合编》的估计，可供人畜食用 10 天。而步骑兵又自带 10 日粮食，加以驾辎的牛亦可供食用 10 日，故保守估计可供车营食用 20 余日 [3]，提升了车营持续作战的能力。

1　《车营叩答合编》卷一《总计官兵车马骡驼器械杂具》，页 14b。

2　《车营叩答合编》中未载此道，但经详细计算，如计算车营内的所有部队占地，尚有一丈五尺的差额，故知原书漏计一道，且经核对车营方阵图，在骑兵与权奇间确有通道，故循例名之。

3　《车营叩答合编》卷一，18a~b。

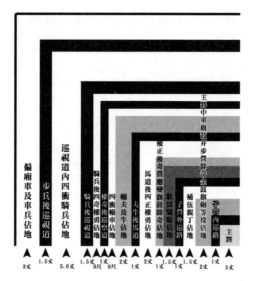

图 8-12　孙承宗车营营内占地尺寸示意图[1]

四　车营水师营合制

孙承宗为落实三方布置之策，规划自海上突击金军。为了渡海作战，他发展出车营水师合制的龙武营水师。龙武营水师亦采取中前左右后五营之制，每营采用沙船 100 只。沙船之名始见诸文献在正德七年[2]，广泛活跃于江苏、山东、辽东一带和长江中下游。《武备志》载：

> 沙船能调戗使斗风，然惟便于北洋…沙船底平，不能破深水之大浪也。北洋有滚涂浪，福船苍山船底尖，最畏此浪，

1　《车营叩答合编》卷一，页 17a~b。本示意图为车营之四分之一，黑色为营内道路。

2　辛元欧先生认为沙船之名最早出现于嘉靖初成书的《皇朝奏疏类稿》，参见辛元欧《上海沙船》，页 64、95，上海书店出版社，2004 年。但《明武宗实录》曾载正德七年六月，大盗刘七自黄州下，将抵镇江，朝廷命彭泽、仇钺、陆完等官"募水工、弩手，集盐船、沙船，随贼所往，水陆并进，务期殄灭"。《明武宗实录》卷八九，正德七年六月丁巳日，页 3b（1906）。故可知至少正德中叶，沙船之名已见。

沙船却不畏此。[1]

可知沙船的平底船设计，虽不似吃水较深可航行大洋的福船，但与长江以北沙岸的地理和水文特色特别匹配。沙船虽可用于作战，但在甲板防御上十分不足，乾舷以上缺乏遮蔽，水战时必须与乾舷以上防御严密的鹰船协同作战，鹰船在前，沙船在后。[2]沙船虽不适合出大洋接战，但可协守港口。[3]而龙武营水师仅仅使用沙船一种，可确定明军并无太多水上作战的顾虑。其容易登陆的特性，对于配属登陆战车，亦十分方便。

龙武营水师沙船每船有目兵 15 人，以 4 船为一舫。船有耆补（船长），舫有舫长。2 舫为一艍，设艍总（即百总）。4 艍为一艟，设艟总（即千总）。3 艟为一营，设营将，共统兵 1440 员。如营中船只不够，则只设 2 艟；船多则设游艟，隶属于中权。将领下设奇役 100 名，半为亲丁或精选士卒，必要时则与游艟合并。[4]

龙武营水师每艘沙船仅配有 15 人撑驾。靠岸后，这些士兵成为陆师。而上岸后，船只仅留捕耆和舵缭等 4 名留守，其余 11 名水兵则成为战车兵。其中 1 人为车正，其余为狼机手 6 名、鸟枪手 2 名、三眼枪手 2 名。在战车装备上，配有狼机 4 架、子母炮 20 位、鸟枪 2 杆、三眼枪 2 杆和子母炮，每样火器都备有 30 发的火药和铅子。除此之外，车正有大弩 1 张，配箭 30 支，火兵则有火箭 30 支。战车另有大炮 1 位、虎尾炮 2 位。至于船只，则有虎尾炮 2 位、三眼枪 4 门。[5]每营共有沙船 96 艘，及船载战车 96 辆，因此龙武营共有战车 480 辆以上。孙承宗在辽东的积极耕耘，使得明朝逐渐恢复在战前的军事实力。（图 8-13）

1　《武备志》卷——七《战船二·沙船》，页 11a（4993）。

2　《武备志》卷——七《战船二·鹰船》，页 6b（4984）。

3　《上海沙船》，页 64~65。

4　《车营叩答合编》卷一《水师营制》，25b~26a。

5　《车营叩答合编》卷一《车营水师营合制》，26b~27a。

图 8-13　《武备志》中的沙船图 [1]

五　朝廷中战车的议论与孙承宗去职

在重视战车的气氛下，朝中部分官员也进献战车车式。天启五年三月，原任通政使司左参议冯时行提及了以运车为战车的意见，并进献了新式战车的图式。为了援辽，明朝组织了大规模的运粮工作，冯时行建议武装这些粮车，使"出关遇警，车傍挂牌即系偏厢车，前施艺即系武刚，不劳造车，不费车夫"，将战车与粮车合一。此外，他又设计了战阵和 5 种奇车，制作成模型，并绘成《平辽奇车阵势图说》上呈。天启皇帝得报后，立刻将车样送往兵部，发至边关制造。[2]

四月，又发冲车 100 辆并随车铳炮于山海关。[3]十月，为了能够提升战车的数量，南京云南道御史梁克顺疏陈时务，直接指出

1　《武备志》卷一一七《战船二·沙船》，页 10b（4992）。

2　《明熹宗实录》卷五七，天启五年三月甲戌日，页 28a~30a（2651~2655）。

3　《明熹宗实录》卷五八，天启五年四月丁亥日，页 8b（2676）。

了应该裁减买马和养马的费用，改为车兵步兵之月饷。[1] 朝中对于支持关外战车的立场颇为一致。

孙承宗复辽土的准备日益完备，魏忠贤使刘应坤申亲附之意，以分享预见的军功，但孙承宗不与刘应坤交一言，使魏忠贤大为不满。天启五年四月，给事中郭兴治请令廷臣议去留，论孙承宗冒饷者又纷至。至九月，因柳河之败，明军死 400 余人。言官复劾孙承宗和大将马世龙。孙承宗遂于十月求去，辽东巡抚喻安性亦被罢。辽东巡抚一职乃废，由兵部尚书高第代为经略。[2]

十一月礼科给事中张惟一陈《关门六弊》，指出关内车马冒烂情形：

> 一辎车之弊。言关门车营十二，每营战车百二十辆，以二小车佐之，每车夫二名月饷七两二钱，问其故？则日运粮用也。综其实，不过拽运砖石备公厅铺舍之修整已耳，不则贪弁用之以捆载西成之刘获已耳。计岁糜二十余万金而可留此无用之物乎？……得旨六弊切中情弊着经臣痛加厘革。[3]

唯此疏内容颇有疑处。孙承宗之战车并未负担运粮工作，故将之列于"辎车之弊"实文不对题。然天启皇帝不明是非，反称张唯一"切中情弊"，令新任经略高第痛加厘革。[4]

高第原为力主守关内者，曾为孙承宗所驳，故与孙承宗有旧怨。天启六年，宁远被围，高第上疏称关门兵仅有 50000，言官因此论罪孙承宗。但孙承宗告户部称："第初莅关，尝给十一万七

---

1 《明熹宗实录》卷六四，天启五年十月癸卯日，页 27b~28a（3048~3049）。

2 《明史》卷二五〇《孙承宗传》，页 6472。

3 《明熹宗实录》卷六五，天启五年十一月丙寅日，页 10a~11a（3075~3077）。

4 《明熹宗实录》卷六五，天启五年十一月丙寅日，页 10a~11a（3075~3077）。

千人饷，今但给五万人饷足矣。"高第反因妄言引罪。魏忠贤亦想以此诬孙承宗，亦不果。[1] 可知孙承宗督师辽东之成绩斐然。然而，与熊廷弼相同，孙承宗亦未及亲验自己所构建的辽东战略防御体系。

关于孙承宗在辽东所造战车的总数，并没有明确的数字，但《崇祯长编》载有造战车的可能实际数量。崇祯元年八月，南京兵科给事中钱允鲸曾参劾阎鸣泰、马世龙、刘诏等人，称阎等言惑孙承宗。[2] 次月，孙承宗疏辩称所造兵车有 60000 辆。[3] 可知孙承宗所造战车数量极为庞大，然此数应该包括战车和可以改装为战车的运车。

第四节　宁远之役

一　宁远城攻防战

广宁战役之后，奴尔哈齐转而积极营建东都。先于辽阳城东营建东都，称东京，后又于天启五年迁往沈阳，使其成为金军在辽东的新政治中心，并逐步打击明军留在辽东的部队。宁远之役是明清战争中，明军少数成功防守的战役。特别是明军采用了欧洲的新式火炮红夷大炮，成功地击退来犯的金军。值得注意的是，战车在此役中亦多次扮演了重要的角色。

天启六年正月十四日，努尔哈齐率领诸王往征广宁，十六日次东昌堡，十七日渡辽河，部队部署于海岸和广宁大路之间。[4] 明军约

1　《明史》卷二五〇《孙承宗传》，页 6472。

2　《崇祯长编》卷一二，崇祯元年八月戊戌日，页 10a（667）。

3　《崇祯长编》卷一三，崇祯元年九月丙寅日，页 7a~8b（722~724）。唯此疏中载"弓弩火铳手有六百"，似有误。

4　《满洲实录》卷八，页 392。

在一月初六日就已经得知金军将出击的情报。[1] 金军据前锋侦察，得知右屯卫驻兵 1000、大凌河驻兵 500、锦州驻兵 3000。兵至右屯卫时，明守军参将周守廉已撤走，努尔哈齐遂令步兵 40000 将海岸积粮运往右屯卫贮存。原驻于大凌河和锦州的明军则焚房谷而走。[2]

二十三日，金军抵达宁远，先截断山海大路，以防明军入援。《满洲实录》和《清太祖实录》关于宁远攻城的经过所述甚少，仅言及二十四日，努尔哈齐下令军中准备攻城器具，先以战车覆城下，以掩护掘城作业。但因天寒，城墙并未崩毁。而明宁远道袁崇焕、总兵满桂、参将祖大寿等守备严密。攻城二日，金军折损游击 2 员、备御 2 员、士兵 500。金军因此暂时取消进攻宁远。[3]

而明朝关于宁远之役的初报，来自辽东经略高第转达宁远塘报：

> 本月二十三日，大营达子俱到宁远，札营一日。至二十四日寅时，攻打西南城角，城上用大炮打死无数贼，复攻南角，推板车遮盖，用斧凿城数处，被道臣袁崇焕缚柴浇油并挽火药用铁绳系下烧之，至二更方退，又选健丁五十名缒下，用棉花、火药等物将达贼战车尽行烧毁。今奴贼见在西南上，离城五里龙官寺一带扎营，约有五万余骑。其龙官寺收贮粮囤好米俱运至觉华岛，遗下烂米俱行烧毁讫。近岛海岸冰俱凿开，达贼不能过海，袁参政于贼退后，差景松与马有功从

1　《明熹宗实录》卷六七，天启六年正月庚戌日，页 1a（3167）。
2　《满洲实录》卷八，页 393。
3　《满洲实录》卷八，页 394~395。《清太祖实录》卷一〇，天命十一年正月戊午日，页 133~134。

城上系下，前来报信等情。[1]

从这篇袁崇焕命景松与马有功冒险传递的战报可知，金军在二十四日寅时发起进攻，目标是西南城角。明军以红夷大炮猛烈轰击，金军改攻南角，并运用战车攻城。袁崇焕以火攻逼退金军战车。金军主力为50000骑兵，屯驻于龙官寺。龙官寺原为明军屯粮之地，战前明军已将粮食运往觉华岛。天启皇帝得知战报称："宁远道将坚志固守，打死夷兵数多，焚其战车，贼锋稍退，深慰朕怀，还着经督总镇诸臣兼兵应援相机进止，务收万全。"[2] 明军在宁远城防卫上的布置是：城门以东满桂，以西则左辅，以南则祖大寿，以北则朱梅。[3]

计六奇之父曾闻宁远城中人述记，故计六奇在《明季北略》载之甚详。金军将宁远城包围后，先以铁裹车撞城，又以状如云梯而高过于城者击撞。上以板遮蔽，兵藏于下掘城。即将城破之际，一浙江籍通判以火药置于褥子和被单制成"万人敌"，掷于城下焚烧，击退攻城军。[4]

而《颂天胪笔》也载：

廿三日虏营城下，次日（按：二十四日），疾攻东门，俱推坚车薄城。车用数寸厚板，冒以生牛革，斜盖其上，藏健酋于下，锤凿坏城十余处，矢石不能制。后拥铁骑，其酋长督率严酷，势颇张。宁前道袁公崇焕与诸将议架西洋大炮十

1 《明熹宗实录》卷六七，天启六年正月辛未日，页20b~21a（3206~3207）。

2 《明熹宗实录》卷六七，天启六年正月辛未日，页20b~21a（3206~3207）。

3 《明熹宗实录》卷六八，天启六年二月丙子日，页4b~5a（3218~3219）。

4 "顺治十五年戊戌八月十二日，先君子曰：'予昔在滁州，遇椒客，自云居宁远城，开肆鼓楼前，曾被围中，故熟知其事如此，诚他书所未悉也。'"《明季北略》卷二《袁崇焕守宁远》，页41。

一门，从城上击，周而不停，每炮所中糜烂，可数里。而诸
火器无不尽发，发亦必伤。独城下未有以施。集束刍秸灌
脂，渗以铳药，燃之，用铁钩投下，车鳞迭不得开，焚死甚
众，毙其锦服者十余人，即彼所谓孤山、牛鹿者也。……廿
五日，转攻西门，其势更悍……城中御之如前，房冒死攻益
力，而我兵所击杀更倍于昨。……使死士縋城而下，悉焚其
遗弃车械。[1]

显示宁远之役中，金军仍采取以战车攻城的战术。而破坏战车的
关键则在城上掷下的燃烧爆裂物，以及縋下死士的焚烧。

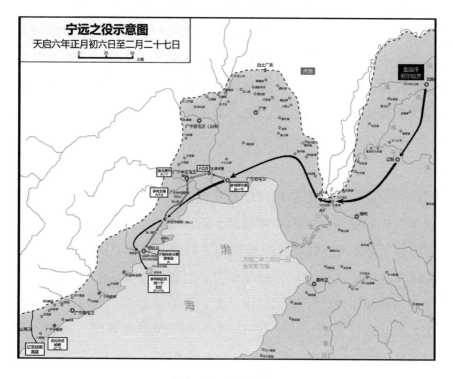

图 8-14　宁远之役

1　金日升辑：《颂天胪笔》卷二三《附记》，页 33b~34b（史 6~442），《四库禁毁
书丛刊》史 5~6，北京出版社，2000 年。《明季北略》卷二《袁崇焕守宁远》，页
41~42。

四月十九日，蓟辽总督王之臣为犒赏、优恤山海宁前军士，查报宁远战役的战况，披露了许多战役的过程：

> 二十三日，贼薄城矣。先下营西北，远可五里大炮在城上，本道家人罗立素习其法，先装放之，杀贼数十人，贼遂移营而西。二十四日，马步车牌勾梯炮箭一拥而至，箭上城如两悬牌间如猬，城上铳炮迭发，每用西洋炮，则牌车如拉朽，当其至城，则门角两台攒对横击，然止小炮也不能远及，故门角两台之间，贼遂凿城高二丈余者三四处。于是火球、火把争乱发下，更以铁索垂火烧之，牌始焚，穴城之人始毙。贼稍却，而金通判手放大炮，竟以此殒城下，贼尸堆积。次日，又战如昨，攻打至未申时，贼无一敢近城，其酋长持刀驱兵仅至城下而返，贼死伤视前日更多，俱抢尸于西门外各砖窑，拆民房烧之，黄烟蔽野。是夜，又攻一夜，而攻具器械俱被我兵夺而拾之，且割得首级如昨。二十六日，仍将城围定，每近则西洋炮击之。[1]

可知明军以红夷大炮和燃烧物将攻城的金军战车一一击破，使得金军的攻势受阻。《山中闻见录》指出，二十三日攻击东门的金军将领是李永芳，攻城士兵披铁铠甲两层，号称"铁头子"，推双轮战车攻城。这些战车车板厚数寸，包覆生牛皮，车下有椎，可以破坏城墙，攻击了宁远城十几处。还好袁崇焕以西洋大炮和燃烧兵器化解了危机。二十五日，金军将领佟养性攻城，袁崇焕又派遣死士 200 名焚烧战车，并捡拾了金军箭矢十余万。[2]

在《满洲实录》卷五有《太祖率兵攻宁远战图》，绘有两种战

---

1 《明熹宗实录》卷七〇，天启六年四月辛卯日，页 3370~3371。
2 《山中闻见录》卷四，页 50。

车攻城的情形，也可看出明军在城垛下方的炮孔安放了许多大炮，往攻城车投掷燃烧物。在图面右方的攻城车下方，已经有金军大片凿开的痕迹。（图8-15）

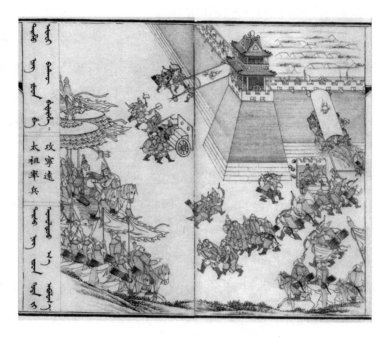

图8-15　太祖率兵攻宁远战图[1]

二　觉华岛之战

　　觉华岛之战是宁远之役的延长。觉华岛位于宁远东南海上，系明军屯粮所在。由于金军缺乏大量船只，一般季节无法对其进行有效攻击，但冬季冰封，往往可借海冰直抵该岛。辽东巡抚阎鸣泰曾分析宁远与觉华岛的关系：

　　　　辽地自关以东平川相望，惟宁远守山突起海上，形势最高首山，而下为窟龙山，两峰横亘一阙，中开此咽喉之地也。对山而南，为觉华岛，蹲峙大洋，逼临北岸，此腹心之所也。

1　《满洲实录》卷八，页392。

> 两险水陆相去仅二十六里，若关外之双眼，然而觉华一岛，
> 又若天设之以为宁远佐者。[1]

故觉华岛对于防御宁远防守极其重要。

《满洲实录》载，天启六年正月二十六日，金军发现明军关外粮草集中于觉华岛，因而派遣武讷格率八固山和蒙古兵 800 前往攻击。武纳格，博尔济吉特氏，蒙古正白旗，以 72 人随清太祖起兵，有勇略，通蒙、汉文，赐号"巴克什"。[2] 觉华岛的守粮将领则为参将姚抚民、胡一宁、金冠，游击季善、张国青、吴玉等。他们安营于冰上，并凿冰 15 里，以战车为卫。金军从未凿冰处进攻，击败明军及岛山上的二营兵。后将右屯营与觉华岛的船只、粮草焚烧，于二月初七日返回沈阳。[3]

《明熹宗实录》的记载与《满洲实录》稍有差异。高第在战后曾疏称，得知努尔哈齐过河，即通知该岛将领凿冰自卫，但因天气寒冷，刚凿开的海冰又融合，因此金军得以长驱直入。[4] 金军抵达后，歼灭明军守岛部队 7000 余，杀戮岛上商民，并焚烧储放河东堡笔架山龙宫寺右屯之粮秣。[5]

值得注意的是，在明朝的文献中，并未提及觉华岛上的明军部署战车，但从《满洲实录》中的《武讷格败觉华岛兵战图》，可见明军觉华岛守军多为鸟铳手，亦有战车停列于冰上，唯已被金军骑兵击溃。明军战车附近的海冰亦有凿开的洞穴，印证了明军曾凿冰防御的说法。（图 8-16）

1　《明熹宗实录》卷三二，天启三年三月辛丑日，页 1632。

2　《新校本清史稿》卷二三〇《武纳格》，页 9304。

3　《满洲实录》卷八，页 397。

4　《明熹宗实录》卷六八，天启六年二月乙未日，页 3257。

5　《明熹宗实录》卷七〇，天启六年四月辛卯日，页 3373~3374。

图 8-16　武讷格败觉华岛兵战图[1]

在金军撤退后，明军重新占领觉华岛。巡关御史梁梦环建议应驻防重兵，并设副将统领。[2]

三　战后之检讨

天启皇帝于天启六年正月二十九日御览塘报后，随即谕吏户兵三部，推崇袁崇焕和守城诸将的功劳。户、兵二部发银100000两为犒赏之资，并谕"切不可以小胜自满，仍锐意灭贼，全复疆土，庶仰雪三朝之耻，慰朕宵旰之怀"[3]。天启皇帝接着又肯定守势作战的正确性，说"从前皆因守之不固，更何言战？昨闻设奇应变，贼且退避，此足明固守之验矣"[4]。但是，矛盾的是，力主防守的始议者熊廷弼于二月被杀于西市，并传首山海关。[5]

宁远一役中，山海关内兵并没有出关支援宁远，也是另一检讨的目标。兵科都给事中罗尚忠指出：

1　《满洲实录》。

2　《明熹宗实录》卷七一，天启六年五月甲辰日，页3413。

3　《明熹宗实录》卷六七，天启六年正月癸酉日，页21a~b（3207~3208）。

4　《明熹宗实录》卷六七，天启六年正月癸酉日，页21b（3208）。

5　《明熹宗实录》卷六八，天启六年二月己丑日，页20a（3249）。

虏五六万人攻围宁远，关门援兵并无一至，岂画地分守，不须被缨，抑兵将骄横，勿听节制。据小塘报云，关内道臣刘诏、镇臣杨麒要共统兵二千出关应援，未几经略将道臣发出兵马撤回矣。[1]

罗尚忠指出了宁远城防守的成功，事实上隐藏了新任经略高第在指挥调度能力的不足。孙承宗原先拟订的辽东战略，高第基本上没有执行。《明史·袁崇焕传》就说：

高第镇关门，大反承宗政务，折辱诸将，诸将咸解体。遇麒若偏裨，麒至，见侮其卒。至是坐失援，第、麒并褫官去，而以王之臣代第，赵率教代麒。[2]

然而，罗尚忠的意见却在胜利的气氛中被轻轻带过。朝廷认为"得旨关门兵少，故恇怯不进，前已料之，见在兵数必不能隐，俟经臣奏至，再核功罪"[3]。在另一奏疏中，我们也可以得到另一例证。御史李懋芳在宁远役后，上疏保王化贞而参核孙承宗时提及：

枢辅糜费金钱，岁至数百万，历壬癸甲乙，计饷几至千余万。……时关上兵派十四万，枢辅清汰十二万，去年十一月复命报十一万七千有奇，昨见经臣高第报，见兵仅五万八千耳。新旧交代不过两月，则所少五万九千有余之兵安在？累年开销五万九千余兵之饷竟安归耶？明旨云，平日索饷则有兵，一旦临敌则无兵，向来料理关门作何勾当？无发关门

---

1 《明熹宗实录》卷六八，天启六年二月丙子日，页 4b~5a（3218~3219）。

2 《明史》卷二五九《袁崇焕传》，页 6710。

3 《明熹宗实录》卷六八，天启六年二月丙子日，页 4b~5a（3218~3219）。

之弊，洞烛其虚冒矣。何千余万金竟听其朦胧开销，遂不查核？[1]

礼科给事中张惟中也上奏：

> 关门近事有宜严行厘剔者，如关兵月饷非二十五万则二十二万，亦曰我兵。且十四万汰之不下十一万也，乃平居患贫而寇至又患寡，少去之兵，从何处销算？此不可不问之兵。[2]

由是可见，孙承宗与高第交接后，高第仍不断因私怨图谋诬罪于孙承宗，甚至不顾辽东战局，不愿派出关内的援军，致使宁远战役中，只能成功地防御，却未能主动出击以求扩大战果。

由于红夷大炮在对付金军攻城战车上发挥了极大的作用，朝廷也寄望于此一重要武器。天启皇帝下令兵部主事孙元化速赴宁远，与袁崇焕料理造铳建台之策。[3]宁远之役后宁远参政袁崇焕陈善后事宜，除官员升赏责罚外，约之有五：其一，将105000官兵汰为80000，以20000留关内，60000布关外；其二，宁远添二辅城以为掎角，各堡增设铳台以为应援；其三，宁远以东仍安哨探，令就地为耕，有事仍收还宁远；其四，南兵脆弱，西兵善逃，莫若用辽人守辽土；其五，将官则辽东一总兵、关内一总兵。[4]明军拥有了红夷大炮，可以坚守城池，仍然不足以出城远战。作为攻势所需的优质战车和骑兵部队，明军仍然十分欠缺。

宁远之役后，对于孙承宗原规划的辽东战略多有批评，如镇守山海关的蓟辽总督王之臣就曾对山海关的兵力调查后指出：

1　《明熹宗实录》卷六八，天启六年二月丙子日，页 5a~6a（3220~3221）。

2　《明熹宗实录》卷六八，天启六年正月乙卯日，页 10b~11a（3230~3231）。

3　《明熹宗实录》卷六八，天启六年二月戊戌日，页 30a~31a（3269~3271）。

4　《明熹宗实录》卷六八，天启六年二月丁酉日，页 31a~b（3271~3272）。

> 宁远事急，臣意关门有重兵可分一万，则各将面面相视，此云兵少，彼云马弱，即询车营何在？李秉诚云，马帅在时，营已尽废矣。其兵不任荷戈，其车半归朽坏矣。国家何赖此诸将为哉？关上兵不满三万，设一总兵南北二部，设二协守宁远，兵不满二万，设一总兵，前屯、中右设二协守亦足办矣。各帅或调别镇以尽其才，或回府以需后用，乞敕九卿科道从长计议。[1]

王之臣将战车废尽诿过于马世龙，并借以推翻孙承宗之旧制。而其他反对孙承宗者也极力批判关上之弊政。不过王之臣并未提出新的战略指导，只是认为将领过多，而天启皇帝也无意当宁远之胜后冒进进行调整[2]，故此事遂寝。

宁远之役后，辽东经略高第一共两次向朝廷奏报金军造战车意图进攻的消息，显示他对于金军战车亦有所顾忌。他举荐了袁崇焕担任辽东巡抚后[3]，自己辞去了辽东经略一职[4]。袁崇焕稍后顺利出任辽东巡抚一职。[5]

虽然复杂的朝中内斗和严峻的辽东局势，使得辽东车营已非朝臣论政的重点，但京营战车仍受到相当的关注。如协理京营侍郎冯嘉会疏陈戎政要务，就把练习火器和演练车营列为重点。[6]而兵部尚书王永光也在四日内题覆冯嘉会的奏报，依旨同意冯嘉会对于京营的训练。[7]

1　《明熹宗实录》卷六八，天启六年二月壬寅日，页32b~33a（3274~3275）。

2　《明熹宗实录》卷六八，天启六年二月壬寅日，页32b~33a（3274~3275）。

3　《明熹宗实录》卷六八，天启六年二月癸卯日，页35b（3280）；卷六九，天启六年三月丙辰日，页13b~14a（3306~3307）。

4　《明熹宗实录》卷六九，天启六年三月丙午日，页3a（3285）。

5　《明熹宗实录》卷六八，天启六年三月壬子日，页11b（3302）。

6　《明熹宗实录》卷六九，天启六年三月丁卯日，页21a~b（3321~3322）。

7　《明熹宗实录》卷七〇，天启六年四月庚寅日，页18a~b（3367~3368）。

第五节 锦宁之役

一 战前明军之部署

天启六年五月，袁崇焕就任辽东巡抚后，立即就辽东的军事部署进行调整。为了解决先前关于辽东兵额的争议，他先清查关内外的兵数，并依户部所能供给的额度将关内外兵数量复位为92231名。[1] 为了防御金军的再次攻击，兵部尚书王永光也配合袁崇焕修筑关外五城，并重筑关内倾圮的边墙。并将原有的12营部队中，8营出关，4营留于蓟镇。[2] 并大幅调整辽东各将领，其中也包括了车营将领，详参表8-8。

表8-8　袁崇焕建议之辽东武将调整[3]

新职	姓名	原职
前锋中营副总兵	左辅	副总兵管前部壮武营参将事
前锋左营游击	马爌	中左所游击
前锋右营游击	金国奇	宁远加衔游击
车中营参将	刘永昌	加衔副总兵
车前营参将	徐敷奏	宁远都司佥书
车后营参将	汪韬	加衔都司佥书
骑佐游击	朱梅	加衔副总兵
骑佐游击	王承胤	都司佥书
骑佐游击	孙怀忠	都司佥书

1　《明熹宗实录》卷七一，天启六年五月庚申日，页17a~b（3443~3444）。

2　《明熹宗实录》卷七一，天启六年五月辛酉日，页20b（3450）。

3　《明熹宗实录》卷七二，天启六年六月甲戌日，页3a~b（3471~3472）。

新职	姓名	原职
水兵中营游击	陈兆兰	宁远游击
水兵左营游击	诸葛佐	宁武营都司
水兵右营游击	张斌良	都司金书
总兵标下练兵游击	赵佑	加衔游击
总兵标下练兵游击	汪翥	加衔都司金书
督练火器游击	彭簪古	实授游击
总兵标下左右翼营游击	孙继武、贾得胜	宁远守备
抚夷副总兵	王牧民	都督金事
巡抚标下练兵副总兵	徐应垣	加衔副总兵

值得注意的是，同日兵部亦对于孙承宗旧日幕僚赞画茅元仪加副总兵职衔事加以惩处。兵部认为此一人事显属钻刺，将其削职为民。[1]袁崇焕任辽东巡抚后武将人事的更易，马世龙与茅元仪的先后去职，也代表着孙承宗的防御战略已无人延续。

袁崇焕也积极协调总兵赵率教和满桂因宁远之役争功引发的冲突，以期解决。赵率教原与满桂相善。宁远之役时，赵率教发其所部一都司四守备精兵东援，但满桂拒绝赵部入城。在袁崇焕的强令下，援兵始得入内，但满桂执意不运用此一援兵。直至正月二十四日巳时，宁远城西北角被攻将坍，满桂向袁崇焕要求援兵，援兵始投入战斗。战后，援兵分功，引起满桂的不满。满桂遂批评赵率教不派援兵。两人失和。袁崇焕指出满桂与所部关系亦不和，仅重视所属数百夷丁。

袁崇焕在规划关内外防务时，拟将山海和辽东 200 里内的六

1　《明熹宗实录》卷七二，天启六年六月甲戌日，页 3a~b（3471~3472）。

城，以每镇各领三城划分防区，但满桂认为中后所距离宁远80里，不肯同意此一设计。袁崇焕认为赵率教"其猷略渊远，着数平实，臣窃附同心之末"[1]，建议朝廷将关外所有事完全交予赵率教。

满桂与赵率教的不和所引发的种种问题也引起天启皇帝的注意，他特别下旨警告：

> 今以往，亟宜鉴不和之覆辙，破彼此之藩篱，降志相从，和衷共济，算欲着着皆实，无徒侈纸上之甲兵；心欲刻刻皆虚，不得生胸中之矛盾。渐底成迹，懋建殊劳，朕日望之。倘执拗自矜，刚愎误事，国宪具存，朕言不再。[2]

兵部尚书王永光为平息满桂的争议，特召九卿科道各抒己见，以从公确议。[3]经讨论后，决定辽东方面以关内外分任责成。[4]最后，平辽总兵赵率教移镇宁远。[5]蓟辽总督阎鸣泰建议前屯要有大将驻守山海等四路，以分关内外事务。[6]辽东督师王之臣建议由满桂出任镇守山海关总兵，而袁崇焕也不再反对。[7]辽东武将之争终于平息。

不久，原任兵部尚书冯嘉会过世，原任辽东督师兵部协理尚

---

1 《明熹宗实录》卷七一，天启六年五月庚申日，页18a~19b（3445~3448）。

2 《明熹宗实录》卷七三，天启六年闰六月乙巳日，页4a~b（3525~3526）。

3 《明熹宗实录》卷七三，天启六年闰六月丙午日，页6b~7a（3530~3531）。诸臣之持议可参见同月己酉日。

4 《明熹宗实录》卷七三，天启六年闰六月己酉日，页11a（3539）。

5 因满桂去职后，关外并无大将，便成辽东巡抚袁崇焕以文臣为前锋，故赵率教自请前往。《明熹宗实录》卷七三，天启六年闰六月己酉日，页9a~b（3535~3536）。又，朝廷正式的命令则在七月。《明熹宗实录》卷七四，天启六年七月壬午日，页9a（3595）。

6 《明熹宗实录》卷七三，天启六年闰六月己巳日，页29a~b（3575~3576）。

7 《明熹宗实录》卷七四，天启六年七月癸酉日，页1b（3580）。

书王之臣接任。[1] 王之臣就任后，立即就因保定侯梁世勋所请，将火药改成细药，炮弹减轻百分之三十的重量，以提升火器的使用效率，又造京营战车。[2] 并在刘应坤的建议下，增定大将驻防辽东各据点，命杜文焕驻宁远，尤世禄驻锦州，侯世禄驻前屯，左辅加总兵衔驻大凌河，满桂驻关门节制四镇及燕建四路，仍赐剑以重事权。[3]

金军在辽东的军事行动上一贯使用战车。毛文龙曾经据哨探内丁金尚智等所提供的情报，向朝廷奏称努尔哈齐备齐战车、弓箭于天启六年闰六月二十日过河准备进攻宁远和山海关等地。[4]

努尔哈齐于广宁之役半年后死去，皇太极继任，改元天聪。皇太极转而积极剪除次要战场上的敌人。天启七年正月，皇太极等率兵80000攻皮岛，毛文龙师溃。四月，金军再攻朝鲜，为未来进攻辽东扫平后患。[5] 袁崇焕出师援东江，令赵率教进逼三岔河。袁崇焕进驻宁远，满桂出关驻前屯。毛文龙利用金军攻朝鲜回师之时，袭之于义州，三战三捷。[6] 辽东战局出现了拉锯的局面，一直居于劣势的明军似有扭转之势。

二 锦州第一次攻防战

五月初六日，皇太极得知明军在锦州、大凌河和小凌河开始筑城屯田，遂命令贝勒杜度阿巴泰守率领金军将士出征，卯时出

---

1 冯嘉会卒于天启七年四月己亥日，王之臣就任于庚子日。《明熹宗实录》卷八三，页3a（4017）、4a（4019）。

2 《明熹宗实录》卷八三，天启七年四月辛酉日，页21a~b（4053~4054）。

3 《明熹宗实录》卷八三，天启七年四月癸亥日，页23a（4057）。《山中闻见录》卷四，页57。

4 《明熹宗实录》卷七三，天启六年闰六月丙辰日，页15a（3546）。

5 《明熹宗实录》卷八三，天启七年四月庚子日，页3b~4a（4018~4019）。

6 《山中闻见录》卷四，页57。

抚近门。由榆林边营出，在辽河旁扎营。[1] 初九日，皇太极挑选精锐为前哨，前往广宁附近抓捕明军以侦察明军动向。并将部队一分为三：以贝勒德格类、济尔哈朗、阿济格、岳托、萨哈廉和豪格率护军精骑为前队，自己与大贝勒代善、阿敏、莽古尔泰、贝勒硕托、总兵官固山额真等统大军居中，攻城诸将率绵甲军等携云梯、挨牌等攻城器械为后队。初十日，皇太极入白土场边，当晚至广宁，乘夜进发。前队兵抓捕明军哨卒，得知明军在右屯卫仅有兵 100 名防守，小凌河、大凌河等城尚未修竣，但有明兵驻防。锦州城则已修缮完毕，驻扎明军马步卒 30000 人。[2]

五月十一日，皇太极率领两黄旗和两白旗兵直趋大凌河。明守城兵弃城而逃，金军追击至锦州城下。大贝勒代善、阿敏、贝勒硕托率领正红、镶红、镶蓝旗兵前往锦州，并包围该城。大贝勒莽古尔泰则率正蓝旗兵前往右屯卫。其他则会于锦州，距城一里驻营。[3]

《山中闻见录》载，皇太极领步骑 100000 渡河后，于十一日包围锦州，赵率教出城迎敌。次日，皇太极兵分两路，以战车、云梯攻城，步骑亦轮番进攻。赵率教、左辅、朱梅等将环甲登陴，分营击射。自晨至暮，金军伤亡重大，仍不能攻下锦州，只好于二更退五里，屯于锦州西南大道，以阻止明军北上增援锦州。[4] 十二日，金军整理攻城器具。午刻，攻锦州城西隅。就在即将攻下之际，明军三面守城兵来援，火炮矢石齐下，逼迫金军退五里而营。皇太极因此下令调取沈阳兵来援。[5]

---

1 亦作都都贝勒，阿布太贝勒。《清太宗文皇帝实录》（初纂本）卷二，天聪元年五月初六日，页 35b，台北"故宫博物院"藏小红绫本。

2 《清太宗文皇帝实录》卷三，天聪元年五月辛未至乙亥日，页 11a~b。

3 《清太宗文皇帝实录》卷三，天聪元年五月丙子日，页 11b~12a。

4 《山中闻见录》卷四，页 60。

5 《清太宗文皇帝实录》卷三，天聪元年五月丁丑日，页 13b。

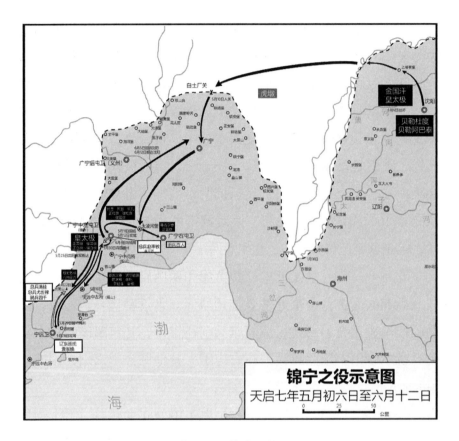

图 8-17 锦宁之役

锦州被围后，兵部尚书王之臣对金军入侵锦宁的战略目的十分了解：

> 奴子回巢，即裹粮西来，其欲挠我修筑，扰我屯种明矣。但溽暑行兵。已犯兵家之忌，我惟明烽远哨，坚壁清野，以逸待劳，以饱待饥，如向年宁远婴城固守故事。且河西粮石俱已搬运锦州，千里而来，野无所掠，不数日必狼狈而回，伏兵要害，乘其惰而击之，此万全之着也。[1]

---

1 《明熹宗实录》卷八四，天启七年五月己卯日，页 10a~b（4077~4078）。

明军准备采取类似宁远之役的防守策略，将粮食由原来的觉华岛改置于锦州，并在据点上屯驻重兵，以便相互联络，并牵制来犯的金军。

同时，宦官也明显地介入了明军的军事部署决策。除了天启皇帝称有"厂臣密授方略"外[1]，兵部尚书王之臣在覆辽东太监纪用及巡抚辽东袁崇焕疏时，将辽东的战斗序列指为"镇臣纪用奋勇以当前矛，抚臣袁崇焕运奇以任中权，山海镇臣刘应坤慎重以居后劲"，将内臣置于最前线。[2]其次，论及武将布置时，将左辅、尤世禄独当前锋，满桂移驻前屯，孙祖寿移驻山海，黑云龙移驻一片石，阎鸣泰移镇关门，并称"分布兵马，关内四万，关外八万，俱如内镇臣议听督抚作速布置"[3]，可见战前魏忠贤对此役着墨之深。他将锦宁攻坚战精密地设计成一个由皇帝亲自指挥、太监作为主要参谋和战役执行者的局面。

辽东巡抚袁崇焕亦上奏报告宁远和锦州前线的兵力部署概况：

> 内外二镇协力守锦州。臣坚守宁镇，以副总兵左辅统余国奇官兵为左翼，令都司徐敷统官兵从大凌河入锦佐之；其西壁以副总朱梅等各官兵守之；而赵率教居中调度，贾胜领奇兵东西策应。至于宁远以副将祖大寿为主帅，统辖各将，分派信地，相机战守。沿边小堡俱归并于大城，会同关门镇臣，节节防御。[4]

故关外宁远和锦州一带的兵力，都集中于此二据点的防御上。

太常寺少卿仍管兵科都给事中事许可徵上奏指出金军之战略

目的及应对之策：

> 逆奴犯锦州不过欲扰我屯田筑城，又恐我备，一固后难
> 为力，故及城工甫成，蓄积未厚，而引兵亟击。且料我必救
> 锦，将诱我兵于野战，而用其所长，此奴之狡情也。火器虽
> 我长技，然必车骑相依，变化无端乃为胜算，未审关外运车
> 之法果习利与否？……顾今日关宁安危所系，而吃紧处在固
> 人心、足兵、足食，各有所司，宜早计而豫待之。得旨：这
> 本说奴犯锦州扰我屯筑，或诱我救兵野战，而用其长，我多
> 备火器车营足以制其死命，具见料敌制胜之策。其固人心、
> 足兵食、早计豫，待以作敌忾，自是战守正论。着依议行，
> 至水兵会哨即与酌议。[1]

许可徵关切关外战车营的情况，并期盼战车能与骑兵相协同，在
野战中对抗金军。天启皇帝亦十分认同许可徵的看法。

锦州被围后，袁崇焕上奏朝廷，指出关外兵尽在前锋，保护
山海关外卫的宁远等四城。因四城战略地位重要，不能够撤守以
前进支持锦州，因此希望朝廷能明确锦州、宁远和山海关等据点
的战略任务。天启皇帝下令：

> 奴氛孔棘，我兵精锐都在前锋锦州当能自固，宁远四城
> 关门保障，该抚不轻调援，自是慎重之见，即各枝援兵亦止
> 传令声息，四出以疲贼应接，杀其专向锦州之势则可耳。无
> 轻当虏，虑有万一，则伤锐气，听该抚便宜调度。[2]

---

1 《明熹宗实录》卷八四，天启七年五月壬午日，页 15b~16a（4088~4089）。
2 《明熹宗实录》卷八四，天启七年五月甲申日，页 18b~19b（4094~4096）。

三　笊篱山之战

为了增援孤立的锦州，十五日，满桂率领尤世禄、副将祖大寿出兵东援；同时，为了防止明军救援锦州，金军亦南下寻求与满桂军决战。十六日，大贝勒莽古尔泰、贝勒济尔哈朗、阿济格、岳托、萨哈廉、豪格率偏师防卫塔山运粮士卒，前军80人曾与明兵20000人遭遇，击败明兵，但这次战斗在明朝官方史料上没有任何记载。十七日，皇太极亦移往锦州城西二里之处驻营。[1]

五月二十一日，袁崇焕奏报满桂和尤世禄二总兵于笊篱山遭遇金军。[2]满桂登笊篱山远望敌军。突然金军骑兵大至，满桂徐退至宁远。金军则屯于塔山。袁崇焕遂募死士夜斫敌营，并遣王喇嘛联系蒙古部族。满桂也积极地自海路调遣火药入锦州。[3]金军占住塔山，等于断绝明军自陆路援救锦州的可能。二十二日，满桂遂挑选骁骑1000人，衔枚驰往金军屯驻的塔山，又亲率巡抚阎鸣泰标下铁骑3000人继进。前锋于笊篱山交战，引出埋伏于两翼，欲包抄进击明军的金军。满桂率领诸将内外合击，金军溃败，满桂亦退回宁远。[4]据兵部题奏，明军仅损伤官兵120余名，马180余匹。[5]金军伏击满桂的行动失败。

但《清太宗文皇帝实录》所载不同。二十一日，皇太极命额驸苏纳选八旗蒙古士马精壮者悉统领之，星驰截守塔山西路。二十二日，额驸苏纳遇明兵2000人，进击，败之，乘胜逐杀，获马150余匹。即以所俘获，赏随征蒙古诸贝勒将士。[6]

1　《清太宗文皇帝实录》卷一，天聪元年五月辛巳日至壬午，页15a。

2　《明熹宗实录》卷八四，天启七年五月丙戌日，页23b（4104）。

3　《山中闻见录》卷四，页60。

4　《山中闻见录》卷四，页60。

5　《明熹宗实录》卷八四，天启七年五月丁亥日，页23b（4120~4121）。

6　《清太宗文皇帝实录》卷一，天聪元年五月丙戌日至丁亥，页15b~16a。

四　宁远攻防战与第二次锦州攻防战

二十五日，沈阳增派的援军抵达。固山额真侍卫博尔晋、固山额真副将图尔格，自沈阳率兵至行营。二十七日，皇太极率三大贝勒、诸贝勒、每旗副将一员及护军并行营兵 3000 人，往宁远迎击敌兵。卯刻，起行。[1]

二十八日，皇太极仅留下少数的部队包围锦州，将攻击的重点改为宁远。而满桂亦准备拔营向东，未料发现金军分灰山、首山、穷庐山、连山数道而来。满桂将部队部署于宁远城下，阻壕列营。金军骑兵大至，列阵于城东，长达数里。战前满桂下令副将尤世威整理火器，次日出城。[2]金军立刻包围宁远城。满桂率诸将于城下迎战，明军枪炮矢并发。而守城的袁崇焕则于东门城楼督战。参将彭簪古列红夷大将军和发熕等炮，击毁东山坡上的金军大营毳帐，并焚毁皇太极的白龙旗。金军伤亡枕藉。中午后，金军逐渐不支，遂退往首山东面。明将则列营于城外，取得宁远防御战的胜利。[3]

《清太宗文皇帝实录》载：二十八日黎明，金军驰至宁远城北冈。明军游击二员率步兵 1200 余人掘壕，以车为营，列火器为守御。因此可知宁远城外有明军战车部队。唯《清太宗文皇帝实录》则载"皇太极率诸贝勒将士面城列阵，令满洲行营兵及蒙古兵，攻其步卒，不移时尽歼之"，被金军所消灭。而明总兵满桂所部及来自密云明军，出宁远城东二里列阵于南，沿城环列枪炮。皇太极因明军倚势于城垣，无法尽力突击，故退军列于山冈。与金军诸将商讨后，亲率贝勒阿济格与诸将侍卫护军等突击，击败并消

1　《清太宗文皇帝实录》卷一，天聪元年五月庚寅日至壬辰，页 16a。
2　《钦定宗室王公功绩表传》的《和硕英亲王阿济格传》曾载此役中明军车营驻于宁远城北，疑为副将尤世威所部。清高宗敕撰：《钦定宗室王公功绩表传》卷三《传一》，《景印文渊阁四库全书》第 454 册，台湾商务印书馆，1983 年。
3　《山中闻见录》，卷四，页 61~62。

灭了明军前队骑兵。其他金军将领亦出兵攻击明军步卒，其后退回双树铺驻营。[1]

防守锦州的赵率教侦知金军主力往攻宁远，遂于二十八日出城攻击，牵制金军。金军游击觉罗拜山、备御巴希阵亡。[2]二十九日，皇太极闻讯北返，自双树铺起行。[3]三十日，金军再度包围锦州城。次月初四，金军经短暂之休整，于鸡初鸣发动攻城。皇太极指挥步骑数万人，以战车和云梯攻击锦州城的南面，并以大炮轰击锦州城墙。城墙上明军的火炮也进行还击。金军轮番攻击，至日落才撤退。金军留下战车和云梯数千，赵率教遣壮士缒城下，将攻城车械烧毁。金军伤亡达数千，皇太极至五更拔寨东行撤退，锦州亦得以保全。[4]

六月初四日，皇太极攻锦州城南隅。因城壕深阔，难以攻取，加以时值溽暑，不得不决定引军北还。[5]初五日，自锦州班师。[6]十二日，返回沈阳。[7]

五　战后之影响

锦宁大捷后，天启皇帝特别发布上谕称诸臣"屡挫狂氛，一月三捷"，期"尽心殚虑，和衷共济，预修御备，早复全辽，慰朕东顾之怀，仰雪三朝之耻"。[8]为了此一大捷，朝廷更由钦天监选定初九日献俘称贺。[9]战后魏忠贤党群论袁崇焕未救锦州，袁崇焕

1 《清太宗文皇帝实录》卷一，天聪元年五月癸巳日，页 16a~17a。

2 《清太宗文皇帝实录》卷一，天聪元年五月癸巳日，页 17a。

3 《清太宗文皇帝实录》卷一，天聪元年五月甲午日，页 16a~17a。

4 《山中闻见录》卷四，页 61~62。

5 《清太宗文皇帝实录》卷一，天聪元年六月己亥日，页 17b。

6 《清太宗文皇帝实录》卷一，天聪元年六月庚子日，页 17b。

7 《清太宗文皇帝实录》卷一，天聪元年六月丁未日，页 17b。

8 《明熹宗实录》卷八六，天启七年七月乙丑朔，页 1a~b（4127~4128）。

9 《明熹宗实录》卷八六，天启七年七月壬申日、癸酉日，页 8b~9a（4142~4143）。

因而乞休，七月被允归。[1]

天启七年七月，霍维华升任兵部尚书后[2]，奏陈锦州不可弃守、兴筑塔山城、练火器、备车营等四事。透过锦宁大捷的检验，即便是修筑尚未完成的锦州城尚可以阻挡金军主力，足见锦州城在防御上的价值。然后，为了确保锦州和宁远间的联络，必须兴筑塔山城。在火器方面，霍维华认为明军的火药质量已无问题，数量亦极为充分，问题在于训练。而战车方面，他认为战车可以防护堡垒，可以抵御敌骑的冲锋。但明军将领却认为战车的速度慢，因而未能穷究战车的限制。霍维华认为锦宁大捷前，文华门前所出现送往关外的战车十分完善，应令关外仿造并大量装备，使关外军中以车营为主，以步兵来发扬火力，以骑兵出奇，则有胜无败。[3] 除此之外，又有礼科给事中李觉斯主张于关外习车营。[4] 这些与战车相关的进言，都得到天启皇帝的同意。

太监对于此役的另一影响，即为大造战车。《明熹宗实录》载刑部主事李瓒即于此役间曾看见文华门外陈列无数"精监工巧"的战车。[5] 七月，吏科给事中陈尔翼亦称厂臣所造战车火药"色色精工"。[6]《熹宗七年都察院实录》则载明此批战车为厂臣新造武刚车，共 120 辆，后交与镇守山海关的刘应坤调遣，计划用于救援锦州。[7]

1 《明史》卷二五九《袁崇焕传》，页 6712。
2 《明熹宗实录》卷八六，天启七年七月己巳日，页 7a（4139）。
3 《明熹宗实录》卷八六，天启七年七月癸未日，页 21a~22a（4167~4169）。
4 《明熹宗实录》卷八七，天启七年八月丙午日，页 22b~23a（4230~4231）。
5 《明熹宗实录》卷八四，天启七年五月乙酉日，页 23a~b（4103~41046）。
6 《明熹宗实录》卷八七，天启七年八月癸卯日，页 21a~b（4227~4228）。
7 《明熹宗七年都察院实录》卷一三，天启七年六月初二日，页 787b（1574）。

第六节　术士和草泽：天启朝的战车奇想

一　谭谦益之用术士于战车

经历广宁等役的失利，束手无策的官员更加深了对战车的依赖和期待，甚至认为马兵应该少用。刑科给事中解学龙称：

> 奴虏之长技在马，计莫若以吾之长胜彼之短，车牌蒺藜结营以自固，连环火炮取威以致胜。先年蜀兵之鏖战，以步不以骑，罗一贵之死守，以铳不以马。然则马兵何必用多？徒以糜费金钱，此马兵之当酌者也。[1]

这种以战车取代骑兵的呼吁，反映出朝中对于使用战车的过度倾斜。在辽东战场上继续运用战车，成为广宁弃守后，重建辽东战守之策的核心思想。

这种重视战车的倾向也影响到了天启皇帝。天启二年二月，天启皇帝命发帑银三万两，着锦衣卫千户陈正论会同刑部主事谭谦益速制战车。[2]次年九月，谭谦益上疏荐举黄处士和宋明时。谭谦益之荐举，系受太监魏宗贤指使。朝中对于草率选择车营指挥者不以为然，亦有反对声浪。兵部主事邹维琏就称：

> 谦益所荐明时，其言论大旨不过书符作法，请玉帝之敕旨，调天阙之神兵而已。自古及今，未有使鬼役神而能破贼成功者。蚩尤作乱，能布大雾，述军士其术神矣；黄帝与战，斩于涿鹿之野。汉之张角，晋之卢循、孙恩，元之韩山童、

1　《明熹宗实录》卷三八，天启三年九月壬辰日，页 1b~4b（1936~1942）。

2　《明熹宗实录》卷一九，天启二年二月丁丑日，页 9b（968）。

刘福通，俱以使鬼邪说烧香惑众矣，后竟败亡。国朝永乐时，山东蒲台县妖妇唐赛儿聚众作乱，自称佛母，能剪纸人纸马相战，旋即破灭。近日山东妖贼徐鸿儒，亦以白莲伏诛，此皆借神说以倡乱者也，其无成效已若此，庙堂之上，岂宜复为左道树赤帜？臣望皇上再敕谦益斟酌慎重，无令天下后世笑举朝之无人耳。[1]

吏科给事中章凡儒亦言："谭谦益附会妖人，似痴似颠，说者谓其所造战车破冒不赀，借此为护身符，此新妖也。"[2]兵部亦令本部郎中王继谟、廖起巘亲见宋明时。宋明时称受之秘传，不可轻视，不便于显试。兵部遂议请送蓟辽总督衙门试验。[3]

当时朵颜三卫夷人朗素背盟挟赏，蓟辽总督遂命宋明时施法试验。宋明时设坛练将演兵，最终得"不宜兴戎"的结论。随后，朗素撤退。宋明时以此为己功，又作法称能让朗素毙命，但郎素毫发无伤。兵部以"明时左道惑人，请立寘于法，以为奸邪诬罔之戒"。天启皇帝命驱逐他回籍，宋明时终于十二月被逐。[4]

宋明时事件凸显出魏忠贤利用朝中重视战车军事价值的氛围，意图起用术士掌兵权。天启四年二月，南京湖广道御史张继孟更上疏云：

今主事谭谦益以不知兵法之宋明诗（时）谬为举荐，使其验也，载之史册，令天下后世谓今日邪术用兵，已非我天朝堂堂正正之体。况其不验，闻之中外，不将笑破夷虏之口

---

1 《明熹宗实录》卷三八，天启三年九月庚子日，页10a~b（1953~1954）。
2 《明熹宗实录》卷三八，天启三年九月乙卯日，页29a~b（1991~1992）。
3 《明熹宗实录》卷三八，天启三年九月庚子日，页10a~b（1953~1954）。
4 《明熹宗实录》卷四二，天启三年十二月丙午日，页20b（2202）。

而大损中国之威哉？事同儿戏，罪犯欺君。[1]

鉴于朝臣的多次反对，天启皇帝不得不承认自己的错误。但在天启五年八月二十四日，仍准复原任刑部陕西司主事谭谦益，以原官造车着劳，仍与优叙。[2] 其所造攒枪车 1000 辆，既未投入前线，也未闻配用京营。

天启三年十一月，辽东传回了令人忧心的消息。兵部尚书赵彦言，据山海关总兵马世龙塘报内称，回乡汉人供出奴酋做西达子罗罗车 3000 余辆。[3] 金军战车的规模在不断扩大。

二　喻龙德的战车奇想

喻龙德，昭阳人（今湖南邵东县东），布衣，十五六岁时即常默想平虏。万历四十四年起，曾撰写过《日中三策》《中兴三策》和《匡时五策》，对时事颇为关注。万历四十六年，他认为："中国之大，岂乏人鲜法，终不能制此逆虏？"必有"一工"可以破之。于是积极探索近千日，终得其技。万历四十八年，独行前访神仙，遇见无妙上人。询之车战，神人遂授予他战车尺寸和用诀。[4] 他将这些内容传授给他的弟子龚应圆等人，并刊刻《喻子十三种秘书兵衡》十三卷。

喻龙德曾亲见过当世许多种类的战车，对于这些战车批评颇多。他曾于天启元年前往北京，至兵部尚书处观看测试鱼车，发现一炮即可击碎。又至北京安定大教场观察武刚车和偏厢车，对

1　李长春：《明熹宗七年都察院实录》卷七，天启四年二月十六日，页 392a~394a（783~787），《明实录》附录，台北"中研院"历史语言研究所，1984 年。

2　《明熹宗实录》卷六二，天启五年八月庚子日，页 20b（2938）。

3　《明熹宗实录》卷四一，天启三年十一月丙子日，页（2109）。

4　喻龙德：《喻子十三种秘书兵衡》卷五《车器》，页 3a~b（子 29：188），《四库禁毁书丛刊》本，北京出版社，2000 年。

这两种战车的评价更低，"上之不可载人，下之不可伏卒，屏不可当炮石，中不必备奇器"。喻龙德只对保定巡抚胡思伸所捐造的"平夷车"评价较高。后又在返回山东的路程中见火虎、中转火车等，认为这些车"枵漫可叹"。[1] 因此开始着手整理并创发战车的车制。

喻龙德重视战车的防御力和机动力，共整理设计了活虎车、冲敌铁头车、神转火球车、运粮木牛四种战车。究其车制，受李自用所设计的遁形车影响较大，且或有些不切实际之处。但因其反映了此一时代的造车思想，特分论此四种战车如下。

三　活虎车

喻龙德十分重视战车的防御力。他认为战车的木质车厢容易为炮石所击破，因此大大地强化了车体的防护功能。活虎车的外形如一大虎，最特别的是兼顾了车辆上层的防护。车体披生牛皮两层，中间则密夹绵茧。车头牛皮画虎，以生桐油渗涂数日，然后晒干，以增加其硬度。虎头上有窍，可供发射火器。车头下摆亦挂皮一层，以防护车轮，参图 8-18。战车车体分为上下两体。上体高 4 尺（1.26 米），为减轻车体重量而采用扇形木网结构，参图 8-19。下体四方各 5 尺（约 1.6 米），用荆蜀硬木制成方框，方框两旁安装坚固的车轮柱和车轮，方框四周则以硬木设立木架，并设有支车木，可以固定战车，参图 8-20。板下设置安放器械火药小箱，并设水桶挂设处。[2]

活虎车配置 5 名乘员，战时士兵可立于车身上体发射武器。行进时 2 名士兵推车，作战时 4 名士兵推车。战时的编组为三辆并列。车身上体有用精铜制造的环，可供串联。[3]（图 8-21）

1　《喻子十三种秘书兵衡》卷五《车器》，页 2a~b（子 29：187）。

2　《喻子十三种秘书兵衡》卷五《活虎车》，页 8a~b（子 29：190）。

3　《喻子十三种秘书兵衡》卷五《活虎车》，页 9a~b（子 29：191）。

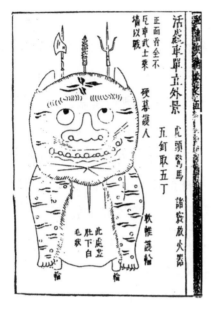

图 8-18　活虎车单立外景图[1]

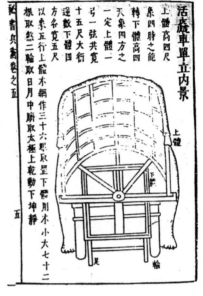

图 8-19　活虎车单立内景图[2]

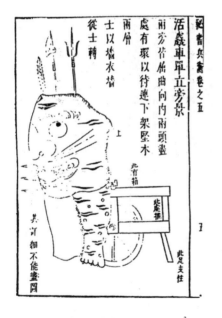

图 8-20　活虎车单立旁景图[3]

图 8-21　活虎车全合一字并列之图[4]

1　《喻子十三种秘书兵衡》卷五《车器》，页 4b（子 29：188）
2　《喻子十三种秘书兵衡》卷五《车器》，页 5a（子 29：189）
3　《喻子十三种秘书兵衡》卷五《车器》，页 5b（子 29：189）
4　《喻子十三种秘书兵衡》卷五《车器》，页 6a（子 29：189）

四 冲敌铁头车

冲敌铁头车是少室山人传给喻龙德的战车。如其名，车头包有人字形尖铁。尖铁向前，如犁头，可以用于铲除战场上的木桩、马落、鹿角等阻车之物，或是冲开敌营的木栅和营帐。由于尖铁车头较重，故在车头下设有二轮，并有许多木足，以避免车身陷入。车后设有二大轮，便于脱困。车底设有二根长木，可以跨沟。车两旁设有木网，外挂和活虎车一样的皮幕，防护车兵。战时，冲敌铁头车并非用于列阵，而是置于中军，等候冲击敌营。[1]

冲敌铁头车高 50 寸 (1.6 米)，长 10 尺 (3.15 米)。车身上体高 33 寸 (1 米)，下体高 24 寸 (76 厘米)，宽 7 尺 (2.2 米)。尖铁人字每边 3 尺 6 寸 (1.1 米)。其车式详参图 8-22。

图 8-22 冲敌铁头车式[2]

---

1 《喻子十三种秘书兵衡》卷五《冲敌铁头车》，页 9b~10a（子 29∶191）。

2 《喻子十三种秘书兵衡》卷五《车器》，页 6b（子 29∶189）。

五 神转火球车

神转火球车是一种十分特殊的战车，传为喻龙德游泰山时，得之于道翁黄了凡。车身四周和车顶都是圆形，车身下部设车裙，士兵由下面进入车身。车体设有四轮，四轮旁有轴，轴上有齿。车体上设有一虚轮，虚轮有齿，连于四轮齿，由一名士兵在车内绞动虚轮带动四轮前进。车身上有炮孔和觇孔，可以发射火器，观察车外敌情。[1] 其车式参图8-23。

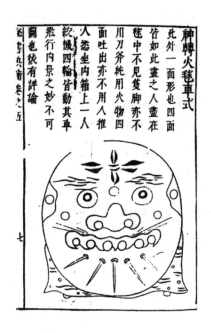

图8-23 神转火球车式[2]

神转火球车的应用与传统战车稍有不同，作战时一般列于中军之处，待发现敌军集中或两军酣战时，突然投入战局。或是以草土遮蔽后埋伏于路旁，或迂回至敌后，或深入敌军为内应，或深入敌境焚烧敌人粮车。[3]

1　《喻子十三种秘书兵衡》卷五《神转火球车》，页10a~b（子29：191）。

2　《喻子十三种秘书兵衡》卷五《车器》，页7a（子29：190）。

3　《喻子十三种秘书兵衡》卷五《神转火球车》，页10a~b（子29：191）。

六 运粮木牛和木虎

运粮木牛和木虎皆是少室山人传于喻龙德。这两种车辆与神转火球车相类，利用人在车中拨机推动。运粮木牛一组5辆，彼此首尾相连。领头的大牛肚中藏一人，负责拨机前进，牵动其他小牛。每牛可搭载粮食2石。如遇敌人抢粮，木牛除可拨机后退，也可以把车机拨出，使敌军无从移动木牛，争取抢回粮食的时间，参图8-24。[1]

此外，也可将木牛扩大为木虎，每虎承载粮食5石。每一木虎中都有一名士兵和数件火器，遇敌则"佯行前进"，待敌靠近则以火器攻击之，使敌以为是战车而不敢前来夺粮。[2]

喻龙德的弟子龚应圆曾构想一结合四种战车的战斗组合，其中活虎车为"八部"和"八牙"，为主力，由铁头车组成的"八骁"用于冲锋陷阵，"八奇"则用于伏击，"八健"则用于运粮和助战。[3]其各部详细数量，参见表8-9。

表8-9 龚应圆战车编制表[4]

战车种类	数量	人数	编组
活虎车	320	16000	八部八牙
铁头车	80	4000	八骁
火球车	40	2000	八奇
木虎	40	2000	八健

图8-24 运粮木牛图[5]

---

1 《喻子十三种秘书兵衡》卷五《运粮木牛》，页11b~12a（子29：192）。

2 《喻子十三种秘书兵衡》卷五《运粮木牛》，页12a（子29：192）。

3 《喻子十三种秘书兵衡》卷五《运粮木牛》，页12b（子29：192）。

4 《喻子十三种秘书兵衡》卷五《运粮木牛》，页12b（子29：192）。

5 《喻子十三种秘书兵衡》卷五《运粮木牛》，页7b（子29：190）。

七　火龙卷地飞车

火龙卷地飞车是一种较为传统的双轮战车，在车厢设有竹片编的躲箭帘两层，并设两大眼、四小眼，可供车上 24 件火器轮流发射。每车配属士兵 4 员，车旁有"飞翅神牌"遮挡矢石，车前钉有利刃和号旗。[1] 唯此战车无图。

八　战术

喻龙德的战车战术内容十分简易，只有营阵、龙蛇阵两种。营阵作战只有前进、后退和开阵出击之别，龙蛇阵则用于包围冲锋的敌骑部队。[2] 战车每队 50 人：车上每次立 2 名军士作战，车下则左右各 3 人策应（车上下士兵各 12 人，共 24 人轮流作战）；车后推车力士 12 人；追击骑军 10 人；车队由 1 名小将统领，下分 2 名队长。[3]

1　《喻子十三种秘书兵衡》卷六《火龙卷地飞车》，页 8b~9a（子 29：208~209）。

2　《喻子十三种秘书兵衡》卷五《论车战》，页 13a（子 29：193）。

3　《喻子十三种秘书兵衡》卷五《论车战》，页 13a~b（子 29：193）。此处数字不合，尚缺一名。

第九章　明末危局与战车

　　崇祯朝是明清战争中决战阶段，也是双方运用战车的高峰。作为攻击的一方，皇太极于天启末年战争的经验中得知，明军在辽西走廊各据点的防务日益完善，并能相互支持，使得金军无法迅速拔除据点。为了攻下明军据点，只能进行旷日费时的围困，使得战事陷入胶着。皇太极意识到必须另辟战场，因此持续与各蒙古部族进行结盟，逐渐使蒙古转而与金军合作。这一措施削弱了明军取得的蒙古骑兵的支持，也使金军增强在辽东战场的实力，并得以开辟第二战场，绕过僵持的辽西走廊，透过北方战线进入蓟镇，直接威胁北京。

　　金军转移进攻方向虽有迹象，但未受到明军重视，仍仅知布防重兵于山海关。崇祯二年十月，皇太极联合蒙古部族，侵入蓟镇大安口。蓟镇战车虽曾于大安口和遵化抵御，但未能阻挡金军的攻势，金军得以长驱直入，直抵北京。临危授命的布衣申甫，在其他明军将领的混乱指挥中，率领着成军不及一月的车营，于卢沟桥与金军遭遇，不幸全军覆没。明军虽期望自东江调遣龙武营战车，但因拖欠关饷而未成。随后在孙承宗的调遣下，明军攻克蓟镇滦州和迁安等金军据点，迫使金军退回辽东而结束战事。

　　在山海关外的前线，明朝文武官员在驻地大规模制造并部署战车。而以骑射见长的金军，面对"婴城固守，坚壁待援"的明军，逐渐利用投降和归附的汉人军队，增强了战车和火器的打击力，并不断地扩大战车使用的规模。大凌河之役、旅顺之役、松锦之役次第发生，双方集结大量兵力，以战车火器相搏。

崇祯四年，金军对大凌河发动攻势，揭开了关外战争的新篇章。不同于先前宁远和锦宁之役的僵局，金军于长山之战用战车掩护步兵和骑兵部队，击溃了明军的主力车营。同时，灵活运用红衣大炮攻大凌河城外明军敌台，并成功地招降被围困于大凌河城中的明军。崇祯六年，金军再以战车顺利攻克明军占领的旅顺。而辽东明军的战车部队数量已经大不如前，仅存三个车营，三方布置之策已彻底瓦解。

崇祯十三年，清军推进，包围锦州。在宁远的明军主力出援，期盼发动阻击战，以解锦州之围。清军则围点阻援，双方在松锦之间大规模会战，战事陷入胶着。在皇太极亲征后，清军实力大增，成功地穿插包围松山堡明军主力，使得清军获得关键性的胜利。在战役期间，洪承畴所部战车约2000辆，其中车右营战车在黄土岭之战因安营未定，损失三分之二。随后的东西石门之战，明军战车由骑兵两翼戒护。两军发生炮战，马兵贪功，未尽戒护之责，再一次造成车营的损失。但经过两次的打击，明军战车仍在乳峰山之战中奋战不懈。可惜松山溃师，致使战车不能有进一步的表现。明军除了损失在宁远以北的锦州、松山、杏山和塔山四城外，关外明军战车部队的主力在此役中逐渐被消磨殆尽。而同样大量使用战车、火炮的清军，则在战场上掌握主动权，在野战和攻城上无往不利。

崇祯朝进献战车者冠于前朝，其设计亦颇有巧思。此外，明代档案中保有思宗前往地坛祭祀，动员大量战车警戒的记载，可知战车在京师警戒卫戍的多元角色。崇祯十四年，流寇包围汴梁，保定车营驰援不成。崇祯十七年北京之役，京营战车出战又失败。其后，南明虽有造用战车之余绪，但已无力翻转历史，明代战车留下了最终的历史篇章。

第一节 北京之役

一 金军转移战略方向和联络蒙古

崇祯元年二月十二日，思宗决定重新起用在锦宁之役后离开辽东巡抚一职的袁崇焕，并罢去蓟辽督师王之臣，改命袁崇焕为兵部尚书兼右副都御史督师蓟辽登莱天津，移驻山海关。[1] 山海关内外的军事指挥得以统一。

皇太极则在锦宁之役败后，认为北京东北方广宁至山海关一带防御日渐坚固，攻坚益发困难。因此，唯有绕过辽东的层层防线，从蓟镇一带甚或宣府大同入犯，才能突破明朝的防御，进而威胁北京。[2] 为了支持、掩护其将在西翼发动的主要攻势，其行动有三：其一，逐步消灭或拉拢对明朝友善的蒙古部族；其二，向明朝议款以争取时间；其三，骚扰辽东边境及佯装发动战争。

三月初四日，皇太极先以两万余骑屯于锦州外，以都令为向导，攻克拱兔男青把都扳城，尽有其地。[3] 辽东多处有蒙古部族协守，如广宁塞外的炒化、暖兔、贵英诸部，蓟镇三协的三十六家，协防山海关的各部，原皆受朝廷的封赏。皇太极积极

---

1 《崇祯实录》卷一，崇祯元年二月甲辰日，页5b（10），台北"中研院"历史语言研究所，1984年。

2 崇祯十二年五月十三日，皇太极曾经敕谕朝鲜国王李倧说明了自己亲率大军二至锦宁，目的并非是为了攻取辽东的城池，而是为了牵制明军，使之东西疲于奔命，首尾不能相顾，使西征的清军可以从容进攻。中央研究院历史语言研究所编：《明清史料甲编》第七本，《清崇德间与朝鲜往来诏敕章表稿簿》，页620，北平中央研究院历史语言研究所，1930~1931年。

3 《崇祯实录》卷一，崇祯元年三月己丑日，页6a（11）。《山中闻见录》作二月，疑误。彭孙贻：《山中闻见录》卷五，页1a~b（补16~445），《四库禁毁书丛刊补编》本，北京出版社，2005年。

利用蒙古部族中插汉和朵颜三卫间的恩怨斗争，以及明朝原本对于协守部族的封赏问题，主动拉拢这些部族结盟，或被动接受其保持中立。

思宗登基不久即一反前例，停止对协守诸部的赏赐。加之塞外饥荒，诸部再向朝廷请粟，思宗亦不予，于是东边诸部落群起扬去。金军遂得尽收诸部[1]，蓟、宣两镇形成明军独守的局面。思宗于九月特别召廷臣及督师兵部尚书王象乾，于平台问其方略，王象乾请发抚赏银 50000。稍后思宗又谕王象乾增至 360000。[2]明廷虽想补救，但为时已晚，失去了蒙古诸部的支持。

在议款方面，二月壬申日，毛文龙奏先由可可固山和马秀才等五人至皮岛议款。[3]五月二十七日，金兵攻河西、高桥、朱家洼、塔山，又围大兴堡，总兵朱梅御之。数日后，又贻书通款。[4]这些攻势和议款虽然看似无作用，却给予明军辽东前线示弱或暂和的假象，并吸引着明朝在辽东的重兵。

而在骚扰方面，崇祯元年七月，兵部尚书王象乾已从宁远总兵朱梅塘报得知，金军已演放鸟枪、三眼枪，战车亦已准备完毕，并将于农作收割后进犯。[5]除前述崇祯二年五月间攻击河西、高桥等地外，六月又攻锦州，入骆驼、大兴诸堡。[6]八月，清兵攻黄泥洼，袁崇焕令总兵官祖大寿御之。[7]七月十四日，督师龙武营游击袁进出哨，救回被掠生员徐胜云。据徐胜云报称，金军正训练士

---

1 《崇祯实录》卷一，崇祯元年三月癸未日，页 16a（32）。

2 《崇祯实录》卷一，崇祯元年九月辛未日，页 17b~18a（34~35）。

3 《山中闻见录》卷五，页 1b（补 16~445）。

4 《崇祯实录》卷一，崇祯元年五月丁亥日，页 11a~b（21~22）。

5 《明清史料甲编》第八本，《兵部题"宁远总兵朱梅塘报"》，页 704。

6 《崇祯实录》卷一，崇祯元年六月丁未日，页 13b（26）。《山中闻见录》卷五，页 1b（补 16~445）。

7 《崇祯实录》卷一，崇祯元年八月丁未日，页 17b（34）。

兵，准备战车，兴兵 60000，准备南下。[1] 这些讯息说明了金军大量运用战车，准备进行新的攻势，使明廷在辽东战线上不敢放松，亦无力整理山海关以西的防务。

虽然如此，复杂的战略形势并非无人洞察。三月间，翰林院编修陈仁锡奉使辽东。宁远武进士王振远和陈国威曾向陈仁锡进言，应该利用此一时机，突袭刺杀有二心的部族长束不的，以解除后患，并分析道："失此机会，四月间零部先入，秋冬诸王子分兵入，必舍辽而攻宣、蓟，动天下之兵何益？"[2] 陈仁锡将此一重要的政治见解告与辽东边臣后，却被忽视。明军对于金军即将发起的新攻势毫无准备。

而明朝对于蓟镇防务经营亦有失策，特别是先后两任顺天巡抚王应豸和王元雅之举。他们坚持依照思宗的汰饷之议，将蓟镇士兵减额并伍，使蓟镇原有的精锐在此次裁军后大为减少，无法充分增援辽东。而蓟镇原由戚继光所设计的在隘口和尖哨所监视的完善的蓟镇防御体制，亦被破坏殆尽。[3] 这些失误，使得金军得以长驱直入，而不被战车部队拦截。

明廷对于边防的新政之一，是重新荐举熟知战车战术的官将，如江西道御史袁弘勋荐举太常寺少卿官应震和原任辽东赞画茅元仪。[4] 辽东巡抚毕自肃荐举车营旗鼓副将刘永昌推升为前屯副将。[5] 七月，户科给事中瞿式耜亦荐举"明习天文，晓畅兵事，

1 《崇祯长编》卷一二，崇祯元年八月，页 2b~3a（652~653），台北"中研院"历史语言研究所，1984 年。"大清练兵五万，借狐狸衬兵一万，打造盔甲战车欲于三岔河三路出兵，过宁远围屯，攻越山海、石门等处。至是兵部覆请敕边臣多方哨探，随地设防，清野固守，为万全之策。从之。"

2 《山中闻见录》卷五，页 3b~4a（补 16~446）。

3 《山中闻见录》卷五，页 5a（补 16~447）。

4 《崇祯长编》卷七，崇祯元年三月丁丑日，页 18b~19b（348~350）。

5 《崇祯长编》卷七，崇祯元年三月丁亥日，页 35b（382）。

闻其部署精整，造战车轻便而有法"的原户部郎中吕一奏担任蓟门兵备道[1]，都获得朝廷的同意。

此时明军在宣府镇和大同镇方向的军备亦十分不足。崇祯二年二月，大同巡抚张宗衡奏报大同镇武备称："火器除臣未任时，道臣宋统殷造红夷大炮一门外，臣陆续督造精好三眼抢一千余杆、大炮十余伍、战车百余辆、火药四十余万斤，然仅可备时下之用耳。"[2]九月，宣府巡抚郭之琮奏报宣府镇推运战车及驮载火器军1200名，总兵侯世禄下属马兵5000，正兵营3000名，火车营2000名，共有兵10000。总计宣府镇只有车兵4200名。[3]对照于辽东的数千辆战车，大同、宣府二镇战车的数量确实太少。

二　金军进攻蓟镇，包围北京

崇祯二年八月，金军和束不的部入大清堡，开始佯装作战，分二道自杏山高桥铺、松山直薄锦州城，十八日入双台，二十九日出大小凌河，毁右屯卫城乃出。[4]此次佯装作战目的在于吸引辽东明军的注意。而此时明朝虽然得知金军主力西行，袁崇焕也于九月将原驻防于宁远的部队移往山海关，并派出参将谢尚政支持顺天巡抚王元雅，但王元雅认为此系"虚警"，反而将谢尚政遣回。[5]因而在金军攻入之前，辽东的明军部队基本上皆固守辽东，未能回师关内增援。明军对于金军来犯毫无警觉。

十月，金军主力自大安口入，杀参将周镇。入大安口时，明

1　《崇祯长编》卷一一，崇祯元年七月戊子日，页24b~25b（644~646）。

2　《崇祯长编》卷一八，崇祯二年二月戊戌日，页19b~21a（1054~1057）。

3　《中国明朝档案总汇》第6册，《兵部为陈宣镇正值秋防应节修边银两以备买马之见行稿》，崇祯二年九月二十八日，页263~272。

4　《崇祯实录》卷二，崇祯二年八月乙丑日，页8a~b（57~58）。

5　《崇祯实录》卷二，崇祯二年九月己丑日，页8b（58）。

军车营曾抵御。[1] 后金军又分入龙井口、马兰谷（峪）等地。[2] 十一月，京师戒严。[3] 不久，思宗就下谕旨要求严催工部外卿等修补制造战车、火药器具，以期足备堪用。[4] 遵化之战中，虽有车营部队应敌[5]，然金军连下遵化和抚宁[6]，战局对明军益发不利。满桂立以5000兵入援[7]，且朝廷迅速任命孙承宗以兵部尚书兼中极殿大学士督理兵马控御东陲驻通州[8]，以防止京师通南方的水路被控制。此外，袁崇焕领兵入关，驻蓟州，遣将防守永平、迁安、建昌、丰润、昌平、三河、密云等地。[9] 针对明军主力的大举移防，金军积极部署蓟镇西部的攻势。而明军亦试图反击。山海关总兵赵率教攻遵化，唯兵败为阿济格所杀。[10] 因此金军得以长驱直入，直抵北京。

三 申甫及其战车营

面对北京即将被围的情势，明朝官员建议思宗采用民间豪杰之士，以渡过危局，如庶吉士刘之纶建议思宗"开功名门，选任豪杰"[11]。因此，十一月初八日，翰林院庶吉士金声上奏荐举申

---

1 此据崇祯三年四月间，直隶巡按张学周疏覆松棚路参将等人阵亡惨状，其中亦包括左车营千总程三元。《崇祯长编》卷三三，崇祯三年四月丁丑日，页29a（1959）。
2 《崇祯实录》卷二，崇祯二年十月戊寅日，页10b~11a（62~63）。
3 《崇祯实录》卷二，崇祯二年十一月壬午朔，页10b（63）。
4 《崇祯长编》卷二八，崇祯二年十一月戊子日，页1563。
5 按：此系依据孙承宗在战役结束后为遵化之陷抚恤殉难诸臣奏报。称车左营千总罗峻并其兄生员某力战死。《崇祯长编》卷三七，崇祯三年八月壬子日，页5b~6b（2236~2238）。
6 《崇祯实录》卷二，崇祯二年十一月丙戌日，页11b（64）。
7 《崇祯实录》卷二，崇祯二年十一月丁亥日，页11b（64）。
8 《崇祯实录》卷二，崇祯二年十一月己丑日，页12a（65）。
9 《崇祯实录》卷二，崇祯二年十一月己丑日，页12a~b（65~66）。
10 《崇祯实录》卷二，崇祯二年十一月辛卯日，页12b（66）。
11 晁中辰：《崇祯传》，页296，台湾商务印书馆，1999年。

甫，称：

> 今天下非无兵无将也，草泽义士在京辅左右，欲为陛下
> 用者往往不少……（臣）为陛下留意人才，颇得其豪，有最
> 隽而精兵者一人曰申甫……臣愿得复陛下威灵，同申甫练此
> 一营敢战之士，为陛下堵锋于东南角。[1]

思宗立刻令相关部科咨询申甫方略，并谕兵部于京城中招募精壮，
由乾清宫太监王应朝监同将官刘见行事。[2]

金声，字正希，一字子骏，号赤壁，安徽休宁人。崇祯元年
进士，授庶吉士。《崇祯实录》指出申甫本人的出身是游僧，略
懂天文观象。[3]十一月初十日，思宗命造申甫战车呈览[4]，同日并
即超拔申甫为都指挥金书副总兵，而金声则兼山东道御史监军。[5]

在申甫车营的筹办上，金声奏报：

> 自受简命，事事草创，措办仓皇，始臣信申甫，实以申
> 甫自造战车火器，所向无前，与其一往杀敌之气。今申甫所
> 募新兵，虽务求精壮，然给衣装不十日，编训未数日，旌旗
> 金鼓尚未习也。兵部无选锋见与，于二十五日送新募兵，未
> 给衣装兵二千于甫，甫未收。于二十七日，复送臣，臣以全
> 师皆乌合难用，是用踌躇。又申甫系新立一军，所需器用，种
> 种皆旋取旋办，缺一不可。臣日夕括据，移文催督，难可得
> 办，臣惶惧不知所为。……至于钱粮会计，簿书出入，素所未

1 《崇祯长编》卷二八，崇祯二年十一月己丑日，页 6a~7a（1567~1569）。

2 《崇祯长编》卷二八，崇祯二年十一月己丑日，页 6a~7a（1567~1569）。

3 《崇祯实录》卷二，崇祯二年十一月辛卯日，页 12b（66）。

4 《崇祯长编》卷二八，崇祯二年十一月辛卯日，页 8a（1571）。

5 《崇祯实录》卷二，崇祯二年十一月辛卯日，页 12b~13a（66~67）。

　　习，欲勉不能。……伏望敕下户部，委一司官专理其事。[1]

　　由此可知，金声与申甫两人在车营筹办之初就为兵员的素质苦恼，直至十一月二十七日始接受。《崇祯实录》也称其部队组成多为京中乞丐。[2]此外，金声对于车营的后勤感到忧心，特别希望由户部派遣官员专理，以确保无虞。

　　十二月初一日，思宗因金军用间，不让袁崇焕和所率援军进入北京城内。并借召对，将袁崇焕下锦衣卫狱。稍后北京城外入援辽东兵又为北京城上红夷大炮所误击，援军大将祖大寿和满桂又相互猜疑。初四日，祖大寿遂决定率兵返回宁远。[3]北京城外的入援部队一时陷入混乱。金声的另一奏疏则反映出自初二至初八，申甫车营最初与满桂所部的冲突。申甫所部于初二抵达椵营，乡民来报，有达子在乡掳掠。申甫派兵捕获，原系满桂所部夷丁，只好将其释放。申甫初六未时率兵出广宁门（北京外城西门），遭到三次数十至数百虏骑的攻击，初八日得知为满桂所部夷丁。[4]可知当日明军城外的防御甚不协调，满桂所部夷丁军纪亦差。申甫临时组成的车营，不得不担当大任。

　　十一月初七日，思宗再次发布上谕，要求工部和兵部衙门、总协、营军昼夜修补制造战车、火药等，务期足备堪用。[5]同时，金声于初十日获得朝廷的正面回应。思宗命金声谕满桂、申甫二将"辑睦图贼，毋得自生猜防，致误军机，罪责均任"。金声亲至满桂营中劝说"不可部曲起衅"，与满桂达成共识。金声此行的另一

1　金声：《金正希先生燕诒阁集》卷一《奏疏·据实奏报疏》，页1a~b（集85：3），《四库禁毁书丛刊》本，北京出版社，2000年。

2　《崇祯实录》卷二，崇祯二年十二月甲寅日，页16a（73）。

3　《崇祯实录》卷二，崇祯二年十二月甲寅日，页16a~b（73~74）。

4　《金正希先生燕诒阁集》卷一《奏疏·和辑忠勇疏》，页3a~4b（集85：4~5）。

5　《崇祯长编》卷二八，崇祯二年十一月戊子日，4a~b（1563~1564）。

发现，可作为当日城外军队之写照：

> 然臣此行周环走二十余里，阅一二营壁，执途之难民数人问之，于衰戚然，臣闻虏不过万人。我不得志于虏……臣从满营归，漏巳二下，道过施洪谟营，宿申甫营，见数营人马，当朔风寒苦之际，皆露立，枕戈卧，不得有饱腾之象，不战先疲。[1]

不论士兵从军前是否为乞丐，北京城外部队的生活事实上已与乞丐无异。

关于申甫的败绩，历来说法不一。《崇祯实录》称十二月十七日，满桂和孙祖寿战死于安定门外，申甫以 7000 人战于柳林、大井，后于卢沟桥全军覆没。[2]《崇祯长编》则仅录金声奏报十二月二十五日寻获申甫败殁后尸体的情节[3]，对于交战过程着墨不多。《山中闻见录》则指出，申甫军十四日自北京出发，次日尚未抵达卢沟桥时，金军突至，"车不得成列，建人围之，绕出阵后，铁骑四面蹂之，须臾一军皆没"[4]。因此，卢沟桥一役的时间明显有十二月十五日和十二月十七日两种看法。但《烈皇小识》称申甫所部十六日誓师，因此以十七日交战较为可能。申甫自思宗召见至阵亡，一共不超过 30 日。[5]击破申甫车营者，为后金军的何和里和哈哈纳部。[6]申甫之败，说明了朝廷之中，大部分的文

1　《金正希先生燕诒阁集》卷一《奏疏·奉命回奏疏》，页 5a~6a（集 85：5）。

2　《崇祯实录》卷二，崇祯二年十二月丁卯日，页 17a（75）。

3　《崇祯长编》卷二九，崇祯二年十二月乙亥日，页 19a~b（1629~1630）。

4　《山中闻见录》卷五，页 72。

5　申甫阵亡日有不同说法，《山中闻见录》记为十二月十五日，《崇祯实录》作十二月十七日。

6　阿桂、刘谨之等奉敕撰：《钦定盛京通志》卷七三《国朝人物九》，《镶红旗满洲》，《哈哈纳》，页 3b~5b（502：541~542），《景印文渊阁四库全书》本，台湾商务印书馆，1983 年。

人并不了解，优秀的车营部队仰赖长期的训练。仓促成军，虽能粗见规模，但临敌之际全然无法应敌。

朝廷稍后以梁廷栋为兵部右侍郎总督蓟辽保定军务及四方援军，《明史》称其"有才知兵，奏对明爽"[1]，事实上他也是"素精火器，更善战车"[2]之辈。崇祯三年正月，思宗下令梁廷栋侦察昌平一带，计划堵截金军于蓟东，并以孙承宗、祖大寿所部堵截全军于三屯营和丰润间，再命工部加紧修理战车。[3]

至此，明军陷入了两难的困局。如何自辽东战场抽调精锐回防，又不影响辽东原有的军事部署？梁廷栋认为应将皮岛兵调往锦宁，而将关外兵调往蓟州。而孙承宗则认为皮岛兵不可猝调，应以四五千调往蓟镇，其他士兵则置于宁前松锦一带。遂于崇祯三年二月，命原任副总兵茅元仪整龙武营水师，调东江兵，准备牵制后金军。[4]

四月十一日，副总兵茅元仪奉命调旧驻觉华岛龙武中、左、右三营官兵，赴关内南海口。五鼓，营兵放炮呐喊，军士排列车营。因朝廷拖欠关饷，旋即发生兵变。叛军将茅元仪绑缚，加刃于颈。事后新委副将周文郁、参将刘应龙劝救，茅元仪未即被害；且关内道王楫闻变单骑入营，同周副将等亲放饷银[5]，暂时解决了此一危机，但调遣东江战车部队入援的计划被破坏。

北京之役后，孙承宗于山海关发兵，陆续攻取滦州、迁安等地后，施予金军堵截压力。永平和遵化金军亦先后撤去，北京之围因而得解。此役中，战前金军佯动，以战车使明军误以为金军

1　《明史》卷二五七《梁廷栋传》，页 6626~6627。

2　《中国明朝档案总汇》第 7 册《宣府巡抚杨述程为奉旨宜速到任等事题本》，崇祯三年七月初一日，页 411。

3　《崇祯长编》卷三〇，崇祯三年正月甲申日，页 4b~5a（1638~1639）。

4　《崇祯长编》卷三一，崇祯三年二月庚辰日，页 52a~54b（1801~1806）。

5　《崇祯长编》卷三三，崇祯三年四月庚申日，页 15b~16a（1932~1933）。

将在辽东发动新的攻势。战役初期在大安口和遵化，明军皆曾以战车应敌。战争期间，京师昼夜补造战车，荐举熟知战车者，组织申甫7000人规模之车营，试图调遣龙武营的战车部队，反映出战车在北京之役中扮演的角色甚为重要。

第二节 大凌河之役

一 皇太极对大凌河城发动钳形攻势

大凌河之役发生于崇祯四年。皇太极于七月二十七日辰时出兵，命令杜度、萨哈廉和豪格留守都城。八月初一日，宿一日，次日与蒙古柯尔沁、阿鲁、扎鲁特、巴林、敖汉、奈曼、喀喇沁和土默特8部步骑兵20000余在辽河会师。皇太极下令分两路进兵：一路由德格类台吉、岳托台吉、阿济格台吉等率兵20000，由义州路进发，屯于锦州与大凌河之间；另一路则由皇太极亲率，由白土厂路入，往广宁大道前进，于八月初六日辰时会师于大凌河。[1]

皇太极随后在大凌河城南擒获一名汉人，得知了大凌河城防卫的基本情况：

> 修筑大凌河城，已经半月。城墙已完，垛墙完其半。有祖总兵官及其长子、副将七员，游击、参将约二十员，马兵七千，步兵七千，筑城夫役、商贾七八千在焉。[2]

明朝派遣祖大寿防守大凌河城，城内兵力约为14000。当夜，金与蒙古联军包围大凌河城扎营。

---

1 《满文老档》，天聪五年七月至八月，七月二十七日至八月初五日，页1131。
2 《满文老档》，天聪五年七月至八月，八月初六日，页1131。

金军围困大凌河城作战，约可以分为三个步骤：一为积极围困，二为消灭台军，三为击退援军。八月初七日，皇太极谕示诸贝勒和大臣，"环城掘壕筑墙以困之"，以减少伤亡：

> 我若攻城，则士卒受伤，不若环城掘壕筑墙以困之。彼兵若出，我即战之。外援若至，我即迎击。计议已定，城之四面尽掘壕沟。壕沟周长三十里，城与壕之间有三里。壕深一丈，广一丈，壕外砌墙，高一丈，墙上有垛口。于墙内五丈外掘壕，其广五尺，深七尺五寸，覆以黍秸，掩土其上，于周围尽扎营。营外亦掘壕，深五尺，广有五尺。防守既固，困于城内之人不能出，城外之人不能入。[1]

这三层壕沟与一层城墙的包围，确保了金军在围困期间不受到明军内外夹击的威胁。皇太极同时还派出阿山、劳萨图和鲁什往锦州和松山一带哨探，注意来援明军的动向。[2]

二 明军增援与大凌河城之防御

明军得知大凌河城被围后，分兵多路救援。除初三日水三营及握奇精锐从海路进攻外，初六日副将靳国臣领马兵一营赴前屯。十二日，命于永绶等领各城马兵 3300 人赴松山，同日发副将王秉中等率步兵 3000 至前屯。十五日，辽东巡抚邱禾嘉调副将张弘谟与靳国臣带兵前往松山。同日，山海关总兵宋伟领副将张继绶等统车步炮营 4900 名，及马兵丁百余赴宁远。后续又派遣辽东防建昌马兵 1255 名，与前述于永绶所部 3300 马兵、平虏关门马兵 410

---

1 《满文老档》，天聪五年八月初七日，页 1131。
2 《满文老档》，天聪五年八月初七日，页 1132。

名和石门游击杨骅所征马兵 500 余名与宋伟所部会师于平辽镇。[1]

　　在金军围城之际，大凌河城内的明军也尝试突围、寻求援军及补充粮食，但都为金军所阻止。[2] 八月十七日，明军山海总兵宋伟塘报，下属马官儿屯住种田生员高应元和前锋左营台军刘景栢押解被俘回乡王登，取得口供，得知清兵有 20000 余骑，部落达贼三四万，佟养性则带领汉军约 3000 名，部落 13200 人，及车辆、攻城钩梯器械及大炮四五百位。[3] 八月十八日，辽东巡抚邱禾嘉又塘报呈解回乡难民陈住儿处所得金军情报。陈住儿为永平被掳者，清军至大凌河时，跟随大贝勒放马，而后潜逃。据其口供，金军每牛录造战车 10 辆。[4] 明朝估计金军共有 300 牛录，如每牛录造 10 辆，则金军战车之总数当在 3000 辆。但兵力总数估计与前者稍有不同，陈住儿称汉军 50000、西达子 50000。八月二十日，督师孙承宗抵达中后所，宋伟所部亦将抵东关，孙承宗下令其回防山海关。[5]

　　在围城之际，金军也开始处理大凌河城周围的敌台，主要的方式是利用投降的明朝将领协助劝降，或以重炮攻城。八月初十日，岳托贝勒遣范姓游击劝降大凌河城西山的敌台。同日，莽古尔泰也遣原建昌营马总兵和达尔古招降城南岗一台，均获得成功。[6] 十二日，又以红衣炮击大凌河城西南隅一台，穿一垛墙，守台明军 28 人即降。金军即将战车置于此台之下，开始以红衣炮和大将军

1　中央研究院历史语言研究所编：《明清档案·乙编》第一本《兵部题行稿簿》，页 69~70，上海商务印书馆，1936 年。

2　《满文老档》，天聪五年八月初九、十日，页 1132~1133。

3　《明清档案·乙编》第一本《兵部题行稿簿》，页 65。

4　《中国明朝档案总汇》第 2 册，《兵部等衙门为海外屡捷解功献俘事题行稿》，天启四年九月初六日，页 368。

5　《明清档案·乙编》第一本《兵部题行稿簿》，页 66。

6　《满文老档》，天聪五年八月初十日，页 1132。

炮攻击大凌河城南面。[1]十三日，阿济格和多尔衮成功招降城东隅河岸的敌台。后金汉军的炮兵也以炮攻大凌河城东的敌台，敌台中的明军6人中炮死，其余弃台夜遁，被后金军尽歼。[2]十五日，大凌河城北山岗上的敌台投降。[3]

明台军也主动出击。如十五日，金军正红旗牧马取草处，就为大凌河城北20里的明军台军所袭。金军10人被杀，失马35匹，驼10头。[4]十六日，金军就派出大贝勒济尔哈朗和额尔克楚虎尔，携红衣炮1门，大将军炮20门，往攻明军敌台。其间围台发炮，焚台周围房舍，并掳驼马。十七日，又击败突围明台军。[5]三十日，大凌河城内的明军亦尝试夺回城南敌台，然为后金军所击退。[6]九月初九，又将城西五里外的敌台攻下。[7]至此，大凌河城外的台军大部分被消灭。

三　锦州城外之清军阻援战

明军曾尝试增援大凌河城。首先在八月十六日，2000明军自松山开来，但为哨探的阿山、劳萨、图鲁什击退。[8]二十六日卯刻，明副将两员，参将游击近十员，率兵6000，自锦州来援，攻击阿济格部，亦为阿济格击退，追至锦州城下。[9]由于顾虑锦州援军，九月十六日，皇太极率亲随护军、额尔克楚虎尔亲随护军，并每旗大臣三员，每牛录甲兵五人，向锦州出发。并派遣图鲁什

---

1 《满文老档》，天聪五年八月十二日，页 1135~1136。
2 《满文老档》，天聪五年八月十三日，页 1137。
3 《满文老档》，天聪五年八月十五日，页 1141。
4 《满文老档》，天聪五年八月十五日，页 1141。
5 《满文老档》，天聪五年八月十六日，页 1142。
6 《满文老档》，天聪五年八月三十日，页 1144；九月初三日，页 1145。
7 《满文老档》，天聪五年九月初九，页 1147~1148。
8 《满文老档》，天聪五年八月十六日，页 1141。
9 《满文老档》，天聪五年八月二十六日，页 1143。

和劳萨引诱明军前来攻击。[1]

锦州派出 7000 明军追击。至小凌河一带，皇太极以护军 200 人反追杀明军至锦州城。时锦州城下又有明军万余，"列车、盾、炮、枪于城外"。当金军追击至锦州城下，预备回营时，此部始加入战局，尾随金军。皇太极会合阿济格部和营兵后，与明军会战。《满文老档》记载："击败明兵，追至其步营，杀其副将一名，生擒把总一名。"[2] 在二十三日皇太极致沈阳的书信中又称，据逃人称"明一副将、一千总及马兵一百五十人被斩。前后步兵五十人被斩，其中桑阿尔泰蒙古五十人被斩，负伤者三百"[3]，但皇太极自觉明兵死者应该更多。此为大凌河之役中，金军第一次与明军战车交手。值得注意的是，皇太极在战后于锦州留下自己直属的营兵和西乌里额驸旗下汉军及红衣炮一门。[4]

明军车营主力的出击在九月二十四日。据《满文老档》载，二十四日，明军马步 40000 余，由监军太仆寺卿张春及左翼副将张洪谟等统领，由锦州出发。二十五日渡过小凌河后，就掘壕列车盾枪炮。皇太极将军队分为二，率半数军队前往，与明军对峙二日。皇太极有感于难攻，决定等明军车营移动时再行攻击。

二十七日四更末，明军车营继续往大凌河前进。距城 15 里处时，为金军所侦知。皇太极率领近 20000 人前往。由于后金的战车部队来不及赶上，皇太极决定以骑兵攻击明军的马步合营。皇太极的计划是以两翼骑兵冲锋明军车营，但左翼兵因避明军火炮弓矢，反而重复冲入右翼路线，使明军损失过半。其余一半明军又复合为营。后金军改采火攻，在明军车营的东方发大炮和火箭。

1　《满文老档》，天聪五年九月十六日，页 1149。

2　《满文老档》，天聪五年九月十六日，页 1149。

3　《满文老档》，天聪五年九月二十三日，页 1151~1152。

4　《满文老档》，天聪五年九月十六日，页 1149。

明军亦利用风势纵火，但风突然由东转向西，并下雨，使明军反为火燎。

皇太极意图击溃锦州的援军，故命行营兵车列于前，而护军、蒙古兵及厮卒列于后。由营兵推战车向明军推进，并令马兵射箭冲锋。明军终于溃散。马兵四处逃窜，被预先布置的后金骑兵截杀。监军张春和及左翼副将张洪谟等 33 员被生擒。[1] 此为围城以来，明军与金军在野战上最重要的一役，也是明金战车于野战中对战的重要战役，史称"长山之战"。

四　大凌河城陷落

为加强对于大凌河城的包围，皇太极还要求调遣沈阳的汉兵和八家抚顺汉兵各 100 名，前来操作掳获的红衣炮 3 位，大将军炮 7 位，三等将军炮 600 位，无名炮 10000 位。[2]

后金此役之胜使得周围的台军逐步投降。十月十二日，于子章台参将王景在红衣炮和大将军炮三日持续射击下投降。周围各台近者归降后金，远者弃台而遁。十三日翟家堡亦降，十四日陈兴堡把总祖邦杰降。[3] 而明军终在十月二十八日向后金军投降，不愿投降的副将何可刚被斩。[4]

金军佟养性所部汉军即有战车，在此役中先与红衣大炮协同攻台，进而在对付锦州来援的明军战车营时，继骑兵之后，行营推进，击溃明军车营。崇祯五年正月二十五日，皇太极对于参与大凌河役的后金军进行封赏，其主要对象是西乌里额驸所领导的旗众、汉官和军士。多数受封赏者是与管炮、防火和率战车的职

1　以上所言消灭张春和张洪谟所部车营过程，参见《满文老档》，天聪五年九月二十四日，页 1153~1155。

2　《满文老档》，天聪五年九月二十四日，页 1157~1158。

3　《满文老档》，天聪五年十月十二至十四日，页 1160~1161。

4　《满文老档》，天聪五年十月二十八日，页 1169。

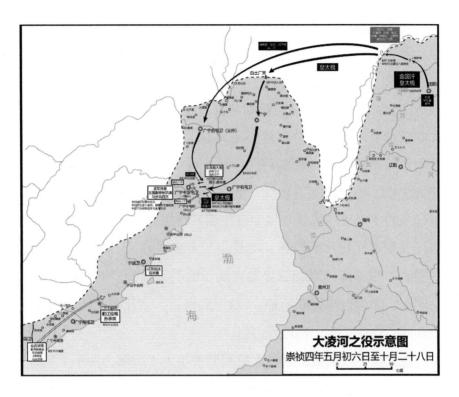

图 9-1 大凌河之役

务有关者。其中，率战车有功的参将吴学锦、郭永茂赏 25 两，游击马远龙、卢彦苏、郎世载赏 20 两，备御严庚之、李国征、任明世赏 10 两。[1] 由是可知，皇太极对于后金军战车和火器部队在此役的表现十分满意。此役中真正贯彻落实了明军车骑协同作战思想的，反而是金军。

而明军方面，虽然大凌河城内皆为劲卒，但后金的掘壕封锁策略大大制约了城内明军的反击行动。城外的援军，原有山海关总兵宋伟所部车营，但孙承宗令其回防山海关。而自锦州出援的张春部车营，在金军骑兵冲击、车兵推进、骑兵射箭冲锋的战术下，最终溃败。

---

1 《满文老档》，天聪六年正月二十五日，页 1226~1228。

长山之战和大凌河陷落中，明军实际的损失及影响究竟如何，以往并未被史家注意，现据明档稍作推估。崇祯四年闰十一月，直隶巡按王道直曾请优叙阵亡将领。从其题本内容可见，长山之战死难诸将中包括南兵前营副将汤廷耀、南兵左营游击吴汉臣、左车营参将李光孝、右车营参将满库、右车骑营副将张继绿、前锋营副将萧伟和车中营副将汪子净。其中前五人曾参与天启六年宁锦之战，为"次功之将"。[1] 而车中、左、右营将领皆殁，意味着辽东的主力战车部队几被完全击溃。精锐的南兵营也消耗殆尽。原任辽东巡抚丘禾嘉也称："长山、大凌溃陷，士马精锐者几为一空。"[2] 张春即为崇祯三年攻克滦州的明军统帅。而大凌河被围之明军，即为当年张春所部。[3] 故皇太极言："凡明劲兵，均被困于此城，他处之兵，勿足为虑也。"[4]

皇太极在战前多次强调大凌河城中祖大寿所部为明军之精锐。天聪五年七月，他召见之前被俘的明总兵麻承恩和黑云龙时说："明人善射精兵，尽在此城，它处无有也。山海关以内，兵之强弱，我所素悉，以我思之，天若以此城畀我，则山海关即可得，天若不与则不能得山海关矣。"而麻承恩立刻答道："此城之兵，犹枪之锋也，锋拙而柄存，何益哉？"[5] 可见此役之后，关外明军已无精锐。

1 《中国明朝档案总汇》第 12 册，《直隶巡按监察御史王道直为特请优恤长山死战诸将等事题本》，崇祯四年闰十一月初七日，页 141~142。

2 《中国明朝档案总汇》第 12 册《原任辽东巡抚丘禾嘉为调补将领以实营伍等事题本》，崇祯四年十一月二十一日，页 32~35。

3 《满文老档》，天聪五年九月二十四日，页 1157~1158。

4 《满文老档》，天聪五年九月初九日，页 1148。

5 《满文老档》，天聪五年七月十一日，页 1134。

第三节　旅顺之役

一　天启朝旅顺之战守

天启朝时，旅顺由毛文龙的部将都司张盘所守。金军曾于天启三年四月进攻，但为张盘所击退。至天启五年，努尔哈齐命莽古尔泰率兵 6000 再攻旅顺。由于部分明兵离城修筑南关，城内防务空虚，为金军所攻下。金军还将旅顺城拆毁。但金军撤走后，毛文龙又派遣部将张攀进驻。[1]

崇祯四年六月，大凌河之役间，在山东发生了吴桥之变。明朝叛将孔有德在内应耿仲明的协助下，里应外合，攻克登州，俘虏了登莱巡抚孙元化。总兵张可大自缢。朝廷派遣祖大弼率兵数万围攻孔有德，孔有德退保登州。崇祯五年十一月，孔有德携万余士兵和家属，率战船 100 余艘出海，撤出登州。十二月初三抵达黄县，在海上漂泊数月，于崇祯六年驶往旅顺，拟投奔金。[2]

二　总兵黄龙进驻旅顺与金军进犯

崇祯六年，明军原任皮岛总兵黄龙率部迁往旅顺。黄龙原在王象乾行边时负责统领车营，因练兵有成效，迁锦州参将，后为东江岛帅。[3]二月二十五日，旅顺明军发现孔有德船队。双方交战，孔军败绩。后孔有德与金军联系，在朝鲜和金军的掩护下，

1　孙文良等：《明清战争史略》，页 290~291，辽宁人民出版社，1986 年。

2　《玉光剑气集》卷六《忠节》，页 261。《明季北略》卷八，页 142~143。关于吴桥之变的史事及文献，参黄一农《崇祯朝"吴桥之变"重要文献析探》，《汉学研究》22 卷 2 期。

3　沈演：《止止斋集》卷三三，《镇守登莱东江等处地方专理恢剿挂征虏前将军印都督金事在田黄公功烈祠碑》，页 28a~29a，台北汉学研究中心，影日本《尊经阁》文库藏明崇祯六年本。

改由镇江上岸。皇太极对孔有德等人大加封赏。[1]金并致书旅顺明将，称"足下驻防旅顺等处，但旅顺系我疆域之地，安有坐榻之下容他人鼾睡耶?"[2]明示金军即将发动对旅顺的攻势。加上孔、耿等人对于旅顺明军的堵截旧恨，旅顺的争夺战遂成为另一焦点。

崇祯六年七月初一日，孔有德和耿仲明率步骑约 20000 余人，先派遣哨马 500 骑，至旅顺河北。随后在初一至初四日，架火炮于河北马头黄金山，用炮击打长城。初一日晚间，金军推到西洋大炮 5 位，战车、云梯车无数。至初六日，金军昼夜轮番攻打，明军奋力抵抗，曾出城作战 3 次。明军估计金军的阵亡人数约有 4000 多。但旅顺城中火药将尽，箭亦不足。当日四鼓时分，金军在河北渡海，至蔡家口上岸。又一师由霸其兰统领，自旅顺口东北角进犯。至初七日上午六时，终使旅顺明守军不支战败。[3]

旅顺之役说明了金军在接受明将孔有德等人的投降后，已经有可与明军匹敌的红衣大炮技术。自旅顺之役后，野战时，后金已经在骑兵、车兵和红夷大炮上都不逊于明军。尤其黄龙本身即为善于使用战车者，对后金之攻势仍无法抵抗。崇祯六年八月，明军捕获原任前锋招练营中军季勋，其口供称后金军之红夷炮、战车、钩梯等器具十分完备。[4]

然而，战后驻守辽东的明军情况又如何？据崇祯十年闰四月初七日，辽东巡抚方一藻所奏报之辽东兵力来看，辽东仅剩下三个车营，分别为宁远车左营、锦州车中营、松山车右营，每营兵力在 1500 人以上。此外尚有左营参将卫之屏指挥之龙武左营、右

---

1 《明清战争史略》，页 294~295。

2 中央研究院历史语言研究所编：《明清史料丙编》，《金人致旅顺明将书稿》，页 30，上海商务印书馆，1936 年。

3 《明清档案·乙编》第二本《旅顺已失残稿》，页 108~109。

4 《明清档案·乙编》第二本《兵部行"御批宁锦监视高起潜题"稿》，页 110。

营，署营事游击王家楫所指挥的龙武右营，共 1800 人。（表 9-1）

表 9-1　崇祯十年闰四月初七日辽东巡抚方一藻
所奏报之辽东兵力部署概况表 [1]

种类	驻地	名称	指挥官	兵力
守兵	辽西各城堡经制	53营		68000
	宁远	参营	副将于永绥	1100
		城守营	参将赵邦宁	1798
		车左营	游击李登科	1547
		中权右营	参将娄继忠	1085
		团练左营	副将董克勤	1494
		握奇营	副将王廷臣	1192
		道标	中军武定国	505
	锦州	东协	署镇管副将事祖大乐	1602
		招练营	副将祖泽远	1288
		镇标右营	参将周元庆	1200
		前锋右营	副将吴三桂	1600
		后劲右营	副将张凤翔	1100
		抚慰营	副将吴永禄	800
		车中营	署营事副将孙如激	1559
		城守营	游击文章	1022
	前屯	右翼中营	参将刘正杰	1094
		城守营	参将窦承烈	1790
		贴防中权左营	副将杨伦	1077
	中左	游（兵）营	副将蔡可贤	1041
		城守营	都司李天福	900
		左翼左营	副将李辅明	1098

1　《明清史料甲编》第九本《辽东巡抚方一藻题本》，页 862~864。

种类	驻地	名称	指挥官	兵力
	中右	游（兵）营	副将栢永馥	1092
		城守营	署营事都司宫登科	889
		左翼中营	参将高桂	1094
	中后	游（兵）营	参将李景茂	1093
		城守营	都司刘宗文	894
		步左营	游击佟汉邦	1552
	松山	游（兵）营	参将金国凤	1100
		城守营	守备王殿臣	900
		前锋中营	副将杨振	1371
		前锋左营	参将徐成友	1500
		车右营	游击线一贯	1500
	杏山	游（兵）营	副将陈彦勋	1200
		城守营	都司刘有德	900
		步右营	游击许应诏	1500
	长宁等堡	守兵	备御纪国先	1125
	兴水等堡	守兵	备御喻光前	1029
	黑庄等堡	守兵	备御傅文元	896
	高台等堡	守兵	备御孙思吴	1099
	平川等堡	守兵	备御李天垒	1113
堪战援兵		西协	署镇管西协副将事祖宽	1093
		后劲左营	副将高勋	1100
		练兵营	副将程继儒	1500
		平夷左营	副将张鉴	1184
		右翼左营	副将祖克勇	1097
		后劲中营	参将陈朝宠	1099
		平夷右营	副将郭进道	1190
		左翼右营	副将刘仲文	1100
		骠骑营	署营事都司丁志祥	1000
		团练右营	署营事游击王定一	1000

续　表

种类	驻地	名称	指挥官	兵力
		中权中营	副将周佑	1090
		右翼右营	参将窦浚	1088
夷兵		降夷左营	副将桑昂	500
		降夷右营	副将那木气	500
水兵	东岛	龙武左营	左营参将卫之屏	1800
		龙武右营	右营署营事游击王家楫	
小计				64080
哨兵		前锋中左右三营		不详

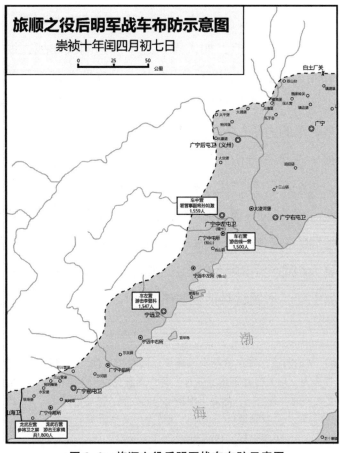

图 9-2　旅顺之役后明军战车布防示意图

第四节　松锦之役

一　清军进占义州，洪承畴前进部署

崇祯十三年至十五年的松锦之战，是明清战争中辽东战场的最后一场大会战。皇太极在北京之役后，持续致力于收服朝鲜和蒙古，以减少征明的阻力。崇祯九年，皇太极改国号为大清，并以天聪十年为崇德元年。同年五月，派遣阿济格率兵 100000，分三路会攻延庆。八月，又以多尔衮等率兵 80000，牵制辽东的明军。阿济格进入京畿后，大加劫掠。崇德三年，又以多尔衮统左翼兵，岳托掌右翼兵，并亲率部队在辽东战场牵制明军。清军主力进入河北、山东劫掠，如入无人之境。这两次作战，说明了清军已经有能力随意进入北京。清军并未以攻取北京为目的，主要是顾忌山海关外一线坐守的明军。因此，皇太极的新目标是彻底削弱辽东明军的力量[1]，使辽东明军战车面临新的考验。

崇祯十三年三月初五日，锦州附近的蒙古兀布代、渥布格归顺大清，对明军防御产生了极为不利的影响。皇太极为筹划新的军事行动，派出部队前往广宁捉生，以了解明军防御实况。[2]同时，为削弱蒙古部族对于明军的支持，又派兵征虎尔哈部落。[3]十八日，皇太极命令和硕郑亲王济尔哈朗为右翼主帅，多罗贝勒多铎为左翼主帅，率领官兵前往修筑义州城，并驻扎屯田。[4]这是松

1　陈生玺：《论明清松锦之战与洪承畴援辽问题》，《渤海学刊》1988 年 1 期、2 期。陈生玺认为，皇太极并不依照张存仁等人的意见急于入据中原，而是先取关外地方，确立关外的一统之局，然后再根据形势的发展，决定进取。

2　图海监修总裁、觉罗勒德洪等总裁：《清太宗文皇帝实录》卷五一，崇德五年三月丙戌日，页 674，中华书局，1986 年。

3　《清太宗文皇帝实录》卷五一，崇德五年三月乙丑日，页 675。

4　《清太宗文皇帝实录》卷五一，崇德五年三月己亥日，页 677。

锦之役的开始。

为了确保粮食供给，皇太极遣户部参政硕詹于四月十五日以前起行，前往朝鲜催促运米 10000 包。[1]四月初八日，又向济尔哈朗等人传达他将往义州视察的消息。[2]清军在义州周围四面耕种，精兵下营于城南，并发动民夫前往山区采取木料。[3]四月十五日，内国史院学士罗硕等奏报，义州城修建完毕。东西 40 里田地亦已开垦。[4]四月二十九日，皇太极亲往义州巡视。[5]

清军早在四月十二日即开始攻击松锦，但多次被锦州守将辽东总兵祖大寿击退。清军趁势于十八日，以红夷大炮和鸟枪攻下邻近义州的茶叶山寺明军墩台。[6]为此，辽东明军也开始前进部署。五月初六日，辽东巡抚方一藻于宁远出师，命吴三桂前往松山，刘肇基前往杏山，方一藻则前往中左所，丘民仰坐守镇城，洪承畴则统领数千精锐驻扎前屯。[7]其中刘肇基所部中权、前锋左翼和右翼、车右五营分守前屯，后劲步左和步右三营驻防中后。又于步右营游击刘有德和车右营参将李成龙二营内各挑选步火 900 余人，调往杏山、松山两城。[8]五月初六日，刘肇基又增派了马步官兵 4118 名前往增援。[9]同时，兵部针对宁远和锦州补给了硝黄

1　《清太宗文皇帝实录》卷五一，崇德五年三月辛丑日，页 680。

2　《清太宗文皇帝实录》卷五一，崇德五年四月己未日，页 680。

3　据四月二十三日投奔锦州、原为清军伐木难民李大的供词。《中国明朝档案总汇》第 35 册《兵部为辽东巡抚塘报夷情事题行稿》，崇祯十三年五月，页 278。

4　《清太宗文皇帝实录》卷五一，崇德五年四月丙寅日，页 681。

5　《清太宗文皇帝实录》卷五一，崇德五年四月庚辰日，页 683~684。

6　《中国明朝档案总汇》第 34 册《兵部为辽东巡抚塘报茶叶山被攻无救应情形等事题行稿》，崇祯十三年五月十六日，页 426~436。

7　《中国明朝档案总汇》第 34 册《兵部为辽东巡抚方一藻筹奏方略遵旨密会督阵事行稿》，崇祯十三年五月初九日，页 314~325。

8　《中国明朝档案总汇》第 34 册《兵部为辽东总兵官刘肇基遵旨回奏密筹方略事行稿》，崇祯十三年五月初十日，页 328~340。

9　《中国明朝档案总汇》第 34 册《兵部为辽东总兵塘报发兵日期事题行稿》，崇祯十三年五月十一日，页 360~363。

40000斤，铅 20000 斤。[1]因此，明军战车布防于前屯、杏山和松山等地，也有了充足的弹药供应。

五月起，清军加强了对宁远以北各城的试探性攻击。初六日，清军共发兵两支，一支自边外攻中左和宁远，一支则攻锦州。[2]清军集中于戚家堡和季家台等地，数次尝试进攻锦州。[3]刘肇基率兵马冒雨前进，初七日至宁远增援。初八日卯时，清军集结锦州北的观音洞，与明军伏兵遭遇。[4]初八日暮，方一藻抵达宁远，发现约千骑由东北范葫芦山往南行走，随即派兵迎堵，并命副将王廷臣赴枣山埋伏。[5]初九日黎明，清军四面包围锦州北面明军蔡家楼台，以 6 辆牛车装载九道箍天字号大炮 6 位攻台。至二更，蔡家楼台被攻下。[6]同日四鼓，刘肇基和中军副将王廷臣设伏截杀清军，在枣山挫败了清军。[7]十一日寅时，支援杏山明军自宁远统兵出发，当日申时抵达杏山。[8]十三日未时，清军在望高山大方家台

1 《中国明朝档案总汇》第 34 册《兵部为钦奉圣谕事行稿》，崇祯十三年五月初二日，页 227~233。

2 《中国明朝档案总汇》第 34 册《兵部为辽东巡抚塘报夷情事题行稿》，崇祯十三年五月十三日，页 379~382。

3 《中国明朝档案总汇》第 34 册《兵部为辽东总兵祖大寿密奏方略事题行稿》，崇祯十三年五月十三日，页 383~400。

4 《中国明朝档案总汇》第 34 册《兵部为辽东巡抚塘报锦州情事题行稿》，崇祯十三年五月十三日，页 374~378。

5 《中国明朝档案总汇》第 34 册《兵部为辽东巡抚塘报达夷情形并出击迎堵事题行稿》，崇祯十三年五月十五日，页 421~425。

6 《中国明朝档案总汇》第 35 册《兵部为辽东巡抚塘报锦州蔡家楼台失守情形等事题行稿》，崇祯十三年五月十九日，页 37~46。

7 《中国明朝档案总汇》第 34 册《兵部为辽东巡抚塘报枣山剿堵情形事题行稿》，崇祯十三年五月十六日，页 437~440；第 35 册《兵部为辽东巡抚塘报夷情事行稿》，崇祯十三年五月十七日，页 1~8；第 35 册《兵部为宁远官兵奋勇堵截并议叙事行稿》，崇祯十三年五月二十四日，页 114~128。

8 《中国明朝档案总汇》第 34 册《兵部为奉拨杏山援兵于十一日抵达安插事题稿》，崇祯十三年五月十五日，页 418~420。

一带结营，且各山均设瞭望，主力距离松山六七十里。[1]

　　同时，关内明军也次第出发应援。五月初四日，总兵曹变蛟则率领本营秦兵和铁骑三营官兵共 5400 名，自丰润出发。初十日，标下中军副将尤捷、左营副将白广恩、右营副将张天禄共领兵 4000 名，自蓟州出发，前往前屯，由洪承畴调度指挥。十一日，车三营副将朱国仪等官兵 4000 余人，自永平出发。十二日辰时，在山海关坐镇的蓟辽总督洪承畴出关，总兵马科亦率兵出关，驻中前所。洪承畴并计划前往中右、宁远，与辽东前后任巡抚方一藻、丘民仰和各总兵会商围剿清军之策。[2]

　　五月十五日，皇太极抵达义州，前往更接近锦州的戚家堡驻跸。[3]期间，居住于杏山西五里台的蒙古多罗特部遣使向清军表达归顺之意。皇太极遂命济尔哈朗等人率护军 1500 人前往迎接。济尔哈朗率师夜过锦州城南。十七日黎明，总兵刘肇基（清实录作刘周智）率明军兵 7000，分翼列阵，进逼清军。济尔哈朗为远离明军步兵，遂退至杏山九里外。明军百余骑兵追来，被清军击退。明军副将杨伦、周延川及参将李得位被斩。[4]

　　由于清军不断逼进，洪承畴于十六日抵达宁远。[5]洪承畴以吴三桂、刘肇基率兵 10000，分驻松山、杏山之内；以督标官兵 15400 出镇于前屯、中后；以防蓟官兵 16000 分布于中协四路、东协建冷、西协墙路之界；以山永巡抚朱国栋驻关门；总兵马科出

1　《中国明朝档案总汇》第 35 册《兵部为辽东塘报达夷屯聚情形事题行稿》，崇祯十三年五月二十二日，页 88~94。

2　《中国明朝档案总汇》第 34 册《兵部为蓟辽总督洪承畴恭报督兵出关日期并催天津起运米豆事行稿》，崇祯十三年五月十六日，页 467~481。

3　《清太宗文皇帝实录》卷五一，崇德五年五月乙未日，页 683~684。

4　《清太宗文皇帝实录》卷五一，崇德五年五月丁酉日，页 686~687。

5　《中国明朝档案总汇》第 35 册《兵部为辽东塘报达夷屯聚情形事题行稿》，崇祯十三年五月二十二日，页 88~94。

中前所。[1] 洪承畴又担心增援部队与锦州守军争食，遂将辽东巡抚移驻塔山，西可顾宁远，东可调度锦松。以吴三桂、刘肇基官兵分驻于松山、杏山，去锦州仅二三十里，彼此联络，势成掎角，如此则"粮草既易供应，主客不若纷扰"。此外，洪承畴共领出关兵马20000。[2] 稍后，兵力较为薄弱的中左所因左翼左营兵分入抽练，总兵吴三桂派车左营官兵600名，督标左营官兵500人，龙武左营官兵400人。至于中右所，则以龙武右营官兵400名来巩固防守。[3] 是故，中左所和中右所皆有战车部队驻防。

二 松山、杏山和中后所之战

五月十七和十八日，吴三桂在松山壮军台和夹马山（过杏山约七八里）迎击清军，清军失利，向五道岭撤退。吴三桂称此役为"官兵合力同心，越松过杏，追逐三十余里，奋勇争先，无一敢后，至奴折北旋遁，此二十年仅见之战"[4]。十八日，清军10000在杏山西架炮山，其中有精锐3000余骑。杏山明军集于山下，吴三桂亦统兵前来。另国王碑有清军3000盔甲骑兵，由亮马山南进，杏西七里河也有不明数量的奴众列阵。洪承畴派遣戴明、崔士杰和吴汝玠等驰援，与其他明军合营，齐登亮马山岗，与清军对射。明军因地势较高，射杀大量敌众。双方自辰时坚持至午时，明军最后冲入敌阵，追杀至清军主力所在的国王碑附近的陈

---

1 《中国明朝档案总汇》第35册《兵部为密筹辽东战守机宜事题行稿》，崇祯十三年五月，页267~276。

2 《中国明朝档案总汇》第35册《兵部为遵旨密筹辽东奇正战守机宜事行稿》，崇祯十三年五月，页311~325。

3 《中国明朝档案总汇》第35册《兵部为辽东总兵吴三桂密筹战守方略事行稿》，崇祯十三年五月，页295~301。

4 吴三桂之行动参见《中国明朝档案总汇》第35册《兵部为辽东总兵塘报官兵血战等情形事题行稿》，崇祯十三年五月二十七日，页174~185。

家二屯，获得胜利。清军仍退往五道岭东北。[1]

五月二十二日巳时，清军 1500 余骑自花儿营进口，在黄土台扎营四处后，分为三股，一股从东往南，一股从西往杨柳山，一股正扑中后所北门。总兵曹变蛟闻，遂东进增援。驻守中后所的车中营副将朱国仪设伏火攻，举放大炮，敌军从原路退回。因日暮天雨，官兵冒雨冲泥，器甲都淋湿，曹变蛟遂收兵退回前屯。卯时，接到清军顺边深入，至清山子分股窥犯的消息。曹变蛟与诸将商议，中后所东北面城墙未修，命把总李九皋率领炮手 300 名在城下摆守。六州河沿南北一带由千总马虎带领枪炮手兵 300 余名，中军侯天福等设伏，连放红夷大炮数位，将清军打退。城西南头台，中军马永忠带领炮手 200 余名，发射红夷炮击退清军。正南面，车右车营内丁把总苗尚志、火器把总胡朝佐、红蓝旗赵宇周真等领枪炮手 100 名，与清军相持。明军施放红夷大炮后，清军撤退。[2]

三　锦州、松山、宁远、杏山等地之鏖战

五月二十一日，皇太极自臧家堡前往叶家堡。[3]二十二日，率领八旗护军骑兵前往锦州，并命汉军率领红衣炮随行。至锦州东

1　《中国明朝档案总汇》第 35 册《兵部为辽东巡抚塘报驱剿达贼获胜事题稿》，崇祯十三年五月二十一日，页 73~76。吴三桂稍后差火排差官李世桢回报大捷，称会战地为杏山夹马山。《中国明朝档案总汇》第 35 册《兵部为飞报杏山夹马山地方血战大捷事题稿》，崇祯十三年五月二十一日，页 77~79。《中国明朝档案总汇》第 35 册《兵部为辽东塘报达夷情形并查明御剿获得马匹等事题行稿》，崇祯十三年五月二十五日，页 129~133。锦州东协副总兵祖大乐所部之行动，参见《中国明朝档案总汇》第 35 册《兵部为辽东总兵塘报锦州夷情官兵御剿情形事题行稿》，崇祯十三年五月二十六日，页 145~152。

2　曹变蛟之行动参见《中国明朝档案总汇》第 35 册《兵部为辽东塘报夷情事题行稿》，崇祯十三年五月二十九日，页 186~193。

3　《清太宗文皇帝实录》卷五一，崇德五年五月辛丑日，页 688。

五里近台之处布列，令汉军发炮攻台，并诱击锦州的明军。[1] 清除明军台军后，二十五日，皇太极命清军于锦州城五里外布列，汉军以炮攻破锦州城北的晾马山台。随后清军并割取锦州城东的禾稼。[2] 二十六日，皇太极移驻国王碑地（木华黎后代封地）。[3] 二十七日，率领八旗护军骑兵和汉军布列于锦州城北，并刈取附近禾稼，又令汉军放炮攻城。[4] 二十八日，又派遣军士刈取锦州城西禾稼。[5] 二十九日，硕翁科罗巴图鲁劳萨和吴拜等由中后所北面进入，在沿海地区搜掠。[6] 三十日，皇太极返回沈阳。[7] 六月十五日，命令和硕睿亲王多尔衮和和硕肃亲王豪格等代替济尔哈朗筑城屯田的任务。[8]

六月十八日，崇祯皇帝下令议调马科、左光先、唐通三镇统兵出关协剿。[9] 皇太极则于六月十六日返回沈阳，十五日发兵 10000，用固山两名率领前大军。每牛鹿出车 3 辆，每辆载米 2 石。十七八日，又派遣了披甲兵，除了补充精锐外，同时替换杏山之役中较弱人马。此时，义州城已兴建完成。清军并派遣 10000 精锐骑兵，押解粮食抵达义州，又补充了许多披明甲的军士。[10] 换防清军则于二十二三日抵达义州。二十五日，原驻清军换防。午时，精锐清

---

1 《清太宗文皇帝实录》卷五一，崇德五年五月壬寅日，页 688。
2 《清太宗文皇帝实录》卷五一，崇德五年五月乙巳日，页 688。
3 《清太宗文皇帝实录》卷五一，崇德五年五月丙午日，页 688。
4 《清太宗文皇帝实录》卷五一，崇德五年五月丁未日，页 688~689。
5 《清太宗文皇帝实录》卷五一，崇德五年五月戊申日，页 689。
6 《清太宗文皇帝实录》卷五一，崇德五年五月己酉日，页 689。
7 《清太宗文皇帝实录》卷五一，崇德五年五月庚戌日，页 689。
8 《清太宗文皇帝实录》卷五二，崇德五年五月庚戌日，页 689。
9 《中国明朝档案总汇》第 35 册《山永巡抚朱国栋为续发兵五千及措给安犒银两事咨文》，崇祯十三年六月二十四日，页 370~375。
10 《中国明朝档案总汇》第 36 册《兵部为辽东塘报接获东来回乡二名探得夷情事题行稿》，崇祯十三年七月初六日，页 36~40。

军骑兵万余与白官屯之清军合营。[1]

清军在换防后，即发起新攻势。二十七日辰时，清军骑兵自岳家山一带出营，分为十余股，向锦州奔来。锦州西北面二郎山、赵家楼，正西面深沟台、岳家山、吴千户庄、杨官屯、唐家庄，南面寨儿山、王宝山等处，被清军围绕。清军主力在15000骑以上，在西北面用大炮向城持续击打。祖大乐命亦分明军为十余股，调动预整火器出城或倚靠城墙反击，三面循环射击。由于炮击奏效，敌骑纷纷落马。而南面、正西面之敌军，则防范明军炮火攻击，不敢骤然靠近。西北面的清军凭借火炮优势，有500骑冲向明军，但因明军反击得当，清军后撤，双方结束了战斗。[2]

七月初一日，崇祯皇帝又特别派遣车辆，发给火牌，将兵仗局和盔安两厂所造300副盔甲送往祖大寿处。[3]祖大寿则指挥锦州明军前往各城外信地布防。松山游营参将刘正杰所部负责东面迤北乳峰山，前锋中营则在南面迤东娘娘庙一带，前锋左营负责西面黄土岭迤北至西石门沟一带。辰时，明军发现西夏荣台埋伏清军500余骑，壮镇台则有清军2000余骑，稍后与老营清军合营至壮镇台。清军见明军有备，转往锦州城南乳峰山，再由东石门台向南行至高仓堡娘娘庙、上下马驿屯、奶头山一带下营。清军2000余骑，至东楼台直冲锦州东门，追赶明军侦察部队。刘正杰率部用火炮奋勇连击数阵，清军退回老营。[4]

七月初五日寅时，清军2000余骑从明水堂过，由大边半山台

1　《中国明朝档案总汇》第36册《兵部为辽东塘报锦西夷情设防事题行稿》，崇祯十三年七月初六日，页29~35。

2　《中国明朝档案总汇》第36册《兵部为塘报锦州突遭三面围攻并遭炮击情形事题行稿》，崇祯十三年七月初五日，页12~22。

3　《中国明朝档案总汇》第35册《兵部为前锋官兵盔甲急需解运等事行稿》，崇祯十三年七月初三日，页482~486。

4　《中国明朝档案总汇》第36册《兵部为辽东塘报紧急达夷情形事题行稿》，崇祯十三年七月初八日，页64~69。

进境。驻防宁远的丘民仰率领车左营都司郭天胤、车左营千总陈起龙等整备枪炮，准备攻打清军。[1] 辰时，松山明军又发现有清军千余骑从娘娘庙一带往西行走，又有一股清军五六千余骑亦向西南，两军汇流，至松山城东南山头站立，窥伺明军在城外列营的官兵。洪承畴令各将领督阵守备。督阵守备韩启等，同援防督标山海镇标前锋中左、车右等营副参都杨明等列阵。清军原拟对明军发起冲击，但因明军列阵完成，转奔南楼台架红夷大炮 6 位，击打楼台。自巳时到未时，台垛被打坏，守台士兵除死伤者外，逃奔松山城。洪承畴截获清军，又架大炮轰击东南两面，毁坏城内房屋十余间。官兵亦于城内外布防大炮反击清军，打碎红夷炮的挨牌两面。清军将炮车拉出退回，撤返老营。[2]

在锦州方面，巳时，有精锐清军千余骑自大镇堡、庙儿山、岳家山往东南，向唐家庄驰进。祖大寿遂率部分三股迎击，将清军击退。清军则从亮马山和二郎山驰援，接应主力撤退。[3]

在松山和中左所方面，巳时，松山明军发现清军马步车炮等从娘娘庙（松山东南 15 里）掌头子深至东楼台、南楼台（离松山东南 3 里），长岭山清军开营往北行。午时，有清军 2000 余骑，从长宁堡平山台深入中左所城西 3 里附近，绕马红山一带站立。中左游营游击佟翰邦率马步官兵出城应援西面城台，火炮齐发，使敌军不敢前进。清军因此退往城西王岭山一带下营。同时，娘娘庙、上下马驿屯、高仓堡、奶头山一带清军起营，径攻南敌楼。松山各营官兵以大炮与清军对阵。明军至城外列营，清军用红夷

1　《中国明朝档案总汇》第 36 册《兵部为辽东塘报紧急夷情并官兵出奇进剿事题行稿》，崇祯十三年七月十二日，页 259~279。

2　《中国明朝档案总汇》第 36 册《兵部为辽东塘报紧急夷情并官兵出奇进剿事题行稿》，崇祯十三年七月十二日，页 259~279。

3　《中国明朝档案总汇》第 36 册《兵部为辽东总兵塘报锦州官兵奋战获捷情形事题行稿》，崇祯十三年七月初九日，页 140~145。

炮 30 位攻打南敌楼，20 位攻打松山城南面城。[1] 丘民仰令官兵放炮齐射，城台火炮也猛发。申时，清军退至沙河堡、河深台等处下营。[2]

初八日，因清军列营于壮军台、杨官屯一带，团练总兵吴三桂等人率部于四更时分突袭清军，冲杀三阵，使清军往西山退却。[3]

七月十三日未时，清军 2000 余骑从杏山城东黄土台由城北益家山推进至灰山。巡抚丘民仰召集中左路游击佟翰邦、握奇营副将王廷臣和车左营都司郭天胤等将领，带领马步兵出城迎敌。而骑营、长宁堡城守营和车左营将领负责督发火炮。清军千余骑从灰山前扑曹家湾，分为两股，围冲三面。明军纵马迎敌，步兵枪炮弓箭手一齐联络前进。城守刘思康等人督率炮手，急放西洋大炮，打死清军三骑。城西亦放炮打死清军数骑。清军遂从原路向东撤返。[4]

洪承畴命令副将祖大乐于七月十六日领兵返回锦州；团练总兵吴三桂十七日统兵驻松山；分练总兵刘肇基统兵驻杏山；洪承畴标下三营副将尤捷、白广恩、张天禄和官兵 4000，十七日分驻塔山；总兵曹变蛟官兵 9000 十八日分驻宁远；总兵马科所率骑兵 3000 与总兵左光先所率官兵 3000，于十八日同驻中右所。明军将兵力分布于关外八城，以达到"目前八城所在有兵，彼此联络，先以护收秋田接防海运，使贼不敢西掠，然后再分兵出奇，合兵

1　《中国明朝档案总汇》第 36 册《兵部为辽东塘报达夷乘换班猛攻官兵情形事题行稿》，崇祯十三年七月十二日，页 252~258。

2　《中国明朝档案总汇》第 36 册《兵部为辽东塘报紧急夷情并官兵出奇进剿事题行稿》，崇祯十三年七月十二日，页 259~279。

3　《中国明朝档案总汇》第 36 册《兵部为辽东塘报夷情并遵旨乘夜火攻事题行稿》，崇祯十三年七月十二日，页 245~251。

4　《中国明朝档案总汇》第 36 册《兵部为辽东塘报官兵堵截达夷南下情形事题行稿》，崇祯十三年七月十七日，页 300~310。

进剿"[1]的目的。

七月初九日，战役结束后，清军大营移往杏山大兴堡，南犯至高桥大路，攻克界牌墩台，致杏山、塔山道路两三日不通。其后，由于清军窥视塔山、宁远，因此在十七日移往杏山东北之锦昌堡，并扰犯锦州，而杏山和塔山间的道路才通畅。[2]十六日，总督洪承畴命令大军返回锦州休息，二鼓抵达锦州。祖大寿预测清军将利用明军移防时攻击锦州，故下令预先设伏。辰时，唐家庄传来双炮，清军1000余骑从新庄子奔往锦昌堡杨官屯，后抵唐家庄。随后清军开营直扑锦州。祖大寿传令埋伏军队，分为三面一拥冲击，以打散清军的攻势。大拨都司李成印等迎头由东西遏制清军前部。祖大乐则由西南冲其右颊，标右营张登云等则从西北冲其左颊。祖大乐后与祖大寿合兵，分两翼紧逼敌军前部，随后又令车步将领潘廷明等抬营列炮，与清军主力接战。清军在夹击下，退往西方。明军加紧追击数里，但因战场风鏖蔽天不便追剿而收兵列营。清军主力则退回锦昌堡、水田山、杨官屯等处扎营。[3]

七月十九日辰时，大股清军自西拥至唐家庄。祖大乐命步火官兵列于河干，骑兵过河候令迎敌。然而，自辰至巳，清军时进时退，明军疑为伏诱，故未轻动。午时，西南埋伏的清军出现。清军大部出现在南面乳洪山（或即今乳峰山）下，准备三面合围明军。明军则早已预下火器三迭轮放，因此清军无法逼近。至二

1　《中国明朝档案总汇》第37册《兵部为蓟辽续调官兵出关并东西官兵分合防剿事行稿》，崇祯十三年八月初一日，页55~72。

2　《中国明朝档案总汇》第37册《兵部为蓟辽续调官兵出关并东西官兵分合防剿事行稿》，崇祯十三年八月初一日，页55~72。

3　《中国明朝档案总汇》第36册《兵部为辽东总兵塘报锦州战情题行稿》，崇祯十三年七月二十二日，页406~413。

更，清军收队回营。[1]

七月二十五日，清军从沙河堡移营往东至蔡家楼、陈家屯、国王碑、白官屯等地。二十六日晨，清军 10 名将领率领精锐骑兵数千，从亮马山冲击锦州北口。明军以大炮打退清军。祖大寿调集兵马，夜间预先埋伏于亮马山下。二十七日早，清军万余骑又冲击明军。明军以弓箭和火炮奋勇还击，大挫清军。[2]

七月起，清军逐渐展开对锦州围城的前哨战。先攻取锦州城西的九座敌台和小凌河西二台，以断绝锦州连外交通，并抢割城西已成熟的农作物。[3] 为进一步加强对锦州守军的粮食控制，清军亦派出固山额真图尔格、叶克书，护军统领伊尔德苏拜等，率军埋伏于锦州西南乌欣河口，追捕明军出城放牧的牲畜。[4] 对于明军北运的粮食，也以武力夺取。[5] 同时催促朝鲜纳岁米 10000 包和供陆战使用之精炮 1000 门 [6]，增强作战前的后勤储备。皇太极则在七月二十七日至九月初七日，以巡幸为名前往温泉，途中在沙河堡与驻守东京的恭顺王孔有德和沈阳怀顺王耿仲明会面。[7]

四　松山城外夏荣屯、刘喜屯和黄土岭之战

洪承畴为供应军需，早在崇祯十二年秋冬于开平卫设立军器局，在古冶设立火器局，由都司王承祖等人管造三眼枪、鸟枪等

1　《中国明朝档案总汇》第 37 册《兵部为辽东总兵塘报迎击达夷情形事题行稿》，崇祯十三年七月二十七日，页 7~11。

2　《中国明朝档案总汇》第 37 册《兵部为辽东总兵口报亮马山大捷事题行稿》，崇祯十三年七月三十日，页 22~26。

3　《清太宗文皇帝实录》卷五二，崇德五年七月乙酉日，页 695。

4　《清太宗文皇帝实录》卷五二，崇德五年七月辛丑日，页 698。

5　《清太宗文皇帝实录》卷五二，崇德五年七月己酉日，页 700。

6　《清太宗文皇帝实录》卷五二，崇德五年七月丙午日，页 698~699。

7　中国第一历史档案馆编：《清初内国史院满文档案译编》，页 458~460，光明日报出版社，1989 年。

火器。在蓟州设立火药局，由守备张自成等制造火药。在滦州偏山采铅以制铅弹。因不及制造大炮和弓箭，故于八月二十三日，特向工部请发二号、三号大炮各 50 位，弓 3000 张，箭 60000 支，火箭 20000 支。但朝廷仅发灭虏炮 50 位、弓 2000 张、箭 60000 支。[1]

洪承畴认为"锦州、松山当虏首冲山，先运粮石入城以固根本，为第一要旨"，因此与辽东巡抚丘民仰商议后，拟将杏山粮食日夜装运四五千石，由总兵左光先、曹变蛟、马科等人自杏山扎营运送至松山，再由吴三桂和祖大乐协同锦州守将祖大寿护运入锦州。至九月初六，锦州已有 7 个月的存粮，而松山也有 6 个月的存量，杏山和塔山则原本粮食就极为充足。

九月初一日，洪承畴率兵出宁远，经塔山驰抵杏山。明军发现锦昌堡一带有清军活动的迹象，洪承畴遂招吴三桂和祖大乐于初七日午刻到杏山与左光先、曹变蛟和马科等人会商机宜。初八日，经商定，杏山一路山险较多，以左曹马等三总兵兵进；松山一路多平坦，利于用骑兵，故以吴三桂、刘肇基两总兵及祖大乐由此进发。初十日平明，两路同时进发。步火营则离城三四里扎营，倚山埋伏，并以骑兵引诱敌人。洪承畴并下令总兵刘肇基所部至松山，张汝行所部副将张天禄支援杏山。

九月初九日晨，清军在长岭山上。卯时，得报清军万余骑从长岭山、五道岭分二十余股奔来，明军布防于松山黄土台大路。辰时，哨炮双响，清军自锦昌堡开营直越寨儿山，往杏山之北的长岭山，直攻松山。松山各将即出西门备敌，刘部在左路，吴三桂和祖大乐则在右路。刘部亦将马兵列于战阵之前，其后为车左营参将李成龙所统领各营步火弓箭手。总兵左光先、曹变蛟、马科、张汝行，中军副将尤捷等即刻率兵在杏山城北依次列营。洪

---

1 《明清史料甲编》第十本，《蓟辽总督洪承畴题本》，页 982。

承畴与监军道王之祯则在遍阅官兵后于城楼高处观战。

巳时，清军从山头往东前进，由五道岭直奔松山。总兵左光先、曹变蛟等见清军往攻松山，即将部队由杏山城东大路移往观察山以备策应。各镇将迎敌至黄土岭，离松山约三四里，并以马兵先攻击，与清军连战数次。清军退回五道岭半山，步营则距离松山城一二里。吴、刘二总兵见清军后退，随即命令各营步兵共七八千人，移往黄土岭架列火炮，并与马兵联合。清军在得到精锐骑兵的增援后，分为十余股，从三面冲来，因此松山出城明军遂以马兵与清军血战。但是此时步兵安营未定，火炮不齐，因此被清军冲破，大量伤亡。过午时之后，总兵刘肇基回报清军围攻步营，请求协助。于是各镇将领领骑兵救援步营。洪承畴遂命总兵左光先、曹变蛟、马科、张汝行等率马兵往夏荣屯，约离交战的黄土岭三四里地。而步火抬营连接于刘喜屯。

自午至申，明军与清军交战。步左营中军王三桂率领步兵倚台防守，用火器更番击打，击退清军。刘部官兵损失较吴部为大，阵亡者有步左营千总洪有伦、目兵 109 名，车右营名色火器把总晏三策、目兵 70 名，右翼右营 118 名，左翼左营 166 名，右翼中营 122 名，中权左营 148 名，后劲中营 135 名，步右营 1 名。清军见西路明军来援，遂回师冲向明军援军。未刻，双方在夏荣屯往来交战三四次。由于明军步火依山列为三营，极得地利之便，清军不支，退回长岭山。援军马兵追击至长岭山台，清军遂由原路退往寨儿山，回至锦昌堡。至酉时明军收队，返回杏山城。[1]

夏荣屯、刘喜屯和黄土岭之战是松州被围的前哨战，此役显示出清军逐步消灭台军后，对于明军的战术甚为活泼，不断寻找明军弱点施以打击。而杏山和松山的明军却有不同的战绩。杏山明军熟悉地势，骑步配合良好，战后又可退回杏山补给，维持战

1　《明清史料甲编》第十本，《蓟辽总督洪承畴题本》，页 989~990。

力。而松山明军之小负，虽可归因于车营并未安营，未及防御，但实际上却是马营并未尽戒护步营的责任。丘民仰也认为明军损伤是因为"步兵素未经练，仓促传调，安营未定，贼已先冲，故伤亡之数甚多"。关内西兵马战不如辽东骁劲，但马步相间，炮火整齐，故能往来迭战，全营收兵。洪承畴会报之后，吴三桂和刘肇基均被降三级，祖大乐则被降二级。[1] 可见辽东马兵因为贪功冒进，致使作战时无法与其他兵种相配合，是明军失利的主要原因。

五　包围锦州

九月初八日，皇太极正式命和硕郑亲王济尔哈朗，多罗武英郡王阿济格，多罗郡王阿达礼，多罗贝勒多铎、罗洛宏等率满蒙汉将士一半往代和硕睿亲王等围锦州、松山。[2] 十月初五日，朝鲜军粮至海州。[3] 十二月初三日，皇太极又命和硕郑亲王多尔衮、和硕肃亲王豪格、多罗安平贝勒杜度、多罗饶余贝勒阿巴泰等率将士之半往代济尔哈朗。[4] 至崇祯十四年三月初四日，又再以济尔哈朗代多尔衮围锦州。[5] 皇太极轮番派出大将围困锦州，即因锦州城内粮储充分，非长期围困无法取胜。

清军初期围困锦州的成效相当有限，特别是多尔衮执行包围任务时，曾私遣每牛录三人，还家一人次。又曾私遣每牛录甲兵五人，每旗章京一员还家一次。又移军过国王碑，离锦州30里驻营。锦州城内人尚可出城田猎，车牛挽运军粮，任意往来。皇太

1　《中国明朝档案总汇》第37册《兵部为辽东总兵塘报官兵合力血战情形事题行稿》，崇祯十三年九月二十三日，页426~478。
2　《清太宗文皇帝实录》卷五二，崇德五年九月丙戌日，页702。
3　《清太宗文皇帝实录》卷五三，崇德五年十月癸丑日，页705。
4　《清太宗文皇帝实录》卷五三，崇德五年十二月庚戌日，页714。
5　《清太宗文皇帝实录》卷五五，崇德六年三月己卯日，页732。

极因此极为不满，后派遣甲喇章京车尔布等往谕多尔衮，要求积极执行包围工作，并将多尔衮降为郡王，罚银 10000 两，夺两牛录户。相关人等亦被降职罚银。[1] 济尔哈朗执行锦州包围任务时，仿照攻取大凌河城的战术，于锦州城外每面立八营，绕营浚深壕，沿壕筑垛口，两旗之间复浚长壕，近城则设逻卒哨探。自此对锦州的包围日益严密。而于锦州外城协防之蒙古兵，亦思叛逃。[2] 清军利用此一形势，三月二十四日黄昏，由靠近外城的两白营发起攻城。锦州外城遂入清军之手。[3]

崇祯十四年三月十六日以后，明军逐渐得知清军已完成围困锦州的任务。清军完成了在锦州城外打栅木、挑壕堑的工作，骑兵则包围了松山城。[4] 明军据情报得知锦州城四角五六里外被掘壕，清军拥有红夷炮 40 门，管炮之汉将尚未到。清军共 40000 余骑围四面，扎方营二处，长营二处。[5]

六　明军出援锦州

明军除锦州守将祖大寿展开小规模的反击外，崇祯十三年七月十一日，洪承畴就已率马步兵 40000 抵达杏山增援。[6] 清军对锦州的长期包围，促使朝廷出现力主发兵 200000 渡河捣穴，则锦州之围可解的情况。

此役决战时期，双方动员兵力超过以往。据谈迁《国榷》记载，明军征宣府总兵杨国柱，大同总兵王朴，密云总兵唐通、曹

1　《清太宗文皇帝实录》卷五五，崇德六年三月丁酉日，页 733。

2　《清太宗文皇帝实录》卷五五，崇德六年三月辛丑日，页 738。

3　《清太宗文皇帝实录》卷五五，崇德六年三月辛丑日，页 740。

4　《明清史料乙编》第三本，《请兵救援松锦残禀》，页 296。

5　《明清史料乙编》第三本，《兵部题行"奴贼困锦明系凌故智等情"》，页 296。

6　《清太宗文皇帝实录》卷五二，崇德五年七月癸巳日，页 697。和硕睿亲王多尔衮等奏报。

变蛟、白广恩，山海关总兵马科，辽东总兵吴三桂、王廷臣合兵100000、马40000、骡10000克期出关。明军先后出动八镇共150000兵力东征。[1]《山中闻见录》则载五镇兵及抽练诸军150000人。[2]《明季北略》则记为：

> 闻总戎祖大寿被围锦州，遂于十四年二月提兵，八月往援，与清相拒四阅月。至十一月退还，分守各卫。及明年壬午二月，会兵共计二十万，复东。时清师二十四万，闻承畴将至，分兵围锦州，以大众御之。……里红山上有石城一座，清兵固守。山下平原，承畴将驻营，清兵凭高发炮，洪师四面受敌，难以立营，乃退下。既而选卒十三万，遣总兵官吴三桂、唐通等十三人将之，复进，三战三捷，清帅退师六十里。[3]

如此可知，洪承畴原有之40000兵力，加上之后增援的150000人，加上原有守军，明军总数在200000之多，但随洪承畴实际投入战斗者则为130000人。《清太宗实录》亦载："约敌骑兵四万，步兵九万，共号十三万。"[4] 可见明军参与战斗者可确定为130000人。至于锦州的守军，崇祯十三年十二月，祖大寿查锦州、松、杏三城并大兴、大镇、大胜、大福等堡，查得实兵共22050名。[5] 而参与此役的清军数量亦极为庞大，如前所述，达240000之多。

崇祯十四年四月初二日，济尔哈朗等人奏报，明军援兵自杏

---

1 《国榷》卷九七，思宗崇祯十三年十二月，页5884。《崇祯实录》记录与《国榷》相同。《崇祯实录》卷一三，崇祯十三年十二月，页11b~12a（392~393）。

2 《山中闻见录》卷六，页91。

3 《明季北略》卷一八《洪承畴降清》，页330。

4 《清太宗实录》卷五七，崇德六年八月丁巳日，页770。

5 《明清史料乙编》第三本，《兵科抄出辽东总兵祖大寿题本》，页291。

山至松山。清军设伏于锦州南山西冈，阿济格则伏于松山北岭引诱明军进攻，取得小胜。明军第一波解围军的攻势受阻，退回宁远。[1]

七　乳峰山东西石门之战

四月二十五日，松山发生东西石门之战。明军离松山城数里，自南向北布列车步火营，以马兵为两翼。[2]（表9-2）清军一方面以步兵在乳峰山上往下射击，另一方面在石门部署精骑20000，埋伏环列待战。明军以精锐步兵仰攻清军，发射弓箭枪炮，并由东西直攻乳峰山，于近台高处放炮张旗。锦州内明军遂出南门列阵，形成夹杀清军的局面。此时，清军埋伏之骑兵自西石门突出，吴三桂所部冲锋十余次，获得胜利，并用火器追击。

表9-2　东西石门之战松山明军序列表[3]

西石门		中权	东石门	
左	右		左	右
总兵吴三桂	总兵王廷臣 怀标练兵杨国柱	总兵王朴	总兵白广恩 马科	总兵曹变蛟

而总兵白广恩、马科所部堵截东石门清军时，马科向洪承畴反映缺乏火炮。监军道张斗遂于阳和车营发炮，并遣阳和伍营把总曹科、九营中军杨膺领炮20位，赶赴东山险要处击打。清军亦用牛车出动红夷大炮30余位，由东西两方向明军发炮数百发。至申酉时，清军退兵，明军亦回营。

1　《清太宗文皇帝实录》卷五五，崇德六年四月丁未日，页741。

2　《明清史料乙编》第四本，《蓟辽督师洪承畴揭帖》，页310~312。

3　《明清史料乙编》第四本，《蓟辽总督洪承畴揭帖》，页311。

东西石门之战中，明军较为突出的损失，是曹变蛟所部在东石门作战时，因指挥不周详，造成车步兵较大伤亡。洪承畴说，"攻山调兵独多，遂未能全顾步营，锐于西堵，则马兵奋剿，遂未能预顾东突"，因而拟降其三级。但从战役的发展来看，失败应为马兵贪功，不能策应车营所致。洪承畴所言，乃为瑕不掩瑜之词。[1]

五月初三日，洪承畴率兵 60000，抵达松山北冈。[2]初六日，值锦州被围 5 个月，祖大寿派遣一卒向朝廷报告城内粮食足以支撑半年，而柴薪则不足的军情，并建议洪承畴宜以战车逼迫清军，不可以轻战。思宗甚为忧虑战事未决，兵部尚书陈新甲遂遣职方郎中张若麒前往察报。[3]六月初一日，并致信洪承畴，促其立刻出兵，并荐派绥德知县马绍愉为兵部职方主事出关赞画。张、马二人之策遂代洪承畴之策。[4]

明军在救援松山的策略上出现了分歧。陈新甲的战术是分兵四路进攻：第一路出塔山趋大胜堡，攻清军之西北；第二路出杏山，抄锦昌，攻清军之北；第三路出松山，渡小凌河，攻清军东；第四路主力则出兵松山，攻清军南。洪承畴则主张"且战且守"，认为不可分兵，以免被各个击破。此外他认为锦州守御颇坚，不易被攻下，应考虑补给转运为艰，鞭长莫及的限制。[5]陈新甲与洪承畴的最大差异是战略目标，前者着重于出击清军，后者则重在解锦州之围。

虽然战略目标被朝廷更改，但七月二十三日，洪承畴誓师援锦州时，兵部职方主事马绍愉仍依照祖大寿的建议练兵车以待

1 《明清史料乙编》第四本，《蓟辽督师洪承畴揭帖》，页 310~312。

2 《清太宗文皇帝实录》卷五五，崇德六年五月丁丑日，页 745。

3 《崇祯实录》卷一四，崇祯十四年五月壬辰日，页 5a~b（403~404）。

4 《崇祯实录》卷一四，崇祯十四年六月乙巳朔，页 5b~6b（404~406）。

5 《崇祯实录》卷一四，崇祯十四年六月乙巳朔，页 5b~6b（404~406）。

战。[1] 二十五日，明军抵达松山，夜见清兵屯乳峰山东。洪承畴所部登乳峰山西。乳峰山距锦州五六里，炮石相应。又东西石门并进兵以分势，遂立车营，环以木城，部署略定。因未料明军积极展开攻势，清兵大骇。[2] 据《清太宗仁皇帝实录》的记载，洪承畴所部当时结营于松山城北乳峰山冈，步兵于乳峰山、松山城间掘壕，立七营，骑兵则驻于松山东、西、北三面。[3]

后兵部尚书陈新甲因信张若麒、马绍愉言，再促洪承畴出战。七月二十七日，明清军合战。明军斩130级，获王子及固山、牛录，杀20余人，但阳和总兵官杨国柱阵殁，且锦州城中的祖大寿虽分步卒三道突围，但三围仅克其二，并未达成解围的目的。[4]

八　皇太极亲征

皇太极得知明军主力的动向后，立即决定亲征，于八月十四日出发。[5] 渡辽河，于十九日陈师松山、杏山之间，自乌欣河南山至海，横截大路驻营。并依多尔衮等人建议，以此为屯营之地[6]，形成包围松山之势。二十日，清军浚壕，断绝松山、杏山路。[7] 清军掘壕工作十分彻底。参与此役的原任宁夏镇标参谋官汪镇东奏称，他在十一月二十四日离开松山，亲见清军所挖壕，"壕上有桩，桩上有绳，绳上有铃，铃边有犬"[8]，堵截十分严密。

明军于八月十九日得知皇太极亲率大军自王宝山、壮镇台、

1　《崇祯实录》卷一四，崇祯十四年七月庚子日，页7a~b（407~408）。

2　《崇祯实录》卷一四，崇祯十四年七月壬寅日，页7a~b（407~408）。

3　《清太宗文皇帝实录》卷五七，崇德六年八月壬戌日，页772。

4　《崇祯实录》卷一四，崇祯十四年七月壬寅日，页7a~b（407~408）。

5　《清太宗文皇帝实录》卷五七，崇德六年八月丁巳日，页770~771。

6　《清太宗文皇帝实录》卷五七，崇德六年八月壬戌日，页771~772。

7　《清太宗文皇帝实录》卷五七，崇德六年八月癸亥日，页772~773。

8　《明清史料乙编》第四本，《兵部题"御前发下原任宁夏镇标参谋官汪镇东奏"稿》，页367。

偾儿山、长岭山、刘喜屯、向阴屯、灰窑山至南海口等处下营，并挖壕断绝松山对外要路。二十日两军交战，但胜负未分。二十一日，明军马车步再出战，虽有斩获，但清军人数众多，松山明军无法闯出壕沟。洪承畴又派遣大同督标密云三镇马步为左路，以团练山海怀标三镇马步为右路，于初更出战，且战且闯，但明军因黑夜溃乱。洪承畴与松山城明守军陷入内无粮草外无援兵的险境，兵部尚书陈新甲因此考虑动用刘国标水师 8000 人出援松山。[1]九月初龙武营水师中军张成功在笔架山海口接到隶属密云镇标下官兵 252 员、马 29 匹，以及洪承畴所差兵丁王登、八拜二人。[2]

九　清军包围松山与明军溃师

《崇祯实录》载，八月初十日，大同监军张斗建议驻一军于长岭山，防止清军包抄，遭洪承畴婉拒。[3]十八日，清军以 3000 骑兵来援，据长岭山，并称欲困松山城。洪承畴不为所动。[4]二十一日，明军又与清军合战，明军边兵搴清军大旗。清军甚至因此议退兵，但因孔有德反对而作罢。清军再度进攻松山，并掘壕堞土，壕深及 8 尺，环壕绝堑，松山因此亦为清军所困。然明军之弱点在于乏饷。松山之粮仅供三日之所需，锦州又尚在包围之中，因此诸将多望前往宁远就饷，各怀去志。洪承畴却于此时认为，魔军一退不可复止，大军应速与清军决战，解围制胜。是夜，总兵王朴因怯率兵先退，于是明军大溃。洪承畴率兵突围，仅留三分之一守城。洪部于尖山、石灰窑一带力战，但因清军又围松山城，无法返回松山，只能移屯海岸。未料海潮大起，全军尽没，仅 200

1　《明清史料乙编》第四本，《兵部题行"宁前道石凤台塘报"稿》，页 327。
2　《明清史料乙编》第四本，《宁前道石凤台塘报》，页 331。
3　《崇祯实录》卷一四，崇祯十四年八月癸丑日，页 8b（410）。
4　《崇祯实录》卷一四，崇祯十四年八月癸丑日，页 8b（410）。

余人得免。[1]

战后兵部曾据丘民仰信札内"松山数万粮米，临行践踏如泥"的说法，质疑各将突围就粮之说。王朴曾指出自七月二十九日至八月十八日，一共运粮 38040 石，而在松山之官兵每日消耗粮食 3000 石，故仅能支用 12 日。[2]

《清太宗文皇帝实录》的记载稍有不同。八月二十一日，皇太极谕诸将，今夜明军必遁，将清军防线拉长至海边，准备追击遁逃之明军。初更时分，总兵吴三桂、王朴、唐通、马科、白广恩、李辅明等率马步兵由前锋汛地沿海潜遁。二十二日，皇太极又令多尔衮和阿济格率兵包围剩下的四座明军敌台，并由汉军固山额真刘之源、梅勒章京吴守进、墨尔根侍卫李国翰携红夷炮 10 位攻克剩余的敌台。吴三桂和王朴则逃入杏山。[3] 皇太极随后移营至松山，计划以四面浚壕包围明守军。当夜，曹变蛟率乳峰山马步兵弃寨而遁，突围五次，均被清军击败。[4] 随后，清军追击溃逃明军，斩杀明军 53783 人，掳获马 7444 匹，骆驼 66 头，甲胄 9346 件。[5] 九月初二日，皇太极命八旗出马步兵运红夷炮参加松山围城战。[6] 至二十三日，松山守军又尝试突围未果。[7] 十月十二日，洪承畴最后以 6000 人突围，仍失败。[8]

经清军长期围困，崇祯十五年二月十八日夜，松山守将之一夏承德与清军约降。松山城终于陷落，洪承畴等高级文武官员被

1　《崇祯实录》卷一四，崇祯十四年八月辛酉日，页 8b~9b（410~412）。

2　《明清史料乙编》第四本，《兵科抄出大同总兵王朴题本》，页 335。唯此本作"官兵住松二十日"为误，应为十二日。

3　《清太宗文皇帝实录》卷五七，崇德六年八月乙丑日，页 774~775。

4　《清太宗文皇帝实录》卷五七，崇德六年八月乙丑日，页 775。

5　《清太宗文皇帝实录》卷五七，崇德六年八月壬申日，页 776。

6　《清太宗文皇帝实录》卷五七，崇德六年九月乙亥日，页 778。

7　《清太宗文皇帝实录》卷五七，崇德六年九月丙申日，页 781。

8　《清太宗文皇帝实录》卷五八，崇德六年十月甲寅日，页 792~793。

俘。除夏承德所部外，中下阶军官百余人和士兵 3063 人被杀。城中尚余红夷炮和鸟枪共 3273 位。[1] 次月，祖大寿经一年的围困，也开锦州城投降。[2] 面对宁远以北的杏山和塔山，因无明军野战部队的威胁，皇太极利用明军投降新附部队所拥有的西洋火炮，快速地在四月初八日进攻，次日即以炮攻下塔山。[3] 二十一日再克杏山。[4] 至此，宁远以北锦州、松山、杏山和塔山各城，至崇祯十五年三月皆失陷。[5]

溃师之后，为了解救被困的明军，原任宁夏镇标参谋官汪镇东也提出解围急计。令总镇提督吴三桂统兵 20000、马兵 12000，分为三股，以步兵 300 人运车 150 辆，每辆车运灭虏炮 2 位（上用棉被一床，车前束草为人），引诱清军骑兵出战。[6]

此外，祖大寿之子锦衣卫指挥祖泽洪请命出兵 10000 前往救围，获得朝廷的支持。[7] 朝廷拨发残溃兵马，马步仅得 6400，加上吴三桂练兵 10000，白广恩练兵 5000，练兵总兵王忠马步 4000，皆勤于演放火炮，较试弓马，操练战车。[8]

十　龙武营水师之战绩

原本在天启朝尚为三方布置战略中十分重要的海路，在松锦之役前因吴桥之变的发生而攻守易位。明军不得不在登州加强防

---

1 《清太宗文皇帝实录》卷五九，崇德七年二月辛酉日，页 798~799。

2 《清太宗文皇帝实录》卷五九，崇德七年三月己卯日，页 801~802。

3 《清太宗文皇帝实录》卷五九，崇德七年三月乙未日，页 808；卷六〇，四月辛亥日，页 819。

4 《清太宗文皇帝实录》卷六〇，崇德七年四月甲子日，页 821，

5 《崇祯实录》卷一五，崇祯十五年三月丁亥日，页 4a（427）。

6 《明清史料乙编》第四本，《兵部题"御前发下原任宁夏镇标参谋官汪镇东奏"稿》，页 367。

7 《明清史料乙编》第四本，《兵部题"御前发下锦衣卫指挥祖泽洪奏"稿》，页 378。

8 《明清史料乙编》第四本，《兵部行"御前发下辽东监军张若麒奏"稿》，页 384。

务，易攻为守。崇祯十三年，明军自难民处得到降清明将孔有德协助清军造船，清军在旅顺新城造屋开屯等情报。四月十五日，朝鲜国平安道副总林庆业派中军李舜男（通官）等抵达宁远，向明朝指出清军要求朝鲜在三个月内提供船只100艘、兵士5000、水手2000。朝鲜先以船只迟重，旅顺多礁石，不便停靠为借口推托，后迫于无奈，预先通知明军将"我国兵船洋边下走散阵，弃置船只"以求全。四月二十八日，明军得知情报后，担心清军自海上发动攻击，令山东总兵杨御蕃调娴熟鸟枪士兵1200人前往登州支持。[1]

五月十七日午时，登莱一带的明军在东南风大雾中看见清军船只数艘。千总陆懋瀛等至长山口迎敌，在雾中发现清军船只110余艘。由于明军船只较少，不敢追击，遂将此报上奏。明军遂于海岸广置火炮，以加强防御，并继续探查入侵清军船只的动向。[2]

龙武营在此时扮演着海上侦察和突击的角色。龙武营参将潘尚学等人塘报，六月二十五日午时，有朝鲜船只十七八艘出盖州套岛口近盐场，晚间又有朝鲜船只十余艘与前一批船只会合。明军与朝鲜船只对峙一夜。二十六日发现盐场边的船只已经部分转往海清寨。[3]七月初二日巳时，又在盖州套见山头发现朝鲜人的布帐房百十座和清军大白毡帐房一个。目视朝鲜船只40余艘，搁于浅滩。潘尚学等准备炮袭、火攻朝鲜船只。至其近2里范围，清

1　《中国明朝档案总汇》第35册《兵部为山东登莱塘报紧急夷情并调发淮船淮兵备用事题行稿》，崇祯十三年五月二十四日，页95~113。《中国明朝档案总汇》第35册《兵部为登莱塘报接获高丽人及船只事行稿》，崇祯十三年五月，页302~310。

2　《中国明朝档案总汇》第35册《兵部为登莱塘报夷情事行稿》，崇祯十三年六月初一日，页337~341。

3　《中国明朝档案总汇》第36册《兵部为辽东塘报丽船出没盐场海清寨二处分合窥伺情形事题行稿》，崇祯十三年七月初六日，页23~28。

军约 3000 人集结于山头，竖起大旗。明军随即发动炮击，击落数人。清军退入山凹。山头上有土墩七八十座，清军安放火炮七八十位，并置 3 位红夷大炮，直至明军船只靠近才发炮攻击，共射击六轮，使明军船只损害，不得不退往三岔河口。朝鲜船只约 30 艘进入海清寨，另外 8 艘进入盖州套。[1]

登莱巡抚徐人龙因清军进犯长山，担心沿海军队数量不足，请临清（山东总兵）派遣数千兵协防。后马岱统领 2000 兵，于七月十六日抵达登州。徐人龙命把总王兴统 400 兵防守威海。登州城迤东湾子口至八角口由千总郭卫、把总田凤统兵 600 分布严防。登州水兵由协守副总兵戴柱国统水兵 1200 人，偕王武纬于七月初九日出海。[2]

七月十四日，协守副总兵戴柱国抵达庙岛，与龙武营王参将下属之百总曾一龙、舟正袁应龙等，以及在船目兵 30 名会合。两人称十一日在三岔河遭遇龙风至庙岛，十三日收泊于庙岛。询问清军战船动向，两人称曾见敌船 140 余艘，在多次攻击交战后，除被擒获、焚毁、吹散者外，目前存 50 余艘，停泊于盖州。船上皆为朝鲜人，并带有火器，所载之米则搬在岸边的窝铺，由清军看守。戴柱国于十五日继续出海，但因风向不顺，暂泊于陀矶。十六日起行，申刻抵达皇城岛（离盖州 10 里）。水左营游击余国祚选锋营中军王宗兆、把总高升等亦在此，共有军士 2700 人。由于清军先据长山，后入双岛，因此戴柱国等准备在此相机进攻。并由莱州府海防同知王尔翼任监军，于二十二日由天桥关登舟前往皇

---

1 《中国明朝档案总汇》第 36 册《兵部为辽东飞报官军夜袭北军台一带情形事题行稿》，崇祯十三年七月十二日，页 238~244。

2 《中国明朝档案总汇》第 37 册《兵部为报临兵到登日期事行稿》，崇祯十三年八月初四日，页 94~98。

城岛。[1]

崇祯十四年九月二十七日，龙武营刘应国率师接应松山少数明军。清军自杏山笔架山至高桥盐厂一带，已有 30000 骑兵分驻20 余处，防卫十分严密。十月初一日，清军又前往笊篱头迤东海边一带。刘应国率龙武右营游击向明时等人以船上火器攻打，自辰至午，清军才退却。刘应国因预料清军会在杏山一带扎营，故东进杏山，接出中协分练镇标下中军都司曹世英及官兵共 73人。据报，清军已在杏山三面掘壕，唯东面防守较疏。初二二更时分，始由观察山以南海边往西行，至五更时分抵达笔架山。后被清军骑兵发现行踪，明军施以炮火打击才得以将部队撤退上船。[2]

十一　战车与松锦之役

松锦之战初期，战车出关作战，先后至少曾在前屯、松山、杏山，及中、左中和右中后等地驻防和作战。综上可知，战车尚能够发挥所长，以火力压制清军，但在野战上暴露了与骑兵配合不足的缺点。如黄土岭之战因没有步兵支援和骑兵的戒护，车右营遭受三分之二的伤亡。东西石门之战时，在东石门左右两部皆有车营参与作战，左翼的阳和车营与清军的 30 余位红衣大炮相互炮击，而右翼则再次重蹈黄土岭之战的错误，未对车营提供充分的掩护。此役中祖大寿建议洪承畴以战车逼迫清军，可惜未被洪承畴采纳。两次车营的损伤，以及洪承畴不愿采纳祖大寿的建议，都说明了洪承畴并不重视战车的应用。

而在乳峰山之战前，兵部职方主事马绍愉积极训练战车，并

1　《中国明朝档案总汇》第 37 册《兵部为登莱巡抚塘报海上停泊丽船等事行稿》，崇祯十三年八月初四日，页 94~98。

2　《明清史料乙编》第四本，《兵部行"总统关辽登津四镇水师副总兵刘应国塘报"稿》，页 337。

以战车击退清军。洪承畴被围于松山时，初期尚能以战车与清军交战，说明了明军战车营有相当的战斗力。唯清军再次发动大规模的挖壕，致使明军困坐松山，无法使用战车，终至大败。松山被围期间，宁夏参谋官汪镇东提议以战车解围，解围军亦以操练战车为主，唯大势已难挽回。

洪承畴是否重视车营呢？值得注意的是，在杏山之战后，骑兵中权中营副将周佑阵亡。由于此职是一镇先达之领袖，非素称敏练者难以胜任，故推荐车左营参将周士显调补中权中营参将。他所遗下的悬缺为火器营缺，非经熟火器者不能胜任，故推荐团练旗鼓实授守备郭天胤调管火器营游击，于八月初十日以前到任。[1]

明军在松山之役中投入多少战车和火炮，曾在科臣张缙彦关于松锦被围所提出的十个疑问中被提出来，是 2000 辆战车和 2000 门大炮。但松山被围后，张缙彦曾根据小报称松山城外有士兵饿死的情况，推论战车可能会被士兵拆来生火煮饭，而无法使用。[2]而较少人注意的是，崇祯十三年七月，在关内后方，保定总兵杨德尚有轻车 1000 辆。在山海关内，明军仍建置大量的战车部队。[3]

第五节　战车之请造、研发与最后战役

一　北京之役至旅顺之役朝臣之议造

崇祯朝士人对于战车的请造亦十分积极，尤其自北京奔袭战

---

[1] 《中国明朝档案总汇》第 36 册《兵部为调补周士显任骑兵中权中营参将等要紧原缺事题行稿》，崇祯十三年七月十九日，页 336~347。

[2] 《明清史料乙编》第四本，《看议科臣张缙彦关于松锦十事稿》，页 363。

[3] 《中国明朝档案总汇》第 36 册《兵部为复议河西拨兵护鞘事题行稿》，崇祯十三年七月二十二日，页 391~405。

至旅顺之役。以下就《崇祯长编》所检出者，一一列举。

崇祯二年正月，兵科给事中宋鸣梧条上京营八事，"一马上火器宜习、一战车责成宜实、一京营弓箭宜精"[1]，章下所司。同时任太子宾客礼部右侍郎徐光启亦疏言，要求按其制备再加训练一支 3000~5000 人的部队。此议虽获得思宗嘉许，但未闻实行。[2]

十二月，京营戎政兵部右侍郎刘之纶上疏称自筹数百金，委游击卫天中、赵瓒、汪士震等制练城防火器，制成木制西洋大炮一位、小火器百余位；委许臣虎等造独轮火车、偏箱车、兽车，三日之后制成七八辆。[3]但史料并未记录其采用的情况。

崇祯三年四月，山东道御史刘光沛疏荐江西布衣令国威精于火攻，兼有商人史经纶捐资 150 两制造火车、火炮等物，请下工部会同总理提协科道择日试验。思宗报可。[4]

崇祯三年五月，通州总兵杨国栋捐赀千金自造战车百辆，关臣张学周又助银 300 两多造 30 辆，并添造挨牌 120 面，旗枪 240 杆，共成一小营。请敕部选将付之，授以心法。[5]

崇祯三年六月，工部左侍郎沈演上奏捐赀千金，照焦玉《火龙经》[6]铸造火器。思宗优旨，令进览发用。[7]其原疏载沈演《止止斋集》，所造不只火器，尚有"火狮车"和"联环火转城"两种战车。火狮车腹藏火箭百支，口鼻出火铳，车下藏威远炮，左右

---

1 《崇祯长编》卷一七，崇祯二年正月癸亥日，8b（957）。

2 《崇祯长编》卷一七，崇祯二年正月甲戌日，16b~18a（974~977）。

3 《崇祯长编》卷二九，崇祯二年十二月己未日，页 6b~9a（1604~1609）。

4 《崇祯长编》卷三三，崇祯三年四月戊午日，页 11a（1923）。

5 《崇祯长编》卷三四，崇祯三年五月戊子日，页 9b（1988）。

6 自明末以来，署名焦玉的火器著作，有多种抄本和刻本流行，唯据钟少异的考证，现存者主要为《火龙神器阵法》《海外火攻神器图说》和《火龙经》三种，且皆为明末之作品。钟少异：《关于"焦玉"火攻书的年代》，《自然科学史研究》18 卷 2 期。

7 《崇祯长编》卷三五，崇祯三年六月壬申日，页 36b（2130）。

设有月牙大铲，用于铲马足。车两旁亦设防护，可避矢石。而联环火转城则上用女墙，下用滚轮，中央架百子梅花铳，左右架长枪为门户，用途则为运载辎重和安营壁垒。[1]沈演在六月二十三日请朝廷准许制造。在思宗同意后，沈演于三月拟定制器检阅图册，酌定制造数量，并纠集工匠，至四月开始铸造，造成后由杭州抽分虞衡司主事黎元宽于杭州教场试验。八月运发海路，经两月余抵达天津。因天寒冻结，由车运往北京，收贮于京营。十一月十三日，思宗立刻下令由京营总提协会同兵部试验。[2]二十四日试验完毕，战车和火器的功能并未特别受到肯定。思宗命将这批军器收贮于京营。[3]

崇祯三年七月，顺天巡抚刘可训奉命勘估边工，疏陈应预造战车。思宗令可训加意料理，所司仍酌议以闻。[4]次月，刘可训再以遵蓟之急不减关门，请及时聚米 100000 石及发价 30000 两为兵仗器械之资。而蓟镇中协各台尤应倍加缜密，请另发三四万金购造马步器械并战车等。思宗谓粮储户部悉已料理，预制器甲之需，工部速与酌覆。[5]八月，工部报造车辆完工。思宗又令戎政衙门验试。[6]

崇祯三年十一月，甘固赞画户部员外郎郭应响疏进铳车。铳车每辆仅费 10 金，2 人可挽。车面宽止 2 尺 5 分（66 厘米），行时无迟重之累。扎营对垒，旁张两厢，加拒马补空，共占地 1 丈 4 尺（4.48 米）。郭应响又摘取戚继光所著闽浙《纪效新书》（十四卷

---

1 《止止斋集》卷七《捐赀制器已完疏》，页 13a~19b。感谢黄师一农提示此一材料。

2 《止止斋集》卷七《制器解运已到疏》，页 1a~3a。

3 《止止斋集》卷七《火器已经试验疏》，页 4a~5b。《崇祯长编》卷四〇，崇祯三年十一月壬寅日，页 27a（2443）。

4 《崇祯长编》卷三六，崇祯三年七月甲申日，页 19b~20a（2180~2181）。

5 《崇祯长编》卷三七，崇祯三年八月丙辰日，页 13a~b（2251~2252）。

6 《崇祯长编》卷三七，崇祯三年八月癸丑日，页 7b（2240）。

本）、蓟门《练兵实纪》二书，辑为《兵法要略》一卷，恭进御览。思宗命铳车发所司验试，《兵法要略》留览。[1]

崇祯四年一月，日讲官礼部右侍郎罗喻义上《欲求战车之用等事》疏，援引经史，备陈车制。思宗即下旨制造进览。[2]

以上共七起进献及议造战车之事，多集中在北京奔袭战期间。可见明朝自土木之变以来，凡京师有警便出现议造战车的传统，至崇祯都未改变。唯这些进献和议造者往往参差不齐，经过相关单位测试后多半没有被采用。且预先制造样车亦需要相当经费之支持，朝廷也并未提供相应的经费补助，反而形成一种资源的浪费。

二　毕懋康研发之改式武刚车与火器

毕懋康所著《军器图说》一书，是目前少数保留崇祯朝新式战车火器的重要史料。毕懋康，字孟侯，号东郊，南直隶歙县上路人。[3]万历二十六年进士，时年仅二十四，与李之藻、温体仁、王士桢、熊廷弼等人同年。许国、方弘静"一见异之，引为忘年友"[4]。以中书舍人授御史，后视盐长芦。后历巡按陕西、山东，擢顺天府丞。天启元年三月，因九卿科道之议，起旧辽东经略熊廷弼为兵部右侍郎添注时，时任顺天府府丞的毕懋康以知兵且精火器留在京用。[5]五月，朝廷造钦差募兵关防给顺天府添注府丞毕

1　《崇祯长编》卷四〇，崇祯三年十一月辛巳日，页12b（2414）。

2　《崇祯长编》卷四三，崇祯四年二月乙巳朔，页3a~5b（2545~2550）。

3　靳治荆、吴苑等纂修：（康熙）《歙县志》卷七，页63a，《中国方志集成》本，台北成文出版社，1975年。

4　（康熙）《歙县志》卷九，页63b~64a。劳逢源、审伯棠等纂修：（道光）《歙县志》卷八，页28b~29b，《中国方志集成》本，台北成文出版社，1984年。

5　《明熹宗实录》卷八，天启元年三月丙寅日，页18b（402）。

懋康[1]，但后以丁忧去。天启四年，抚治郧阳。因为赵南星所引，为魏忠贤党人所参，被夺职。[2]

崇祯初，毕懋康任南京通政使，又兵部右侍郎，不久又被罢，致仕。思宗命其制造武刚车、神飞炮等械成，并辑《军器图说》以进。从毕懋康进呈《军器图说序》的题记可知，毕懋康进献的时间约在崇祯八年七月二十日。[3]就现存《军器图说》刊本可见，其主要内容分为《火器图说》和《毒弩图说》两部分。其中《火器图说》载有翼虎炮、追风枪、神飞炮、鸟铳、自生火铳、纲（钢）轮火柜、埋伏地雷、火箭匣、刀铳、梨花枪、鞭铳和改式武刚车等战车和火器。

改式武刚车系以机巧轻捷为核心。毕懋康说："夫战车之法，莫善于武刚之机巧，莫便于偏箱之轻捷，今改卫青之武刚兼马隆之偏箱，则巧捷并收矣。"[4]改式武刚车由两辆单轮车组成，遇险路可以分开，遇敌则合并。

改式武刚车的主要火器是中炮 4 门、火箭 1 箱。[5]前有绘虎车屏风，虎之眼为放铳口，虎口为火箭匣和中炮出口。其车式参图9-3。毕懋康虽未指出为何车用中炮，但他曾设计了新式的火箭匣。火箭匣分三层，每层九矢，以射虎药敷箭头，点放时 27 矢齐发。[6]（图 9-4）

---

1 《明熹宗实录》卷一〇，天启元年五月戊申日，页 8a（499）。钱海岳：《南明史》卷三一《毕懋康传》，页 1576，中华书局，2006 年。

2 《明史》卷二四二《毕懋康传》，页 6278~6279。

3 毕懋康：《军器图说》，页 3b（子 29：345），《四库禁毁书丛刊》本，北京出版社，2000 年。

4 《军器图说》，页 14b（子 29：352）。

5 《军器图说》，页 14b（子 29：352）。

6 《军器图说》，页 10b（子 29：351）。

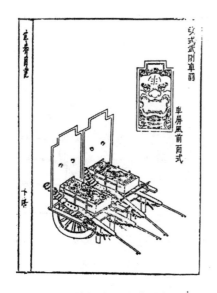

图9-3　毕懋康改式武刚车图[1]

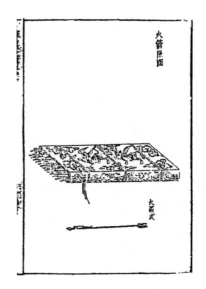

图9-4　火箭匣图[2]

　　毕懋康对于战术上兵器持续投放的训练甚为重视，因此在《军器图说》中，针对火铳和弩绘有《轮流上进发弩图》和《轮流装进放铳图》。毕懋康认为古人以万弩齐发取胜，今则以少取胜，以弩手300人为单位，每100人分为一列，前列为发弩，中列为进弩，后列为上弩。前列发弩后，退回上弩、进弩，再轮为发弩。至于火器，亦列为三列，按装、进、放轮流发射。毕懋康认为：“照此三层轮班发之，火技至此而极。”[3]（图9-5、9-6）

　　毕懋康认为，如各边镇能按照《军器图说》着实行之，精练火器手和毒弩手，并以武刚战车捍避，成军后必将“战必胜，攻必取”[4]。唯无史料显示朝廷曾采用毕懋康的构想。

1　《军器图说》，页14a（子29:352）。

2　《军器图说》，页10a（子29:351）。

3　《军器图说》，页1b（子29:346）。

4　《军器图说》，“军器图说序”，页3a（子29:345）。

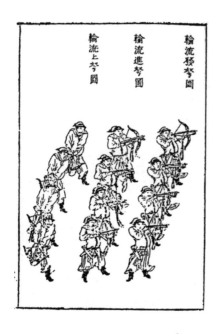 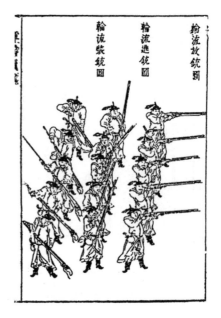

图 9-5　轮流上进发弩图[1]　　　图 9-6　轮流装进放铳图[2]

三　崇祯皇帝祭祀地坛与战车

地坛又名方泽坛，位于北京城安定门北，兴建于嘉靖九年，是明清帝王祭拜土地神祇的地点。每年夏至日，皇帝必须亲往祭祀。（万历）《大明会典》载，祭祀当日，皇帝必须驾诣地坛，由锦衣卫备随朝驾。皇帝着常服乘舆由长安左门出，入地坛西门。由太常寺官员导引至祭服殿，更换祭服，然后由导引官导引至方泽右门祭祀。[3]

《明清史料乙编》曾收录崇祯九年五月初九日《兵科抄出京营提督张国元题本》。五月十九日夏至令节，思宗拟亲自前往安定门北的地坛致祭，因而负责北京防务的京营提督张国元提出京营三大营的拱扈圣驾计划。调遣范围则包括了都城各门、地坛左右前

1　《军器图说》，页 15a（子 29：353）。

2　《军器图说》，页 1a（子 29：346）。

3　（万历）《大明会典》卷八三《郊祀下·方泽》，页 4b（1804）。

后地方、坛内东南西北各门、附近五军神枢巡补各教场、安定门外土城关。派遣官军选壮共110908名。

自长安左门至地坛门，左右列侍军壮丁40414名。安定门外至坛门则用车兵2320名，左右对列，各用战车、拒马枪、挨牌、铳炮等。左边由五军三营参将刘衣寿统领军士1160名，右边则由神枢三营游击贺盛名统领军士1160名。护坛军士共有12630名，由参将游击4员及中军6员、千把总36员率领。周围环卫，每营用战车、拒马枪、大炮、三眼等枪、弓箭等，军穿号衣号帽。总计出动京营战车兵达军士14950名。[1]（表9-3）

表9-3　崇祯九年夏至思宗亲祭方泽京营卫戍地坛兵力表[2]

驻点	指挥官	部队番号	兵力	装备
安定门外起，至地坛门左侧	参将刘衣寿 中军贺国相 把总申时来	五军四营	军士1160名	战车、拒马枪、挨牌、铳炮等件，军穿号衣号帽
安定门外起，至地坛门右侧	游击贺盛名 千总赵存璧 把总潘廷缙	神枢三营	军士1160名	
地坛前左边	游击刘国孝 中军千把总9员	五军四营	军士3170名	周围环卫，每营用战车、拒马枪、大炮、三眼等枪、弓箭等件，军穿号衣号帽
地坛前右边	游击李国柱 中军千把总9员	神枢四营	军士3140名	
地坛后左边	游击张家祯 中军千把总9员	神机四营	军士3130名	
地坛后右边	参将赵应奎 中军千把总9员	神枢七营	军士3190名	

1　《明清史料乙编》第九本，《兵科抄出京营提督张国元题本》，页825~828。
2　《明清史料乙编》第九本，《兵科抄出京营提督张国元题本》，页825~828。

驻点	指挥官	部队番号	兵力	装备
地坛西门	中军宁贤等	神枢三营	军士 500 名	明盔蓝甲，执金枪 2000 杆
地坛南门	千总费城等	神枢三营	军士 500 名	
地坛东门	把总陈如权等	神枢三营	军士 500 名	
地坛北门	把总吴应举等	神枢三营	军士 500 名	

而崇祯十五年祭祀地坛，卫戍部队的数目更大为增加，共计300000人。据《明季北略》载：

> 崇祯壬午四月六日，先帝行大社礼。方泽在北城外东北方乾位。……先三日，街两旁，五府拨禁军，戎装执刀戟，挤肩对立，自大明门至地坛三十余里，约用将士三十万。中阔四丈为御道，铺以黄沙，人不得行。一切街巷巷窦，填塞战车，禁人出入。[1]

可见战车卫戍的范围已经从北京城外扩大到一般的城区，可惜没有进一步的史料可以说明战车布置的详情。但从崇祯九年和十五年的两个例子来看，战车事实上还担负着首都内保安警戒的任务。

四　汴梁之役

崇祯末年，流寇四起。崇祯十四年，河南巡抚高名衡、左布政梁炳等，以及总兵陈永福等在汴梁（开封）城中，因预知李自成必围汴梁，增云楼、储火药、立炮台、添飞石（投石机）守城。四月，李自成率兵围困汴梁。经两次猛攻，未能下城，故展开长期围困。李自成所部号称百万，安营于省西大堤外。来援明军三

1　《明季北略》卷一八《驾幸地坛》，页 308~309。

镇营兵马驻于上城。闯军以两翼骑兵进攻。明军阵乱，三营覆没殆尽。[1]

其后，明军援军分东西，东为左营虎营，西为督师丁启睿和保定总督杨文岳。保定总督杨文岳统领的是保定车营，率兵10000，火器称强。曾与闯军交战两日，有小捷。但随着火药日匮，粮食、饮水日乏，加以督镇意见不合，并没有积极运用战车。十一日后，闯军以大炮轰击，明军死伤无数。闯军又于离明军营数里处掘长堑一道，以断援军归路。五月二十三日二更，杨部尚在发炮，突然左营溃师，丁虎、杨文岳营遂溃。闯军以骑兵截杀，督镇逃回汝南。[2]

明朝在隆庆万历年间所建立的四镇体系，经天启、崇祯两朝与清不断作战，只有驻防后卫的保定车营未遭重大挫败。李自成之击溃保定车营，无疑已经宣告，除山海关、宁远外，四镇防御体系已经荡然无存。此外，保定车营的溃败，证明了车营极为仰赖火药的弱点。如战争持续时间过长，车营往往因火药用尽而无法持续作战。

五　北京之役与南明余绪

山海关、宁远明军亦为清军战车所牵制。崇祯十六年二月初四日亥时，兵部接获辽东巡抚黎玉田所呈辖下宁前道佥事韩昭宣塘报，指出一月二十日在寨儿山守堡军士接获于崇祯二年永平失陷时被掳的杨朝君等四人。据他们的口供，清军拟从东西两面夹击山海关，其中东路每牛录造战车5辆，挨牌5面，准备自宁远逐城攻犯。而其攻城战术则是先以大炮击打，再以梯木爬城。杨朝君还曾见锦州有旧存及新铸西洋炮100位。西路则为骑兵

1　白愚：《汴围湿襟录·第三围》，页62~63，北京古籍出版社，2002年。

2　《汴围湿襟录·第三围》，页64~65。

20000。而当时驻在宁远的黎玉田所有的西洋炮不过 10 门，不及清军的十分之一。[1]

崇祯十六年五月，思宗召保定巡抚右都御史徐标入对。徐标复上言屯田及车战诸策，受到思宗的赞赏。[2]唯明军除京营外，已无足够战车可以应敌。京军祖制乃居重驭轻，因此崇祯九年八月时，京营总督朱纯臣认为京营的主要任务是株守城内，并不列营于城外。[3]朱纯臣史无前例地放弃京营在城外的信地，将京营防御的范围缩至城内，战车的作用根本无从发挥。

虽然京营防务废弛，思宗仍寄望于新造战车。崇祯十五年闰十一月，思宗令京营总督恭顺侯吴惟英，授擅长制器的儒生杨国治赞画之职，赴京营造武刚车等战车。[4]次月初，杨国治在京营制成武刚车、火龙车、全胜车、太平车后，将车移送京营教场试验。吴惟英会同工部左侍郎沈惟炳等，率杨国治等亲自试验。先试车载之弩箭和类似佛郎机铳的火器，唯射程并不突出。

杨国治所设计的火龙车是独轮车，测试后被评价为轻便但不够坚固，不易站立，车上的兵器过于繁复，仓促间会发生混乱。至于全胜车，则于下营时列于四门。太平车为载决胜炮之炮车，至于武刚车则可用于列营守拒。思宗得知京营测试的结果后，立刻下令省去繁复的设计，委京营制造，唯其实际制造的数量不详。[5]

崇祯十七年三月十五日，李自成自柳沟抵达居庸关。总兵唐

---

1 《明清史料乙编》第五本，《兵部题"御前发下辽东巡抚黎玉田题"》，页 492~494。

2 《明季北略》卷一九《徐标入对》，页 357。

3 《明清史料甲编》第九本，《京营总督朱纯臣题本》，页 865。

4 《中国明朝档案总汇》第 42 册《兵部为请授给赴营制造武刚车之杨国治赞画职衔事题行稿》，崇祯十五年闰十一月十五日，页 422~426。

5 《中国明朝档案总汇》第 43 册《兵部为遵率造进火龙车之儒士杨国治及各营将领至教场验车并有旨事行稿》，崇祯十五年十二月初四日，页 80~84。

聪、太监杜之秩等迎降，抚臣何谦伪死，私遁。闯军将抵北京城下，朝廷发京营三大营屯齐化门（朝阳门）外，名义上由襄城伯李国桢指挥。李国桢端坐城楼，毫无主张，实际上由太监王相尧指挥。[1]

崇祯十七年三月十七日接近中午时，闯军约五六十骑，突至西直门。守城军发炮，击毙20骑，西直门始关闭。闯军主力攻北京西侧平则门（阜成门）、彰义门（广宁门）等，列于城外三大营皆溃降，火车、巨炮、蒺藜、鹿角皆为闯军所有。闯军利用京营火炮反击城内守军，轰声震地。[2]至此，京营战车也完全瓦解。次日，闯军就攻下了北京。

五月初一，福王入南京，于五月十五日登基，以次年为弘光元年。[3]六月初十日，福王定京营之制，悉照北京。命以杜弘域、杨御蕃、牟文绶补三大营各总兵，各统一营至五营；丁启元、窦国宁、胡文若补三大营各总兵，各统六至十营。[4]唯没有进一步的数据显示弘光朝在南京所复建的京营是否装备战车。

南明政权中的战车部队，为唐王时兵部右侍郎堵胤锡所创。堵胤锡，字锡君，又字仲缄，宜兴人，崇祯十年进士，官至长沙知府。福王时，历湖广参政，摄湖北巡抚事。唐王立，任右副都御史。后李自成死，其侄李锦与高一功合，拥兵300000。堵胤锡议抚，亲自慰谕归附，并为李锦请封伯爵。因功加封兵部右侍郎兼右佥都御史，总制其军，号为忠贞营。[5]顺治二年九月，堵胤锡遣人四出募兵，集20000人。又以四川人杨国栋为大帅，教车备

1　《明季北略》卷二〇《十五居庸关陷》，页449。

2　《明季北略》卷二〇《十七贼围京》，页451。《崇祯实录》卷一七，崇祯十七年三月乙巳日，页15a（541）。

3　计六奇：《明季南略》卷一《五月福王入南京》，页8~10，中华书局，2006年。

4　《明季南略》卷二《边镇诸将》，页120。

5　《明季南略》卷一二《堵胤锡始末》，页400~401。

火攻。议以车制骑，以整暇制野战，以火器制弓矢之长，以更番制坚久之战[1]，与忠贞营相表里[2]。唯这支 20000 人的部队后续战绩不详。

1 《明季南略》卷一二《堵胤锡始末》，页 402~403。
2 《南明史》卷五三《堵胤锡传》，页 2558。

第十章　结论

　　战车是中国历史上长期使用的军事装备。随着明代火器应用的广泛，以及装备的普及，战车在明代发展成为火器的主要载体，协同了步兵和骑兵等兵种，统合了旗帜和金鼓等指挥号令，组织成攻防兼备的新部队，发展出烽燧预警、长城防御、堵截防御和合营交战等体系化作战思想，成为了明朝北边国防的重要凭借，创造了中国军事发展的历史高峰。

　　清修官史修纂之不善，影响后世对于明代战车的观点甚巨，致使这一史实长期被湮没。后世学者或陷于官史观点之局限，又因禁毁书而无从挑战官方史学的观点，对于明代战车活动较难有清楚认识和客观评价。所幸当代典籍、档案被加以整理，重新面世，学术界整理影印古籍之风气日盛，故有可能对明代战车的历史陈迹进行深入查考。经前文对明代战车活动之探析，可知战车是明军在陆战上最重要的兵器之一，借鉴前代运用车辆于军事的历史经验，既是多功能的武器载体，也是步兵和骑兵防卫的战具。自明英宗正统年间以来，明军借由大量战车来防卫京师和边镇，并以此为基础构建防务。战车实为明朝在国防上的移动长城。

　　为清楚勾勒明代战车之历史轮廓，首先综述明代战车的历史进程，并分论明军战车车制和战术演进、战绩与功能、发展和制约因素，及何以未能力挽明末危局。最后，探讨世界史视野下的明代战车。

第一节　明代战车的历史进程

《明史兵志》称"自骑兵起，车制渐废"，以历史的高度评价明代战车的起始，讲述了战车无用。考之于史实，实无凭据。中国不但有使用战车的传统，同时战车也与骑兵并存。《明史·兵志》的观点，其实可能代表的是清朝重视骑射的精神。修纂明史当世的军事观点，与明朝战车的发展毫无关系。

明军在军事上使用车辆的记录，可以追溯到朱元璋平定南京后，对南京附近城市的攻城战，然实用为攻城器械，而非用于野战。在元明之际的战争中，至正十八年十二月朱元璋攻浙东婺州之役，面对由元军义军所组成的胡深等所部狮子战车时，曾指示部将地形对于战车运用的限制，不必忧虑义军在此使用战车，可见其对战车于野战中的应用有一定的认识。值得注意的是，胡深、章溢等人，后皆投入朱元璋部，并参与征讨北元。这说明了明军在成立之初就对战车有所认识，并在一定程度上继承了宋代以来野战上运用战车的军事传统。

洪武二年六月，明军挥军北上，追击残元势力，在开平一役中俘虏元军车万辆。随着作战地域形态的改变，于洪武五年十一月，令塞上将士返回山西、北平，由北伐诸将造独辕车 1800 辆，此为明军自造军用车辆之始。但所造战车为后勤补给之用，实与后世"车战"之概念有一定差距。其后，明成祖亦造 30000 辆武刚车作为北伐时的运粮车。

至正统十二年，大同总兵朱冕及户部侍郎沈固议造 850 辆小火车，"行则载衣粮，止则结营阵"，仍只是延续明初后勤补给和消极防护的思想。可见自洪武至土木之变前，明军中对于车辆的使用仍停留于辅助作战和后勤支持。此外，虽然《明史·兵志》以朱冕议造小火车作为正统间制造战车高峰的起始，然而求诸史实，朱冕所造者其实只是运输车辆，而非具有战斗力的战车。土木之变后造战车的风潮，并非由其带起。

土木之变中，明军不但在野战上遭受前所未有的失败，还必须应付英宗北狩的羞辱与现实。随之而来的北京长期围城战的压力，更使得明人必须积极开发新的兵器和战术。幸而在兵部尚书于谦的力挽下，终使文武诸臣面对现实，积极防守北京，并鼓励救亡之策。战车开始被视为明军卫戍北京最重要的兵器，造战车受到帝王的鼓励。文武大臣，甚至下阶层的工匠均致力于战车的制造和营制战术的创新。

在京师，李侃、周回童、石亨、李贤等人先后提出各种战车设计或修改的构想，并受到朝廷的重视。这些人的身份包含了文官、武将和工匠等，显示出用战车抵御外侮受到广泛的关注。即便瓦剌撤军后，为了应付北方的新兴外患，仍有宦官韦救议造战车，获得朝廷的同意。而边防重镇大同、宁夏、兰州、密云、辽东等地，也陆续造车以布防。这些边镇也多得到北京的战车样车。除了提督蓟州等处右佥都御史邹来学防守的密云及辽东巡抚程信处外，绝大多数边镇的战车车制都在考虑地形因素下被改小，以符合当地作战的需要，如张泰的小车、郭登的偏厢车、李进的独轮小车等。这种改变说明了边臣和武将都对战车的形制是否合用极为重视。

土木之变后出现的各种战车，在设计上展现了发扬火力的思考。李侃战车"藏神铳于内"，顺天府箭匠周回童的神机枪车，李贤战车车厢开铳眼，张泰战车固定装备神枪和铜炮多门，郭登的将军铳车，李进独轮小车装备碗口铳和手把铳，等等，说明了土木之变后火器真正成为战车的必备武装，战车能够进行野战。

此外，在这些战车中，大同总兵郭登的偏厢车较同时京师和边镇的战车形制完备。偏厢车不但含有步兵、炮兵和骑兵多兵种，且有偏厢车、将军铳车和四轮车多车种混编的特点。除步兵原有的手铳外，还应用大口径的将军铳。郭登务实地将战车营的车数改为 400 辆为单位，使得指挥上更为便利。这种以多兵种、多车种、多火炮为特色的战车营制，逐渐成为后代战车营制的主流，甚至很快促使京营也改采偏厢车。

由是可知，土木之变后，车辆始与火器结合，逐渐形成兼具防护力、战斗力和机动力的重要兵器，而战车战术也逐渐发展成熟。《明史·兵志》不但对关于此一重要历史转折的史实删减过多，同时对其历史意义的认识亦不足。

游牧民族进入河套常驻，造成成化至正德间的陕西至宣大一带边防的紧张，因而引发了新一阶段京营和边镇造战车的活动。在都督同知赵辅和京营总兵郭登的力倡下，打造战车和小车，并使部队使用火器的比例超过三分之一。而朝廷力主主动出击，预备以装备战车的野战军与套虏决战。但因将领怯懦，一直没有具体的战果。搜套变成了巡边，战车并未发挥其预想的角色。但朝廷仍持续在宁夏镇兴武营、陕西镇花马池及甘肃镇布防战车。

不过，成化朝对于广纳请造战车的态度，开始有所变化。宁夏总兵张泰又拟在宁夏造战车，朝廷以未曾破敌而予以反对。陕西巡抚马文升要求停止造战车，以舒民力。而其中最为重要者，是兵部尚书项忠处理大学士李宾议造偏厢车事。项忠借京营和边镇战车毁坏无用为名，除了在战车的实用上加以辩证外，更重要的是促使朝廷建立起较为严谨的战车审查制度。先小规模试造战车，完成后邀集京营将领实际分兵列阵试验，使得战车滥造的问题得以解决。

除了针对滥造的纠正外，骑兵派的反对也是成化造战车受阻的原因之一。威宁伯王越和兵部左侍郎马文升，都认为骑兵追击敌人才是制胜之道。尤其是王越本人曾率骑兵大破套虏，并以军功封伯，提出反对自然有其说服力。成化朝对于请造战车的审查，以及骑兵派将领的反对，促使明代战车的车制有了质量上的提升，同时也开始重视古代的车制。

孝宗即位后，士人为了增加对战车的认识，亦开展了对历代战车的研究。礼部侍郎丘濬的《大学衍义补》一书，讨论古代战术的可行性，讨论战车车制，并考察《文献通考》一书对于古代战车的记载，使得明军的战术得以与历史的经验相结合，并屏除不必要的尚古之风。

弘治朝，小王子与火筛渐成主要边患，朝廷于延绥镇造战车。但对于陕西地区，即便是陕西三边总制秦纮请求新造全胜车，朝廷仍只同意造 100 辆，显示朝廷对于边镇造战车有一定的节制。而正德朝，兵部尚书王琼亦将战车纳入步军的训练中。

成化、弘治和正德三朝，一般官员和民间阶层进献战车仍十分踊跃。《明实录》中记载，生员何京、都察院经历李晟、去任知县王埙、闲住知府范吉、国子监生田守仁和锦衣卫军人施义等，都曾对于战车或战术提出见解，但多半未被朝廷的采纳。然而朝廷对于人才的培养极为重视，除了给予补偿金额外，往往将人才发至军前，以俾实用。即便是如狂士的李晟，朝廷亦极为容忍，多次试验，最严重时也仅仅予以降级的处罚。这显示出，朝廷对于进献战车的处理，逐渐落实到专业和实务的层面。《明史·兵志》对此考证极为不全，仅见对于范吉的记载。

葡萄牙火器佛郎机铳和鸟铳，分别在正德末和嘉靖年间输入中国。佛郎机铳采用子母铳设计，子铳可以预先装填，使得射击速率较将军铳快数倍，而鸟铳则在准确度和射程上较手铳优越。这是一直装备手铳和将军铳的战车，增强火力的契机。然而，《明史·兵志》却没有记载嘉靖八年汪铉奏请京营使用佛郎机铳和手车的重要史实。

嘉靖初期，宁夏卫的地位日益重要，朝廷为兴筑花马池至灵州一带边墙，特别调遣宁夏卫数百辆战车来戒护修筑边墙的丁夫。而宁夏镇的宁夏卫、平虏城、灵州守御千户所、宁夏中卫和宁夏后卫均设有兵车库，用于收贮战车，免于风吹、日晒和雨淋。同时，亦在宁夏各卫增加"冬操夏种舍余"民兵战车部队3000余人。

同时，朝臣也致力于复原古战车和改造京营战车。南京刑科给事中王希文建议仿韩琦、郭固所制战车，配合九牛神弩，拟配发陕西三边使用。京营则将先前的战车全部改造为可载铳者。

战车的火力得到真正的改良，是因为陕西三边总督刘天和。刘天和详细分析了陕西三边防御的利弊，认为陕西原有的战车不合用，必须以秦纮战车为基础，重新配置多种车载武器。其中最重要的改变，即为改用佛郎机铳。当陕西三边改用新战车后，在数次对抗吉囊的战争中发挥了实效，说明战车配合新式火铳的确发挥了威力。然而《明史·兵志》却称："自正统以来言车战者如此，然未尝一当敌。"

嘉靖中期，刘天和、毛伯温、戴金三任兵部尚书和兵部车驾郎中程文德都极为重视战车和火器的应用。而推行最力者，当推陕西三边总督曾铣。他计划以60000名士兵组成战车部队，主动出击套虏，恢复明朝对于河套的控制。他设计霹雳战车、飞炮车，并训练士兵熟习五层排枪射击法，采用多种可以连续射击的火器，使得明朝边军的战力大为增强。然而，受到政治斗争的牵连，曾铣因"清狂倡议"之名被斩首，以战车部队规复河套的军事壮举终无法实现。

嘉靖二十九年的庚戌之变，是明代国防的巨变，亦与战车发展关系密切。京师被围时，不但有战车部队入卫勤王，同时直隶大名府等非边境区域也开始造练战车。庚戌之变后，也有一重要的转变，即鸟铳逐渐受到边防督抚的注意。甘肃巡抚陈棐、大同巡抚李文进，都把它列入战车的编制之中，使得单兵火器的射程和准确度大大增加。但鸟铳需要较为严格的训练，鸟铳兵的数量仍未超过持用传统手铳的兵员，仅可以说是试验性质的配属。而大同镇因有俞大猷的协助，战车的车制、战术都有精进。李文进晋升为宣大山西总督后，亦将大同镇之经验转移至宣府、山西等地。

此外，朝廷仍专力于京营的制度改革和军备建设。严嵩、王邦瑞恢复京营三大营之制，并增设协理京营戎政一职。京营神枢、五军和神机三营被分为战兵、车兵和城防三种性质的部队。京营战车亦必须担任春秋防的任务。后经杨博、赵炳然等人的耕耘，京营的战力始有相当程度的恢复。

不似以往陈兵于西北边防的局面，边防的重点渐渐东移至宣大和蓟辽一带。由于东面防线长期缺乏经营，因此俺答和朵颜在汉奸的带领下，往往可以长驱直入，进逼京师。从蓟辽总督之设立和南山战守之策的划分，蓟镇逐渐形成独立的军镇。然而，蓟镇的防卫战略，系以刘焘的"摆边不如合战"和吴时来的"游兵破敌之议"为基调，使得蓟镇的防卫与先前西北各边镇的情况大不相同。游兵破敌的野战军主力，也就是战车部队，就变成蓟镇战守的核心。而其实现，就有待谭纶、戚继光、俞大猷和汪道昆等人的努力。

隆庆皇帝即位后，在隆庆元年发生石州之陷，战后又传出了总兵李世忠冒功案。他极为重视防御战略，并意识到蓟镇的防御经费和兵员素质问题极为严峻。因此，他积极调整人事布局，期盼为长期陷入困境的京师防御寻找新的道路。稍后，在张居正的引介下，起用谭纶、戚继光、俞大猷和汪道昆等南方官将，开启了蓟镇防御的新局面。谭纶就任蓟辽总督后，首将吴时来的"游兵破敌之策"实现为"蓟镇战守之策"。将蓟镇的野战兵力分为三路战车部队，相互应援。其后又引介戚继光北上练兵，大量采用源于欧洲的佛郎机铳和鸟铳，招募南兵，在蓟镇进行防秋演习，又于辽东增设战车营，在政策上有了军事改革基础。

戚继光的表现主要在建置和训练部队上。他新定营制、车制和战术，在蓟镇建设了七支战车营。并创造了隆庆六年的"大阅合练"演习，模拟虏骑入犯后，如何借由传烽、台墙守御、合战原野、追战关口等击退强敌，以落实训练成果。

汪道昆的贡献则在将京师外卫的蓟辽昌保四镇防卫连成一气，先后添设了昌平、保定、辽东各镇的战车和辎重车营。今日透过《四镇三关志》，可窥见谭纶、戚继光和汪道昆的努力成果。《明史·兵志》反将此一重要的国防建设以"然特以遏冲突，施火器，亦未尝以战也"评之，忽略了自戚继光完成建设后，京师和蓟镇始得安宁的新局面。

谭纶转任协理戎政兵部尚书后，亦邀俞大猷北上整顿京营。俞大猷筹措火器，改造京营战车营制、车制和战术。谭纶是蓟镇和京营装备战车的幕后推手。万历五年，他在兵部尚书任内去世，似乎预示着造战车的工作已经过了巅峰。此时，正是朝廷准备将俞大猷的车制推广至九边时。或因预见推广战车前景之暗淡，俞大猷闻谭纶的死讯后叹曰："无同吾志者矣。"[1]

俞大猷在他为谭纶所撰写的祭文中，曾忆起谭纶在奉诏回京前，召集戚继光共同讨论推展车营战术的经过：

> （谭纶）命猷仿古以人推竿之制，末加一舵，制车三辆，并取楼船大佛朗机三架，就厅前试之，跃然叹曰："此真御虏之长技也。"疏请援猷与戚同行。旋因海寇未靖，奉旨留猷于广，遂不果行。顾我三人自此以前，聚而离，离而聚，胜胜然也。自此以后，南北各方不及聚矣。时公将前车铳携至蓟镇，命工依式造车数百辆，铳五千架，负戚训练蓟镇，兵势从此大振，此又公之功也。[2]

1　《名山藏·臣林记·嘉靖臣八·俞大猷传》，页25a（史47：646）。
2　《正气堂续集》卷五《祭谭二华》，页5。

从这段回忆当中，可以明白谭、戚二人于蓟镇推行车营，实际上始自俞大猷。至于练兵的成果，他在谭纶的祭文中云：

> 今在蓟镇已造有七百辆，在京营已造有一千二百辆矣。又论车器已备，必设立行阵节节有制，堂堂正正乃可大破虏骑，获功数千万无难。[1]

谭纶在死前，通过戚继光、俞大猷和汪道昆等南方官将的构想和执行，使得嘉靖末以来洞开的北边边防得以逐步填实。

在谭纶、戚继光的努力下，除台军的嘹哨外，蓟镇十路皆有战车营可以应敌，并建立起经过严格训练的打击部队。而在汪道昆的建议下，辽镇、昌镇、真保等逐一建立起战车部队，使北京的外卫逐渐筑起了层层的防护。而最内围的京师，也在俞大猷的刷振下，建立和训练起京营 1200 辆战车的部队。这都是南方官将集团，经十年左右努力的实绩，有效地防止北方部族的南下。庚戌之变以后，岌岌可危的边防和京防重新回到稳固的局面，并体系化。

万历六年九月初八，朝廷同意俞大猷自请致仕。[2] 万历七年八月二十六日，俞大猷卒。[3] 万历二年四月，俞大猷复职担任后军都督府佥书，供职于京营的时间总计不过四年又五个月。而上奏京营训练战车之法是万历四年九月，故俞大猷实际负责推行京营训练战车之法只有两年多的时间。

万历初期，虽然谭纶领导的军事改革活动逐渐开展，但在朝

---

1 《正气堂续集》卷五《祭谭二华》，页 7。

2 《正气堂续集》，《乞归疏》，页 4b。

3 《国朝献征录》卷一〇七《后军都督府都督同知赠左都督俞公大猷行状》，页 49b。

中并非没有阻力。否定战车者反对增加车兵数量、反对京营战车出防，甚至裁革民兵战车营，将车营将领降级，又革去所有新设辎重营，使蓟镇和京营的战车部队受到很大的伤害，也影响了蓟镇原有的战略规划。

但自王一鹗就任蓟辽总督后，又开始极力恢复戚继光原制。先恢复了遵化辎重营，后又恢复车营将领的职衔，防止了这个伤害的再度扩大。且更重视下属永平兵备叶梦熊所造新式战车轻车、灭虏炮车和大神铳滚车，不但亲自试验，并且推荐与朝廷，将车制交边镇参考仿制。而山东右参政栗在庭创造出方阵和《四正四奇分门突阵剿捕虏寇图说》，创新了战车营制的内容，并以张学颜战车为基础设计出新式战车。这些恢复和创新的活动，都给明代战车发展带来新的活力。同时，辽东巡抚顾养谦以此一战车为基础，多次以战车防卫广宁城，并曾在开原之役中以战车围城，击败卜寨等人。在辽东战场上，明军靠着战车取得了战绩。

万历中期，倭寇入侵朝鲜，明军在多方面配属了战车。为防止战事扩及沿海一带，要求山东、顺天、保定和辽东配置战车应敌。而宋应昌的先发援朝部队中，也有兵员 2000 的战车部队。在稍后的平壤之役中，明军以战车协同攻坚部队克复平壤，给予侵略军致命的打击。

万历二十六至三十年，精善火器的中书舍人赵士桢欲师法俞大猷造京营战车之例，向万历皇帝进献鹰扬车、冲锋雷电车和牌车等战车和多种火器，欲重新建立京营战车营。唯因经费来源引发政治斗争，致使此一更新京营战车营的计划胎死腹中。在赵士桢之后，兵部职方郎中徐銮就改进京营战车部队的哨探、修造战车火器、以战车堵截西北边地有所建言，但亦未受到朝廷的重视。京营战车甚至疏于修理，无法维持操练。

万历末年，努尔哈齐崛起于辽东。明军分四路进剿其根据地赫图阿拉。努尔哈齐选择在萨尔浒与明军决战。萨尔浒之战前，明军各路讨伐军皆有战车，但杜松、刘綎等将领贪功冒进，前锋被金军部队伏击，后卫之龚念遂、潘宗颜车营亦被孤立消灭，损失战车达 1000 辆。而金军则于玛尔墩和开原、铁岭攻防战中开始使用战车。

萨尔浒之役后，明朝官员开始检讨将领不懂得利用战车战术，同时反映出应注意战车的训练等问题。因此在京营刷振、重建辽东战车营、将战车列入武科、改进战车及其战术等问题，都有深入的探讨，唯能付诸实行者相当有限。

天启朝辽东军事分别由熊廷弼、王象乾、孙承宗和袁崇焕等人掌理。熊廷弼提出四路战守之策，要求制造双轮战车并增发火炮，并以战车用于辽阳城外的防卫。熊廷弼在辽两年半的时间内，一共制造了约 5000 辆战车，但自己却于战前去职。

熊廷弼所造战车在天启元年辽沈之役中，遭遇金军的战车部队。沈阳之明军战车只知固守，未曾积极出战。而城外的浑和桥之役，努尔哈齐以战车驰援右固山部，击溃来援的陈策部川兵。而浑河桥南五里的战斗，双方以战车决战，最后金军获胜。此役中的金军战车兵已使用鸟铳。至于辽阳城之战，亦是金军以战车击溃城外明军，并攻下辽阳。

辽沈之役后，熊廷弼复职为辽东经略，提出三方布置的战略，唯仍陷于"经抚不和"和"战守之争"中，难有作为。王象乾则出任蓟辽总督，在关内练战车兵 36000 名。天启二年，金军又以战车攻下西平堡。明军的援军车营在平阳桥遭遇金军，交锋后明军主力溃师，熊廷弼于辽东的战车建设已荡然无存。

虽然明军战车与金军数次交锋中多为败绩，但多非战车之罪，乃后勤不济和骑兵支持战术的失误，朝臣依然强调战车的训练和作战。而接任的孙承宗也重视战车的作用。他以熊廷弼三方布置之策为基础，逐渐重新建立辽东的战车营。迄天启五年夏，他已经训练了车营 12 个，约有战车 2500 辆。唯与熊廷弼同，孙承宗终因政治因素下台，而未有与金军一战的机会。稍后的宁远之役，明军的守城部队虽成功阻绝了金军战车的攻城，但觉华岛上的明军战车为武纳格所败。

天启六年，金军再攻宁远和锦州，太监魏忠贤等将战车输往辽东。明军于宁远防御战中得胜，并击退以战车攻锦州城的金军，史称宁锦之捷。明军终在辽东站稳脚跟，得以坚守据点城市，继续与金军僵持。战后，兵部尚书霍维华仍坚持要在辽东整备车营。

皇太极于天启末年战争的经验中得知，辽东的战事胶着，必须另辟战场，随于崇祯初年发动自蓟镇的突袭。金军此一战略方向的转移，虽然有迹象，但并未引起明朝重视。而明军布防重兵于山海关，皇太极因而改变攻击方向，于崇祯二年十月自蓟镇大安口入。蓟镇战车虽曾于大安口和遵化抵御，但未能阻挡金军的攻势。金军长驱直入，直抵北京。布衣申甫率领成军不及一月的车营，于卢沟桥遭遇金军，全军覆没。明军虽期望自东江调遣龙武营战车，但因拖欠关饷而未成。随后在孙承宗的调遣下，明军攻克蓟镇滦州和迁安等金军据点，迫使金军退回辽东，结束战事。此役中已可见蓟镇京营战车之衰败。

崇祯四年的大凌河之役，则是更为关键的一役。此役中，金军于长山之战用战车掩护步兵和骑兵部队，击溃了明军在辽东的主力车营。同时，金军在攻大凌河城外明军敌台的战斗中使用战车、红衣大炮，获得相当的成功，并成功招降大凌河城中战力颇高的明军。崇祯六年，金军再以战车顺利攻克明军占领的旅顺。而辽东明军的战车部队经历次大战消耗，数量已经大不如前，仅存三个车营，共4606人。

崇祯十三年的松锦之战，洪承畴所部战车约2000辆，其中车右营战车在黄土岭之战因安营未定，伤亡重大。随后的东西石门之战，两军发生炮战。明军战车由骑兵两翼戒护，但由于马兵贪功，未尽戒护之责，再一次蒙受损失。虽然经过两次打击，明军的战车仍在乳峰山之战中奋战不懈。然随后的松山溃师，致使战车不能有进一步的表现。此战使明军无力在辽东战场上主动进取，唯能固守山海关而已。

《明史·兵志》称明代战车"皆罕得其用，大约边地险阻，不利车战"。求诸史实，则明军战车一般部署在边镇，在边地作战有胜有败。求诸于现存清修明史时所搜集而未用之明朝档案，则战车之战绩历历在目。边地险阻之说，应出自史官之想象，而非史实。

思宗个人极为重视战车，亲祭方泽时，往往大量派遣京营战车戒护。从档案所见，议造战车者亦多，唯几乎并未被采用。明末流寇四起，闯军包围开封。保定车营来救，为闯军所败。而崇祯十七年闯军兵临城下，京营战车已不堪战，立即溃降。南明虽有造战车之余绪，然已无关存亡。明朝两百余年的战车史至此告终。

第二节　明代战车的车制和战术

一　战车车制的演进

明初在军事上所使用的车辆，主要用于攻城和运输，车型大小并无定制。自正统十四年土木之变后，北京被围之际，以现成骡车改造成战车，然车体重大，配属士兵十数人，且需要骡马 8~12 匹牵引。其后，顺天府箭匠周回童开发配合神机短枪使用的小车，人数减为 4 人。此后，小型战车的发展日受重视，先后出现轻车、独轮小车、人推小车、全胜车、全胜战火轻车、鹰扬车、冲锋雷电车、牌车等。这些战车只要数人就可以举起，可通过地形复杂的区域，使得战车不再受限于地形。而大型车则缩小尺寸，发展成为偏厢车、霹雳炮车、双轮战车、鹿角车等成熟车型。

在机动力方面，明初的战车并没有特别提及是兽力还是人力。然正统间李侃的骡车即以马骡牵引，需8~12头才敷使用。这种大车先后被景帝和宁夏总兵张泰所采用，唯牵引马骡减为9头。事实上，这种战车十分难于驾驭，遑论用于战阵之间。但以人力推动的小车也同时出现，如周回童的载神机枪的小车，一人即可推动。小车的需要逐渐被提出。张泰在其后发展出折中的车型，平时以一匹马牵引，遇复杂地形则由人力抬挽。至天顺六年，张泰也放弃兽力牵引，直接以士卒10人推车。此后，除了戚继光在蓟镇所造战车重300公斤，需骡2头牵引外，绝大多数的战车都已经放弃兽力牵引。而部分特殊车辆，如无敌大将军车、辎重车等重型车辆，仍赖兽力牵引。

明初的战车只是为了配合步兵作战使用，并未兼顾火器使用的便利性。周回童的神机短枪车始在车上架叉，供发射火铳使用。这个概念后来为王玺火雷车和余子俊的战车所承袭。而李贤更进一步在车厢上设置铳孔，使发射火铳的士兵既可以发扬火力，也能防护自己。其后的偏厢车、鹰扬车、冲锋雷电车和牌车也考虑到火铳手发射火器的便利性。

在战车防护力上，最初的战车仅有木质车厢防护。后为增强防护力，曾有采用牛皮之举，也有采用布幕者。其次，战车亦装备铁索，以便于连接，增加防线的稳定性。李贤提出在车前后左右安装横牌刀枪，以防止敌骑接近。大同总兵郭登，则在战车安营时将鹿角置于战车之外围，为战车提供更佳的防护。随着车制的缩小，原有的车厢防护显得累赘，因此逐渐演化成可以拆卸的挨牌或折叠车牌，前者如俞大猷的独轮战车，后者如赵士桢的鹰扬车。这些战车上的防护盾牌，往往还绘有飞龙、狮头等图样，以惊吓敌马。兵部尚书杨博的京营战车，盾牌上甚至还有铁叶，以增强防护。而集大成者，则是王象乾的狮虎车，完全立体呈现了猛兽的样貌。

二　战车车载火器的演进

明代战车的主要武备是火器，可以分为单兵火铳、中型火炮、大型火炮和火箭等。

手铳是明朝早期使用的单兵火器，后来经安南技术改进，称为神机铳或是手铳，是单管前膛装填的火铳，可以发射铅子和箭。其后，因对中大型火铳的需要，逐渐开始在战车上装备碗口铳、铜炮，以及更大的独立将军铳车。前者如兰县守备李进和宁夏总兵张泰，后者则为大同总兵郭登。自嘉靖中叶起，陕西三边总督刘天和将战车的主要火铳提升为至后膛装填、射速较高的佛郎机铳和流星炮，并增加火箭系统一窝蜂。步兵的手铳，则改良为集束式的三眼铳或是七眼铳，大大提升战车的火力投射能力。曾铣在万历二十六年的复套议中，更承袭此一思想，安装霹雳炮、大连珠炮、二连珠炮等火铳。

至嘉靖晚期，甘肃巡抚陈棐才正式将鸟铳纳入战车的装备中，唯战车中仍有同样数量神枪。隆庆间，戚继光则仿此以佛郎机铳2门为主要火器，步兵采用鸟铳，但戚继光发现北方的士兵不喜欢使用鸟铳。至于大型火铳和火箭，都设有专门的无敌大将军车和火箭车运载。俞大猷在万历初年练兵京营，将佛郎机铳的数目再增加为3门，并另增涌珠炮2门，士兵则改用夹把枪和快枪。

万历十三年，永平兵备叶梦熊设计了轻车，仍以佛郎机铳2门为主要武装，并装备火箭三层和手上百子铳。另有灭虏炮滚车，改以灭虏炮3门作为主要武装，射程可以达到五六百步。万历中赵士桢所进献的鹰扬车，更装备了由三眼铳所改造的连铳作为主要武装，一组18门，每车安装两组。孙承宗车营，以灭虏炮和佛郎机铳为主，士兵仍持用鸟铳和三眼枪。

由上可知，明代战车逐渐发展出大口径独立炮车，一般战车装备连发的后膛装填佛郎机铳、灭虏炮和百子铳等射速较高的中型火器和多种火箭，士兵则持用鸟铳和三眼铳等武器。这种多口径火器的配置，使战车可以打击不同距离的敌人，在战斗中的适应性更强。

三 战车营制的演进

明朝最初的战车仅用于配属步兵，并无独立编制的战车营。李侃"车列四周，步骑处中"的方营，是战车营制的雏形。至大同总兵郭登，始在战车之外设计有鹿角和将军铳等多层防护的成熟方营，并影响了其后营制的发展。

营制的跃进，始于嘉靖末俞大猷在大同操练兵车。他设计了鱼贯、直营和偃月营等阵形，使车营可以适应不同地势和战斗情况。而戚继光在蓟镇练兵时，为了使各地驰援堵截敌军的明军可以迅速合营，则设有广下营法和广安营之法。在大阅时亦必须操练合练营阵，使不同兵种的战斗单位可以迅速组合成更大规模的营阵。万历俞大猷在京营练兵，也针对此设计了小合、大合、五行、三才和十干万全阵等不同规模的合营，使车营的战术更有弹性。万历间，栗在庭改良许论的方营，使骑兵能够快速地从车营释出，增加了方营战斗的变化性。后来为王象乾所采用，编成蓟镇的新战车营。

另，由于车营的持续战力不足，因此需要补给以增加车营持续作战的能力。隆庆三年八月戚继光建议设立三个辎重营，每营由辎重车 80 辆组成。而其后栗在庭的八门出奇方阵和王象乾、孙承宗车营，都将辎重车直接编入战车营中。

总之，明代战车的基本阵形是方营。由于军事上的需要，明军无法满足于方营的基本战术，逐渐朝多兵种、多层次、多方向、多功能和快速分合等方向整合提升战车的战斗能力。

第三节　明代战车之功能和战绩

本文之发端为驳斥清修官史中战车无用未战之论，今综合前述章节，再加深论。

一　明代战车的功能

自明建立以来，北方外患一直是明朝国防最主要的问题。然而，缺乏足够的骑兵驱逐北方部族，是明朝国防上的主要缺陷。因此，明朝对北边的战略一直以守势为主。而明朝军事的主要优势，在于掌握了火器的使用。因此，以火器来防御敌骑，构成了明朝士人的主要战术思想。

明帝国是 14 世纪诸"火药帝国"的先驱者。因明军大量配用火铳，火铳和火药逐渐成为军队的额外负重，使得战车逐渐由单纯的辅助运载工具发展成为运载、发射火器的工具。战车因此成为防御骑兵的重要手段，在战场上既可以抵御骑兵的冲锋，也可以屏蔽投射武器的攻击。因此，在骑兵质量不若敌军的条件下，明人不但开发出多种战车，也发展出丰富的技术和战术。

经前文之讨论，可知战车除了搬运火器和粮秣外，在守势作战中，可以于战时行营、抵御骑兵冲击、防守隘口、保护樵采、保护边墙施工工人、戒护帝王礼仪、保卫并协同步炮骑兵作战；在攻势作战中，则可用于掩护攻城军和冲锋入围城等工作，用途十分广泛。加上配属新式的火器和战术，明朝战车的技术与战术已达到军事史上的高峰。

二　明代战车的战绩

明代战车的战绩被《明史·兵志》和《钦定续文献通考》等官

修史书彻底否定，被评为"无用未战"。今将所见明代战车之战绩汇为一表，以正其谬。本表载明军战车战绩 28 例，其中不乏胜绩，且胜绩占大多数。（表 10-1）虽不能说明战车的使用极有效率，或战争之胜全赖战车，但战车有用、有战，当无疑义。

表 10-1 史载明代战车之战绩

纪年	地点 / 战役	说明及出处
景泰元年	北京之役	土木之变后，于谦令北京城外以战车防守
成化二年六月	凉州之战	宣城伯卫颖以战车破番贼把沙等簇
正德年间	宁化寨之围	仇钺以屯堡田车解宁化寨之围
嘉靖十三年	兴武营大捷	宁夏总兵王效曾用拽柴空车击退套虏
嘉靖十五年	打硙口之战	宁夏总兵王效以车据山口抵御敌骑
嘉靖十五年	山丹卫之战	姜奭在山丹卫驱逐吉囊骑万骑，被围，以百车为阵，火器强弩四发，虏伤无算，遂疾驱出境
嘉靖十六年一月	宁夏	总兵王效被围，车进辄解
嘉靖十六年一月	延绥	陕西饷军金事须兰（澜）以车御吉囊，戎众无损，获首级四十
嘉靖十六年八月	宁夏	塞兵五百余人，以战车击退包围的八千吉囊步骑
嘉靖十六年八月	乾沟	刘天和率兵三千，以战车发火器强弩退吉囊四万之众
嘉靖二十六年八月十三日	拒墙堡	总兵周尚文以战车击败入寇的俺答
嘉靖二十六至二十八年	新兴、恩平	俞大猷在两广总督欧阳必进麾下，以战车平定新兴恩平峒贼谭元清之乱，颇有奇效

续　表

纪年	地点／战役	说明及出处
嘉靖三十年十二月	象山之战	俞大猷与海道副使谭纶选练壮兵六百名，后实际投入象山之战中
嘉靖三十七年	大同右卫之战	致仕副总兵尚表于大同右卫，以战车击退俺答
嘉靖三十九年十二月	安银堡	俞大猷以车百辆步骑三千，大挫敌安银堡
嘉靖四十三年七月	老高墓辂	山西巡抚万恭遣赵竭忠造无敌车六十乘，于老高墓辂伏击虏军。车方多孔，植利刃，火从中迸发，虏骑不得逼[1]
隆庆二年十二月	青山口之役	戚继光率车兵击败朵颜部酋长董狐狸
万历十六年	开原之役	李成梁将"车骑列营，四合匝围"卜寨与那林孛罗山城，劝谕不果，令官兵四面攻击。顾养谦催督车营火器分番迭进。次日，以火炮击坏城垣，直达城中八角楼，卜寨与那林孛罗使愿求和。是役，共斩首五百五十四颗，明军损失则为五十三名
万历二十一年一月七日	平壤之役	杨元亲率中军将士先以明毒火箭及诸火炮攻小西门，乘势登城，而统领车兵的游击戚金继之
万历二十六年十月初二日		蓟辽总督邢玠奏报刘挺以战车推倒木栅
万历二十七年	七里沙滩之战	李植以五军车营兵仅一万五千御十五万强虏，被围七里沙滩三昼夜，击杀酋首围解
万历四十七年 天命四年	萨尔浒之役	杜松弃车营，金军奸细将明军战车焚毁，使沈阳一路明军被击破。龚念遂、李希泌所部车营被金军骑兵击败。潘宗颜部战车被金军步骑击败

1　沈演：《止止斋集》卷三一《兵部左侍郎两溪万公墓志铭》，页 5a~b。

纪年	地点/战役	说明及出处
天启元年 天命六年	沈辽之役	明军将战车布防于沈阳城外，但东门的战车部队为金军战车部队击溃 浑河桥南五里，明军董仲贵部一万车兵，先为皇太极击败，金军再以战车消灭明军战车 辽阳城外，金军以绵甲战车击败东门外的明军
崇祯二年至三年 天聪三年至四年	北京之役	崇祯二年十月，金军入大安口，明军左车营千总程三元率兵抵御，被击败 朝廷以布衣申甫组织车营，十二月十七日，于卢沟桥被阿济格击败 明军拟调遣东江龙武营战车入援，但因军队哗变，因而未成
崇祯四年 天聪五年	大凌河之役	八月十二日，明军在大凌河城被围，总兵宋伟原率战车驰援，但后孙承宗令其返回 金军佟养性部动员战车和红夷大炮攻大凌河城附近敌台 九月十六日，皇太极会合阿济格攻锦州外车营 九月二十四日，由张春和张洪谟所率车营驰援大凌河，但为金军车骑所败
崇祯十四年至十五年 崇德六年至七年	松锦之役	九月初九日，刘喜屯之战，明军步火营战车，逼使清军回到长岭山 同日，黄土岭之战，明军车右营把总晏三策所部战车安营未定，遭清军重创 东西石门之战。明军出松山城数里，布列车营。东石门的明军监军道张斗于阳和车营发炮，并遣阳和伍营把总曹科，九营中军杨膺领取火炮，领炮二十位，赶赴东山险要处击打。不分胜负 曹变蛟部车兵因指挥不当，马营贪功，没有掩护策应车营，造成车营的伤亡较大

纪年	地点/战役	说明及出处
崇祯十四年	汴梁之役	保定总督杨文岳所统领的是一万名保定车营，火器称强。与闯军初战小捷。但随火药日匮，粮食饮水亦缺，加以督镇意见不合，并没有积极运用战车。后闯军以大炮轰击，明军死伤无数，又于离明军营数里处掘长堑一道，以断援军归路。五月二十三日二更，杨部尚在发炮，突然左营溃师，继而丁虎、杨文岳营遂溃。闯军以骑兵截杀，督镇逃回汝南
崇祯十七年	北京之役	三月二十七日，京营三大营列于朝阳门外，为闯军所击败

第四节　明代战车之发展及制约因素

战车为明代京军和边军的主力之一，但对其发展和制约因素探讨者较少，今析之。

一　发展因素

（一）马政的失败与战车

终明一代，明朝最主要的外患来自北边，且以骑兵为主。据陈文石关于马政中的民牧研究称，自洪武二十八年至万历九年间，约可分为四期：洪武二十八年至正统十四年，为成长发展期，其中宣德为最辉煌之时代；自景泰元年至弘治五年，为衰退期；弘治六年至正德元年，为中兴期；正德二年至万历九年，为没落期。

军牧的情况亦与民牧相类。[1]

如此可以发现，明初战马数量日益庞大，故以骑兵为主。至正统十四年土木之变，京畿所养马被掠一空。[2]此时始朝议大造战车。而弘治六年至正德初年，民牧的中兴期，则对应于成化弘治间对战车的质疑。而其后军马牧养的失败，也可对应于战车之日渐兴起。因此可知，明人大量应用战车的背景因素之一，是战马不足。而养马的费用昂贵，服役期间也短，不似战车之经久耐用，也是战车日受欢迎的原因。

（二）帝王之激劝和审查之审慎

明代战车和战术的来源极广，帝王往往亲自与闻这些意见，并鼓励进献。终明一代，除李晟一人外，并无人因进献战车而被惩罚。朝廷对于进献战车者虽然基本上来者不拒，但对战车的审查亦极为重视。往往使兵、工二部议，再交由京营实际操练，才能拨付制造，或颁降车式于边镇。即便是位极人臣的大学士李宾，所提的车式一样会受到严格的审查。

（三）火器战术的发展

战车之发达，与火器之战术发展有极大关联。盖战车乃火器之平台，两者相辅相成。自明初即有火铳轮番射击的战术，如洪武二十一年三月，西平侯沐英以火铳神机箭为三行、轮流射击的战术讨平百伦思夷。而自土木之变后都督武兴阵亡于彰义门外，朝臣始注意到明军在战术上的匮乏。霍寅的《八阵图说》、五军营将领王淳的京营束伍法等，都提供了战车和火器的战术。

嘉靖时，西方后膛装填的佛郎机铳输入中国。此铳采取子母铳设计，所以火铳的发射速率高于原有火铳，提升了战车的战力。而明人对于营阵攻击纪律亦甚为讲求，刘天和的全胜战火轻

1　陈文石：《明清政治社会史论》，页 1~75，台湾学生书局，1991 年。

2　《明清政治社会史论》，页 2。

车就发展出火器对付远程敌人、弓弩对付中程敌人、枪斧钩刀用于近程敌人的战略。嘉靖二十六年曾铣的复套计划，甚至使士兵习火器五层放射之法，并使复套的军队火器普及率达到百分之百。

在大同练兵的俞大猷，也发展出五层轮射的小营操"更迭放铳法"。戚继光则结合轮流放铳法和鸳鸯阵法，列入车营战队的训练中。更重要的是，这些战术都被列为训练的核心和演习的内容，使得战车的战术不断精进。

万历年间，赵士桢设计出五人更番放铳法。程继颐则利用炮车的高低落差，来实现火炮轮射的目的。这些战术提升了车营的火力投放能力，使得战车的战力越来越强，日益被倚赖。

（四）战略与战术的结合

嘉靖二十九年的庚戌之变，改变了明人对于东面防线的认识。朝臣对于蓟镇的防御十分重视，纷纷提出见解。其中，刘焘的"摆边不如合战"和吴时来的"游兵破敌"成为蓟镇防御战略的基调。而戚继光在蓟昌保等镇制造战车和训练的车兵，基本上就是本于上述的战略构想。当战略与战术相结合，战车的地位自然就无从取代。在辽东镇，熊廷弼和孙承宗的三方布置之策即以战车作为基本战术单位。故此四镇战车之数量，冠于九边。

二　制约因素

（一）机动力不足

明代战车的火力和防护力都曾与时俱进，独独机动力没有。虽然土木之变后，景帝曾出御马监马以拉战车，提升战车的行进速度，但因地形崎岖、马匹难以控制，战车逐渐变为人力纤拉和推挽。因此，其移动速度顶多与步兵相当。这使得战车无法追击敌骑，在战斗中大受限制。[1]

其次，明军的战车营为了加强防御，往往喜欢挖壕或架鹿角柞，但却因此大大地限制了车营的行动。明军没有记取丘濬被敌军掘壕包围的教训，使得明军车营在明末战争间（特别是松山之役和汴梁之役），为敌军掘壕围困而溃师。

（二）车营持续作战的能力不足

战车的负载能力虽然强于以人、兽驮载，但仍有一定的限制。如戚继光车营步兵弹药的携带量仅有 300 发，重型的无敌大将军炮则为 30 发，因此，如不是近城作战，容易取得弹药等补给，车营最多也只能支撑一天。即便是有辎重营的支持，一个辎重营也只能提供 10000 人马三日所需。因此，车营的合理作战能力为四天，最多也不会超过一周。因此，如蓟辽总督江东曾被围山上一周，保定车营被闯军所围，火药、饮水、粮食皆匮，都是明军战车无法长期持续作战的例证。

（三）兵员需要长期的严格训练

杰弗里·帕克在《剑桥军事史》一书的导言曾说：

> 甚至直到 20 世纪，战争的结局也较少决定于技术，而更多的尤其他因素来决定：周密的作战计划、成功的奇兵突袭、雄厚的经济基础，最重要的是严格的军事纪律。[2]

可见训练士兵服从严格的军事纪律，对于军队的成败十分重要。特别是明代的战车营，结合了多兵种、多层次、多火器的战术，要使一个战车营中数百辆战车能够完全依照将领的意志行动，

---

1 实际上，即便车辆换成了内燃机推动，也一直到第一次世界大战以后才真正解决战车的速度问题。

2 *Cambridge Illustrated History of Warfare*, pp. 2~3.

确实很难。戚继光为此设计以颜色区别旗帜和服装，并于车营中设立旗鼓人员。透过旗号和金鼓传达将领的作战命令，使作战的命令明确而直观。然而，唯有通过严格的训练，才能使士兵熟悉旗鼓命令和火器战术。因此战车兵的素质必须提升，训练也须严格。但很明显的，明朝北边的边防车营并没有足够的精锐士兵加入，训练亦只能仰赖部分浙军教官。至于日趋无纪的京营战车部队，最后就直接投降了闯军。

（四）骑兵派的影响

明军将领仍崇尚使用骑兵，如威宁伯王越，即为反对战车的代表人物。万历初年，朝廷将精锐的车营兵改为骑营，车营士兵则由步营中素质较差者填补。此外，车营将领原为游击职，又降低为都司职，使其隶于骑营将领指挥之下，这使得车营的素质和士气都大受影响。最具体的战例，则是万历四十七年萨尔浒之役，杜松、刘挺两员大将都因轻视车营，以骑兵突进，而招致骑、车均败的局面。

（五）缺乏专职衙门的统辖和经费的挹注

明代的战车营并无专责机构负责，亦无专司之经费。人员属兵部管理，战车火器属工部制造，作战时则由辖区督抚和总兵统领。因此，倡议造战车者，往往必须费尽心思整合各方的意见和资源。隆庆至万历初年的军事改革能够成功，与张居正主导一切有很大的关系。到了万历中叶，赵士桢想要依俞大猷例，使京营战车造用归一，但因所需经费来自各衙门的结余，立刻遭到政敌破坏而寝议。

不只如此，新战车车式并非仰赖政府专司衙门的研发，而是仰赖官员进献，使得战车的科技水平无法提升。

（六）武科不习不考，将士不学不练

部分士人注意到如何就战车的战术、技术建立起制度化的学习和发展的问题。崇祯五年八月，山东道御史刘令誉建议朝廷要把火器和战车列入武科的考试中：

> 国家承平日久，天下巧力俱用之铅槧以取功名，而天文、
> 地理、战阵、骑射、火器、战车，进退攻守之妙，曾未有专
> 门习之者。诚敕吏、兵二部条定规则，不必另建学宫，即令
> 郡邑长吏协同教官董司其事，兵巡道严以黜陟之权。凡武学
> 之进取、武闱之取送，皆兵道主之。由武童而武生，由武举
> 而武进士，必智勇俱优，胆识交胜者为上。[1]

把战场上实用的战阵、骑射、火器、战车和进推攻守整合进
地方到中央的武科取士系统，确为一落实军事教育的良方，可惜
此说并未受到重视。官将无从学习车战，士兵更无从接受必要和
专业的训练，诚大大制约战车的发展。

第五节　明代战车何以未能力挽危局

何以扭转庚戌之变以来的危局、令隆庆军事改革成功的战车，
未能够挽救明末辽东危局呢？

蒙古是明朝北边边防主要的外患，是擅长使用骑兵的民族。
其骑射技巧远胜明朝，能够在局部的战争中取得优势。但这不足
以攻城拔地，并扩大势力范围。同时，明军宣府镇在百年的经营
下逐步完备，而蓟镇也在庚戌之变后，经二十年不断地摸索、改
良而日趋严整。不论是在宣府镇还是蓟镇，都是在相对封闭的战
略空间，积极有效地统合各个兵种，弥补明军在机动能力上的弱
势。因此，面对并无领土企图的蒙古，尚能够完成有效的防御。
战车也能够通过操演，在指定的地域发扬火力，结合其他兵种打

1　《崇祯长编》卷六二，崇祯五年八月丙寅朔，页 1b~2a（3534~3535）。

击来犯的蒙古军。

相对地，辽东镇的情况就大为不同了。辽东的防御原本是针对蒙古，因而防御重点在辽西走廊和广宁。辽东各城基本呈现线型排列。在萨尔浒之役前，明军尚能够利用边墙和屯堡凭险而守。努尔哈齐在萨尔浒之役利用明军骑兵轻进，分别消灭了三路明军，致使辽东的防御洞开。至沈辽之役，金军利用形势，破坏辽东的农业生产，防止明军在当地就粮，造成明军后勤上的匮乏，大幅限制了明军的规模和战斗力。同时，在开阔的地势下，具有机动能力的金军具有主导战局的优势。在数十年的明清战争中，金军逐步地掌握了巩固战果的方法，在攻城战术上取得成就，学习和吸收明人使用战车、火炮的经验，甚至接收了明军原操作红夷大炮的部队，逐步超越明军原有的优势，这是女真得以征服明朝的主要原因。

无疑，清继明而起的王朝气势，与清军优势武力的征伐关系密切。然而，其中对于明朝优势军事技术的学习和掌握，实是其攻城拔地之重要凭借。但是，负责修纂官史者，往往在军事价值较高的战略、战术方面茫然不知，甚至在最为重要的军事技术方面隐而不详。残存的片段史实，使后世形成莫衷一是的错谬史论。这种修史方式，使得军事技术成为重复发明和重复学习的历史循环，造成中国军事传统断裂的面貌。这或许是八旗没落后，军事人才和军事技术匮乏的重要因素。

第六节　世界史视野下的明代战车

自 20 世纪 80 年代起，在世界史研究中逐渐有学者关注起军事对于历史的影响，这个学术风潮被稍后的史家称为"新军事史"。[1] 其代表者，是芝加哥大学教授麦克尼尔首揭"火药帝国年代"理论。麦克尼尔研究并比较拥有火器各个帝国，并归结出欧洲的崛起和火器的关系。虽然此一理论受到学界的注意和广泛推崇，但研究中国军事史者，很容易就可以发现麦克尼尔对于中国使用火器的历史的理解其实极为有限，甚至有错误之处。最明显的例子，就是麦克尼尔在他 1989 年于美国历史学会演讲的小册子，并未引用早三年出版的李约瑟《中国之科学与文明·火药的史诗》中任何的史证和观点。

有些西方军事史家直接表明自己对于中国史的认识不足，如杰弗里·帕克在其《剑桥战争史》的中文版序中，就以三个理由解释著作中为何没有提及中国军事史：

> 对各个历史时期所有社会……都予以同样关注的"战争史"，其广泛多异的内容是一单卷本的书无法包容的。其次，在让西方的勇士和军界名流们分享关注和荣誉的同时，仅仅对非洲、亚洲和美洲的军事和海军传统轻描淡写地说上几句好话，那将是不可原谅的歪曲。再次，作为以下引介的补充性解释，不管是进步或是灾难，战争的西方模式已经主导了整个世界。在 19、20 世纪，包括中国在内，以悠久文化著称的几个国家，长期以来一直在坚持不懈地抵抗西方的武装，而像日本那样的少数国家，通过谨慎的模仿和适应，取得了通常的成功。到 20 世纪最后十年，无论是向好的方面还是向坏的方面发展，自公元前 5 世纪以来已经融入西方社会的战争艺术，使所有的竞争者都相形见绌。这种主导传统的形成和发展，加上其成功的秘密，看来是值得认真地考察

1　孙来臣撰、［日］中岛乐章译：《東部アジアにおける火器の時代》，《东洋史论集》2006 年 34 期。

和分析的。[1]

除开第一个关于篇幅限制的说法，和第二个不欲敷衍所以舍去的牵强理由，帕克明显欲以 19 世纪以来的西方军事地位独强的观点，来强调西方军事文明的优越性。这种观点不但难脱过度倚赖现代的文明成就来衡量以往文明的辉格史学批评，同时更彰显了他与麦克尼尔在"欧洲中心论"立场上的一致。要完善世界史视野的比较研究，不应该越过对于中国军事史的基本认识。

近年来却斯的火器史研究[2]，已修正未参考李约瑟研究的错误，并开始征引《筹海图编》《练兵实纪》和《神器谱》等代表性明代兵书的内容，使西方学界对于中国的军事特性有更进一步的认识。然而，其著作的基本架构仍是承袭麦克尼尔的设想，中文文献涵盖的范围仍十分有限，且对近年来中文学界的文章的征引也甚少。从其著作中所见的中国火器史，并未超过李约瑟和黄仁宇太多。

西方学者对于中国火器史认识的欠缺，既不是因为西文中国火器史著的缺乏，也不是因为中文研究本身的缺乏。事实上，如本文绪论所指出，自李约瑟之后，在以中文撰作的学术圈内，其实引起相当的反响。文物的整理和研究、兵书的整理和出版、火器史事的发掘，都受到学者的广泛关注。如业师黄一农院士自 1996 年以来对红夷大炮进行系统研究，充分利用二重证据法，采撷文献，对照文物，梳理出关于军事技术对于明代历史发展影响

1　[美] 杰弗里·帕克等著、傅景川等译：《剑桥战争史》，"中文版序言"，页 1~4，吉林人民出版社，1999 年。

2　Kenneth Chase: *Firearms : A Global History to 1700*. Cambridge : Cambridge University Press, 2003.

的事实面貌，[1]唤起许多学者对于此一领域的重视，使得明代军事史的研究进入了新的高峰。很遗憾的是，这些蓬勃发展的学术，并未受到世界史学者应有的关注。

由于中西双方在中国火器史研究这一领域的巨大差异，部分学者开始结合两者的优点，摸索新的研究道路。如近年来孙来臣所推动的"东亚火器时代：1390~1683"研究概念，指出东亚火器研究一直缺乏详细的研究著作。此一研究虽以东亚为焦点，但在地理上兼及西亚和南亚。在方法上，结合西方的新军事史侧重经济与宗教的观点。在史料上则大量采取东亚各国的文献史料和考古发现。这个新视野和新方法颇值得关注和期待。

本研究虽然在政治和地理上局限于明代中国，并非世界史的研究或区域研究，但在文献的取材上，先行探讨文献的限制，也遵循大量搜集史料的标准。以明清《实录》为基础，配合奏议、兵书、文集、方志、笔记等史料，更利用了修纂明史时从未使用的启祯朝档案。其中，兵部档案中所收录的相当多的塘报，对于明军在辽东作战的情况，有最精确的记载。这既有利于学者对前说有所考证和纠谬，尽量重现明代战车的历史活动，也可以为世界史学者在探究中国火器发展时提供较为完整的史事基础。

特别是关于明清战争间的胜败因素，近年来学者逐渐注意技术因素的影响。从第八、九章的讨论，我们可以发现，辽东战场上在进行着军备竞赛，清军亦步亦趋地学习明军的战术和兵器。战车已

1　黄一农：《欧洲沉船与明末传华的西洋大炮》，《"中研院"历史语言研究所集刊》第 75 本第 3 分，页 573~634；《红夷大炮与皇太极创立的八旗汉军》，《历史研究》2004 年 4 期；《崇祯朝"吴桥兵变"重要文献析探》，《汉学研究》22 卷 2 期；《天主教徒孙元化与明末传华的西洋火炮》，《"中研院"历史语言研究所集刊》第 67 本第 4 分，页 911~966；《比例规在火炮学上的应用》，《科学史通讯》15 期；《红夷大炮与明清战争：以火炮测准技术之演变为例》，《清华学报》新 26 卷 1 期。

经不是明军的专利。明末士人颜季亨亦说："生近闻夷酋以木车御我炮击，而反以火具败我军士，是窃我之长技以逞矣。"[1]清军大量使用战车来防御明军的火炮攻击，使得明军在火器上的优势被抵消。同时亦逐步配用鸟铳，作为士兵个人的火器。其后，清军更装备了红衣大炮，夺得使用火炮的第二个优势。再加上清军原有的骑兵优势，明军已经没有战术优势可言。明清战争间的军备竞赛，也是世界史上未为人所注意的一页。

此外，较之于中文学术界较重视火器形制之文献考察和军事制度之流变，或是世界史的研究重视文明比较和互动研究，及重视社会宗教、经济因素，本书提供了另一个取向，即较为正视军事学本体的思路，针对战略、战术、车制、战绩等问题作出考证。重新研究明代长期使用战车防御北方外患这一问题，是对明代军事与科技的重新研究，能为明代军事史研究上几乎空白的一页补白。更重要的是，此一个案研究可以修正西方学者对于战争的西方模式之说，并重新引起西方学者对于中国军事史中战术和科技因素的注意。

1　颜季亨：《九十九筹》卷四《参究火攻》，页18a（24：277），《玄览堂丛书》本，台北正中书局，1981年。

附　录

各版《明史稿·兵志》及殿本、
定本关于明代战车内容之比较

	熊赐履本《明史稿》卷一二四	王鸿绪本《明史稿》志七〇，兵六	张廷玉本和四库本《明史》卷九二
1	任重致远莫如舟车，车之用多于西北，而舟之用多于东南，因地制宜，固其所也。洪永之初，车以馈运而已。正统而后，始言车战，然获其用者寡矣，第其制不可不详也，今与舟并列于左	明初设车以供馈运，正统以后始言车战，虽罕获其用，第其制不可不详也	中原用车战而东南利舟楫，二者于兵事为最要，自骑兵起，车制渐废
2	洪武五年，造独辕车，北平、山东千两，山西、河南八百两，用以转饷，命魏国公徐达、曹国公李文忠董其成焉	洪武五年，造独辕车，北平、山东千两，山西、河南八百两，用以转饷，命徐达、李文忠董成	洪武五年，造独辕车，北平、山东千辆，山西、河南八百辆
3	永乐八年，北征议用工部所造武刚车馈运。有言沙碛行迟，不若人负之便者。帝以用十人挽车，或缺一二人尚可挽以行，以人负之，一人有故，必分于众，是以一人累众人也。遂用车三万两，	永乐八年，北征用武刚车三万两，运粮二十万石	永乐八年，北征用武刚车三万辆，皆惟以供馈运

	熊赐履本《明史稿》卷一二四	王鸿绪本《明史稿》志七〇，兵六	张廷玉本和四库本《明史》卷九二
	运粮二十万石。以工部尚书吴中督之，深入漠北，军需不乏		
4	正统十二年，大同总兵朱冕上车战议，计所有步队用车八百五十两，队用火车三，以备行陈	正统十二年，从大同总兵朱冕议用火车以备战	至正统十二年，始从总兵官朱冕议用火车备战，自是言车战者相继
5	十四年八月土木之变，敌警益急，给事中李侃言：今之骡车最坚固，而骡奔突最疾，可以捍寇骑。计京城内外约千两，取为战车，车列四周，铁索为连，步骑处中，佐以神铳，陈交则每车下刀牌五人击贼，贼退则开索纵骑兵追之，九月命造千两，成祭而用焉	十四年八月，边警急，给事中李侃请以骡车千两，铁索相连，步骑处中，佐以神铳。阵交，则车下刀牌五人击贼。贼退，则开索纵骑追之。命造车成祭而用焉。下车式于边境。驾马七匹，军士十数人，兵仗其设	十四年，给事中李侃请以骡车千辆，铁索联络，骑卒处中，每车翼以刀牌手五人，贼犯阵，刀牌手击之。贼退，则开索纵骑。帝命造成祭而后用，下车式于边境，用七马驾
6	宁夏总兵张泰请造小车以便用。先是，下车式边境，驾马七匹，军士十数人，缦轮笼毂，兵仗之制甚设，然宜于平原列营遇敌，宁夏屯田多沟□绣错，于是泰请更制，用一马驾辕，中藏兵器，遇险则以人力举而越之，时以为便	宁夏多沟壑，总兵官张泰请用小车，一马驾辕，中藏兵器，时以为便	宁夏多沟壑，总兵官张泰请用独马小车，时以为便
7	十二月，顺天府箭工周四童言：军中所用神机枪，人持一，发之不继，请为车。车藏枪二十、箭	箭工周四童言：神机枪一发不继，请为车藏枪二十、箭六百，	箭工周四章童言：神机枪一发难继，请以车载枪二十、

续　表

熊赐履本《明史稿》卷一二四	王鸿绪本《明史稿》志七〇，兵六	张廷玉本和四库本《明史》卷九二
六百，用则取枪五，置车首，庋以叉，叉亦可御敌。车用一人推，两人扶，一人爨，共四人。试可而后造	以叉庋枪五，置于车首。一人推，二人扶，一人爨。试可而后造	箭六百，车首置五枪架，一人推，二人扶，一人执爨，试可乃造
景泰元年八月，定襄伯郭登言：大同边塞敌出没，我军艰于刍牧，因仿古制为偏箱车。其制，辕长一丈三尺，前后横辕阔九尺，高七尺五寸，箱用薄板，各留置铳之孔，轮轴如民间二样轻车。其出，则左右两箱次第联络，前后两头辕辂相依，各用钩环互相牵绋，绷布为幕，舒卷随宜，每车载脱卸鹿角二，长一丈三尺。遇屯，止离车十五步，外钩连为外藩。车用神枪二人，铜炮一人，枪手二人，强弓一人，牌手二人，长刀二人，通用甲士十人，无事则轮番推挽，有事则齐力防卫，衣粮器械俱在车内。遇贼，则攻势有可乘，则开壁（壁）出战，势或未便，则坚壁固守，外用长车二十两，载大小各样将军铳，每方五两，两用推挽及药匠十二人，其马步官军或一千或二千，以为出哨策应，转输樵采之人，皆处围中。中又置	景泰元年，定襄伯郭登请仿古制为偏箱车，辕长丈三尺，前后横辕阔九尺，高七尺五寸，箱用薄板，置铳，出则左右联络，前后辕辂相依，钩环互牵，布幕舒卷，车载鹿角二，当所屯处，十五步外，钩连为外藩，车用神枪铜炮，枪手，强弓牌手，长刀，共甲士十。无事轮番推挽，有事齐力防卫，衣粮器械俱在车中。外以长车二十两，载大小将军铳，每方五辆，转输樵采之人，皆处围中。又置四轮车一，上列五色旗，视敌飐呼之，廷议可以守，不可以攻，令登酌行	景泰元年，定襄伯郭登请仿古制为偏箱车。辕长丈三尺，阔九尺，高七尺五寸，箱用薄皮，置铳。出则左右相连，前后相接，钩环牵互。车载衣粮器械并鹿角二。屯处十五步外，设为藩，每车铁炮、弓弩、刀牌、甲士共十人，无事轮番推挽。外以长车二十，载大小将军铳，每方五辆。转输樵采皆在围中。又用四轮车一，列五色旗，视敌指挥。廷议此可以守，难于攻战，命登酌行

熊赐履本《明史稿》卷一二四	王鸿绪本《明史稿》志七〇，兵六	张廷玉本和四库本《明史》卷九二
四轮车一，用木梯，楼高丈五尺有奇，上列五色旗，视其方有贼，以旗招呼，行如长蛇，首尾俱至。止为方城，四壁坚合，以其式进呈。廷议以为第可以守，不可以攻，令登量料置之，毋劳民伤财。报可		
9 九月，陕西兰县守备都指挥金事李进请造独轮小车，每队置五车，车用三人，上施皮屋，前用板，板杂画以兽面，仍凿口安碗口铳四，神机箭十四，枪四，旗一，行以为阵，止以为营。视贼强弱众寡为进退战守，其制小，其费廉，请造以给军	兰州守备李进请造独轮小车，上施皮屋，其前用板画兽面，凿口置碗口铳四，神机箭十四，枪四，旗一，行以为阵，止以为营	兰州守备李进请造独轮小车，上施皮屋，前用木板画兽面。凿口，置碗口铳四，枪四，神机箭十四。树旗一。行为阵，止为营
10 二年六月，吏部郎中李贤言，敌所轻中国者，惟恃弓马。臣观今之拒马木不能避箭，挨牌仅避箭不能拒马，兼此二者，惟车为能。汉卫青击胡，深入其地，以武刚车自环其营，今之车亦其类也。然武刚车徒足避弓马而已，以今战车，不独能避弓马，又有取胜之法，取胜者何？火枪是也。论中国之长技，无出于此，若用得其法，敌弗能当。火枪之法，先藏蔽其身，以壮其胆，然后持	二年，吏部郎中李贤请造战车。四围箱板，人处其中，下穴铳眼，上辟小窗，环列枪刃，长丈五尺，高六尺四寸。每车前后占地五步，以千两计，一方表四里，四四十有六，车马刍粮器械辎重咸取给焉。骑不得冲，射不能贯，敌若近前，火	二年，吏部郎中李贤请造战车。长丈五尺，高六尺四寸，四围箱板，穴孔置铳，上辟小窗。每车前后占地五步，以千辆计，四方可六十里。刍粮器械辎重咸取给焉。帝令亟行焉

续　表

熊赐履本《明史稿》卷一二四	王鸿绪本《明史稿》志七〇，兵六	张廷玉本和四库本《明史》卷九二
之审发之中，臣观车制，四围箱板，人处其中，下穴铳眼，上辟小窗，而环列以枪刃，长一丈五尺，高六尺四寸，每车前后可占地五步，若以千两计，一方二百五十两，其袤为四里，四四积之则十有六里，欲行则行，欲止则止，可为有脚之城，而车马刍粮器械辎重得取给焉。骑不得冲，射不能贯，敌若近前，火炮齐发，奇兵继出，彼若退后，我势益张，我威益振，备边长策莫善于此。帝嘉其议，令亟行	炮齐发，奇兵继出，备边长策莫善于此。帝令亟行	
11 成化二年，造军队小车，较民间用者稍大，两载九人，资装，二人挽，其七人散行，更番相代。上用铁索钩连，下桩以木，车前画猊首，远望若城垒然，每队用六两	成化二年，从郭登言制军队小车，每队六两，每两九人，二人挽，七人番代，车前画猊首，远望若城垒然	成化二年，从郭登言制军队小车。每队六辆，辆九人，二人挽，七人番代。车前置牌，画猊首，远望若城垒然
12 八年九月，江西宁都诸生何京上御卤车制，旋转轻疾，一人可挽，遣赴延绥，与镇臣议之。车之制，上施铁网，网穴发枪弩，行则敛之。宽止三尺，战则展之，广止六尺。每五十车为一队，用士三百七十五人	八年，宁都诸生何京上御敌车制，上施铁网，网穴发枪弩，行则敛之，五十车为一队，用士三百七十五人	八年，宁都诸生何京上御敌车式。上施铁网，网穴发枪弩，行则敛之。五十车为一队，用士三百七十五人

	熊赐履本《明史稿》卷一二四	王鸿绪本《明史稿》志七〇，兵六	张廷玉本和四库本《明史》卷九二
13		十二年，左都御史李宾请造偏箱车五百两，鹿角柞五百具，相参而用。兵部尚书项忠请先制车十两、柞十具，送教场验阅。竟以登高陟险不便，已之	十二年，左都御史李宾请造偏箱车与鹿角参用，兵部尚书项忠请验阅，以登高陟险不便，已之
14	十三年十二月，甘肃总兵王玺请造雷火车，稍增益旧制，中立管心木，安转轴，其上设神炮，不必回车可以旋用。从之	十三年，甘肃总兵王玺请造雷火车，中立管心木，转轴放炮，从之	十三年，从甘肃总兵官王玺奏造雷火车。中立枢轴，旋转发炮
15	二十年，总督尚书余子俊言：大同宣府地多平旷，车战为宜，率以万人为一军，用车五百两，每两用步十人驾驭，行则纵以为阵，止则横以为营，车隙以鹿角补之。乞勅工部于大同造一千两，宣府五百两。从其议，既成迟重不可用，人因谓之鹧鸪车	二十年，宣大总督余子俊请以万人为一军，用车五百辆，每辆卒十人，车隙以鹿角补之，既成而迟重不可用，谓之鹧鸪军	二十年，宣大总督余子俊以车五百辆为一军，每辆卒十人，车隙补以鹿角。既成而迟重不可用，时人谓之鹧鸪军
16	弘治元年十二月，汉阳府通判李晟上疏言兵及战车之制，纵肆大言，高自称誉，试之皆不可用，镌四级，谪云南曲靖卫知事		

续　表

	熊赐履本《明史稿》卷一二四	王鸿绪本《明史稿》志七〇，兵六	张廷玉本和四库本《明史》卷九二
17	十五年五月，陕西总督尚书秦纮以新制车来上，且言古有元戎、小戎、武刚、偏箱诸车制犹未周，今推广其制，车用只轮，前后约长丈四尺，在上发铳者二人，在下推车并发铳者四人，重可二石，而止遇险则四卒肩之以行，若遇贼可先发车十两或五两，直冲其阵，前阻则首车向前，后袭则末车向后，其余车相掎角，夹攻扼贼归路，庶几万全，请名车曰全胜	弘治十五年，陕西总督秦纮请用只轮车，名曰全胜，前后长丈四尺，车上下共六人。遇敌先发十两或五两，直冲其阵，余夹攻，扼敌归路	弘治十五年，陕西总制秦纮请用只轮车。名曰全胜，长丈四尺，上下共六人，可冲敌阵
18	十六年，范吉献所制先锋霹雳车，王埧有冲阵。上下两战车制俱未详	十六年，闲住知府范吉献先锋霹雳车	十六年，闲住知府范吉献先锋霹雳车
19	嘉靖十一年七月，南京给事中王希文复以制战车，其法仿郭固、韩琦之制，前锐后方，上置七枪为外向，辕下甲马以防矢石，车上为橹三层，层置九牛神弩，一发十矢，按机而动，旁翼以卒，行载甲兵，止为营阵，随地险易广狭而更易其制。下边镇酌行	嘉靖十一年，南京给事中王希文请制战车，仿郭固、韩琦之制，前锐后方，上置七枪，外向为橹，三层各置九牛神弩，一发十矢，按机而动。傍翼以卒，行载甲兵，止为营阵，下边镇酌行	嘉靖十一年，南京给事中王希文请仿郭固、韩琦之制造车。前锐后方，上置七枪为橹，三层各置九牛神弩，傍翼以卒。行载甲兵，止为营阵，下边镇酌行

	熊赐履本《明史稿》卷一二四	王鸿绪本《明史稿》志七〇，兵六	张廷玉本和四库本《明史》卷九二
20	十五年八月，总制陕西侍郎刘天和复言秦纮全胜车之便，因其制，稍为损益。上置大小杂兵，以百五十斤为准，箱前设蔽象，以狻猊旁各施虎盾以御矢石，车用二人更推，一人挽之，又二人翼之，敌入则倚墙布车，随地形环列，而护骑士于中。一里之中，用车十两，敌远则施火器，稍近则施弓弩，又近，则以短兵接之。敌走，则出骑士追之。夜则用火箭防之。复置随车小帐，令士不露宿。此法若行，以摆列边墙，据扼险要，可以拒卤之人，要卤之归，故曰便，遂从其制	十五年，陕西总制刘天和复言秦纮全胜之便，因其制稍为损益，上置大小杂兵，以百五十斤为准，箱前画狻猊，旁列虎盾，二人推，一人挽，一人翼，敌入则倚墙布车，护骑士于中，敌远则施火器，稍近则弓弩，又近则以短兵接之，复制随车小帐，令士不露宿。命从其制	十五年，总制刘天和复言全胜车之便而稍为损益。用四人推挽，所载火器、弓弩、刀牌以百五十斤为准。箱前画狻猊，旁列虎盾，以护骑士。命从其制
21		三十年，造单轮车千，双轮车四百，单轮弩车四十	
22		四十三年，京营用兵车十营，共四千两前带鹿角，上安拒马枪，迎风牌，前后车板竹杆枪一，长丈五寸，每两容步卒五人，神枪，夹靶枪各二	四十三年，有司奏准京营教演兵车共四千辆每辆步卒五人，神枪、夹靶枪各二。自正统以来，言车战者如此，然未尝一当敌

续 表

	熊赐履本《明史稿》卷一二四	王鸿绪本《明史稿》志七〇，兵六	张廷玉本和四库本《明史》卷九二
23	隆庆三年二月，蓟辽总督侍郎谭纶议覆都督戚继光奏曰：臣闻太公兵法"易战一车当步卒四十人，一骑当步卒四人"。今蓟昌二镇，所谓险地易地在在有之，可练为兵车七营，每营用重车一百五十六两，轻车二百五十六两，步兵四千，骑兵三千，驾轻车马二百五十六匹。以东路副总兵一营，合巡抚标下一营驻之建昌。遵化以西路副总兵一营，合总督标下一营驻之石匣、密云。以蓟镇总兵二营驻之三屯，昌平总兵一营驻之昌平，是十二路二千里之间有七营。车骑相兼，即有数万之众，无能为矣。或疑敌骑疾，车步迟，不相及。解曰：用兵之法有分有合，兵车七营岂皆聚为一处，必以半合战，半出奇，追奔邀截，及险地用骑，与轻车扼塞，用重车迎击，及易地则合，用轻重车骑，纵横聚散，无所不可。况敌马为我车所蓺，势不得疾，而我长戟火器，以车为卫，足可远施，此车骑合练堪用者一也。行则为阵，止则为营，人马便安，不假墩堑，为固	隆庆三年，蓟辽总督谭纶覆都督戚继光奏蓟昌门二镇练兵车七营，每营重车百五十六两，轻车加百，步兵四千，骑兵减千，以东西路副总兵合抚督标共四营，驻建昌、遵化、石匣、密云。以蓟辽总兵二营驻三屯，昌平总兵一营驻昌平。十二路二千里间七营，车骑相兼，可御敌数万之寇。帝韪之。命工部给银制造	至隆庆中，戚继光守蓟门，奏练兵车七营。以东西路副总兵及抚督标共四营，分驻建昌、遵化、石匣、密云。蓟辽总兵二营，驻三屯。昌平总兵一营，驻昌平。每营重车百五十有六，轻车加百。步兵四千，骑兵三千。十二路二千里间，车骑相兼，可御敌数万。穆宗韪之，命给造费，然特以遏冲突，施火器，亦未尝以战也

	熊赐履本《明史稿》卷一二四	王鸿绪本《明史稿》志七〇，兵六	张廷玉本和四库本《明史》卷九二
	堪用者二也。车不须食，步不须马，以车为蔽，步又半不须甲，省费甚巨，堪用者三也。敌人内地，守以兵车，则不敢分掠，亦不敢久住，堪用者四也。帝韪之，命工部给银制造		
24	八月，辽东巡抚魏学曾请设战车营于广宁亦仿偏箱之制，每二两中设拒马枪一架，塞其隙，上设佛朗机二，下置雷飞炮快枪六，每车用步卒二十五人，其车一百二十两，步卒三千人	辽东巡抚魏学曾请设战车营，仿偏箱之制，上设佛郎机二，下置雷飞炮、快枪六，每车步卒二十五人，以车百二十两，卒三千人为率	是后，辽东巡抚魏学曾请设战车营。仿偏箱之制，上设佛郎机二，下置雷飞炮、快枪六。每车步卒二十五人
25	万历十九年正月，原任都督金事黄应登言：古者行兵皆以车战为务，今以边寇善破车阵，束草上风焚之，遂惩而不用，当因其计以成功，先将车轮凿空，暗藏火药铅弹于中，而以机安火母药线，仍以衣粮杂战具，交锋佯北弃车，令彼抢掳，其机一发，火弹齐奔，彼必大创，则必不敢破车，然后修我车战之法，此一计也。因令京营试验	十九年，故都督金事黄应登言，古者行兵车战为务，今因边部用计，纵火焚车，遂惩而不用，请将车轮凿空，暗藏火药、铅弹、火母、药线，及交锋，佯北弃车，诱彼掠夺，伏机一发，火弹齐击，必大创矣。敕京营试验	

续　表

	熊赐履本《明史稿》卷一二四	王鸿绪本《明史稿》志七〇，兵六	张廷玉本和四库本《明史》卷九二
26	万历四十六年八月，奏修车营战车火器铳炮等，委兵部才能司属一人，同工部厂官监督，而验视属之巡视科道		
27	四十八年正月，经略侍郎熊廷弼请造双轮战车，约以三四千两为率，每车议载火炮二位，翼以步卒十人各持火枪轮打夹运，行则冲阵，止以立营	四十八年，经略熊延弼请造双轮战车，每车火炮二，翼以十卒，各持火枪	万历末，经略熊延弼请造双轮战车。每车火炮二，翼以十卒，皆持火枪
28	天启三年正月，直隶巡按御史易应昌进户部主事曹履吉所为钢轮车一，小冲车十，飞天虎贲车、台车各一，提心铳十门，三闸弩小车一，以为御敌之式	天启中，直隶巡按御史易应昌进户部主事曹履吉所制钢轮车一、小冲车十，飞矢虎贲车台（车）各一，提心铳十门，三匣弩小车一，以为御敌之式	天启中，直隶巡按御史易应昌进户部主事曹履吉所制钢轮车、小冲车等式以御敌。皆罕得其用，大约边地险阻不利车战

（万历）《大明会典》、王圻《续文献通考》与《钦定续文献通考》战车记载之比较

	（万历）《大明会典》卷一九三、卷二〇〇	王圻《续文献通考》卷一六六	《钦定续文献通考》卷一三二
1	卷一九三 凡战车		臣等谨按：车战必如周时，一车甲士三人，左持弓，右持矛，中执绥方，是其制。盖古者军旅之际，犹有礼焉，故战法若此。自骑兵兴而车战渐废，迟速利钝之间，车不逮骑远矣。汉魏以后，用车大率行则以之载糗粮，止则环而为营，其用以冲敌致胜者，间有之，亦止为骑兵之辅，断无纯用车战者。至唐以后，益不复尚。房琯陈涛斜之败由于用车，遂为谈兵者所诟病。北宋时亦曾讲论用车之术，载在马端临《通考》。南宋偏安，舟师为重。辽金元则专尚骑射，车制概不置议。惟有明一代，颇多制造习用之法，然亦空言而无裨实用，特不可不载以资后人之考镜耳。夫因时制宜，期于克敌，岂可拘泥古法哉

续　表

（万历）《大明会典》卷一九三、卷二○○	王圻《续文献通考》卷一六六	《钦定续文献通考》卷一三二
卷二○○ 洪武五年，令造独辕车，山西、河南八百辆，北平、山东一千辆	卷一六六·战车 洪武四年，令山西、北平、河南、山东各造独辕车一千八百辆，以备征进之用	明太祖洪武五年十二月造独辕车 魏国公徐达督山西、河南造八百辆，曹国公李文忠督北平、山东造一千辆，以备征进之用 臣等谨按：王圻《续通考》言"四处各造一千八百辆"与《兵志》异，疑王本误也
3		成祖永乐八年北征，用武刚车三万两以运馈饷 先是，七年十月，帝将亲征，命夏原吉等议馈运。帝曰："工部所造武刚车足可输运，道远则沿途筑城贮之。"于是原吉等议宣府以北用车三万辆，运粮二十万石，踵军而行
4		英宗正统十二年九月，大同造小火车备边 时边事孔亟，大同总兵官朱冕等言："战用车，古法也。今通计步队合用车八百五十辆，已造完小火车三百八十余辆，呈样至京试验，余请令山东、河南歇班官军造之，以备战阵。"从之。自是言车战者相继

	（万历）《大明会典》卷一九三、卷二〇〇	王圻《续文献通考》卷一六六	《钦定续文献通考》卷一三二
5	卷二〇〇 正统十四年，造战车一千辆，每辆上用牛皮十六张，下用马皮二十四张		（正统）十四年九月造战车一千辆 给事中李侃请以骡车千辆，铁索联络，骑卒处中。每车翼以刀牌手五人，贼犯阵，刀牌手击之。贼退，则开索纵骑。每车箱上用牛皮十六张，下用牛马皮二十四张。后皮不足，杂以芦席木板。车成，遣尚书周忱祭而用之，下车式于边境
6			（正统十四年）十一月宁夏造独马小车 所下战车之式，每车用七马驾之，军士十数人，缦轮笼毂，兵仗之制备。但可于平原旷野，列营遏敌，至宁夏等处地方，多屯田町畦沟渠，不利驾使。总兵官张泰等言："宜易小车，其制用马一匹，驾辕，中藏兵器，遇险阻以人力推挽，外以抗敌锋，内以聚骑兵，每试称利。"诏从其请

续　表

	（万历）《大明会典》卷一九三、卷二〇〇	王圻《续文献通考》卷一六六	《钦定续文献通考》卷一三二
7			景帝景泰元年，定襄伯郭登请仿古制为偏箱车 时登镇大同，请造偏箱车。辕长丈三尺，阔九尺，高七尺五寸。箱用薄板，置铳，出则左右相连，前后相接，钩环牵互，车载衣粮器械，并鹿角二。屯处十五步外设为藩，每车枪、炮、弓、弩、刀牌。甲士共十人，无事轮番推挽，外以长车二十，载大、小将军铳，每方五辆，转输樵采，皆在园中。又用四轮车一列五色旗，视敌指挥。廷议此可以守，难于攻战，命登酌行 臣等谨按：《兵志》言："兰州守备李进请造独轮小车，上施皮屋，前用木板，画兽面，凿口置碗口铳四，枪四，神机箭十四，树旗一。行为阵，止为营。"此亦是元年之事 又《实录》载："二年六月，石亨言：'近造战车蠢大，请改为偏箱车一千辆。'诏内官监为之。"则偏箱固不独在

（万历）《大明会典》卷一九三、卷二〇〇	王圻《续文献通考》卷一六六	《钦定续文献通考》卷一三二
		大同也 《实录》曰："是年十二月，箭匠周四章言：'神机短枪人执一把，不能相继，请为车，安四板，箱内藏短枪二十把，神机箭六百枝。临用，以五把安车上，为义以驾之，可相继而发。车用四人，一人推，二人旁扶，一人执纛。'命试其可用而后造之。"
8	卷一六六·战车 景泰三年正月，令廷臣共议备边长策，李贤上言：虏所以敢轻中国者，恃其弓马之强而已。臣观今日之拒马木只能拒马，不能避箭，挨牌只能避箭，不能拒马。今中国长策惟有所谓战车，若卫青之武刚车可以御之。又有取胜之道，则火枪是也。国之长技无出于此，若用得其法，虏弗能当也。臣观车制，四围箱板，内藏其人，下留铳眼，上	（景泰）二年吏部郎中李贤请造战车 贤疏言："今之拒马木止能拒马，不能避箭，挨牌止能避箭，不能拒马，惟战车兼之。盖即汉时卫青武刚车之类，青见单于兵阵，必以武刚车自环为营。《兵法》谓：是车有中有盖，为先驱焉。臣惟武刚车徒能避其弓马，今之战车不但能避弓马，又有取胜之道，火枪是也。中国之长，无出于火枪，使火枪者，须遮蔽其身，然后发而取中。臣观车制，四围箱板，内藏其人，下留铳眼，上辟小窗，长一丈五尺，高六尺五寸（五寸，《兵

续　表

（万历）《大明会典》卷一九三、卷二〇〇	王圻《续文献通考》卷一六六	《钦定续文献通考》卷一三二
	开小窗，长一丈五尺，高六尺五寸，前后左右横排枪头，每车前后占地五步。若用车千辆，一面二百五十辆，约长四里。欲行则行，欲止则止，谓之"有脚之城"，内藏军马粮草辎重，以此御敌，使马不得冲阵，箭不得伤人。彼若近前，火炮齐发，奇兵继出。彼若远遁，我势益张，我威益振，备边长策莫善于此	志》作四寸，今从《实录》）。前后左右横排枪刀，每车前后占地五步，以四面用车一千辆计，方可十六余里，欲行则行，欲止则止，内藏军马粮辎重，以此御敌，使马不能冲阵，箭不能伤人。彼若近前，火枪齐发，奇兵继出。彼若远避，我势益张，我威益振，所谓长策，莫善于此。"帝令亟行 臣等谨按：《实录》载："天顺八年，都督同知赵辅上《战车制》略与李贤意同，内言：'车制如兵间小车，但前增三面木板，广一丈二尺，高六尺，绘飞虎兽面，上为小窗，下虚铳眼，三面阁矛头。每车一辆占地一丈二尺，设若用车千辆，四面约六里有奇。或遇险阻，亦可辍之而过。'下兵部议行。"此占地一丈二尺，与李贤所谓占地五步广狭则不同也
9		英宗天顺四年正月，造轻车五百辆 臣等谨按：时并造火铳、火炮各三千，当即用之车上者

（万历）《大明会典》卷一九三、卷二〇〇	王圻《续文献通考》卷一六六	《钦定续文献通考》卷一三二
10 卷一九三 天顺八年，令造战车，制如民间小车，但前增三面木板，阔二丈二尺，高六尺，彩画飞虎兽面，上开小窗，下三面各留铳眼	卷一六六·军器 英宗天顺八年，造战车，制如民间小车，但前增三面木板，阔二丈二尺，高六尺，彩画飞虎兽面，上开小窗，下三面各留铳眼 卷一六六·战车 天顺八年，令造战车，制如民间小车，但前增三面木板，阔二丈二尺，高六尺，彩画飞虎兽面，上开小窗，下三面各留铳眼	
11 卷一九三 成化二年，令每步队造小车六辆，每辆二人推挽，七人放铳，军装俱载其上。行则为阵，止则为营。空处张挂布围，画作狮头牌状。营外每车设木桩二根。绊马索一条，又置布幕二扇，俱用旗枪，张挂小红缨头并生铁铃铛	卷一六六·军器 宪宗成化二年，令每步队造小车六辆，辆载九人军装，二人推挽，放铳七人，行则为阵，止则为营。空处张挂布围，画作狮头牌面，又于营外每车添设木桩二根。绊马索一条，每车用布帘二扇，俱用旗枪张挂小红缨头，并生铁铃铛	宪宗成化二年制军队小车从郭登言也，登言："军士出征备车以为赍载，而军士亦异鹿角随行人民交扰。每步队小车六辆，辆九人。二人挽，七人放铳番代，每辆可载九人资装，车前张布为盾，画猊首。上以铁索钩连，下立木桩支柱，远望若城垒然。"

续　表

（万历）《大明会典》卷一九三、卷二〇〇	王圻《续文献通考》卷一六六	《钦定续文献通考》卷一三二
12		(成化) 八年宁都诸生何京上御敌车式 京所上车式，一人可挽，上施铁网，前施拒马刃，网穴发枪弩。行则敛之，战则展之。五十车为一队，用士三百七十五人，以至五万五千乘。随宜可用，令遣赴延绥与总兵官议之 臣等谨按：《兵志》及《实录》十二年，都御史李宾请造偏箱车与鹿角参用，兵部尚书项忠请验阅，以登高涉险不便，已之。至二十年，宣大总督余子俊请造战车，大率以万人为一军，每军车五百辆，每辆步卒十人驾驭之。车隙补以鹿角，命工部计其费，速与之。既成，迟重不可用，时人谓之鹧鸪车
13		(成化) 十三年造雷火车，中立枢轴，旋转发炮 从甘肃总兵官王玺奏也。玺言："兵车向无定式，火器俱在车尾，向后设置，必下营已定，旋转方用。如抬营结阵，且行且战，则三面受敌，

续　表

（万历）《大明会典》卷一九三、卷二〇〇	王圻《续文献通考》卷一六六	《钦定续文献通考》卷一三二
		何以制御。今稍为增益，中立管心木，安置转轴，上设神炮。"试验便利，兵部议以为可用
卷一九三 弘治十七年，奏准造战车一百辆，送营操习		孝宗弘治十五年五月，陕西总制秦纮以全胜车制来上纮疏请用双轮车，名曰全胜车。高五尺四寸，厢阔二尺四寸，前后通长一丈四尺，在上放铳者二人，在下推车并放铳者四人。每车重不过二石，遇险但用四人肩行，车上下前后通用布甲以遮矢石，甲上皆画猛兽。每遇贼，先发车十辆或五辆直冲贼阵，前有阻塞，则首车向前放铳，后有追袭，则尾车向后放铳。若入贼阵，则各车两厢放铳。其余车辆，或掎角夹攻，或邀贼归路。命同镇巡等官，制造试验以闻。后至嘉靖十五年，总制刘天和复言全胜车之便，略谓："宁夏先年上总兵官仇钺，曾用屯堡田车以解宁化寨之围。近年，总兵官王效曾用拽柴空车，遏兴武营套虏之人。今各边

续　表

（万历）《大明会典》卷一九三、卷二〇〇	王圻《续文献通考》卷一六六	《钦定续文献通考》卷一三二
		有国初以来历年所造战车，但皆双轮大车，每辆二十余人挽之，少遇沟涧险阻，即不能越，以是不适于用。惟弘治年间全胜车幸存破损八辆，略备规制，臣因再加损益，其制，轮高三尺一寸，夹轮辕四尺七寸二分，下施四足，前二钉，以圆铁转轴。行则悬之左右，箱各广九寸五分，于上安熟铁小佛郎机一，及流星炮，或一窝蜂一箱上为架，用铜铁神枪一，及各边近年所造三眼品字铁锐（铳）一，飞火枪筒一，插倒马长枪、开山巨斧各二，斩马刀挠钩各一，并火药铅子锹镢、鹿角等器，通不过重一百五十余斤。箱前兽面牌绘以虎猊之像两面，各挂虎头挨牌，战则张之以避矢。两车相连，可蔽三四十人。每车二人轮推之，一人挽之，二人翼之。战则各随地形布为阵，马军居中，敌远则使火器，稍近则施强弩弓矢，逼近则用火箭，敌骑围绕则

续　表

（万历）《大明会典》卷一九三、卷二〇〇	王圻《续文献通考》卷一六六	《钦定续文献通考》卷一三二
		火器弓弩四向齐发。止则环列为营，傍施鹿角，连以铁绳，复制为随车小帐，以免军士露宿。修边耕获，俱可用以防卫，而车制轻便，亦可趋利以前，险阻陷沙，亦可扛抬以过。每车费银二两余。每车千辆，当军千人一月之费。"命从其制。臣等谨按：《兵志》言："弘治十六年，闲住知府范吉献先锋霹雳车。"考之《实录》："吉上言兵事，献阵法、战法及先锋霹雳车。如军一万，先用霹雳车五百辆，分于五军。寇大至，发霹雳车火铳以破之。寇小至，发先锋车小铳、强弩以摧之。寇将疲，则出铁骑以突之。稍见利，即收还队，旋出先锋车长刀牌手以砍之，更发霹雳车大刀长枪以陷之。二车迭进，则五十步一止，退则三十步一止，以车为正，以马为奇。"命送陕西总制秦纮处听用

续　表

（万历）《大明会典》 卷一九三、卷二〇〇	王圻《续文献通考》 卷一六六	《钦定续文献通考》卷一三二
卷一九三 嘉靖十二年，议准团营收贮先年战车，改造载铳手车七百辆 二十九年，奏准造战车九百辆，火车五十辆，鹿角架五十副 三十年，题准造单轮车一千辆，双轮车四百辆，单轮弩车四十辆 四十三年，题准京营该用兵车，每营四百辆，共四千辆，每辆前带鹿角木，上安拒马枪，迎风牌一面，两旁偏厢牌二面，上下裹铁叶二寸，前后车板二副，竹杆枪一根约一丈五尺，铁锅一口，铁索一条，约一丈二尺，每辆可容步卒五人。给神枪、夹靶枪各二，发营教演	卷一六六·战车 嘉靖十二年，议准团营收贮先年战车，改造载铳手车七百辆 二十九年，奏准造战车九百辆，鹿角架五十副 三十年，题准造单轮车一千辆，双轮车四百辆，单轮弩车四十辆 四十三年，题准京营该用兵车，每营四百辆，共四千辆，每辆前带鹿角木，上安拒马枪，迎风牌一面，两旁偏厢牌二面，上下裹铁叶二寸，前后车板二副，竹竿枪一根约一丈五尺，铁锅一口，铁索一条，约一丈二尺，每辆可容步卒五人。给神枪、夹靶枪各二，发营教演	世宗嘉靖十一年，南给事中王希文条上车制 希文言："仿韩琦、郭固议车之制，造车前锐后方，上置七枪为橹。三层，层置九牛神弩，一发十矢。旁翼以卒。行载甲兵，止为营阵，随地险夷广狭，而更易其制，每出塞必万辆，长驱而前。"下边镇酌行 臣等谨按：王圻《续通考》言："十二年，以团营收贮先年战车，改造载铳手车七百辆。三十年，造单轮车一千辆，双轮车四百辆，单轮弩车四十辆。"《兵志》言："嘉靖十三年，有司奏准京营教演兵车共四千辆，每辆步卒五人，神枪夹靶枪各二。"王圻《续通考》亦于四十三年载之言："每辆前带鹿角木，上安拒马枪、迎风牌一面，两旁偏厢牌二面，竹杆枪一根，及铁锅、铁索之属。"夫自正统以来，言车战者多矣，然未尝一当敌也。是时，方整饬武备，上书言事者多。锦衣卫军人施义

（万历）《大明会典》卷一九三、卷二〇〇	王圻《续文献通考》卷一六六	《钦定续文献通考》卷一三二
		自阵所造偏厢解合车，及倒马撒万全神枪、神臂弓、旋风炮等军器。又，去任知县王埙陈攻守二策，言有冲阵战车，皆籍其名于官，有警听用。皆未可见之施行，姑存其说云尔
16		穆宗隆庆三年二月，命蓟、昌二镇立兵车七营 时以蓟镇练兵事任戚继光。继光上议，请车骑合练，诏令总督谭纶议之。纶言："《兵法》：'易战，一车当步卒八十人；险战，当四十人。'今蓟昌二镇所谓易地险地，在在有之。可练为兵车七营，以东西路副总兵，及抚督标共四营，分驻建昌、遵化、石匣、密云。蓟辽二营驻三屯。昌平总兵一营，驻昌平。每营重车一百五十六辆，轻车二百五十六辆，步卒四千，骑兵三千。十二路二千里之间，车骑相兼，可御敌数万。"帝韪之，命给造费。然特以遏冲突，施火器，亦未尝以战 《戚继光传》曰："继光议立

续　表

（万历）《大明会典》卷一九三、卷二〇〇	王圻《续文献通考》卷一六六	《钦定续文献通考》卷一三二
		车营，车一辆用四人推挽，战则结方阵，而马步军处其中，又制拒马器，体轻便利，遏寇骑冲突。寇至，火器齐发，稍近，则步军持拒马器排列而前，间以长枪、筤筅。寇奔，则骑军逐北。又置辎重营随其后，而以南兵为先锋，入卫兵主策应，本镇兵专戍守。节制精明，器械犀利，蓟门军容遂为诸边冠。"
17	卷一六六·战车 隆庆三年八月，辽东抚臣魏学曾请与广宁设战车营，以原任游击将军马文龙统之。报可。车仿偏厢之制，每二轮中设拒马枪一架，塞其隙，车驾上下用绵絮布袆障之，以避矢石。每车上载佛郎机二杆，下置雷飞炮、快枪各六杆，每拒马枪架上树长枪十二杆，下置雷飞炮快	八月，设辽东广宁战车营从巡抚魏学曾请也，车仿偏箱之制，每二辆中设拒马枪一架，塞其隙。车架上下用棉絮布帐围之，以避矢石。车上载佛郎机二杆，下置雷飞炮、快枪各六杆。每拒马枪架上树长枪十二杆，下置雷飞炮、快枪各六杆。每车用卒二十五人，共车一百二十辆，步卒三千人

续　表

（万历）《大明会典》卷一九三、卷二〇〇	王圻《续文献通考》卷一六六	《钦定续文献通考》卷一三二
	枪各六杆，每车用卒二十五人，共车一百二十辆，步卒三千人	
18		六年十二月（时神宗已即位），蓟镇三营造辎重营大车各八十辆 蓟辽督抚疏请于密云、遵化、三屯各辎重营，改造大车二百四十辆。每车用骡八头，每营用车士三千，三营九千，附以火器，服载便利，可省转输之难，免野掠之患。部议从之
19	卷一九三 万历三年，奏准造车一千二百辆，每辆用二号佛朗机三架，鸟铳二架，地连珠二架，涌珠炮二位，快枪一杆，大旗二面，小旗一面，木盾二面，虎叉二枝，长枪二柄，大砍刀二柄，布裙一条	卷一六六·战车 万历三年，奏准造车一千二百辆，每辆用二号佛郎机三架，鸟铳二架，地连珠二架，涌珠炮二位，快枪一杆，大旗二面，小旗一面，木盾二面，虎叉二枝，长枪二柄，大砍刀二柄，布裙一条	神宗万历三年二月，造京营战车一千四百四十辆，从总督戎政彰武伯杨炳议也 臣等谨按：王圻《续通考》载，是年造车一千二百辆，每辆用二号佛郎机三架，马铳二架，地连珠二架，涌珠炮二位，及快枪、旗、盾、叉、长枪、大砍刀之属。当即此事也。惟辆数稍不符耳 又按：《实录》言："万历十九年三月，山西督臣萧大亨请造辎重车，又造独轮车二百辆。"《兵志》言："万

续　表

（万历）《大明会典》卷一九三、卷二〇〇	王圻《续文献通考》卷一六六	《钦定续文献通考》卷一三二
		历末，经略熊廷弼造双轮战车，每车火炮二，翼以十卒，皆持火枪。天启中，直隶巡按御史易应昌进户部主事曹履吉所制辋轮车、小冲车等式，以御敌。皆罕得其用。"盖兵事原非空言小智所能取效。车之为用，止可以运辎重、护营卫耳。若以之当敌，固断难恃为致胜之具也

征引书目

一 原始文献

《草庐经略》，《中国兵书集成》本，北京解放军出版社，
1994年。

《崇祯实录》，台北"中研院"历史语言研究所，1984年。

《崇祯长编》，台北"中研院"历史语言研究所，1984年。

《皇明诏令》，《四库全书存目丛书》本，台南庄严文化事业
公司，1997年。

中国第一历史档案馆、中国社会科学院历史研究所译注：
《满文老档》，中华书局，1990年。

中国第一历史档案馆明朝档案编委会编：《中国明朝档案总
汇》，广西人民出版社，2001年。

巴泰监修总裁：《世祖章皇帝实录》，中华书局，1985年。

文秉：《烈皇小识》，北京古籍出版社，2002年。

方苞著、刘季高校点：《方苞集》，上海古籍出版社，1983年。

王一鹗：《总督四镇奏议》，《玄览堂丛书续集》本，台北正
中书局，1985年。

王圻纂辑：《续文献通考》，《四库全书存目丛书》本，台南
庄严文化事业公司，1995年。

王邦瑞：《王襄毅公集》，台北图书馆藏明隆庆五年湖广按察
使温如春刊本年。

王崇献纂：（正德）《宣府镇志》，线装书局，2003年。

王鸿绪等纂辑：《明史稿》，《元明史料丛编》本，台北文海
出版社，1962年。

王琼：《晋溪本兵敷奏》，《四库全书存目丛书》本，台南庄

严文化事业公司，1997 年。

丘濬：《大学衍义补》，台北丘文庄公丛书辑印委员会，1972 年。

丘濬：《琼台诗文会稿》，台北丘文庄公丛书辑印委员会，1972 年。

司马迁撰、顾颉刚等点校：《史记》，中华书局，1987 年。

永瑢、纪昀主编：《四库全书总目提要》，海南出版社，1999 年。

白愚：《汴围湿襟录》，北京古籍出版社，2002 年。

年羹尧：《治平胜算全书》，《续修四库全书》本，上海古籍出版社，1997 年。

朱大韶编：《皇明名臣墓铭》，台湾学生书局，1969 年。

朱长祚：《玉镜新谭》，中华书局，1997 年。

朱国桢：《涌幢小品》，《四库全书存目丛书》本，台南庄严文化事业公司，1995 年。

何臣：《阵纪》，《中国兵书集成》本，京解放军出版社，1994 年。

何乔远辑：《名山藏》，《四库禁毁书丛刊》本，北京出版社，2000 年。

余继编著、顾思点校：《典故纪闻》，中华书局，1997 年。

吴时来著、郑国望等选：《吴悟斋先生摘稿》，台北图书馆藏明刊本。

宋纯臣监修、温体仁等总裁：《明熹宗实录》，台北"中研院"历史语言研究所，1984 年。

宋琬、张朝琮等纂：（康熙）《永平府志》，《四库全书存目丛书》本，庄严文化事业公司，1996 年。

宋应昌：《经略复国要编》，全国图书馆文献缩微复制中心，1990 年。

宋应星：《天工开物》，江苏广陵古籍刻印社，1997 年。

李东阳等撰、［日本］山根幸夫解题：（正德）《大明会典》，东京汲古书院，1989 年。

李东阳等奉敕撰、申时行等奉敕重修：（万历）《大明会典》，台北文海出版社，1984 年。

李长春纂修：《明熹宗七年都察院实录》，台北"中研院"历史语言研究所，1984 年。

李昭祥：《龙江船厂志》，《玄览堂丛书》本，台北图书馆，1975 年。

李修卿、林昂纂，饶安鼎修：（乾隆）《福清县志》，《中国地方志集成》本，上海书店出版社，2000 年。

杜佑：《通典》，台湾商务印书馆，1987 年。

沈一贯：《喙鸣文集》，《续修四库全书》本，上海古籍出版社，1995 年。

沈演：《止止斋集》，台北汉学研究中心，景日本尊经阁文库藏明崇祯六年刊本年。

沈德符：《万历野获编》，中华书局，1997 年。

汪道昆、胡益民等点校：《太函集》，黄山出版社，2004 年。

官修《满洲实录》，中华书局，1986 年。

房玄龄等撰、吴则虞点校：《晋书》，中华书局，1982 年。

明吏部清吏司编：《明功臣袭封底簿》，《玄览堂丛书续集》本，台湾学生书局，1970 年。

明神宗敕撰：《明世宗宝训》，台北"中研院"历史语言研究所，1984 年。

邵之棠辑：《皇朝经世文统编》，台北文海出版社，1973 年。

金日升辑：《颂天胪笔》，《四库禁毁书丛刊》本，北京出版社，2000 年。

金声：《金正希先生燕诒阁集》，《四库禁毁书丛刊》本，北京出版社，2000 年。

阿桂、刘谨之等奉敕撰：《钦定盛京通志》，《景印文渊阁四库全书》本，台湾商务印书馆，1983 年。

俞大猷：《正气堂集》，南京国学图书馆，1934 年。

胡汝砺原修：（嘉靖）《宁夏新志》，台北新文丰出版公司，1985 年。

范晔撰，刘昭补、李贤等注：《后汉书》，中华书局，1987 年。

茅坤撰，张大芝、张梦新点校：《茅坤集》，浙江古籍出版社，1993 年。

计六奇：《明季北略》，中华书局，2006 年。

计六奇：《明季南略》，中华书局，2006 年。

唐鹤征编纂、陈眷谟评：《皇明辅世编》，《四库全书存目丛书》本，台南庄严文化事业公司，1996 年。

夏原吉监修、胡广等总裁：《明太祖实录》，台北"中研院"历史语言研究所，1984 年。

孙承宗：《高阳集》，《续修四库全书》本，上海古籍出版社，1995 年。

孙承宗等：《车营叩答合编》，《中国兵书集成》本，解放军出版社，1993 年。

孙继宗监修、陈文等总裁：《明英宗实录》，台北"中研院"历史语言研究所，1984 年。

徐光祚监修、费宏等总裁：《明武宗实录》，台北"中研院"历史语言研究所，1984 年。

徐光启撰、王重民辑校：《徐光启集》，上海古籍出版社，1984 年。

徐纮编：《明名臣琬琰续录》，《景印文渊阁四库全书》本，台湾商务印书馆，1983 年。

徐学聚编辑：《国朝典汇》，《中国史学丛书》本，台湾学生书局，1965 年。

徐銮：《职方疏草》，台北汉学研究中心，影日本内阁文库藏明刊本年。

栗在庭：《九边破虏方略》，台北汉学研究中心，影日本内阁文库藏明万历二十九年刊本年。

马理：《溪田文集》，《四库全书存目丛书》本，台南庄严文化事业公司，1997 年。

马端临：《文献通考》，中华书局，1986 年。

马齐、张廷玉、蒋廷锡等监修总裁：《圣祖仁皇帝实录》，中华书局，1985 年。

中央研究院历史语言研究所编：《明清史料甲编》，北平中央研究院历史语言研究所，1930~1931 年。

中央研究院历史语言研究所编：《明清史料丙编》，上海商务印书馆，1936 年。

中央研究院历史语言研究所编：《明清档案·乙编》，上海商务印书馆，1936 年。

张廷玉等奉敕撰，严福、方炜等考证：《明史》，《景印文渊阁四库全书》本，台湾商务印书馆，1983 年。

张廷玉等总裁：《明史》，中华书局，1975 年。

张怡、魏连科点校：《玉光剑气集》，中华书局，2006 年。

张泰交：《历代车战叙略》，《百部丛书集成》本，台北艺文印书馆，1966 年。

张惟贤监修、叶向高等总裁：《明光宗实录》，台北"中研院"历史语言研究所，1984 年。

张钦纂修：（正德）《大同府志》，《四库全书存目丛书》本，台南庄严文化事业公司，1997 年。

张溶监修、张居正等总裁：《明世宗实录》，台北"中研院"历史语言研究所，1984 年。

张溶监修、张居正等总裁：《明穆宗实录》，台北"中研院"

历史语言研究所，1984年。

张延登辑：《京营巡视事宜》，美国国会图书馆藏明万历间杨元刊本。

张葳等译注：《旧满洲档译注·太宗朝（一）》，台北"故宫博物院"，1977年。

张葳等译注：《旧满洲档译注·太宗朝（二）》，台北"故宫博物院"，1980年。

张辅等监修、杨士奇等总裁：《明太宗实录》，台北"中研院"历史语言研究所，1984年。

张辅等监修、杨士奇等总裁：《明宣宗实录》，台北"中研院"历史语言研究所，1984年。

张懋监修、李东阳等总裁：《明孝宗实录》，台北"中研院"历史语言研究所，1984年。

张懋监修、刘吉等总裁：《明宪宗实录》，台北"中研院"历史语言研究所，1984年。

戚祚国等编：《戚继光年谱耆编》，北京图书馆出版社，1997年。

戚继光：《纪效新书》，中华书局，2001年。

戚继光：《练兵实纪》，《中国兵书集成》本，解放军出版社，1993年。

戚继光著、王熹校释：《止止堂集》，中华书局，2001年。

戚继光著、张德信校释：《戚少保奏议》，中华书局，2001年。

清世宗敕编：《世宗宪皇帝朱批谕旨》，《景印文渊阁四库全书》本，台湾商务印书馆，1982年。

清高宗敕撰：《钦定宗室王公功绩表传》，《景印文渊阁四库全书》本，台湾商务印书馆，1983年。

毕懋康：《军器图说》，《四库禁毁书丛刊》本，北京出版社，2000年。

郭赓武、黄任纂，怀荫布修：（乾隆）《泉州府志》，《中国地方志集成》本，上海书店出版社，2000 年。

　　陈九德辑：《皇明名臣经济录》，《四库禁毁书丛刊》本，北京出版社，2000 年。

　　陈子龙等选辑：《明经世文编》，中华书局，1997 年。

　　陈衍、欧阳佣民等纂：（民国）《闽侯县志》，台北成文出版社，1966 年。

　　陈棐：《陈文冈先生文集》，《四库全书存目丛书》本，台南庄严文化事业公司，1997 年。

　　陈汉章：《历代车战考》，《丛书集成三编》本，台北艺文印书馆，1972 年。

　　陈履中纂修：（乾隆）《河套志》，《四库全书存目丛书》本，庄严文化事业公司，1996 年。

　　陈铉编：《明末鹿忠节公善继年谱》，《新编中国名人年谱集成》本，台湾商务印书馆，1978 年。

　　陆容撰、佚之点校：《菽园杂记》，《元明史料笔记丛刊》本，中华书局，1997 年。

　　陆深等：《明太祖平胡录》，北京古籍出版社，2002 年。

　　劳逢源、审伯棠等纂修：（道光）《歙县志》，《中国方志集成》本，台北成文出版社，1991 年。

　　嵇璜、曹仁虎等奉敕撰：《钦定续文献通考》，《景印文渊阁四库全书》本，台湾商务印书馆，1983 年。

　　彭孙贻：《山中闻见录》，《清入关前史料选辑》本，中国人民大学出版社，1991 年。

　　曾公亮、丁度奉敕纂：《武经总要》，《中国兵书集成》本，解放军出版社、辽沈书社，1988 年。

　　曾铣：《复套议》，《四库全书存目丛书》本，台南庄严文化事业公司，1996 年。

　　游智开、史梦兰等纂：（光绪）《永平府志》，《新修方志丛刊》本，台湾学生书局，1968 年。

焦竑辑：《国朝献征录》，《中国史学丛书》本，台湾学生书局，1984 年。

程文德：《程文恭公遗稿》，《四库全书存目丛书》本，台南庄严文化事业公司，1997 年。

程敏政：《篁墩文集》，《景印文渊阁四库全书》本，台湾商务印书馆，1983 年。

程敏政编：《明文衡》，《景印文渊阁四库全书》本，台湾商务印书馆，1983 年。

程开祜辑：《筹辽硕画》，《丛书集成续编》本，台北新文丰出版社，1988 年。

项笃寿：《小司马草》，《四库全书存目丛书》本，台南庄严文化事业公司，1997 年。

黄汴著、杨正泰点校：《一统路程图记》，《明代驿站考》附录，上海古籍出版社，2006 年。

黄宗羲：《明儒学案》，中华书局，1985 年。

黄景昉：《国史唯疑》，上海古籍出版社，2002 年。

黄云眉：《明史考证》，中华书局，1984 年。

杨士奇监修、蹇义等纂修：《明仁宗实录》，台北"中研院"历史语言研究所，1984 年。

杨博：《杨襄毅公本兵疏议》，《四库全书存目丛书》本，台南庄严文化事业公司，1997 年。

杨寿纂修：（万历）《朔方新志》，《中国西北文献丛书》本，兰州古籍书店，1990 年。

万斯同等纂：《明史稿》，《续修四库全书》本，上海古籍出版社，1997 年。

叶向高：《苍霞余草》，《四库禁毁书丛刊》本，北京出版社，1995 年。

叶盛：《叶文庄公奏疏》，《四库全书存目丛书》本，台南庄严文化事业公司，1997 年。

叶梦熊：《叶太保集》，《广东文献三集》本，台北"中研院"傅斯年图书馆藏清同治春晖堂刻本。

葛士浚辑：《皇朝经世文续编》，台北文海出版社，1973 年。

雷礼纂辑、雷瑛等补：《国朝列卿纪》，《四库全书存目丛书》本，台南庄严文化事业公司，1996 年。

靳治荆、吴苑等纂修：（万历）《歙县志》，《中国方志集成》本，台北成文出版社，1996 年。

图海监修总裁、觉罗勒德洪等总裁：《清太宗文皇帝实录》，《清实录》本，中华书局，1986 年。

赵士桢：《神器谱》，《玄览堂丛书初辑》本，台北图书馆，1981 年。

赵士桢：《神器谱》，《和刻本明清资料集》第六集，东京汲古书院，1984 年。

赵士桢：《备边屯田车铳议》，《百部丛书集成》本，台北艺文印书馆，1966 年。

赵堂：《军政备例》，《续修四库全书》本，上海古籍出版社，1997 年。

赵翼：《陔余丛考》，河北人民出版社，2006 年。

刘效祖：《四镇三关志》，《四库禁毁书丛刊》本，北京出版社，2000 年。

广禄、李学智译注：《清太祖朝老满文原档（第一册荒字老满文档册)》，台北"中研院"历史语言研究所，1970 年。

广禄、李学智译注：《清太祖朝老满文原档（第二册昃字老满文档册)》，台北"中研院"历史语言研究所，1970 年。

欧阳修等撰、董家遵等点校：《新唐书》，中华书局，1975 年。

蒋一葵：《长安客话》，北京古籍出版社，2001 年。

谈迁：《国榷》，中华书局，1958 年。

郑若曾辑：《筹海图编》，《中国兵书集成》本，解放军出版社，1990 年。

邓士龙辑：《国朝典故》，北京大学出版社，1993 年。

邓球编：《皇明泳化类编》，《北京图书馆古籍珍本丛刊》本，书目文献出版社，1988 年。

钱海岳：《南明史》，中华书局，2006 年。

韩邦奇：《苑洛集》，台北图书馆藏明嘉靖三十一年刊本。

颜季亨：《九十九筹》，《玄览堂丛书》本，台北正中书局，1981 年。

魏源：《海国图志》，《中国兵书集成》本，解放军出版社，1992 年。

罗振玉校理：《太祖高皇帝实录稿本三种》，《清史资料》第二辑，台联国风出版社，1969 年。

谭纶：《谭襄敏奏议》，《景印文渊阁四库全书》本，台湾商务印书馆，1983 年。

谭纶等：《谭襄敏公遗集》，《四库未收书辑刊》本，北京出版社，2000 年。

严从简撰、余思黎点校：《殊域周咨录》，中华书局，2000 年。

觉罗勒德洪监修总裁、明珠等总裁：《清太祖高皇帝实录》，《清实录》本，中华书局，1986 年。

顾秉谦等总裁：《明神宗实录》，台北"中研院"历史语言研究所，1984 年。

顾养谦：《冲庵顾先生抚辽奏议》，《四库全书存目丛书》本，台南庄严文化事业公司，1997 年。

二　近人研究

(一) 专书

中国人民革命军事博物馆编：《中国战争发展史》，人民出版社，2001 年。

孔德骐：《车营叩答合编浅说》，解放军出版社，1994 年。

王兆春：《中国火器史》，军事科学出版社，1991 年。

王兆春：《中国科学技术史·军事技术卷》，科学出版社，1998 年。

王重民：《冷庐文薮》，上海古籍出版社，1992 年。

成东、钟少异编：《中国古代兵器图集》，解放军出版社，1990 年。

朱端强：《万斯同与明史修纂纪年》，中华书局，2004 年。

余耀华：《中国价格史》，中国物价出版社，2000 年。

吴哲夫：《清代禁毁书目研究》，台北嘉新水泥公司文化基金会，1969 年。

吴丰培：《吴丰培边事题跋集》，新疆人民出版社，1998 年。

李光涛：《朝鲜"壬辰倭祸"研究》，台北"中研院"历史语言研究所，1972 年。

李光涛：《熊廷弼与辽东》，台北"中研院"历史语言研究所，1976 年。

李焯然、毛佩琦：《明成祖史论》，台北文津出版社，1994年。

辛元欧：《上海沙船》，上海书店出版社，2004 年。

林金树、高寿仙：《天启皇帝大传》，辽宁教育出版社，1994 年。

范中义：《戚继光传》，中华书局，2003 年。

范中义等：《中国军事通史·明代军事史》，军事科学出版社，1998 年。

孙文良、李治亭：《明清战争史料》，江苏教育出版社，2005 年。

晁中辰：《崇祯传》，] 商务印书馆，1999 年。

国防科学技术工业委员会科学技术部主编：《中国古代军事百科全书·古代兵器分册》，军事科学出版社，1991 年。

梁启超：《中国历史研究法》，台北里仁书局，1984 年。

庄吉发：《故宫档案述要》，台北"故宫博物院"，1983 年。

陈捷先：《奴尔哈齐写真》，台北远流出版社，2003 年。

陈捷先：《满文清太祖实录之纂修与改订》，台北大化书局，1978 年。

陈捷先：《满文清实录研究》，台北大化书局，1978 年。

陆敬严：《中国古代兵器》，西安交通大学出版社，1993 年。

冯尔康：《清史史料学》，台湾商务印书馆，1993 年。

黄仁宇：《万历十五年》，台北食货出版社，1991 年。

杨泓：《中国古代兵器论丛》（增订本），文物出版社，1985 年。

杨英杰：《战车与车战》，东北师范大学出版社，1986 年。

雷梦辰：《清代各省禁书汇考》，北京图书馆出版社，1997 年。

刘戟锋：《武器与战争》，国防科技大学出版社，1992 年。

刘旭编：《中国古代兵器图册》，北京图书馆出版社，1986 年。

潘吉星：《中国火箭技术史稿——古代火箭技术的起源和发展》，科学出版社，1987 年。

郑天挺等编撰：《清史》，台北昭明出版社，1999 年。

阎崇年主编：《戚继光研究论集》，知识出版社，1990 年。

谢贵安：《明实录研究》，湖北人民出版社，2003 年。

威廉·利德：《西洋兵器大全》，香港万里书店，2000 年。

（二）论文

中国第一历史档案馆明朝档案编委会编：《中国第一历史档案馆藏明朝档案编辑说明》，《中国明朝档案总汇》，广西人民出版社，2001 年。

方志远：《明代的御马监》，《中国史研究》1997 年 2 期。

王兆春：《中国古代战车、战船和城防技术成就》，《中国古代科技成就》（修订版），中国青年出版社，1995 年。

王兆春：《戚继光对火器研制和使用的贡献》，阎崇年《戚继光研究论集》，知识出版社，1990 年。

王德毅：《王圻与〈续文献通考〉》，《简牍学报》2006 年 19 期。

成东：《明代后期有铭火炮概述》，《文物》1993 年 4 期。

朱希祖：《清内阁所收天启崇祯档案清折跋》，《国学季刊》1929 年 2 卷 2 号。

朱耀山：《灵武县崇六乡小杨渠出土明代铜制旋风炮》，《文物参考资料》1956 年 12 期。

余三乐：《孙承宗与〈车营百八叩〉》，陈支平主编《第九届明史国际学术讨论会暨傅衣凌教授诞辰九十周年纪念论文集》，厦门大学出版社，2003 年。

吴缉华：《明代延绥镇的地域及其军事地位》，吴缉华编《明代社会经济史论丛》，台湾学生书局，1970 年。

吴晗：《读〈明实录〉》，《读史札记》，三联书店，1979 年。

吴彦儒：《制器无敌：毕懋康〈军器图说〉与明季军事技术的改良》，《科学史通讯》2014 年 38 期。

李斌：《永乐朝与安南的火器技术交流》，钟少异《中国古代火药火器史研究》，中国社会科学出版社，1995 年。

李天鸣：《宋元的弩炮和弩炮部队》，《元史论丛》2001 年 8 辑。

李光涛：《论乾隆年刊行之明史》，《明史考证抉微》，台湾学生书局，1968 年。

李晋华：《明史纂修考》，黄眉云等撰《明史编纂考》，台湾学生书局，1968 年。

杜婉言：《赵士桢及其〈神器谱〉初探》，《中国史研究》，1985 年 4 期。

杜蔚：《甘肃定西出土明代管形火器》，《文物》1994 年 6 期。

周维强：《佛郎机铳与宸濠之叛》，《东吴历史学报》2002 年

8期。

周维强：《明朝早期对于佛郎机铳的应用（1517~1543）》，《全球华人科学史国际学术研讨会论文集》，淡江大学，全球华人科学史国际学术研讨会，2001年。

周维强：《试论郑和舰队使用火铳来源、种类、战术及数量》，《淡江史学》2006年17期。

林为楷：《明代侦防体制中的夜不收军》，《明史研究专刊》2002年13期。

南炳文：《中国古代的鸟枪与日本》，张中政《第五届明史国际学术讨论会暨第三届明史学会年会论文集》，黄山书社，1994年。

柳诒征：《明刻正气堂集跋》，北京图书馆善本组编《1911~1984年影印善本书序跋集录》，中华书局，1995年。

柳诒征：《经略复国要编跋》，《壬辰之役史料汇辑》，全国图书馆文献缩微复制中心，1990年。

洪震寰：《赵士桢——明代杰出的火器研制家》，《自然科学史研究》1983年2卷1期。

胡凡、徐淑惠：《论成化年间的搜套之举》，《大同职业技术学院学报》2000年14卷3期。

范中义：《论明朝军制的演变》，《中国史研究》1998年2期。

重日：《略述明代的火器和战车》，《历史教学》1959年8期。

韦占彬：《理论创新与实战局限：明代车战的历史考察》，《河北学刊》2008年28卷2期。

孙建军：《明代车营初探》，《西北第二民族学院学报（哲社版）》2007年1期。

徐中舒：《内阁档案之由来及其整理》，《明清史料甲编》，中央研究院历史语言研究所，1930年。

张志军：《旋风炮考》，《宁夏社会科学》2005年3期。

张德信：《戚继光奏议研究》，《明清论丛》第二辑，紫禁城出版社，2001 年。

陈文石：《明代马政研究之一：民间孳牧》，陈文石《明清政治社会史论》，台湾学生书局，1991 年。

陈守实：《明史稿考证》，《明史编纂考》，台湾学生书局，1968 年。

陈延杭：《俞家军福建楼船与兵车营长矛战车》，《俞大猷研究》，厦门大学出版社，1998 年。

陈刚俊：《明代的战车与车营》，《文史知识》2007 年 7 期。

陈刚俊、彭英：《略论明代战车文献及其军事思想》，《江西广播电视大学学报》2007 年 2 期。

闫俊侠：《〈明史·兵志〉沿革考》，《河海大学学报（哲学社会科学版)》2006 年 8 卷 2 期。

闫俊侠：《论〈明史·兵志〉的价值》，《信阳师范学报（哲学社会科学版)》2005 年 25 卷 6 期。

程长新：《北京延庆发现明代马上佛朗机铳》，《文物》1986 年 12 期。

冯明珠：《多少龙兴事，尽藏原档中："国立故宫博物院"藏〈满文原档〉的命名、整理与出版经过》，《故宫文物月刊》2005 年 23 卷 9 期。

黄一农：《红夷大炮与明清战争：以火炮测准技术之演变为例》，《清华学报》1996 年新 26 卷 1 期。

黄一农：《红夷大炮与皇太极创立的八旗汉军》，《历史研究》2004 年 4 期。

黄一农：《欧洲沉船与明末传华的西洋大炮》，《"中研院"历史语言研究所集刊》第 75 本第 3 分。

黄仁宇：《1619 年的辽东战役》，《大历史不会萎缩》，台北联经出版事业公司，2004 年。

杨业进：《明代战车研究》，《文史》1988 年 29 期。

刘利平：《明代战车"未尝一当敌"、"亦未尝以战"质疑》，《广西社会科学》2008 年 3 期。

刘广定：《中国科学史论集》，台湾大学出版中心，2002 年。

钟少异：《关于焦玉火攻书的年代》，《自然科学史研究》1999 年 18 卷 2 期。

三 外文论著

Kenneth Chase: *Firearms: A Global History to 1700*, Cambridge: Cambridge University Press, 2003.

Hans Delbrück, trans.Walter J.Renfroe, Jr.: *The History of the Art of War*, Vol.3, *Medieval Warfare*. Lincoln and London: University of Nebraska Press, 1990.

J.F.C. Fuller: *A Military History of the Western World*, Vol.1, *from the Earliest Times to the Battle of Lepanto*, New York: Da Capo Press, 1956.

J.F. Guilmartin: *Gunpowder and Galleys*, Cambridge: Cambridge University Press,1974.

Ray Huang: *1587: A Year of No Significance,* New Haven and London: Yale University Press, 1981.

B.H. LiddellHart: *Why Don't We Learn from History*, New York: Hawthorn Books,1971.

William H.McNeill: *The Pursuit of Power: Technology, Armed Force, and Society since A.D.1000*, Chicago: University of Chicago Press, 1982.

William H.McNeill: *The Age of Gunpowder Empires: 1450–1800*, Washington DC: American History Association, 1989.

Joseph Needham: *Science and Civilisation in China, V :7Military Technology: the Gunpowder Epic,*Cambridge: Cambridge University Press, 1986.

Joseph Needham: *Science and Civilisation in China, IV :2 Physics and Physical Technology*: *Mechanical Engineering*, Cambridge: Cambridge University Press, 1965.

Tim Newark, Augus McBride Colour illustrated: *Warlords*: *Ancient, Celtic, Medieval,* London: Arms & Armour Press,1996.

Geoffrey Parker: *Cambridge Illustrated History of Warfare*, Cambridge: Cambridge University Press, 1995.

Max von Wulf: *Die Hussitische Wagenburg*, Berlin dissertation, 1889.

Quincy Wright: *A Study of War*, Chicago and London: University of Chicago Press, 1964.

［日］宇田川武久：《東アジア兵器交流史の研究：十五~十七世紀における兵器の受容と傳播》，东京吉川弘文馆，1993 年。

［日］有马成甫：《火砲の起原とその伝流》，东京吉川弘文馆，1962 年。

［美］杰弗里·帕克等著、傅景川等译：《剑桥战争史》，吉林人民出版社，1999 年。

孙来臣撰、［日］中岛乐章译：《東部アジアにおける火器の時代》，《东洋史论集》2006 年 34 期。

［日］本田精一：《〈兔園策〉攷——村書の研究》，《东洋史论集》1993 年 21 期。

四　工具书

王毓铨、曹桂林：《中国历史大辞典·明代卷》，上海辞书出版社，1995 年。

王德毅：《明人别名字号索引》，台北新文丰出版社，2000 年。

成东、钟少异：《中国古代兵器图集》，解放军出版社，1990 年。

吴廷燮：《明督抚年表》，中华书局，1982 年。

周骏富：《明代传记丛刊索引》，台北明文书局，1991 年。

高文德、蔡志纯：《蒙古世系》，中国社会科学出版社，1979 年。

台湾图书馆：《明人传记资料索引》，台北文史哲出版社，1978 年。

崔建英辑订，贾卫民、李晓亚参订：《明别集版本志》，中华书局，2006 年。

梁启超：《中国历史研究法》，台北里仁书局，1984 年。

许保林：《中国兵书通览》，解放军出版社，2002 年。

许保林：《中国兵书知见录》，解放军出版社，1988 年。

陆达节：《中国兵学现存书目》，香港中山图书公司，1944 年。

陆达节：《历代兵书目录》，台北古亭书屋，1970 年。

刘申宁：《中国兵书总目》，国防大学出版社，1990 年。

邓洪波：《东亚历史年表》，台湾大学出版中心，2005 年。

钱实甫：《清代职官年表》，中华书局，1997 年。

戴逸、罗明：《中国历史大辞典·清代卷》，上海辞书出版社，1992 年。

魏嵩山：《中国历史地名大辞典》，广东教育出版社，1995 年。

谭其骧：《中国历史大辞典·历史地理卷》，上海辞书出版社，1997 年。

五　地图

全国陆军测绘总局测绘：《遵化县（遵化近傍第九号）》，1:50000，全国陆军测绘总局，1928 年。

全国陆军测绘总局测绘：《平安城镇（遵化近傍第二十号）》，1:50000，全国陆军测绘总局，1928 年。

全国陆军测绘总局测绘：《马兰峪（遵化近傍第十六号）》，1:50000，全国陆军测绘总局，1928 年。

全国陆军测绘总局测绘：《马伸桥（遵化近傍第十九号）》，1:50000，全国陆军测绘总局，1928 年。

侯仁之编：《北京历史地图集》，北京出版社，1988 年。

谭其骧主编：《中国历史地图集》，地图出版社，1982 年。

六　网络资源

"中研院"汉籍电子文献资料库

http://hanji.sinica.edu.tw/

台湾师大图书馆"寒泉"古典文献全文检索资料库

http://skqs.lib.ntnu.edu.tw/dragon/

明人文集联合目录及篇目索引资料库

http://ccsdb.ncl.edu.tw/ttsweb/top_02.htm

中国知网

http://www.cnki.net/

致谢词

选择明代战车做博士论文的主题是在 1999 年 6 月考博士班以前，算来也超过九个年头了。当初以此为主题有二因。其一，史料取向的结果。因明人的奏疏时将战车与火器连称，直觉研究火器应与战车密切关联，且认为《明史·兵志》的观点颇有蹊跷之处。其二，过去的中国军事史研究较注意制度研究，而少述及技术和战术问题。因此，立志爬梳史料，撰成一书。未料庞大的史料阅读、无尽的排比思索，以及不尽的人事变化，使我毕业的目标时而清楚，时而模糊。回想起这段"闭门造车"的种种，颇有筚路蓝缕之感。

余原习化学，记得考取大学前后，某日家父召庭训，问余认为何事最难。当时不假思索，回应读书最难。父亲摇头，直说天下事"求人"最难，要谨记"不求人"，凡事要多靠自己。当时血气方刚，总觉得求人何难之有。然二十年之学习生涯，渐感此言之有理。至转赴淡江大学历史学系修业，幸逢姚师秀彦教授上古史，姚师却以项羽为例，说明人要成功，勿忘"求人"。父亲与姚师之见，似相矛盾，实为一体之两面。盖事事应先求自我充分之准备，然后重视外界之帮助。今日得幸毕业，最感谢父亲对我坚持之自我要求与姚师不忘时时向他人请教的策励。

求学清华（编者按：指新竹清华大学）十二载，是迄今为止最漫长的求学阶段。这篇论文能够完成，首先要感谢母校卓越的师资与优良的学习环境。业师黄一农院士费心指导硕博士十二年，开拓我的视野，给予我思想上的引导，使我终能完成学业。感谢他的教诲与包容。修业期间，陈华前所长给我极大的协助，我才能顺利通过学科考。他关怀学生常不露于言表。没有他的默默关心，我亦不可能顺利完成学业。论文审查期间，感谢刘广定教授指出多处原始文献记载本身的矛盾，李天鸣教授强化我对于兵学理论和明代以前军事史的认识，徐光台和张力教授针对论文整体的撰作策略提出调整和修正的意见，使得原本粗疏的草稿得以示人。感谢他们的鞭策与鼓励。

作为一个文史领域的准学者，其实能够获得的资源极少。漫长的修业期间，如何在精神生活和物质生活中寻求平衡，兼顾研究之所需，就极为重要。我很幸运地获得了中华发展基金和清华大学人社院博士论文奖学金，不但能够顺利地移地研究，还拓展了学术视野。

本文撰写期间，多方仰赖师友提携鼓励。淡江大学历史学系的何永成师对我尤其关爱，自 2008 年初起，逐章帮我检视草稿。以 5 月 16 日为例，我们从 23 点 30 分起，"电话教学"了两个小时。若没有他的坚持与认真，我不可能写完此稿。又台湾大学历史学系张嘉凤师，也不厌其烦地指导我的写作。我亦曾赴台北"故宫博物院"向吴哲夫教授请教禁毁兵书的问题，向李天鸣教授请教军事史的问题，感谢二师为我解惑。又，徐光台、邱仲麟诸师在我撰写博士论文期间，曾给予学习和经济上的支持。他们开阔的胸襟和对晚辈的提携，是我毕业以后如有余力应该终身效法的。1997 年 6 月 2 日，拙稿将脱稿之际，淡江大学历史学系高上雯教授转来王仲孚教授赐墨"马到成功"的消息，闻讯无语凝咽，感激莫名。6 月 23 日凌晨，口试前夕，又接获叶鸿洒师自加拿大传来的关切讯息。来自诸师的指导与关爱，实令我感到得之于人者太多，出之于己者太少。

此外，中国科学院自然科学史研究所助理研究员孙承晟协助于德国购德文版《战争论》，陈悦于柏林国家图书馆 (Staatsbibliothek zu Berlin) 和基尔世界经济研究所图书馆 (Bibliothek des Instituts für Weltwirtschaft) 拍摄 Max von Wulf 的著作，使我得以进行比较研究。在此感谢他们。又，蒙淡江大学历史学系刘世安教授惠告土耳其人亦有使用战车。唯须进一步的比对文献，深入研究，未能列入此文的写作范围。来日如有余力，当不负数据提供者的善意。

回顾学史之路，要感谢 1992 年在淡江大学历史学系求学时，姚秀彦师的鼓励。若非姚师引领，我无缘进入史界。虽然我未能在学术上追随姚老师的上古史研究，但在人师的角色上，他永远是我学习的对象。1994 年自淡江毕业后，蒙周宗贤主任抬爱，得以留校担任助教两年。周师"无欲则刚"的教诲和行政上的历练，无疑是我最重要的课外学习内容。

1996 年考入清华硕士班，同学杨兆贵和吴雅婷等人皆为一时俊彦。我能从行政工作顺利过渡到学习研究，与同他们一起读书学习很有关系。我们硕一时极为用功，往往读书至凌晨两点，才自人社院回到宿舍。特别是与兆贵兄同游广州、上海等地，是我第一次到大陆自助旅行。两人同困于广州车站，斯文的兆贵兄与地痞交涉买黄牛票的一幕，使我充满了惊讶。就读博士班后，许进发学长也返校就读博士班。他优异的日文和扎实的文献基础，令人羡慕。其丰富的军事史知识，是我们永远也聊不完的话题。当然，更难忘的是遭逢"9·21"地震，同宿的四朝学弟徐志豪又在骑车交作业时跌断了手臂。学校宿舍硕斋又成危楼，在凄风苦雨的秋夜里，我们搬到了学校对面。2000 年起，我和张廷、徐志豪、黄铃雅等人一同参与点校《格致草》，一时谈笑简牍，真是美好的回忆。

就读博士班期间，谬兼东吴大学历史学系讲师一职，要感谢当时系主任黄兆强教授的提携与温秀芬秘书的照顾。2005 年，因配合东吴大学的通识大师讲座课程，充任通识讲座教授黄俊杰老师的助理。课堂之中，既是助理也是学生，除了充分感受到黄老师对通识教育的热忱，并对数字课程有更多实务经验外，了解到历史研究中思考的重要性，获益良多。

2002 年中，幸获得行政院大陆事务委员会的资助，前往北京进行调研工作。其间幸得中国科学院自然科学史研究所刘钝所长提携，留在该所进行为期一年的访问研究。访问期间承韩琦、王扬宗、徐凤先、韩健平和田淼研究员等先进在学术上的指导与协助，我在北京的研究工作能够顺利地进行。而李根群书记、图书馆李小娟馆长和张宏礼、李劲松、袁立国、罗凤河诸位先生则在行政上尽量给予我这个外地人方便，并满足我在京生活之所需。在此谢谢他们。坐读东四孚王府秀楼，观屋旁老槐树树影摇曳，感受京师四时的变化，我在风檐展书之际，更有深一层的体会与感受。与我同研究室的北京大学陈明教授的认真著述，使我加深了对于学术使命的认识。另外，中国军事博物馆是一个能够满足军事史家和军事迷的地方，我曾多次流连忘返。其间，李斌研究员曾多次陪我参观，并给予我研究上的意见。论文能够撰就，也要感谢他的鼓励。

最难忘的是，在北京初降大雪时，宿舍电话线脱落，韩琦师与孙承晟兄担心我瓦斯中毒，深夜冒雪前来四环外的花家地学人宿舍探视，使作为异地游子的我感受到无比的温馨。韩师与师母吴旻博士、无极世兄多次欢迎我的打搅，也使北四环路有我在京最温暖的避风港。而返台之后，已经担任该所助理研究员的孙兄尚透过种种途径，为我转来许多史料和大陆学者的著作。感谢他的义举。

时科学史所在朝阳门内，离紫禁城和隆福寺不远。中午时分，常借午休之便，与所内研究生前赴隆福寺大啖陕西油泼面和羊肉串；饱餐之后，又购书籍和古典音乐光盘，在物质和精神上同感满足。如心烦，则步行绕紫禁城一游，冥想明季史事之种种，立得宽慰。东四孔乙己餐厅的炸豆腐拼盘、太雕酒和北小街楼外楼的雪菜炒年糕，更是我得以稍解乡愁的特效药。

而与所内研究生孙承晟、潘亦宁、毛志辉、尹晓冬、张旭光、仪德刚等诸君共勉，更是此行意外的惊喜。现大家天各一方，颇有白居易"吊影分为千里雁，辞根散作九秋蓬。共看明月应垂泪，一夜乡心五处同"之憾。与大家共聚于 MSN、Messenger，也是另类"同窗"了。

与大部分习史者相同，我也喜欢以旅行来印证书中所见。在内地一年之中，最难忘记的是河北省迁西县三屯营镇和沿河城两地田野调查。在沿河城曾见嘉靖所修的敌台两座，垛口和牌匾均为汉白玉所雕，较万历初年所修的司马台长城更为精致，可见嘉靖时国力之强盛。而三屯营镇则为戚继光练兵蓟镇之所在。我和孙承晟博士历尽艰辛于一废弃卫生纸工厂中惊见残破之戚继光碑亭，不胜感怀。碑亭旁"河北省重点文物保护单位"牌对照于保存状况，更显得矛盾与突兀。北京附近之长城，也成为我在访学之余最愉快的游地。古人云"读万卷书，行万里路"，其言不虚。

当然，论文写作的几次顿挫，也使我不断徘徊于顺逆境之间。2004 年 6 月底返台，笔记本电脑在中正机场为宵小所窃，损失无法估计。特别是自编之《丛书影印兵书目录》两万字，一字无存，近两月无法写作，始知谈迁撰《国榷》、姚明达撰《中国目录学史》，失稿后奋志再笔之难。次年 4 月，又于深夜返家时，在路口遭机车撞击，造成右腿挫伤及颈骨位移等，经两月始稍能安坐于室。时值岳父不豫之际，真是身心俱伤。

十年寒窗，忍受我无尽的学习之路的，无非是父母和妻女。父母和岳父母协助我照顾三女，内子瑞萍忍受我挥霍买书，默默支持我的学术工作，是我能完成学业的最重要推手。然不幸的是，半生戎马的岳父未能目睹我取得博士学位，于 2005 年因肺癌往生，给我留下最大的遗憾。夜深人静时，往往难以忘怀与他同坐欣赏京剧的快乐。

本校学长黄荣祥先生，自 1999 年起不时教我绘图和图像处理、文字处理等排版的技巧，使我能独力完成本论文的排版工作，甚至能挣得外快，贴补所需。《易》云，"藏器于身，待时而动",良有以也。博士班常修铭、李华彦,暨南国际大学博士候选人李其霖,淡江大学历史学系刘川豪、黄宇旸,协助代借书籍或复印数据,是论文能完成的功臣。最后,感谢曾经在博士修业期间,在各项行政程序上提供协助的清华大学历史研究所两任秘书蒋玲英和曾敏菁小姐、清华大学图书馆人社分馆刘巧明小姐。

拙文《明代战车研究》是目前耕耘最久的著作。由于时代的跨度较大,史料繁多,且作为初学者不免有疏漏之处,史料和论点仍有很多可以补充之处,尚祈方家不吝指正。

最后,拟以此作献给从十二岁就想从事军事史研究的自己。自我立志学史以来,从未在意是否能够在学术界工作,只是单纯希望找到一份能够让我持续从事军事史研究的工作。回首三十年,本以为只有"回头是岸,胥吏终老"的分量,未料能够坚持到今天。除师长、同窗和友人之提携与力助,自己的毅力也极为重要。十二载的清华岁月,仅知学军史之不易,如寻隐者之不遇,时时喟叹"只在此山中,云深不知处"。今日将出清华之门,此一跬步千里的志业,好似才将开始。

2008 年 7 月伏枥于枋桥不求人斋

明清纪元简表

皇　帝	年　号 （在位年限）	元年干支 （公元纪年）
太祖（朱元璋）	洪武（31）	戊申（1368）
惠帝（朱允炆）	建文（4）*	己卯（1399）
成祖（朱棣）	永乐（22）	癸未（1403）
仁宗（朱高炽）	洪熙（1）	乙巳（1425）
宣宗（朱瞻基）	宣德（10）	丙午（1426）
英宗（朱祁镇）	正统（14）	丙辰（1436）
代宗（朱祁钰）	景泰（8）	庚午（1450）
英宗（朱祁镇）	天顺（8）	丁丑一（1457）
宪宗（朱见深）	成化（23）	乙酉（1465）
孝宗（朱祐樘）	弘治（18）	戊申（1488）
武宗（朱厚照）	正德（16）	丙寅（1506）
世宗（朱厚熜）	嘉靖（45）	壬午（1522）
穆宗（朱载坖）	隆庆（6）	丁卯（1567）
神宗（朱翊钧）	万历（48）	癸酉（1573）
光宗（朱常洛）	泰昌（1）	庚申八（1620）
熹宗（朱由校）	天启（7）	辛酉（1621）
思宗（朱由检）	崇祯（17）	戊辰（1628）
* 建文四年时成祖废除建文年号，改为洪武三十五年。		
太祖（爱新觉罗·努尔哈赤）	天命（11）	丙辰（1616）
太宗（爱新觉罗·皇太极）	天聪（10） 崇德（8）	丁卯（1627） 丙子四（1636）
世祖（爱新觉罗·福临）	顺治（18）	甲申（1644）
圣祖（爱新觉罗·玄烨）	康熙（61）	壬寅（1662）
世宗（爱新觉罗·胤禛）	雍正（13）	癸卯（1723）
高宗（爱新觉罗·弘历）	乾隆（60）	丙辰（1736）
仁宗（爱新觉罗·颙琰）	嘉庆（25）	丙辰（1796）
宣宗（爱新觉罗·旻宁）	道光（30）	辛巳（1821）
文宗（爱新觉罗·奕詝）	咸丰（11）	辛亥（1851）
穆宗（爱新觉罗·载淳）	同治（13）	壬戌（1862）
德宗（爱新觉罗·载湉）	光绪（34）	乙亥（1875）
爱新觉罗·溥仪	宣统（3）	己酉（1909）
清建国于 1616 年，初称后金，1636 年始改国号为清，1644 年入关。		

◆ 制表参考《现代汉语词典》（第 7 版，商务印书馆，2016 年）。

◆ 年中改元时，在干支后用数字注出改元的月份。

后　记

至 2008 年 6 月，历时九年而成的资料丰富、论证粗备的拙作《明代战车研究》，在刘广定、张力、黄一农、李天鸣和徐光台五位委员组成的新竹清华大学历史研究所学位考试委员会的评定下，符合了取得博士学位的标准。次年，笔者顺利地进入台北"故宫博物院"图书文献处服务。本以为可以进入学界稍施拳脚，延续明代军事史的研究，未料因公务倥偬，备多力分，自此几与明史无缘。2015 年，故宫博物院宫廷部郭福祥研究员来台北访学，无意间谈及未能赓续博士论文相关研究之遗憾。未想福祥兄返京后提拔荐举，终获得王亚民常务副院长推荐，由故宫出版社出版拙作《明代战车研究》。屈指数来，从最初开始研究此一课题，到现在已经过了十七个年头。

2008 年拙作完成之后，后续影响有喜有憾。一方面曾受到部分海外学者的关注，在部分西方世界的军事史专书和书评中被引用，因而感到欣慰；另一方面，也有某些学者或史普书籍选择匿名致敬的方式，利用或改造了拙作的观点和图文，令人哭笑不得。而后，在几年的反省中，也不免对于拙作中部分史料安排不善或论述不严的问题感到警醒。因此，深感早日修订出版的重要性。

近年来，更多的学者关注世界史和新军事史的研究，出版了一些新的作品，拙作中对于前述领域的批评已有修正的必要。这也令我思及，在传统的军制史视野下进行研究，确实不足以反映明代军事发展的全貌。除了对军事学核心的战略、战术和科学技术的深入探索外，广泛利用文献进行史事重建，结合地理科技，并重新研究战役和绘制作战地图，将是研究中国军事史的新挑战。

在台北"故宫博物院"服务并非生涯规划，但失之东隅，收之桑榆。台北"故宫博物院"的典藏以清代为主，我的研究重心不得不逐渐向清代倾斜，完成从"防御北边"到"从龙入关"的学术转移。在李天鸣前处长、庄吉发老师和陈龙贵先生教导下，总算能入充数之列。未想因此得以增补部分清代史料以支持论述。李天鸣前处长教导我绘制战争态势图的方法，使得部分与战车相关史事的描述更为清晰。2012 年，又趁着中国科学院自然科学史研究所演讲之便，随韩琦和孙承晟博士前往昌平、土木堡、万全右卫、新保安、鸡鸣驿、宣化、镇边城和白羊峪等地进行考察，亲至宣府和蓟镇的明代防务遗迹。2016 年，在公务稍微宽松之际，重新着手查阅了文献，对部分章节进行大修，增添了数万字的内容，并着手绘制地图来加强论述。又有幸有学棣白右尹博士为我校看文稿，黄宇旸博士与我讨论地图绘制方式，吴彦儒博士为我增补史料，并提出撰写建议，黄士元先生代我绘制明代战车的复原图，故宫出版社王志伟先生、邓曼兰小姐包容我在期程上的延宕，使我能及时完成此书的修订工作。

庄吉发老师在我升等为副研究员后，一直勉励我多出版专书，我始终不敢忘记。终在福祥兄促成下出版此书，我满怀感激。此作原为献给从十二岁就想从事军事史研究的自己。形单影只，年逾半百之际，本已"气虚力衰，腐儒空论"，未料得众人涌泉之助。谨以献曝之心，盼能唤起史学界对于中国科学史和军事技术史的重视，更期盼有更多的青年学者努力耕耘，知兵止战，追求和平。

半百伏枥于新北枋桥不求人斋

丙申年十月

编后说明

《明清史学术文库》旨在整合出版上世纪以来，明清史学研究领域中学术影响深远的专题论著（暂未包括专有出版权与其他出版机构有合同约束的论著）。

由于所选书稿在此前分别由不同的出版社出版，因此在编辑制作过程中，我们尤其注重构建本丛书的体例。特作说明如下。

一　内容

为保持与相关领域学术发展同步，本丛书出版前，各册书稿内容均请作者、作者家属或相关学者在原著基础上作了厘正。

二　结构

丛书各册内容按照章、节等体例安排层级关系，图表按章排序。

三　文字

文献名、引文、年号、姓名等文字中，如遇异体字或无对应的现行简化字，则保留原字。

四　注释

1. 相同文献的相同版本信息，只在第一次出现时予以标注（该文献如在书中出现其他版本信息，则逐一标注；如来稿每则注释皆信息完整，且体例统一，则不予改动；如信息查询未果，则维持缺项）。

2. "二十四史"等常见古籍，如无特殊需要，皆不注明版本信息。

3. 古籍卷数用"卷"与汉字表示，如卷一九、卷一三五等。

五　年代换算

明清两朝的干支纪年或未逐一换算成公元纪年，对于原著未附纪元表的专著，附以《明清纪元简表》，以便参考。

六　寄语

本丛书各册作者皆为相关领域学术大家，故每册卷首均设作者寄语。寄语或为约请作者提供，或从其专著中援引。

宫廷历史编辑室

二〇一二年七月

图书在版编目（CIP）数据

明代战车研究 / 周维强著. — 北京：故宫出版社，
2019.12
　（明清史学术文库）
　ISBN 978-7-5134-1171-4

　Ⅰ. ①明… Ⅱ. ①周… Ⅲ. ①战车–研究–中国–明代
Ⅳ. ①E923

中国版本图书馆 CIP 数据核字（2018）第 246701 号

明代战车研究

著　　者：周维强
责任编辑：邓曼兰　伍容萱
封扉设计：李　猛
出版发行：故宫出版社
　　　　　地址：北京市东城区景山前街 4 号　邮编：100009
　　　　　电话：010-85007808　010-85007816　传真：010-65129479
　　　　　网址：www.culturefc.cn　邮箱：ggcb@culturefc.cn
制　　版：保定市万方数据处理有限公司
印　　刷：保定市中画美凯印刷有限公司
开　　本：787 毫米 × 1092 毫米　1/16
印　　张：44.5
字　　数：570 千字
版　　次：2019 年 12 月第 1 版
　　　　　2019 年 12 月第 1 次印刷
印　　数：1～2500 册
书　　号：ISBN 978-7-5134-1171-4
定　　价：86.00 元